MANUEL

DE

L'OUVRIER CHAUFFEUR DE LA FLOTTE

GUIDE COMPLET

DES CANDIDATS AUX GRADES DE QUARTIER MAITRE MÉCANICIEN ET DE SECOND MAITRE MÉCANICIEN PRATIQUE

Par A. LEDIEU, O. ✳, O. ✳, ✳

ANCIEN OFFICIER DE VAISSEAU, EXAMINATEUR DE LA MARINE,
PRIX EXTRAORDINAIRE DE L'ACADÉMIE DES SCIENCES POUR L'APPLICATION DE LA VAPEUR A LA FLOTTE,
CORRESPONDANT DE L'INSTITUT.

DEUXIÈME ÉDITION REVUE

Par H. HUBAC, ✳ ✳

MÉCANICIEN PRINCIPAL DE PREMIÈRE CLASSE,
PROFESSEUR DE MACHINES A VAPEUR SUR LE VAISSEAU ÉCOLE.

AVEC LE CONCOURS DE

M. GILBERT, ✳

MÉCANICIEN PRINCIPAL DE DEUXIÈME CLASSE
ADJOINT A L'ENSEIGNEMENT DES MACHINES A VAPEUR SUR LE VAISSEAU ÉCOLE.

Conformément aux derniers programmes officiels.

AVEC ATLAS

CONTENANT CINQ BELLES PLANCHES SUR CUIVRE

PARIS

DUNOD, ÉDITEUR

LIBRAIRE DES CORPS DES PONTS ET CHAUSSÉES, DES MINES ET DES TÉLÉGRAPHES,

49, QUAI DES AUGUSTINS, 49

1879

INDEX

DES NOTIONS D'ARITHMÉTIQUE ET DE GÉOMÉTRIE.

§ 1ᵉʳ. — ARITHMÉTIQUE.

INDEX DES NOTIONS D'ARITHMÉTIQUE ET DE GÉOMÉTRIE.

EXTRAIT DE LA PRÉFACE

DE LA PREMIÈRE ÉDITION.

Depuis longtemps déjà il existe des manuels concernant diverses professions du marin. Il nous a paru utile, eu égard à la grande extension qu'a prise dans ces dernières années le personnel des mécaniciens de l'État, de compléter cette importante collection par un *Manuel de l'ouvrier chauffeur de la flotte*.

Ce manuel est spécialement destiné aux candidats au *grade de quartier-maître mécanicien* et à celui de *second maître mécanicien pratique*. Ce n'est autre qu'un extrait, approprié à sa destination et précédé de quelques notions d'arithmétique et de géométrie, de notre *Traité des appareils à vapeur de navigation*, lequel, en raison du développement et de l'importance de ses documents, demeure réservé aux officiers de vaisseau, aux élèves de l'École navale, ainsi qu'aux candidats aux grades de premier et second maître mécanicien et à l'emploi d'élève mécanicien.

Malgré tous nos efforts, nous n'avons pu, sous peine de nous adresser plus à la mémoire qu'à l'intelligence du lecteur et de publier un ouvrage insuffisant pour la classe intéressante des candidats seconds maîtres pratiques, réduire en un moindre volume le *Manuel de l'ouvrier chauffeur*. Toutefois, il faut remarquer que les 400 gravures intercalées dans le texte en ont beaucoup augmenté la pagination. Et d'ailleurs on ne doit pas perdre de vue que l'instruction même du simple mécanicien n'est pas limitée, comme celle du canonnier et du fusilier, par exemple, à la connaissance d'un seul objet.

PRÉFACE

DE LA DEUXIÈME ÉDITION.

Le Manuel de l'ouvrier chauffeur de la Flotte, extrait du *Traité élémentaire des appareils à vapeur de navigation*, à été accueilli avec beaucoup de faveur; et actuellement, la première édition est épuisée.

La nouvelle édition que nous publions aujourd'hui, a été mise à jour des progrès accomplis dans les machines marines, notamment en ce qui concerne les machines Woolf ou Compound, les condenseurs à surface et les chaudières à haute pression.

Il a d'ailleurs été rédigé conformément aux derniers programmes officiels, en élaguant tout ce qui n'était pas rigoureusement indispensable à l'intelligence des matières que comportent ces programmes

Nous avons ainsi pu réduire dans de notables proportions le volume de ce Manuel.

NOTIONS

D'ARITHMÉTIQUE ET DE GÉOMÉTRIE

§ 1ᵉʳ. — ARITHMÉTIQUE

N° I. — **1. Définitions**; numération, écriture et lecture des nombres entiers. — **2. Addition** des nombres entiers; preuve. — **3. Soustraction** des nombres entiers; preuve. — **4. Multiplication** des nombres entiers; cas particuliers; remarque; preuve. — **5. Division** des nombres entiers; cas particuliers; remarques; preuve.

N° I. Définitions. — On nomme *quantité* ou *grandeur* tout ce qui est susceptible d'augmentation ou de diminution : le temps, l'espace, etc., sont des quantités.

Mesurer une quantité, c'est la comparer à une autre quantité de même espèce, qu'on nomme *unité.* Le mètre, par exemple, est l'unité de longueur, le jour, l'unité de temps.

Le *nombre* est le résultat de la comparaison d'une grandeur à son unité.

Le *nombre entier* est la collection de plusieurs unités entières.

Un nombre est *abstrait* lorsqu'il n'indique pas la nature de l'unité. Ex. : vingt, quinze. — Il est *concret* lorsqu'il désigne la nature de l'unité. Ex. : vingt mètres, quinze francs.

L'arithmétique est la science des nombres : elle renferme la *numération* et les *opérations.*

Numération des nombres entiers. — *La numération a pour objet d'énoncer les nombres avec peu de mots et de les écrire avec peu de caractères appelés* CHIFFRES.

Elle se divise en *numération parlée* et en *numération écrite.*

Numération parlée. — Les noms des neuf premiers nombres sont *un, deux, trois, quatre, cinq, six, sept, huit et neuf.*

La réunion de neuf unités plus une, forme *une unité du second ordre* que l'on nomme *dizaine.* — On compte par dizaines comme par unités simples; et l'on dit : une dizaine, deux dizaines,..... neuf dizaines; ou, en employant les mots consacrés par l'usage, *dix*, *vingt*, *trente*, *quarante*, *cinquante*, *soixante*, *soixante-dix*, *quatre-vingts*, *quatre-vingt-dix*. Puis, pour énoncer les neuf nombres compris entre deux dizaines consécutives, on ajoute à la première de ces dizaines les noms des neuf premiers nombres. C'est ainsi qu'on a dix-un ou onze, dix-deux ou douze..... dix-neuf; vingt et un, vingt-deux..... vingt-neuf, et ainsi de suite jusqu'à neuf dizaines neuf ou quatre-vingt-dix-neuf.

La réunion de dix dizaines forme *une unité du troisième ordre*, appelée *centaine*. — On compte par centaines, comme par unités et par dizaines; et on dit : cent, deux cents..... neuf cents. Puis, en ajoutant entre deux centaines consécutives les noms des quatre-vingt-dix-neuf premiers nombres qu'on sait déjà énoncer, on arrive à nommer tous les nombres jusqu'à neuf cent quatre-vingt-dix-neuf.

La réunion de dix centaines forme *une unité du quatrième ordre* appelée *mille*. Vient ensuite *l'unité du cinquième ordre*, qui est *la dizaine de mille* ; l'unité du sixième ordre, qu'on nomme *centaine de mille*, etc.

En général, la réunion de dix unités d'un certain ordre forme une unité de l'ordre immédiatement supérieur. C'est pour cette raison que *dix* est appelé la *base* du présent système de numération, qui est dit système de *numération décimale*.

Voici, en résumé, les noms des unités des différents ordres :

Unités, dizaines, centaines ; — mille, dizaines de mille, centaines de mille, — million, dizaines de millions, centaines de millions ; — billion (dit aussi *milliard*), dizaines de billions, centaines de billions ; — trillion, dizaines de trillions, centaines de trillions, etc.

Les unités des différents *ordres* peuvent se partager en *classes* renfermant chacune : unités, dizaines et centaines. Ces classes sont : *unités simples*, *mille*, *millions*, *billions*, *trillions*, etc.

Numération écrite. — On a imaginé neuf caractères ou chiffres pour représenter les neuf premiers nombres. Ce sont :

1	2	3	4	5	6	7	8	9,
qui signifient : un	deux	trois	quatre	cinq	six	sept	huit	neuf.

Puis, on a établi cette convention fondamentale :

Tout chiffre placé à la gauche d'un autre représente des unités dix fois plus fortes que celles que représente cet autre.

Il suit de là que, si l'on écrit plusieurs chiffres les uns à la suite des autres, et que le premier chiffre à droite représente des unités simples, le second vaudra des dizaines, le troisième des centaines, le quatrième des mille, etc... De la sorte en donnant à un chiffre une place convenable, on pourra lui faire représenter des unités de tous les ordres cités dans la numération parlée.

Aux neuf caractères précédents, qu'on nomme *chiffres significatifs* on en a ajouté un dixième appelé *zéro*, et qui s'écrit 0. Ce chiffre, qui n'a aucune valeur, sert à remplacer les ordres qui manquent dans un nombre. Si, par exemple, on doit écrire : *deux cent quatre unités*, comme ce nombre ne contient pas de dizaines, on les remplace par un zéro, et l'on écrit 204.

Un chiffre a deux valeurs : la valeur *absolue* et la valeur *relative*. — La valeur *absolue* d'un chiffre est celle qu'il a quand on le considère seul. Sa valeur *relative* est celle que lui donne la place qu'il occupe. Ainsi, dans le nombre 45, la valeur absolue du premier chiffre à gauche est *quatre*, et sa valeur relative *quatre dizaines*.

Écriture des nombres entiers. — *Pour écrire un nombre entier, on commence par la gauche ; et, faisant l'appel, on écrit successivement les centaines, les dizaines et les unités de chaque classe, en remplaçant par des zéros les ordres qui manquent.*

1ᵉʳ *Ex.* : Le nombre sept millions quarante-trois mille cinq unités, s'écrit : 7.043.005.

2ᵉ *Ex.* : Le nombre quarante-trois millions mille huit unités, s'écrit : 43.001.008.

3ᵉ *Ex.* : Le nombre cinq cent huit millions un, s'écrit : 508.000.001.

Lecture des nombres entiers. — *Pour lire un nombre entier, on le partage, par la pensée, ou à l'aide de points, en tranches de trois chiffres en allant de droite à gauche* (la dernière tranche peut ne contenir qu'un ou deux chiffres). *Puis, on lit chaque tranche séparément, en commençant par la gauche, et l'on ajoute, après chaque énonciation, le nom de la classe que la tranche représente.*

1ᵉʳ *Ex.* : 50.008.004 s'énonce : cinquante millions, huit mille, quatre.

2ᵉ *Ex.* : 580.300.400.896 s'énonce : cinq cent quatre-vingts billions trois cents millions quatre cent mille huit cent quatre-vingt-seize.

N° I₂ Addition des nombres entiers. — *L'addition, définie d'une manière générale, a pour but de réunir en un seul nombre toutes les unités ou parties d'unité contenues dans plusieurs nombres donnés.*

Le résultat de cette opération se nomme *somme* ou *total*.

Le signe de l'addition est +, qu'on énonce *plus*.

L'addition des nombres entiers renferme *deux cas*.

1ᵉʳ CAS. *Pour ajouter à un nombre quelconque un nombre d'un seul chiffre, on ajoute une à une les unités du second nombre au premier.* Mais, avec un peu d'habitude, ces sortes d'additions se font d'un seul coup. Ainsi l'on dira 34 et 5, 39 ; et encore 75 et 8, 83, etc.

2ᵉ CAS. *Pour faire l'addition des nombres de plusieurs chiffres, il faut écrire ces nombres les uns au-dessous des autres, de manière que les unités du même ordre se trouvent dans une même ligne verticale. Souligner le dernier nombre pour le séparer du résultat. Puis, en commençant par la droite, additionner ensemble les chiffres de chaque colonne. Si la somme ne surpasse pas 9, l'écrire telle qu'on la trouve. Si elle surpasse 9, poser les unités et retenir les dizaines pour les joindre à la colonne suivante. Enfin, écrire la dernière somme telle qu'on l'obtient.*

Soit à additionner les nombres 7.325, 847, 9.564 et 7.328. — Je dispose ces nombres de manière que les unités soient sous les unités, les dizaines sous les dizaines, etc. :

$$
\begin{array}{r}
7\,325 \\
847 \\
9\,564 \\
7\,328 \\
\hline
25\,064
\end{array}
$$

Cela fait, j'additionne les chiffres de la première colonne, et je trouve 24 unités. Je pose les 4 unités sous la première colonne, et je retiens 2 dizaines, qui, additionnées avec les chiffres de la deuxième ligne, donnent 16 dizaines. Je pose les 6 dizaines et je retiens 1 centaine que j'ajoute à la colonne suivante, et j'ai pour troisième somme partielle 20 centaines. J'écris 0 sous les centaines, et je retiens 2 mille. Enfin, je trouve pour quatrième somme partielle 25 mille que j'écris sous les mille. J'ai ainsi pour *total* des quatre nombres proposés 25.064.

Preuve de l'addition. — On nomme *preuve* d'une opération une seconde opération qui sert à vérifier l'exactitude de la première.

Pour faire la preuve de l'addition, on additionne de bas en haut au lieu de haut en bas, et on doit trouver le même total.

N° I₅ Soustraction des nombres entiers. — *La soustraction, définie d'une manière générale, a pour but, étant donnés deux nombres, d'en trouver un troisième, qui, ajouté au plus petit, reproduise le plus grand.*

Le résultat de la soustraction se nomme : *reste, excès* ou *différence.*

Le signe de la soustraction est —, qui s'énonce *moins. Ex.* : 12 — 6 s'énonce 12 moins 6.

La soustraction des nombres entiers renferme *deux cas :*

1ᵉʳ CAS. *Lorsque le nombre à soustraire n'a qu'un chiffre et que le reste ne doit pas dépasser 9, on cherche de mémoire le nombre qui, ajouté au plus petit, reproduise le plus grand.*

Soit 7 à retrancher de 15, le reste est 8 ; parce que 8 ajouté à 7 donne 15.

2ᵉ CAS. *Lorsque les nombres proposés ont plusieurs chiffres, on place le plus petit nombre sous le plus grand, de manière que les unités de même ordre se correspondent. On souligne ensuite le plus petit nombre, pour le séparer du résultat. Puis, commençant par la droite, on soustrait chaque chiffre du plus petit nombre d'avec le chiffre correspondant du plus grand.*

Si un chiffre inférieur ne peut se soustraire du chiffre supérieur correspondant, on augmente par la pensée ce dernier de 10, et l'on ajoute alors une unité au chiffre inférieur suivant du plus petit nombre.

1ᵉʳ *Ex. :* Soustraire 7.324 de 9.575.

$$
\begin{array}{r}
9\,575 \\
7\,324 \\
\hline
2\,251
\end{array}
$$

On soustrait chaque chiffre inférieur du chiffre supérieur correspondant, toutes les soustractions sont ici possibles, et l'on a pour *reste* 2.251.

2ᵉ *Ex.* : Soustraire 379.753 de 509.247 :

$$
\begin{array}{r}
509\,247 \\
379\,753 \\
\hline
129\,494
\end{array}
$$

La soustraction des unités donne 4 pour reste. Mais, comme le chiffre 5 des dizaines ne peut se soustraire du chiffre correspondant 4 du plus grand nombre, j'augmente ce dernier de 10 ; je dis alors 5 de 14 donne 9 (que j'écris sous les dizaines), et je retiens 1 ; 1 de retenu et 7 (chiffre suivant du plus petit nombre) font 8. Continuant l'opération, il vient : 8 de 12 il reste 4 et je retiens 1, que j'ajoute à 9 du nombre inférieur ; 9 et 1 font 10, de 19 il reste 9 ; 7 et 1, 8, qui ôté de 10 donne 2 ; et enfin 4 de 5, il reste 1.— J'ai de cette manière 129.494 pour *différence* des nombres proposés.

Preuve de la soustraction. — Pour faire la preuve de la soustraction, on additionne le plus petit nombre et le reste, et l'on doit retrouver le plus grand.

Ex :

$$
\begin{array}{r}
547\,365 \\
78\,736 \\
\hline
468\,629 \\
\end{array}
$$

Preuve : 547 365

N° I₄ Multiplication des nombres entiers.— *La multiplication, définie d'une manière générale, a pour but, étant donnés deux nombres, d'en composer un troisième avec le premier, de la même manière que le second est composé avec l'unité.*

Le premier nombre est le *multiplicande;* et le second, le *multiplicateur.* Le résultat se nomme *produit.* — Le multiplicande et le multiplicateur sont les *facteurs du produit.*

D'après la définition précédente, *la multiplication des nombres entiers revient à répéter le multiplicande autant de fois qu'il y a d'unités dans le multiplicateur.*

Le signe de la multiplication est ×, qui signifie *multiplié par.* Ainsi 5 × 4 veut dire : 5 multiplié par 4.

La multiplication renferme *trois cas.*

1ᵉʳ CAS. *Les facteurs n'ont qu'un chiffre.*

La multiplication se fait alors par une addition. — Pour trouver, par exemple, le produit de 5 par 4, on ajoute successivement 5 quatre fois, et l'on obtient ainsi 20. Mais ce procédé est trop long pour la pratique, et il est indispensable d'arriver à savoir par cœur les produits des neuf premiers nombres entre eux. On se sert à cet effet de la table ci-dessous, dite *de multiplication*.

TABLE DE MULTIPLICATION.

1	2	3	4	5	6	7	8	9
2	4	6	8	10	12	14	16	18
3	6	9	12	15	18	21	24	27
4	8	12	16	20	24	28	32	36
5	10	15	20	25	30	35	40	45
6	12	18	24	30	36	42	48	54
7	14	21	28	35	42	49	56	63
8	16	24	32	40	48	56	64	72
9	18	27	36	45	54	63	72	81

Pour *construire la table précédente*, on écrit les neuf premiers nombres sur une même ligne horizontale. Puis, on ajoute chaque nombre à lui-même et on a la deuxième ligne. — En ajoutant à chaque nombre de la deuxième ligne le nombre correspondant de la première, on a la troisième. — En additionnant chaque nombre de la troisième ligne encore avec le nombre correspondant de la première, on a la quatrième ligne, et ainsi de suite.

Pour *se servir de cette table*, on cherche le multiplicande dans la première ligne horizontale et le multiplicateur dans la première ligne verticale. Le produit se trouve à la rencontre de la ligne verticale contenant le multiplicande et de la ligne horizontale contenant le multiplicateur.

2° CAS. *Le multiplicande a plusieurs chiffres et le multiplicateur un seul.*

Dans ce cas, on multiplie successivement, en commençant par la droite, les chiffres du multiplicande par le multiplicateur. — Chaque produit partiel qui n'est pas plus grand que 9 s'écrit tel qu'on le trouve. Mais s'il surpasse 9, on pose les unités et l'on retient les dizaines pour les joindre au produit suivant. Enfin, on écrit le dernier produit comme on le trouve.

Soit 537 à multiplier par 4.

$$
\begin{array}{r}
537 \\
4 \\
\hline
2\,148
\end{array}
$$

Le multiplicateur étant placé au-dessous du multiplicande, je dis : 4 fois 7 unités donnent 28, je pose les 8 unités et je retiens les 2 dizaines; 4 fois 3 dizaines donnent 12 dizaines plus 2 de retenues, 14; je pose les 4 dizaines et je retiens 1 centaine; enfin, 4 fois 5 centaines font 20 et 1 de retenue, 21; je pose 21.

3ᵉ CAS. *Les deux facteurs ont plusieurs chiffres.*

On multiplie alors le multiplicande par chaque chiffre du multiplicateur. On place d'ailleurs le premier chiffre de chaque produit partiel au rang qu'occupe le chiffre correspondant du multiplicateur qui sert à le former, et l'on fait la somme des produits partiels.

Soit 537 à multiplier par 425.

$$
\begin{array}{r}
537 \\
425 \\
\hline
2\,685 \\
10\,74 \\
214\,8 \\
\hline
228\,225
\end{array}
$$

Le multiplicateur étant placé sous le multiplicande, je multiplie d'abord 537 par le chiffre 5 des unités du multiplicateur, en suivant la règle du 2ᵉ cas, et j'ai pour produit 2.685. J'obtiens le deuxième produit partiel 1074 en multipliant 537 par le chiffre 2 des dizaines du multiplicateur, et en effectuant ce produit j'en place le premier chiffre 4 sous les dizaines du précédent. Enfin, je multiplie 537 par le chiffre 4 des centaines du multiplicande, et je mets, tout en opérant, le premier chiffre 8 du produit 2148 de cette multiplication au-dessous des centaines du premier produit. J'additionne les trois produits partiels, et j'ai enfin pour le produit des nombres proposés 228.225.

Cas particuliers de la multiplication. — 1ᵒ Pour multiplier un nombre par 10, 100, 1.000, il suffit d'écrire à la droite de ce nombre un, deux ou trois zéros.

Ainsi $837 \times 100 =^* 83\,700$

2ᵒ *Lorsque les facteurs sont terminés par des zéros*, on multiplie sans faire attention aux zéros, et l'on écrit à la droite du produit autant de zéros qu'il y en a dans les deux facteurs.

Ainsi $543.000 \times 4.200 = 2.280.600.000$

---

* Ce signe $=$ veut dire *égale*

Pour cela, je multiplie 543 par 42 ; je trouve pour produit 22806, à la droite duquel j'écris les cinq zéros qui terminent le multiplicande et le multiplicateur.

3° Le cas particulier où *le multiplicateur renferme des zéros entre ses chiffres significatifs* ne présente aucune difficulté. Il suffit de ne pas faire attention aux zéros, et de bien placer le premier chiffre de chaque produit partiel au rang des unités que représente le chiffre du multiplicateur avec lequel on opère.

$$
\begin{array}{r}
54\,006 \\
3\,009 \\
\hline
486\,054 \\
162\,018 \\
\hline
162\,504\,054
\end{array}
$$

Ex :

Dans cet exemple, il suffit de faire attention que le premier chiffre 8 du produit du multiplicande par 3 doit se trouver au-dessous des mille du premier produit partiel.

REMARQUE. *Le produit de deux nombres ne change pas quand on intervertit l'ordre des facteurs.*

Ainsi $5 \times 4 = 20$, aussi bien que 4×5.

Preuve de la multiplication. — On peut faire la preuve de la multiplication en changeant l'ordre des facteurs, et l'on doit retrouver le même produit.

$$
\text{Multiplication :}
\begin{cases}
543 \\
836 \\
\hline
3\,258 \\
16\,29 \\
434\,4 \\
\hline
453\,948
\end{cases}
\qquad
\text{Preuve :}
\begin{cases}
836 \\
543 \\
\hline
2\,508 \\
33\,44 \\
418\,0 \\
\hline
453\,948
\end{cases}
$$

La preuve de la multiplication se fait encore par la division, comme il est expliqué ci-après (n° 1₃).

N° 1₃ Division des nombres entiers. — *La division, définie d'une manière générale, a pour but, étant donnés deux nombres, l'un appelé dividende et l'autre diviseur, d'en trouver un troisième nommé quotient, qui multiplié par le diviseur reproduise le dividende.*

D'après cela, quand il s'agit de nombres entiers, on peut encore dire que *la division a pour objet de chercher combien de fois le diviseur est contenu dans le dividende,* ou bien *de partager le dividende en autant de parties égales qu'il y a d'unités dans le diviseur.*

Le signe de la division est :, ou une barre horizontale. Ainsi 24 : 6 ou $\frac{24}{6}$ veut dire 24 divisé par 6.

On ne trouve pas habituellement un nombre entier qui, multiplié par le diviseur, reproduise exactement le dividende. On cherche alors le quotient à *moins d'une unité*, c'est-à-dire le plus fort nombre entier dont le produit par le diviseur peut être contenu dans le dividende. La différence qu'on obtient en retranchant ce produit du dividende se nomme le *reste* de la division.

La division des nombres entiers renferme *trois cas*.

1er CAS. *Le diviseur n'a qu'un chiffre, et il est contenu moins de 10 fois dans le dividende.*

On trouve le quotient en cherchant, de mémoire, le plus grand nombre d'un seul chiffre qui, multiplié par le diviseur, donne un produit contenu dans le dividende.

Soit 54 à diviser par 9.

Le quotient est 6, puisque 6 fois 9 donne 54.

On pourrait encore obtenir le quotient au moyen de la table de multiplication (N° I₄).

2ᵉ CAS. *Le diviseur est un nombre de plusieurs chiffres, et il est contenu moins de 10 fois dans le dividende.*

On divise le premier ou les deux premiers chiffres à gauche du dividende par le premier chiffre à gauche du diviseur, et l'on obtient le quotient ou un chiffre trop fort. — Pour vérifier le chiffre trouvé, on multiplie le diviseur par ce chiffre, et l'on soustrait le produit du dividende. Si la soustraction est possible, on a le quotient; mais si elle ne peut se faire, on diminue le chiffre successivement d'une unité jusqu'à ce que la soustraction soit possible.

Soit 6.554 : 837.

Je place le diviseur à la droite du dividende, et je les sépare par un trait vertical. Puis, je souligne le diviseur pour le séparer du quotient, que j'écrirai au-dessous.

$$\begin{array}{r|l} 6\,554 & 837 \\ \hline 5\,859 & 7 \\ \hline 695 & \end{array}$$

Ensuite, je divise par 8 le nombre 65 formé par les deux premiers chiffres à gauche du dividende, et je trouve pour quotient 8. Mais ce chiffre est peut-être trop fort. Pour le vérifier, je multiplie tout le diviseur par 8; et comme le produit 6.696 est justement plus grand que le dividende, je reconnais que 8 est trop fort. En diminuant 8 d'une unité, je trouve que 7 est le bon chiffre, parce que le produit du diviseur par 7 est 5.859, qui peut se retrancher du dividende, — Le quotient est donc 7, et le reste 695.

Dans la pratique, on se dispense d'écrire au-dessous du dividende le produit du diviseur par le quotient, et *on fait la soustraction en même temps que la multiplication* de la manière que voici :

$$\begin{array}{r|l} 6\,554 & 837 \\ \hline 695 & 7 \end{array}$$

7 fois 7, 49, de 54 il reste 5, et je retiens 5; 7 fois 3, 21 et 5 de retenue 26, de 35 il reste 9, et je retiens 3 ; 7 fois 8, 56 et 3 de retenue 59, de 65 il reste 6. On a donc pour quotient 7 et pour reste 695.

3° CAS. *Le diviseur est quelconque, et il est contenu plus de 10 fois dans le dividende.*

Il faut prendre sur la gauche du dividende assez de chiffres pour que le diviseur y soit contenu au moins une fois et moins de dix fois, et on a ainsi le premier dividende partiel. On le divise par le diviseur en suivant la règle du 2ᵉ cas, et on obtient le premier chiffre du quotient. On multiplie ensuite le diviseur par ce chiffre, et on soustrait le produit du premier dividende partiel. A la droite du reste qui provient de cette soustraction, on abaisse le chiffre suivant du dividende, et on a le deuxième dividende partiel. On opère sur ce deuxième dividende comme sur le premier, et l'on trouve le deuxième chiffre du quotient. On continue de cette manière jusqu'à ce qu'on ait abaissé tous les chiffres du dividende.

Si le reste est zéro, la division se fait exactement. Sinon, on a le quotient à moins d'une unité.

Soit 543.635 : 835

Je dispose les nombres comme dans le 2ᵉ cas :

543 635 | 835
 42 63   651
   885
   50

Puis, je prends sur la gauche du dividende quatre chiffres, parce que 543, qui en a trois comme le diviseur 835, ne contient pas ce diviseur. J'ai donc pour premier dividende partiel 5.436, que je divise par 835. En suivant la règle du 2ᵉ cas, je trouve pour quotient 6 que j'écris au-dessous du diviseur. Je multiplie le diviseur par ce chiffre; et en retranchant le produit de 5.436, j'ai pour premier reste 426. — A la droite de ce reste j'abaisse le chiffre suivant 3 du dividende, et le nombre ainsi formé 4.263 est le deuxième dividende partiel. Divisé par 835, ce deuxième dividende donne pour quotient 5, que j'écris à la droite du chiffre 6 précédemment trouvé, et pour reste 88. — Le dernier chiffre 5 du dividende étant abaissé à la droite du reste 88, j'ai pour troisième dividende partiel 885, qui, divisé par 835, donne 1 pour quotient que j'écris à la droite de 5, et pour reste 50. — Le quotient cherché à moins d'une unité est donc 651, et le reste 50.

Cas particuliers de la division. — 1° *Lorsque le diviseur n'a qu'un seul chiffre*, on se dispense d'écrire les restes sous les dividendes partiels. Ainsi, en remarquant que diviser un nombre par 7, par exemple, revient à en prendre le 7ᵉᵐᵉ, on procède comme il suit :

Soit 34.548 à diviser par 7.

Dividende. 34 548
Quotient. 4 935
Reste. 3

Le 7ième de 34 est 4 pour 28, il reste 6 ; le 7ième de 65 est 9 pour 63, il reste 2 ; le 7^{ièm} de 24 est 3 pour 21, il reste 3 ; enfin le 7ième de 38 est 5 pour 35, et il reste 3. On a ainsi 4.935 pour quotient et 3 pour reste.

2° *Pour diviser par* 10, 100 *ou* 1.000 *un nombre terminé par des zéros*, on supprime un, deux ou trois zéros sur la droite de ce nombre.

Ex. : 3.545.000 : 100 = 35.450.

3° *Lorsque le dividende et le diviseur sont terminés par des zéros, on supprime le même nombre de zéros aux deux termes.* — Le quotient ne change pas; mais on doit écrire à la droite du reste les zéros supprimés à chacun des termes.

Soit 374.000 à diviser par 4.500, on barre deux zéros à chaque terme, et l'on divise 3.740 par 45 :

```
374 000 | 4500 .
    14 0   83
      500
```

On trouve 83 pour le quotient cherché ; et en ajoutant deux zéros à la droite du reste 5 de la division simplifiée, on a 500 pour reste de la division des deux nombres proposés.

REMARQUES. 1° Dans une division partielle, *on ne peut jamais mettre plus de 9 au quotient.*

2° *Chaque reste doit toujours être moindre que le diviseur*, sinon cela prouverait qu'on a mis un chiffre trop faible au quotient.

3° *Lorsqu'un dividende partiel ne contient pas le diviseur*, on met un zéro au quotient, on abaisse le chiffre suivant du dividende et l'on continue la division.

Preuve de la division. — *Pour faire la preuve de la division, on multiplie le diviseur par le quotient, on ajoute le reste à ce produit, et l'on doit retrouver le dividende.*

```
Ex. :      Division.                  Preuve.
        54 367 | 643                    643
         2 927   84                      84
           355                         2 572
                                       51 44
                          Reste :        355
                                       54 367
```

RÉCIPROQUEMENT. Au lieu d'agir comme au n° I$_4$, on peut faire la *preuve de la multiplication par la division* en divisant le produit par l'un des facteurs ; on doit retrouver l'autre facteur *exactement.* — Par conséquent, *si la division bien opérée donne un reste, la multiplication est mal faite.*

```
   Multiplication.               Preuve.
        537                 234 132 | 436
        436                  16 13    537
      3 222                  3 052
     16 11                    000
    214 8
    234 132
```

N° II. — 1. Numération ; écriture et lecture des fractions ; conversion réciproque des expressions fractionnaires en nombres fractionnaires. — 2. Simplification des fractions. — 3. Réduction des fractions au même dénominateur ; comparaison des fractions. — 4. Addition et soustraction des fractions. — 5. Multiplication des fractions. Fractions d'entiers et de fractions. — 6. Division des fractions.

N° II, Numération, écriture et lecture des fractions. —

Une *fraction* est une ou plusieurs parties égales de l'unité.

Une fraction s'exprime au moyen de deux nombres appelés *termes de la fraction*, et distingués entre eux sous la désignation de *numérateur* et de *dénominateur*.

Le numérateur indique combien la fraction renferme de parties de l'unité, et le dénominateur exprime en combien de parties égales l'unité est divisée.

Pour écrire une fraction, on écrit le numérateur au-dessus du dénominateur, et l'on sépare ces deux termes par un trait. Ex. : $\frac{5}{7}$.

Pour lire ou énoncer une fraction, on énonce le numérateur, puis le dénominateur qu'on fait suivre de la terminaison *ième*. — Ainsi $\frac{5}{7}$ se prononce cinq septièmes.

Toutefois lorsque le dénominateur est 2, 3 ou 4, l'usage a prévalu de dire : *demi, tiers, quart*.

Remarques. Si le numérateur est *moindre* que le dénominateur, la fraction est moindre que l'unité ; et c'est *une fraction proprement dite*. Telle est $\frac{5}{7}$.

Si les deux termes sont *égaux* la fraction est égale à l'unité. Ex. : $\frac{7}{7}$.

Si le numérateur est *plus grand* que le dénominateur, elle surpasse l'unité, et elle prend le nom d'*expression fractionnaire*. Ex. : $\frac{12}{7}$.

Un nombre entier accompagné d'une fraction est un *nombre fractionnaire*. Tel est $6 + \frac{3}{7}$.

Si deux fractions ont le *même dénominateur*, la plus grande est celle qui a le plus grand numérateur. Ainsi $\frac{5}{7}$ est plus grand que $\frac{3}{7}$.

Si deux fractions ont le *même numérateur*, la plus grande est celle qui a le plus petit dénominateur. Ainsi $\frac{5}{7}$ est plus grande que $\frac{5}{11}$.

Conversion réciproque des expressions fractionnaires en nombres fractionnaires. —

Si, dans une expression fractionnaire, on divise le numérateur par le dénominateur, le quotient exprimera les entiers contenus dans cette expression. Puis, si l'on ajoute à ce quotient une fraction ayant pour numérateur le reste et pour dénominateur celui de ladite expression fractionnaire, on aura converti cette expression en nombre fractionnaire.

Soit à opérer sur $\frac{45}{7}$. On divise 45 par 7, on a pour quotient 6 et pour reste 3 ; et il vient : $\frac{45}{7} = 6 + \frac{3}{7}$.

RÉCIPROQUEMENT. Pour transformer un nombre entier en expression fractionnaire, on multiplie l'entier par le dénominateur donné. Puis on fait de ce produit le numérateur d'une expression fractionnaire ayant pour dénominateur le dénominateur donné.

Ex. :   Transformer 9 en septièmes. — On a : $9 = \frac{9 \times 7}{7} = \frac{63}{7}$.

Lorsque le nombre entier est accompagné d'une fraction, on ajoute le numérateur de la fraction au produit de l'entier par le dénominateur ; et à la somme ainsi obtenue, on donne pour dénominateur celui de la fraction.

Ainsi $9 + \frac{5}{7} = \frac{9 \times 7 + 5}{7} = \frac{63 + 5}{7} = \frac{68}{7}$.

REMARQUE. On peut *compléter* le quotient de la division de deux nombres entiers, en ajoutant à la partie entière obtenue une fraction ayant pour numérateur le reste et pour dénominateur le diviseur.

Ex. : 127 : 15

$$\begin{array}{c|c} 127 & 15 \\ 7 & 8 + \frac{7}{15} \end{array}$$

On trouve pour quotient entier 8, et pour reste 7. Le quotient complet est alors $8 + \frac{7}{15}$.

N° II₂ Simplification des fractions. — PRINCIPE. *On peut, sans altérer la valeur d'une fraction, multiplier ou diviser les deux termes par un même nombre.*

Ainsi $\frac{5}{7} = \frac{5 \times 4}{7 \times 4} = \frac{20}{28}$; et $\frac{15}{35} = \frac{15 : 5}{35 : 5} = \frac{3}{7}$.

On se sert de ce principe : 1° pour simplifier une fraction ; 2° pour réduire les fractions au même dénominateur.

On simplifie une fraction en divisant ses deux termes par un même nombre. Pour diminuer les tâtonnements, il est bon de faire usage des caractères de divisibilité suivants :

1° *Un nombre est divisible par* 2, lorsqu'il est terminé par un zéro ou par un chiffre pair. (Les chiffres pairs sont les chiffres divisibles par 2, c'est-à-dire 2, 4, 6, 8.) — D'après cela, 7.350 et 7.356 sont divisibles exactement par 2.

2° *Un nombre est divisible par* 5, lorsqu'il est terminé par un zéro ou par un 5. — *Ex. :* 7.370 et 7.375.

3° *Un nombre est divisible par 3 ou par 9, lorsque la somme de ses chiffres est divisible elle-même par 3 ou par 9.* — Ainsi, 7.212 est divisible par 3, parce que la somme de ses chiffres, $7 + 2 + 1 + 2 = 12$, est divisible par 3. — De même 7.344 est divisible par 9, parce que la somme 18 de ses chiffres est divisible par 9.

1ᵉʳ *Ex.* : Simplifier $\dfrac{5\,436}{7\,254}$. — Les deux termes sont divisibles par 2, et l'on a $\dfrac{5\,436:2}{7\,254:2} = \dfrac{2\,718}{3\,627}$. On voit ensuite qu'on peut diviser les deux nouveaux termes par 9, et il vient $\dfrac{2\,718:9}{3\,627:9} = \dfrac{302}{403}$. La fraction simplifiée est donc $\dfrac{302}{403}$.

2ᵉ *Ex.* : Simplifier $\dfrac{735}{840}$. — En divisant les deux termes successivement par 3 et par 5, on a : $\dfrac{735}{840} = \dfrac{245}{280} = \dfrac{49}{56}$. On reconnaît ensuite que 49 et 56 sont aussi divisibles par 7, et on trouve enfin pour fraction simplifiée $\dfrac{7}{8}$.

N° II₃ Réduction des fractions au même dénominateur. — *Pour réduire plusieurs fractions au même dénominateur, on multiplie les deux termes de chaque fraction par le produit effectué des dénominateurs de toutes les autres.*

Soient d'abord deux fractions $\dfrac{5}{7}$ et $\dfrac{8}{9}$. Dans ce cas simple, il suffit de multiplier les deux termes de chacune par le dénominateur de l'autre ; il vient :

$$\frac{5}{7} = \frac{5 \times 9}{7 \times 9} = \frac{45}{63} \; ; \; \text{et} \; \frac{8}{9} = \frac{8 \times 7}{9 \times 7} = \frac{56}{63}.$$

Soient, en second lieu, les quatre fractions :

$$\frac{2}{3}, \quad \frac{3}{5}, \quad \frac{5}{7}, \quad \frac{7}{8}.$$

On écrit, au-dessous de chaque fraction, le produit des dénominateurs de toutes les autres :

$$\frac{2}{3} \qquad \frac{3}{5} \qquad \frac{5}{7} \qquad \frac{7}{8}$$
$$5 \times 7 \times 8 = 280 \quad 3 \times 7 \times 8 = 168 \quad 3 \times 5 \times 8 = 120 \quad 3 \times 5 \times 7 = 105$$

En multipliant les deux termes de chaque fraction par le produit placé au-dessous de cette fraction, on trouve :

$$\frac{2 \times 280}{3 \times 280} = \frac{560}{840} ; \quad \frac{3 \times 168}{5 \times 168} = \frac{504}{840} ; \quad \frac{5 \times 120}{7 \times 120} = \frac{600}{840} ; \quad \frac{7 \times 105}{8 \times 105} = \frac{735}{840}.$$

Du reste, une fois qu'on **a** obtenu les *deux premiers* dénominateurs communs, et qu'on est ainsi sûr de ne pas s'être trompé, on peut se dispenser de calculer les autres dénominateurs.

Remarque. Lorsque certains dénominateurs des fractions données contiennent des facteurs communs, c'est-à-dire sont divisibles par le même nombre, l'opération se simplifie de la manière suivante :

Soient les fractions $\dfrac{5}{6}$, $\dfrac{11}{30}$, $\dfrac{7}{8}$, $\dfrac{2}{9}$.

On prend le plus grand dénominateur, 30, qui est égal à $2 \times 3 \times 5$, et l'on cherche quels sont les facteurs des autres dénominateurs qu'il contient.

$6 = 2 \times 3$; ce dénominateur est contenu dans 30 ; il n'y a pas à s'en occuper.

$8 = 2 \times 2 \times 2 = 2 \times 4$; 30 ne contient que le facteur 2 ; mais 30×4 contiendra le dénominateur 8.

$9 = 3 \times 3$; le produit 30×4 contient un facteur 3 ; si l'on en met un second, le produit $30 \times 4 \times 3 = 360$ contiendra le dénominateur 9.

Le nombre 360 ainsi formé pouvant être exactement divisé par chacun des dénominateurs, on effectue ces divisions et l'on place le quotient au-dessous de la fraction correspondante :

$$\dfrac{5}{6} \qquad \dfrac{11}{30} \qquad \dfrac{7}{8} \qquad \dfrac{2}{9}$$
$$360 : 6 = 60 \qquad 360 : 30 = 12 \qquad 360 : 8 = 45 \qquad 360 : 9 = 40.$$

On multiplie ensuite les deux termes de chaque fraction par le quotient correspondant :

$$\dfrac{5 \times 60}{6 \times 60} = \dfrac{300}{360} ; \quad \dfrac{11 \times 12}{30 \times 12} = \dfrac{132}{360} ; \quad \dfrac{7 \times 45}{8 \times 45} = \dfrac{315}{360} ; \quad \dfrac{2 \times 40}{9 \times 40} = \dfrac{80}{360}.$$

Comparaison des fractions. — Pour reconnaître quelle est la plus grande de plusieurs fractions données, on les réduit au même dénominateur ; et la fraction cherchée est celle qui a le plus fort numérateur.

Ex. : Quelle est la plus grande des fractions $\dfrac{5}{7}$ et $\dfrac{13}{20}$? — On trouve, en les réduisant au même dénominateur :

$$\dfrac{5}{7} = \dfrac{100}{140}, \quad \text{et} \quad \dfrac{13}{20} = \dfrac{91}{140}.$$

Comme 100 est plus grand que 91, on voit que $\dfrac{5}{7}$ vaut plus que $\dfrac{13}{20}$. Pour voir de combien la première de ces fractions surpasse la seconde, il faudrait faire la soustraction (n° 11,).

N° 11, Addition des fractions. — *Pour additionner des fractions ayant même dénominateur, on additionne les numérateurs entre eux, et l'on* *donne à la somme le dénominateur commun.* — On peut ensuite extraire les entiers contenus dans la somme.

Ex. :
$$\frac{5}{7} + \frac{3}{7} + \frac{2}{7} + \frac{6}{7} = \frac{16}{7} = 2 + \frac{2}{7}.$$

Si les fractions ont des dénominateurs différents, on les réduit au même dénominateur. Puis on suit la règle précédente. Au surplus, il est bon de simplifier les fractions avant d'opérer leur réduction au même dénominateur.

Ex. : Additionner
$$\frac{5}{7}, \quad \frac{3}{4}, \quad \frac{7}{12}, \quad \frac{2}{3}, \quad \frac{11}{35}.$$

On dispose ainsi toute l'opération :

Dénominateur commun $= 7 \times 4 \times 12 \times 3 \times 35 = 35.280$

$\frac{5}{7}$	$5 \times 4 \times 12 \times 3 \times 35 = 25\,200$	
$\frac{3}{4}$	$3 \times 7 \times 12 \times 3 \times 35 = 26\,460$	
$\frac{7}{12}$	$7 \times 7 \times 4 \times 3 \times 35 = 20\,580$	Nouveaux numérateurs.
$\frac{2}{3}$	$2 \times 7 \times 4 \times 12 \times 35 = 23\,520$	
$\frac{11}{35}$	$11 \times 7 \times 4 \times 12 \times 3 = 11\,088$	

Somme des nouveaux numérat. : $106\,848$ | $35\,280$

$01\,008$ | 3 — Résultat : $3 + \dfrac{1\,008}{35\,280} = 3 + \dfrac{1}{35}.$

En appliquant la méthode exposée dans la remarque précédente, on aurait :

Dénominateur commun $= 12 \times 35 = 420$

$\frac{5}{7}$	$420 : 7 = 60$	$5 \times 60 = 300$	
$\frac{3}{4}$	$420 : 4 = 105$	$3 \times 105 = 315$	
$\frac{7}{12}$	$420 : 12 = 35$	$7 \times 35 = 245$	Nouveaux numérateurs.
$\frac{2}{3}$	$420 : 3 = 140$	$2 \times 140 = 280$	
$\frac{11}{35}$	$420 : 35 = 12$	$11 \times 12 = 132$	

Somme des nouveaux numérateurs : $1\,272$ | 420

12 | 3 — Résultat : $3 + \dfrac{12}{420} = 3 + \dfrac{1}{35}.$

— *Pour additionner des nombres fractionnaires, on fait d'abord la somme des fractions. Puis, on extrait les entiers contenus dans cette somme, et on les ajoute aux entiers des nombres proposés.*

Ex. :   Additionner $8 + \dfrac{5}{7}$, $9 + \dfrac{3}{4}$, $14 + \dfrac{3}{5}$ et 7.

Dénominateur commun 140.

1ᵉʳ num. $5 \times 4 \times 5 = 100$
2ᵉ num. $3 \times 7 \times 5 = 105$
3ᵉ num. $3 \times 7 \times 4 = \ 84$

Somme des num. $= 289 \ | \ 140$
                       $9 \ | \ 2$

entiers $\left\{ \begin{array}{c} 8 \\ 9 \\ 14 \\ 7 \end{array} \right.$

Somme des fractions seules $2 + \dfrac{9}{140}$.

Total général : $40 + \dfrac{9}{140}$.

Soustraction des fractions. — *Pour soustraire des fractions ayant même dénominateur, il faut soustraire les numérateurs et donner au reste le dénominateur commun.*

Ex. : $\dfrac{7}{11} - \dfrac{3}{11} = \dfrac{4}{11}$.

Si les fractions ont des dénominateurs différents, on les réduit au même dénominateur, et on suit la règle précédente.

Ex. : $\dfrac{5}{12} - \dfrac{2}{7} = \dfrac{35}{84} - \dfrac{24}{84} = \dfrac{11}{84}$.

— Pour faire la soustraction des nombres fractionnaires, on soustrait séparément les fractions et les entiers. — Si la soustraction des fractions n'est pas possible, on ajoute à la plus petite fraction une unité qu'on réduit en fraction de même espèce. En même temps, on diminue d'une unité la partie entière du plus grand nombre.

1ᵉʳ *Ex.* : $\left(18 + \dfrac{7}{8} \right) - \left(6 + \dfrac{3}{11} \right)$*   2ᵉ *Ex.* : $\left(18 + \dfrac{5}{8} \right) - \left(6 + \dfrac{8}{11} \right)$

$18 + \dfrac{7}{8} = 18 + \dfrac{77}{88}$ $18 + \dfrac{5}{8} = 18 + \dfrac{55}{88} = 17 + \dfrac{143}{88}$

$6 + \dfrac{3}{11} = \ 6 + \dfrac{24}{88}$ $6 + \dfrac{8}{11} = \ \ldots \ldots 6 + \dfrac{64}{88}$

Reste $= 12 + \dfrac{53}{88}$ Reste $= 11 + \dfrac{79}{88}$

---

* Le signe $(\ \ )$ que l'on nomme parenthèse, indique que c'est la somme $6 + \dfrac{3}{11}$ qu'il faut retrancher de $8 + \dfrac{7}{8}$ et non pas seulement 6.

b

Dans le premier exemple, on peut soustraire séparément les fractions et les entiers. Il n'y a donc aucune difficulté. — Mais, dans le deuxième, $\frac{55}{88}$ étant moindre que $\frac{64}{88}$, on ajoute à la première fraction une unité, qui vaut $\frac{88}{88}$ et on a ainsi $\frac{143}{88}$. On en soustrait $\frac{64}{88}$, et l'on trouve $\frac{79}{88}$ pour différence. On diminue ensuite d'une unité la partie entière du plus grand nombre, qui devient ainsi 17 dont on retranche 6. On obtient de la sorte pour le reste cherché, $11 + \frac{79}{88}$.

N° II₅ Multiplication des fractions. — La multiplication des fractions renferme *trois cas*.

1er CAS. *Pour multiplier une fraction par un nombre entier, ou un nombre entier par une fraction, il faut multiplier le numérateur de la fraction par le nombre entier, et conserver le dénominateur.*

1er Ex. :
$$\frac{7}{9} \times 8 = \frac{7 \times 8}{9} = \frac{56}{9} = 6 + \frac{2}{9}.$$

2e Ex. :
$$12 \times \frac{7}{11} = \frac{12 \times 7}{11} = \frac{84}{11} = 7 + \frac{7}{11}.$$

2e CAS. *Pour multiplier deux fractions l'une par l'autre, il faut multiplier les deux fractions terme à terme.*

Ex. :
$$\frac{12}{13} \times \frac{5}{7} = \frac{12 \times 5}{13 \times 7} = \frac{60}{91}.$$

3e CAS. *Pour multiplier des nombres fractionnaires, on réduit ces nombres en expressions fractionnaires en transformant les entiers en fractions. Puis, on suit les règles précédentes.*

1er Ex. :
$$\left(5 + \frac{4}{7}\right)^{*} \times 8 = \frac{39}{7} \times 8 = \frac{39 \times 8}{7} = \frac{312}{7} = 44 + \frac{4}{7}.$$

2e Ex. :
$$9 \times \left(3 + \frac{2}{5}\right) = 9 \times \frac{17}{5} = \frac{9 \times 17}{5} = \frac{153}{5} = 30 + \frac{3}{5}.$$

3e Ex. :
$$\left(3 + \frac{2}{5}\right) \times \left(4 + \frac{1}{2}\right) = \frac{17}{5} \times \frac{9}{2} = \frac{17 \times 9}{5 \times 2} = \frac{153}{10} = 15 + \frac{3}{10}.$$

REMARQUE. Lorsqu'un des facteurs d'un produit est une fraction moindre que l'unité, le produit est moindre que l'autre facteur. C'est ce que l'on reconnaît dans les exemples des deux premiers cas ci-desssus.

---

* La parenthèse indique que c'est la somme $5 + \frac{4}{7}$ qu'il faut multiptier par 8 et non pas seulement $\frac{4}{7}$. Le plus souvent, avec la parenthèse le signe $\times$ est supprimé.

Fractions d'entiers et de fractions. — Pour prendre des fractions d'entiers ou de fractions, il suffit d'appliquer les règles précédentes de la multiplication.

1er *Ex.* : Prendre les $\frac{2}{3}$ de 4, c'est évidemment multiplier 4 par $\frac{2}{3}$. On a donc pour le résultat demandé : $4 \times \frac{2}{3} = \frac{8}{3}$.

2e *Ex.* : Prendre les $\frac{5}{7}$ de $\frac{3}{4} = \frac{3}{4} \times \frac{5}{7}$ ou $\frac{5}{7} \times \frac{3}{4} = \frac{15}{28}$.

3e *Ex.* : Prendre les $\frac{3}{4}$ des $\frac{5}{6}$ des $\frac{7}{8}$ de $48 = \frac{3}{4} \times \frac{5}{6} \times \frac{7}{8} \times 48 = \frac{3 \times 5 \times 7 \times 48}{4 \times 6 \times 8}$

$= \frac{5040}{192} =$ (en simplifiant) $\frac{105}{4} = 26 + \frac{1}{4}$.

N° II$_6$ Division des fractions. — La division des fractions renferme *trois cas*.

1er CAS. *Pour diviser une fraction par un nombre entier, il faut multiplier le dénominateur par le nombre entier, et conserver le numérateur.*

1er *Ex.* : $\qquad \frac{5}{7} : 4 = \frac{5}{7 \times 4} = \frac{5}{28}$.

2e *Ex.* : $\qquad \frac{32}{45} : 3 = \frac{32}{45 \times 3} = \frac{32}{135}$.

2e CAS. *Pour diviser un nombre entier ou une fraction par une fraction, il faut multiplier le dividende par la fraction diviseur renversée.*

1er *Ex.* : $\qquad 4 : \frac{7}{9} = 4 \times \frac{9}{7} = \frac{4 \times 9}{7} = \frac{36}{7} = 5 + \frac{1}{7}$

2e *Ex.* : $\qquad \frac{4}{5} : \frac{7}{9} = \frac{4}{5} \times \frac{9}{7} = \frac{4 \times 9}{5 \times 7} = \frac{36}{35} = 1 + \frac{1}{35}$.

3e CAS. *Pour diviser des nombres fractionnaires, on réduit ces nombres en expressions fractionnaires. Puis, on suit les règles précédentes.*

1er *Ex.* : $\qquad \left(1 + \frac{5}{7}\right) : 4 = \frac{12}{7} : 4 = \frac{12}{7 \times 4} = \frac{12}{28} = \frac{3}{7}$.

2e *Ex.* : $\qquad 4 : \left(2 + \frac{1}{5}\right) = 4 : \frac{11}{5} = \frac{4 \times 5}{11} = \frac{20}{11} = 1 + \frac{9}{11}$.

3e *Ex.* : $\qquad \left(4 + \frac{1}{2}\right) : \left(3 + \frac{1}{3}\right) = \frac{9}{2} : \frac{10}{3} = \frac{9}{2} \times \frac{3}{10} = \frac{27}{20} = 1 + \frac{7}{20}$.

REMARQUE. Dans toute division, lorsque le diviseur est une fraction, le quotient est plus grand que le dividende, comme on le voit dans tous les exemples du 2e cas.

N° III. — 1. **Numération, lecture et écriture des nombres décimaux.** — 2. **Addition et soustraction des nombres décimaux; preuve.** — 3. **Multiplication des nombres décimaux; preuve.** — 4. **Division des nombres décimaux; preuve.** — 5. **Obtention des quotients avec des décimales.** — 6. **Transformation des fractions ordinaires en fractions décimales.**

N° III₁ Numération des nombres décimaux. — *On appelle nombre décimal, un nombre qui contient des parties de l'unité de dix en dix fois plus faible.* — Lorsque le nombre n'a pas de partie entière, il prend le nom de *fraction décimale*.

Dans la numération qui nous occupe, l'unité est divisée en dix parties égales appelées *dixièmes;* chaque dixième, en dix *centièmes;* chaque centième, en dix *millièmes*, et ainsi de suite.

D'autre part, on convient toujours, suivant le principe du N° I₁, que tout chiffre écrit à la droite d'un autre exprime des unités dix fois plus faibles que celles que représente cet autre. Si donc on indique par une virgule la place des unités simples, et qu'on écrive à la droite de ce signe plusieurs chiffres, le premier vaudra des dixièmes, le second des centièmes, le troisième des millièmes, etc.

Lecture des nombres décimaux. — On peut énoncer un nombre décimal de trois manières :

1° *On énonce la partie entière, puis successivement chaque chiffre décimal, en donnant à chacun le nom des parties de l'unité qu'il représente.*

Ainsi 35,748 peut s'énoncer 35 unités, 7 dixièmes, 4 centièmes et 8 millièmes.

2° *On énonce la partie entière, puis l'ensemble des chiffres décimaux comme un nombre entier, en ajoutant le nom des parties décimales que représente le dernier chiffre.*

Ainsi 35,748 peut s'énoncer 35 unités 748 millièmes.

3° *Enfin, on peut énoncer tout le nombre comme un nombre entier en négligeant la virgule, et en ajoutant le nom des parties décimales que représente le dernier chiffre à droite.*

Ainsi 35,748 peut s'énoncer 35.748 millièmes.

Remarque. Un nombre décimal est égal à une fraction ordinaire ayant pour numérateur le nombre entier que l'on obtient en supprimant la virgule, et pour dénominateur un nombre formé de l'unité suivie d'autant de zéros qu'il y a de chiffres décimaux

$$\text{Par ex. : } 5{,}375 = \frac{5\,375}{1\,000}.$$

Le rang du dernier chiffre décimal, est indiqué par le nombre de zéros du dénominateur de la fraction ordinaire égale à la fraction décimale, ou au nombre décimal donné.

Écriture des nombres décimaux. — Nous distinguerons deux cas :

1° *Pour écrire un nombre décimal, dans lequel la partie entière et la partie décimale sont énoncées séparément, on écrit d'abord la partie entière, et on place à sa droite une virgule. Puis, on écrit à la suite la partie décimale comme un nombre entier, en donnant au dernier chiffre la place qui convient aux unités décimales énoncées.* On est souvent conduit ainsi à intercaler des zéros entre la virgule et le premier chiffre significatif à gauche de la partie décimale.

Ex. : 35 unités 325 dix-millièmes s'écrit 35,032 5, puisque les dix-millièmes doivent occuper la quatrième place à la droite de la virgule.

2° *Lorsque le nombre ne contient pas de partie entière, ou que la partie entière et la partie décimale sont énoncées comme ne formant qu'un tout, on écrit le nombre énoncé comme un nombre entier. Puis, on sépare sur la droite un nombre de chiffres suffisant pour que le dernier chiffre exprime l'unité décimale énoncée.*

1ᵉʳ *Ex.* : Écrire 7.328 dix-millionièmes. — Comme le dénominateur dix millions contient *sept* zéros, je sépare de droite à gauche *sept* chiffres par une virgule, et j'ai 0,000 732 8.

2ᵉ *Ex.* : Écrire 46.328 dix-millièmes. — Comme le dénominateur dix mille contient 4 zéros, je sépare 4 chiffres, et j'ai 4,632 8.

Remarque. *Si dans un nombre décimal, on avance la virgule de un, deux ou trois rangs vers la droite, on multiplie ce nombre par 10, 100 ou 1.000, c'est-à-dire par l'unité suivie d'autant de zéros qu'on a fait parcourir de rangs à la virgule.* — Par exemple, en avançant la virgule de deux rangs vers la droite du nombre 25,438, on a 2 543,8, nombre 100 fois plus grand que le précédent.

Au contraire, si l'on avance la virgule d'un, deux ou trois rangs vers la gauche, on divise le nombre décimal par 10, 100 ou 1.000. Ex. : 0,25438 est 100 fois plus petit que 25,438.

On peut, sans altérer la valeur d'un nombre décimal, écrire ou supprimer à sa droite autant de zéros que l'on veut. Ainsi, 15,456 = 15,456 00.

N° III₂ Addition des nombres décimaux. — *Pour additionner les nombres décimaux, on écrit ces nombres les uns au-dessous des autres, de manière que les unités de même ordre se correspondent. Puis, on suit la règle de l'addition des nombres entiers, et on place dans la somme, une virgule au-dessous de celles des nombres proposés.*

$$\begin{array}{r} Ex. : \quad 12,43 \\ 5,275 \\ 6,7 \\ 8,543\,6 \\ \hline 32,948\,6 \end{array}$$

Soustraction des nombres décimaux. — *Pour soustraire des nombres décimaux, on écrit le plus petit nombre sous le plus grand, de ma-*

nière que les unités de même ordre se correspondent. On complète ensuite, s'il est nécessaire, les décimales du plus grand nombre, en ajoutant à sa droite assez de zéros pour qu'il ait autant de chiffres décimaux que le plus petit. Puis, on suit la règle de la soustraction des nombres entiers, et on place dans le reste, la virgule au-dessous de celles des nombres proposés.

Ex. :   35,784 00
                                17,693 25
                                ─────────
                                18,090 75

Preuve :   35,784 00

Preuve. Les preuves de l'addition et de la soustraction des nombres décimaux se font absolument de la même manière que pour les nombres entiers.

N° III₃ Multiplication des nombres décimaux. — *Pour obtenir le produit de deux nombres décimaux, il faut effectuer la multiplication sans avoir égard à la virgule ; puis séparer, sur la droite de ce produit, autant de chiffres décimaux qu'il y en a dans les deux facteurs réunis.*

Ex. :   5,435
                                  2,43
                                 ──────
                                 16305
                                 2,1740
                                 10,870
                                 ──────
                                 13,20705

Comme le multiplicande a *trois chiffres* décimaux et le multiplicateur *deux*, j'en sépare *cinq* au produit.

Remarque. Lorsque le produit n'a pas autant de chiffres qu'il y a de décimales dans les deux facteurs réunis, on écrit à sa gauche assez de zéros pour pouvoir séparer le nombre voulu de chiffres décimaux, en ayant soin de placer un zéro à gauche de la virgule pour remplacer les unités simples.

Ex. :   0,0735
                                 0,057
                                ───────
                                  5145
                                  3675
                                ───────
                                 0,0041895

Le multiplicande ayant *quatre chiffres* décimaux et le multiplicateur *trois*, j'écris, à gauche du produit obtenu en négligeant les virgules, assez de zéros pour que je puisse séparer *sept* chiffres décimaux.

Preuve. La preuve se fait, comme pour les nombres entiers, *en changeant l'ordre des facteurs.*

N° III₄ Division des nombres décimaux. — La division des nombres décimaux renferme *deux cas.*

1ᵉʳ CAS. *Lorsque le diviseur est un nombre entier, il faut effectuer la division en négligeant la virgule du dividende, et on opère comme sur des nombres entiers ; mais, aussitôt qu'on abaisse les dixièmes du dividende, on place une virgule au quotient.* — Si le diviseur surpasse la partie entière du dividende, on met tout de suite au quotient un zéro suivi d'une virgule, et on continue l'opération en considérant cette partie entière comme un dividende partiel dans une division ordinaire.

Soit 325,748 à diviser par 54.

```
325,748 | 54
  1 74    6,032
  128
   20
```

On trouve 6,032 pour quotient.

Soit encore à diviser 27,8341 par 913.

```
27,8341 |913
  4441   0,0304
   789
```

On trouve 0,030 4 pour quotient.

2ᵉ CAS. *Lorsque le diviseur n'est pas un nombre entier, on y supprime la virgule, et on l'avance vers la droite du dividende (en ajoutant à cette droite des zéros s'il est nécessaire) d'autant de rangs que le diviseur avait de chiffres décimaux.* On est ainsi ramené au cas précédent.

$$Ex. : \quad 35{,}74367 : 0{,}543 \quad = 35743{,}67 : 543$$
$$35{,}74 \quad : 2{,}5436 \quad = 357400 \quad : 25436$$
$$0{,}35436 : 0{,}00743 = 35436 \quad : 743$$

Le premier de ces exemples conduit à la division d'un nombre décimal par un nombre entier, et les deux autres à des divisions de nombres entiers.

Preuve. *La preuve de la division des nombres décimaux, se fait comme celle des nombres entiers ; en ajoutant le reste au produit du diviseur par le quotient on doit retrouver le dividende.*

N° III₅ Obtention des quotients avec des décimales. — *Pour obtenir un quotient avec des décimales, on rend d'abord le diviseur entier, s'il ne l'est pas déjà, en agissant comme il est dit au deuxième cas du n° III₄. Puis on écrit, en y ajoutant des zéros s'il est nécessaire, le dividende avec autant de chiffres décimaux qu'on en veut au quotient. Enfin, on divise d'après la règle du premier cas dudit n° III₄.* — Toutefois, si l'on est conduit à ajouter des zéros au dividende, il est plus simple de les écrire *un à un* à la droite des restes successifs, jusqu'à ce qu'on ait au quotient le nombre de chiffres décimaux demandé.

1ᵉʳ *Ex.* : Trouver le quotient de 54,743 65 par 12 à moins d'un millième. — On néglige les deux derniers chiffres décimaux du dividende, et en divisant 54,743 par 12, on a pour quotient à moins d'un millième 4,561.

2ᵉ *Ex.* : Trouver le quotient de 0,543 674 par 0,843 à moins d'un dix-millième. — On rend d'abord le diviseur entier par le déplacement des virgules, et l'on a ainsi 543,674:843. Comme le nouveau dividende ne contient plus que des millièmes, on ajoute un zéro à la droite du dernier reste, et l'on trouve pour quotient 0,6449.

3ᵉ *Ex.* : Trouver à moins d'un millième le quotient de 743 par 85. — Après avoir divisé 743 par 85 et trouvé le quotient entier 8, on écrit un zéro à la droite de chacun des trois restes successifs qu'on obtient en continuant la division. On parvient ainsi à 8,741 pour le quotient demandé.

4ᵉ *Ex.* : Trouver à moins d'un millième le quotient de 3 635,87 par 2 500. — On peut supprimer les deux zéros du diviseur et reculer la virgule de deux rangs vers la gauche du dividende. En agissant ainsi l'on ne change pas le quotient, et l'on est alors conduit à diviser 36,358 par 25, ce qui donne pour le quotient demandé à moins d'un millième 1,454.

D'après ce dernier exemple, on voit qu'*on peut toujours ramener le diviseur à être un nombre entier non terminé par des zéros.*

N° III₆ Transformation des fractions ordinaires en fractions décimales et réciproquement. — *Pour transformer une fraction ordinaire en décimale, il suffit de diviser le numérateur par le dénominateur et d'évaluer le quotient en décimales, d'après la règle précédente.*

Ainsi, pour transformer $\frac{5}{7}$ en millièmes, j'écris trois zéros à la droite du 5 et je divise par 7; ou j'écris successivement les zéros à la droite des restes.

$$\begin{array}{c|l} 5,0 & 7 \\ \hline 10 & 0,714 \\ 30 & \\ 2 & \end{array}$$

Je trouve ainsi que $\frac{5}{7} = 0,714$ à moins d'un millième près.

Si l'on applique cette règle aux fractions $\frac{11}{40}$, $\frac{7}{11}$, $\frac{37}{88}$, on voit que

$$\frac{11}{40} = 0,275, \qquad \frac{7}{11} = 8,636363...., \qquad \frac{37}{88} = 0,4204545.....$$

En poussant la division sans s'imposer de limite, on remarque que la première des fractions se réduit exactement en décimales. Mais les deux autres ont *un nombre illimité de chiffres;* et, de plus, à partir d'un certain rang, *les mêmes chiffres se reproduisent dans le même ordre.* Ces dernières fractions décimales sont dites *périodiques*, et l'ensemble des chiffres qui se reproduisent s'appelle *la période.*

Réciproquement, *pour transformer un nombre décimal en fraction ordinaire, il suffit de faire abstraction de la virgule, de prendre le nombre ainsi obtenu comme numérateur, et de lui donner pour dénominateur l'unité suivie d'autant de zéros qu'il y avait de chiffres décimaux. Puis on simplifie cette fraction, s'il y a lieu, en divisant ses deux termes par un même nombre.*

1ᵉʳ *Ex.* :
$$5{,}825 = \frac{5\,825}{1\,000} = \frac{233}{40}.$$

2ᵉ *Ex.* :
$$0{,}0348 = \frac{348}{10\,000} = \frac{87}{2\,500}.$$

N° IV. — 1. Puissance ; carrés des nombres entiers, des fractions et des nombres décimaux. — 2. Cubes des nombres entiers, des fractions et des nombres décimaux. — 3. Définition des racines carrées et cubiques.

N° IV₁ Puissance. — On nomme *puissance* d'un nombre le produit de plusieurs facteurs égaux à ce nombre. Le *degré de la puissance* est le nombre de ces facteurs. — Ainsi $5 \times 5 \times 5 \times 5 = 625$ est la quatrième puissance de 5.

On indique le degré d'une puissance au moyen de l'*exposant*, qui n'est autre que ce degré écrit en petit chiffre à la droite du nombre et un peu au-dessus.

Ex. :
$$5 \times 5 \times 5 \times 5 = 5^4, \quad \text{4 est ici l'exposant.}$$

Carrés des nombres entiers. — Le *carré d'un nombre* est sa deuxième puissance, ou *le produit de deux facteurs égaux à ce nombre.*

Ex. :
$$5 \times 5 = 5^2 = 25 \text{ est le carré de 5.}$$

D'après cela, pour faire le carré d'un nombre, il suffit de multiplier ce nombre par lui-même.

On trouve ainsi, de mémoire ou par la table de Pythagore (n° I₄), que les carrrés des 10 premiers nombres sont : 1, 4, 16, 25, 36, 49, 64, 81 et 100.

Pour les nombres entiers plus grands que 10, il faut avoir recours à la règle générale de le multiplication.

Ex. : Faire le carré de 543.

$$
\begin{array}{r}
543 \\
543 \\
\hline
1\,629 \\
21\,72 \\
271\,5 \\
\hline
294\,849 \\
\hline
\end{array}
$$

On trouve ainsi $543^2 = 294.849$.

REMARQUE. Le carré d'un nombre entier *terminé par des zéros*, s'obtient en faisant le carré de la partie seule qui précède les zéros, et en mettant le double de ces zéros à la suite de ce carré.

Ainsi $5000^2 = 5^2$ suivi de *deux* fois trois zéros $= 25.000.000$.

Carrés des fractions. — *Pour faire le carré d'une fraction, il faut élever ses deux termes au carré.*

Ex. : $\qquad \left(\dfrac{5}{7}\right)^2 = \dfrac{25}{49}; \qquad \left(\dfrac{31}{43}\right)^2 = \dfrac{961}{1\,849}$

Pour faire le *carré d'un nombre fractionnaire*, on réduit l'entier en fraction. Puis, on suit la règle précédente.

Ex. : $\qquad \left(8 + \dfrac{3}{5}\right)^2 = \left(\dfrac{43}{5}\right)^2 = \dfrac{1849}{25} = 73 + \dfrac{24}{25}.$

Carrés des nombres décimaux. — *Le carré d'un nombre décimal s'opère comme celui d'un nombre entier, sans faire attention à la virgule. Puis, on sépare au résultat deux fois autant de chiffres décimaux qu'il y en a dans le nombre donné.*

Ex. : $\qquad\qquad 3,315^2 = 10,989\,225.$

N° IV, Cubes des nombres entiers. — *Le cube d'un nombre* est la troisième puissance de ce nombre, ou *le produit de trois facteurs égaux à ce nombre.*

D'après cela, *pour faire le cube d'un nombre, on en fait d'abord le carré. Puis, on multiplie ce carré par le nombre lui-même.*

Ex. : $\qquad\qquad 5^3 = 5^2 \times 5 = 25 \times 5 = 125.$

On trouve ainsi que les cubes des 10 premiers nombres sont : 1, 8, 27, 64, 125, 216, 343, 512, 729 et 1.000.

Les cubes des nombres entiers, quel que soit le nombre de leurs chiffres, s'obtiennent de même.

Ex. : $543^3 = 543^2 \times 543$; or le carré de 543 est 294.849 ; et en multipliant ce carré par 543, on trouve 160.103.007 pour le cube de 543.

REMARQUE. Le cube d'un nombre entier *terminé par des zéros*, s'obtient en faisant le cube de la partie seule qui précède les zéros, et en mettant le *triple* de ces zéros à la droite dudit cube. Ainsi $500^3 = 5^3$ suivi de *trois* fois deux zéros $= 125.000.000$.

Cubes des fractions. — *Pour faire le cube d'une fraction, il faut élever les deux termes au cube.*

Ex. : $\qquad \left(\dfrac{5}{7}\right)^3 = \dfrac{125}{343}; \qquad \left(\dfrac{31}{43}\right)^3 = \dfrac{29\,791}{79\,507}.$

Pour faire le cube d'un *nombre fractionnaire*, on réduit l'entier en fraction. Puis, on suit la règle précédente.

$$Ex. : \qquad \left(3 + \frac{2}{5}\right)^3 = \left(\frac{17}{5}\right)^3 = \frac{4\,913}{125} = 39 + \frac{38}{125}.$$

Cubes des nombres décimaux. — *Le cube d'un nombre décimal s'opère, comme celui d'un nombre entier, sans faire attention à la virgule. Puis, on sépare au résultat trois fois autant de chiffres décimaux qu'il y en a dans le nombre donné.*

$$Ex. . \qquad 0{,}251^3 = 0{,}015\,813\,251.$$

Nᵒ IV₅ Définition des racines carrées et cubiques. — *La racine carrée d'un nombre est un second nombre dont le carré est égal au nombre proposé.* — Ainsi, la racine carrée de 64 est 8, puisque $8^2 = 64$. La racine carrée de $\frac{25}{49} = \frac{5}{7}$, car $\left(\frac{5}{7}\right)^2 = \frac{25}{49}$.

La racine carrée s'indique par le signe $\sqrt{}$ appelé *radical*. *Ex.* : $\sqrt{49} = 7$.

La racine cubique d'un nombre est un second nombre dont le cube est égal au nombre proposé. — Elle s'indique par le signe $\sqrt[3]{}$. Ainsi $\sqrt[3]{125} = 5$, car $5^3 = 125$. De même $\sqrt[3]{\frac{125}{343}} = \frac{5}{7}$, car $\left(\frac{5}{7}\right)^3 = \frac{125}{343}$.

— Pour les nombres entiers moindres que 100 ou 1.000, on obtient la racine carrée ou cubique en tâtonnant plusieurs nombres d'un seul chiffre.

D'autre part toute racine d'une fraction s'obtient en prenant la racine du numérateur et celle du dénominateur.

Nᵒ V. — 1. Système des mesures légales. **Mesures de longueur. — 2.** Mesures de surface et agraires. — **3** Mesures de volume et de capacité. — **4.** Mesures de poids. — **5.** Mesures de monnaie. — **6.** Anciennes mesures de longueur, leurs valeurs en mètre. — **7.** Mesure du temps.

Nᵒ V₁ Système des mesures légales. Mesures de longueur. — On appelle *système des mesures légales* et aussi *système métrique*, l'ensemble de toutes les mesures reconnues en France pour évaluer les longueurs, les surfaces, les volumes, les capacités, les poids et les monnaies. *L'élément* fondamental de ce système est le *mètre*, qui en est l'*unité de longueur*.

Le mètre est la dix-millionième partie du quart de la circonférence de la terre, de sorte que cette circonférence est de 40 millions de mètres.

Dans tout système de mesures, on forme des collections ou *multiples* et des subdivisions ou *sous-multiples* des diverses unités. Dans le système métrique, les multiples et les sous-multiples sont formés d'après le principe de la numération décimale. Ils sont, par conséquent, de *dix* en *dix* fois plus forts ou

plus faibles que 'unité principale. — Pour énoncer les multiples, on emploie
les mots :

	Déca,	*hecto,*	*kilo,*	*myria,*
signifiant :	10	100	1.000	10.000 ;

et pour les sous-multiples, les expressions :

	Déci,	*centi,*	*milli,*
signifiant :	dixième,	centième,	millième.

De plus, on place ces mots devant le nom de l'unité principale.

D'après cela, les *multiples* du mètre sont : le *myriamètre* = 10.000 m., le *kilomètre* = 1.000 m., l'*hectomètre* = 100 m., le *décamètre* = 10 m.

Les *sous-multiples* sont : le *décimètre*, le *centimètre*, le *millimètre*, qui valent respectivement la dixième, la centième, la millième partie du mètre.

Les unités employées pour les grandes distances sont : le *kilomètre*, et le *myriamètre*; la lieue de poste = 4 kilomètres ; le *mille marin* = $1.851^m,8$; la *lieue marine* = $5.555^m,5$. — A cette nomenclature, il faut ajouter le *nœud*, qu'on prend souvent en navigation pour synonyme de *mille*, quand on parle de la vitesse d'un navire. Mais, en réalité, cette longueur ne vaut que $15^m,43$, c'est-à-dire la 120ᵉ partie du mille. De la sorte, comme la durée des sabliers avec lesquels on observe le loch, vaut 30 secondes ou la 120ᵉ partie de l'heure, *autant de nœuds* le loch accuse, *autant de milles* le bâtiment file *à l'heure*.

— Par un simple déplacement de la virgule, on peut changer l'unité métrique qui sert à exprimer une longueur.

Ainsi $5.478^m,75 = 5^{kilom},478\ 75 = 54.787^{décim},5$.

N° V₂ **Mesures de surface**. — L'unité de mesure des surfaces est *le mètre carré*. C'est un carré ayant sur chaque côté 1 mètre de long.

Les multiples du mètre carré sont : le *décamètre*, l'*hectomètre*, le *kilomètre* et le *myriamètre carrés*; et les sous-multiples : le *décimètre*, le *centimètre* et le *millimètre carrés*. Ce sont autant de carrés, ayant chacun pour côté un décamètre, un hectomètre....., un décimètre, un centimètre....., de long.

Il est important de remarquer que les *multiples* et les *sous-multiples du mètre carré* sont de *cent* en *cent* fois *plus grands*, ou de *cent* en *cent* fois *plus petits*. Ainsi, le décamètre carré vaut 100 mètres carrés ; et le mètre carré lui-même vaut 100 décimètres carrés ; le décimètre carré, 100 centimètres carrés, etc. On peut donc dresser le petit tableau suivant des mesures de surface les plus usitées :

$$\text{Le décamètre carré} = 100^{m.c.}.$$
$$\text{Le décimètre carré} = 0^{m.c.},01.$$
$$\text{Le centimètre carré} = 0^{m.c.},00\ 01.$$

— D'après cela, *pour énoncer en mètres, décimètres et centimètres carrés un nombre décimal de mètres carrés*, il faut, à partir de la virgule et en allant de gauche à droite, partager les chiffres décimaux en tranches de deux chiffres, et compléter par un zéro la dernière tranche, si le nombre de ses chiffres est impair. Puis, on énonce la partie entière, et ensuite chaque tranche séparément en ajoutant les mots : *décimètres carrés* à la première tranche, *centimètres carrés* à la seconde, etc.

1ᵉʳ *Ex.* : 54ᵐ·ᶜ,83 65 = 54 mètres carrés, 83 décimètres carrés, 65 centimètres carrés.

2ᵉ *Ex.* : 8ᵐ·ᶜ,54 3 = 8ᵐ·ᶜ,54 30 (en commençant par ajouter un zéro) = 8 mètres carrés, 54 décimètres carrés, 30 centimètres carrés.

Réciproquement. Pour écrire sous la forme d'un nombre décimal de mètres carrés un nombre contenant des *sous-multiples du mètre carré*, il faut se rappeler qu'il doit y avoir au résultat *deux* chiffres décimaux quand le nombre donné a des *décimètres carrés*, *quatre* quand il a de *centimètres carrés*, etc. — Ainsi, 18 mètres carrés, 113 centimètres carrés = 18ᵐ·ᶜ,01 13.

Mesures agraires. — L'unité fondamentale des mesures agraires est *l'are*, qui est un décamètre carré, et vaut, par conséquent, 100 mètres carrés. — Le seul multiple employé est *l'hectare* ou 100 ares ; et le seul sous-multiple est le *centiare* ou 1 centième d'are, qui vaut 1 mètre carré.

Les trois unités de mesures agraires usitées sont donc des carrés, et l'on a :

L'hectare = 1 hectomètre carré.
L'are = 1 décamètre carré.
Le centiare = 1 mètre carré.

Pour la mesure de grandes étendues de pays, on se sert du *kilomètre* et du *myriamètre carrés*.

— Pour transformer un nombre de mètres carrés en hectares, ares et centiares, on partage ce nombre en tranche de deux chiffres, en allant de droite à gauche. La première tranche à droite est alors celle des centiares puis viennent celles des ares et des hectares.

Ex. :   54 83 67ᵐ·ᶜ = 54 hectares, 83 ares, 67 centiares.

Réciproquement. Soient 8 hectares, 9 ares, 3 centiares à transformer en mètres carrés. — On réduit tout en centiares, et l'on a ainsi, dans notre exemple, 80.903 centiares ou 80.903 mètres carrés.

N° V₅ Mesures de volume. — L'unité de mesure des *volumes* est le *mètre cube*. C'est un *cube* (on nomme ainsi un solide terminé par six carrés égaux) dont chaque côté a un mètre de longueur. Ses six faces sont, par conséquent, des mètres carrés.

Les multiples du mètre cube s'emploient peu. Les sous-multiples usités sont : le *décimètre* et le *centimètre cubes*. Ce sont des cubes ayant chacun pour côté 1 décimètre ou 1 centimètre.

Les multiples du mètre cube sont de mille en mille fois plus grands, et ses sous-multiples de mille en mille fois plus petits. Ainsi le mètre cube vaut 1.000 décimètres cubes, le décimètre cube 1.000 centimètres cubes. De sorte qu'on a :

Le décimètre cube = 0ᵐ·ᶜᵘᵇ,001,
Le centimètre cube = 0ᵐ·ᶜᵘᵇ,000 001.

— D'après cela, *pour énoncer un nombre décimal de mètres cubes en décimètres et centimètres cubes*, il faut, à partir de la virgule et en allant de gauche à droite, partager les chiffres décimaux en tranches de trois chiffres et compléter par un ou deux zéros la dernière tranche, si elle ne contient que deux chiffres ou un seul. Puis, on énonce la partie entière et après cela chaque tranche séparément, en ajoutant les mots : *décimètres cubes* à la première tranche, *centimètres cubes* à la seconde, etc.

1er *Ex.* : 37$^{m.\,cub}$,636 543 = 37 mètres cubes, 636 décimètres cubes, 543 centimètres cubes.

2e *Ex.* : 8$^{m.\,cub}$,043 5 = 8$^{m.\,cub}$,043 500 (en commençant par ajouter deux zéros) = 8 mètres cubes, 43 décimètres cubes, 500 centimètres cubes.

RÉCIPROQUEMENT. Pour écrire sous la forme d'un nombre décimal de *mètres cubes* un nombre contenant des *sous-multiples du mètre cube*, il suffit de se rappeler qu'il doit y avoir au résultat trois chiffres décimaux quand le nombre donné a des décimètres cubes, et six quand il a des centimètres cubes.

Ainsi : 8 mètres cubes 7.435 centimètres cubes s'écrivent 8$^{m.\,cub}$,007 435.

— L'unité de volume pour le bois de chauffage est le *stère*, qui est 1 mètre cube. — Le multiple du stère est le *décastère*, ou 10 stères. Son sous-multiple est le *décistère* ou dixième partie du stère.

Il ne faut pas confondre le décistère, qui est la *dixième* partie du mètre cube, avec le décimètre cube, qui en est la *millième* partie.

Mesures de capacité. — L'unité de mesure de *capacité* est le *litre* ou le *décimètre cube*. — Les multiples du litre sont : le *décalitre* ou 10 litres, l'*hectolitre* ou 100 litres ; et les sous-multiples : le *décilitre*, le *centilitre*, ou dixième, centième partie du litre.

Le mètre cube renferme 1.000 litres, puisqu'il contient 1.000 décimètres cubes. Considérée comme mesure de capacité, cette unité se nomme encore *tonneau-volume*.

— Transformer un nombre de mètres cubes en litres, revient à transformer ce nombre en décimètres cubes, ce qui se fait en avançant la virgule de trois rangs vers la droite.

Ainsi :   12$^{m.\,cub}$,15 = 12 150 litres.

N° V$_4$ Mesures de poids. — L'unité de mesure des *poids* est le *gramme*. C'est le poids d'*un centimètre cube d'eau distillée* amenée à la température de 4 degrés centigrades et pesée dans le vide.

Les *multiples* du gramme sont : le *kilogramme* ou 1.000 grammes, l'*hectogramme* ou 100 grammes, le *décagramme* ou 10 grammes ; et les *sous-multiples* : le *décigramme*, le *centigramme* et le *milligramme*, ou dixième, centième, millième partie du gramme.

Le *quintal métrique* est de 100 kilogrammes. — Le *tonneau-poids* vaut 1.000 kilogrammes.

De la définition du gramme, il résulte qu'un litre (ou 1.000$^{cm.\,cub}$) d'eau distillée pèse évidemment 1.000 grammes ou 1 kilogr. — Par conséquent aussi le mètre cube d'eau, contenant 1.000 litres, pèse 1.000 kilog. ou un tonneau.

— D'après cela, il est facile de *trouver le poids d'un volume donné d'eau*. Ce poids contient autant de *tonneaux*, de *kilogrammes* et de *grammes* que le volume renferme de *mètres cubes*, de *décimètres cubes* et de *centimètres cubes*.

Ex. :   7$^{m. cub}$,835 475 6 d'eau pèsent 7^{tonneaux}835^{kilogr}475^{gr},6

RÉCIPROQUEMENT. Le poids d'une certaine quantité d'eau étant donné, on en trouve immédiatement le volume. — Ainsi, le volume de 875^{kilogr}548^{gr},6 d'eau est 875^{litres},548 6; et le volume de 4^{tonneaux}54^{kilogr} d'eau est 4$^{m. cub}$,054.

N° V$_5$ Mesures de monnaie. — L'unité de mesure pour les *monnaies* est le *franc*. C'est une pièce d'argent qui pèse 5 gr. Les multiples du franc n'ont pas de noms particuliers.

Les *sous-multiples* sont le *décime* et le *centime*, dixième et centième partie du franc.

— Les pièces d'argent employées sont de 20 et 50 cent., de 1, 2 et 5 fr. — 200 fr. en argent pèsent juste 1 kilog.

La pièce de 5 fr. contient 0,9 de son poids en argent pur et 0,1 de cuivre ; les autres pièces ne contiennent que 0,835 d'argent pur et par suite 0,165 de cuivre. La fraction d'argent pur, s'appelle le *titre*.

La *monnaie d'or* est formée d'or et de cuivre. Elle contient 0,9 de son poids d'or et 0,1 de cuivre. — A poids égal et au même *titre*, l'or vaut 15,5 fois plus que l'argent. — Les monnaies d'or employées sont les pièces de 5, 10 20, 50 et 100 fr. — La pièce de 100 fr. en or pèse 32^{gr},258, et les autres proportionnellement à leur valeur.

Les *pièces de bronze* sont composées de 95 parties de cuivre, 4 d'étain et 1 de zinc. — Celles qui sont usitées valent 1, 2, 5 et 10 cent. — Elles pèsent autant de grammes qu'elles valent de centimes.

N° V$_6$ Anciennes mesures de longueur, leurs valeurs en mètres. — Les anciennes mesures de longueur ainsi que leurs valeurs en mètres sont contenues dans le tableau suivant :

La toise = 6 pieds. . . . . = 1^m,949 04.	La brasse = 5 pieds = 1^m,624 20.
Le pied = 12 pouces. . . . = 0^m,324 84.	L'encablure (encore employée aujourd'hui
Le pouce = 12 lignes.. . . . = 0^m,027 07.	= 120 brasses = 195^m.
La ligne.. . . . . = 0^m,002 26.	*Réciproquement*, le mètre = 3^{pieds} 0^{pouces}
	11^{lig} = 3^{pieds},08 approximativement.

D'après le tableau précédent, lorsqu'on veut *transformer approximativement* des pieds en mètres, il suffit de multiplier le nombre de pieds par 0^m,325.

Ex. : Tranformer 45^{pieds},5 en mètres. — 45^{pieds},5 = 45,5 × 0^m,325 = 14^m,787 environ.

RÉCIPROQUEMENT. Pour *transformer approximativement* des mètres en pieds, on multiplie le nombre de mètres par 3^{pieds},08.

Ex. : Transformer 7^m,35 en pieds. — 7^m,35 = 7^m,35 × 3^{pieds},08 = 22^{pieds},64 environ.

N° V$_7$ Mesure du temps. — Les instruments qui servent à mesurer le temps, sont les horloges, les montres et quelquefois les sabliers. — Le jour

moyen se divise en 24 *heures*; chaque heure, en 60 *minutes*; chaque minute,
en 60 secondes.

On peut convertir en secondes, une durée exprimée en *heures*, minutes et
secondes. *Ex.* : $2^h 3^m 9^s$, valent 7.389^s, que l'on trouve par les opérations
suivantes : $2^h = 2 \times 60 = 120^m$; $120 + 3 = 123^m = 123 \times 60 = 7.380^s$;
$7.380 + 9 = 7.389$ secondes.

Pour extraire les minutes et les heures continues dans un nombre donné de
secondes, on fait les opérations suivantes :

Ex. :

$$\begin{array}{c|c|c}
7.389^s & 60 & 60 \\
1\ 38 & \overline{} & \overline{} \\
189 & 123^m & 2^h \qquad 7.389^s = 2^h 3^m 9^s. \\
9 & 3 &
\end{array}$$

VI, Des proportions; leurs principales propriétés. — Le
quotient de deux nombres s'appelle leur *rapport* et se représente par une frac-
tion ou une expression fractionnaire. Ex. : $\frac{3}{4}$ et $\frac{4}{3}$, sous des rapports qui expriment le quotient exact de 3 par 4 et de 4 par 3. — L'expression de l'égalité de
deux rapports constitue une *proportion*.

Ex. :
$$\frac{12}{4} = \frac{15}{5}.$$

Le premier terme (12) et le dernier (5) se nomment *extrêmes*; le second
terme (4) et le troisième (15) se nomment *moyens*.

Principales propriétés des proportions. — Les proportions
jouissent de propriétés qu'il est utile de connaître :

I. *Dans toute proportion, le produit des extrêmes est égal à celui des
moyens.*

Ex. :
$$\frac{3}{4} = \frac{15}{20}; \quad \text{on a} : \quad 3 \times 20 = 4 \times 15.$$

On déduit de cette propriété la valeur d'un terme quelconque; ainsi :
$$20 = \frac{4 \times 15}{3}; \quad 4 = \frac{3 \times 20}{15}.$$

II. *Dans toute proportion, on peut changer les moyens de place, ou les
extrêmes de place, ou mettre les moyens à la place des extrêmes.* Ainsi :
$$\frac{3}{4} = \frac{15}{20} \text{ peut s'écrire } \frac{4}{3} = \frac{20}{15} :$$

puis, on peut écrire successivement :

$$\frac{3}{15} = \frac{4}{20} \; ; \; \frac{20}{15} = \frac{4}{3} \; ; \; \frac{20}{4} = \frac{15}{3}$$

$$\frac{4}{20} = \frac{3}{15} \; ; \; \frac{4}{3} = \frac{20}{15} \; ; \; \frac{15}{3} = \frac{20}{4} \cdot$$

III. *Quand deux proportions ont deux rapports égaux, les deux autres rapports forment une proportion.*]

Ex. : de $\frac{3}{4} = \frac{6}{8}$ et $\frac{3}{4} = \frac{15}{20}$, on tire $\frac{6}{8} = \frac{15}{20} \cdot$

IV. *Quand les deux moyens d'une proportion sont égaux, le nombre qui forme ces moyens s'appelle moyenne géométrique.*

Ex. : $\frac{2}{4} = \frac{4}{8} \cdot$ On en tire $4 \times 4 = 4^2 = 2 \times 8$, et $4 = \sqrt{2 \times 8}.$

V. *Dans toute proportion, la somme des deux premiers termes divisée par la somme des deux derniers, donne un rapport égal au quotient du premier terme par le troisième ou du second par le quatrième.*

Ainsi de $\frac{3}{4} = \frac{15}{20}$, on tire $\frac{3+4}{15+20} = \frac{3}{15} = \frac{4}{20} \cdot$

VI. *Dans toute proportion, la somme des numérateurs divisée par la somme des dénominateurs donne un quotient égal au rapport des deux premiers termes ou au rapport des deux derniers.*

Ainsi de $\frac{12}{3} = \frac{20}{5}$, on tire $\frac{12+20}{3+5} = \frac{12}{3} = \frac{20}{5} \cdot$

VII. *Quand on a une suite de rapports égaux :*

$$\frac{1}{2} = \frac{2}{4} = \frac{3}{6} = \frac{4}{8} = \dots\dots \text{ etc..}$$

on peut écrire :

$$\frac{1+2+3+4+\dots \text{ etc.}}{2+4+6+8+\dots \text{ etc.}} = \frac{1}{2} = \frac{2}{4} = \dots \text{ etc.}$$

VIII. *On peut multiplier ou diviser deux proportions terme à terme :*
Exemple, de :

$$\left. \begin{array}{c} \frac{3}{4} = \frac{21}{28} \\ \frac{20}{5} = \frac{12}{3} \end{array} \right\} \text{ on tire } \left\{ \begin{array}{c} \frac{3 \times 20}{4 \times 5} = \frac{21 \times 12}{28 \times 3} \\ \frac{3 \times 5}{4 \times 20} = \frac{21 \times 3}{28 \times 12} \end{array} \right.$$

c

IX. *On peut élever tous les termes d'une proportion à la même puissance, ou extraire la même racine de tous les termes.* Exemple, de :

$$\frac{3}{4}=\frac{21}{28}, \text{ on tire} \begin{cases} \dfrac{3^2}{4^2}=\dfrac{21^2}{28^2} \\[2mm] \dfrac{\sqrt{3}}{\sqrt{4}}=\dfrac{\sqrt{21}}{\sqrt{28}} \end{cases}$$

N° VI₂ Des quantités proportionnelles. — Deux quantités sont *directement proportionnelles*, lorsque l'une devenant un certain nombre de fois *plus grande ou plus petite*, l'autre devient ce même nombre de fois *plus grande ou plus petite*. Ainsi, le prix d'une certaine quantité d'étoffe est directement proportionnel au nombre de mètres de cette étoffe.

Deux quantités sont *inversement proportionnelles*, lorsque l'une devenant un certain nombre de fois *plus grande ou plus petite*, l'autre devient au contraire ce même nombre de fois *plus petite ou plus grande*. Ainsi, le temps nécessaire pour exécuter un travail est inversement proportionnel au nombre d'ouvriers employés.

Règle de trois simple directe. — *Une règle de trois simple* a pour but, connaissant trois quantités dont deux de même nature, d'en trouver une quatrième, sachant d'ailleurs que les quantités de natures différentes sont directement ou inversement proportionnelles. De là deux sortes de règles de trois simples : les règles *directes* et les règles *inverses*. Occupons-nous d'abord des premières de ces règles.

1ᵉʳ *Ex.* : Pour vaporiser 125 litr. d'eau, on a brûlé 28 kilogr. de charbon, combien faudra-t-il de charbon pour vaporiser 375 lit. d'eau ?

La quantité inconnue étant représentée par x, on dispose les nombres donnés ainsi qu'il suit, de façon que ceux *de même nature* se trouvent l'un au-dessous de l'autre, en même temps que ceux de natures différentes qui se correspondent sont sur une même ligne horizontale :

125 lit. d'eau. . . . 28 kilogr. de charbon.
375 lit. d'eau. . . . x

Puis, on reconnaît que les quantités de natures différentes sont *directement* proportionnelles en disant : *plus* on aura d'eau à vaporiser, *plus* il faudra de kilogrammes de charbon.

Cela reconnu, on résout très-simplement le problème par la *réduction à l'unité*, en opérant comme voici :

Pour vaporiser 125 litres d'eau, il faut 28 Kg. de charbon.

d°   1 litre d'eau,   d°   125 fois moins ou $\dfrac{28^{kg}}{125}$

d°   375 litres d'eau,   d°   375 fois plus ou $\dfrac{28^{kg}\times 375}{125}$.

On a donc : $x=\dfrac{28^{kg}\times 375}{125}=84$ Kg.

Dans la pratique, après avoir disposé les éléments de la question comme ci-dessus, et s'être assuré que *les quantités de natures différentes sont directement proportionnelles*, on trouve immédiatement l'inconnue *en multipliant le nombre au-dessus d'elle par la quantité située sur la même ligne qu'elle et en divisant le produit par la donnée qui reste.*

2° *Ex.* : 45 tonneaux de charbon ont coûté 1.565 fr., quel sera le prix x de 85 tonneaux?

$$45 \text{ tx.} \ldots \ldots 1.565 \text{ fr.}$$

$$85 \text{ tx.} \ldots \ldots x$$

Comme évidemment *les quantités de natures différentes sont ici directement proportionnelles*, on a :

$$x = \frac{15\,65^{fr} \times 85}{45} = 2.956^{fr},11$$

3° *Ex.* : Sachant que le poids à l'encombrement du charbon est en moyenne de 800 Kg. par mètre cube, on demande le volume de soute à réserver pour $330^{tx},4$?

$$800 \text{ Kg.} \ldots \ldots 1 \text{ m. cub.}$$
$$330^{tx}.4 = 330.400 \text{ Kg.} \ldots \ldots x$$

Comme les quantités de natures différentes sont encore directement proportionnelles, on aura :

$$x = \frac{1^{m.cub} \times 330.400}{800} = 413 \text{ m. cub.}$$

Règle de trois simple inverse. — 1er *Ex.* : 45 ouvriers ont monté une machine en 75 jours, combien de jours mettront 55 ouvriers à faire le même travail?

On dispose encore les nombres ainsi qu'il suit :

$$45 \text{ ouvriers.} \ldots \ldots 75 \text{ jours}$$
$$55 \ldots \ldots x$$

On reconnaît que les quantités de natures différentes sont ici *inversement proportionnelles* en disant : *plus* il y aura d'ouvriers *moins* ils mettront de jours.

Puis, en raisonnant de même que ci-dessus, par la méthode de la *réduction à l'unité*, on dit :

$$45 \text{ ouvriers ont mis.} \ldots \ldots 75 \text{ jours}$$
$$1 \text{ seul ouvrier mettra 45 fois plus, ou} \quad 75^{j} \times 45$$
$$55 \text{ ouvriers mettront 55 fois moins, ou} \quad \frac{75^{j} \times 45}{55}$$

On a donc : $\qquad x = \dfrac{75^{j} \times 45}{55} = 61 \text{ j. } \dfrac{4}{11} \cdot$

Dans la pratique, après avoir disposé les éléments de la question comme plus haut, et avoir reconnu que *les quantités de natures différentes sont inversement proportionnelles*, on trouve immédiatement l'inconnue *en multipliant le nombre au-dessus d'elle par la quantité située sur la même ligne que ce nombre, et en divisant le produit par la donnée qui reste.*

2ᵉ *Ex. :* Un navire à hélice, avec 90 tours de moyenne à la minute, a fait une traversée en 35 jours. Avec quelle vitesse de rotation eût dû fonctionner l'appareil pour que la traversée fût faite en 30 jours ?

$$35 \text{ jours.} \ldots \ldots \ 90 \text{ tours}$$
$$30 \text{ jours.} \ldots \ldots \ x$$

Comme *les quantités de natures différentes sont inversement proportionnelles*, on a :

$$x = \frac{90^{\text{tours}} \times 35}{30} = 105 \text{ tours.}$$

N° VI₅ Règles d'intérêt. — On nomme *intérêt* le bénéfice que rapporte une somme prêtée, qui prend le nom de *capital*.

Le *taux* est l'intérêt de 100 francs pour un an. Ainsi, le taux 5 pour 100, qui s'écrit 5 %, signifie que 100 francs rapportent 5 francs d'intérêt par an.

Il y a deux problèmes principaux d'intérêt à savoir résoudre, ce sont :

1° *Trouver l'intérêt d'un certain capital à un taux donné et pendant un certain temps. — Il faut pour cela multiplier le capital par le taux et par le temps; puis diviser ce résultat par* 100, 1.200 *ou* 36.000, *selon que le temps est exprimé en années, en mois ou en jours.* (L'année commerciale est supposée de 360 jours.)

1ᵉʳ *Ex. :* Trouver l'intérêt de 9.500 fr. placés à 5 p. % pendant 2 ans 5 mois.

Les années étant réduites en mois, ce qui donne pour tout le temps du placement 29 mois, on a :

$$\text{Intérêt} = \frac{9\,500 \times 5 \times 29}{1\,200} = 1.147^{\text{f}},91.$$

2ᵉ *Ex. :* Trouver l'intérêt de 7.250 fr. à 4ᶠ,50 p. 0/0 pendant 2 ans 45 jours ou 765 jours.

$$\text{Intérêt} = \frac{7\,250 \times 4,50 \times 765}{3\,6000} = 693^{\text{f}},28.$$

2° *Trouver le capital, le taux ou le temps, les autres quantités étant connues. — Il faut pour cela multiplier l'intérêt donné par* 100, 1.200, *ou* 36.000, *selon que le temps est exprimé ou doit être exprimé en années, en mois ou en jours; puis diviser ce résultat par le produit des deux autres quantités données.*

1ᵉʳ *Ex. :* Pendant quel temps faut-il placer une somme de 4.500 fr. à 4 p. % pour avoir 950 fr. d'intérêt ?

$$\text{Temps} = \frac{950 \times 36\,000}{4\,500 \times 4} = 1.900 \text{ jours} = 5 \text{ ans, } 3 \text{ mois, } 10 \text{ jours.}$$

2ᵉ *Ex.* : Quel capital faut-il placer à 5 p. %ₒ pendant 2 ans et 3 mois ou 27 mois, pour avoir 540 fr. d'intérêt?

$$\text{Capital} = \frac{540 \times 1\,200}{5 \times 27} = 4.800 \text{ fr.}$$

N° VI, Règles de mélange. — Les problèmes sur les mélanges peuvent se présenter sous deux formes différentes, c'est-à-dire être *directs* ou *inverses*, selon qu'on considère soit des quantités qu'on compose ou qu'on mélange ensemble, soit un amalgame ou une dissolution dont on enlève une des substances.

Question directe. 1ᵉʳ *Ex.* : On a acheté 75 Kg de suif à 1ᶠ,05, 85 Kg à 1ᶠ,15 et 80 Kg à 1ᶠ,10; quel est le prix du kilog. du mélange de ces suifs?

$$
\begin{array}{llll}
75 \text{ Kg. à } 1^f,05 \text{ coûtent} & 1^f,05 \times 75 = & 78^f,75 \\
85 \text{ Kg. à } 1^f,15 \quad d^o & 1^f,15 \times 85 = & 97^f,75 \\
80 \text{ Kg. à } 1^f,10 \quad d^o & 1^f,10 \times 80 = & 88^f,00
\end{array}
$$

$$\text{Les } 240 \text{ Kg du tout coûtent donc} \ldots\ldots 264^f,50$$

$$1 \text{ Kg. coûte } 240 \text{ fois moins ou} \ldots\ldots \frac{264^f,50}{240} = 1^f,10.$$

Au lieu de demander le prix du mélange des suifs, on eût pu demander le *prix moyen* de leur ensemble, la question eût été au fond absolument identique, et on l'eût résolue de la même manière.

2ᵉ *Ex.* : On fait arriver 18 Kg. d'eau concentrée à 0,035 dans 40 Kg. d'eau concentrée à 0,054. Quel sera le degré de concentration du mélange?

$$
\begin{array}{l}
18 \text{ Kg. concentrés à } 0,035 \text{ contiennent } 0,035 \times 18 = 0^{Kg},63 \text{ de sel} \\
40 \text{ Kg.} \quad d^o \quad \text{à } 0,054 \quad d^o \quad 0,054 \times 40 = 2^{Kg},16 \quad d^o
\end{array}
$$

$$58 \text{ Kg. contiennent donc} \ldots\ldots\ldots\ldots 2^{Kg},79 \text{ de sel}$$

$$1 \text{ Kg. contient } 58 \text{ fois moins ou} \ldots\ldots \frac{2^{Kg},79}{58} = 0^{Kg},048 \quad d^o$$

Cette dernière quantité 0,048, considérée comme nombre abstrait, est évidemment le degré de concentration demandé.

Question inverse. On a 1ᴷᵍ,5 d'eau concentrée à 0,035; 1 Kg. s'en trouve enlevé par la vaporisation : quel est le degré de concentration de l'eau restante?

Le 1ᴷᵍ,5 d'eau contient 0ᴷᵍ,035 × 1ᴷᵍ,5 = 0ᴷᵍ,0525 de sel. Or, les 0ᴷᵍ,5 de l'eau restante renferment la même quantité de sel. Donc, 1 Kg. de cette eau en contiendrait $\dfrac{0^{Kg},0525}{0,5} = 0^{Kg},010$ environ, le degré de concentration demandé = 0,010.

§ 2. — Géométrie.

N° VII. — 1. Définitions fondamentales. — 2. Angles, perpendiculaires et parallèles. — 3. Polygones; différentes espèces de triangles et de quadrilatères. — 4. Circonférence et définitions y relatives.

N° VII₁ Définitions fondamentales. — Le *volume* d'un corps est la portion de l'espace qu'il occupe. — La surface est la limite du volume. — La ligne est l'intersection de deux surfaces. — Le point est l'intersection de deux lignes.

Le volume a trois dimensions, la surface deux, la ligne une, et le point n'en a aucune.

La *Géométrie* s'occupe des propriétés et de la mesure des lignes, des surfaces et des volumes.

— Il existe trois sortes de lignes : *la ligne droite, la ligne brisée* et *la ligne courbe.*

La ligne droite est le plus court chemin d'un point à un autre.

La ligne brisée est composée de plusieurs lignes droites.

La ligne courbe est celle qui n'est ni droite ni brisée.

— Il existe aussi trois sortes de surfaces : *la surface plane* ou *le plan, la surface brisée* et *la surface courbe.*

La *surface plane* ou le *plan* est une surface sur laquelle on peut appliquer une ligne droite dans tous les sens.

La *surface brisée* est composée de plusieurs surfaces planes.

La *surface courbe* est celle qui n'est ni plane ni brisée.

N° VII₂ Angles, perpendiculaires et parallèles. — On nomme *angle* la figure formée par deux droites AB et AC, *fig.* 1, qui se coupent.

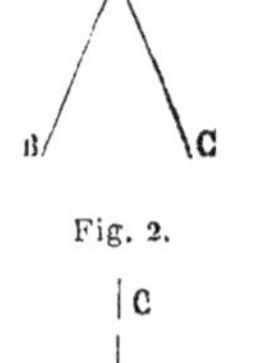

Fig. 1.

Fig. 2.

—Les deux droites sont les *côtés* de l'angle, et leur point de rencontre A en est le *sommet*.

Pour énoncer un angle, on emploie trois lettres, dont deux sont placées sur les côtés et l'autre au sommet, et l'on a soin de mettre la lettre du sommet au milieu. Ainsi, on dit : l'*angle* BAC.

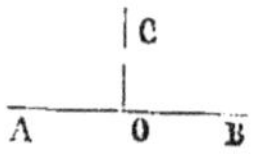

On désigne encore un angle par la lettre du sommet, lorsqu'il n'y a pas plusieurs angles ayant le même sommet. Ainsi l'angle BAC de notre figure peut s'énoncer: l'*angle* A.

La grandeur d'un angle ne dépend pas de la longueur de ses côtés, mais de leur écartement.

— Une droite CO, *fig.* 2, est *perpendiculaire* à une autre AB, lorsqu'elle forme avec elle deux angles adjacents *égaux* COA et COB; en d'autres termes, lorsqu'elle ne penche pas plus d'un côté que de l'autre.

Une droite AB, *fig.* 5, est *oblique* à une autre BC, lorsqu'elle forme avec cette dernière deux angles adjacents *inégaux;* ou, si l'on préfère, lorsqu'elle ne lui est pas perpendiculaire.

— Si d'un point A, *fig.* 5, pris en dehors d'une droite, on mène une perpendiculaire Am et des obliques AB, AC, *la perpendiculaire est la plus courte distance de ce point à la droite.*

L'*angle droit* AmB, *fig.* 5, est l'angle formé par deux droites perpendiculaires entre elles.

L'*angle aigu,* ABC, *fig.* 5, est plus petit que l'angle droit, et l'*angle obtus* plus grand. — Un angle est *complément* ou *supplément* d'un autre, lorsque sa somme avec ce dernier est égale à *un* ou à *deux* angles droits.

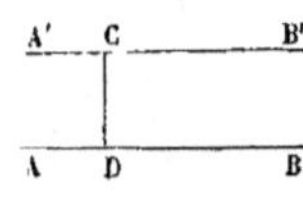
Fig. 3.

— On nomme *droites parallèles* deux droites qui, situées dans un même plan, ne peuvent se rencontrer, quelque prolongées qu'on les suppose. — Ainsi AB et A′ B′, *fig.* 3, sont parallèles.

Toute droite CD, perpendiculaire à une autre droite AB, l'est aussi à sa parallèle A′B′.

N° VII₅ Polygones. — *Un polygone* est une figure plane ABCDEF, *fig.* 4, terminée par des lignes droites. — Ces lignes se nomment les *côtés* du polygone; et les angles qu'elles forment entre elles sont les *angles* de ce polygone.

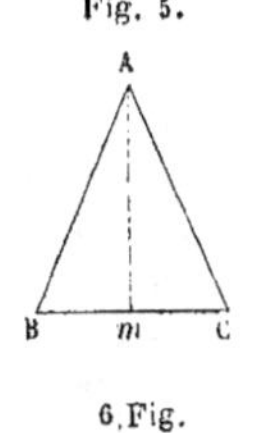
Fig. 4.

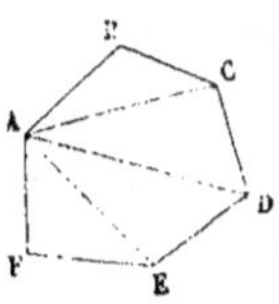

Un polygone est *équilatéral* si tous ses côtés sont égaux entre eux, et *équiangles* si tous ses angles sont égaux entre eux. — Il est *régulier* s'il a à la fois ses côtés et ses angles égaux.

Le plus simple des polygones est le *triangle* qui a trois côtés, telle est la portion ABC de la *fig.* 4. Vient ensuite le *quadrilatère* ABCD, qui en a quatre; le *pentagone* ABCDE, cinq; l'*hexagone* ABCDEF, six; l'*octogone*, huit; le *décagone*, dix; et le *dodécagone*, douze. — Les autres polygones se désignent par le nombre de leurs côtés. Ainsi, on dit un polygone de neuf côtés.

Toute droite qui joint deux sommets non adjacents d'un polygone est une *diagonale :* telles sont les lignes AC, AD, AE de la *fig.* 4.

Fig. 5.

Différentes espèces de triangles. — Un triangle est *isocèle, fig.* 5, s'il a deux côtés AB et AC égaux. — Le troisième côté BC est alors la *base*, et le sommet opposé A, le *sommet* du triangle isocèle. — Dans un pareil triangle, *la droite Am qui joint le sommet au milieu de la base est perpendiculaire à cette base.*

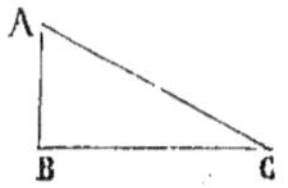

Un triangle est *équilatéral* s'il a ses trois côtés égaux, *scalène* si les trois côtés sont inégaux.

Fig. 6.

Un triangle ABC, *fig.* 6, qui a un angle droit, est *rectangle .* — Le côté AC opposé à l'angle droit s'appelle l'*hypoténuse.*

Différentes espèces de quadrilatères. — Parmi les quadrilatères, on distingue :

Le *parallélogramme*, *fig.* 7, dont les côtés opposés sont parallèles ;

Le *rectangle* (voir *fig.* 39 ci-après), dont les angles sont droits ;

Fig. 8.

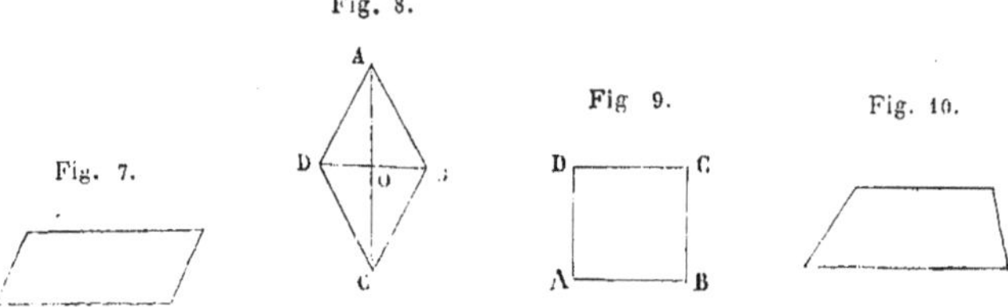

Fig. 7.   Fig 9.   Fig. 10.

Le *losange*, *fig.* 8, dont les quatre côtés sont égaux, et qui jouit de la
propriété d'avoir ses diagonales AC et DB se coupant à angles droits ;

Le *carré*, *fig.* 9, dont les côtés sont égaux et les angles droits ;

Enfin le *trapèze*, *fig.* 10, dont deux côtés seulement sont parallèles.

N° VII₄ Circonférence et définitions y relatives. — La *circonférence*, *fig.* 11, est une courbe plane dont tous les points sont également
distants d'un point intérieur O nommé *centre*.

Fig. 11.

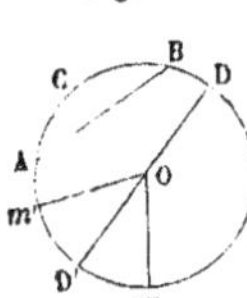

Le *cercle* est la portion de plan limitée par la circonférence. Un *rayon* est toute droite OD qui joint le centre à l'un
des points de la circonférence. — Tous les rayons d'un même
cercle sont égaux. — Pour désigner un cercle, on se sert de
son rayon ou même simplement de son centre. Ainsi on
dira le *cercle* OD ou le *cercle* O.

Un *arc* est une portion ACB de circonférence. — Une
corde est une droite AB qui joint deux points A et B de la
circonférence. Toute corde *sous-tend* l'arc ACB qui lui correspond.

Le *diamètre* est une corde DD′ qui passe par le centre :
il se compose de deux rayons. — Tous les diamètres d'un
même cercle sont égaux.

Fig. 12.

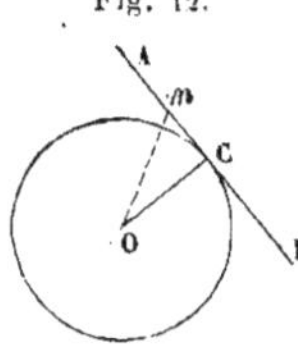

Un *secteur circulaire* est une portion de cercle m′Om,
comprise entre un arc m′D′m et les rayons Om′ et Om qui
passent par les extrémités de cet arc. Un *segment* est la
portion de cercle ACB, comprise entre un arc et la corde
qui sous-tend cet arc.

Une *tangente* à une circonférence est une droite AB,
fig. 12, qui n'a qu'un point C de commun avec la circonférence. Ce point C
est le point de *contact* ou de *tangence*.

— La *tangente* AB *est perpendiculaire au rayon* OC *mené par le point de
contact*.

— Tout autre rayon Om ne peut rencontrer la tangente qu'en étant prolongé, et lui est oblique.

Une *sécante* est une droite qui rencontre la circonférence en deux points. Telle est AB *fig.* 11.

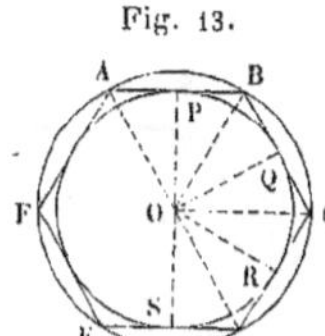
Fig. 13.

Un polygone ABCDEF, *fig.* 13, est *inscrit* dans un cercle OC quand il a tous ses sommets sur la circonférence. Il est *circonscrit* à un cercle OQ lorsque tous ses côtés sont tangents à la circonférence de ce cercle.

Tout polygone régulier peut être inscrit et circonscrit à un cercle.

N° VIII. — 1. Mesure des angles; rapporteur. — 2. Construction des angles et des triangles. — 3. Tracé des perpendiculaires. — 4. Tracé des parallèles. — 5. — Problèmes sur les circonférences. — 6. Division des angles et des arcs. — 7. Division des droites; construction d'une échelle de dixièmes. — 8. Tracé des tangentes à un cercle. — 9. Inscrire et circonscrire à un cercle un polygone régulier.

N° VIII, Mesure des angles. — *Mesurer un angle, c'est chercher le rapport de cet angle à un autre angle pris pour unité.*

Or deux angles BOA et B'O'A', *fig.* 14, sont dans le même rapport que les arcs BCA et B'C'A' compris entre leurs côtés et décrits de leurs sommets comme centres avec le même rayon. Autrement dit, si l'arc B'C'A' est les $\frac{5}{7}$ de BCA, l'angle B'O'A' sera les $\frac{5}{7}$ de BOA. — On déduit de là qu'au lieu

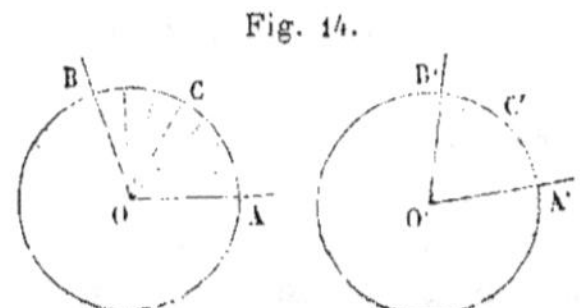
Fig. 14.

de comparer un angle à l'angle pris pour unité, il suffit, ce qui est bien plus facile, de comparer l'arc compris entre ses côtés à l'arc compris entre les côtés de *l'angle unité.*

D'où la règle suivante: *pour mesurer un angle AOB, fig.* 15, *on décrit un arc de son sommet O comme centre avec un rayon arbitraire; et le nombre qui exprime combien de fois la portion Mm de cet arc comprise entre les côtés de l'angle contient l'arc décrit avec le même rayon entre les côtés de l'angle unité, est la mesure de l'angle donné.*

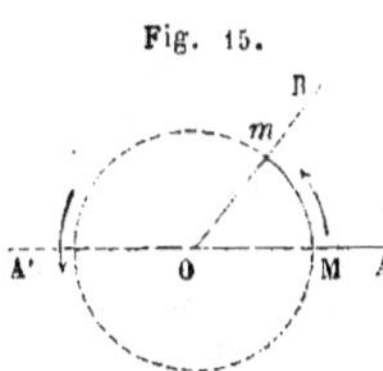
Fig. 15.

L'angle pris habituellement pour *unité*, ainsi que l'arc de *rayon arbitraire* qui lui correspond s'appellent l'un et l'autre le *degré.* L'*angle d'un degré* est la 360° partie de quatre angles droits; et l'*arc d'un degré*, la 360° partie de la circonférence où on le considère.

Chaque degré se divise en 60 minutes et chaque minute en 60 secondes. Ces quantités se désignent par les notations; ° ' ".

— *Exemple:* Un angle de 35 degrés, 43 minutes, 27 secondes, s'écrit: 35° 43' 27".

D'après ce qui précède, un angle droit est égal à 90°, et la somme de deux angles *complémentaires* ou *supplémentaires* vaut 90° ou 180°.

Rapporteur. — Le *rapporteur*, *fig.* 16, sert à mesurer les angles. Il consiste en un demi-cercle en cuivre ou en corne, dont le limbe est divisé en 180°.

Fig. 16.

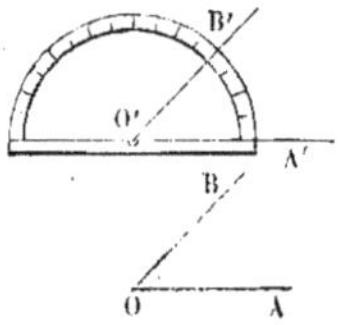

Un point O′ marqué sur le diamètre, appelé *ligne de foi*, indique le *centre*.

Pour mesurer un angle BOA *au moyen du rapporteur*, on place le centre au sommet O de l'angle et la ligne de foi sur l'un des côtés OA. L'angle se trouve de la sorte recouvert comme on le voit en B′O′A′. En lisant alors la division du limbe par laquelle passe le second côté OB ou O′B′, on a la mesure de l'angle.

N° VIII$_2$ Construction des angles.

— Comme dans les problèmes suivants, le tracé des lignes droites revient à chaque instant, il importe qu'on sache vérifier une règle avant de s'en servir. — A cet effet, on trace avec la règle à vérifier un trait fin. Puis, on la rabat autour de ce trait comme charnière, et la faisant passer par deux points extrêmes du premier trait, on en trace un second. Les deux traits devront *se confondre exactement* si la règle est bonne. — Cette vérification étant faite, on peut procéder avec certitude aux problèmes suivants :

— *Sur une ligne donnée* AB, *fig.* 17, *faire en un point* O *un angle égal à un angle donné :*

1° *Avec le rapporteur.* Si l'angle est donné en degrés, on le construit au moyen du *rapporteur.* Le centre de cet instrument étant placé au point O et la ligne de foi suivant AB, on compte sur le limbe le nombre donné de degrés. On marque vis-à-vis ce nombre un point D au crayon, et l'on fait passer une ligne droite par ce point D et par le point O.

Fig. 17.

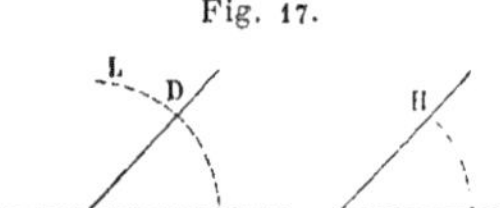

— Si l'angle est donné graphiquement, tel que HEG, on peut encore se servir du rapporteur pour le mesurer ; et ensuite le *rapporter* au point O, comme nous venons de l'expliquer.

2° *Au moyen du compas.* La construction au moyen du compas est plus exacte. Du point E comme centre et d'un rayon arbitraire, on trace un arc qui coupe les deux côtés de l'angle donné HEG en H et en G. Puis, du point O avec le même rayon, on trace un arc indéfini CL qui rencontre la droite AB au point C. Enfin de ce point C comme centre et d'un rayon égal à la corde de l'arc HG, on trace un troisième arc qui coupe le second CL au point D. On joint ce dernier point au point O, et on a l'angle DOC égal à l'angle HEG.

— *Connaissant deux angles d'un triangle, trouver le troisième.*

1° Si les deux angles sont donnés en degrés, on en fait la somme que l'on retranche de 180°, et le reste est le troisième angle cherché ; *car la somme des trois angles d'un triangle est égale à deux angles droits ou à 180°.*

Fig. 18.

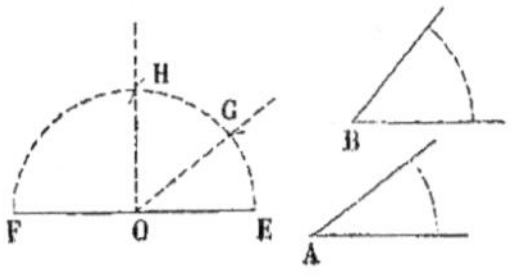

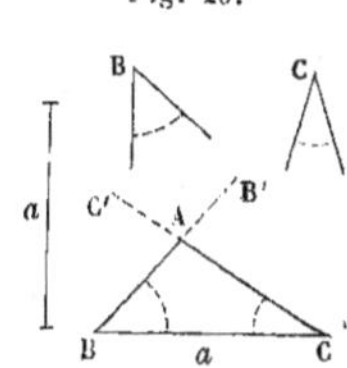

2° Supposons que les deux angles soient donnés graphiquement, en A et B, *fig.* 18. — Sur une droite indéfinie FE, on construit au point O un angle GOE égal à A. Puis, au même point sur la droite OG, on fait un angle HOG égal à B. HOF est alors le troisième angle du triangle.

Construction des triangles.

— 1° *Construire un triangle connaissant deux côtés* a *et* b, *fig.* 19, *et l'angle* C *compris entre ces côtés.*

Fig. 19.

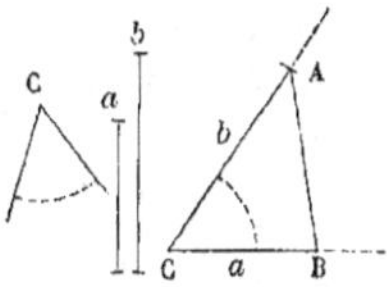

On trace deux droites formant un angle ACB égal à l'angle donné C. Sur les côtés de cet angle on prend des longueurs CB $= a$ et CA $= b$. On joint AB, et l'on a le triangle demandé ACB.

2° *Construire un triangle connaissant un côté* a, *fig.* 20, *et les deux angles adjacents* B *et* C.

Fig. 20.

On prend une droite BC $= a$. Aux deux points B et C on fait des angles égaux aux angles donnés B et C, et les côtés de ces deux angles, en se rencontrant, forment en ABC le triangle demandé. — Si les deux angles donnés n'étaient pas adjacents au côté connu, on chercherait le troisième angle comme ci-dessus, et l'on serait ramené au cas qui nous occupe.

3° *Construire un triangle connaissant les trois côtés,* a, b *et* c, *fig.* 21.

Fig. 21.

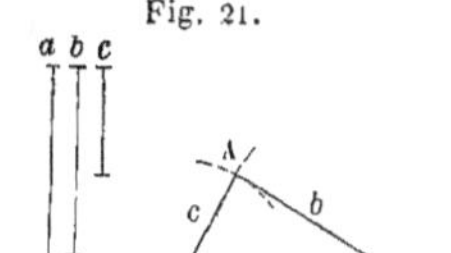

On prend une longueur BC $= a$. Puis, des points B et C comme centres et avec des rayons respectivement égaux à b et c, on trace deux arcs qui se coupent en A. On joint ce point aux extrémités de la droite BC, et l'on a le triangle demandé en ABC.

N° VIII₃ Tracé des perpendiculaires.

— 1ᵉʳ CAS. *Élever une perpendiculaire sur le milieu d'une droite,* AB, *fig.* 22.

Fig. 22.

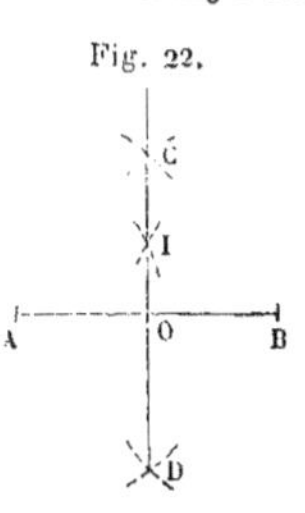

Des points A et B comme centres, avec une ouverture de compas plus grande que la moitié de AB, on trace deux arcs qui se coupent en C et en D. La droite CD, qui joint ces deux points, est la perpendiculaire sur le milieu de AB. — La droite AB est ainsi divisée en deux parties égales. On pourrait, par la même construction, diviser semblablement chaque moitié, chaque quart, de sorte qu'on a ainsi le moyen de partager une droite en 2, 4, 8, 16.... parties égales.

2ᵉ CAS. *Par un point* A, *fig.* 23, *pris sur une droite* BC, *élever une perpendi-*

culaire à cette droite. — De part et d'autre du point A, on prend sur la droite donnée des distances égales quelconques, AB = AC. Puis, des points B et C comme centres et avec un même rayon plus grand que BA, on décrit deux arcs qui se coupent en I. La droite IA, qui joint le point I au point A est la perpendiculaire demandée.

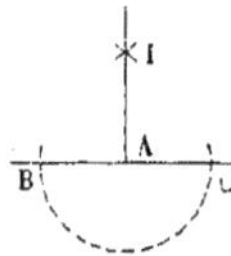

Fig. 23.

3° CAS. *D'un point A, fig. 24, pris en dehors d'une droite BC, abaisser une perpendiculaire à cette droite.*

Du point A comme centre et d'un rayon suffisamment grand, on trace un arc qui coupe la droite donnée aux deux points B et C. Puis, de ces deux points pris successivement comme centres et d'un rayon plus grand que la moitié de BC, on trace deux arcs qui se coupent au point I. La droite qui passe par les deux points I et A est la perpendiculaire demandée.

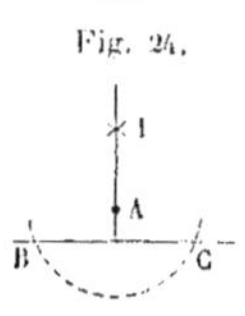

Fig. 24.

4° CAS. *A l'extrémité B, fig. 25, d'une droite AB, qu'on ne peut prolonger, élever une perpendiculaire.*

D'un point quelconque O choisi en dehors de la droite et pris comme centre, on trace, avec le rayon OB, une circonférence, qui rencontre AB au point D. Par ce dernier point, on mène le diamètre DC. La droite CB, qui joint le point C au point donné B, est la perpendiculaire demandée.

Fig. 25.

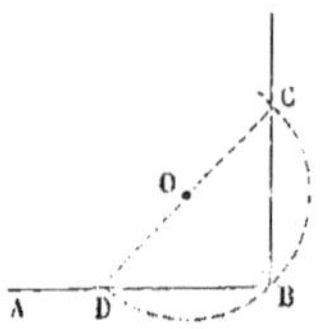

— Ces trois derniers cas peuvent se résoudre facilement au moyen de *l'équerre*, qui est un triangle rectangle ordinairement en bois, *fig.* 26.

Il suffit, après avoir appliqué une règle sur la ligne *yx*, de faire glisser un des côtés AB de l'équerre sur cette règle, jusqu'à ce que l'autre côté AC passe par le point *m*, donné soit sur la droite, soit en dehors de cette droite. La ligne tracée suivant le côté AC est la perpendiculaire cherchée.

Fig. 26.

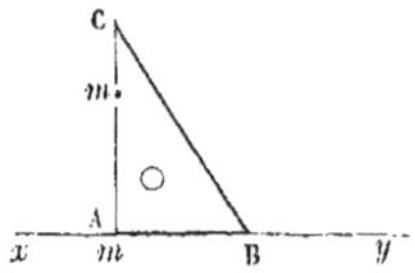

Cette opération conduit à une méthode toute simple pour vérifier l'exactitude d'une équerre. Car il suffit, après avoir élevé, avec cet instrument, une perpendiculaire *mm* en un point quelconque d'une droite *yx*, de faire pivoter l'équerre de manière que son sommet B passe du côté de l'extrémité *y*, et d'élever par le même point *m* une seconde perpendiculaire à *yx*. Si l'équerre est exacte, les deux perpendiculaires devront se confondre.

N° VIII₄ Tracé des parallèles. — *Tracer par un point donné A, fig.* 27, *une parallèle à une droite donnée* CD.

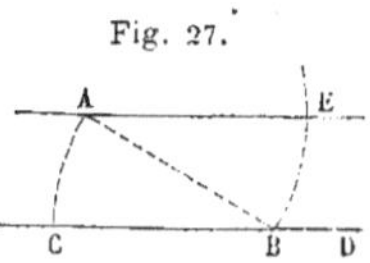

Fig. 27.

1° *Au moyen d'un compas.* Du point A comme centre, et d'un rayon suffisamment grand, on trace un arc indéfini BE, qui coupe CD au point B. De ce dernier point comme centre et du même rayon, on trace un second arc AC, qui passe nécessairement par le point A et qui rencontre CD en C. Enfin du point B comme centre et d'un rayon égal à la corde AC, on trace un troisième arc qui coupe le premier en E. On joint ce point E au point A, et la droite AE est la parallèle demandée.

Fig. 28.

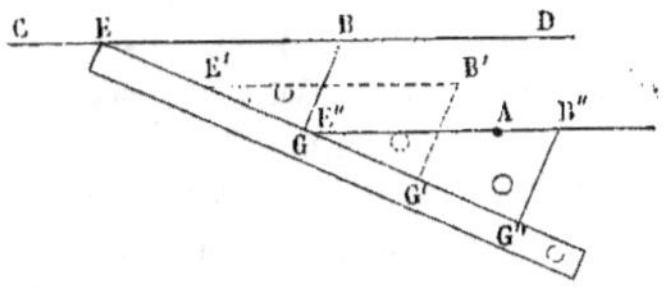

2° *Au moyen de l'équerre.* Soit A, *fig.* 28, le point par lequel il s'agit de mener une parallèle à CD.

On place l'hypoténuse de l'équerre sur la droite CD, en appuyant son côté EG contre une règle. Puis, tenant la règle fixe, on fait glisser l'équerre jusqu'à ce que son hypoténuse passe par le point A. La ligne E″B″ tracée par ce point est la parallèle voulue à CD.

N° VIII₅ **Problèmes sur les circonférences**. — 1° *Par trois points A, B et C, fig.* 29, *non en ligne droite, faire passer une circonférence.*

Fig. 29.

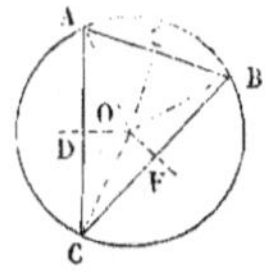

On trace les droites AB et AC; puis, sur leurs milieux, on élève des perpendiculaires EO et DO, qui se rencontrent en un point O. Le point ainsi trouvé est le centre de la circonférence passant par les trois points A, B et C. — Cette construction donne en même temps la solution du problème de la circonscription d'un cercle à un triangle ACB.

2° *Trouver le centre d'un cercle ou d'un arc donné.*

On prend à volonté sur la circonférence ou sur l'arc trois points qu'on joint par des cordes, et on exécute la construction précédente.

N° VIII₆ **Division des angles et des arcs**. — *Diviser un angle* ABC, *fig.* 30, *en deux parties égales.*

Fig. 30.

Du sommet C de l'angle ACB comme centre et d'un rayon arbitraire, on trace un arc AB qui coupe les deux côtés de l'angle en A et en B. De ces points, pris successivement comme centres, on trace des arcs qui se coupent en I et en I′. La droite II′ qui joint ces deux points passe par le point C et divise l'angle en deux parties égales. — Par le moyen précédent, on peut diviser un angle en 4, 8, 16..... parties égales. La même construction sert à diviser un arc en 2, 4, 8, 16..... parties égales. — La division d'un angle et d'un arc en 3, 5, 7.... parties égales ne peut se faire que par tâtonnement.

Fig. 31.

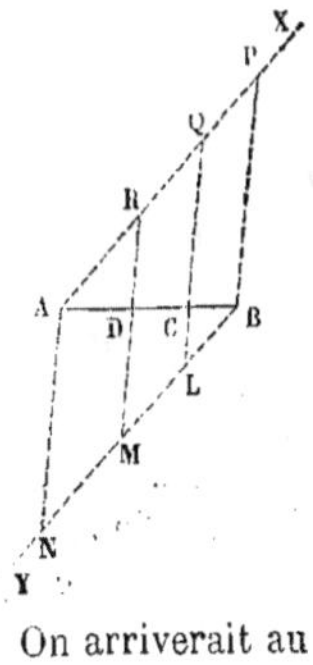

N° VIII₇ **Division des droites**. — Soit la droite AB, *fig.* 31, à diviser en 3 parties égales.

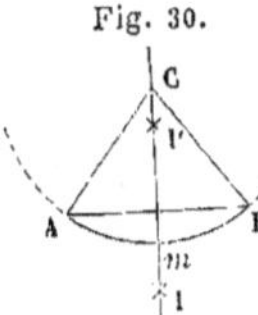

Par le point A, on trace sous un angle quelconque une droite indéfinie AX. Puis, on prend sur cette droite trois distances égales AR, RQ, QP. On joint ensuite le dernier point P au point B. Enfin par les autres points, on trace parallèlement à PB des droites qui divisent AB aux points D et C, en trois parties égales.

On arriverait au même résultat, en menant par le point B une parrallèle BY à la droite AX, puis en portant sur BY les mêmes parties que sur AX, et en joignant Q, L et R, M.

Construction d'une échelle de dixièmes. — Supposons que la plus petite unité à considérer en grandeur naturelle soit le millimètre, et qu'on veuille faire un dessin au 1/5. — Les plus grandes divisions de l'échelle devront, comme il est d'habitude, représenter cent fois la plus petite unité précitée, et par conséquent exprimer des décimètres. Or, comme la réduction est au 1/5, la grandeur de ces divisions vaudra $0^m,1 \times 1/5 = 0^m,02$. On prend

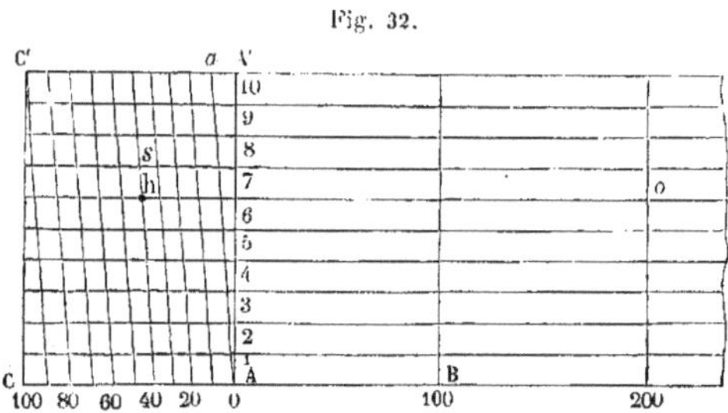

Fig. 32.

alors $CA = AB = 0^m,02$; et on divise AC en dix parties égales. Cela fait, on élève des perpendiculaires à CB aux points C, A, B...; et on lui mène dix parallèles à une distance quelconque, mais égale, les unes des autres. Puis, sur la dixième C'A' de ces parallèles, on porte les mêmes divisions que sur CA, et on joint par des *transversales* les points de division de C'A' et de CA. Alors, les portions de parallèles comprises entre les transversales expriment des centimètres; et les portions entre AA' et la transversale voisine A*a* représentent 1, 2, 3,.... 9 millimètres. Il ne reste plus par conséquent qu'à numéroter les divisions comme on le voit sur notre figure.

Usage de l'échelle. Supposons qu'il s'agisse de prendre sur l'échelle une longueur représentant 247 millim., par exemple. — On place la pointe de gauche du compas sur la division 40 de CA, et on remonte sur la transversale de cette division jusqu'en *h* sur la parallèle portant le n° 7. Puis, on ouvre le compas sur cette parallèle jusqu'à ce que l'autre pointe corresponde en *o* à la ligne verticale marquée 200, et on a en *ho* la longueur qui représente sur le papier 247 millim.

Réciproquement. Veut-on trouver la valeur réelle d'une longueur prise sur un dessin? — On prend cette longueur entre les branches d'un compas, et en portant ces branches sur CB, on tâtonne jusqu'à ce que la pointe de droite du compas tombant sur une des divisions 0,100,200 par exemple, la pointe de gauche tombe entre A et C. Puis, maintenant toujours exactement la première pointe sur la verticale de sa division, on remonte le compas horizontalement jusqu'à ce que la seconde pointe se trouve en un point, tel que *s*, situé à la rencontre d'une des transversales et d'une des horizontales. On lit alors 200 le numéro de la verticale, 40 celui de la transversale et 8 celui de l'horizontale: ce qui donne pour la longueur à évaluer 248 millim. en grandeur naturelle.

Nᵒ VIII₈ Tracé des tangentes à un cercle. — *Mener une tangente à une circonférence :*

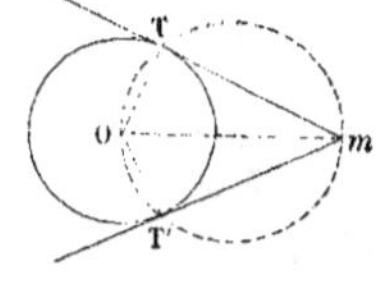

Fig. 33.

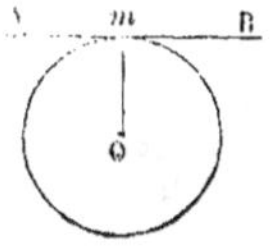

1ᵒ Par un point m, *fig.* 33, *pris sur la circonférence.*

On trace le rayon O*m*, et, suivant le 2ᵒ ou le 4ᵉ cas du nᵒ VIII₈, on élève au point *m* à ce rayon une perpendiculaire AB, qui est la tangente demandée.

Fig. 34.

2ᵒ Par un point m, *fig.* 34, *pris en dehors de la circonférence* O.

On joint le centre O au point donné *m*. Sur O*m* comme diamètre, et par conséquent en en prenant le milieu pour centre, on décrit une circonférence qui coupe la circonférence donnée aux points T et T'. En joignant le point *m* à ces deux points, on a les deux tangentes *m*T et *m*T'.

Nᵒ VIII₉ Inscrire et circonscrire à un cercle un polygone régulier.

1ᵒ *Inscrire un carré dans un cercle* O. On trace deux diamètres AC et BD, *fig.* 35, perpendiculaires l'un à l'autre. En joignant les extrémités de ces diamètres, on a le carré inscrit ABCD. — Pour inscrire l'octogone, il suffit de diviser en deux parties égales les arcs sous-tendus par les côtés du carré, et de joindre ces points de division aux sommets du carré. — L'octogone étant inscrit, on inscrit de même les polygones de 16, 32, 64... côtés.

Fig. 35.

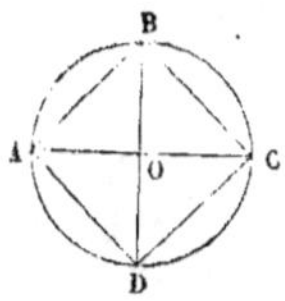

2ᵒ *Inscrire l'hexagone régulier.* Pour inscrire l'hexagone, *fig.* 36, il suffit de porter le rayon OB = AB six fois sur la circonférence, et de joindre les points de division par des cordes. — L'hexagone étant inscrit, si l'on en joint les sommets de deux en deux, on a le *triangle équilatéral* ACE. — Au contraire, en divisant successivement les arcs en deux parties égales, on inscrit les polygones de 12, 24, 48... côtés.

Fig. 36.

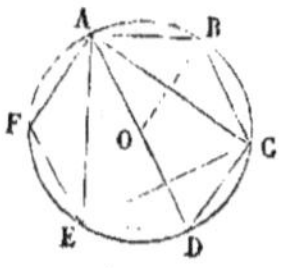

REMARQUE. Pour inscrire *un polygone d'un nombre quelconque de côtés autre que les précédents*, on divise par tâtonnement la circonférence en autant de parties égales qu'on veut de côtés, et on joint les points de division par des cordes.

Fig. 37.   Fig. 38.

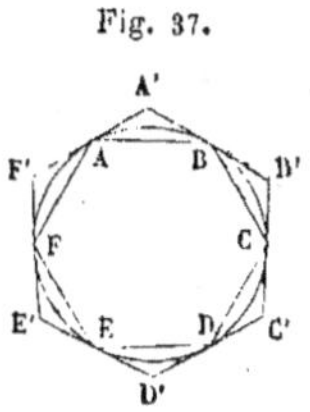

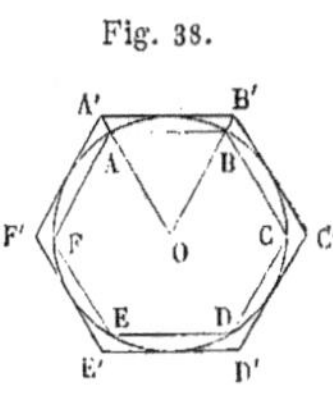

Pour circonscrire à un cercle un polygone régulier, on inscrit d'abord un polygone régulier ABCDEF, *fig.* 37 et 38, semblable à celui que l'on veut circonscrire. Puis, par chacun des sommets du polygone inscrit, *fig.* 37, ou par les milieux, *fig.* 38, des arcs que sous-tendent les côtés de ce polygone, on mène des tangentes A'B', B'C', etc., à la circonférence ; et l'on a, dans les deux cas, un polygone régulier circonscrit semblable au polygone inscrit.

N° IX. — 1. Mesure des surfaces ; surface d'un rectangle, d'un carré et d'un parallélogramme. — 2. Surface d'un triangle, d'un trapèze, d'un polygone quelconque. — 3. Longueur d'une circonférence ; surface d'un cercle, d'un secteur et d'un segment.

N° IX₁ Mesure des surfaces. — *Mesurer une surface*, c'est chercher combien de fois elle en contient une autre prise pour unité. — Le nombre d'unités de surface qu'elle contient se nomme son *aire*.

On prend ordinairement *pour unité de surface le carré* ayant pour côté l'unité de longueur. Ainsi, dans les mesures légales, l'unité de surface est le *mètre carré*, ou encore un de ses multiples ou de ses sous-multiples.

Deux figures sont dites *équivalentes* quand elles ont la même aire.

Surface d'un rectangle. — La *base* d'un rectangle est un quelconque de ses côtés, tel que AB, *fig.* 39, et le côté perpendiculaire AD en est la *hauteur*. Cela posé, *l'aire d'un rectangle est égale au produit de sa base AB par sa hauteur AD.*

Fig. 39.

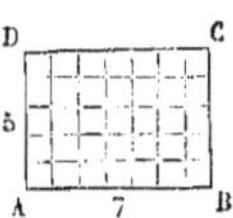

Cela signifie que pour connaître le nombre d'unités de surface que contient un rectangle, il faut *multiplier le nombre d'unités de longueur que contient sa base par le nombre d'unités de longueur que contient sa hauteur.*

Si, par exemple, le rectangle ABCD a pour base AB = 7 mètres, et pour hauteur AD = 5 mètres, son aire sera $7 \times 5 = 35$ mètres carrés. C'est du reste ce qu'on vérifie *de visu* sur la figure, en comptant le nombre des petits carrés qui y sont contenus.

Ex. : Trouver la surface d'une feuille de tôle rectangulaire, ayant 0ᵐ,536 de long sur 0ᵐ,425 de large. — Aire $= 0,535 \times 425 = $ 0ᵐ·ᶜ, 22ᵈᵐ·ᶜ 73ᶜᵐ·ᶜ 75ᵐᵐ·ᶜ.

Surface d'un carré. — D'après la règle ci-dessus, *l'aire du carré est évidemment égale à la deuxième puissance de son côté.*

1ᵉʳ *Ex. :* Trouver l'aire d'un carré de 0ᵐ,25 de côté. — Carré $= 0,25 \times 0,25$ $= $ 0ᵐ·ᶜ, 06ᵈᵐ·ᶜ 25ᶜᵐ·ᶜ.

2ᵉ *Ex. :* L'aire d'un carré dont le côté est $\frac{5}{7}$ de mètre $= \left(\frac{5}{7}\right)^2 = \frac{25}{49}$ de mètre carré.

Surface d'un parallélogramme. — La *base* d'un parallélogramme est un quelconque de ses côtés, tel que AB, *fig.* 40 ; et la *hauteur* est la longueur BE de la perpendiculaire menée d'un point de ce côté à sa parallèle DC.

Fig. 40.

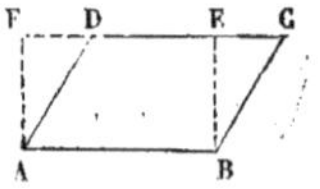

L'aire d'un parallélogramme est égale au produit de sa base AB par sa hauteur BE. — Autrement dit, elle est égale à la surface du rectangle, FABE, de même base et de même hauteur.

Ex. : La base d'un parallélogramme est 3ᵐ,7 et sa hauteur 2ᵐ,5. Quelle est la mesure de sa surface? — Aire $= 3,7 \times 2,5 = 9^{m.c},25^{dm.c}$.

N° IX₂ Surface d'un triangle. — La *base* d'un triangle est un quelconque de ses côtés, tel que AC, *fig.* 41, et la *hauteur* est la perpendiculaire BH abaissée, comme il est dit au 3ᵉ cas du n° VIII₂, sur cette base du sommet qui lui est opposé.

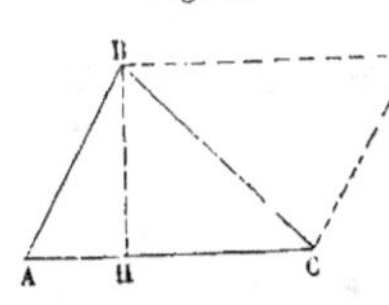

Fig. 41.

Cela entendu, l'*aire d'un triangle est égale à la moitié du produit de sa base* AC *par sa hauteur* BH.

— En d'autres termes, le triangle est la moitié du parallélogramme ABDC, de même base AC et de même hauteur BH.

Remarque. Il peut arriver, *fig.* 42, que la perpendiculaire BD, abaissée du sommet B du triangle sur la base CA, tombe sur le prolongement de cette base. Mais l'aire n'en est pas moins, comme dans le 1ᵉʳ cas, $\dfrac{CA \times BD}{2}$.

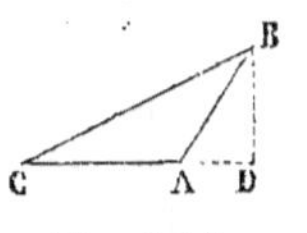

Fig. 42.

Ex.: Trouver la surface d'un morceau de tôle triangulaire dont la base est 0ᵐ,45 et la hauteur 0ᵐ,37 — Aire $= \dfrac{,45 \times 0,37}{2} = 0^{m.c},\cap 8^{dm.c} 32^{cm.c}$.

Surface d'un trapèze. — On appelle *bases* d'un trapèze ses deux côtés parallèles EF et HG, *fig.* 43; et la *hauteur* est la perpendiculaire PP', commune aux deux bases et comprise entre elles. — Cela entendu, l'*aire d'un trapèze est égale à la moitié du produit de la somme* EF + HG *de ses bases par sa hauteur* PP'.

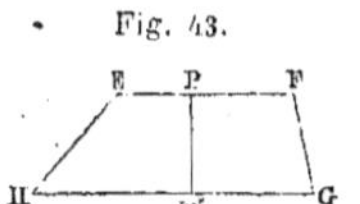

Fig. 43.

Ex. : Trouver la surface d'une paroi de chaudière qui a la forme d'un trapèze, dont les bases sont 4ᵐ,12 et 3ᵐ,45, et la hauteur 4ᵐ,6. — Aire $= \dfrac{(4,12 + 3,45) \times 4,6}{2} = 17^{m.c},41^{dm.c} 10^{cm.c}$.

Surface d'un polygone quelconque. — *On obtient l'aire d'un polygone quelconque en le décomposant en triangles, dont on calcule les aires.*

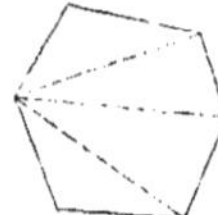

Fig. 44.

S'il s'agit, par exemple, d'un hexagone, *fig.* 44, on mène toutes les diagonales aboutissant à un même sommet. On le partage ainsi en quatre triangles, dont la somme sera l'aire du polygone.

— On peut encore choisir une base dans le polygone, et le décomposer en triangles rectangles et en trapèzes droits, en abaissant de ses différents sommets des perpendiculaires sur cette base.

Soit le polygone ABCDEFG, *fig.* 45, dans lequel on prend pour base la diagonale OX. Des différents sommets, on abaisse des perpendiculaires y_2, y_3, y_4....., à cette base. Puis on mesure ces perpendiculaires et les distances AB',

B'C', etc..., sur la base. On peut alors calculer les surfaces des divers triangles et trapèzes; et leur somme donne l'aire du polygone.

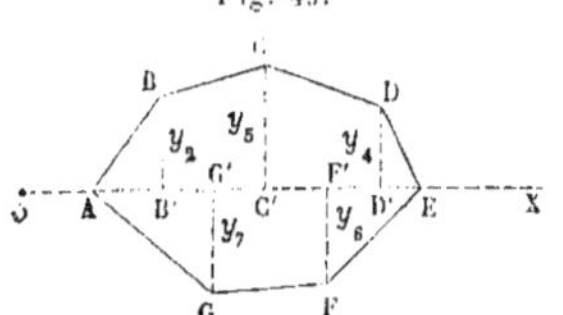

REMARQUE. Si le polygone *fig.* 45 est formé par une ligne courbe au lieu d'être formé par des lignes droites, on obtient l'aire de la manière suivante :

On partage une des plus grandes lignes AE, tracée dans ce polygone, en un certain nombre de parties égales, 10 par exemple; puis on mène des perpendiculaires telles que y_1... y_3... y_7 par les milieux des divisions. Ces perpendiculaires étant prolongées en dessus et en dessous de AE, jusqu'à la courbe, on mesure leur longueur, on a alors :

$$\text{Aire} = \frac{\text{AE}}{10} (y_1 + y_2 + y_3 + ... + y_9 + y_{10}).$$

N° IX₅ Longueur d'une circonférence. — *On obtient la longueur d'une circonférence en multipliant le diamètre ou le double du rayon par le nombre constant* 3,1416 *(ou moins exactement par* 3,14). — *C'est ce nombre constant qu'on appelle le rapport de la circonférence au diamètre.* Pour abréger, on le représente souvent par la lettre grecque π, qui se prononce *pi*.

1ᵉʳ *Ex.* : Trouver la longueur d'une circonférence, dont le rayon est 2ᵐ,473. — On a circonf. = 2,473 × 2 × 3,1416 = 15ᵐ,54.

2ᵉ *Ex. : Trouver la longueur d'une circonférence dont le rayon est* 1 *mètre.* — Circonférence = 1ᵐ × 2 × 3,1416 = 6ᵐ,2832.

RÉCIPROQUEMENT. *Pour trouver le rayon d'une circonférence, on divise la longueur de la circonférence par le double de* π. — *En divisant seulement par* π, *on aurait le diamètre.*

1ᵉʳ *Ex.* : La circonférence d'un bassin circulaire est 14ᵐ,75. Trouver son rayon. — Rayon $= \dfrac{14^m,75}{2 \times 3,1416} = 2^m,34$.

2ᵉ *Ex. : Quel est le diamètre d'une circonférence de* 1 *mètre de longueur ?* — Diamètre $= \dfrac{1^m}{3,1416} = 0^m,318$ environ.

Longueur d'un arc. — Pour trouver la longueur d'un arc dont on connaît le rayon, il faut commencer par calculer la longueur de la circonférence entière; on multiplie cette longueur par le nombre de degrés de l'arc, et on divise par 360 ; si l'arc contient des minutes et des secondes, on réduit tout à l'unité de la plus faible subdivision, et on en fait de même pour 360°.

Ex. : Trouver la longueur d'un arc de 30° *dans une* circonférence ayant 2ᵐ,473 de rayon. — Longueur de l'arc $= \dfrac{2^m,473 \times 2 \times 3,1416 \times 30°}{360°} = 1^m,46$.

Surface d'un cercle. — *L'aire d'un cercle est égale au produit du carré du rayon par le nombre* π ; ou encore au quart du produit du carré du diamètre par π.

1er *Ex.* : Trouver l'aire d'un cercle dont le rayon est 2ᵐ,25. — Cercle
= (2,25)² × 3,1416 = 5,0625 × 3,1416 = 15ᵐ·ᶜ,90ᵈᵐ·ᶜ 43ᶜᵐ·ᶜ.

2° *Ex.* : Trouver l'aire d'un cercle dont le rayon est 1 mètre. — Cercle
= 1² × 3,1416 = 1 × 3,1416 = 3ᵐ·ᶜ,14ᵈᵐ·ᶜ 16ᶜᵐ·ᶜ.

3° *Ex.* : Le diamètre d'un cercle est 1ᵐ,2 : quelle est sa surface ? — Cercle
= $\dfrac{(1,2)^2 \times 3,1416}{4}$ = 1ᵐ·ᶜ,13ᵈᵐ·ᶜ 09ᶜᵐ·ᶜ.

Surface d'un secteur et d'un segment. — Un *secteur* est une
portion de cercle COD, *fig.* 46, comprise entre un arc CD et les deux rayons qui

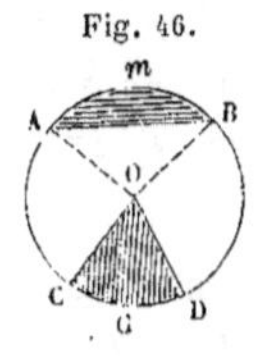
Fig. 46.

aboutissent à ses extrémités. — Un *segment* est une portion
de cercle AmB, comprise entre un arc AmB et sa corde AB.

Pour avoir l'aire d'un secteur, tel que CGDO, *fig.* 46, on
calcule d'abord l'aire du cercle comme précédemment. Puis,
on multiplie cette aire par le nombre de degrés de l'angle
COD du secteur, et l'on divise le produit par 360. — Si l'angle contient des minutes et des secondes, on réduit tout en
unités de la plus faible subdivision ; et, après avoir multiplié l'aire du cercle par ce nombre de minutes ou de secondes, on divise par
le nombre de minutes ou de secondes contenu dans 360 degrés.

1er *Ex.* : Trouver l'aire d'un secteur circulaire de 1ᵐ,2 de rayon, l'angle du
secteur étant de 75 degrés.— Secteur = $\dfrac{(1,2)^2 \times 3,1416 \times 75}{360}$ = 0ᵐ·ᶜ,94ᵈᵐ·ᶜ24ᶜᵐ·ᶜ
80ᵐᵐ·ᶜ.

2° *Ex.* : Trouver l'aire d'un secteur circulaire de 10 mètres de rayon, l'angle
du secteur étant de 15°30' = 930'. — Secteur = $\dfrac{10^2 \times 3,1416 \times 930}{360 \times 60}$ = 13ᵐ·ᶜ,
52ᵈᵐ·ᶜ 63ᶜᵐ·ᶜ.

— L'aire d'un segment, tel que AmB, *fig.* 46, s'obtient en retranchant du
secteur AmBO le triangle AOB.

Surface d'une couronne. — Une *couronne* est une surface comprise
entre deux circonférences de même centre, mais de rayons différents. — L'aire
d'une couronne est égale à la différence des cercles dont les rayons sont
donnés.

*Ex. : Quelle est l'aire d'une couronne comprise entre deux circonférences
dont les rayons sont* 1ᵐ *et* 2ᵐ ? — Couronne = 3,1416 × 2² — 3,1416 × 1²
= 3,1416 × 3 = 9ᵐ·ᶜ,42ᵈᵐ·ᶜ 48ᶜᵐ·ᶜ.

**N° X. — 1. Plan ; droites perpendiculaires et parallèles à un plan ; angles dièdres.
plans perpendiculaires et parallèles. — 2. Polyèdres : prismes, pyramides. —
3. Cylindre et cône. — 4. Sphère et définitions y relatives.**

N° X₁ Plan. — Le *plan* est (n° VII₁) une surface sur laquelle on peut
appliquer une ligne droite dans tous les sens. — En géométrie, on représente

ordinairement un plan par une espèce de parallélogramme vu en perspective, comme le montre en P la *fig.* 47. Mais il importe de savoir que cette figure sert à frapper les sens, et qu'elle n'est qu'une portion du plan considéré, qui doit toujours être supposé par la pensée indéfini dans toutes les directions.

Par deux points ou par une droite, on peut faire passer une infinité de plans. — Par deux droites qui se coupent, par deux parallèles, ou enfin par une droite et un point pris en dehors de cette droite, on peut toujours faire passer un plan, et on ne peut en faire passer qu'un.

Droites perpendiculaires et parallèles à un plan. — *Une perpendiculaire* OA, *fig.* 47, *à un plan* P est une droite perpendiculaire à toutes les droites tracées par son pied dans ce plan; en d'autres termes qui ne penche dans aucun sens. Il suffit, du reste, qu'elle soit perpendiculaire à deux de ces droites, pour qu'on soit sûr qu'elle l'est à toutes les autres et par conséquent au plan considéré.

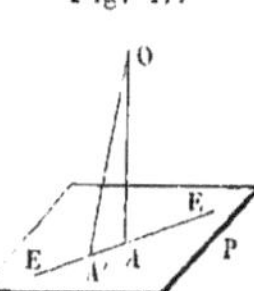

Fig. 47.

Une oblique OA′ *à un plan* P est une ligne qui n'est pas perpendiculaire à ce plan. *La plus courte distance d'un point* O *à un plan* P est la perpendiculaire OA abaissée de ce point sur le plan.

— D'après ce qui précède, pour mener par le point O ou A, fig. 47, une ligne, ou pratiquement un cordeau perpendiculaire à un plan P, on peut procéder comme voici :

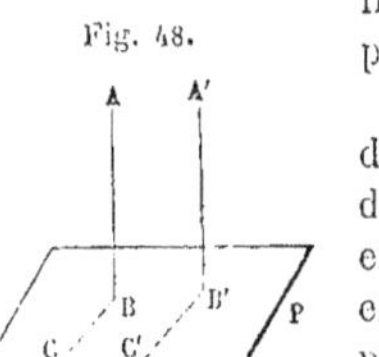

Fig. 48.

On fixe l'une des extrémités du cordeau au point donné, on le tend ensuite de façon qu'il paraisse à l'œil d'aplomb par rapport au plan considéré, et on l'y ramène exactement au moyen d'une grande équerre AOA′. A cet effet, on place la branche inférieure de l'équerre sur le plan et la branche supérieure le long du cordeau. On fait alors pivoter légèrement ce dernier autour du point donné jusqu'à ce qu'il s'applique exactement le long de ladite branche supérieure.

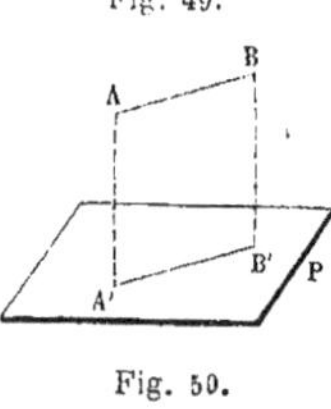

Fig. 49.

Enfin, on refait la même opération dans une direction à peu près perpendiculaire à la première.

— *Si deux droites* AB *et* A′B′, *fig.* 48, *sont perpendiculaires à un même plan, on est sûr qu'elles sont parallèles entre elles, et réciproquement.*

— *Une droite* AB, *fig.* 49, *et un plan* P *sont parallèles*, lorsque, prolongés indéfiniment, ils ne peuvent se rencontrer.

On démontre qu'une droite AB *est parallèle au plan* P, *lorsqu'elle est parallèle à une autre droite* A′B′ *contenue dans ce plan.*

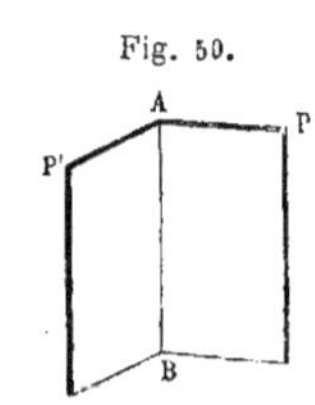

Fig. 50.

Angles dièdres. — La figure PABP′, *fig.* 50, formée par deux plans qui se coupent, s'appelle *angle dièdre*. — L'intersection AB des deux plans est l'*arête* du dièdre, et ces plans eux-mêmes en sont les *faces*.

On désigne un dièdre par quatre lettres, en plaçant au milieu celles de l'arête. Ainsi, on dira : le dièdre PABP'. — On peut encore désigner un dièdre par son arête, lorsqu'il est isolé, et dire : le dièdre AB.

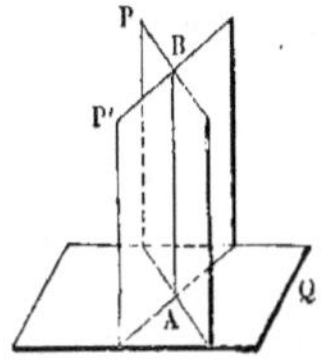

Fig. 51.

Plans perpendiculaires et parallèles. — Un plan P, *fig.* 51, est perpendiculaire à un autre, lorsqu'il forme avec cet autre deux angles dièdres adjacents égaux, autrement dit lorsqu'il ne penche d'aucun côté. — L'angle formé par deux plans perpendiculaires est un *dièdre droit*. — Un *dièdre* est *aigu* ou *obtus*, selon qu'il est plus petit ou plus grand qu'un dièdre droit.

On prouve que si deux plans P et P', qui se coupent, sont perpendiculaires à un troisième Q, leur intersection AB est perpendiculaire à ce dernier.

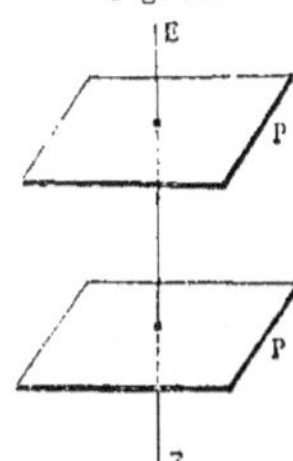

Fig. 52.

— *Deux plans* P *et* P', *fig.* 52, *sont parallèles*, lorsque, prolongés indéfiniment, ils ne peuvent se rencontrer.

Deux plans P *et* P', *fig.* 52, *perpendiculaires à une même droite* EF, *sont parallèles, et réciproquement.*

N° X₂ Polyèdres. — *Un polyèdre* est un volume terminé de toutes parts par des plans. Les polygones formés par ces plans sont les *faces*, et les intersections des faces sont les *arêtes* du polyèdre.

Parmi les polyèdres on distingue *les prismes* et *les pyramides.*

Prismes. — *Un prisme, fig.* 53, est un polyèdre terminé par deux polygones ABCDE et A'B'C'D'E' égaux et parallèles, appelés *bases* du prisme, et par des parallélogrammes ABB'A', BCC'B', etc., qui en sont les *faces latérales.* — Les intersections de ces faces entre elles sont *les arêtes latérales* du prisme. Ces arêtes sont *égales et parallèles.* — La *hauteur* d'un prisme est la distance de ses deux bases, mesurée par la perpendiculaire commune.

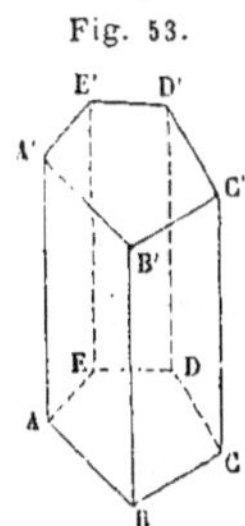

Fig. 53.

Un prisme est triangulaire, quadrangulaire, pentagonal, hexagonal, selon qu'il a pour bases un triangle, un quadrilatère, un pentagone, un hexagone.

Un prisme est droit, lorsque ses arêtes latérales sont perpendiculaires aux bases. Il est oblique dans le cas contraire. — Dans le prisme droit les faces latérales sont des rectangles, et une arête latérale quelconque du prisme en est la hauteur. — Dans le prisme oblique, la hauteur est moindre que cette arête.

Un prisme régulier est un prisme droit dont les bases sont des polygones réguliers. Par suite, ses faces latérales sont des rectangles égaux.

Le *parallélipipède, fig.* 54, est un prisme dont les bases ABCD et A'B'C'D' sont des parallélogrammes. Et alors les six faces sont des parallélogrammes.

— Dans ce solide, les diagonales AC′, DB′, etc., qui joignent des sommets A et C′, D et B′, etc., non situés dans une même face, se rencontrent toutes en un même point.

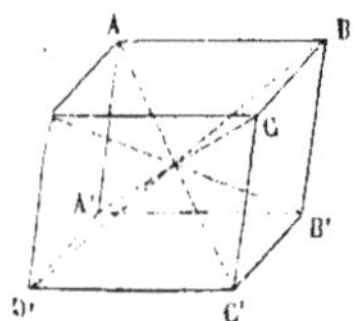

Fig. 54.

Le parallélipipède est *droit*, si les arêtes sont perpendiculaires aux bases. Il est *rectangle*, s'il est droit et si de plus les bases sont des rectangles.

Le *cube* est un parallélipipède rectangle dont les six faces sont des carrés égaux.

— *Tronc de prisme*. Si l'on coupe un prisme par un plan *ab*, *fig.* 55, non parallèle aux bases, chacune des parties du prisme se nomme *tronc de prisme*.

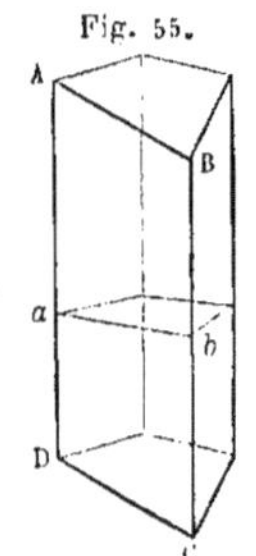

Fig. 55.

Quand le prisme est un parallélipipède, tout tronc de ce solide, obtenu comme il vient d'être dit, est un *tronc de parallélipipède*. On a de semblables troncs quand, dans le cubage d'une soute située en abord, on la partage en tranches assez rapprochées pour que les portions de surface de carène faisant partie de ces tranches puissent être considérées comme planes.

Pyramides. — Une pyramide, *fig.* 56, est un polyèdre dont une des faces, appelée *base*, est un polygone quelconque ABCDE, et dont les autres faces, dites *faces latérales*, sont des triangles se réunissant en un même point S, qui est le *sommet* de la pyramide. — D'autre part, la hauteur de ce solide est la perpendiculaire SO abaissée du sommet sur le plan de la base. Elle peut, du reste, tomber en dehors de cette base.

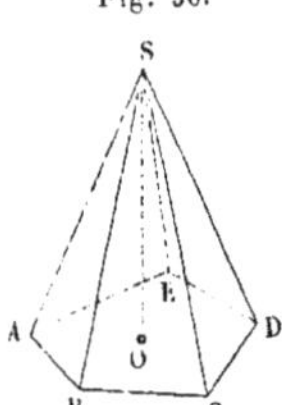

Fig. 56.

D'après la nature de sa base, la pyramide est dite triangulaire, quadrangulaire, pentagonale, hexagonale, etc.

Une pyramide est régulière, quand la base est un polygone régulier, et que la hauteur tombe au centre de la base.

En pareil cas, toutes les arêtes latérales sont égales, et les faces latérales sont des triangles isocèles égaux.

— Si l'on coupe une pyramide SABCDE, *fig.* 57, par un plan P parallèle à sa base et qu'on enlève la pyramide supérieure, le polyèdre restant ABCDEE′A′B′C′D′ est un tronc de pyramide *à bases parallèles*.

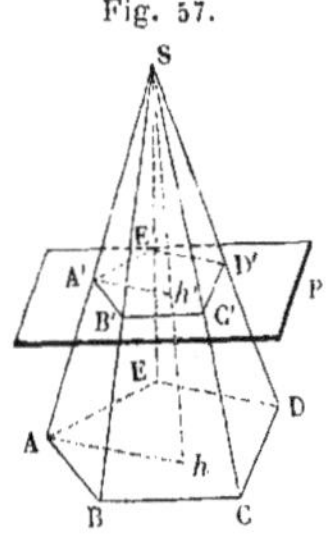

Fig. 57.

— La hauteur de ce solide est une perpendiculaire *hh′* aux deux bases.

Selon que les bases sont des triangles, des quadrilatères, etc., le tronc est triangulaire, quadrangulaire, etc.

N° X₃ Cylindre. — Le cylindre droit, *fig.* 58, est le volume engendré par un rectangle ABCD faisant une révolution complète autour d'un de ses côtés AD, qu'on nomme l'*axe* ou la *hauteur* du cylindre. Le côté parallèle BC engendre la *surface cylindrique* et se nomme *côté* ou *génératrice* du cylindre. Les deux autres côtés décrivent des cercles égaux, qui sont les *bases* du cylindre. — Tout plan A′B′, mené perpendiculairement à l'axe du cylindre, coupe ce dernier suivant un cercle; et tout plan EFF′E′, mené au travers du cylindre, parallèlement à son axe, rencontre sa surface suivant deux génératrices EF et E′F′.

Fig. 58.

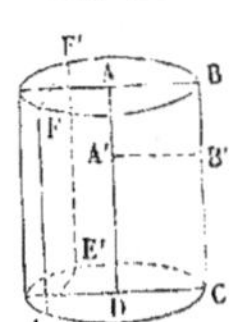

Cône. — Le cône droit, *fig.* 59, est le volume engendré par un triangle rectangle SAB tournant autour d'un côté SA de l'angle droit, appelé *axe* ou *hauteur* du cône. L'hypoténuse SB engendre la *surface conique* et prend le nom de *côté* ou de *génératrice* du cône. L'autre côté AB décrit un cercle qui est la *base* du cône. Tout plan A′B′, mené perpendiculairement à l'axe SA du cône, coupe ce dernier suivant un cercle; et tout plan D′SD mené au travers du cône par son sommet rencontre sa surface suivant deux génératrices SD et SD′.

Fig. 59.

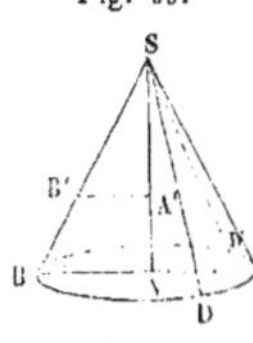

Si l'on coupe un cône par un plan parallèle à sa base et qu'on enlève le cône supérieur, le volume restant est, *fig.* 60, un *tronc de cône à bases parallèles*. La hauteur d'un pareil tronc est la perpendiculaire OO′ ou A′D aux deux bases. — Ajoutons que OA et O′A′ sont sur notre figure les rayons des bases, et que EF, mené par le milieu de OO′ est la moyenne de ces deux rayons.

Fig. 60.

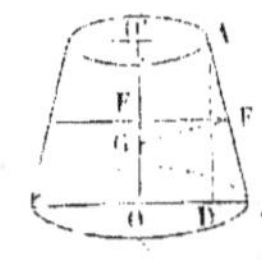

N° X₄ Sphères et définitions y relatives. — La *sphère* est un volume terminé par une surface courbe dont tous les points sont également distants d'un point intérieur appelé centre.

— On peut considérer ce solide comme engendré par un demi-cercle ACB, *fig.* 61, tournant autour de son diamètre AB. Et alors la demi-circonférence correspondante à ce demi-cercle engendre la *surface de la sphère*.

Fig. 61.

Dans une sphère, toute droite OA qui joint le centre à un point de la surface est un *rayon*. — Une *corde* est une droite qui joint deux points de la surface.

— Un *diamètre* est une corde qui passe par le centre; il est égal au double d'un rayon.

Toute section AB, fig. 62, faite dans une sphère par un plan, est un cercle. Si le plan sécant passe par le centre de la sphère, la section est un *grand cercle* dont le rayon est celui de la sphère. Mais si, comme le plan AB, il ne passe pas par le centre, la section est un *petit cercle*; en d'autres termes, le rayon Km de cette section est plus petit que le rayon Om de la sphère.

Fig. 62.

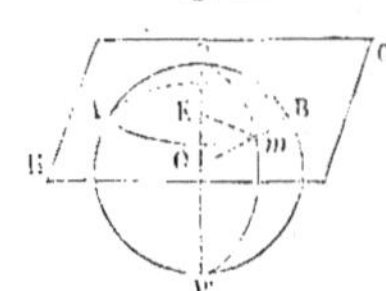

Un plan HG, *fig.* 62, est *tangent* à la sphère, lorsqu'il n'a qu'un point P de la surface de celle-ci.

— On nomme *zone sphérique*, *fig.* 63, une portion de la surface de la sphère comprise entre deux plans parallèles Cc et Bb. La distance cb de ces deux plans est la *hauteur de la zone*. — Si l'un des plans devient tangent, la zone n'a plus qu'une base et se nomme *calotte sphérique*.

Fig. 63.

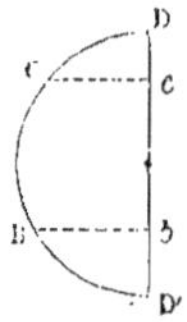

Une *tranche sphérique* est une portion de la sphère comprise entre deux plans parallèles, tels que Cc et Bb, *fig.* 63. Lorsque l'un des plans est *tangent* à la sphère, *la tranche sphérique n'a qu'une base*.

On nomme *secteur sphérique* le volume engendré par un secteur circulaire AOB, *fig.* 64, tournant autour d'un diamètre CD, qui ne le coupe pas.

Fig. 64.

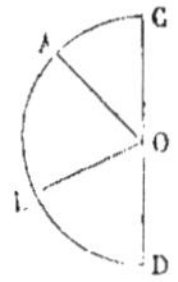

Un fuseau est une portion de la surface de la sphère comprise entre deux arcs de grands cercles. La surface PmP'BP, *fig.* 62, est un fuseau. L'arc d'un fuseau est l'arc de grand cercle compris entre PmP', PBP' perpendiculairement à PP'.

Un *onglet* est la portion de la sphère comprise entre deux grands cercles.

— Le volume limité par le fuseau PmP'BP, *fig.* 62, et les deux demi-cercles PmP', PBP', est un onglet.

N° XI. — **1. Mesure des volumes ; volume d'un parallélipipède, d'un prisme quelconque, d'un tronc de prisme triangulaire et d'un tronc de parallélipipède. — 2. Volume d'une pyramide. — 3. Surface latérale et totale d'un cylindre ; volume d'un cylindre. — 4. Surface latérale et totale d'un cône, volume d'un cône. — 5. Surface latérale et totale d'un tronc de cône ; volume d'un tronc de cône. — 6. Surface et volume d'une sphère. — 7. Cubage d'une soute.**

N° XI. Mesure des volumes. — *Mesurer un volume, c'est chercher combien de fois ce volume en contient un autre pris pour unité.*

On choisit ordinairement pour unité de volume le *cube* dont le côté est égal à l'unité de longueur. Ainsi, dans le système des mesures légales, l'unité de volume est le *mètre cube*, ou l'un de ses sous-multiples.

Volume d'un parallélipipède. — Dans tout parallélipipède, on peut prendre pour *base* (n° X₂) une quelconque de ses faces. La *hauteur* est alors la perpendiculaire commune à cette face et à sa parallèle et comprise entre elles.

Le volume d'un parallélipipède est égal au produit de sa base par sa hauteur. — Il faut entendre par là que, pour savoir combien de fois le parallélipipède contient l'unité de volume, on multiplie le nombre d'unités de surface que renferme la base, par le nombre d'unités de longueur contenues dans la hauteur. Ainsi, un parallélipipède dont la base est de 15$^{m.c}$ et la hauteur de 7^m, a pour volume $15 \times 7 = 105^{m.cub}$.

Lorsque le parallélipipède est *rectangle*, comme cela a lieu presque toujours dans les applications, son volume devient égal, d'après la règle précédente, au produit de trois quelconques de ses arêtes contiguës, telles que AB, AC, AE fig. 65.

Si, par exemple, un parallélipipède rectangle a pour dimensions $AB = 5^m$, $AC = 3^m$ et $AE = 7^m$, le produit des trois nombres 5, 3 et 7 donnera le nombre de fois que le mètre cube est contenu dans le parallélipipède. Du reste, cela se reconnaît *de visu* sur la figure en examinant le nombre de petits cubes qu'on peut former dans son intérieur. — Quoi qu'il en soit, on aura: volume parallélipipède $= 5 \times 3 \times 7 = 105^{m.cub}$.

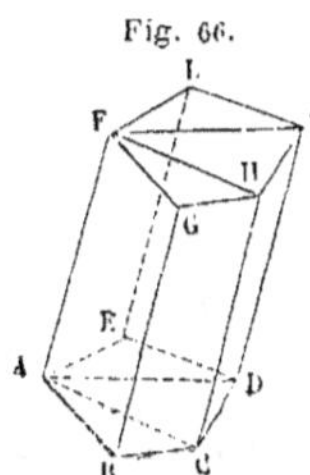

Fig. 65.

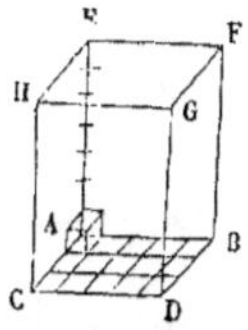

Ex. : Quelle est la capacité d'une soute à charbon rectangulaire dont les trois dimensions sont $5^m,5$; $3^m,25$ et $4^m,53$? — Volume $= 5,5 \times 3,25 \times 4,53 = 80^{m.cub},973^{dm.cub}$ environ.

Il résulte clairement de ce qui précède que, quand il s'agit d'un *cube*, le *volume est égal à la troisième puissance de son côté.*

1er *Ex.* : Quel est le volume d'un cube dont le côté est $1^m,25$? — Volume du cube $= (1,25)^3 = 1^{m.cub},953^{dm.cub}125^{cm.cub}$.

2e *Ex.* : Quel est le volume d'un cube dont le côté est $\frac{5}{7}$ de mètre? — Volume du cube $= \left(\frac{5}{7}\right)^3 = \frac{125}{343}$ de mètre cube.

Volume d'un prisme quelconque. — *Le volume d'un prisme quelconque, fig. 66, est égal au produit de sa base ABCDE par sa hauteur.*

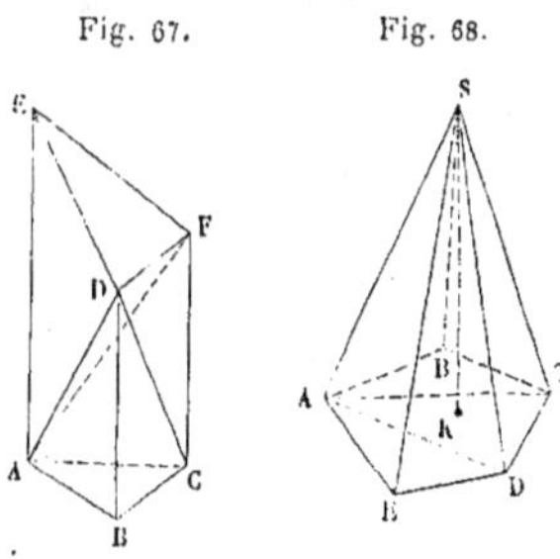

Fig. 66.

Ex. : La base d'un prisme est $2^{m.c},35$, sa hauteur de $1^m,5$; on demande son volume. — Volume prisme $= 2,35 \times 1,5 = 3^{m.cub},525^{dm.cub}$.

Si l'on connaît seulement les dimensions de la base du prisme, il faut d'abord calculer l'aire de cette base, et multiplier ensuite cette aire par la hauteur du solide.

Volume d'un tronc de prisme triangulaire et d'un tronc de parallélipipède. — *Le volume d'un tronc de prisme triangulaire ABCFED, fig. 67, dont, comme cela a lieu d'habitude* dans les applications, une des bases ABC est perpendiculaire aux arêtes latérales AE, BD et CF, *est égal au tiers du produit de cette base par la somme des arêtes latérales.*

Fig. 67.   Fig. 68.

Ex. : La base ABC d'un tronc de prisme triangulaire droit est de $1^{m.c},35$; ses arêtes latérales AE, BD et CF sont $1^m,25$, $1^m,15$ et $1^m,12$; trouver le volume. — On a, d'après la règle précédente, volume du tronc $= 1,35 \times \dfrac{1,25 + 1,15 + 1,12}{3} =$

$$\frac{1,35 \times 3,52}{3} = 1^{m.cub},584^{dm.cub}$$

Le volume d'un tronc de parallélipipède rectangle est égal au produit de la demi-somme de ses faces parallèles par la distance qui les sépare.

Nᵒ XI₂ Volume d'une pyramide. — *Le volume d'une pyramide,* fig. 68, *est égal au tiers du produit de sa base* ABCDE *par sa hauteur* SK.

Ex. : Trouver le volume d'une pyramide dont la base est de 3ᵐ·ᶜ,5 et la hauteur 1ᵐ,5. — On a : volume pyramide $= \dfrac{3.5 \times 1,5}{3}$ 1ᵐ·ᶜᵘᵇ,750ᵈᵐ·ᶜᵘᵇ.

Nᵒ XI₃ Surface latérale et totale d'un cylindre. — *La surface latérale d'un cylindre* (voir *fig.* 58) *est égale au produit de la circonférence de sa base par sa hauteur.*

1ᵉʳ *Ex. :* Trouver la surface latérale d'un cylindre dont la circonférence de la base est 2ᵐ,75 et la hauteur 1ᵐ,2. — Surface latérale cylindre $= 2,75 \times 1,2 =$ 3ᵐ·ᶜ,30.

2ᵉ *Ex. :* Trouver la surface latérale d'un cylindre dont le rayon de la base vaut 0ᵐ,25 et la hauteur 1ᵐ,2. — On cherche d'abord la circonférence de la base, laquelle $= 0,25 \times 2 \times 3,1416 =$ 1ᵐ,5708. Il viendra alors surface latérale cylind. $= 1,5708 \times 1,2 =$ 1ᵐ·ᶜ,88496.

— *La surface totale d'un cylindre s'obtient en ajoutant à la surface latérale deux fois le cercle d'une des bases.*

Ex. : Trouver la surface totale du cylindre du 2ᵉ *Ex.* ci-dessus.

$$\text{Surface latér. cylind.} = 1^{m·c},88496$$
$$\text{Surface des bases} = (0,25)^2 \times 3,1416 \times 2 = 0^{m·c},39270$$
$$\overline{\text{Surface totale cylind.} = 2^{m·c},27766.}$$

Volume d'un cylindre. — *Le volume d'un cylindre est égal au produit de sa base par sa hauteur.*

Ex. : Trouver la capacité d'un cylindre dont la hauteur est 1ᵐ,5, et le rayon de la base 0ᵐ,5. — On a d'abord la base du cylindre $= (0,5)^2 \times 3,1416 =$ 0ᵐ·ᶜ,7854. D'où volume cylindre $= 0,7854 \times 1,5 =$ 1ᵐ·ᶜᵘᵇ,1781 $=$ 1178ˡⁱᵗ, 1.

Nᵒ XI₄ Surface latérale et totale d'un cône. — *La surface latérale d'un cône* (voir *fig.* 59) *est égale à la moitié du produit de la circonférence de sa base par son côté.*

1ᵉʳ *Ex. :* La circonférence de la base d'un cône est 1ᵐ,45, et son côté 1ᵐ,5. Quelle est la surface de ce cône ? — Surface latérale cône $= \dfrac{1,45 \times 1,5}{2} =$ 1ᵐ·ᶜ,0875.

2ᵉ *Ex. :* Trouver la surface latérale d'un cône dont le côté est 2ᵐ,6 et le rayon de la base 0ᵐ,48. — On cherchera d'abord l'expression de la circonférence de la base, laquelle est égale à 0ᵐ,48 $\times$ 3,1416 $\times$ 2. Puis on aura : Surface latérale cône $= \dfrac{0,48 \times 3,1416 \times 2 \times 2,6}{2} =$ 3ᵐ·ᶜ,9207 environ (en ayant soin de négliger par simplification le facteur 2 haut et bas en opérant).

— *La surface totale d'un cône s'obtient en ajoutant à la surface latérale la surface de la base.*

Ex. : Trouver la surface totale du cône du 2ᵉ *Ex.* ci-dessus.

$$\text{Surface latérale cône} = 3^{\text{m.c}},9207$$
$$\text{Base} = (0,48)^2 \times 3,1416 = 0^{\text{m.c}},7238$$
$$\text{Surface totale cône} = 4^{\text{m.c}},6445$$

Volume d'un cône. — *Le volume d'un cône est égal au tiers du produit de sa base par sa hauteur.*

Ex. : Trouver le volume d'un cône dont la hauteur est $0^{\text{m}},5$ et le rayon de la base $0^{\text{m}},4$. — On a d'abord base du cône $= (0,4)^2 \times 3,1416 = 0^{\text{m.c}},502656$

D'où volume cône $= \dfrac{0,502656 \times 0,5}{3} = 0^{\text{m.cub}},083776.$

N° XI₈ Surface latérale et totale d'un tronc de cône. — *La surface latérale d'un tronc de cône droit à bases parallèles (voir fig. 60) est égale à la moitié du produit de son côté AA', par la somme des circonférences des bases.*

Ex. : Les circonférences des bases d'un tronc de cône sont $1^{\text{m}},35$ et $1^{\text{m}},65$, et son côté vaut $1^{\text{m}},25$. Quelle est la surface latérale de ce tronc de cône ? — Surface latérale tronc de cône $= \dfrac{(1,35 + 1,65) \times 1,25}{2} = 1^{\text{m.c}},8750.$

Si, au lieu des circonférences des bases, on donne les rayons de ces circonférences, *la surface latérale du tronc de cône s'obtient en multipliant par 3,1416 le produit de la somme des rayons des bases par le côté.*

Ex. : Trouver la surface latérale d'un tronc de cône dont les rayons des bases sont $0^{\text{m}},75$ et $0^{\text{m}}45$, et dont le côté est $1^{\text{m}},4$. — Surface latérale tronc de cône $= (0,75 + 0,45) \times 1,4 \times 3,1416 = 5^{\text{m.c}},277888.$

— *La surface totale d'un tronc de cône s'obtient en ajoutant à la surface latérale la somme des bases.* — Cette dernière quantité se trouve du reste facilement en multipliant par 3,1416 la somme des carrés des rayons des bases.

Ex. : Trouver la surface totale du tronc de cône de l'exemple précédent.

$$\text{Surf. latér. tronc de cône} = 5^{\text{m.c}},277888$$
$$\text{Somme des bases} = (0,75^2 + 0,45^2) \times 3,1416 = 2^{\text{m.c}},403324$$
$$\text{Surface totale tronc de cône} = 7^{\text{m.c}},681212$$

Volume d'un tronc de cône. — *Pour trouver le volume d'un tronc de cône, on cherche les carrés des rayons des bases, puis le produit de ces deux rayons. On fait ensuite la somme des trois nombres ainsi obtenus et on la multiplie par la hauteur et par 3,1416. Enfin, on prend le tiers de ce dernier produit.*

Ex. : Trouver le volume d'une baille ayant la forme d'un tronc de cône, dont les rayons des bases sont $1^{\text{m}},2$ et $1^{\text{m}},4$, et la hauteur $1^{\text{m}},5$. — On a :

volume tronc de cône $= \dfrac{(1,2^2 + 1,4^2 + 1,2 \times 1,4) \times 1,5 \times 3,1416}{3}.$

On dispose ainsi le calcul :

Carré du petit rayon $= 1,2^2 = 1,44$
Carré du grand rayon $= 1,4^2 = 1,96$
Produit des rayons $= 1,2 \times 1,4 = 1,68$

Somme de ces trois nombres $= 5,08$
Hauteur $= 1,5$

Produit $= 7,62$

Produit précédent $= 7,62$
         $3,1416$

Produit définitif $= 23,938992$

Volume tronc $= \frac{1}{3}$ produit

précédent $= 7^{m.cub},979664$
ou $7979^{litres},664.$

N° XI$_6$ Surface d'une sphère. — *La surface d'une sphère est égale à quatre fois le produit du carré du rayon par* 3,1416.

1er *Ex.* : Trouver la surface d'une sphère dont le rayon est $0^m,6$. — On a surface sphère $= (0,6)^2 \times 3,1416 \times 4 = 4^{m.c},523904.$

2° *Ex.* : Quelle est la surface d'une sphère dont le rayon est 1 mètre ? — Surface sphère $= 1^2 \times 3,1416 \times 4 = 12^{m.c},5664.$

Volume d'une sphère. — *Le volume d'une sphère est égal au tiers du produit de la surface sphérique par le rayon.*

1er *Ex.* : Trouver le volume de la sphère du 1° *Ex.* ci-dessus. — On a d'abord surf. sphère $= 4^{m.c}, 523904$; d'où volume sphère $= \dfrac{4,523904 \times 0,6}{3}$ $= 0^{m.cub},9047808.$

On peut encore trouver le volume d'une sphère de cette manière : *faire le cube du rayon, le multiplier par* 3,1416 *et prendre les* $\frac{4}{3}$ *du produit* — Ainsi avec $0^m,6$ de rayon, on a volume sphère $= \dfrac{(0,6)^3 \times 3,1416 \times 4}{3} = 0^{m.cub},9047808.$

On doit préférer le premier moyen, quand on doit calculer à la fois la surface et le volume, et le second, quand on ne veut que le volume.

2° *Ex.* : Trouver le volume d'une sphère dont le rayon est 1 mètre. — Volume sphère $= \dfrac{1^3 \times 3,1416 \times 4}{3}$ $4^{m.cub},18880.$

Surface d'une zone. — La surface d'une zone (X_4) a pour valeur la circonférence de la sphère, multipliée par la distance des deux plans qui limitent cette zone.

Ex. : *Trouver la surface d'une zone dans une sphère dont le rayon est de* $1^m,5$, *les plans qui limitent cette zone étant distants de* $0^m,5$.

Surface zone $= 1,5 \times 2 \times 3,1416 \times 0,5 = 4^{m.c},7124.$

Surface d'un fuseau. — La surface d'un fuseau (X_4) a pour valeur son arc multiplié par le diamètre de la sphère.

Ex. : *Trouver la surface d'un fuseau dont l'arc est de* 90°, *dans une sphère de* 1^m *de rayon.*

$$\text{Fuseau} = \frac{1 \times 2 \times 3{,}1416 \times 90}{360} \times 2 = 3^{\text{m.c.}},1416.$$

Volume d'une tranche sphérique. — Le volume d'une tranche sphérique (X_4) est égal à la demi-somme des bases multipliée par la hauteur, plus la sphère qui a pour diamètre cette hauteur.

Ex. : Trouver le volume d'une tranche sphérique dont les bases ont $0^m,5$ et $0^m,4$ de rayon, et dont la hauteur est de $0^m,3$, dans une sphère dont le rayon est de $0^m,5$.

$$\text{Tranche sphérique} = \frac{(0{,}5^2 + 0{,}4^2) \times 3{,}1416 \times 0{,}3}{2} + 3^5 \times 3{,}1416 \times \frac{4}{3} =$$
$$= 0^{\text{m.cub}},221482,$$

Volume d'un secteur sphérique. — Le volume d'un secteur sphérique est égal à la zone qui lui sert de base sur la surface de la sphère, multipliée par le tiers du rayon.

Ex. : Quel est le volume d'un secteur sphérique dont la zone a $1^{\text{m.c.}},5$ de surface, dans une sphère de $2^m,5$ de rayon ?

$$\text{Secteur sphérique} = \frac{1{,}5 \times 2{,}5}{3} = 1^{\text{m.cub}},250.$$

Volume d'un onglet. — Le volume d'un onglet est égal à la surface du fuseau qui lui sert de base, multipliée par le tiers du rayon.

Ex. : Trouver le volume d'un onglet dont le fuseau a une surface de $1^{\text{m.c.}},55$, dans une sphère de 3^m de rayon.

$$\text{Onglet} = \frac{1{,}55 \times 3}{3} = 1^{\text{m.cub}},550.$$

N° XI₇ Cubage d'une soute à charbon. — Si la soute est située dans le milieu du navire, elle a la forme d'un parallélipipède rectangle, et son volume se calcule en multipliant la base par la hauteur (n° XI₄). Mais si elle se trouve en abord, une de ses faces est formée par les façons du navire, et elle a la configuration que représente la *fig. 69*.

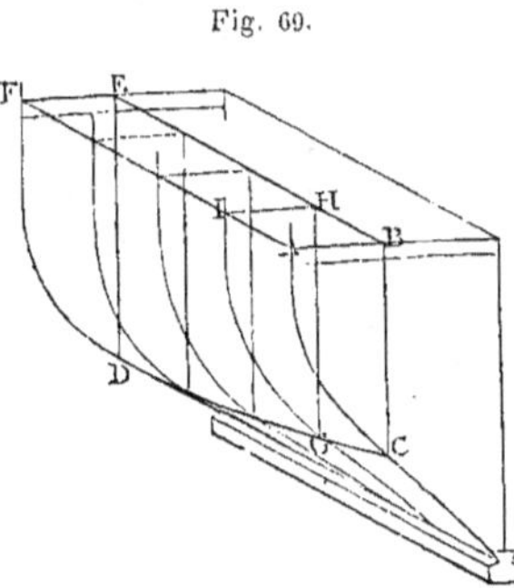

Fig. 69.

En pareil cas, on décompose la soute en tranches verticales ABCGHI, etc., par des plans parallèles équidistants et assez rapprochés les uns des autres pour que les portions de surface courbe comprises entre deux de ces sections puissent être considérées comme planes. On calcule les volumes de toutes ces tranches, et la somme de ces volumes donne la capacité de la soute. Toutefois, il faudrait à la rigueur retrancher de cette somme la place occupée par les baux. Mais nous négligerons ce raffinement de précision oiseux pour la pratique.

Cela posé, on détermine d'abord les surfaces ABC, IHG..., FED, *fig.* 70. Pour cela, on partage la hauteur de chacune d'elles, BC, par exemple, en un

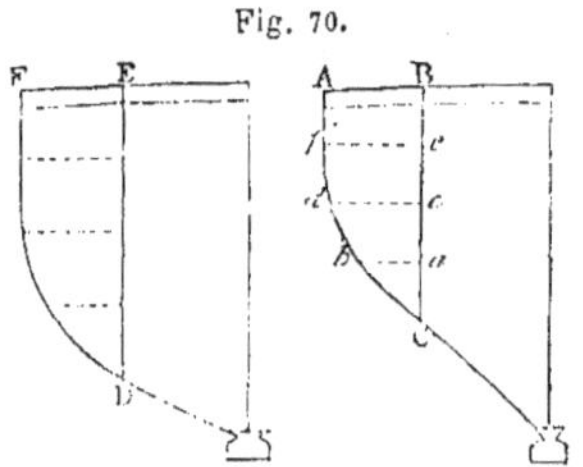

Fig. 70.

certain nombre de parties égales. Puis, aux points de division, on élève des perpendiculaires *ab*, *cd* et *ef* à BC jusqu'à la rencontre de la courbe. On décompose ainsi la surface en trapèzes et en triangles curvilignes, que l'on regarde comme des figures terminées de toutes parts par des lignes droites. La somme des aires de ces figures particlles donne la mesure de la surface ABC. — On obtient très-simplement cette surface par la règle que voici :

Faire la somme, en y comprenant les deux extrêmes, de toutes les perpendiculaires précitées, qu'on appelle du reste des ordonnées, et retrancher de ce total la demi-somme des ordonnées extrêmes. Puis multiplier le reste par la hauteur BC, *et enfin diviser le produit par le nombre des divisions de cette hauteur.* — Si la courbe se termine sur la droite BC, comme au point C, l'ordonnée correspondante à ce point est zéro.

Après avoir obtenu de cette manière les surfaces des bases et des sections de la soute, on en trouve la capacité totale par la règle suivante, entièrement analogue à celle qui a servi à calculer les aires.

Faire la somme de toutes les dites surfaces ; retrancher de ce total la demi-somme des surfaces extrêmes ; multiplier le reste par la longueur BE, *fig.* 69, *de la soute, et diviser le produit par le nombre des divisions de cette longueur.*

— Appliquons ces règles.

CUBAGE D'UNE SOUTE.

Calcul des surfaces (*fig.* 70).	Calcul du volume (*fig.* 69).
Ordonnées au nombre de 4.	Nombre des tranches $= 4$.
AB $= 2^m,20$	1re cloison de la soute $=$ ABC $= 6^{m·c},93$
fe $= 2^m,00$	IHG ou 1re section $= 7^{m·c},51$
dc $= 1^m,80$	2e section $= 8^{m·c},04$
ba $= 1^m,40$	3e section $= 8^{m·c},62$
CC $= 0^m,00$	2e cloison de la soute $=$ FED $= 9^{m·c},24$
Somme $= 7^m,40$	Somme $= 40^{m·c},34$
$\frac{1}{2}$ somme des extrêmes AB et CC $= 1^m,10$	$\frac{1}{2}$ somme des extrèmes ABC et FED $= 8^{m·c},085$
Différence $= 6^m,30$	Différence $= 32^{m·c},255$
Hauteur BC $= 4^m,40$	Longueur BE $= 13^m,2$
Produit $= 27^{m·c},72$	Produit $= 425^{m·cub},766$
$\dfrac{\text{Produit}}{(4 = \text{nomb. des ordonnées})} =$ ABC $= 6^{m·c},93$	$\dfrac{\text{Produit}}{(4 = \text{nomb. des tranches})} = 106^{m·cub},4415$

Les autres surfaces se calculent de même. Nous supposerons qu'elles ont pour valeurs les nombres écrits au haut de la colonne ci-contre.

qui est le volume cherché.

Remarque. La capacité de la soute étant connue, il reste à calculer en tonneaux le poids de charbon qu'elle peut contenir. Pour cela, *on multiplie le nombre de mètres cubes trouvé par le poids à l'encombrement d'un mètre cube du charbon considéré.* Si, par exemple, un mètre cube de ce charbon pèse 800 kilog., en multipliant la capacité de la soute ci-dessus, qui est $106^{m.cub},4415$, par 800, on trouve que cette soute peut contenir 85153 kilog. ou $85^{t},153$ du combustible dont il s'agit.

Réciproquement. Sachant combien une soute contient de tonneaux de charbon et le poids à l'encombrement, *on obtient la capacité de la soute en divisant ce nombre de tonneaux réduits en Kg, par le poids à l'encombrement.*

Ex. : Une soute contient 125 tonneaux de charbon, quelle est la capacité de cette soute, si le poids à l'encombrement est 800 kilogr.?

$$\text{Capacité} = \frac{125000}{800} = 156^{m.cub},250 \quad \text{(Voir le n° VI}_1\text{)}.$$

MANUEL

DE

L'OUVRIER CHAUFFEUR

DE LA FLOTTE

CHAPITRE PREMIER

NOTIONS SUCCINCTES DE MÉCANIQUE ET DE PHYSIQUE

Chap. Ier, § 1er. — Notions succinctes de mécanique.

N° 1. — **1. De la matière; des corps; du vide. — 2. Atomes; constitution des corps; molécules. — 3. Divers états des corps. — 4. Caractères distinctifs de ces états.**

N° 1₁ De la matière. — *On nomme* matière *ou substance tout ce qui tombe immédiatement sous nos sens.*

Des corps. — *Toute portion limitée de matière est un* corps.

Du vide. — *Toute portion de l'espace privée de matière se nomme le* vide.

N° 1₂ Atomes. — *On nomme* atomes *les particules de matière infiniment petites, qui ne peuvent plus être divisées.*

Constitution des corps. — Tout corps est une réunion d'atomes simplement juxtaposés sans se toucher, et se comportant comme s'ils étaient liés les uns aux autres par de petits ressorts parfaitement élastiques.

1

Molécules. — *L'expression de* MOLÉCULE *s'emploie pour désigner un groupe d'atomes formant une partie très-petite d'un corps.*

N° 1_3 Divers états des corps. — *On distingue trois* ÉTATS *des corps :*

1° L'ÉTAT SOLIDE, *qui s'observe dans les bois, les pierres et beaucoup de métaux* ;

2° L'ÉTAT LIQUIDE, *que présentent l'eau, l'alcool, l'huile, etc.* ;

3° L'ÉTAT GAZEUX, *qui se rencontre dans l'air, la vapeur d'eau et dans un grand nombre d'autres corps qu'on appelle gaz ou vapeurs.*

Les liquides et les gaz se désignent souvent sous le nom commun de *fluides*.

N° 1_4 Caractères distinctifs de ces états. — Le *caractère distinctif* des corps solides consiste dans l'adhérence mutuelle de toutes leurs parties. *Celui* des liquides réside dans la mobilité des molécules, qui glissent avec une extrême facilité les unes sur les autres. Enfin le *caractère propre* des gaz est l'expansibilité, c'est-à-dire leur tendance constante à augmenter de volume, et à exercer ainsi une pression dans tous les sens contre les parois des vases qui les renferment.

La plupart des corps peuvent successivement se présenter à l'état solide, liquide ou gazeux. Telle est l'eau, que nous rencontrons habituellement à l'état *liquide ;* elle passe à l'état *solide* lorsqu'elle se change en glace, et elle devient *gaz* quand elle se transforme en vapeur.

L'analogie conduit à penser que tout les corps pourraient être obtenus sous les trois états, si l'on employait des moyens suffisamment énergiques.

N° 2. — 1. Mouvement et repos. — 2. Mouvement uniforme ; vitesse. — 3. Mouvement varié ; vitesse moyenne.

N° 2_1 Mouvement et repos . — *Le* MOUVEMENT *est l'état d'un corps qui passe d'un endroit dans un autre.*

Le REPOS, *au contraire, est l'état d'un corps qui ne change pas de place.*

N° 2_2 Mouvement uniforme. — *Le* MOUVEMENT *d'un corps est* UNIFORME, *lorsque ce corps parcourt des chemins égaux dans des temps égaux, quelle que soit la durée de ces temps.*

Vitesse. — *La* VITESSE *dans le mouvement uniforme, est le chemin* *parcouru dans l'unité de temps*, une seconde par exemple. La vitesse du mouvement uniforme est *constante*.

N° 2₃ Mouvement varié. — *Le* mouvement *d'un corps est* varié, *lorsque ce corps parcourt des chemins inégaux dans des temps égaux.*

Il est *accéléré* ou *retardé*, suivant que ces chemins sont de plus en plus grands ou de plus en plus petits.

Vitesse moyenne. — *La* vitesse moyenne *d'un mouvement varié, est la vitesse constante qu'aurait dû avoir le corps pour parcourir le même chemin dans le même temps.* La vitesse moyenne s'obtient en divisant le chemin parcouru par le temps employé à le parcourir.

N° 3. — 1. Définition de l'inertie; définition de la vitesse acquise. — 2. Force; diverses dénominations des forces.

N° 3₁ Définition de l'inertie. — *L'*inertie *consiste dans l'impossibilité pour un corps :* 1° *de passer de lui-même de l'état de repos à l'état de mouvement :* 2° *de modifier de lui-même le mouvement dont il est animé.*

Définition de la vitesse acquise. — On appelle *vitesse acquise* la vitesse avec laquelle, en vertu de l'inertie, un corps tend à continuer son mouvement, lorsque les causes qui ont engendré ce mouvement cessent complétement d'agir sur lui.

N° 3₂ Force. — *Une* force *est une cause quelconque de production ou de modification de mouvement.*

Diverses dénominations des forces. — *On appelle* forces motrices *celles qui favorisent ou accélèrent le mouvement des corps auxquels elles sont appliquées.*

On désigne, au contraire, sous le nom de forces résistantes *celles qui retardent le mouvement ou tendent à l'anéantir.*

L'ensemble des forces motrices s'appelle souvent *la puissance;* et l'ensemble des forces résistantes, *la résistance.*

On emploie encore les mots de *traction*, de *pression*, d'*impulsion*, de *poussée*, de *percussion*, de *répulsion*, d'*attraction*, etc., pour désigner les forces qui agissent suivant un de ces modes d'action.

Enfin, dans l'industrie, la puissance qui met en mouvement une machine s'appelle un *moteur*.

N° 4₁ Poids d'un corps. — *On appelle* poids *d'un corps l'action particulière de la pesanteur sur ce corps.* Cette action est telle que la vitesse de tout corps qui tombe dans le vide s'accroît de $9^m,81$ à chaque seconde de sa chute.

Gramme et kilogramme. — L'unité de poids adoptée en France est le *gramme*.

Le gramme *équivaut au poids d'un centimètre cube d'eau distillée à la température de quatre degrés centigrades.*

Le gramme a plusieurs multiples et sous-multiples. Celui que l'on emploie le plus habituellement est le *kilogramme*, qui représente une valeur de mille grammes. *Le* kilogramme *équivaut évidemment au poids d'un décimètre cube ou d'un litre d'eau distillée à quatre degrés de température.*

N° 4₂ Densité. — *On nomme* densité ou pesanteur spécifique *d'un corps, le rapport du poids d'un certain volume de ce corps au poids du même volume d'eau.* En d'autres termes, la *densité* indique combien de fois, à volume égal, un corps pèse plus que l'eau.

Quand il s'agit d'un *gaz*, la *densité* est le plus souvent rapportée à *l'air.* Cela veut dire *qu'elle représente alors le rapport du poids d'un certain volume de ce gaz à celui d'un même volume d'air,* le gaz et l'air étant d'ailleurs considérés tous les deux dans les mêmes circonstances de pression et de température.

Les densités de tous les corps se déduisent de l'expérience. On en trouvera à la fin de ce volume un tableau complet. Nous nous contenterons d'indiquer ici celles de quelques matières qu'on rencontre dans les machines à vapeur, savoir :

Eau.	1,0	Cuivre rouge.	8,8
Eau de mer	1,026	Laiton.	8,5
Huile et suif.	0,94	Acier	7,8
Mercure.	13,6	Fer forgé	7,8
Plomb	11,3	Fonte de fer	7,7

Règles relatives a la densité. — *1ʳᵉ Règle. Pour trouver le poids d'un corps dont on connaît le volume et la densité, on cherche d'abord le poids d'un égal volume d'eau. Ce poids est précisément égal à autant de kilogrammes ou de grammes qu'il y a de décimètres cubes ou de centimètres cubes dans le volume du corps. On multiplie ensuite par la densité le nombre ainsi obtenu.*

2ᵉ Règle. Réciproquement, pour trouver le volume d'un corps dont le poids et la densité sont connus, on cherche d'abord le volume d'un égal poids d'eau. Ce volume est précisément égal à autant de décimètres cubes qu'il y a de kilogrammes dans le poids du corps. On divise ensuite par la densité le nombre ainsi obtenu.

N° 5. — 1. Égalité de deux forces. — 2. Éléments d'une force. — 3. De la mesure des forces; unité de force.

N° 5₁ Égalité de deux forces. — *On dit que* DEUX FORCES *sont* ÉGALES *lorsqu'elles produisent le même effet dans les mêmes circonstances.*

N° 5₂ Éléments d'une force. — *Une force quelconque est déterminée par trois éléments :*

1° Son POINT D'APPLICATION, *c'est-à-dire le point du corps où elle agit immédiatement ;*

2° Sa DIRECTION, *c'est-à-dire la ligne droite suivant laquelle elle tend à entraîner son point d'application ;*

3° Son INTENSITÉ, *c'est-à-dire sa valeur par rapport à une autre force prise pour unité.*

N° 5₃ De la mesure des forces ; unité de force. — MESURER UNE FORCE, *c'est chercher son* INTENSITÉ. *Autrement dit, c'est trouver combien de fois elle contient une autre force prise pour unité.*

On a adopté pour unité de force le kilogramme.

Une force est dite de 1ᵏ, 10ᵏᵍ, 30ᵏᵍ, etc., lorsque, dans des circonstances identiques, elle produit le même effet que le poids qui en mesure l'intensité.

Exemple. Un homme, H, *fig.* 1, communique à un corps A, qu'il

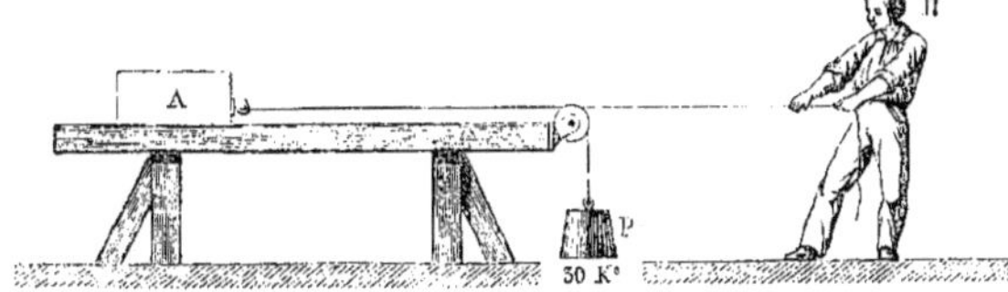
Fig. 1, relative à l'expression de la mesure des forces.

traîne horizontalement, le même mouvement qu'un poids P de 30^{kg}, qui agirait sur ce corps par l'intermédiaire d'une poulie de renvoi. L'*effort de traction* développé par cet homme possédera nécessairement une *intensité* de 30^{kg}.

N° 6. — I. Des dynamomètres. — 2. Manière de s'en servir.

N° 6_1 Des dynamomètres. — Pour évaluer l'intensité des forces, on se sert d'instruments nommés *dynamomètres*. Un des plus usités de ces appareils est représenté en *fig.* 2 ; il se compose des pièces suivantes :

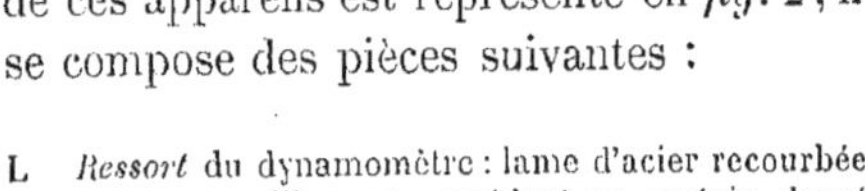

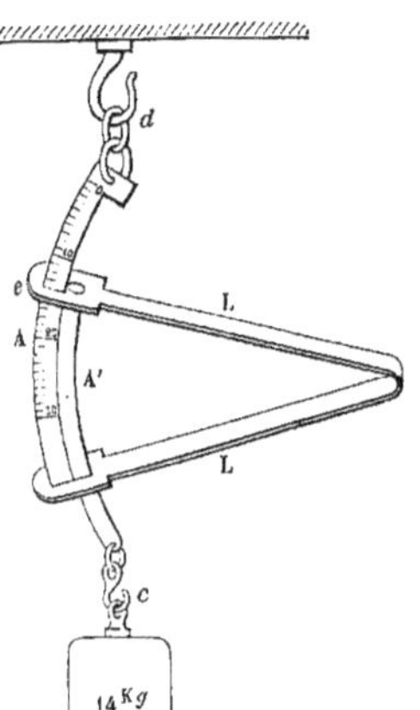

Fig. 2. Dynamomètre à lame $\left(\text{échel'e} = \dfrac{1}{3,5} \right)$.

L   *Ressort* du dynamomètre : lame d'acier recourbée en son milieu, et possédant un certain degré de flexibilité.

A   Arc en fer gradué, fixé à la branche inférieure du ressort L, et traversant librement une ouverture pratiquée dans la branche supérieure.

d   Anneau terminant l'arc A, et servant à accrocher l'instrument ou à l'attacher à une corde.

A'   Second arc en fer rivé à la branche supérieure du ressort L, et passant librement dans un trou ménagé dans la branche inférieure.

c   Crochet terminant l'arc A', et auquel on peut suspendre un corps ou fixer une corde.

N° 6_2 Manière de se servir des dynamomètres. — Pour mesurer une force avec un dynamomètre, un effort de traction, par exemple, exercé sur un corps B, *fig.* 3, à l'aide d'une corde, on coupe la corde en un point de sa longueur. Puis, les deux bouts ainsi séparés sont attachés l'un à l'anneau *d*, l'autre au crochet *c* de l'instrument.

Fig. 3. Manière de mesurer une force avec un dynamomètre.

L'effort de traction, exercé à l'extrémité libre de la corde, se transmet alors à l'extrémité fixée au corps à mouvoir par l'intermédiaire du ressort L. Ce ressort s'infléchit jusqu'à ce que son extrémité *e* s'arrète à une division de l'arc extérieur. Le numéro de cette division représente le nombre de kilogrammes qui produiraient la même flexion sur le ressort, c'est-à-dire le même effet dans des circonstances identiques, que l'effort considéré. Il exprime donc *l'intensité de cet effort* en kilogrammes.

N° 7. — **I. Définition du travail; travail moteur; travail résistant. — 2. Kilogrammètre; cheval-vapeur; cheval nominal. — 3. Conversion réciproque des kilogrammètres en chevaux-vapeur.**

N° 7₁ Définition du travail. — *On appelle* TRAVAIL D'UNE FORCE *le produit de l'intensité de la force par le déplacement de son point d'application, estimé suivant sa direction.* La force s'exprime en *kilogrammes*, le chemin en *mètres*, et le travail en *kilogrammètres*.

Travail moteur; travail résistant. Le travail d'une force motrice est dit *travail moteur ;* et celui d'une force résistante, *travail résistant.*

N° 7₂ Kilogrammètre. — *L'unité de travail* adoptée en France se nomme le *kilogrammètre*.

Le KILOGRAMMÈTRE *est le travail correspondant à l'élévation d'un poids de* 1 *kilogramme à* 1 *mètre de hauteur.*

Cheval-vapeur. — LE CHEVAL-VAPEUR *représente un travail de* 75 KILOGRAMMÈTRES PAR SECONDE. *En d'autres termes, c'est le travail correspondant à* 75 *kilogrammes élevés à un mètre de hauteur en une seconde.* On appelle aussi ce travail *cheval indiqué,* ou *effectif.*

Cheval nominal. — La puissance des machines marines s'exprime en *chevaux nominaux*. Le cheval nominal vaut 300ᵏᵐ, c'est-à-dire 4 fois plus que le cheval indiqué.

N° 7₃ Conversion réciproque des kilogrammètres en chevaux-vapeur.. — 1ʳᵉ RÈGLE. *Pour trouver en chevaux indiqués le travail équivalent au nombre de kilogrammètres que produit une machine par seconde, on divise ce nombre par* 75.

Exemple. On demande la force en chevaux indiqués d'une machine qui développe un travail de 86.715 kilogrammètres par seconde.—

Le nombre des chevaux demandé $= \dfrac{86715}{75} = 1156^{ch},2$ indiqués ou

effectifs. Ceci correspond à $\dfrac{1156,2}{4} = 289^{ch},05$ nominaux.

2ᵉ RÈGLE. *Réciproquement, pour exprimer en kilogrammètres par seconde le travail correspondant à la force d'un appareil donnée en chevaux indiqués, on multiplie le nombre de chevaux par 75.*

Exemple. Une machine possède une force de 1156^{ch},2 indiqués ; on demande combien elle produit de kilogrammètres par seconde. — Le nombre de kilogrammètres cherché = 1156,2 × 75 = 86.715^{km}.

Si le temps correspondant au nombre donné ou cherché de kilogrammètres n'était plus *une* seconde, il suffirait, dans les deux règles précédentes, de remplacer 75, par 75 × *le temps exprimé en secondes.*

N° 8. — 1. Du levier : trois genres de levier. — 2. Bras de levier et moment d'une force. — 3. Relation entre la puissance et la résistance dans le levier.

N° 8₁ Du levier. — *On nomme* LEVIER *une barre de forme droite, brisée ou courbe, libre de tourner autour d'un point fixe, qu'on appelle point d'appui.*

Un levier est ordinairement sollicité par deux forces situées dans le même plan. Celle de ces forces qui tend à produire le mouvement s'appelle *la puissance.* Celle qui, au contraire, s'oppose au mouvement se nomme *la résistance.*

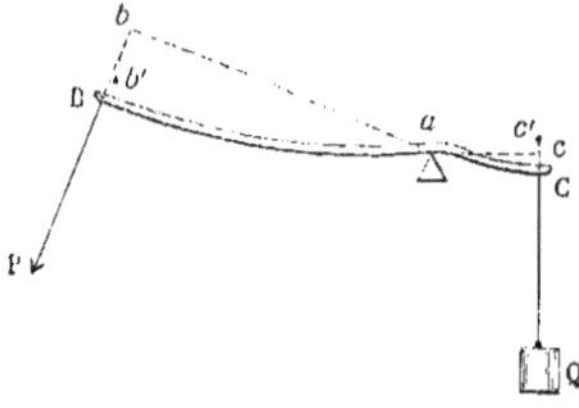
Fig. 4. Levier du 1er genre.

Des trois genres de levier. — On distingue trois genres de leviers :

Dans *le levier du premier genre*, *fig.* 4, le point d'appui *a* est situé entre la puissance P et la résistance Q. Les balanciers de machines à vapeur ; les renvois de mouvement d'un grand nombre de tiroirs, pompes, etc. ; les balances ordinaires et romaines ; les barres d'anspects et pinces employées à soulever des poids considérables, etc., sont des leviers de cette espèce.

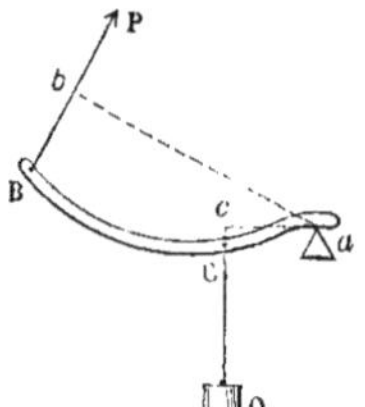
Fig. 5. Levier du 2e genre.

Dans *le levier du second genre, fig.* 5, la résistance Q est placée entre la puissance P et le point d'appui *a*. Le casse-noix et l'aviron en sont des exemples. — Il faut toutefois bien se rendre compte pour *l'aviron*, que la résistance se trouve au portage de la *dame*, la puissance à la *poignée*, et le point d'appui à la *pelle*. Il est vrai d'ajouter que, par suite de la mobilité de l'eau, ce dernier point ne présente plus une fixité absolue.

Dans *le levier du troisième genre, fig.* 6, la puissance P est située entre le point d'appui *a* et la résistance Q. Tel est le cas des leviers de soupapes de sûreté de chaudière, de la pédale du tourneur, et de la plupart des membres des animaux. — Le levier du troisième genre s'emploie surtout quand il s'agit de faire équilibre à la puissance avec

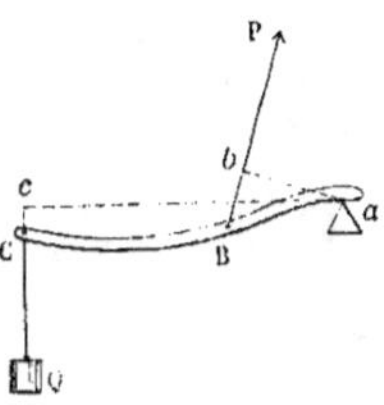
Fig. 6. Levier du 3ᵉ genre.

une faible résistance agissant dans le même sens. On se sert encore de ce levier quand on se propose, à l'aide d'un mouvement restreint, d'en obtenir un plus étendu.

N° 8$_2$ Bras de levier et moment d'une force. — *On appelle* BRAS DE LEVIER *d'une force par rapport à un point, la longueur de la perpendiculaire abaissée de ce point sur la direction de la force ou sur son prolongement.*

Le MOMENT D'UNE FORCE *par rapport à un point, est le produit de l'intensité de cette force par son bras de levier.*

D'après ces définitions, les lignes *ab* et *ac*, dans les trois figures ci-dessus, représentent respectivement les bras de levier des forces P et Q, par rapport au point d'appui *a*. D'autre part, les produits P $\times$ *ab* et Q $\times$ *ac*, sont les moments de ces forces par rapport au même point *a*.

N° 8$_3$ Relation entre la puissance et la résistance dans le levier. — *Pour que la puissance P et la résistance Q, supposées dans le même plan et de direction constante par rapport à un levier, soient en équilibre sur ce levier, il faut et il suffit que les moments de ces forces par rapport au point d'appui soient égaux entre eux.*

Cette relation traduite en langage algébrique, s'écrit :

$$\frac{P}{Q} = \frac{ac}{ab}; \text{ ou } P \times ab = Q \times ac.$$

N° 9. — **1. Bielle et manivelle. — 2. Points morts. — 3. Second usage de ce mécanisme. — 4. Rapport entre la course du pied de bielle et le rayon de manivelle.**

N° 9$_1$ Bielle et manivelle. — En jetant les yeux sur la *fig.* 7, dont la *vue* 1° représente l'élévation de face, et la *vue* 2° la projection

horizontale d'un même mécanisme, on y trouve les pièces suivantes :

A,A′   axe ou essieu matériel, appelé *arbre de couche*.
H,H′   supports, nommés *paliers*, faisant corps avec une charpente fixe.
M,M′   pièces implantées perpendiculairement à l'arbre de couche, et appelées *mani-
      velles*.
mm′   *bouton de manivelle :* pièce cylindrique incrustée à l'extrémité des deux mani-
      velles, et servant à assembler celles-ci entre elles et à y articuler la bielle B. —
      Souvent, ce bouton, les deux manivelles et l'arbre *viennent de forge ensemble,*

Fig. 7. Bielle et manivelle.

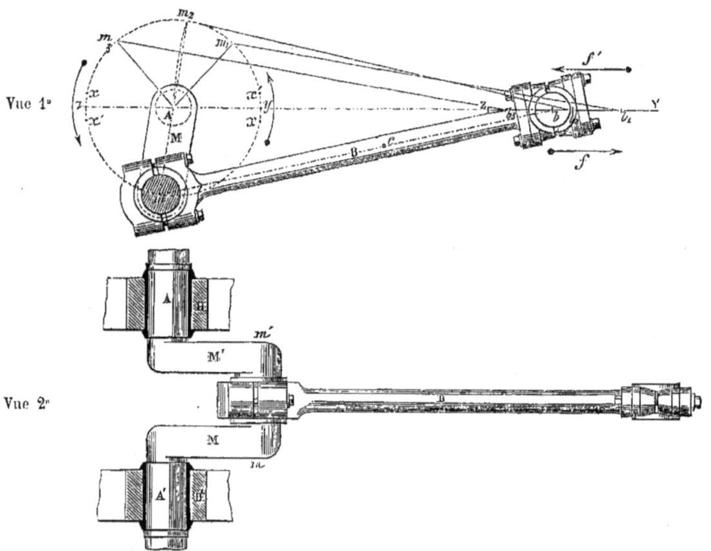

c'est-à-dire ne forment qu'un seul et même morceau. Ces pièces constituent alors
ce qu'on appelle un *vilebrequin*. Dans le cas contraire, nous nommerons *double
manivelle* ou tout bonnement *manivelle*, l'ensemble des deux manivelles simples
et du bouton qui les réunit.
B   *bielle :* on donne en général ce nom à toute tige rigide dont les deux extrémités
      s'*articulent* à d'autres pièces mobiles, qu'elle sert à relier. — L'extrémité de la
      bielle articulée au bouton de la manivelle, se désigne sous le nom de *tête de
      bielle ;* et l'extrémité opposée, sous celui de *pied de bielle.*

La réunion de là bielle et de la manivelle *constitue un mécanisme
que l'on emploie généralement pour transformer un* mouvement de va-
et-vient, *communiqué au pied de bielle, en une* rotation continue *de
l'arbre de couche.*

Jeu de la bielle et de la manivelle. — Considérons la bielle B, *fig.* 7, à partir de la position *bm*, et supposons que son pied *b* soit tiré le long de YZ dans le sens de la flèche *f*. Cette tige faisant alors un angle avec la manivelle, entraîne nécessairement celle-ci, et force en même temps l'arbre de couche à tourner. Mais, lorsque la manivelle, parvenue en A*y*, se trouve en alignement avec la bielle, l'impulsion de cette dernière pièce ne fait plus que presser l'arbre contre ses paliers II,II'. Cependant, la rotation étant bien en train, la manivelle n'en continue pas moins à se mouvoir dans le sens qu'elle possède déjà, grâce à la vitesse acquise (n° 5₁) de tout le système.

À partir de ce moment, le pied de bielle *b*, qui est arrivé en Y, revient sur ses pas dans le sens de la flèche *f'*. La bielle fait de nouveau un angle avec la manivelle. Son impulsion, qui se traduisait tout à l'heure par une traction, se change en une poussée ; et redevient efficace pour la rotation de l'arbre de couche. De son côté, la manivelle continue à tourner dans le même sens, passe successivement ainsi en A*m₁*, A*m₂*, A*m₃*, et arrive enfin à la position A*z*. Là, de même qu'en A*y*, elle se retrouve en ligne droite avec la bielle, dont le pied a atteint alors le point Z. L'action de la bielle à cet instant, devient encore nulle pour la rotation. Mais la manivelle, en vertu de la vitesse acquise (n° 5₁) de tout le système tournant, franchit, comme précédemment, cette position.

Dès lors, le pied de bielle a derechef son mouvement renversé, et reprend son parcours primitif dans le sens de la flèche *f*. Cela oblige la manivelle à continuer de décrire sa circonférence. Et ainsi de suite, les allées et venues du pied de bielle entretiennent la rotation continue de l'arbre de couche.

N° 9₂ Points morts. — *On appelle* POINTS MORTS *les points y et z, fig. 7, de la circonférence décrite par le bouton de la manivelle, où cette dernière pièce se trouve en ligne droite avec la bielle.*

Il est évident qu'aux points morts, le pied de bielle a sa vitesse réduite à zéro. Il possède d'ailleurs son maximum de rapidité vers le milieu de sa course.

— Si, au moment de la mise en marche, la manivelle se trouvait à un de ses points morts, l'appareil ne pourrait partir. Pour les machines à vapeur de navigation, on prévient d'ordinaire ce grave inconvénient en accouplant, sur le même arbre, deux machines ayant leurs manivelles calées à angle droit.

N° 9₃ Second usage de la bielle et de la manivelle. —

Réciproquement, le MOUVEMENT CIRCULAIRE CONTINU *de la manivelle peut se transformer en un* MOUVEMENT DE VA-ET-VIENT *du pied de bielle.*

En effet, dans l'hypothèse d'une rotation communiquée directement à la manivelle, le bouton m, *fig.* 17, est entraîné le long de la circonférence $zmym_1$. Il pousse alors la bielle B ; et force son pied b à glisser le long de la ligne YZ suivant la flèche f, jusqu'à ce qu'il atteigne le point Y. Cela a lieu au moment où la bielle et la manivelle sont en alignement. Cette dernière pièce continuant sa rotation, tire actuellement la bielle dans le sens de la flèche f', à l'opposé de la première flèche. Elle l'entraîne dans ce nouveau sens jusqu'à ce que le point m parvienne au point z, où les deux pièces se retrouvent en ligne droite. A partir de cette position, la rotation continue de la manivelle fait encore rebrousser chemin à la bielle. Celle-ci reprend donc son premier trajet dans le sens de la flèche f. Et ainsi de suite, le *mouvement circulaire continu* de la manivelle engendre un *mouvement de va-et-vient* du pied de bielle.

N° 9₄ Rapport entre la course du pied de bielle et le rayon de manivelle. — D'ordinaire, le chemin parcouru par le pied de bielle est, comme sur notre figure, une ligne droite passant par le centre de la manivelle. La longueur totale YZ, *fig.* 7, de ce chemin se trouve alors évidemment égale au diamètre yz de la circonférence décrite par le bouton de la manivelle.

Or, on appelle COURSE DU PIED DE BIELLE *la longueur d'une des allées ou venues de ce pied ; et* RAYON DE MANIVELLE *la distance* Am *du centre de l'arbre* A *à celui du bouton* m.

On exprimera donc la relation précédente en disant que *la* COURSE DU PIED DE BIELLE *est égale au* DOUBLE *du* RAYON DE MANIVELLE.

N° 10. — 1. Excentrique ordinaire. — 2. Son usage, son inconvénient, son avantage. — 3. Cames ; leur inconvénient.

N° 10₁ Excentrique ordinaire — On obtient une transformation de mouvement entièrement analogue à celle *de la bielle et de la manivelle* à l'aide du mécanisme connu sous le nom d'*excentrique*.

La *fig.* 8 représente un excentrique ramené à sa plus simple expression, et qu'on a eu soin d'orienter dans le même sens que les excentriques de la MACHINE DÉMONSTRATIVE, *fig.* 31 *du texte*. On y trouve les pièces que voici :

c   *chariot d'excentrique ou excentrique proprement dit :* cercle plein, claveté sur l'arbre A de façon à ce que son centre *m* soit *excentré* par rapport à cet arbre, c'est-à-dire ne coïncide pas avec le centre de ce dernier. — La distance A*m* du centre de l'arbre A au centre *m* du chariot, se nomme *rayon d'excentricité.*

ono'n' *collier d'excentrique :* pièce en métal embrassant à frottement doux le chariot

Fig. 8. Excentrique.

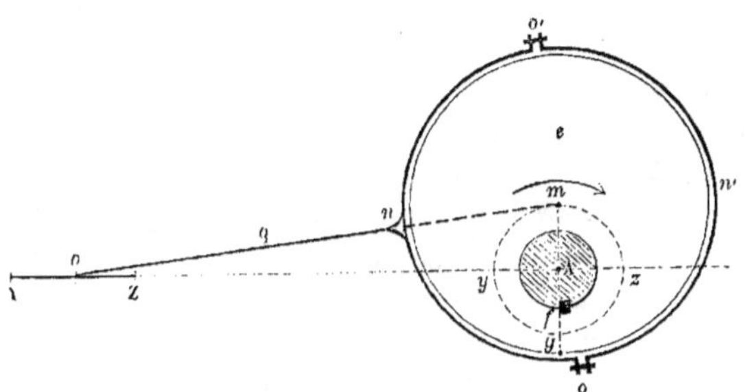

d'excentrique, et composée de deux morceaux, que des oreilles *o* et *o'* réunissent à l'aide de boulons.

q   *tige ou bielle d'excentrique :* tringle implantée, en *n*, perpendiculairement au collier précédent, et ayant son pied *b* articulé avec une autre pièce astreinte à se mouvoir le long de YZ. — La distance *mb* du centre du chariot au pied *b* de la bielle, s'appelle *la longueur théorique de la bielle d'excentrique.*

Jeu de l'excentrique. — Supposons que la rotation de l'arbre A s'effectue dans le sens de la flèche marquée sur la figure. Le chariot d'excentrique *e* tourne alors dans le même sens, à l'intérieur de son collier. De la sorte, il ne fait que tirer ce dernier, en lui communiquant du reste une légère oscillation. En même temps, le centre *m* du chariot décrit la circonférence *ymzg*; et à chaque instant, la tige *q* prolongée passe par ce même centre.

L'excentrique équivaut donc absolument à *une bielle et une manivelle* où le rayon de manivelle serait égal à l'excentricité A*m*; et la longueur de la bielle, à la distance *mb* du centre *m* du chariot à l'extrémité *b* de la tige, c'est-à-dire à la ligne que nous avons appelée *la longueur théorique de la bielle d'excentrique.*

Tout ce qui a été dit au sujet *de la bielle et de la manivelle* s'applique par conséquent à l'excentrique. Ainsi, ce dernier mécanisme a deux *points morts* en *z* et *y*. Le pied de la tige d'excentrique a sa course égale au *double du rayon d'excentricité.*

Nº 10₂ Usage de l'excentrique; son inconvénient; son avantage. — *L'excentrique* est applicable aux deux mêmes usages que *la bielle et la manivelle.* Cependant il n'est employé que pour transformer *un mouvement de rotation continue* en *un mouvement de va-et-vient.*

De plus, on ne s'en sert que pour la transmission de faibles efforts, à cause du travail consommé par le frottement du collier sur le chariot. Ce travail devient, en effet, considérable par l'amplitude du mouvement de ces deux pièces l'une par rapport à l'autre, dans le cours de chaque révolution.

Sous ce dernier rapport, l'*excentrique* est inférieur à *la bielle et à la manivelle.* Mais, en revanche, il offre le grand avantage de ne pas exiger qu'on brise l'arbre en deux ou qu'on le coude. Aussi a-t-on la facilité de le monter en un point quelconque de cette pièce.

N° 10₅ Cames. — *Pour transformer un* MOUVEMENT DE ROTATION CONTINUE *en un* MOUVEMENT RECTILIGNE ALTERNATIF *mais d'une* FAÇON INTERMITTENTE ET BRUSQUE, *on emploie le mécanisme connu sous le nom* DE CAMES. Ce mécanisme est généralement composé des pièces suivantes, *fig.* 9 :

Fig. 6. Cames.

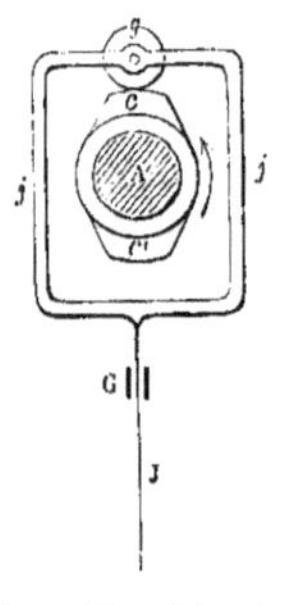

c,c′   *cames :* espèces de dents ou saillies montées sur l'arbre de couche A, à l'opposé l'une de l'autre.

j   *cadre* ou châssis, entourant l'arbre et les cames. Le cadre est disposé de façon à ne brider ces dernières pièces en aucun sens, dans toutes les positions qu'elles peuvent prendre par rapport à lui pendant la rotation.

g   *galet :* roulette mobile autour d'un axe implanté perpendiculairement au cadre.

J   *tige,* faisant corps avec le cadre.

G   *guide :* espèce de douille destinée à maintenir en ligne droite la tige précédente.

Jeu des cames. — Supposons, que l'arbre A tourne dans le sens de la flèche et considérons le système à partir de la position qu'il y occupe. On voit que la came *c* tient alors suspendus en l'air le cadre *j* et sa tige J. Cet état de choses persiste jusqu'à ce qu'elle abandonne le galet *g.* A cet instant, les pièces *j* et J retombent brusquement par leur propre poids, et la roulette *g* vient porter sur l'arbre. Tout le système reste dans cette situation jusqu'à ce que, par l'effet de la rotation, la seconde came *c′* arrive à toucher le galet. Celui-ci se soulève alors brusquement, et il fait reprendre au châssis ainsi qu'à sa tige leur première position en l'air. Et ainsi de suite, les montées et les descentes *brusques* de ces deux dernières pièces se succèdent avec *intermittence.*

Inconvénient des cames. — On reproche à cette sorte de mécanisme de produire des chocs fatiguants par leur bruit. Aussi, dans les appareils à rotation rapide, a-t-on en général renoncé à son emploi.

Chap. Iᵉʳ, § 2. — Notions succinctes de physique.

N° 11. — 1. Principe d'Archimède. — 2. Différents cas d'un corps plongé dans un liquide.

N° 11₁ Principe d'Archimède. — *Le principe d'Archimède* s'énonce en ces termes :

Tout corps plongé dans un fluide y perd une partie de son poids égale au poids du fluide qu'il déplace. Autrement dit, il éprouve, de la part de ce dernier, une poussée de bas en haut équivalente au poids du volume de fluide qu'il occupe.

N° 11₂ Différents cas d'un corps plongé dans un liquide. — 1° Si un corps C, *fig.* 10, d'un volume de 2 litres et d'un poids de 1ᵏᵍ, par exemple, plonge au milieu d'un vase rempli d'eau douce, il s'enfoncera dans le liquide jusqu'à ce que la partie immergée de son volume devienne égale à 1 litre. — En effet, à cet instant le poids du corps, c'est-à-dire la force verticale P qui l'entraîne vers le fond du vase, et qui vaut 1ᵏᵍ, sera contre-balancée par la poussée P' ; car celle-ci est égale au poids du litre d'eau déplacé, c'est-à-dire à 1ᵏᵍ.

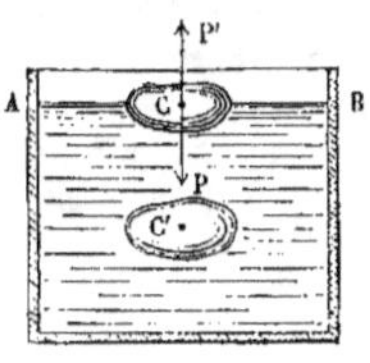

Fig. 10, relative au principe d'Archimède.

Le corps sera donc nécessairement en équilibre, tout en ayant un litre de son volume hors de la surface libre AB du liquide. En un mot, il *flottera*.

2° Si un corps C, toujours sous un volume de 2 litres, pèse 2ᵏᵍ, au lieu de 1ᵏᵍ comme précédemment, il s'enfoncera en entier dans l'eau. — Car, à ce moment, le volume du liquide déplacé sera de 2 litres, et pèsera 2ᵏᵍ. Par conséquent, la poussée de l'eau aura seulement alors cette valeur, et sera capable de détruire le poids du corps. Au surplus, dans ce cas, le corps mis en un endroit quelconque C' de la masse liquide, y demeurera évidemment en équilibre. En d'autres termes, il *flottera entre deux eaux*.

3° Enfin, si un corps C ne possède qu'un volume de deux litres pour un poids de 5^{kg}, il coulera jusqu'au fond de l'eau. — En effet, lorsque l'immersion sera complète, la poussée du liquide, qui se trouvera alors maximum, ne vaudra cependant que 2^{kg}. Cette poussée sera donc inférieure au poids total du corps ; et celui-ci sera entraîné au fond du vase par une force de 5^{kg} — 2^{kg} = 1^{kg}. Seulement, il descendra bien moins rapidement que si, abandonné à lui-même hors de l'eau, il était sollicité par son poids total de 5^{kg}.

N° 12. — 1. De l'atmosphère. — 2. De l'air. — 3. Pesanteur de l'air.

N° 12$_1$ De l'atmosphère. — L'ATMOSPHÈRE *est la masse gazeuse au milieu de laquelle nous vivons. Elle a la forme d'une couche sphérique enveloppant la terre jusqu'à une hauteur d'environ 48 kilomètres.* Au delà se trouvent les espaces célestes, qui sont vides de matière pondérable.

N° 12$_2$ De l'air. — *Le gaz dont est formée l'atmosphère se nomme l'*AIR.

L'AIR *est un gaz incolore sans odeur ni saveur. C'est un mélange de deux gaz qui font partie des corps simples, et que l'on désigne sous les noms d'*OXYGÈNE *et d'*AZOTE. Il contient ces deux fluides dans le rapport :

en volume, de 20^{lit},8 d'oxygène à 79^{lit},2 d'azote sur 100^{lit},
et en poids, de 23^{gr} —   à 77^{gr} —   sur 100^{gr}.

Outre ces deux gaz, l'air renferme encore de 5 à 6 centilitres, sur 100 litres, de gaz *acide carbonique*, gaz qui résulte de la combinaison de l'*oxygène* avec un autre corps simple appelé *carbone*.

Au surplus, l'air n'est jamais pur dans l'atmosphère. Il contient toujours une certaine quantité de vapeur d'eau. Cette vapeur ne devient visible que lorsque, en se condensant plus ou moins, elle se manifeste à nous sous la forme de *brouillard*, de *nuage* ou de *pluie*.

N° 12$_3$ Pesanteur de l'air. — L'AIR, comme tous les gaz du reste, partage avec les autres corps de la nature la propriété d'être pesant.

Pour le constater, on fait le *vide* dans un ballon de verre B, *fig.* 11, muni d'un robinet R, et possédant 3 à 4 litres de capacité. Puis on suspend ce ballon, au moyen d'un bout de ficelle et du crochet C du bouton Ca, à l'une des extrémités du fléau d'une balance très-sensible.

On l'équilibre alors par une tare placée dans le bassin qui est attaché
à l'autre extrémité. Cela fait, on ouvre le robinet R. On entend aussitôt le sifflement de l'air qui ren-
tre. En même temps, on voit la
balance s'incliner du côté du ballon : ce qui ne peut manifeste-
ment provenir que du *poids de
l'air introduit*.

Le poids d'un litre d'air pur, à
la température de 15° et sous la
pression atmosphérique de 76^{cm},
est de 1^{kg},25.

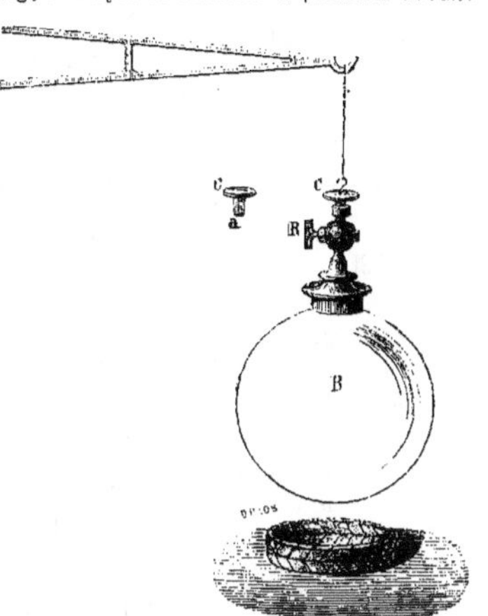

Fig. 11. Moyen de constater la pesanteur de l'air.

**N° 13. — 1. Pression atmosphérique. —
2. Sa mesure par la hauteur d'une colonne de mercure, et en kilogrammes.
— 3. Hauteur de la colonne d'eau faisant équilibre à la pression atmosphérique.**

**N° 13₁ Pression atmosphé-
rique.** — *On appelle* PRESSION ATMOSPHÉRIQUE, *la pression que l'air qui
nous enveloppe exerce normalement à la surface de tous les corps
avec lesquels il se trouve en contact.*

La pression exercée par l'atmosphère sur une surface plane en un
point de sa masse, provient du poids d'une colonne d'air ayant pour
base la surface pressée, et s'étendant en hauteur depuis le point considéré jusqu'aux dernières limites de l'atmosphère. Cette pression est
d'ailleurs la même dans tous les sens autour de chaque point.

**N° 13₂ Mesure de la pression atmosphérique par la
hauteur d'une colonne de mercure, et en kilogrammes. —**
Pour mesurer la pression atmosphérique on a recours à l'expérience
suivante :

On prend un tube de verre droit CD, *fig.* 12, fermé par un bout,
et ayant une longueur de 80 à 85 centimètres. On le remplit de
mercure. Puis, après avoir posé le pouce sur son extrémité C, on le
renverse dans une cuvette pleine du même liquide, en le maintenan
bien verticalement. On voit aussitôt le mercure descendre jusqu'en E,
à une certaine hauteur à laquelle il s'arrête; et une colonne de 76 centimètres environ, reste suspendue dans le tube au-dessus du niveau AB
de la cuvette.

A ce moment, d'après un principe d'hydrostatique, les surfaces libres AB et E sont horizontales. De plus, la pression rapportée à l'unité de surface est la même en tous les points du niveau AB, tant au dehors qu'au dedans du tube. Or, à l'extérieur de ce dernier, la pression f n'est autre que la pression atmosphérique. A l'intérieur, la pression f' ne peut provenir que du poids de la colonne de mercure; puisque le liquide, en s'abaissant dans le tube jusqu'en E, a nécessairement laissé le vide au-dessus de lui. Par conséquent, la pression atmosphérique sur chaque centimètre carré, par exemple, équivaut au poids d'une colonne de mercure ayant pour base 1 centimètre carré, et pour hauteur 76 centimètres. Mais cette colonne possède un volume de $1^{cm.c} \times 76^{cm} = 76$ centimètres cubes; et, comme la densité du mercure est 13,6, elle pèse $76^g \times 13,6 = 1033^g$. — Donc, en résumé, à la surface de la terre, *la pression exercée par l'atmosphère sur 1 centimètre carré est environ de 1033 grammes, ou de $1^{kg},033$.*

L'expérience que nous venons de décrire est désignée sous le nom d'*expérience du vide*. Elle a été faite pour la première fois en 1643, par *Torricelli.*

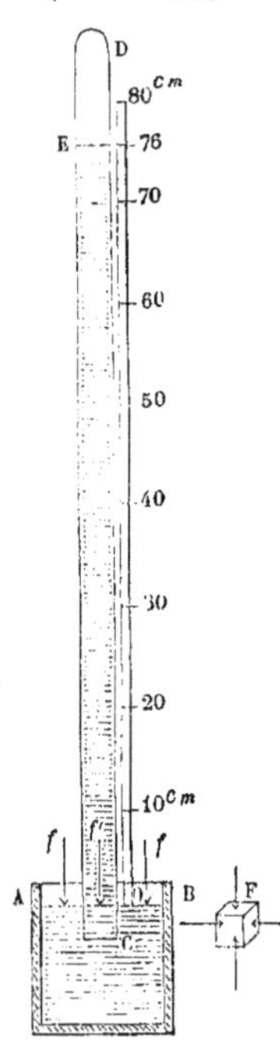

Fig. 12. Baromètre à cuvette $\left(\text{échelle} = \frac{1}{10,6}\right)$.

Nᵒ 13₃ Hauteur de la colonne d'eau faisant équilibre à la pression atmosphérique. — Dans une expérience analogue à la précédente, supposons qu'on remplace le mercure par de l'eau. Le poids du cylindre d'eau compris entre les deux niveaux du liquide dans le tube et dans la cuvette, mesurera encore la pression atmosphérique. Seulement, la hauteur du cylindre sera cette fois de $10^m,33$.

Nᵒ 14. — 1. Définition du baromètre. — 2. Variations de la pression atmosphérique. — 3. Sa valeur moyenne.

Nᵒ 14₁ Définition du baromètre. — L'appareil représenté *fig.* 12, et qui nous a servi à faire l'expérience du vide, se nomme un *baromètre*. Ce mot signifie *instrument propre à mesurer la pression atmosphérique*.

Et en effet, plaçons le long du tube CD, *fig.* 12, une échelle verticale graduée de millimètre en millimètre. On aura, à un instant et dans un lieu quelconque, la *hauteur de la colonne mercurielle* faisant équilibre à la *pression atmosphérique*, en lisant la différence des niveaux du mercure dans le tube et dans la cuvette. *Cette différence s'appelle la hauteur du baromètre.*

N° 14$_2$ Variations de la pression atmosphérique. — À mesure que l'on s'élève au-dessus de la surface de la terre, la pression atmosphérique doit nécessairement décroître. Car, d'abord, la hauteur de la colonne d'air diminue progressivement. En second lieu, les différentes couches de l'atmosphère étant de moins en moins pressées vers les régions supérieures, leur densité devient de plus en plus faible.

On reconnaît en outre que la pression atmosphérique n'est pas constante pour une même élévation. Bien plus, elle varie d'un moment à un autre dans le même endroit.

N° 14$_3$ Valeur moyenne de la pression atmosphérique. — Pour les lieux situés aux environs du niveau de la mer, la colonne mercurielle oscille dans des limites assez restreintes autour de la hauteur de 0^m,76, dont nous avons parlé au n° 13$_2$. Par conséquent, la *pression atmosphérique moyenne* à ce niveau est égale à 1^{kg},033 par centimètre carré.

N° 15. — 1. Diverses manières d'évaluer les pressions. — 2. Conversions réciproques de ces évaluations.

N° 15$_1$ Diverses manières d'évaluer les pressions. — *En mécanique industrielle, le mot* ATMOSPHÈRE *est employé pour désigner une pression égale à la pression atmosphérique moyenne sur la surface de la terre, c'est-à-dire égale à* 1^{kg},033 *par centimètre carré, et correspondant par suite à une colonne de mercure de* 76 *centimètres.*

On évalue de trois manières la pression d'un fluide, et en particulier la pression de la vapeur :

1° EN KILOGRAMMES PAR CENTIMÈTRE CARRÉ,

2° EN ATMOSPHÈRES,

3° EN CENTIMÈTRES DE MERCURE.

Les deux derniers modes d'évaluation offrent, sur le premier, l'avantage d'indiquer la pression indépendamment de toute énonciation de surface.

N° 15₂ Conversions réciproques des diverses manières d'évaluer les pressions. — *Pour convertir l'évaluation d'une pression suivant un mode en l'évaluation suivant un autre mode, il faut établir une proportion directe entre l'évaluation cherchée, l'évaluation donnée et les deux nombres, respectivement de même nom que ces évaluations, compris dans la ligne ci-dessous :*

1 AT. *correspond à* 1ᵏᵍ,033 PAR CENTIMÈTRE CARRÉ, *et à* 76 CENTIMÈTRES DE MERCURE.

Exemple I. Quel est le nombre x d'atmosphères équivalant à une pression de 1ᵏᵍ,40 par centimètre carré?

On obtient par la règle précédente :

$$\frac{x}{1^{kg},40} = \frac{1^{at}}{1^{kg},033}; \text{ d'où } x = \frac{1^{at} \times 1,40}{1,033} = 1^{at},355.$$

Exemple II. Quel est le nombre x de kilogrammes par centimètre carré correspondant à une pression de 1ᵃᵗ,355?

On a :

$$\frac{x}{1^{at},355} = \frac{1^{kg},033}{1^{at}}; \text{ d'où } x = \frac{1^{kg},033 \times 1,355}{1} = 1^{kg},40.$$

Exemple III. Quel est le nombre x de centimètres de mercure équivalant à 1ᵃᵗ,355?

La règle ci-dessus donne :

$$\frac{x}{1^{at},355} = \frac{76^{cm}}{1^{at}}; \text{ d'où } x = \frac{76^{cm} \times 1,355}{1} = 103^{cm}.$$

Exemple IV. Quel est le nombre x de kilogrammes par centimètre carré représentant une pression de 103ᶜᵐ?

On a :

$$\frac{x}{103^{cm}} = \frac{1^{kg},033}{76^{cm}}; \text{ d'où } x = \frac{1^{kg},033 \times 103}{76} = 1^{kg},40.$$

N° 16. — 1. Du vide. — 2. Moyen de le constater. — 3. Extension donnée au sens du mot vide.

N° 16₁ Du vide. — *On nomme* VIDE *tout espace qui ne contient ni air, ni aucune autre matière.*

N° 16₂ Moyen de constater le vide. — Le *vide* se constate par l'expérience de Torricelli (n° 15₂). En effet, au moment où, dans cette expérience, on renverse le tube, le mercure s'abaisse tout d'une pièce jusqu'en E, *fig.* 12. Il est alors impossible, si l'on a pris toutes les précautions nécessaires, qu'aucune matière aille se loger au-dessus du niveau E, sauf un peu de vapeur de mercure. Donc, à cela près, le *vide* existe dans l'espace compris entre le sommet de la colonne de liquide et la partie supérieure du tube. Cet espace s'appelle la *chambre barométrique;* et le vide ainsi obtenu se nomme le *vide barométrique.*

Le *vide barométrique* est le vide le plus parfait qu'on puisse obtenir dans la nature.

N° 16₃ Extension donnée au sens du mot vide. — *Dans les machines à vapeur, on donne par extension le nom de* vide *à la différence qui existe entre la pression atmosphérique et la pression du condenseur. Cette différence est accusée par l'indicateur du vide* (n° 26₃).

N° 17. — 1. Calorique, chaleur. — 2. Principaux effets de la chaleur.

N° 17₁ Calorique, chaleur. — *On donne le nom de* calorique *à l'agent invisible qui fait naître en nous les sensations de chaud et de froid.*

La chaleur *est l'effet même de cette cause.*

Le plus souvent, les mots *calorique* et *chaleur* sont pris l'un pour l'autre, surtout en style pratique, où la seconde de ces deux expressions est presque exclusivement employée.

N° 17₂ Principaux effets de la chaleur. — *La chaleur donne naissance à deux grandes classes de phénomènes dans les corps qui lui sont soumis :* 1° le changement de volume; 2° le changement d'état.

Changement de volume des corps par la chaleur. — *Tous les corps s'agrandissent, se* dilatent, *par l'accroissement de la chaleur; et se* contractent, *c'est-à-dire diminuent de volume, par le refroidissement.*

Pour se convaincre de la dilatation des corps solides, il suffit de prendre une barre de métal A, *vue* 1°, *fig.* 13, qui s'ajuste très-exactement entre deux talons métalliques *t* et *t'*, dressés à angle droit sur une même plaque. Si l'on fait chauffer cette barre, elle devient trop longue pour être mise en place, comme on le voit en *vue 2°*. Mais

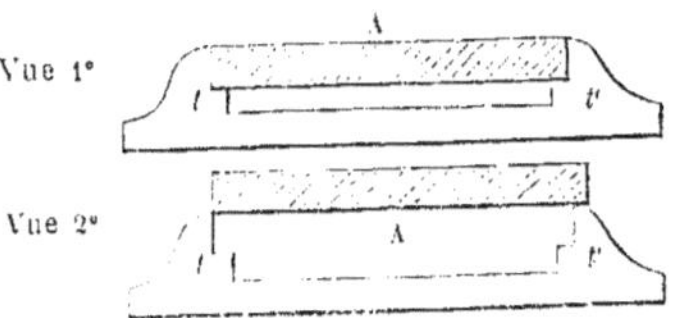

Fig. 13, relative aux effets de la chaleur sur les solides.

Vue 1°

Vue 2°

elle finit par reprendre sa première longueur, *vue 1°*, quand elle ne possède plus que la chaleur qu'elle avait primitivement. Par cette expérience, la dilatation de la barre n'est rendue manifeste que sur sa longueur ; mais il faut bien concevoir qu'elle a lieu dans tous les sens.

Pour démontrer la dilatabilité des liquides, on prend un long tube en verre, *fig.* 14, d'un diamètre intérieur très-petit, et terminé à une de ses extrémités par un gros réservoir B. On remplit en partie cet appareil d'un liquide quelconque ; et l'on en plonge la boule dans de l'eau chaude. On voit alors le liquide dilaté par la chaleur monter de *m′* en *m*, parce que le liquide se dilate plus que le vase qui le renferme. Quand on replace l'appareil en plein air, comme il l'était d'abord, le niveau du liquide retombe et reprend bientôt sa position primitive.

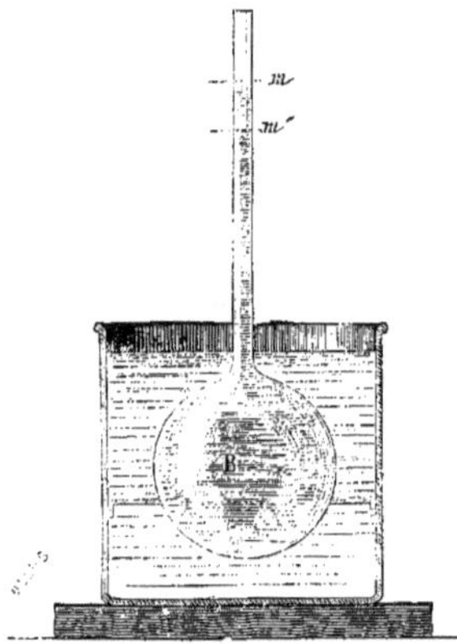

Fig. 14, relative aux effets de la chaleur sur les liquides.

Enfin, pour se convaincre de la dilatabilité des gaz, on se sert encore d'un ballon en verre muni d'un tube étroit, *fig.* 15. On remplit en partie l'instrument d'air ou d'un autre gaz. Puis, on introduit, par-dessus ce fluide, un petit cylindre de mercure *a* de 2 à 5 centimètres de hauteur. Ce petit cylindre est destiné à servir d'index et à intercepter la communication entre le gaz intérieur et l'air extérieur.

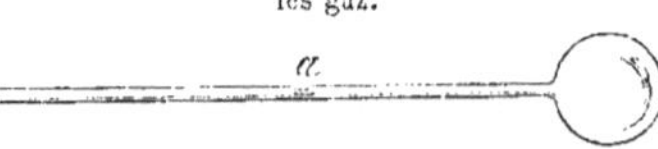

Fig. 15, relative aux effets de la chaleur sur les gaz.

Cela fait, il suffit d'approcher la main près de la boule pour que la petite colonne mercurielle se mette en mouvement d'une manière rapide vers l'ouverture du tube. Or, cet effet ne peut être attribué qu'à la dilatation produite par la chaleur du *corps* sur le gaz contenu dans l'appareil. D'ailleurs, en retirant la main, on voit le petit cylindre de mercure reprendre assez promptement sa première position. — Cette expérience prouve en même temps que la dilatation des gaz est très-sensible pour une faible variation de chaleur. Par conséquent, leur dilatabilité est de beaucoup supérieure à celle des liquides, et, à plus forte raison, à celle des solides.

Changement d'état des corps par la chaleur. — *Par une augmentation suffisante de chaleur, beaucoup de corps* SE FONDENT *s'ils sont solides, ou* SE VAPORISENT *s'ils sont liquides.* — *Réciproquement, par un refroidissement convenable, ces corps* SE SOLIDIFIENT *s'ils sont liquides, ou* SE CONDENSENT, *c'est-à-dire se liquéfient, s'ils sont à l'état de vapeurs.*

La *glace*, qui est une matière *solide, se fond*, c'est-à-dire passe à l'état liquide, lorsqu'elle est exposée à la *chaleur*. Elle donne ainsi naissance à *l'eau*. Celle-ci, à son tour, quand on la *chauffe*, se convertit en gaz sous le nom de *vapeur d'eau*. — *Réciproquement*, cette *vapeur* étant refroidie, se condense. Puis, *l'eau* qui résulte de ce changement d'état, se transforme en *glace* par un *refroidissement* suffisant.

**N° 18. — 1. Température. — 2. Thermomètre à mercure. —
3. Thermomètre à alcool.**

N° 18₁ Température. — *On appelle* TEMPÉRATURE *d'un corps le degré de chaleur* SENSIBLE *que possède ce corps.*

On donne le nom de THERMOMÈTRES *à tous les appareils qui servent à mesurer les températures.*

N° 18₂ Thermomètre à mercure. — Le thermomètre le plus répandu est le *thermomètre à mercure*. Il se compose d'un tube en verre A, *fig.* 16, d'un très-petit diamètre et terminé inférieurement par un réservoir sphérique ou cylindrique B beaucoup plus large. Le tube et le réservoir, entièrement purgés d'air, sont remplis de mercure jusqu'à une certaine hauteur; et l'extrémité de la tige est hermétiquement fermée.

Le jeu de cet instrument repose essentiellement sur les dilatations et les contractions du mercure sous l'influence des variations de chaleur. Car il résulte de ces dilatations ou contractions que le niveau du liquide monte ou baisse dans le tube.

C'est pour rendre plus sensible le thermomètre, qu'on termine sa tige par un réservoir d'une grande capacité.

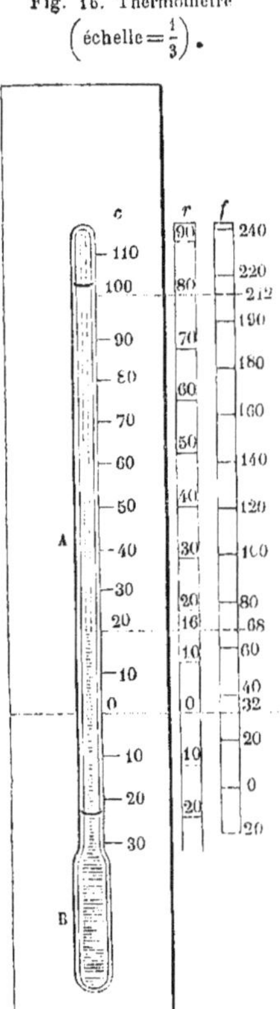

Fig. 16. Thermomètre $\left(\text{échelle} = \frac{1}{3}\right)$.

Pour graduer le thermomètre, on plonge d'abord le réservoir de l'instrument dans la *glace fondante*. Le sommet de la colonne de mercure s'arrête alors à un certain point, où il demeure stationnaire pendant tout le temps de la fusion de la glace. On fait une *marque* sur ce point. — On expose ensuite le thermomètre au milieu de la vapeur d'eau bouillante. Le niveau du mercure, après s'être élevé le long du tube, atteint une position où il persiste tant qu'il y a ébullition. On prend ce nouveau point fixe comme deuxième point de repère, et on y fait aussi un *trait*.

Ces deux termes obtenus, on marque *zéro* au premier, 100 au second. Puis, on divise l'intervalle qui les sépare en 100 parties d'égale capacité, qu'on nomme *degrés du thermomètre*. Pour prolonger la graduation, on porte la longueur d'un degré, bout à bout, au-dessus du point 100 et au-dessous du point *zéro*.

L'ensemble des divisions ainsi déterminées constitue ce qu'on appelle l'*échelle thermométrique**. D'ordinaire, on considère les températures au-dessus de *zéro* comme *positives* et celles *au-dessous* comme *négatives*. Ajoutons qu'on appelle vulgairement ces dernières les *degrés de froid*.

Les indications du thermomètre à mercure ne dépassent jamais 40 degrés au-dessous de zéro. Car ce liquide se congèle à cette température. — D'autre part, les indications supérieures à zéro peuvent aller jusqu'à 560 ou 400 degrés.

---

*. Les deux échelles placées à droite de la fig. 16, représentent les graduations *Réaumur* et *Fahrenheit*. Elles ne sont pas usitées en France. La table III de la fin du volume, donne la concordance des trois échelles du thermomètre.

Nᵒ 18₅ Thermomètre à alcool. — Quoique le thermomètre à mercure soit de beaucoup le plus répandu, on se sert encore, pour les besoins ordinaires, du thermomètre à alcool.

Cet instrument ne diffère du thermomètre à mercure que parce qu'il est rempli d'alcool coloré en rouge. Il est surtout employé pour mesurer les très-basses températures, attendu que l'alcool ne se congèle point par les plus grands froids connus.

Nᵒ 19. — 1. Des quantités de chaleur; de leur égalité; de leur mesure : calorie. — 2. Capacité calorifique des corps : règle relative à cette capacité. — 3. Lois calorifiques du changement d'état des corps. — 4. Calorique latent.

Nᵒ 19₁ Des quantités de chaleur, et de leur égalité. — *On dit que deux* QUANTITÉS DE CHALEUR *sont égales lorsque, appliquées sur un même corps, elles produisent le même effet dans des circonstances identiques.*

Mesure des quantités de chaleur : calorie. — *Mesurer une quantité de chaleur, c'est trouver combien de fois elle en contient une autre prise pour unité.*

L'unité de chaleur adoptée en France se nomme calorie.

La CALORIE *est la quantité de chaleur nécessaire pour élever de* 1° *centigrade la température de* 1 *kilogramme d'eau pure.*

Nᵒ 19₂ Capacité calorifique des corps. — Les *quantités* ABSOLUES *de chaleur* que possèdent les corps ne sauraient être mesurées. On sait seulement qu'elles ne sont pas les mêmes pour toutes les substances dans des circonstances identiques.

Du reste, au point de vue industriel, il est seulement utile de connaître les *quantités de chaleur* que les corps absorbent ou cèdent lorsqu'ils subissent un changement de température, d'état, ou de volume.

On appelle CAPACITÉ CALORIFIQUE OU CHALEUR SPÉCIFIQUE *d'un corps, le nombre de calories nécessaires pour élever de* 1° *la température de* 1 *kilogramme de ce corps.*

Voici le tableau des capacités calorifiques de quelques substances usuelles dans les machines à vapeur.

NOMS DES SUBSTANCES.	Capacités caloriliques.	NOMS DES SUBSTANCES.	Capacités calorifiques.
	calor.		calor.
Eau pure.	1,0000	Vapeur d'eau.	0,8470
Eau salée.	0,8187	Charbon.	0,2411
Acide carbonique	0,2210	Coke.	0,2009
Oxyde de carbone. . . .	0,2884	Fer	0,1137
Air.	0,2377	Cuivre.	0,1043
Hydrogène.	3,2936	Laiton.	0,0950
Oxygène.	0,2361	Zinc.	0,1000
Azote.	0,2754	Plomb.	0,0310

Règle relative à la capacité calorifique des corps. — *Lorsqu'un corps se réchauffe ou se refroidit d'un certain nombre de degrés, il gagne ou il perd une quantité de chaleur égale à sa capacité calorifique multipliée par son poids en kilog. et par ce nombre de degrés.*

Réciproquement, lorsqu'on applique ou qu'on enlève à un corps une quantité déterminée de calorique, le changement de température qu'il subit, varie en raison inverse de son poids et de sa capacité calorifique.

N° 19₅ Lois calorifiques du changement d'état des corps. — 1° *Tout corps se* FOND *s'il est à l'état solide, et réciproquement se* SOLIDIFIE, *s'il est à l'état liquide, à une* TEMPÉRATURE DÉTERMINÉE. *Celle-ci reste* CONSTANTE *jusqu'à ce que le changement d'état soit complet, quelle que soit l'intensité de la source de chaleur ou de froid qui le détermine. Cette intensité ne fait dès lors qu'accélérer plus ou moins le phénomène.*

M. Silbermann a établi, en 1858, le tableau ci-dessous :

Points de fusion de différents corps, exprimés en degrés centigrades.

La glace	0°	Le bismuth.	266°
Le suif.	33°	Le plomb du commerce.	320°
La cire.	60°	Le zinc.	436°
Le soufre et l'iode. . . .	109°	L'antimoine.	690°
Les alliages de plomb, d'étain et de bismuth, où celui-ci prédomine.	100° à 120°	L'argent	1100°
		Le cuivre du commerce.	1020° à 1200°
Les mêmes alliages lorsque l'étain prédomine .	170° à 200°	L'acier.	1300° à 1500°
		Le fer forgé.	1500° à 1700°
		Les fontes grises . . .	1100° à 1250°
L'étain.	230°	Les fontes blanches. .	1050° à 1100°

2° *La* TEMPÉRATURE *d'un fluide qui se change en* VAPEUR, *ou qui se* CONDENSE, ne subit qu'une *variation bien inférieure* à celle que donnerait le calcul, d'après la capacité calorifique du fluide et l'intensité de la source de *chaleur* ou de *froid* à laquelle il est soumis. — Bien plus, lorsqu'il y a *vaporisation* d'un liquide avec échappement libre de toute la vapeur qui se forme à chaque instant, *la température du liquide demeure constante, quelle que soit l'ardeur du foyer.* De cette ardeur dépend seulement le plus ou moins de rapidité de l'accomplissement du phénomène.

Nᵒ 19₄ Calorique latent. — Il résulte nécessairement des lois précédentes que :

1ᵒ *Il y a* absoption de chaleur *lors de la* liquéfaction *d'un solide et de la* vaporisation *d'un liquide.*

2ᵒ *Il y a, au contraire,* émission de chaleur *lors de la* solidification *d'un liquide et de la* condensation *d'une vapeur.*

3ᵒ *Les* quantités de chaleur *ainsi* absorbées ou émises *sont* insensibles au thermomètre : *elles se trouvent employées, sinon en entier dans tous les cas, au moins en grande partie, à produire le changement d'état.*

On démontre en physique, que des faits analogues se passent même dans la simple dilatation ou la simple contraction d'un corps.

On appelle calorique latent *toute quantité de chaleur, insensible au thermomètre, qu'un corps absorbe ou dégage en changeant d'état ou même simplement de volume.* — On considère trois espèces de *caloriques latents.*

1ᵒ *Le* calorique latent de fusion. *C'est la chaleur latente qui correspond à la fusion ou à la solidification d'un corps.*

2ᵒ *Le* calorique latent de vaporisation ou d'élasticité. *C'est la chaleur latente absorbée lors de la vaporisation d'un corps ou dégagée lors de sa condensation.*

3ᵒ *Le* calorique latent de dilatation. *C'est la chaleur latente consommée lors de la dilatation d'un corps ou restituée lors de sa contraction.*

Le calorique latent de fusion de la glace à 0ᵒ, est de 79^{cal}. Le calorique latent de vaporisation de l'eau à la température de t^o, vaut $606,5 - 0,695\,t$; soit 537^{cal} à 100ᵒ.

Nᵒ 20. — 1. Des gaz. — 2. Loi de Mariotte. — 3. Loi de Gay-Lussac.

Nᵒ 20₁ Des gaz. — On appelle gaz (nᵒ 1₄) *ou* fluides élastiques, *des corps dont les molécules douées d'une mobilité parfaite sont dans un état constant de répulsion mutuelle, qu'on désigne sous le nom* d'expansibilité.

On divise les fluides élastiques en deux classes : les *gaz perma-nents* ou *gaz proprement dits*, et les gaz *non permanents* ou *vapeurs*. Les premiers sont ceux qui ne peuvent se liquéfier à quelque pression ou à quelque abaissement de température qu'on les soumette ; tels sont : l'oxygène, l'hydrogène, l'azote, l'air, etc. Les seconds, au con-traire, possèdent la propriété de passer à l'état liquide par une com-pression ou un refroidissement plus ou moins grand : telle est la vapeur d'eau, d'éther, de chloroforme, etc.

On appelle TENSION, FORCE ÉLASTIQUE *ou* PRESSION D'UN GAZ, *la force avec laquelle ce gaz, en vertu de son expansibilité, agit sur les parois du vase qui le renferme.*

N° 20₂ Loi de Mariotte. — La loi de *Mariotte* s'énonce en ces termes :

Lorsque la température d'une masse donnée de gaz ne change pas, sa pression et son volume sont liés par cette relation que le produit du volume par la pression correspondante est un nombre constant.

Fig. 17, relative à la loi de Mariotte.
Vue 1°   Vue 2°

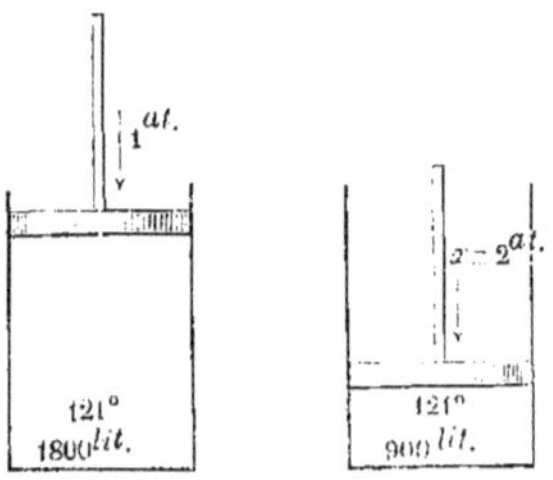

Exemple. Soient, sous une pres-sion de 1^{at} et à la température de 121°, 1.800 litres de gaz renfermés dans un vase, *vue* 1°, *fig.* 17, à cou-vercle mobile. On demande, dans la supposition que la température reste constante, ce que devient la pression lorsqu'on réduit le volume du gaz à 900 litres, en enfonçant le couvercle du vase, comme le montre la *vue* 2°.

D'après la loi de Mariotte, on a :

$$x^{at} \times 900 = 1^{at} \times 1800 ; \text{ d'où } x = 1^{at} \times \frac{1800}{900} = 2^{at}.$$

N° 20₃ Loi de Gay-Lussac. — La loi de *Gay-Lussac* s'exprime ainsi :

La pression demeurant constante, tous les gaz, pour chaque degré d'augmentation ou de diminution dans leur température, se dilatent ou se contractent de la même quantité. Cette quantité est égale à la 0,00366ᵉ partie de leur volume à 0°.

De la loi de Gay-Lussac, on déduit aisément la formule suivante :

$$V' = V \frac{(1 + 0,00366 t')}{(1 + 0,00366 t)};$$

dans laquelle :

V   indique le volume d'une masse gazeuse à la température t ;
V′   le volume de cette masse sous la même pression, mais à la température t'.

Exemple. Soit, sous une pression de 1^{at} et à la température $t = 121°$, un volume $V = 1.800^{lit}$ de gaz, renfermé dans un vase, *vue 1°*, *fig.* 18, à couvercle mobile. On demande, en admettant que la pression reste constante, le volume V′, *vue 2°*, que prend le gaz, lorsque la température devient $t' = 100°$?

En appliquant la formule précédente, on trouve :

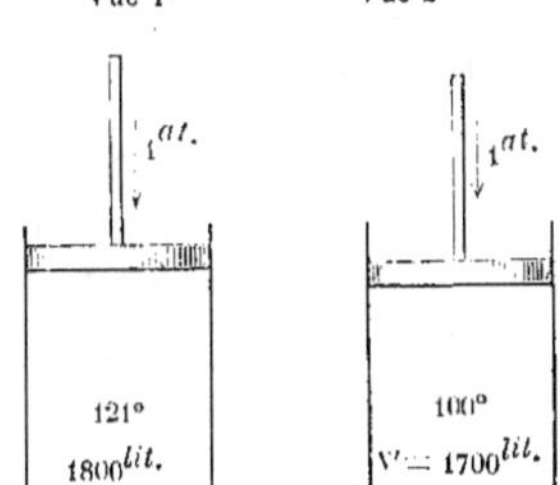

$$V' = 1800^{lit} \frac{(1 + 0,00366 \times 100)}{(1 + 0,00366 \times 121)} = 1800^{lit} \frac{1,366}{1,443} = 1700^{lit} \text{ en nombre rond.}$$

N° 21. — 1. Formation de la vapeur d'eau. — 2. De la vapeur saturée. — 3. Principales propriétés de la vapeur saturée. — 4. Relations entre la tension, la température et la densité de la vapeur saturée.

N° 21₁ Formation de la vapeur d'eau. — La transformation de l'eau en vapeur se produit *par évaporation et par vaporisation* ou *ébullition.*

On dit qu'il y a ÉVAPORATION *quand la vapeur se produit lentement, et seulement à la surface du liquide :* c'est par le fait d'une évaporation que de l'eau jetée par terre ne tarde pas à sécher.

La VAPORISATION *s'entend de toute production rapide de vapeur dans la masse même du liquide.*

*L'*ÉBULLITION *est le phénomène qui accompagne toujours la vaporisation; celle-ci étant plus ou moins tumultueuse.*

— Quand on chauffe de l'eau, on la réduit en vapeur par vaporisation ou ébullition.

N° 21₂ De la vapeur saturée. — Imaginons un vase quelconque, un cylindre par exemple, *fig.* 19, fermé par un couvercle mobile ou piston, et contenant une certaine quantité d'eau. Si on laisse entre le piston et le niveau du liquide un espace libre *abcd*, que cet espace contienne de l'air ou non, que l'on chauffe le liquide au feu d'un foyer ou qu'on l'abandonne à la température ambiante, l'eau se convertira en vapeur. Mais, en outre, d'après l'expérience, si

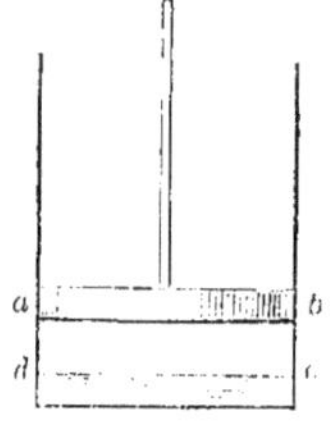

Fig. 19, relative aux lois de la vapeur saturée.

l'on maintient la température à un degré déterminé, cette conversion finit toujours, au bout d'un certain temps et à un point variable d'ailleurs avec ce degré, par cesser d'avoir lieu, bien que le liquide ne soit pas passé en entier à l'état gazeux.

A cet instant, l'espace considéré renferme donc autant de vapeur qu'il en peut contenir. C'est ce qu'on exprime en disant que cet espace est *saturé*, et que la vapeur a atteint *sa saturation* ou se trouve *saturée à tant* de degrés de température.

La vapeur saturée possède une densité et une force élastique déterminées pour chaque température. Mais ces éléments sont indépendants de la quantité de liquide qui existe au-dessous de la vapeur, de l'espace que celle-ci occupe, ainsi que des gaz qui s'y trouvent mélangés. En outre, ils possèdent des valeurs d'autant plus grandes que la température est plus élevée. Mais, quelque basse que soit cette dernière, ils ne sont jamais nuls.

N° 21₅ Principales propriétés de la vapeur saturée. — Voici les propriétés dont jouit la vapeur saturée :

1° Toute vapeur en contact avec son liquide générateur finit toujours par se saturer.

2° Si l'on diminue le volume *abcd*, *fig.* 19, occupé par de la vapeur en contact avec son liquide générateur, en enfonçant, par exemple, le piston dans son cylindre, une portion de la vapeur repasse à l'état liquide. *Mais la tension et la densité de la partie de ce fluide qui ne se condense pas demeurent constantes*, pourvu que la température ne change pas.

3° Si, au contraire, on augmente la capacité occupée par de la vapeur en présence de son liquide générateur, soit avec le vase, *fig.* 19, en soulevant le piston, soit avec une chaudière, en la mettant en communication avec le cylindre de la machine, le liquide se vaporise pour remplir l'espace libre créé au-dessus de lui. Mais la vapeur se maintient toujours à l'état de saturation, *en conservant la même pression et la même densité,* tant qu'il reste de l'eau et que la température ne change pas.

4° Si l'on refroidit, d'ailleurs aussi peu que l'on voudra, le vase *fig.* 19 en conservant à la vapeur le même volume libre au-dessus de l'eau, la tension et la densité de la vapeur diminueront avec la température, et une certaine quantité de vapeur sera condensée. La vapeur restant dans le vase se comportera à sa nouvelle température, comme il est dit en 2° et 3° ci-dessus.

5° Si l'on chauffe le vase *fig.* 19 en conservant à la vapeur le même volume libre au-dessus de l'eau, la tension et la densité de la vapeur augmenteront; mais une certaine quantité de liquide se réduira en vapeur. La vapeur renfermée dans le vase se comportera à sa nouvelle température, comme il est dit en 2° et 3° ci-dessus.

En résumé, *la vapeur saturée possède une tension maximum pour une température donnée, et une température minimum pour une tension donnée.*

N° 21. Relations entre la tension, la température et la densité de la vapeur saturée. — L'expérience seule a pu jusqu'ici faire connaître la *pression* et la *densité* de la vapeur saturée correspondantes à une *température* donnée ou réciproquement. La table IV à la fin de ce volume renferme un grand nombre des valeurs successives de ces quantités. — Nous avons réuni dans le petit tableau ci-dessous les valeurs correspondantes, en nombres ronds, des températures, tensions, densités et volumes de la vapeur pour les cas qui se présentent le plus fréquemment en marine.

VAPEUR D'EAU.			
Températures.	Pressions.	Densités.	Volumes correspondant à 1^{kg}.
degrés.		»	litres.
40	$5^{cm},3$	»	»
100	$1^{at} = 76^{cm}$	$\dfrac{1}{1700}$	1700
121	2^{at}	$\dfrac{1}{900}$	900
135	3^{at}	$\dfrac{1}{620}$	620
145	4^{at}	$\dfrac{1}{480}$	480
152	5^{at}	$\dfrac{1}{380}$	380

N° 22₁ Nature de la vapeur d'eau. — La vapeur d'eau est un fluide sans odeur ni saveur. Elle se compose, commè l'eau pure, de 89 parties, en poids, d'oxygène et de 11 parties d'hydrogène. Elle renferme en outre l'air contenu en dissolution dans le liquide qui l'a fournie.

La vapeur qui se dégage de l'eau de mer, et en général des eaux contenant des matières solides en dissolution ou en suspension, est toujours de même nature que celle qui provient de l'eau pure, car ces matières ne se volatilisent pas.

N° 22₂ Vapeur sèche et vapeur aqueuse. — La vapeur d'eau parfaitement pure est invisible et transparente comme l'air, et on l'appelle vapeur *sèche*. Mais il est rare de la rencontrer à cet état. Le plus souvent, elle se trouve mélangée de particules liquides et elle apparaît sous la forme de nuages blancs. Elle prend alors le nom de *vapeur aqueuse*. — Presque toujours la vapeur est à l'état *aqueux* dans l'intérieur des machines.

N° 22₃ De la vapeur désaturée. — Si l'on soulève de plus en plus le piston de la *fig.* 19, nous avons vu (n° 21₃) que l'eau fournira, au fur et à mesure, de nouvelle vapeur, de façon que l'espace compris entre ce piston et le liquide sera constamment saturé. Cependant il arrivera évidemment un moment où toute l'eau se sera vaporisée, *fig.* 20. Si, à partir de ce moment, on augmente l'espace qui renferme la vapeur, celle-ci s'y répand, et le remplit toujours exactement. Sa densité doit donc nécessairement diminuer. Par conséquent, d'après la subordination réciproque qui existe entre les éléments de ce fluide à l'état de saturation, l'espace en question ne contient plus autant de vapeur qu'il le pourrait relativement à sa température : en un mot, il *cesse d'être saturé*. On dit alors de cet espace ainsi que de la vapeur, qu'ils sont *désaturés*.

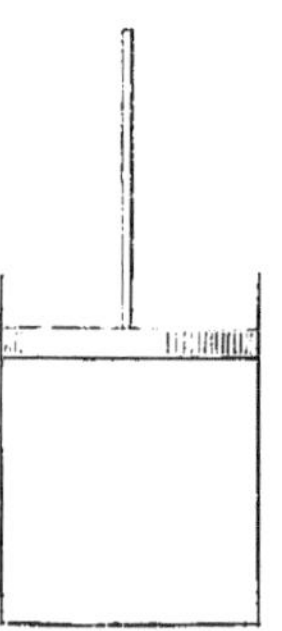

Fig. 20, relative aux lois de la vapeur désaturée.

N° 22₄ Propriétés de la vapeur désaturée. — L'expérience démontre que la vapeur désaturée jouit des mêmes propriétés que les gaz permanents. En d'autres termes, dans cette dernière hypothèse, elle est soumise aux lois de Mariotte et de Gay-Lussac.

Ces lois lui sont d'ailleurs indéfiniment applicables, tant qu'il y a accroissement de volume ou de température, ou de ces deux éléments à la fois.

N° 22₃ Vapeur surchauffée. — *On appelle vapeur* SURCHAUFFÉE *toute vapeur portée à une température supérieure à celle qui correspond à sa saturation.*

La vapeur surchauffée peut être refroidie jusqu'à sa température de saturation sans qu'elle se condense. Elle suit d'ailleurs les lois de Mariotte et de Gay-Lussac.

La vapeur surchauffée et la vapeur désaturée sont dans le même état; elles possèdent l'une et l'autre une température supérieure à celle qui correspond à leur tension de saturation. La seule différence consiste en ce qu'on *désature* la vapeur par augmentation de volume, tandis qu'on la *surchauffe* par augmentation de température.

N° 23. — 1. Définition de la pression absolue et de la pression effective dans les chaudières. — 2. Des appareils pour mesurer la tension de la vapeur dans les chaudières. — 3. Manomètre métallique Bourdon : type pour la marine ; précautions qui lui sont spéciales. — 4. Disposition de la graduation des manomètres en général.

N° 23₁ Définition de la pression absolue et de la pression effective dans les chaudières. — Dans les chaudières à vapeur, on distingue deux sortes de pression :

1.° La PRESSION ABSOLUE : *c'est la tension qui s'exerce réellement sur les faces intérieures des parois de la chaudière ;*

2° La PRESSION EFFECTIVE, *qui est égale à la pression absolue diminuée de la pression atmosphérique : c'est par conséquent la force qui tend à rompre les parois du générateur de dedans en dehors, en d'autres termes à le faire éclater.*

Ces deux espèces de pression sont également employées en pratique. Il est donc important, quand on énonce une tension, d'indiquer si elle est *absolue* ou *effective*.

N° 23₂ Des appareils pour mesurer la tension de la vapeur dans les chaudières. — On mesure la tension absolue ou effective de la vapeur dans les chaudières à l'aide de divers appareils, tous connus sous le nom générique de *manomètres*.

Aujourd'hui, la marine de l'État et la marine marchande se servent presque exclusivement du *manomètre métallique Bourdon.*

Il existe d'ordinaire un manomètre par corps de chaudière.

N° 23. Manomètre métallique Bourdon : type pour la marine. — Le *manomètre Bourdon,* adopté par la marine, est représenté par la *fig.* 21 ; en voici la légende :

t   tuyau mettant le manomètre en communication avec la chaudière.

R   robinet destiné à interrompre à volonté cette communication.

T   tube creux en laiton, ployé circulairement de manière à former presque un anneau.

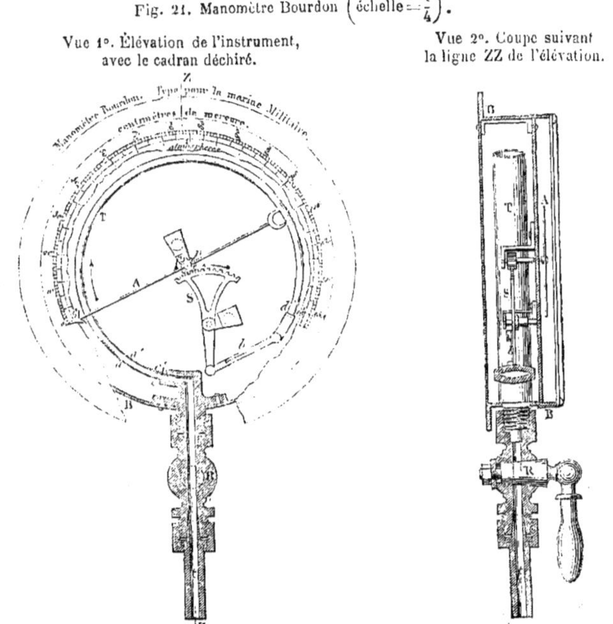

Fig. 21. Manomètre Bourdon $\left(\text{échelle} = \frac{1}{4}\right)$.

Vue 1°. Élévation de l'instrument, avec le cadran déchiré.   Vue 2°. Coupe suivant la ligne ZZ de l'élévation.

complet. Ce tube a ses parois flexibles et légèrement aplaties dans le sens aa' du rayon de l'anneau. Il est ouvert à celle de ses extrémités qui forme le prolongement du tuyau *t* ; et, au contraire, il a son autre extrémité fermée. — Enfin, il jouit de la propriété de se dérouler en se gonflant, lorsque la différence entre la pression intérieure et la pression extérieure qu'il supporte vient à augmenter ; et, par contre, de s'enrouler en s'aplatissant, lorsque cette différence diminue.

b   petite bielle destinée à transmettre au secteur S le mouvement que prend la queue du tube T, lorsque ce tube se déroule ou s'enroule.

S   secteur denté oscillant autour de son centre, sous l'impulsion de la bielle *b*, et servant de pièce de transmission de mouvement entre la queue du tube T et le pignon *p*.

p pignon denté mû par le secteur précédent. Il a pour objet d'amplifier notablement les oscillations de ce secteur, et par suite les déplacements de la queue du tube.

A aiguille montée sur le même axe que le pignon *p*, et parcourant un cadran gradué en centimètres de mercure et en atmosphères.

B boîte en cuivre sur la paroi centrale de laquelle sont fixés les axes du secteur S et du pignon *p*. Cette boîte forme deux chambres, comme le montre la *vue* 2°. L'une de ces chambres renferme le tube métallique et le mécanisme qui met en mouvement l'aiguille. L'autre contient cette dernière pièce elle-même avec son cadran, et se trouve fermée par un grand verre de montre, à travers lequel on lit les divisions de l'instrument.

Pour les manomètres destinés à indiquer des pressions effectives supérieures à 4ᵃᵗ, le secteur S et le pignon *p* sont supprimés; la bielle *b* s'articule à l'extrémité d'un petit levier qui manœuvre l'aiguille.

— Pour bien faire comprendre la forme du tube Bourdon, nous en avons représenté à grande échelle, *fig.* 22, une portion considérée du côté de sa concavité. Les *vues* 1° et 2°, *fig.* 23, montrent en outre les deux espèces de sections, ovale ou lenticulaire, qu'il présente lorsqu'on le coupe perpendiculairement à sa longueur suivant la droite *yy*. Dans l'une et l'autre de ces sections, le petit axe *aa'* correspond à la ligne de la *fig.* 22 légendée par les mêmes lettres.

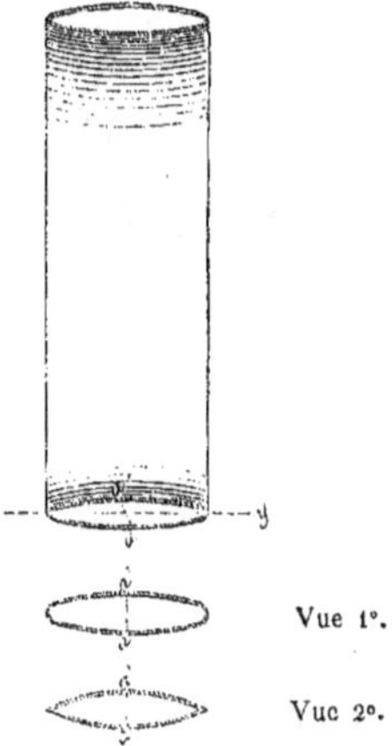
Fig. 22. Tube d'un manomètre Bourdon (en vraie grandeur).

Fig. 23. Coupe suivant *yy* de la *fig.* précédente.

Ce tube est d'ailleurs confectionné en tôle de laiton n'ayant que 1/5 de millimètre d'épaisseur. D'autre part, au moment où il se trouve également pressé en dedans et en dehors, le petit axe de sa section est de 4 millimètres, et le grand axe de 11 millimètres.

Précautions spéciales au manomètre Bourdon. — Le manomètre doit avoir sa prise de vapeur placée le plus près possible du corps auquel il appartient; car plus cette prise en est éloignée, plus les indications manométriques diffèrent en moins de la véritable pression au générateur. Ainsi, la différence s'élève jusqu'à 7 et 8 centimètres avec un instrument embranché sur le tuyau de vapeur à 4 ou 5 mètres de l'appareil évaporatoire.

Pour ménager le manomètre Bourdon, il est bon de le mettre un peu en contre-bas de sa prise sur la chaudière. De cette façon, son tube est toujours rempli d'eau provenant de vapeur condensée. Il reçoit ainsi par l'intermédiaire de ce liquide l'effort de la pression à évaluer. Il ne se trouve donc pas en contact immédiat avec la vapeur elle-même, et on n'a pas à craindre que la haute température de celle-ci n'altère à la longue l'élasticité du métal.

Quelle que soit la pression de la vapeur, on ne doit jamais établir ou intercepter brusquement la communication du manomètre avec le générateur; car, sans cette précaution, il pourrait être dérangé et même brisé par suite du changement brusque de tension.

N° 23₄ Disposition de la graduation des manomètres en général. — Les manomètres indiquent tantôt la pression effective, tantôt la pression absolue.

En principe, tout manomètre dont *la division de départ est zéro*, donne les *pressions effectives*. — Dans tout autre cas, l'instrument accuse les tensions absolues.

Le premier mode de graduation que nous venons d'indiquer, et qui est précisément celui de la *fig.* 21, s'emploie toujours quand les divisions représentent des centimètres de mercure; car on évite ainsi de prendre pour point de départ le nombre 76, ce qui paraîtrait singulier. — Mais, lorsque les divisions correspondent à des atmosphères seulement, la première est en général marquée 1ᵃᵗ, comme on le voit sur la *fig.* 24. — Enfin, lorsque le cadran se trouve à la fois gradué en atmosphères et en centimètres de mercure, tel que cela existe sur la *fig.* 21,

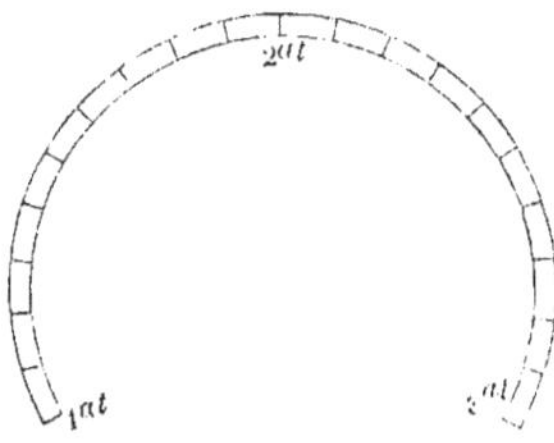

Fig. 24. Autre disposition de graduation du manomètre Bourdon.

on prend *zéro* pour la division de départ tant des premières que des secondes de ces unités.

Sur un grand nombre de manomètres actuels à haute pression, la graduation est faite en kilogrammes et accuse la *pression effective;* c'est-à-dire qu'il y a zéro au point de départ de l'aiguille.

N° 24. — 1. De la condensation de la vapeur : différentes manières de l'opérer. — 2. Principe du condenseur. — 3. Présence forcée de l'air dans tout condenseur.

N° 24₁ De la condensation de la vapeur : différentes manières de l'opérer. — *On entend par* CONDENSATION *de la vapeur son retour de l'état gazeux à l'état liquide.*

On peut condenser la vapeur de trois manières différentes : par *compression*, par *détente* et par *refroidissement*.

— 1° *La condensation par* COMPRESSION *a lieu lorsque l'on diminue le volume occupé par de la vapeur en contact avec son liquide générateur* (n° 24₅).

C'est cette espèce de condensation qui s'observe lorsque de la vapeur circulant dans un tuyau rencontre des coudes, des étranglements brusques, ou en général, des obstacles contre lesquels elle vient se comprimer.

— 2° *La condensation par* DÉTENTE *se produit quand on laisse de la vapeur à une certaine pression s'échapper du récipient qui la renferme dans un milieu beaucoup plus vaste, et possédant une tension moindre.*

On a un exemple du phénomène qui nous occupe dans l'échappement de la vapeur par les soupapes de sûreté des chaudières. Cet échappement se manifeste par une abondante masse nuageuse, qui n'est autre que de la vapeur en partie condensée ou *aqueuse* (n° 22₂).

— 3° *La condensation par* REFROIDISSEMENT *a lieu lorsqu'on introduit de la vapeur dans un milieu plus froid qu'elle.*

On emploie deux procédés distincts pour obtenir le refroidissement du vase où afflue la vapeur à condenser.

Le premier de ces procédés se réduit à faire arriver dans l'intérieur même du récipient, un jet d'eau froide qui vient se mélanger avec la vapeur. Il se désigne sous le nom de condensation *par injection ou par mélange.*

Le deuxième procédé consiste à entourer le vase, d'eau froide qui absorbe le calorique de la vapeur à travers ses parois. Il prend le nom de condensation *par contact.*

C'est la condensation par REFROIDISSEMENT qu'on emploie exclusivement dans les machines à vapeur.

N° 24₂ Principe du condenseur. — *Dans les machines à vapeur, on appelle* CONDENSEUR *un récipient spécial dans lequel va se liquéfier la vapeur après avoir produit son effet dans le cylindre.*

— Ce récipient prend le nom de *condenseur ordinaire,* si la condensation s'y opère par injection ; et de *condenseur à surface,* si la condensation s'y effectue par contact.

Soient deux vases : l'un C, *fig.* 25, qu'on a rempli, par le robinet *v*, de vapeur à 100°, que nous supposerons saturée, mais qui pourrait ne pas l'être ; l'autre C₀, contenant de l'eau à 40°, et par conséquent plein, au-dessus de la surface libre de son liquide, de vapeur saturée à 40°, ou même renfermant seulement de ce fluide. Tant que les deux

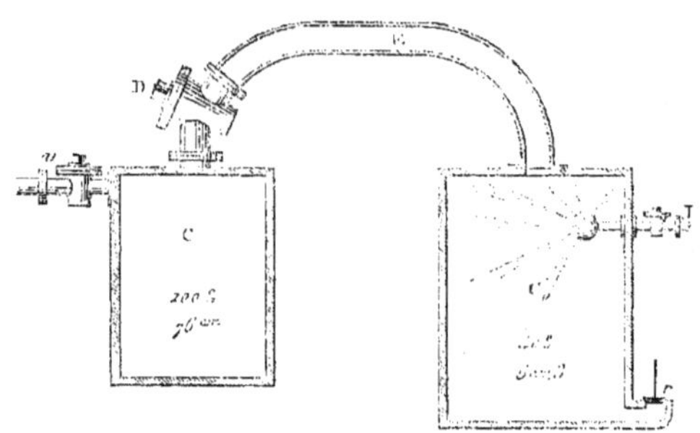

Fig. 25, relative au principe du condenseur.

vases ne communiquent pas, il existe dans le premier 76^{cm} de pression, et dans le second 5^{cm}, 5. Car, d'après le tableau du n° 21₄, ces deux chiffres représentent les tensions de la vapeur saturée à 100° et à 40°. Mais, aussitôt qu'on ouvre le robinet D, la vapeur du vase C se précipite, à travers le tuyau E, dans le vase C_0, où elle vient se condenser. Si l'on maintient la température du vase C_0 constante, soit au moyen de l'injection I, soit au moyen d'un refroidissement extérieur, on voit *la tension de ce vase demeurer au même point, 5^{cm},5*. Au contraire, *la pression du récipient C tombe rapidement, et devient, presque immédiatement, peu différente de cette même tension*. Elle finirait même par l'atteindre tout-à-fait, si la communication des deux vases était d'une durée suffisante.

N° 24₅. Présence forcée de l'air dans tout condenseur. — L'une des hypothèses faites dans l'exposé du principe précédent est entièrement théorique. Car nous avons supposé que les vases C et C_0 ne contenaient d'autre gaz que de la vapeur. Mais l'eau prise à ciel découvert contient en dissolution $1/20^e$ de son volume d'air à 76^{cm} de pression ; et la tension au condenseur est bien inférieure à cette pression. La vapeur condensée et l'eau d'injection laissent alors dégager de leur masse presque tout ce gaz à leur arrivée dans le condenseur. Donc, en admettant même qu'avant de faire l'expérience ci-dessus, on ait expulsé de ce dernier récipient l'air qu'il renferme au repos, il ne tarderait pas à en contenir une nouvelle quantité.

D'ailleurs, les joints de l'appareil de condensation ainsi que ceux des vases qui communiquent avec lui, et surtout les presse-étoupe qui se trouvent sur ces derniers, n'étant jamais parfaitement étanches, il en résulte de nombreuses rentrées d'air. Cet air se dilate dans le condenseur à cause de la faible pression de ce vase et de sa température plus élevée que celle de l'air; mais sa tension n'est jamais nulle. *La tension de l'air dilaté s'ajoutant à celle de la vapeur forme la tension réelle au condenseur.*

N° 25. — **1. Des pompes à air en général.** — **2. Jeu des pompes à air à double effet.** — **3. Jeu des pompes à air à simple effet.** — **4. Conséquences de la suppression du clapet de pied ou de tête dans ces dernières pompes.** — **5. Fonction de la bâche.**

N° 25₁ Des pompes à air en général. — Dans les machines à vapeur, les deux extrémités du cylindre sont alternativement en communication avec le condenseur ; il y a par suite dans ce dernier récipient, affluence incessante de vapeur ; il faut donc qu'il y ait aussi affluence incessante d'eau froide, et par conséquent formation continuelle d'eau de condensation. Or cette eau et l'air qui s'en dégage ne tarderaient pas, la première à engorger le condenseur, et la seconde à en accroître la tension, si l'on ne vidait continuellement ce vase à l'aide de pompes spéciales, appelées *pompes à air.* — Les pompes à air employées dans les machines de navigation peuvent se classer, au point de vue de leur mode d'action, en trois espèces, savoir :

1° *Les pompes à air à* DOUBLE EFFET ASPIRANTES ET FOULANTES; 2° *les pompes à air à* SIMPLE EFFET ASPIRANTES ET FOULANTES; 3° *les pompes à air à* SIMPLE EFFET ASPIRANTES ET ÉLÉVATOIRES.

N° 25₂ Jeu des pompes à air à double effet. — Toute pompe à air à double effet aspirante et foulante, comporte les pièces suivantes, *fig.* 26 :

P*a*   *corps de pompe :* cylindre en fonte recouvert intérieurement d'une chemise de bronze parfaitement alésée,

p   *piston de pompe à air :* disque plein en bronze ayant une certaine hauteur sur son pourtour, et glissant à frottement doux dans le corps de pompe.

t   *tige de piston.*

1,3 *clapets de pied* / 2,4 *clapets de tête* — Cloisons mobiles en caoutchouc, rectangulaires ou circulaires, fixées tout le long de leur ligne milieu ou en leur centre, et pouvant se ployer autour de cette ligne ou de ce centre. Elles sont destinés à ouvrir ou à boucher alternativement les orifices au-dessus desquels elles se trouvent placées.

1′,3′,2′,4′, *butoirs* des clapets précédents : pièces métalliques ayant pour objet de limiter le soulèvement de ces clapets.

On remarque en outre, tout autour de la pompe, les pièces et tuyaux suivants, qui sont soumis ou concourent à son action :

C₂ *condenseur* (n° 24₂).
E *tuyau dit d'évacuation*, par lequel afflue continuellement au condenseur la vapeur qui s'échappe du cylindre correspondant de la machine.
I *appareil d'injection*, composé d'un robinet et d'un tuyau qui amène l'eau refroidis-

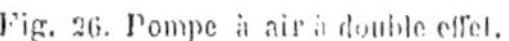

Fig. 26. Pompe à air à double effet.

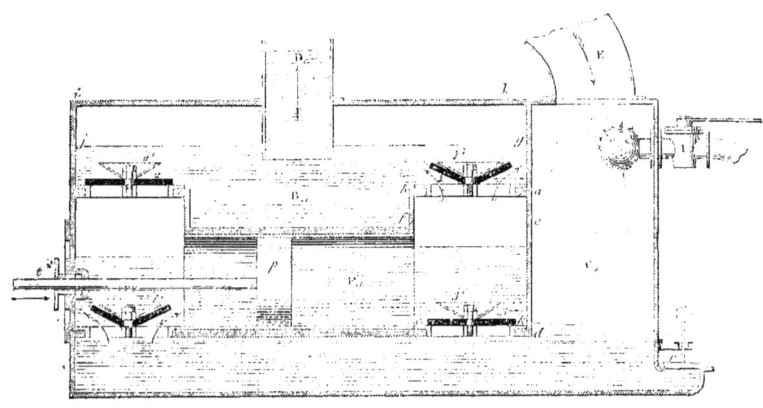

sante prise à la mer. Le tuyau est terminé en dedans du condenseur par une pomme d'arrosoir, pour diviser l'eau et augmenter sa surface de contact avec la vapeur.
r *reniflard :* soupape s'ouvrant de dedans au dehors et chargée seulement par son poids et par la pression atmosphérique. Elle est destinée à laisser échapper l'eau et l'air que renferme le condenseur, quand on purge ce dernier en y introduisant directement la vapeur des chaudières, au moyen d'une soupape à ce destinée (n° 45₄ et 76₂).
B₄ *bâche :* grande caisse de forme quelconque servant de réservoir pour les fluides extraits du condenseur par la pompe à air.
D₂ *tuyau de décharge*, par lequel ces fluides s'écoulent à la mer.'

Lorsque le piston p est poussé dans le sens indiqué par la flèche placée le long de sa tige, il agrandit la capacité située du côté de sa face de gauche. Il en résulte d'abord que, tout le temps que le piston marche dans le même sens, il se forme un vide au-dessous du clapet de tête 2. De plus, ce clapet étant appuyé sur son siége par la pression qui existe dans la bâche, reste fermé pendant ce même temps. D'un autre côté, l'eau qui est dans le condenseur se trouve poussée par les fluides élastiques qui existent au-dessus de sa surface. Elle soulève ainsi le clapet de pied 1, et se précipite dans l'espace engendré par le déplacement du piston. Mais, comme nous supposons le régime de marche établi au condenseur, le liquide à enlever de ce vase à chaque instant ne se compose que de l'eau de condensation. Or cette eau est une faible fraction du volume engendré par le piston p pendant le même temps. Aussi le niveau du liquide au condenseur ne tarde-t-il pas à baisser jusqu'en d. A partir de ce moment, l'air de ce récipient, grâce à sa tension, pénètre dans le corps de pompe, ainsi, du reste, que la quantité d'eau, relativement petite, incessamment fournie par la condensation. Puis, ce gaz traverse le liquide qui se trouve déjà dans la pompe, et va se loger au-dessus de lui. Les choses se continuent ensuite de la même manière tant que le piston marche dans le même sens.

L'action de la pompe que nous venons de décrire, et qui détermine l'entraînement, à la suite du piston, des fluides contenus dans le condenseur, s'appelle *aspiration*.

En même temps que le piston *aspire* à gauche, il *refoule* à droite l'eau et les gaz qui avaient été aspirés dans la course précédente. Pendant ce refoulement, la pression qui se produit dans le corps de pompe oblige nécessairement le clapet de pied 3 à rester fermé. Au contraire, le clapet de tête 4 se soulève, et livre ainsi passage dans la bâche B_a d'abord au gaz, puis à l'eau. Seulement le gaz commence par se comprimer, et il ne s'échappe que lorsque sa tension a atteint celle qui presse au-dessus du clapet de tête. Il en résulte donc une certaine intermittence dans le rejet à la bâche des fluides extraits du condenseur.

Lorsque le piston p est arrivé au bout de sa course, et qu'il renverse son mouvement, il se produit de chaque côté de cet organe des effets inverses à ceux que nous venons d'analyser. L'aspiration a lieu actuellement dans la partie postérieure du corps de pompe, tandis que le refoulement s'opère dans la partie antérieure.

— Les pompes à air que nous venons d'étudier cessent de fonctionner dès que l'un de leurs quatre clapets vient à manquer.

Leur dénomination de « *à double effet*, » provient de ce que chacune des faces du piston agit indépendamment de l'autre, comme si elle fonctionnait dans un corps de pompe différent. D'un autre côté, le nom de « *aspirantes et foulantes* » est dû naturellement aux deux modes d'action de chacune de ces faces.

N° 25. Jeu des pompes à air à simple effet. — Les pompes à air *à simple effet* peuvent être *aspirantes* et *foulantes*, ou *aspirantes* et *élévatoires*.

Les premières de ces pompes ressemblent en tous points aux précédentes, sauf qu'elles ne fonctionnent que par un bout. On a une idée très-exacte de leur disposition en imaginant que, dans la *fig. 26*, les clapets 1 et 2 sont condamnés.

— Le type des pompes à air à simple effet aspirantes et élévatoires est représenté par la *fig. 27*, dont voici la légende :

P̦ₐ *corps de pompe.*
p *piston.*
t *tige de piston.*

Fig. 27. Pompe à air à simple effet.

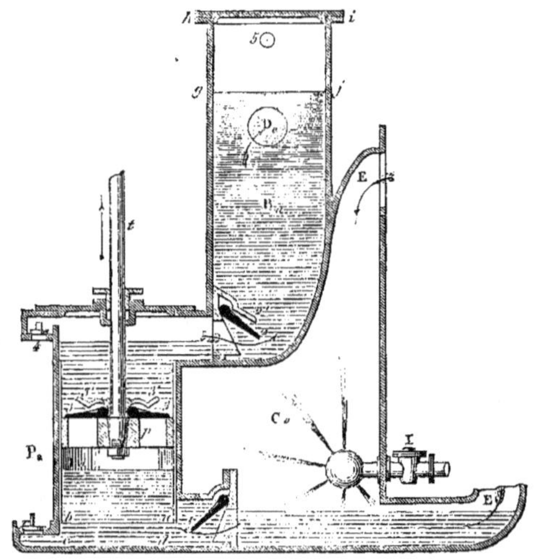

1 *clapet de pied.*
2 *clapet de tête.*
3,3 *clapets de piston.*

{ Ces clapets sont généralement des plaques métalliques munies d'une charnière sur un de leurs côtés, et fonctionnant comme de véritables battants de porte, pour fermer ou ouvrir l'orifice placé derrière ou au-dessous d'eux. Mais, dans les machines à mouvements rapides, ils sont en caoutchouc, et alors ils se ploient et se déploient autour de leur centre.

2′,3′ *butoirs* des clapets précédents : pièces métalliques destinées à limiter le soulèvement de ces clapets, de façon qu'ils puissent toujours retomber par leur propre poids.

4 *soupape atmosphérique* laissant rentrer l'air extérieur quand le piston baisse, et empêchant ainsi le clapet de tête de se fermer trop brutalement. Toutefois, cette soupape ne se rencontre qu'exceptionnellement.

C̦ₒ *condenseur.*

E,E *tuyaux dits d'évacuation*, par lesquels afflue au condenseur la vapeur qui s'échappe
     de l'une ou l'autre des extrémités du cylindre correspondant de la machine.
I   *appareil d'injection.*
r   *reniflard* dont la fonction a été expliquée dans la légende de la *fig*. 26.
B_a *bâche,*   } déjà définis dans la légende de l'article précédent.
D_e *tuyau de décharge,* }
5   petit tuyau par lequel s'échappe à l'extérieur, l'air de la bâche quand il est trop
     comprimé. L'orifice 5 n'existe pas quand le tuyau de décharge D_e débouche
     au-dessous de laflottaison.

Lorsque le piston p monte, ses clapets demeurent fermés par leur
propre poids et par la pression des fluides venus se loger au-dessus
d'eux pendant la descente précédente. Le vide tend par conséquent à
se former au-dessous de cet organe. Or, au premier instant de la
montée que nous considérons, l'eau, qui s'est accumulée dans le condenseur durant la période d'ascension immédiatement antérieure de p,
est pressée par les gaz que renferme ce récipient. Elle force donc le
clapet de pied 1 à se soulever et à lui livrer passage. Mais, dès que
son niveau au condenseur a baissé jusqu'à l'arête supérieure du clapet,
l'air amassé dans ce vase se répand à son tour dans le cylindre de la
pompe, et va se loger au-dessous du piston. En même temps, la petite
quantité de fluide que la condensation ne cesse de produire, file aussi
dans ce cylindre.

Pendant que tout cela se passe dans la partie inférieure du corps
de pompe, le piston p refoule à la bâche d'abord l'air, puis l'eau qui
se trouvent au-dessus de sa face supérieure. Seulement, ainsi qu'avec
les autres pompes, le gaz commence encore par se comprimer; et il
ne s'échappe que lorsque sa tension devient égale à celle qui presse
sur le clapet de tête. Il en résulte que, même durant les montées du
piston, il se produit une intermittence dans le rejet à la bâche des
fluides du condenseur.

Lorsque le piston p descend, le vide tend à se produire au-dessus
de lui. Le clapet de tête 2 se referme ainsi que le clapet de pied 1.
Au contraire, les clapets 3,3 se soulèvent par l'effort de compression
que le piston, en descendant, exerce sur les fluides qui sont venus se
loger entre lui et le fond du corps de pompe pendant l'aspiration
précédente. Ces fluides se trouvent donc obligés de passer de dessous
en dessus de p. Toutefois le soulèvement des clapets 3,3 n'a pas lieu
au premier instant de la descente ; car le piston n'agit d'abord que sur
des gaz, qui commencent encore par se comprimer avant de produire
ce soulèvement.

Le nom de « *aspirantes et élévatoires* » donné à ces pompes est dû à ce que le piston, après avoir *aspiré* l'air et l'eau, les *élève* sur sa face supérieure, en même temps qu'il les rejette à la bâche.

N° 25₄ Conséquences de la suppression du clapet de pied ou de tête dans les pompes à air à simple effet aspirantes et élévatoires. — La suppression non simultanée soit du clapet de pied, soit du clapet de tête, n'empêche pas, à la rigueur, une pompe aspirante élévatoire de fonctionner.

Si c'est le clapet de pied seul qui manque, il se forme, comme d'habitude, pendant les descentes, une espèce de vide au-dessus du piston. La pression au condenseur augmente jusqu'à ce qu'elle soit suffisante pour forcer les fluides précédemment aspirés dans le corps de pompe à passer à travers les orifices des clapets du piston. La soupape 4 doit être maintenue sur son siège.

Si c'est, au contraire, le clapet de tête seul qui est supprimé, le piston supporte constamment, sur sa face supérieure, tout le poids tant de l'atmosphère que de l'eau de la bâche. Mais, lorsqu'il approche de son bout de course inférieur, les fluides emprisonnés au-dessous de lui n'en sont pas moins contraints de passer, à travers ses clapets, au-dessus de cette même face. Mais le fond de la pompe à air fatigue davantage.

Quant aux clapets du piston, ils sont toujours indispensables.

N° 25₅ Fonction de la bâche. — *La bâche a pour fonction de servir de réservoir intermédiaire entre la pompe à air et le tuyau de décharge, aux fluides extraits du condenseur par cette pompe.*

Elle permet ainsi de réduire le diamètre du tuyau de décharge à des dimensions modérées, sans crainte de voir s'y produire des étranglements et des chocs à chaque période de refoulement.

La bâche n'existerait pas sans le réservoir d'air *ghij*, *fig.* 26 et 27, car, dès que cette capacité se trouverait remplie, la totalité de l'eau refoulée à chaque coup de piston de la pompe, devrait sortir par le tuyau de décharge pendant le temps du refoulement.

Il existe un grand nombre de dispositions pour ce réservoir. Ainsi, sur la *fig.* 26, il est obtenu en faisant plonger le tuyau de décharge dans la bâche; tandis que sur la *fig.* 27, il se trouve formé par une chambre ménagée au-dessus de la prise de ce tuyau. — Avec l'une ou l'autre de ces dispositions, l'air refoulé, qui, en vertu de sa légèreté, se porte toujours à la surface de l'eau, cesse de s'échapper par le tuyau de décharge, chaque fois que le niveau du liquide en recouvre l'ouverture. Il se trouve alors emprisonné entre ce niveau et le dessus

de la bâche; et, si l'eau continuant à affluer éprouve de la difficulté
pour s'écouler à la mer, il cède devant elle comme un matelas élastique, et amortit tout choc qui tendrait à se produire. Quand le refoulement a cessé, l'air réagit comme un ressort qui se débande et
entretient l'écoulement. Bientôt le liquide découvre l'orifice de sortie;
et aussitôt une partie de l'air du réservoir s'échappe à son tour.
L'échappement dure jusqu'à ce que, par suite d'une nouvelle affluence
d'eau à la bâche, l'orifice soit de nouveau noyé, et que la même série
de phénomènes recommence pour se reproduire indéfiniment.

**N° 26. — Du vide dans le condenseur. — 2. Manière de mesurer la condensa-
tion. — 3. Indicateur métallique du vide de Bourdon. — Précautions spéciales
à cet instrument. — 4. Disposition de la graduation des indicateurs du vide.**

N° 26₁ Du vide dans le condenseur. — Le vide *est égal à la
pression atmosphérique* ACTUELLE *diminuée de la pression du condenseur*. C'est la force qui tend à rompre les parois du condenseur de
dehors en dedans, c'est-à-dire à écraser ce récipient.

Il va de soi que le vide est d'autant plus avantageux qu'il approche
davantage de la pression atmosphérique actuelle, ou, en moyenne, de
76^{cm}. — Avec les condenseurs ordinaires comme avec les condenseurs par surface, le vide se tient entre 60^{cm} et 65^{cm}; et, conséquemment, la pression du condenseur vaut de 16^{cm} à 11^{cm}.

N° 26₂ Manière de mesurer la condensation. — La température au condenseur fait connaître la pression due à la vapeur (n° 21₄);
or, l'expérience a montré que la valeur la plus avantageuse de cette
température est de 40°, ce qui est à peu près la température du corps
humain. On voit donc déjà que, pour savoir si la condensation s'opère
dans des conditions avantageuses en ce qui concerne la pression due
à la vapeur, il suffit de toucher les parois du condenseur.

Mais cela ne suffit pas, car la pression du condenseur est égale à la
pression de la vapeur augmentée de la pression de l'air que ce condenseur renferme. Cette pression totale se mesure au moyen d'un
instrument appelé *indicateur du vide*.

La connaissance de la température et de la pression totale du condenseur permet dès lors, d'apprécier la part de tension due à la vapeur
et la part afférente à l'air. En un mot, elle donne le moyen de mesurer
exactement tout ce qui concerne la condensation.

N° 26₃ Indicateur métallique du vide de Bourdon. — Cet

instrument, représenté par la *fig.* 28, comporte les pièces suivantes :

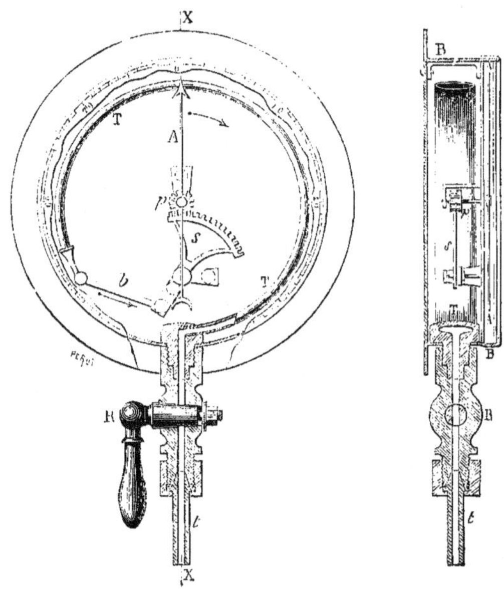

Fig. 28. Indicateur métallique du vide de **M.** Bourdon. — Échelle $\frac{1}{4}$.

Vue 1° Élévation de l'instrument avec le cadran déchiré.

Vue 2°, coupe suivant XX de la *vue* 1°.

t   tuyau qui met l'instrument en communication avec le condenseur.

R   robinet destiné à interrompre à volonté cette communication.

T   tube creux en laiton, dont les propriétés ont été détaillées au n° 23$_3$.

b   petite bielle destinée à transmettre au secteur S le mouvement de la queue du tube T.

s   secteur denté oscillant autour de son centre, sous l'impulsion de la bielle *b*, et servant de pièce de transmission de mouvement entre la queue du tube T et le pignon *p*.

p   pignon servant à amplifier le mouvement de la queue du tube T.

A   aiguille montée sur l'axe du pignon *p*, et parcourant, sous l'action du jeu du tube T, un cadran dont les divisions représentent des centimètres de mercure.

B   boîte en cuivre renfermant tout le mécanisme de l'instrument, et fermée du côté du cadran par un grand verre de montre.

Le jeu de l'indicateur du vide de M. *Bourdon* est en tous points semblable à celui de ses manomètres.

Seulement ici, à mesure que le vide se fait au condenseur, c'est la tension intérieure du tube qui diminue de plus en plus ; et comme d'ailleurs la pression extérieure demeure constante, cette pièce tend à s'aplatir, et par conséquent à s'enrouler.

Précautions spéciales à l'indicateur du vide de Bourdon. — L'indicateur du vide est généralement fixé sur le condenseur même, de manière que son tuyau de communication soit très-court. Avec les condenseurs à surface, qui sont très-élevés, l'indicateur du vide a deux tuyaux de communication : l'un aboutit à la partie supérieure et l'autre à la partie inférieure du condenseur.

Il ne faut jamais ouvrir brusquement la communication de l'indicateur du vide avec le condenseur, pour ne pas fatiguer le tube. D'autre part, lorsqu'on purge le condenseur en y introduisant directement de la vapeur (n°ˢ 45₄ et 76₂), il faut tenir fermé le robinet de l'instrument.

N° 26₄ Disposition de la graduation des indicateurs du vide. — Tous les instruments qui servent à mesurer le vide sont gradués en centimètres de mercure.

D'après le principe même du jeu des instruments dont il s'agit, l'index ne se meut qu'en vertu de la différence entre la pression atmosphérique *actuelle* et la tension absolue à l'intérieur du condenseur, c'est-à-dire qu'en vertu du vide dans ce récipient. Par conséquent, chaque fois que ce vide est nul, ce qui a lieu lors du repos, l'index revient au même point de son échelle, quelle que soit d'ailleurs la valeur de la pression atmosphérique. C'est donc ce point qui doit servir de départ; et il doit être marqué zéro.

Pour passer d'un vide accusé par un indicateur à la pression correspondante du condenseur, on doit faire la différence entre le nombre lu et la pression atmosphérique obtenue au même instant avec un baromètre ordinaire. Mais, le plus habituellement, on se contente de prendre pour cette dernière pression sa valeur moyenne, c'est-à-dire 76^{cm}. — Ainsi, un indicateur du vide accuse 62^{cm} : la pression absolue au condenseur est donc égale à 76^{cm} — 62^{cm} = 14^{cm}.

CHAPITRE II.

DES APPAREILS A VAPEUR DE NAVIGATION.

Chap. II, § 1er. — Emploi de la vapeur comme force motrice.

N° 27. — 1. Principe fondamental des machines à vapeur. — 2. Définition des machines à double effet; principe des machines atmosphériques.

N° 27. Principe fondamental des machines à vapeur. — *Tout appareil à vapeur comporte :*

1° Une chaudière où l'eau se vaporise ;

2° Un cylindre où la vapeur obtenue produit son travail ;

3° Le plus souvent, à bord des navires, un condenseur où ce fluide élastique se liquéfie dès que son action est terminée.

Pour comprendre de quelle façon la vapeur s'emploie pour faire mouvoir un appareil, reportons-nous à la *fig.* 29, qui comporte les pièces suivantes :

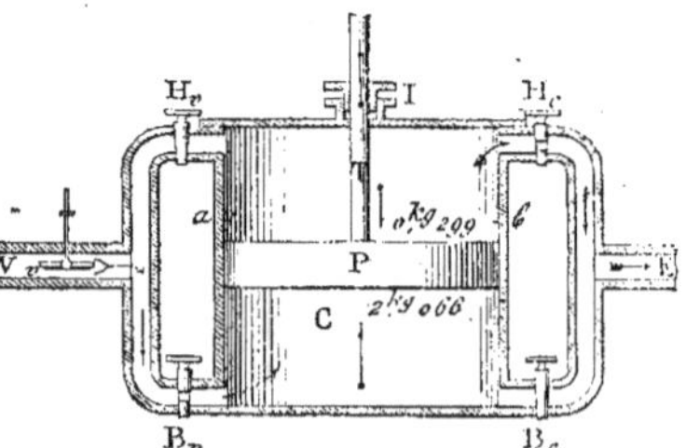

Fig. 29, relative au principe fondamental des machines à vapeur.

C   *cylindre à vapeur :* vase creux en fonte de fer, fermé à ses extrémités par un couvercle et par un fond. Ce vase possède à peu près à l'extérieur, et très-exactement à l'intérieur, la forme du solide géométrique dont il porte le nom.

P   *piston à vapeur :* disque métallique creux intérieurement et pouvant glisser à frottement doux dans le cylindre. Ce disque est d'ailleurs rendu étanche sur son pourtour à l'aide de garnitures.

T   *tige du piston :* barre ronde en fer forgé; implantée perpendiculairement au pis-
        ton, et traversant le couvercle du cylindre dans un presse-étoupe I.
I   *presse-étoupe :* boîte contenant une garniture en étoupe. Cette sorte de boîte
        sert, en général, à fermer hermétiquement toute issue autour d'une pièce
        mobile qui sort d'un vase clos destiné à n'avoir aucune communication avec
        l'extérieur.
V   *tuyau de vapeur*, communiquant avec la chaudière d'une part, et, d'autre part,
        avec chacune des extrémités du cylindre.
v   *registre ou valve de prise de vapeur :* espèce de clef de poêle ayant pour but
        d'intercepter plus ou moins le passage du fluide qui arrive de la chaudière.
E   *tuyau dit d'évacuation*, débouchant dans un condenseur ou en plein air par un
        bout, et aboutissant par ses deux autres bouts aux extrémités du cylindre C.
Hv,Bv   robinets que nous appellerons le premier *haut vapeur*, et le second *bas vapeur*.
        Ils permettent d'établir ou d'interrompre l'arrivée de la vapeur dans le cylindre
        au-dessus ou *au-dessous* du piston.
Hc,Bc   robinets que nous désignerons sous le nom de *haut condenseur* et de *bas conden-
        seur*. Ils ont pour objet de faire communiquer le *haut* ou le *bas* du cylindre
        avec le condenseur.

Considérons le moment où, après que le cylindre a été chauffé et purgé de l'air qu'il renferme au repos, le piston est déjà en train d'aller et venir. Nous supposerons, d'ailleurs, que ce sont les robinets Bv et Hc, *placés en diagonale,* qui sont ouverts, tandis que les robinets Hv et Bc, *situés pareillement en diagonale*, se trouvent fer- més. Dans une pareille hypothèse, voici ce qui se passe : la partie du cylindre en dessous du piston se trouve en communication avec le géné- rateur. Elle se remplit donc , en vertu des lois de la vapeur saturée (n° 21$_3$), de fluide élastique à une pression peu différente de celle de la chaudière, valant, par exemple, $2^{at} = 2^{kg},066$ par centimètre carré. Cette force qui pousse le piston, se nomme *pression absolue*. En même temps, la vapeur introduite précédemment au-dessus du piston a une libre issue vers le condenseur. Par conséquent, elle s'évacue *presque en entier* dans ce récipient, où elle se liquéfie. Le peu de vapeur qui reste dans le cylindre a une tension très-faible, mais qui n'en cons- titue pas moins une résistance au mouvement du piston, ce qui lui fait donner le nom de *contre-pression*. Nous la supposerons ici

$$\text{de } 22^{cm} = \frac{22 \times 1^{kg},033}{76} = 0^{kg},299 \text{ par centimètre carré (n° 15}_2\text{).} —$$

Dès lors, dans notre exemple, le piston monte sous un effort de $2^{kg},066 — 0^{kg},299 = 1^{kg},767$ par centimètre carré, que l'on nomme *pression effective*. Il parvient ainsi jusqu'au haut du cylindre, en transmettant cet effort, par l'intermédiaire de sa tige, à la résistance qu'il s'agit de vaincre.

Admettons qu'on ferme à cet instant les robinets Bv et Hc, et qu'on ouvre les robinets Hv et Bc. La vapeur de la chaudière se rendra au-dessus du piston par le robinet Hv, en conservant, comme plus haut, la même pression à quelques centimètres près. D'un autre côté, la vapeur qui occupe la partie inférieure du cylindre se précipitera dans le condenseur par le robinet Bc. Donc le piston sera poussé de haut en bas avec la même force que celle qui le poussait tout à l'heure de bas en haut. Il descendra par conséquent jusqu'au bas du cylindre. Après quoi, on pourra le faire remonter de nouveau, et ainsi de suite.

On voit donc que, par la manœuvre convenable des quatre robinets, on est à même de communiquer au piston un mouvement de va-et-vient. Puis, ce mouvement se transforme facilement en une rotation continue de l'arbre de couche, à l'aide d'une bielle et d'une manivelle (n° 9₁). Tel est le principe fondamental des machines à vapeur. En pratique, on substitue aux quatre robinets précédents un seul et même organe nommé *tiroir*, dont le jeu (n° 51₃) remplace celui des robinets avec un grand avantage de simplicité.

— Si, au lieu de faire évacuer la vapeur dans un condenseur, on la laissait échapper en plein air, les raisonnements précédents seraient encore applicables. Mais la *contre-pression* serait toujours supérieure à 1ᵐ.

N° 27₂ Définition des machines à double effet. — Les machines dans lesquelles la vapeur agit alternativement sur les deux faces du piston, sont appelées *machines à double effet*.

Principe des machines atmosphériques. — Dans les machines atmosphériques, la vapeur n'est introduite que dans un bout du cylindre, l'autre bout étant ouvert à l'air libre ; et à l'évacuation, cette vapeur se rend dans un condenseur.

Imaginons que, dans la *fig.* 29, l'on fasse communiquer librement avec l'atmosphère la partie supérieure du cylindre, en enlevant son couvercle. Supposons, en outre, qu'on condamne les robinets Hv et Hc, sans rien changer à la manœuvre des deux autres. Dès lors, quand la vapeur s'introduira sous la face inférieure du piston, elle le fera monter jusqu'au haut du cylindre. À ce moment, la communication s'établira, comme à l'article précédent, entre la partie inférieure du cylindre et le condenseur. La vapeur ira donc encore se liquéfier dans ce dernier récipient. Puis, le piston refoulé sur sa face supérieure par la pression atmosphérique, redescendra ; et ainsi de suite.

N° 28₁ De la détente. — Dans ce qui a été dit au n° 27₁, nous avons supposé implicitement que le cylindre communiquait avec la chaudière pendant toute la durée de chaque course du piston. Mais admettons qu'à l'aide du robinet B*v* ou du registre *v*, *fig.* 29, on supprime l'introduction de la vapeur dans le premier de ces récipients, lorsque la face supérieure du piston est parvenue en *ab*, aux 0,6 de sa course par exemple. Cet organe n'en continuera pas moins à être poussé par la vapeur jusqu'au bout de son parcours, grâce à l'expansibilité de ce fluide, qui agira pendant cette période, comme un ressort qui, préalablement comprimé, se débanderait. C'est ce qu'on exprime en disant qu'elle *se détend*, ou qu'elle agit *avec détente ou expansion*. — Par contre, elle est dite travailler *à pleine pression* tant que la communication du cylindre avec la chaudière n'est pas interceptée.

En résumé, *on peut définir* LA DÉTENTE DE LA VAPEUR, *l'augmentation de volume que prend ce fluide, lorsque, isolé de son liquide générateur et abandonné à lui-même dans le cylindre, il continue à pousser le piston en vertu de son expansibilité.*

Le régime d'un cylindre qui fonctionne avec détente, est toujours indiqué par le nombre des dixièmes ou centièmes de la course du piston pendant lesquels a lieu *l'introduction* de la vapeur. On dira, par exemple, qu'une machine marche à 0,6 d'*introduction*; cela signifie que la communication de la chaudière avec le cylindre est interrompue dès que le piston a parcouru les 0,6 de sa course.

N° 28₂ De la pression de la vapeur pendant la détente. — A mesure que le volume de la vapeur qui se détend augmente, la pression de cette vapeur diminue, et il en est d'ailleurs de même de la température. On admet généralement que, quand les cylindres sont munis d'une chemise de vapeur, la pression varie suivant la loi de Mariotte (n° 20₂).

Pression moyenne. — La pression moyenne de la vapeur pendant la détente est la pression *constante* qui aurait dû pousser le piston pour faire le même travail que la pression variable de la vapeur. — La *table* V de la fin du volume, donne la pression moyenne pour divers degrés d'expansion de la vapeur qui se détend; cette table montre que la pression moyenne est d'autant plus faible que la détente est plus prolongée.

N° 28₃ Avantages de la détente. — La détente offre une série d'avantages notables, qui en ont rendu l'usage universel dans les machines à vapeur, et qui se résument ainsi :

1° *L'avantage fondamental de la détente est de faire obtenir, à égalité de puissance développée, une économie considérable de vapeur, et conséquemment une réduction tant dans la dépense du combustible que dans les proportions de l'appareil évaporatoire.*

Supposons, entre autres, que l'introduction soit arrêtée aux 6 dixièmes de la course du piston. Pendant les 4 derniers dixièmes de son parcours, cet organe n'en continuera pas moins, sous l'effort du fluide élastique qui se détend, à être poussé et à avancer. Il y a donc durant cette période, une production de puissance qui ne demande absolument aucune dépense de vapeur, et par conséquent de combustible.

2° *Le second avantage de la détente est* son UTILITÉ RELATIVE *au jeu même du piston.*

Elle tend, en effet, à faire parvenir cet organe à chaque bout du cylindre sous une impulsion moindre que si la vapeur agissait à pleine pression pendant toute la course. Or, cela est avantageux, puisqu'il faut que le piston s'arrête à fin de course pour renverser sa marche.

3° *Le troisième avantage de la détente réside en ce qu'elle favorise le travail* EFFECTIF *de la vapeur dans le cylindre, c'est-à-dire le travail de la poussée diminué de celui de la contre-pression.*

Et, en effet, afin d'éviter une trop grande et une trop longue contre-pression, il faut qu'on fasse commencer l'évacuation à un certain point avant le bout de course. Dès lors, il est certainement inutile d'introduire la vapeur au delà d'un pareil point. Car, sans cela, on gaspillerait de ce fluide non-seulement en pure perte, mais même en nuisant au travail effectif de la machine.

Le *maximum de puissance* pour un coup de piston dans un cylindre donné, correspond au cas où la détente commence entre les 0,80 et les 0,85 de la course.

N° 28₄ Inconvénients de la détente. — La détente présente les inconvénients suivants, qui en limitent l'emploi au delà d'une certaine étendue.

1° *Le premier de ces inconvénients est de refroidir le cylindre.*

En effet, la vapeur, comme tous les gaz en général, absorbe de la chaleur en augmentant de volume (19_4). Elle est par conséquent obligée, pendant la période de détente, d'emprunter à elle-même et surtout aux parois du cylindre le calorique nécessaire à sa dilatation. Il y a donc bien refroidissement à l'intérieur de ce vase.

Au surplus, la période de détente ne doit jamais être assez prolongée pour que la force élastique de la vapeur tombe dans le cylindre, au-dessous de la tension au condenseur, ou de celle de l'atmosphère pour les machines avec évacuation en plein air. Sans cela, il y aurait une portion de la fin de course du piston pendant laquelle le travail effectif de la vapeur deviendrait négatif. La limite extrême à laquelle il y a moyen de pousser la détente, est d'autant plus reculée qu'on emploie la vapeur à une pression plus élevée.

2° Le second inconvénient de la détente poussée trop loin, est de nuire à la régularité de la rotation de l'arbre de couche, même avec plusieurs machines conjuguées ensemble.

Cela résulte des variations de la poussée sur le piston dues à la détente, et par suite des variations de la puissance qui fait tourner l'arbre.

3° Le troisième inconvénient de la détente provient de ce que, à égalité de pression initiale et de travail par coup de piston, elle rend la machine proprement dite plus lourde et plus volumineuse.

Cela résulte de ce que le cylindre qui fonctionne avec détente doit avoir, pour le même travail à produire, un volume plus grand que celui qui fonctionne sans détente et à la même pression initiale. En construction, toutes les pièces sont proportionnées aux volumes des cylindres; par suite les machines sont d'autant plus lourdes que la détente est plus prolongée.

N° 29. — **1. Détente fixe ou naturelle et détente variable. — 2. Emploi de ces deux espèces de détente. — 3. Effets produits par l'étranglement de la vapeur à l'aide du registre. — 4. Cas où l'on doit préférer la fermeture partielle du registre à la détente variable. — 5. De la détente par le système Woolf.**

N° 29₁ Détente fixe ou naturelle et détente variable. — On distingue dans les machines à vapeur deux sortes de détente : *la détente naturelle ou fixe* et *la détente variable;* et par conséquent deux sortes d'introduction : *l'introduction naturelle ou fixe* et *l'introduction variable.*

LA DÉTENTE ET L'INTRODUCTION NATURELLES *sont celles qu'on obtient à l'aide du tiroir* (n° 55₅). Une fois déterminée, lorsqu'on établit la machine, cette espèce de détente ou d'introduction est désormais immuable. Il y a toutefois exception quand on emploie un secteur Stephenson (n° 54₅). Car ce mécanisme permet de modifier entre certaines limites, l'introduction obtenue avec le tiroir. Dans ce cas, la *détente naturelle* doit s'entendre spécialement de celle qui correspond à la suspension du secteur relative *au régime normal* à toute puissance.

— LA DÉTENTE ET L'INTRODUCTION VARIABLES *sont en général celles qui sont produites à l'aide d'un organe spécial, tel que le registre* v, fig. 29, *placé dans le tuyau de vapeur, ou par le tiroir lui-même quand il est conduit par un secteur Stephenson, et qu'on suspend ce dernier à d'autres points que celui relatif au régime normal à toute puissance.* — Lorsqu'on emploie un organe spécial, cet organe est mû, bien entendu, par la machine. Mais, de plus, il possède habituellement une disposition particulière qui permet de faire varier le degré d'expansion de dixième en dixième, par exemple.

N° 29₂ Emploi de la détente naturelle et de la détente variable.— Dans la navigation, la détente naturelle fonctionne seule quand on marche à toute puissance; mais si les chaudières ne fournissent pas assez de vapeur, il faut employer la détente variable.

— Cependant la détente variable est plus spécialement destinée à économiser le combustible. C'est ainsi qu'on s'en sert dans le cours de la navigation pour ralentir la vitesse, lorsque la rapidité n'est pas indispensable, ou que la traversée doit être longue par rapport au nombre de jours d'approvisionnement de charbon. On restreint la production de vapeur au point voulu par la diminution du nombre ou de l'intensité des feux. Puis, on règle la détente de façon à maintenir la pression dans les chaudières aux environs de sa limite supérieure.

N° 29₃ Effets produits par l'étranglement de la vapeur à l'aide du registre. — On parvient encore, soit à maintenir la pression élevée aux chaudières, soit à ralentir la marche et en même temps à économiser le combustible, en étranglant la vapeur. Cet étranglement s'obtient en réduisant la section du tuyau d'arrivée du fluide par la fermeture partielle du registre. Mais un pareil procédé n'est pas aussi économique que la détente.

N° 29₄ Cas où l'on doit préférer la fermeture partielle du

registre à la détente variable. — On doit préférer l'étranglement de la vapeur à l'emploi de la détente variable, lorsqu'on veut ralentir la marche pour peu de temps. Car il est toujours beaucoup plus prompt de manœuvrer le registre que de mettre la détente variable à même de fonctionner au degré voulu.

Il est indispensable, par gros temps, d'étrangler la vapeur avec le registre, lorsque l'effet des lames, joint aux changements d'immersion causés par le roulis pour les roues, et par le tangage pour l'hélice, donne lieu à de grandes alternatives dans la résistance que l'eau oppose à la rotation du propulseur ; car dans ces conditions, l'action de la vapeur sur les pistons varie en même temps et dans le même sens que les alternatives de la résistance. L'organe de détente ne saurait produire le même effet, puisqu'il fermerait toujours au même point de la course du piston, et laisserait librement entrer la vapeur dans le cylindre jusqu'à ce point.

N° 29₅ De la détente par le système Woolf. — Les machines Woolf produisent la détente dans des cylindres séparés. — La vapeur est admise dans un premier cylindre c, *fig.* 30, que l'on nomme cylindre *admetteur* ; puis, au lieu que cette vapeur soit évacuée au condenseur, elle passe dans un deuxième cylindre C, d'un volume plus grand que le premier, et que l'on nomme cylindre *détendeur*. A l'évacuation de ce dernier cylindre, la vapeur se rend généralement dans un condenseur.

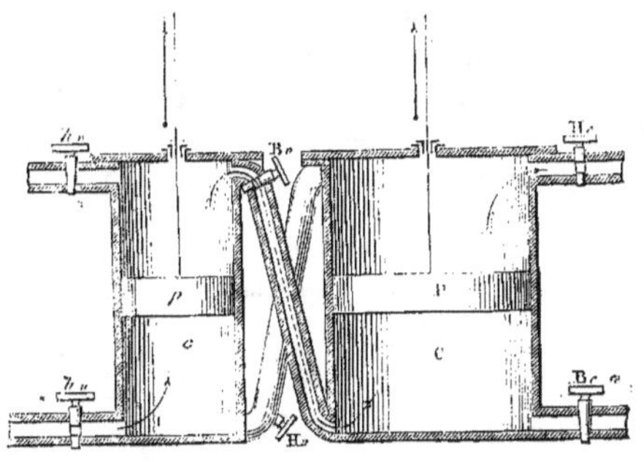
Fig. 30, relative au principe des machines du système Woolf.

Avec les communications des deux cylindres établies comme l'indique la *fig.* 30, les deux pistons agissent sur la même traverse ; voici comment fonctionne ce genre de machine. Supposons qu'on ouvre les trois robinets *bv*, Bv et Hc de notre figure, et qu'on ferme au contraire les trois autres *hv*, Hv et Bc. D'une part, le fluide élastique de la chaudière vient pousser le piston *p* de bas en haut. D'autre part, la vapeur qui s'était introduite précédemment sur cet organe se répand dans le grand cylindre, et en pousse le piston P pareillement de bas en haut. Il est vrai qu'elle s'oppose ainsi à la montée du petit piston ;

mais, comme ce dernier est moins large que l'autre, la résistance qui se manifeste de cette façon sur sa face supérieure est bien moindre que la poussée qui agit sur la face inférieure du piston P. La différence de cette poussée à cette résistance s'ajoute donc à la pression de la chaudière sous le piston p, pour faire monter tout le système. Il ne reste plus dès lors à agir en sens inverse de cette montée, que la faible tension résultant de la vapeur qui, après avoir actionné au coup précédent le grand piston, s'échappe actuellement au condenseur par le robinet Hc. — Quand les pistons sont arrivés au haut des cylindres, on ferme les robinets bv, Bv et Hc, et l'on ouvre les robinets hv, Hr et Bc. Aussitôt, les pistons redescendent avec la même force que celle qui les a fait monter précédemment, et ainsi de suite.

Dans le système qui nous occupe, il y a détente de la vapeur quand elle se répand dans le grand cylindre. Car, à bout de course, le fluide primitivement enfermé dans le petit cylindre se trouve occuper la capacité du grand. Il a par conséquent augmenté de volume. Bien plus, l'introduction dans le petit cylindre ne s'effectue d'ordinaire que pendant un certain nombre de dixièmes de la course. L'expansion commence donc avant la communication des deux récipients.

On appelle *introduction effective*, le produit de l'introduction du cylindre admetteur par le volume de ce cylindre et divisé par le volume du cylindre détendeur. La *détente effective* est le rapport inverse. *Ex.* : l'introduction au cylindre admetteur vaut 0,6 et le cylindre détendeur est trois fois plus grand que le cylindre admetteur, on a :

$$\text{Introduction effective} = \frac{0,6 \times 1}{3} = 0,2.$$

$$\text{Détente effective} = \frac{3}{0,6 \times 1} = 5.$$

On trouvera au numéro 55₂, les trois principales combinaisons des cylindres dans les machines Woolf.

N° 50. — 1. Description complète d'une machine marine démonstrative. — 2. Son mouvement général. — 3. Manœuvre de la machine démonstrative : préparatifs de départ, balancer ; mettre en marche, stopper et renverser la marche avec cette machine. — 4. Liberté du cylindre. — 5. Définitions relatives aux mots haut et bas par rapport au cylindre.

N° 30₁ Description complète d'une machine marine démonstrative. — Les *machines à vapeur marines* ou *appareils à va-*

peur de navigation, sont, en dernière analyse, composés de pièces fondamentales ayant généralement les mêmes appellations et les mêmes fonctions. Ces pièces peuvent occuper les unes par rapport aux autres un nombre considérable de positions différentes; néanmoins, l'étude du nom et de l'objet de chacune d'elles sur une machine déterminée, suffit pour permettre ensuite de se retrouver rapidement dans n'importe quel appareil. Nous avons imaginé, pour cette étude, une machine à vapeur que nous appelons *démonstrative*, sur laquelle nous avons groupé d'une manière bien visible toutes les pièces qui composent un appareil de navigation. Cette machine est représentée par la *fig.* 51 ci-après ; sa légende en donne une description complète.

Nous ajouterons, pour parfaire cette description, que tout appareil de navigation comporte en général une deuxième machine complète, dont la manivelle est perpendiculaire à celle de la première. De cette façon, quand le piston de l'un des cylindres arrive à une des extrémités de sa course, l'autre piston est au milieu de la sienne. Une semblable conjugaison assure aux deux machines la possibilité de franchir successivement leurs points morts. Elle régularise en outre leur rotation.

N° 30₂ Mouvement général de la machine démonstrative. — Afin de faciliter l'intelligence à première vue du mouvement général de la machine démonstrative, nous avons adopté ici, de même, du reste, que pour tous les autres appareils à vapeur dessinés dans le texte et dans l'*Atlas*, les trois flèches conventionnelles suivantes :

——→ Cette première flèche, qui est *simple*, concerne le mouvement des fluides, vapeur ou eau, en train de s'introduire dans un vase.

⇢ Cette seconde flèche, qui est munie de *barbes*, convient au mouvement des fluides qui évacuent un récipient.

⤍ Cette troisième flèche, qui se distingue par *un point sur la queue*, a été réservée pour les mouvements des organes de transmission.

Cela entendu, si on considère les positions respectives qu'occupent les diverses pièces de la machine démonstrative sur la *fig.* 51, il est aisé de comprendre que :

1° La vapeur arrivant de la chaudière à travers le tuyau V, parvient contre la face postérieure du piston par le canal de gauche du cylindre que le tiroir démasque en ce moment. D'autre part, la vapeur qui agissait précédemment sur la face antérieure du piston, s'évacue

Fig. 31. *Machine marine démonstrative* $\left(\text{échelle} = \dfrac{1}{64}\right.$ pour 800 chx de force nominale, à 40 tours par minute et avec deux cylindres

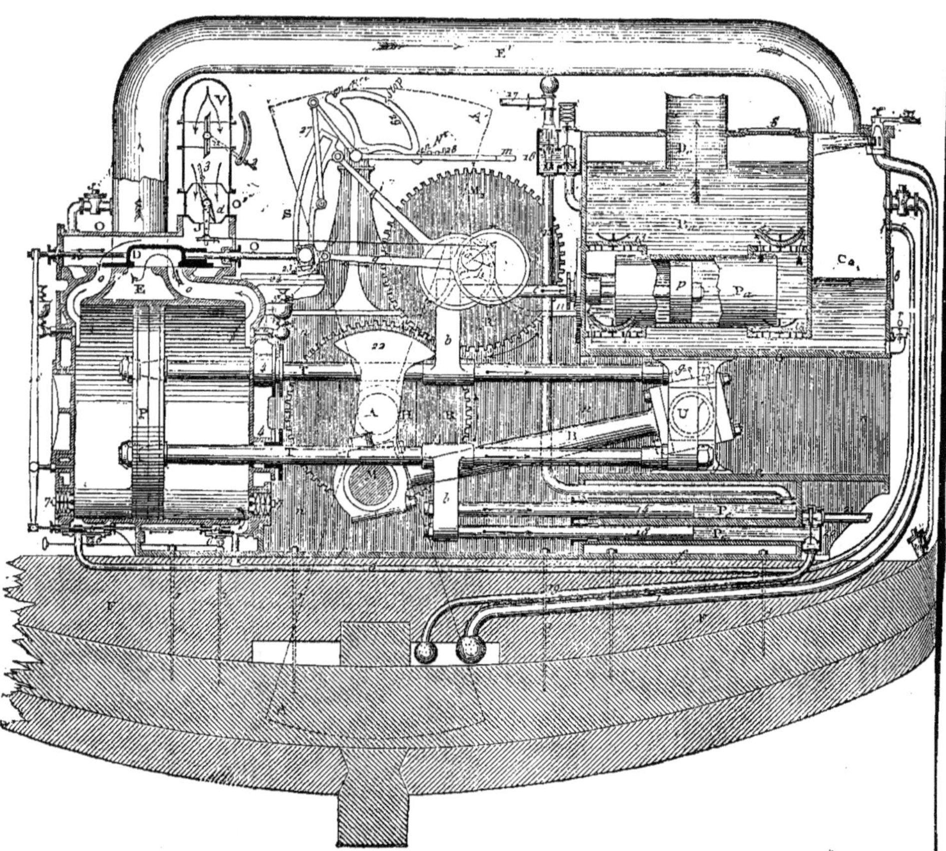

LÉGENDE PAR ORDRE DIDACTIQUE DE LA MACHINE DÉMONSTRATIVE.

Les notations de cette légende ont été formées en général, de la première ou des deux premières lettres du nom des pièces qu'elles représentent. Mais, pour les organes secondaires on a eu recours aux chiffres ordinaires.

PIÈCES FIXES, PIÈCES SERVANT A L'ACTION DE LA VAPEUR, ET POMPES.

F	*Carlingues de la machine :* Pièces de bois fortement chevillées au navire, et sur lesquelles repose l'appareil.	H	*Grand palier* ou palier de l'arbre de couche, incrusté dans le bâti.
f	*Plaque de fondation :* Grande pièce d'un seul jet de fonte vissée aux carlingues, et servant d'assise aux parties fixes de la machine.	*h*	*Palier de l'arbre du tiroir* reposant sur l'extrémité supérieure du bâti.
1	Vis à bois fixant la plaque de fondation aux carlingues.	G	*Guides ou glissières :* Plans métalliques parfaitement rabotés à l'aide desquels glissent en ligne droite les coulisseaux de la traverse U, et par suite les tiges T,T du piston à vapeur
n	*Bâti :* Charpente en fonte reliant au-dessus de la plaque de fondation, les pièces immobiles de la machine, soit entre elles, soit avec cette plaque.	V	*Tuyau de vapeur* amenant le fluide élastique de la chaudière dans la boîte à tiroir O.
		v	*Valve ou registre de prise de vapeur* placé sur le tuyau V (n° 441).

2   Poignée pour manœuvrer le registre de prise de vapeur *v*.

O'   *Boîte à détente :* Caisse renfermant l'organe de détente variable.

d   *Organe de détente variable*, consistant ici en un papillon ou en une clef de poêle, qui s'ouvre et se referme en roulant dans la boîte O'.

3   Poignée servant à mouvoir à la main la détente *d* et à en suspendre l'action.

O   *Boîte à tiroir :* Enveloppe métallique dans laquelle se meut le tiroir, et où débouche la vapeur qui arrive du générateur pour être distribuée dans le cylindre.

D   *Tiroir :* Distributeur de vapeur servant à introduire le fluide élastique de la chaudière sur une des faces du piston, tout en permettant à celui qui vient d'agir sur l'autre face de s'échapper au condenseur (n° 31₂ et 5).

C   *Cylindre à vapeur* dans lequel la vapeur travaille.

o,o   *Canaux, conduits* ou *lumières du cylindre :* Trous venus de fonte avec ce récipient, et à travers lesquels la vapeur s'y introduit ou s'en échappe. Les débouchés de ces canaux du côté de la boîte à tiroir s'appellent *orifices du cylindre*. Ce dernier nom s'emploie souvent d'ailleurs pour désigner les canaux eux-mêmes.

P   *Piston à vapeur* ou *grand piston* (n° 41₁).

E,E'   *Conduit et tuyau d'évacuation*, par lesquels la vapeur se rend au condenseur dès qu'elle s'échappe du cylindre. Le conduit E vient toujours de fonte avec ce dernier récipient. Sur notre figure, il débouche en arrière du plan du tableau dans le tuyau d'évacuation E', qui forme précisément son prolongement.

s   *Robinet* ou *soupape de purge*, servant à expulser l'air et l'eau du condenseur au départ (n° 45₁).

4   *Presse-étoupe* de tige de grand piston.

5   *Godets graisseurs :* Coupes munies de robinets dont la manœuvre permet de projeter du suif dans le cylindre pour lubrifier le piston.

6   *Purgeur continu et son tuyau.* Ce mécanisme est formé de deux petites plaques qui glissent devant des trous percés à chaque extrémité de la partie inférieure du cylindre. Elles mettent ainsi ce récipient en communication avec le condenseur, pendant la période d'évacuation. — Ce système est aujourd'hui abandonné.

6'   Robinets purgeurs à la main; on les ouvre pour faire évacuer l'eau des cylindres au départ, ou bien en route quand il y a des projections d'eau.

7   *Soupapes de sûreté du cylindre :* Petites cloisons mobiles maintenues contre leur siége par un ressort. Elles ont pour objet de laisser échapper dans la cale l'eau contenue dans le cylindre, lorsque cette eau venant s'accumuler en grande quantité, est refoulée par le piston contre le couvercle ou le fond, qu'elle briserait sans cette disposition.

C₀   *Condenseur* par mélange (n° 24₂).

8   *Trou d'homme du condenseur* et *porte de visite des clapets de pompe à air.*

I   *Régulateur de l'injection à la mer :* robinet à lanterne appelé à régler la quantité d'eau extérieure qu'il est nécessaire d'injecter au condenseur.

i   *Injection de cale*, composée d'un fort robinet accolé au condenseur et d'un tuyau terminé par une crépine plongeant au fond du navire. Cet appareil est destiné, en cas d'une forte voie d'eau, à utiliser le vide du condenseur pour extraire l'eau de la cale.

r   *Reniflard :* Soupape laissant écouler dans la cale l'eau et l'air du condenseur lorsqu'on purge directement cet organe (n° 45₄).

9   *Tuyau d'injection* amenant l'eau de la mer au condenseur.

10   *Prise d'eau* et *robinet de sûreté* du tuyau d'injection. Ce robinet sert à prévenir toute irruption de l'eau extérieure en cas de rupture du tuyau d'injection.

11   Poignée pour manœuvrer le régulateur d'injection.

P₁   *Pompe à air à double effet* (n° 25₂) : Une déchirure a été pratiquée dans le corps de cette pompe de façon à en laisser apercevoir le piston.

12   Clapets de pied avec leurs butoirs.
13   Clapets de tête

p   *Piston de la pompe à air.*

B₁   *Bâche* (n° 25₆).

D₆   *Tuyau de décharge* (n° 48₂) muni d'un robinet obturateur placé près de la muraille du bâtiment.

Pₑ   *Pompe alimentaire*, aspirant de l'eau chaude à la bâche, et la refoulant à la chaudière, afin d'y remplacer le liquide dépensé continuellement sous forme de vapeur, ainsi que celui qui sort par l'extraction.

14   *Piston plongeur de la pompe alimentaire.* Cet organe est ici un long cylindre en bronze, creux intérieurement.

15   Tuyau de communication de la pompe alimentaire avec la boîte 16.

15'   Tuyau d'aspiration de la pompe alimentaire.

16   *Boîte alimentaire :* Caisse renfermant les clapets d'aspiration et de refoulement de la pompe alimentaire, ainsi qu'un clapet de trop-plein. C'est dans cette boîte que se produisent tous les effets du jeu de la pompe alimentaire (n° 64₄).

17   *Tuyau de refoulement* à la chaudière de la pompe alimentaire.

Pₑ   *Pompe de cale*, servant à vider, au moyen de la machine, l'eau qui s'accumule continuellement au fond du navire (n° 64₂).

18   *Piston plongeur de la pompe de cale.*

19   *Tuyau d'aspiration* de la pompe de cale terminé par une crépine.

20   *Boîte à clapets* de la pompe de cale.

21   *Tuyau de refoulement* à la mer de la pompe de cale.

ORGANES DE TRANSMISSION DU MOUVEMENT.

T,T   *Tiges du piston à vapeur.* Ces tiges sont placées en diagonale par rapport au diamètre vertical du cylindre. De cette façon, elles peuvent comprendre dans leur intervalle l'arbre de couche, son vilebrequin et la grande bielle.

U   *Traverse, té ou joug du grand piston :* Pièce en fer forgé ayant à peu près la forme d'un Z horizontal. Les deux traits parallèles du Z représentent les directions des deux parties recourbées, nommées *crosses* ou *oreilles*, où s'emmanchent les extrémités des tiges T,T.

g   *Glissoirs* ou *coulisseaux :* Espèces de savates en fonte fixées à la traverse U. Les faces horizontales et extérieures de ces savates sont parfaitement planes et polies, et glissent entre les guides G,G.

B	*Grande bielle*, s'articulant par son pied au milieu de la traverse U, qui lui sert de tourillon, et par sa tête au bouton de la grande manivelle.
M	*Grande manivelle* ou *manivelle de l'arbre de couche*, faisant partie d'un vilebrequin venu de forge avec cette dernière pièce.
22	Contre-poids monté à l'opposé de la grande manivelle. Il sert à balancer les différentes pièces mobiles de la machine, afin de régulariser sa rotation. Ce système est aujourd'hui abandonné.
M₁	Ligne auxiliaire de démonstration appelée *manivelle fictive* (n° 32a).
A	*Arbre de couche à vilebrequin*, sur le prolongement duquel se trouve la ligne d'arbres qui entraîne l'hélice.
A′	Hélice propulsive représentée en pointillé. Elle est placée sur l'arrière, en dehors du bâtiment, sur un arbre qui reçoit son mouvement de l'arbre de couche A.
t	Tige du piston de la pompe à air.
b.b	Bras conduisant l'un la tige précédente, l'autre celles des petites pompes.
R	Roue dentée clavetée sur l'arbre de couche, et commandant la roue R′.
R′	Roue dentée fixée sur l'arbre a du tiroir, et entraînée par la roue précédente.
a	*Arbre du tiroir*, servant à faire mouvoir le distributeur par la machine elle-même.
e,e′	*Excentriques du tiroir* (n° 10₁),
q.q′	*Bielles des excentriques du tiroir.*
S	*Secteur Stephenson :* Coulisse réunissant les extrémités des deux bielles précédentes et conduisant le tiroir.
Q	*Tige du tiroir*, clavetée par l'une de ses extrémités dans le distributeur lui-même, et reliée par l'autre au secteur Stephenson à l'aide d'un coulisseau simplement engagé dans la fente de ce secteur.
23	*Traverse de la tige du tiroir*, destinée à guider cette tige en glissant dans une rainure de la la console 24.
24	Console venue de fonte avec la partie supérieure du cylindre, et servant de glissière à la traverse 23.
25	Petite tige fixée en arrière du tiroir, et ayant pour objet d'entraîner le levier 26.
26	Levier mettant en mouvement le purgeur continu 6 lorsque la machine fonctionne.
m	*Levier de mise en marche.* Cette pièce fait partie d'une espèce de mouvement de sonnette, à l'aide duquel on peut suspendre le secteur à différentes hauteurs, suivant qu'on se propose de marcher *en avant*, de *stopper* ou de fonctionner *en arrière*.
27	Bielle de relevage du secteur S.
28	Verrou servant à fixer le levier m, et, par conséquent, le secteur S dans une de ses trois positions principales.
29	Arc fixe, le long duquel glisse et se verrouille le levier m.
c	*Excentrique* claveté sur l'arbre du tiroir pour mouvoir la détente variable : il n'est représenté sur la figure que par son rayon d'excentricité.
j	*Bielle de l'excentrique de détente :* on peut déclancher cette bielle d'avec le levier J, en ouvrant le petit verrou qui ferme l'encoche située à son extrémité.
J	*Levier de la détente variable.* Les trois boutons qui forment saillie en divers endroits de sa longueur, permettent de changer le point d'enclanchement de la bielle j, et, par suite, de fonctionner à trois degrés différents d'expansion variable.

au condenseur par le canal de droite, alors en communication avec le conduit d'évacuation E. Or, elle rencontre à son arrivée dans ce récipient, la pluie d'eau qui s'échappe du régulateur d'injection I, et elle se liquéfie aussitôt. Le piston se trouve donc beaucoup plus poussé à gauche qu'à droite, et naturellement il s'avance dans ce dernier sens. — Pendant que tout cela se passe, le liquide provenant de la vapeur condensée et de l'eau d'injection, ainsi que l'air qui s'en dégage, sont envoyés dans la bâche B_a au moyen de la pompe à air P_a, dont le piston p est ici en train d'aspirer par sa face antérieure et de refouler par son autre face. Quant aux fluides précédemment rejetés à la bâche, ils s'écoulent à la mer à travers le tuyau de décharge D_e. — De son côté, la pompe alimentaire P_e refoule aux chaudières pour les alimenter, l'eau chaude qu'elle prend à la bâche. Enfin, la pompe de cale expulse à la mer l'eau qui se trouve au fond du navire.

2° Le piston à vapeur P poussé de gauche à droite conduit, par l'intermédiaire de ses tiges T,T, la traverse U. Cette pièce entraîne la grande bielle B, laquelle, à son tour, fait tourner la manivelle M, et par conséquent l'arbre de couche A. Les tiges T,T commandent d'ailleurs la pompe à air ainsi que les pompes alimentaires et de cale.

— En même temps, la roue R, qui est clavetée sur l'arbre de couche A, communique une rotation en sens contraire de la sienne à la roue R′. Cette dernière roue entraîne l'arbre a, auquel elle se trouve fixée à demeure. Cet arbre fait ainsi mouvoir la détente variable d au moyen de l'excentrique c et de la bielle j. Mais, surtout, il commande le tiroir D, à l'aide d'un des excentriques $e, e′$, d'une des bielles $q, q′$, et du secteur S.

— On voit d'après cela que le distributeur est mû par la machine elle-même. Il s'ensuit qu'une fois l'appareil mis en marche, cet organe est animé d'un mouvement rectiligne alternatif, qui lui permet d'ouvrir et de refermer les orifices du cylindre, de façon à distribuer convenablement la vapeur pour qu'elle produise indéfiniment les allées et venues du piston, et conséquemment la rotation continue de l'arbre de couche. La machine entretient donc d'elle-même son mouvement.

N° 30₅ Manœuvre de la machine démonstrative. — La manœuvre de la machine consiste à mettre en marche, accélérer ou ralentir la marche, arrêter ou renverser son mouvement.

Préparatifs de départ avec la machine démonstrative. — On commence par chauffer l'eau des chaudières jusqu'à ce que la pression soit arrivée au point voulu. On fixe alors le levier m de mise en marche, par son verrou 28, à l'encoche de l'arc 29 marquée *stop*; et l'on a soin de déclancher la détente d d'avec sa bielle j, et de la mettre verticale au moyen de la poignée 5. On ouvre alors le robinet 10 de prise d'eau d'injection, ainsi que l'obturateur qui est placé sur le tuyau de décharge D$_e$, près de la muraille du bâtiment. *Puis, on ouvre légèrement le registre* v *de prise de vapeur, ainsi que les robinets de purge* 6′ *des cylindres; et cela fait, on manœuvre le levier* m *à la main,* en le poussant successivement à droite et à gauche de l'encoche *stop*. De la sorte, le tiroir découvre alternativement les deux orifices de distribution o, o. La vapeur s'introduit donc sur les deux faces du piston, échauffe les cylindres, et expulse dans la cale, par les robinets 6′, l'eau qu'ils renferment. Lorsque la vapeur sort avec abondance par les robinets 6′, les cylindres sont suffisamment échauffés pour qu'on puisse balancer.

Balancer. — On balance la machine en lui faisant faire alternativement quelques tours en avant et quelques tours en arrière. On s'assure ainsi que son fonctionnement est libre. — Pour balancer, les robinets de purge 6′ restent ouverts; on ouvre le registre v, et on met en marche, alternativement en avant et en arrière, comme il est dit ci-après. Une fois la machine balancée, *on ferme le registre* v *et l'injection* I. On fixe le levier *m* dans l'encoche *stop*, et l'on est prêt à fonctionner.

Mettre en marche avec la machine démonstrative. — Suivant le sens dans lequel il s'agit de fonctionner, *on pousse le levier* m *de mise en marche jusqu'à l'encoche marquée* en avant *ou* en arrière, et l'on tient ouverts les robinets 6′ de purge à la main des cylindres. *Puis, on ouvre en douceur le registre de vapeur* v, *et largement l'injection* I, parce que le vide n'étant pas établi, l'eau entre difficilement dans le condenseur. — La machine se met lentement en marche, et dès qu'il ne sort plus d'eau par les robinets de purge 6′, ces robinets sont fermés ; en même temps, on réduit l'ouverture du registre v et de l'injection I pour que la machine ne s'emporte pas à mesure que le vide s'établit.

On accélère la marche en ouvrant de plus en plus le registre de vapeur v *et l'injection* I, jusqu'à ce que le régime normal qu'on désire conserver soit atteint. Quant à l'organe de détente, il n'est enclanché et réglé pour le degré d'introduction jugé convenable, que lorsque le navire est en route libre, et qu'on n'a plus à craindre de manœuvres précipitées.

— *Pour ralentir la marche, il suffit de fermer partiellement le registre de vapeur* v *et l'injection* I, jusqu'à ce qu'on soit parvenu à la nouvelle allure désirée.

Stopper avec la machine démonstrative. — *Pour stopper, on ferme le registre de vapeur* v *et l'injection* I ; puis l'on ouvre les purges 6′ des cylindres. En même temps, on met le levier *m* sur l'encoche *stop*, afin d'être prêt à repartir dans un sens ou dans l'autre. Immédiatement aussi, on déclanche l'organe de détente, et on l'ouvre en grand avec la poignée 5 qui sert à le manœuvrer à la main, afin que les orifices ne se trouvent pas fermés au moment de remettre en route.

Pour repartir après avoir stoppé pendant un certain temps, il faut manœuvrer comme lors d'une première mise en marche.

Renverser la marche avec la machine démonstrative. — *Pour renverser la marche, on commence par stopper.* Puis, quand toutes les pièces ont perdu leur vitesse acquise, on *repart* dans la direction opposée à celle qu'on vient de quitter. On suit à cet effet les indications données ci-dessus à propos de la mise en route.

A la rigueur, on pourrait renverser la marche sans stopper. Mais c'est là une manœuvre dangereuse pour la solidité de la machine. Aussi ne doit-on jamais s'y résoudre que dans des circonstances majeures.

N° 30₄ Liberté du cylindre. — Le parcours du pied de la grande bielle vaut le double du rayon de la manivelle (n° 9₄). Il en est de même de la course du piston à vapeur, qui possède absolument le même mouvement que le pied de bielle. Afin que le piston ne vienne pas heurter contre le fond ou le couvercle du cylindre au moindre jeu qui se produirait dans les articulations, la distance des faces en regard de ce fond et de ce couvercle est toujours un peu plus grande que la course du piston augmentée de l'épaisseur de cet organe. Il en résulte qu'il reste à chaque bout de course, un certain intervalle *ih*, *fig.* 53, entre le piston et le couvercle ou le fond du cylindre. C'est cet intervalle qu'on nomme la *liberté du cylindre* ou le *jeu du piston*.

Espaces neutres. — Les volumes correspondant au jeu du piston, joints à la capacité des conduits de vapeur *o,o'*, *fig.* 53, forment ce qu'on appelle les *espaces neutres ou nuisibles*. Ce nom leur vient de ce que la vapeur qu'ils renferment à chaque introduction n'est pas complétement utilisée. Cette vapeur ne travaille, en effet, que pendant la période de détente; et elle serait complétement perdue si la machine fonctionnait à pleine introduction.

N° 30₅ Définitions relatives aux mots haut et bas par rapport au cylindre. — Quelle que soit la position de l'axe du cylindre par rapport à l'horizontale, on est convenu d'appeler *haut* le côté du cylindre par lequel sort la tige du piston. Le *bas* est le côté opposé. Le piston fait sa course montante quand il passe du *bas* au *haut* du cylindre, et il fait sa course descendante quand il passe du *haut* au *bas*.

C'est dans le même sens qu'on doit entendre les mots *haut et bas* de course, *dessus et dessous* du piston, *orifice inférieur ou supérieur; orifice haut ou bas vapeur; orifice haut ou bas condenseur; orifice à l'introduction ou à l'évacuation haut ou bas*.

Les fins de course du piston ayant lieu à l'instant où la manivelle arrive à ses points morts, s'appellent par analogie les *points morts* du piston, et prennent aussi les noms de *haut* ou de *bas*.

N° 31₁ Du tiroir. — Le *distributeur* de vapeur désigné sous le nom de *tiroir*, et qui est destiné à remplacer le jeu des quatre robinets du n° 27₁, peut affecter différentes dispositions. Au point de vue de la manière dont ils opèrent la distribution de la vapeur dans le cylindre, toutes les espèces de tiroirs se réduisent à deux genres :

1° Les tiroirs, tels que ceux en coquille ordinaire, à double orifice, à dos percé (n° 41₂, ₃ ₑₜ ₄), avec lesquels l'introduction a lieu du côté des arêtes extérieures des orifices ;

2° Les tiroirs, tels que ceux en D proprement dits (n° 41₆) et cylindriques, où l'introduction s'effectue du côté des arêtes intérieures.

Les premiers de ces distributeurs se nomment *tiroirs en coquille*, et les seconds *tiroirs en D*, du nom de leur agencement le plus usité dans chacun des deux genres que nous venons d'énoncer.

N° 31₂ Description théorique des tiroirs en coquille. — Le *tiroir en coquille*, *fig.* 32, n'est autre qu'une sorte de boîte ou coquille en fonte, dont deux des côtés portent de larges rebords vz, $v'z'$, nommés *barrettes*.

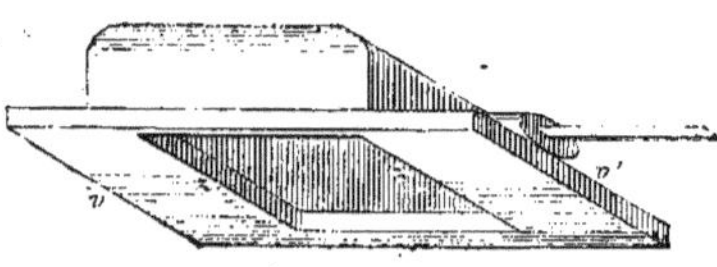

Fig. 32. Perspective parallèle d'un tiroir en coquille $\left(\text{échelle} = \frac{1}{31} \text{ par rapport à celle de la machine démonstrative}\right)$.

Ces barrettes sont parfaitement planées sur leur face inférieure. Elles viennent se poser en partie sur les orifices o, o', *fig.* 33, et en partie sur les surfaces planes mn, $m'n'$. Ces surfaces, nommées *bandes du cylindre*, sont ménagées sur ce récipient tout autour de chaque lumière. Les orifices et les barrettes sont suffisamment espacés pour que le conduit d'évacuation E débouche toujours à l'intérieur de la coquille.

Les dimensions, telles que vz, $v'z'$ et ut, $u't'$, *fig.* 32 et 33, situées dans le sens de la tige du tiroir, s'appellent les *hauteurs* des barrettes et des orifices. Les dimensions perpendiculaires aux précédentes se nomment au contraire leurs *largeurs*. — D'autre part, les arêtes u, u'

des orifices et v, v' des barrettes sont appelées *arêtes d'introduction*. De

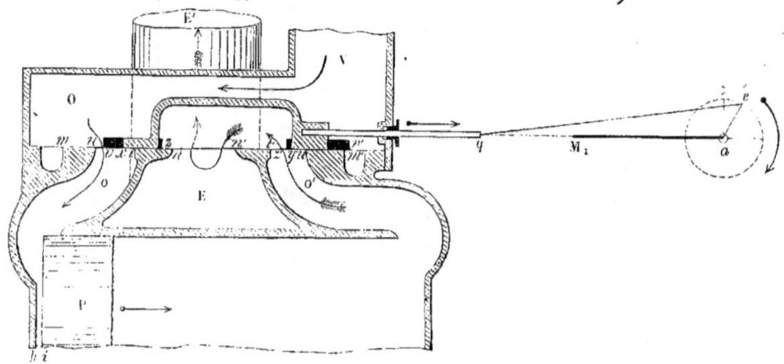

Fig. 33, relative à l'explication élémentaire du jeu des tiroirs en coquille
$\left(\text{échelle} = \dfrac{1}{31}\ \text{par rapport à celle de la machine démonstrative}\right)$.

même, les arêtes t, t' et z, z' prennent le nom d'*arêtes d'évacuation*.

N° 31₅ Explication élémentaire du jeu des tiroirs en coquille. — Supposons le piston P, *fig.* 33, au bas de sa course, et le tiroir dans la position indiquée sur la même figure. La vapeur de la chaudière arrivera contre la face bas du piston par l'orifice o. En même temps, le fluide élastique qui a été introduit pendant la course précédente s'échappera par l'orifice o'; puis il se rendra dans l'intérieur de la coquille, et de là au condenseur par le conduit E, qui débouche

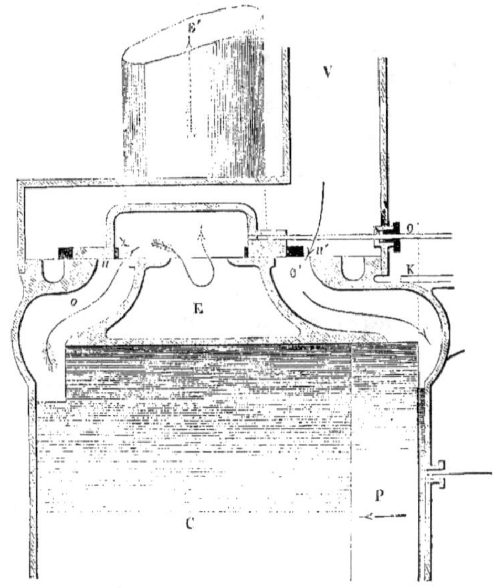

Fig. 34, relative à l'explication élémentaire du jeu des tiroirs en coquille
$\left(\text{échelle} = \dfrac{1}{31}\ \text{par rapport à celle de la machine démonstrative}\right)$.

en arrière du plan du tableau dans le tuyau d'évacuation E'. Le piston montera donc jusqu'à l'extrémité supérieure de sa course.

A cet instant, imaginons qu'on pousse le tiroir sur la droite, *fig. 34*, de façon qu'il mette l'orifice *o′* en communication avec la boîte à tiroir O, et l'orifice *o* avec l'intérieur de la coquille. Le piston redescendra de la même manière qu'il était monté, et reviendra au fond du cylindre. Si l'on ramène alors le tiroir à sa première position, le piston montera derechef. En continuant ainsi de suite, on pourra faire exécuter à cet organe une série indéfinie de *va-et-vient*.

En pratique, le tiroir est conduit par une manivelle ou le plus souvent par un excentrique *ae*, *fig. 35*, supposé réduit ici à son rayon d'excentricité. Cette pièce reçoit elle-même un mouvement continu de l'arbre de couche, soit directement, soit, comme su notre machine démonstrative, par l'intermédiaire de roues dentées. Le système est réglé afin que lorsque le piston arrive à chacun de ses points morts, le tiroir démasque convenablement les orifices pour que le piston puisse recommencer une nouvelle course.

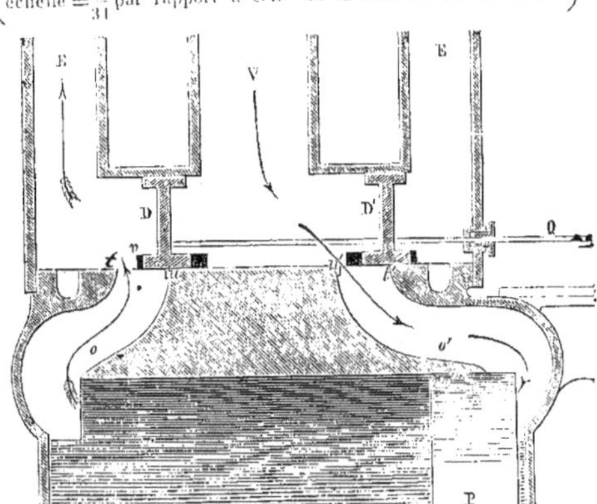

Fig. 35, relative à l'explication élémentaire du jeu des tiroirs en D. $\left(\text{échelle} = \frac{1}{31} \text{ par rapport à celle de la machine démonstrative}\right)$.

N° 31₄ Description théorique des tiroirs en D, et explication élémentaire de leur jeu. — Au point de vue théorique de leur jeu, les tiroirs du genre en D reviennent en dernière analyse à deux blocs, qu'on voit en D et D′, *fig. 35 ci-dessus*.

Ces blocs sont réunis par une même tige Q. De plus, leur configuration est telle, qu'en coupant chacun d'eux par un plan perpendiculaire à cette tige, on obtient un D majuscule. C'est précisément de là que ce tiroir tire son nom.

Les parties inférieures des blocs D, D′, forment ici les barrettes, et glissent devant les orifices *o, o′* du cylindre. De plus, leurs parties supérieures frottent d'une manière étanche, contre le dos de la boîte à tiroir. La vapeur qui arrive de la chaudière débouche alors par le tuyau V entre ces blocs, du côté des arêtes intérieures u, u' des orifices. D'autre part, le fluide qui s'échappe du cylindre passe du côté des arêtes extérieures t, t' des orifices, et se rend au condenseur par les deux conduits d'évacuation E, E. Avec une distribution identique de la vapeur dans le cylindre, le jeu des tiroirs en D ne diffère de celui des tiroirs en coquille que par les points suivants : 1° les mouvements de ces organes sont toujours de sens contraires; 2° les barrettes, telles que v, *fig.* 53, et z, *fig.* 54, qui correspondent au même orifice o, occupent, par rapport à cet orifice, des positions *symétriques*.

Dans la même hypothèse d'une distribution identique, le rayon d'excentrique d'un tiroir en D se trouve, par rapport à la grande manivelle ou à la manivelle fictive (n° 52₃), à l'opposé de celui d'un tiroir en coquille.

Les explications que nous allons donner sur le tiroir en coquille, parce que son tracé est plus facile, conviennent au tiroir en D, en tenant compte de ce qui vient d'être dit.

N° 32. — 1. Recouvrements. — 2. Longueur de la course du tiroir. — 3. Définition de la manivelle fictive. — 4. Angles de calage et d'avance.

N° 32₁ Recouvrements. — On remarque que tous les tiroirs en usage placés à mi-course, débordent d'une certaine quantité les arêtes des orifices.

On appelle alors RECOUVREMENT A L'INTRODUCTION, *la quantité* vx *ou* $v'x'$, *fig.* 36 *et* 37, *dont, au moment du tiroir à mi-course, chaque barrette déborde son orifice du côté de l'arête d'introduction.* Afin de mieux faire ressortir ce recouvrement, on l'a *noirci* sur toutes les figures relatives au jeu du tiroir.

Semblablement, on appelle RECOUVREMENT A L'ÉVACUATION, *la quantité* yz *ou* $y'z'$, *fig.* 36, *dont, au moment du tiroir à mi-course, chaque barrette déborde son orifice du côté de l'arête d'évacuation.*

Souvent, les barrettes présentent, du côté de l'évacuation, un *découvrement* yz, $y'z'$, *fig.* 37, au lieu d'un *recouvrement*. On dit alors que le *recouvrement est négatif.*

Par opposition, un recouvrement véritable s'appelle un *recouvrement positif*.

Quelquefois, enfin, le recouvrement à l'évacuation est négatif pour

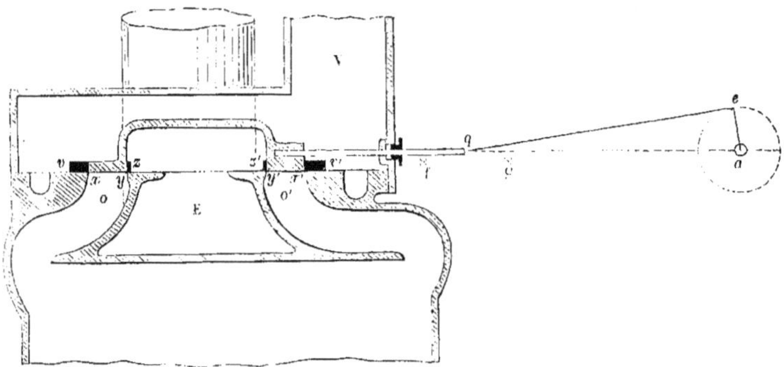

Fig. 36. Tiroir à mi-course avec recouvrements positifs à l'évacuation.

une des barrettes, et positif pour l'autre. Dans tous les cas, il est toujours *extrêmement* faible, et souvent même il est nul. *On l'a beaucoup*

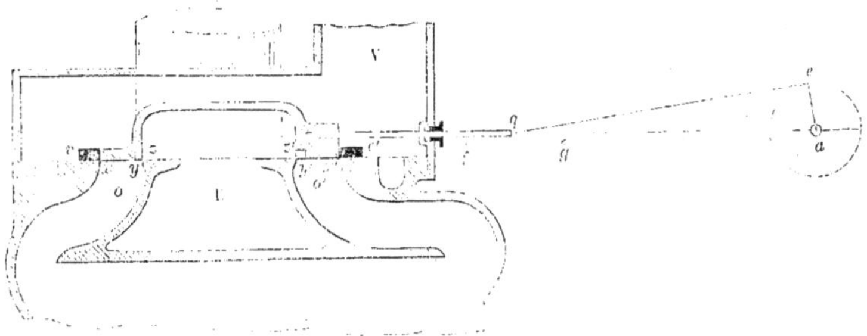

Fig. 37. Tiroir à mi-course avec recouvrements négatifs à l'évacuation.

exagéré sur les figures ci-dessus et sur les suivantes, afin qu'on puisse bien l'apercevoir.

N° 32₂ Longueur de la course du tiroir. — La longueur de la course du tiroir est égale au double du rayon d'excentricité, toutes les fois que le pied de bielle s'articule sur la tige du tiroir. Avec un secteur, la course du tiroir peut être plus grande ou plus petite que le double du rayon d'excentricité, suivant la position du bouton d'entraînement du tiroir dans la coulisse. La course du tiroir est d'autant plus petite, pour un secteur donné, que le bouton d'entraînement est plus près du milieu de l'arc du secteur.

N° 32₃ Définition de la manivelle fictive. — *On dit que le tiroir est conduit directement*, lorsque l'excentrique se trouve monté sur l'arbre de couche, et que le prolongement de la tige du distributeur passe par l'axe de cet arbre.

Pour les appareils où une telle disposition n'existe pas, nous conviendrons, afin de rendre générales les explications qui concernent la distribution et le changement de marche, d'employer une *ligne conventionnelle auxiliaire*, que nous appellerons *manivelle fictive*.

Cette ligne devra être choisie de façon à occuper à chaque instant par rapport au rayon de l'excentrique du tiroir, la position que la grande manivelle occuperait elle-même, si le distributeur était conduit directement.

La MANIVELLE FICTIVE *est la droite, telle que* aM_1, *fig. 45 ou 47, menée par le centre de l'arbre portant l'excentrique du tiroir de manière à occuper, au moment où le piston à vapeur est au point mort haut, par exemple, la position du rayon d'excentricité qui correspond elle-même au point mort haut du distributeur.*

Sur notre machine démonstrative, la manivelle fictive se trouve être parallèle à la grande manivelle à chaque point mort du piston, ainsi qu'on le voit sur les *fig.* 45 et 47. En tout autre point de la rotation, elle fait avec sa position au point mort du piston, un angle égal à celui que fait la grande manivelle avec sa position à ce même point mort.

N° 32₄ Angle de calage. — On appelle ANGLE DE CALAGE, *l'angle, tel que* M_1ae, *fig.* 58, *que fait le rayon* ae *de l'excentrique du tiroir avec la grande manivelle, ou avec la manivelle fictive* aM_1 *si le tiroir n'est pas conduit directement.*

Avec les tiroirs en coquille et une introduction naturelle de 0,65 à 0,70, l'angle de calage vaut en moyenne 125° portés à partir de la grande manivelle ou de la manivelle fictive, et en avant du sens du mouvement.

Avec les tiroirs en D et pour la même introduction de 0,65 à 0,70, il est de 180° — 125° = 55°, mais comptés en arrière de ce sens.

Angle d'avance. — On nomme ANGLE D'AVANCE *ou* AVANCE ANGULAIRE, le complément de l'angle de calage, c'est-à-dire l'angle *cac* *fig.* 58. Ce nom lui vient de ce que primitivement l'angle de calage valait tout juste 90°, et qu'ayant été augmenté de la quantité *cae*, l'excentrique a été mis en *avance* de cette même quantité par rapport à la manivelle du piston.

N° 33. — 1. **Relations qui existent entre le mouvement du tiroir et celui du piston : avance à l'introduction. — 2. Avance à l'évacuation. — 3. Moment des ouvertures maximum des orifices. — 4. Positions respectives quelconques du piston et du tiroir. — 5. Production de la détente naturelle. — 6. Compression ou refoulement. — 7. Positions du tiroir aux derniers instants de la course du piston. — 8. Résumé des opérations et des fonctions du tiroir.**

N° 33₁ Relations qui existent entre le mouvement du tiroir et celui du piston : avance à l'introduction. — Pour nous rendre compte du jeu du tiroir, nous allons suivre pas à pas, sur les figures suivantes, les mouvements simultanés du tiroir et du piston.

Et d'abord la *fig.* 58, qui correspond au point mort bas du pis-

Fig. 38. Production par le tiroir de l'avance à l'introduction *bas* et de l'avance à l'évacuation *haut* $\left(\text{échelle} = \dfrac{1}{31} \text{ par rapport à celle de la machine démonstrative}\right)$.

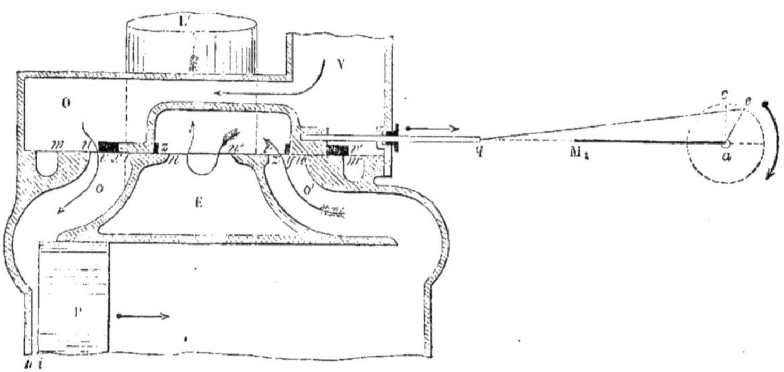

ton, fait voir que le tiroir découvre déjà un peu l'orifice *o* du côté de l'arête d'introduction. Ceci prouve que la vapeur commence à entrer dans le cylindre quelques instants avant que le piston ait achevé sa course.

*La quantité dont le commencement de l'ouverture à l'introduction précède l'arrivée du piston à son point mort, constitue l'*AVANCE A L'INTRODUCTION. On adjoint à l'avance dont il s'agit le mot *bas* ou *haut*, suivant qu'elle se rapporte à l'orifice *inférieur* ou *supérieur*, et en même temps, du reste, au point mort *bas* ou *haut*. Ainsi c'est l'avance à l'introduction *bas* qui se trouve indiquée sur la *fig.* 58.

L'avance à l'introduction augmente avec l'angle d'avance, et diminue au contraire avec le recouvrement à l'introduction.

— L'avance à l'introduction a pour objet de prévenir les chocs au moment de l'arrivée du piston à son point mort. Car elle prépare un matelas de fluide élastique contre lequel vient s'amortir l'impulsion qui anime cet organe. — Sa valeur moyenne est de 0,01 de la course du piston; c'est-à-dire que l'orifice d'introduction commence à s'ouvrir quand le piston est aux 0,99 de sa course.

N° 33₂ Avance à l'évacuation. — La *fig.* 58 montre encore qu'aux points morts de la machine, le tiroir découvre déjà notablement l'orifice o', situé à l'extrémité du cylindre opposée à celle où se trouve le piston. Ceci indique nécessairement que l'ouverture à l'évacuation commence avant que cet organe soit parvenu au terme de sa course.

La quantité dont le commencement de l'ouverture à l'évacuation précède l'arrivée du piston à son point mort, constitue l'avance a l'évacuation. On ajoute à l'avance dont il s'agit le mot *bas* ou *haut* pour indiquer auquel des deux orifices elle se rapporte. Ainsi, sur notre figure, c'est l'avance à l'évacuation *haut* qui est indiquée. Il est utile de remarquer qu'elle correspond au point mort de nom contraire à celui de l'orifice considéré.

— L'avance à l'évacuation augmente avec l'angle d'avance et diminue avec le recouvrement à l'évacuation.

— Elle a pour objet principal de laisser la vapeur s'échapper du cylindre avant que le piston renverse sa marche, afin de faire diminuer rapidement la contre-pression qui tend à s'opposer au retour de cet organe.

L'avance à l'évacuation est encore avantageuse par le fait même de la réduction qu'elle détermine dans la poussée de la vapeur aux approches du point mort. Cette poussée devient, en effet, alors complétement inutile et même nuisible puisque le piston doit être arrêté à fin de course.

La valeur moyenne de l'avance à l'évacuation est de 0,1, c'est-à-dire que le piston est aux 0,90 de sa course au moment où l'orifice d'évacuation s'ouvre.

N° 33₃ Moment des ouvertures maximum des orifices. —

A partir du point mort du piston, le tiroir marche dans le même sens que cet organe, jusqu'à ce qu'il parvienne lui-même à son bout de course, comme on le voit sur la *fig.* 59. A ce moment, les orifices

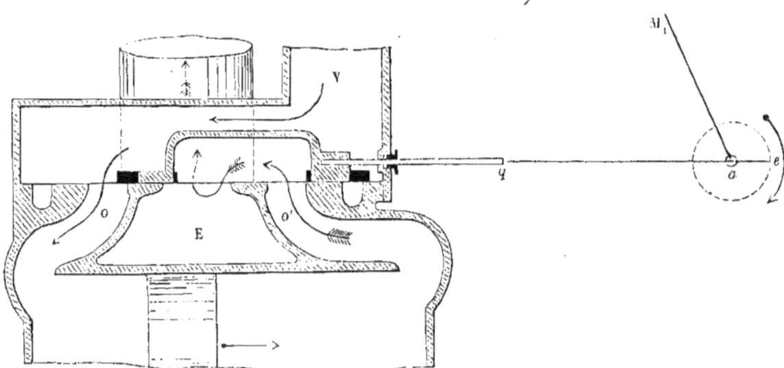

Fig. 39. Ouvertures maximum des orifices par le tiroir $\left(\text{échelle}=\frac{1}{31}\text{ par rapport}\right.$ à celle de la machine démonstrative $\Big)$.

sont aussi ouverts que possible, l'un *o* à l'introduction, l'autre *o'* à l'évacuation. Néanmoins, le piston n'a encore parcouru que le tiers

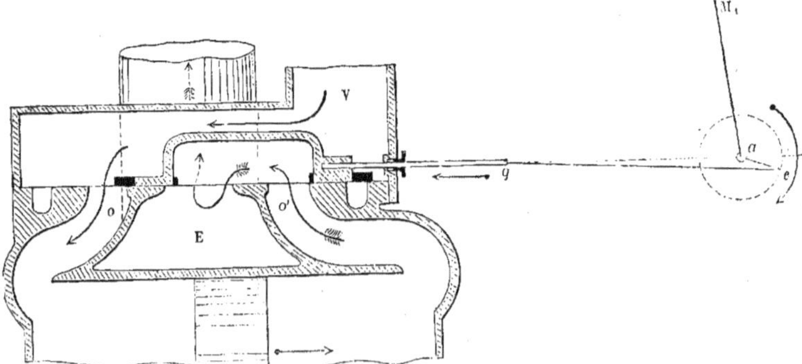

Fig. 40. Positions respectives quelconques du tiroir et du piston $\left(\text{échelle}=\frac{1}{31}\text{ par}\right.$ rapport à celle de la machine démonstrative $\Big)$.

environ de son trajet ; cela résulte de ce que le rayon d'excentricité du tiroir fait en avant du sens du mouvement un angle de calage de 125° environ avec la grande manivelle, ou avec la *manivelle fictive.*

N° 33₄ Positions respectives quelconques du piston et du tiroir. — Une fois le tiroir parvenu à son bout de course, il commence à marcher en sens contraire du piston, en refermant petit à petit les orifices.

C'est ainsi que, tout en descendant, tandis que le piston continue à monter, il parvient au point de sa course rétrograde qu'on aperçoit sur la *fig. 40, ci-contre*. Ce point correspond à des positions respectives quelconques des deux organes considérés. En d'autres termes, ces positions n'offrent rien de particulier. Seulement, elles sont préci-

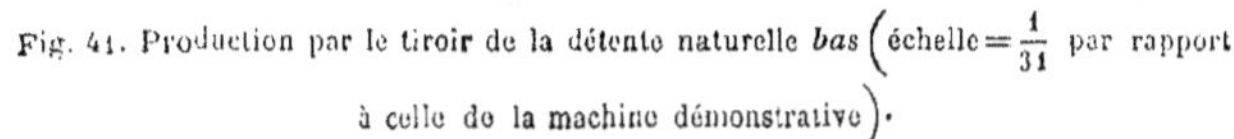

Fig. 41. Production par le tiroir de la détente naturelle *bas* $\left(\text{échelle} = \dfrac{1}{31}\ \text{par rapport à celle de la machine démonstrative}\right).$

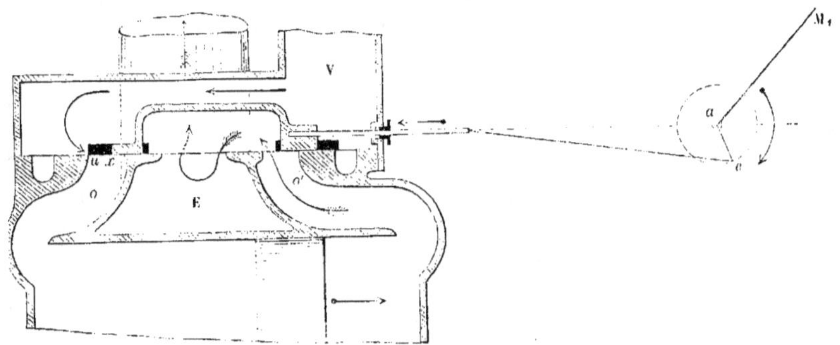

sément ici celles qu'on voit représentées sur la machine démonstrative. Elles concordent à peu près avec la mi-course du piston.

N° 33₅ Production de la détente naturelle. — Le tiroir continuant à avancer à l'opposé du piston, arrive bientôt à fermer totalement l'orifice à l'introduction *o*, ainsi que le montre la *fig. 41, ci-dessus*. A ce moment, qui a lieu aux 0,65 de la course du piston dans les machines ordinaires, la vapeur cesse de s'introduire derrière cet organe. Il y a donc nécessairement détente. Cette *détente* est appelée *naturelle* ou *fixe*, conformément à la définition du n° 29₁. On lui ajoute le mot *bas* ou *haut*, suivant qu'elle est produite par la fermeture de l'orifice inférieur ou supérieur. — Au surplus, à l'instant où commence l'expansion naturelle, l'orifice *o'* se trouve encore démasqué pour l'évacuation.

— La détente naturelle provient de l'angle d'avance ainsi que du

recouvrement à l'introduction, et varie dans le même sens que ces deux
éléments. La détente naturelle ne dépasse jamais 0,5, à cause des
étranglements que produirait le tiroir dont le mouvement serait alors
très-avancé, et surtout à cause des difficultés qui résulteraient d'une
aussi faible introduction pour la mise en marche.

N° 33₆ Compression ou refoulement. — Tandis que, grâce
au recouvrement à l'introduction, l'orifice en arrière du piston se
maintient bouché, et que, conséquemment la détente naturelle continue, il arrive bientôt un instant, *fig.* 42, où l'orifice à l'évacuation
o' est fermé à son tour par le tiroir. A partir de ce moment, le peu

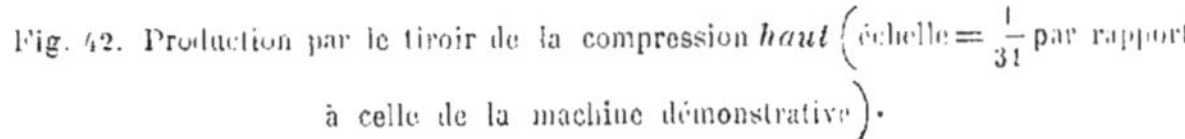

Fig. 42. Production par le tiroir de la compression *haut* $\left(\text{échelle} = \dfrac{1}{31}\text{ par rapport}\right.$
$\left.\text{à celle de la machine démonstrative}\right)$.

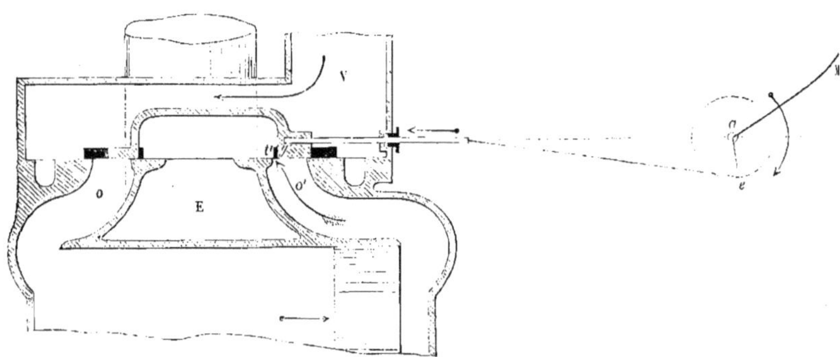

de vapeur qui reste dans le bas du cylindre n'a plus d'issue, et ce
fluide se comprime de plus en plus. C'est cet effet qu'on appelle la
compression ou le *refoulement.*

La compression, de même que les avances, est dite *haut* ou *bas*,
suivant qu'elle se rapporte à l'orifice supérieur ou à l'orifice inférieur.
Ainsi, sur notre figure, c'est la compression *haut* qui est en train de
se produire. Elle correspond en même temps au point mort supérieur, c'est-à-dire au point mort du même nom que l'orifice considéré.

— La compression est due principalement à l'avance angulaire, et
un peu aussi au recouvrement à l'évacuation ; elle varie dans le même
sens que ces deux éléments.

La compression a pour but d'amortir l'impulsion qui anime le piston lorsqu'il approche du terme de son parcours. Elle a d'ailleurs le grand avantage de faire changer peu à peu et sans chocs, le portage des articulations avant que l'avance à l'introduction se produise.

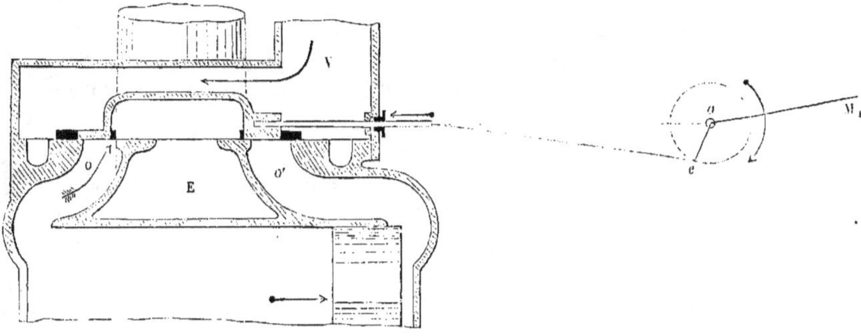

Fig. 43. Position du tiroir au commencement de l'avance à l'évacuation *bas* $\left(\text{échelle} = \frac{1}{31}\ \text{par rapport à celle de la machine démonstrative}\right)$.

La valeur moyenne de la compression est de 0,1 de la course du

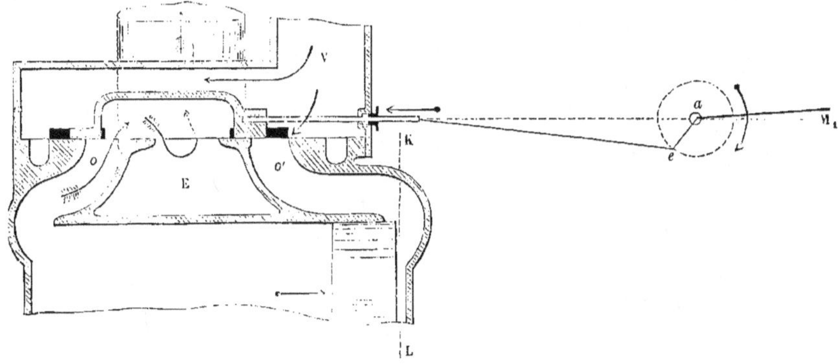

Fig. 44. Position du tiroir au commencement de l'avance à l'introduction *haut* $\left(\text{échelle} = \frac{1}{31}\ \text{par rapport à celle de la machine démonstrative}\right)$.

piston ; elle a par suite la même valeur moyenne que l'avance à l'évacuation.

N° 33. Positions du tiroir aux derniers intants de la course du piston. — Le piston et le tiroir continuant à avancer simultanément, parviennent aux positions respectives représentées sur la *fig.* 43 *ci-dessus*, qui correspondent à *l'avance à l'évacuation du bas.*

Lorsque les recouvrements à l'évacuation sont positifs, le tiroir atteint sa mi-course (*fig.* 36) entre le commencement de la compression *haut* (*fig.* 42) et celui de l'avance à l'évacuation *bas* (*fig.* 43). Si les recouvrement sont nuls, les trois circonstances qui nous occupent arrivent au même instant. Si, au contraire, les recouvrements sont négatifs, l'avance à l'évacuation d'un côté précéde la compression de l'autre côté ; mais le passage du tiroir à sa mi-course arrive encore entre les commencements de ces deux phénomènes.

Quoi qu'il en soit, le piston approchant de plus en plus du terme KL de son parcours, *fig.* 44, *ci-dessus*, le tiroir ne tarde pas à occuper la position indiquée sur cette *figure*, qui correspond à *l'avance à l'introduction du haut*. Au même moment, l'orifice d'évacuation du *bas* se trouve déjà notablement ouvert.

— Enfin, le piston arrive à son bout de course montante (*fig.* 45). Le tiroir occupe relativement aux orifices *o'* et *o* une position symétrique de celle qu'il avait au commencement de la course considérée, par rapport aux orifices *o* et *o'*, *fig.* 58. Le piston repart donc en sens inverse. Dès lors, pendant la course descendante de cet organe, le distributeur détermine exactement la même série de phénomènes que lors de sa course montante ; et les choses se continuent ainsi de suite.

N° 33₈ Résumé des opérations et des fonctions du tiroir. — En examinant ce qui se passe sur *une seule et même face du piston*, la face du bas, par exemple, pendant une double course, on constate que le tiroir effectue, du côté de cette face, quatre opérations fondamentales, qui déterminent elles-mêmes quatre périodes distinctes, savoir :

1° L'*ouverture à l'introduction*, d'où résulte la *période d'introduction*. Cette période a lieu à gauche du piston depuis la *fig.* 38 jusqu'à la *fig.* 41.

2° La *fermeture à l'introduction*, d'où résulte la *période de détente naturelle*. Cette période a lieu à gauche du piston depuis la *fig.* 41 jusqu'à la *fig.* 43.

5° L'*ouverture à l'évacuation*, d'où résulte la *période d'évacuation*. Cette période a lieu à gauche du piston depuis la *fig.* 43 jusqu'à la *figure* qui serait, par rapport au *piston bas*, la symétrique de la *fig.* 42, relative au *piston haut*.

4ᵘ *La fermeture à l'évacuation* d'où résulte la *période de compression*. Cette période a lieu à gauche du piston depuis la *figure* correspondante au *piston bas* qui serait, venons-nous de dire, la symétrique de la *fig.* 42 jusqu'à la *figure*, pareillement relative au *piston bas*, qui serait la symétrique de la *fig.* 44.

N° 34. — 1. Principe du renversement de marche, angle des deux excentriques ou du toc. — **2.** Des deux systèmes et variétés de système avec lesquels on satisfait à ce principe. — **3.** Premier système : deux excentriques fixes, avec secteur Stephenson ou avec bielles indépendantes. — **4.** Deuxième système : une seule manivelle ou excentrique à calage variable, sans ou avec déclanche. — **5.** Définition précise du renvoi de mouvement du tiroir et de la mise en marche.

N° 34₁ Principe du renversement de marche. — Les bâtiments sont appelés à marcher en avant et en arrière. Il faut donc que les machines de navigation puissent tourner dans un sens comme dans l'autre. Or, afin que le tiroir accomplisse le plus avantageusement toutes ses fonctions, son rayon d'excentrique doit faire (n° 32₄), avec la grande manivelle, ou avec la manivelle fictive si le distributeur n'est pas conduit directement, un angle déterminé M_1ae, *fig.* 45, 46 ou 47. Cet angle, que nous avons désigné sous le nom d'*angle de calage*, vaut en moyenne, 125° en avant du mouvement, ou 55° en arrière, suivant l'espèce de tiroir; et il est absolument indépendant du sens de la rotation. Enfin, la condition de calage est la seule que le tiroir ait à remplir par rapport à la grande manivelle. — On peut, par suite, énoncer comme suit le *principe du renversement de marche :*

Pour passer d'une rotation dans un sens, celui de la flèche f, *par exemple, fig. 45, 46 ou 47, à la rotation en sens opposé, il suffit de remplacer par un autre ou simplement de déplacer le rayon* ae *de l'excentrique. Ce remplacement ou déplacement doit d'ailleurs être tel qu'on obtienne, avec la grande manivelle ou la manivelle fictive, et de l'autre côté de cette manivelle, un nouvel angle de calage* M_1ae' *absolument égal à celui* M_1ae *relatif à la première rotation.*

Angle des deux excentriques ou du toc. — L'angle eae' formé par les deux rayons ou les deux positions du rayon d'excentrique du tiroir propre à la marche dans les deux sens, s'appelle *angle des deux excentriques*, ou *angle du toc.*

Avec les tiroirs en coquille, l'angle eae' des deux excentriques ou du toc, *fig.* 45 ou 46, est égal à 360° moins 2 fois *l'angle de calage*, et par suite à 180° moins 2 fois *l'angle d'avance*. Pour les tiroirs en D, l'angle *eae'* du toc, *fig.* 47, vaut deux fois l'angle de calage lui-même, et aussi 180° moins 2 fois l'angle d'avance.

N° 34₂ Des deux systèmes et variétés de système avec lesquels on satisfait au principe du renversement de marche.
— On satisfait au principe du renversement de marche de deux manières. Ces manières constituent deux systèmes fondamentaux; et chacun de ces systèmes se subdivise lui-même en deux variétés, savoir :

Premier système : deux excentriques clavetés sur l'arbre qui les porte . . . .

- 1ʳᵉ *variété :* les deux bielles d'excentrique sont réunies par un secteur Stephenson.
- 2ᵉ *variété :* les deux bielles d'excentrique sont indépendantes.

Deuxième système : une seule manivelle ou excentrique à calage variable . . . .

- 1ʳᵉ *variété :* sans déclanche.
- 2ᵉ *variété :* avec déclanche.

N° 34₃ Premier système de renversement de marche.
— Dans le premier système de renversement de marche, les deux excentriques *e* et *e'*, *fig.* 45, sont clavetés sur leur arbre et symétriquement placés par rapport à la grande manivelle ou à la manivelle fictive. D'autre part, leurs rayons font nécessairement entre eux un angle *eae'* égal à l'angle des deux excentriques. De plus, l'une, *e*, de ces pièces sert pour la marche en avant; et l'autre, *e'*, pour la marche en arrière. Il est bien entendu d'ailleurs, que chaque excentrique a une bielle particulière, *q* ou *q'*.

Avec ce système, pour renverser le mouvement en sens contraire de la flèche *f*, il suffit évidemment de remplacer la bielle *q* par *q'*.

Système à deux excentriques fixes, avec secteur Stephenson. — La manœuvre précédente s'exécute le plus souvent à l'aide du mécanisme représenté sur la *fig.* 45, et qui constitue *la première variété du premier système de renversement de marche.*

Dans cette variété, les deux bielles d'excentrique sont toujours reliées entre elles et à la tige Q du tiroir par la coulisse circulaire S, appelée *secteur Stephenson*. La légende de la machine démonstrative renferme la description de ce mécanisme.

Les deux bielles *q,q'* d'excentrique sont attachées au secteur S par de simples articulations. Mais la tige du tiroir lui est reliée par un coulisseau *c*. Ce coulisseau se trouve enfilé sur le bouton d'entraînement *x*, qui fait lui-même corps avec la traverse 23 de la tige précédente. Il porte du reste, deux joues latérales qui le maintiennent dans la coulisse. Enfin, il laisse cette pièce libre de glisser le long de ces joues. D'autre part, le secteur est soutenu en l'air par la bielle de suspen-

Fig. 45. Première variété du 1er système de renversement de marche : deux excentriques fixes avec secteur Stephenson $\left(\text{échelle} = \frac{1}{31} \text{ par rapport à celle de la machine démonstrative}\right)$.

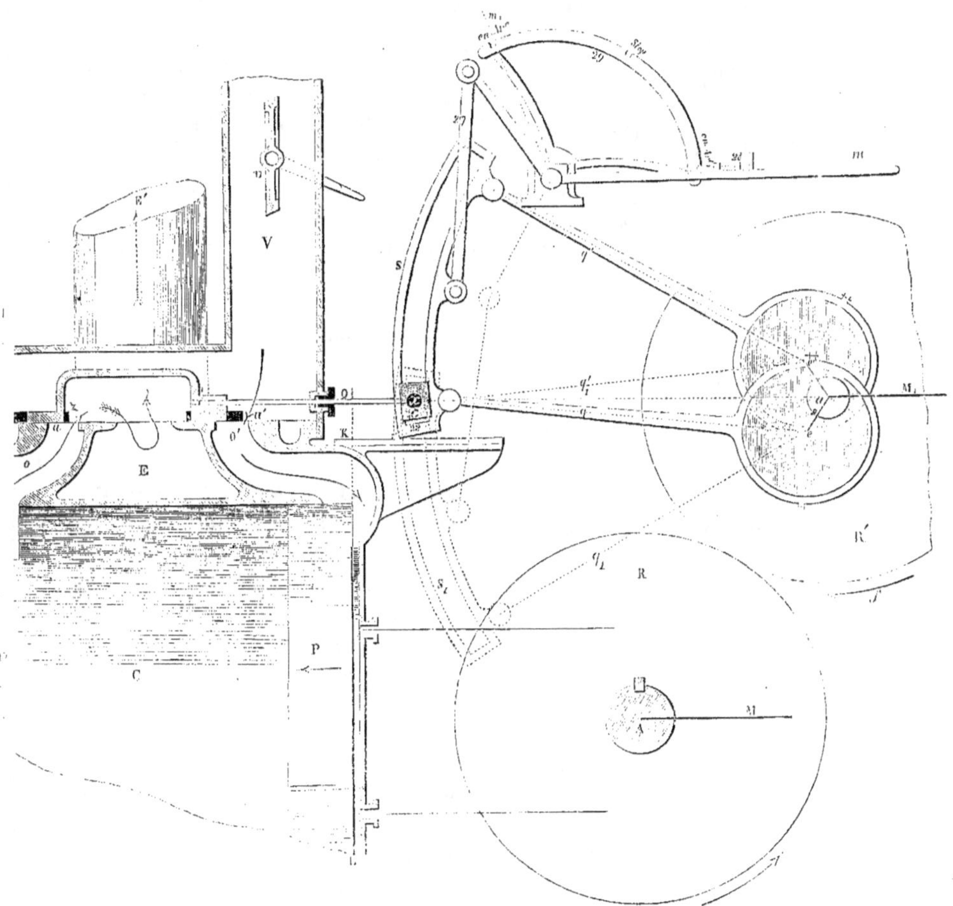

sion 27. Cette dernière pièce se trouve, de son côté, articulée avec le levier coudé *m*, dit de *mise en marche*. Enfin, le verrou 28 permet de fixer ce levier en divers points de l'arc fixe 29.

Cela posé, imaginons qu'on pousse le levier m du point marqué *en Av'* sur l'arc 29, au point marqué *en Ar^{re}*, en faisant d'ailleurs attention à la manœuvre du verrou 28. Il est visible que les deux rayons d'excentrique ae et ae' resteront fixes. Mais le secteur glissera le long du coulisseau c; et les deux bielles q et q' tourneront avec leurs colliers autour des points e et e'. Ces pièces et le levier de mise en train viendront ainsi occuper en S_1, q_1, q_1' et m_1. une nouvelle position, que nous avons exprès dessinée en traits pointillés sur notre figure. À ce moment, la bielle q' sera venue en q_1' remplacer la bielle q par rapport à la tige du tiroir; et, conformément au principe du n° 34_1, la machine sera disposée pour partir en arrière.

— Lorsque le levier m correspond à l'encoche *stop*, le secteur est dit à *mi-suspension*; et son milieu se trouve à cet instant par le travers du coulisseau c. Dans cette position du secteur la course du tiroir est considérablement réduite, et le tiroir est conduit comme si l'angle d'avance valait 90°. Le tiroir démasque très-peu les orifices, et les avances à l'introduction sont alors tellement fortes que la machine ne peut pas tourner, parce que le piston ne peut pas franchir ses points morts [*].

Ce mécanisme est aujourd'hui très-répandu à bord des navires de guerre et du commerce.

Système à deux excentriques fixes, avec bielles indépendantes. — *Dans la seconde variété du premier système de renversement de marche*, les deux bielles sont indépendantes l'une de l'autre. Elles sont de plus terminées par des encoches, et supendues séparément par de petites tringles. Dès lors, pour changer le sens du mouvement, on déclanche la bielle de la marche avant en la soulevant. Puis, comme dans la seconde variété du système ci-après, on manœuvre le tiroir à bras jusqu'à ce qu'on soit à même d'enclancher la bielle de la marche arrière. Au surplus, il faut, dans cette manœuvre, fermer préalablement la valve de prise de vapeur.

La disposition que nous venons de décrire succinctement n'est plus employée.

N° 34, Deuxième système de renversement de marche.

---

[*] Les personnes qui ont entre les mains notre machine démonstrative *mécanisée*, pourront se *convaincre de visu* des assertions précédentes. Il leur suffira à cet effet, de faire tourner l'appareil dans un sens ou dans l'autre, après avoir placé la coulisse à mi-hauteur.

—Dans le deuxième système de renversement de marche, la manivelle ou l'excentrique du tiroir porte une pièce *t*, *fig.* 46 et 47, qui lui est fixée à demeure, et qu'on appelle *toc*. Une seconde pièce *bb'*, nommée *butoir*, est de son côté reliée invariablement avec l'arbre de couche. Elle

Fig. 46. Première variété du deuxième système de renversement de marche : une seule manivelle à calage variable et sans déclanche $\left(\text{échelle} = \frac{1}{34} \text{ par rapport à celle de la machine démonstrative}\right)$.

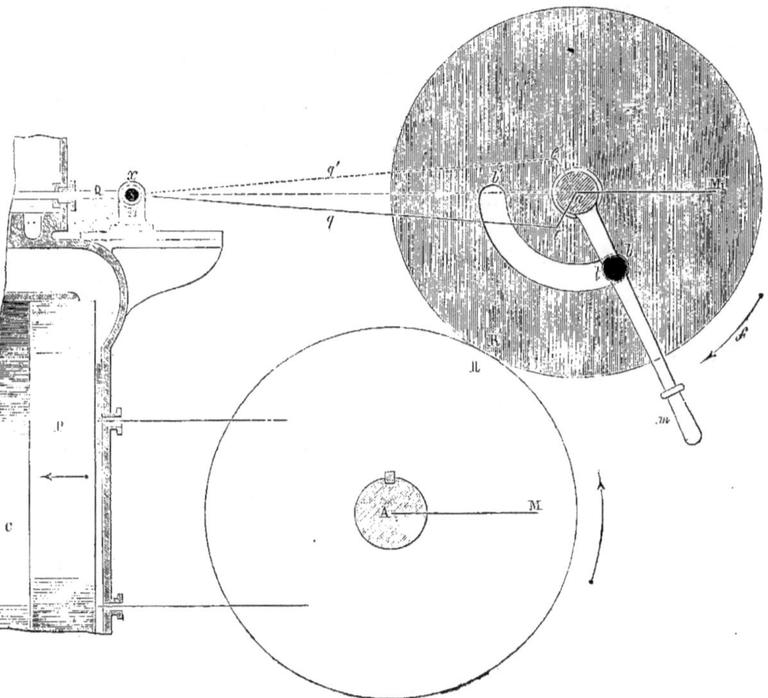

est agencée de manière que le *toc t* puisse prendre par rapport à elle deux positions distinctes *b*, *b'*, et distantes entre elles de *l'angle du toc*.

Dans chacune de ces positions, le *butoir* entraîne la manivelle ou l'excentrique du tiroir par l'intermédiaire du *toc*. D'après cela, la première de ces pièces doit être reliée invariablement avec l'arbre de couche. Elle doit de plus l'être de façon que, dans l'une et dans l'autre des positions dont il s'agit, la manivelle ou l'excentrique du tiroir fasse avec la manivelle fictive l'angle de calage voulu.

Système à une seule manivelle ou excentrique à calage variable, sans déclanche. — *Dans la première variété du deuxième système de renversement de marche, fig.* 46, *ci-dessus*, la bielle q est articulée d'une manière *invariable* avec le bouton d'entraînement x qui fait partie de la traverse 23 de la tige Q du distributeur. D'autre part, le toc t y consiste généralement en une forte cheville incrustée en saillie dans le levier m. De son côté, ce levier fait corps avec l'arbre a du tiroir. En outre, le butoir bb' a la forme d'une rainure courbe creusée dans la roue dentée R'. Celle-ci est montée folle sur l'arbre précédent, et engrène d'ailleurs, comme dans la *fig.* 45, avec la roue R, clavetée elle-même sur l'arbre de couche. Enfin, ladite rainure bb' a son étendue en degrés, égale à *l'angle du toc plus l'angle formé au centre de l'arbre* a *par deux tangentes au toc.* — La disposition que nous venons de décrire forme la base de la mise en marche Mazeline (n° 43₃).

Revenons à notre disposition *fig.* 46; et supposons d'abord que le toc t se trouve à toucher le butoir en b. Le tiroir sera convenablement placé pour la marche relative au sens de la flèche f. Il y aura donc rotation de la machine dans le sens correspondant, et par suite entraînement de la manivelle du distributeur par la roue R'. — Si l'on veut alors renverser la marche, il suffira de pousser le toc t de b en b', à l'aide du levier m. Car, par une semblable manœuvre, on amènera en même temps l'arbre a, la manivelle ae, la bielle q et le tiroir, dans la nouvelle position ae'. q', qui leur convient pour la rotation à l'opposé de la flèche f.

Cette disposition de renversement de marche ne permet de stopper qu'avec la valve de prise de vapeur, parce que le levier m se trouve entraîné par la roue R' pendant le fonctionnement de la machine. Lors du stoppage, on place le levier m au milieu de la coulisse bb', afin d'être également prêt à partir en avant ou en arrière.

Système à un seul excentrique à calage variable, avec déclanche. — *La seconde variété du deuxième système de renversement de marche est représentée sur la fig.* 47, qui comporte du reste un tiroir en D. Le toc t se compose ici d'un petit arc boulonné contre le chariot d'excentrique. D'autre part, le *butoir bb'* est un arc en fer vissé autour de l'arbre a. Ses deux extrémités comprennent, du côté de son ouverture, un nombre de degrés égal à *l'angle du toc plus l'angle qui, avec son sommet en* a, *correspond à la longueur, au reste arbitraire, du toc lui-même.* — Mais le caractère fondamental de la présente variété consiste en ce que la bielle d'excentrique q est terminée par une *encoche*, qui peut *se déclancher* à volonté de la tige du tiroir.

Pour renverser la marche avec un pareil système, on déclanche

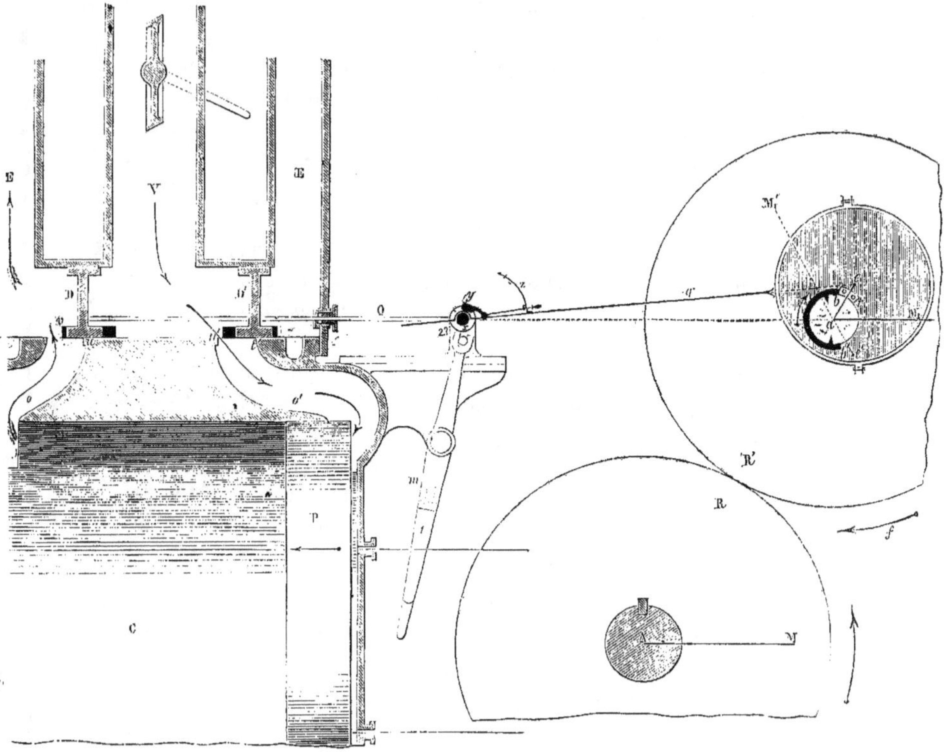

Fig. 47. Seconde variété du deuxième système de renversement de marche : un seul excentrique à calage variable et avec déclanche $\left(\text{échelle} = \dfrac{1}{31} \text{ par rapport à celle de la machine démonstrative}\right)$.

d'abord la bielle q. A cet effet, on soulève la queue du *couteau de déclanche y* (mécanisme représenté à grande échelle sur la *fig. 84 du texte*). Cela fait, on conduit le tiroir à bras à l'aide du levier m. Puis. on le pousse de manière que l'introduction de la vapeur détermine la rotation de la machine dans le sens opposé à celui qu'elle vient de quitter, (c'est le deuxième cylindre dont le piston est à demi-course qui détermine ce mouvement). — Dans cette manœuvre, l'excentrique e ne bouge pas. Mais c'est au contraire le butoir bb', qui, entraîné par l'arbre a, vient rencontrer le toc t par son extrémité b'. Cette rencontre a du reste lieu à l'instant où la manivelle parvient en aM'_1, après avoir tourné d'une quantité $M_1aM'_1$ égale à l'angle du toc. A cet instant, l'excentrique se trouve calé convenablement pour la marche en sens contraire de la flèche f. Par conséquent, si l'on réenclanche la bielle q avec le bouton x le mouvement se continuera de lui-même dans le nouveau sens.

Cette seconde variété du deuxième système de renversement de marche, formait la base des mises en marche de presque tous les appareils de bateaux à roues : machines à balanciers, oscillantes, etc.

Il est utile de remarquer que pour stopper on n'a besoin ici que de déclancher. Car dès lors le tiroir est rendu immobile, et la machine peut tout au plus achever le tour qu'elle était en train d'effectuer au premier moment de cette opération.

N° 34₅ Définition précise du renvoi de mouvement du tiroir et de la mise en marche. — *Le* renvoi de mouvement du tiroir *est l'ensemble des pièces qui communiquent à cet organe le mouvement de l'arbre de couche.*

Pour toutes espèces de machines, il se compose invariablement de l'excentrique ou de la manivelle de tiroir avec sa bielle, et de la tige du distributeur. Mais il comprend encore d'autres pièces qui varient dans chaque type d'appareil. Tels sont, sur les *fig.* 45, 46 et 47, les roues R et R', l'arbre a ; puis en plus, sur la *fig.* 45, le secteur S, son système de suspension ainsi que le second excentrique e' avec sa bielle ; enfin, sur les *fig.* 46 et 47, le butoir bb' et le toc t.

— On appelle mise en train *ou* mise en marche *ou encore* mécanisme de renversement de marche, *l'ensemble des pièces qui forment le mécanisme à l'aide duquel on manœuvre le tiroir à bras pour renverser le sens du mouvement.*

N° 35. — 1. Différents points de vue sous lesquels on peut établir la division générale des appareils à vapeur de navigation. — 2. Classification d'après le mode de travail de la vapeur : machines à basse, à moyenne ou à haute pression, avec ou sans condenseur, avec détente simple ou avec détente au Woolf. — 3. Disposition des cylindres dans les machines Woolf.

N° 35₁ Différents points de vue sous lesquels on peut établir la division générale des appareils à vapeur de

navigation. — Les appareils à vapeur de navigation peuvent se classer sous trois points de vue principaux :

1° *D'après le mode de travail de la vapeur ;*

2° *D'après le mode de transmission de mouvement du piston à l'arbre de couche ;*

5° *D'après l'espèce du propulseur*, et, incidemment, avec les hélices, *d'après la manière dont l'arbre de couche communique sa rotation à la ligne d'arbres.*

N° 35₂ Classification d'après le mode de travail de la vapeur : machines à basse, à moyenne et à haute pression, avec ou sans condenseur, avec détente simple ou avec détente au Woolf. — Au point de vue du mode de travail de la vapeur, les appareils à vapeur en général se distinguent en *machines à basse, à moyenne ou à haute pression, avec ou sans condenseur, avec détente simple ou avec détente au Woolf.*

Les machines à basse pression sont celles où la tension absolue de la vapeur dans les chaudières ne dépasse pas 1ᵃᵗ,5. — *Les machines à moyenne pression* s'entendent de celles où cette tension est de 1ᵃᵗ,5 à 5ᵃᵗ, 25. — Enfin les appareils où elle s'élève jusqu'à 4ᵃᵗ et au-dessus, sont dits à *haute pression.*

— Les machines à *haute pression* sont susceptibles de fonctionner : soit en laissant la vapeur qui vient d'agir sur le piston s'évacuer dans un condenseur, soit en la laissant s'échapper en plein air. De là résulte la distinction *en machines avec ou sans condenseur.*

A la rigueur, il en pourrait être de même des machines à *moyenne pression.* Mais, en égard au trop peu de différence qui existe entre leur tension et celle de l'atmosphère, elles ne fonctionnent jamais sans condensation qu'accidentellement (n° 85₃).

— Enfin, quelle que soit la tension de la vapeur, qu'il y ait condensation ou non, un appareil fonctionne avec détente simple (n° 28₁) ou bien au Woolf (n° 29₃).

N° 35₃ Disposition des cylindres dans les machines Woolf. — Au point de vue de la conjugaison des cylindres, il existe un grand nombre de variétés de machines Woolf. Voici les trois dispositions principales usitées en marine.

1° Machines Woolf à cylindres bout à bout points morts communs. — La *fig.* 48 représente la disposition dont il s'agit. La vapeur qui vient de la chaudière par le tuyau V, franchit la valve *v*, pénètre dans la boîte à tiroir d'un premier cylindre C_1, et est distribuée dans ce cylindre par un tiroir ordinaire. — Le cylindre C_1 qui reçoit directement la vapeur de la chaudière, se nomme cylindre *admetteur*; il peut être muni d'un organe de détente variable.

A l'évacuation du cylindre admetteur, la vapeur passe dans le canal E_1, puis dans le tuyau E'_1 qui prolonge ce canal, et vient déboucher dans la boîte à tiroir d'un deuxième cylindre C, plus grand que le premier, et que l'on nomme cylindre *détendeur*.

A l'évacuation du cylindre détendeur, la vapeur passe par le canal E, et le tuyau E' la conduit au condenseur.

Les deux pistons sont montés sur une tige commune et actionnent la même manivelle. La machine comporte deux paires de cylindres comme ceux de la *fig.* 48, et les vilebrequins sont calés à 90°. Pour faciliter la mise en marche,

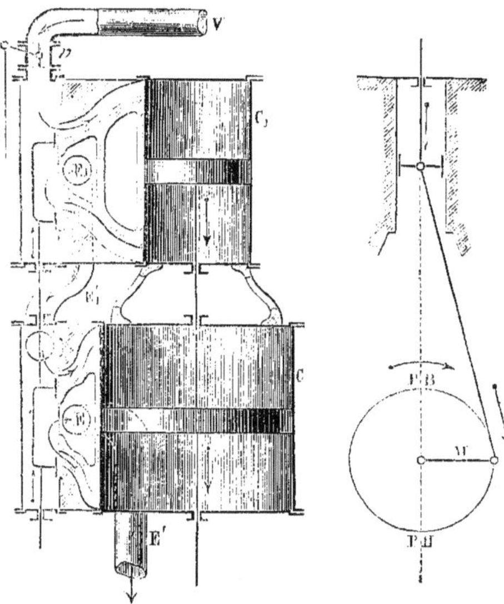

Fig. 48. Machine Woolf à cylindres bout à bout.

il existe toujours des tuyaux munis de valves ou de robinets, qui permettent de mettre directement en communication les boîtes à tiroir des cylindres détendeurs avec le tuyau de vapeur V. Quelquefois, on introduit même directement la vapeur dans les orifices des cylindres détendeurs, au moyen de petits tiroirs supplémentaires qui se manœuvrent à la main.

La détente de la vapeur se produit par son passage du cylindre admetteur C_1 au cylindre détendeur C. Les deux tiroirs sont montés sur une même tige: un secteur unique les actionne tous les deux; ces tiroirs peuvent être réglés comme dans les machines ordinaires. — Pendant que le tiroir du cylindre détendeur C, tient les orifices fermés pour l'introduction, la vapeur qui sort du cylindre admetteur C_1 est comprimée dans le canal E_1, le tuyau E'_1 et la boîte à tiroir du cylindre détendeur C. Cette vapeur sert pour l'introduction suivante du cylindre détendeur, en même temps que la nouvelle vapeur évacuée par le cylindre admetteur.

2° Machines Woolf à deux cylindres côte à côte points morts à 90°. —

La *fig.* 49 représente la disposition dont il s'agit. La vapeur vient de la chaudière par le tuyau V, sur lequel se trouve la valve v. Cette vapeur pénètre dans la boîte à tiroir du cylindre admetteur C_1; puis elle est distribuée dans ce cylindre par un tiroir ordinaire. Le cylindre admetteur C_1 peut d'ailleurs être muni d'un organe de détente variable.

A l'évacuation du cylindre admetteur, la vapeur se rend dans la boîte à tiroir du cylindre *détendeur* C, par le canal E_1 et le conduit E'_1, ce dernier aboutissant à la boîte à tiroir du cylindre détendeur et lui servant de tuyau de vapeur. — La vapeur est distribuée dans le cylindre détendeur par un tiroir ordinaire, puis elle est évacuée au condenseur par le canal E et le conduit E'.

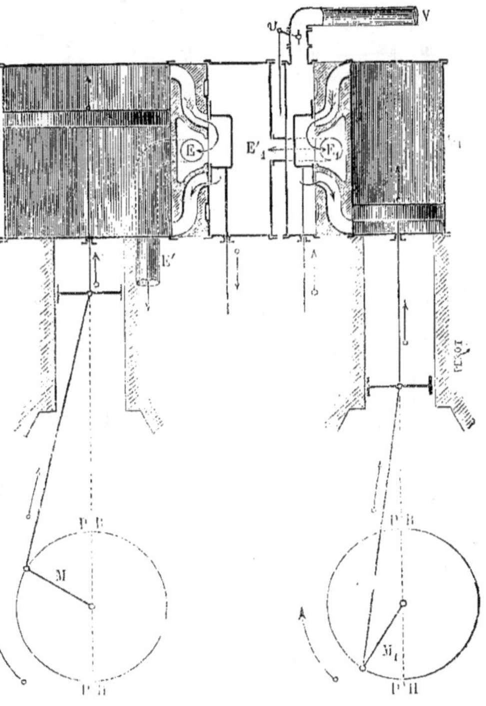
Fig. 49. Machine Woolf à deux cylindres côte à côte.

La machine ne comporte que deux cylindres. La manivelle M_1 du cylindre admetteur et la manivelle M du cylindre détendeur sont montées sur le même arbre, et chaque piston a sa transmission de mouvement distincte. Ces manivelles sont calées à 90°, ce qui facilite le passage des points morts.

La vapeur introduite dans le cylindre admetteur C_1, y subit généralement un premier degré de détente naturelle. Puis la détente au *Woolf* se produit par le passage de la vapeur du cylindre admetteur dans le cylindre détendeur. — Pendant que le tiroir du cylindre détendeur ferme les orifices d'introduction, la détente naturelle a lieu dans le cylindre détendeur, et la vapeur qui sort encore du cylindre admetteur est refoulée par le piston de ce cylindre dans le canal E_1

Fig. 50. Machine Woolf à trois cylindres.

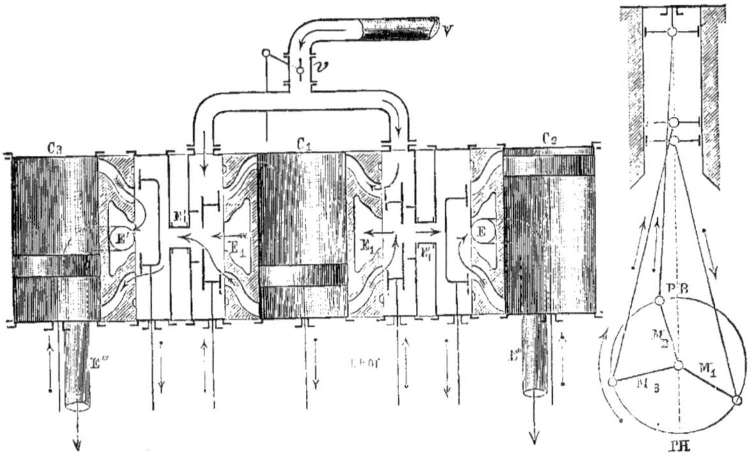

et la boîte à tiroir du cylindre détendeur. Cette vapeur sert pour l'introduction suivante du cylindre détendeur, en même temps que la nouvelle vapeur que donne le cylindre admetteur.

Le genre de machine qui nous occupe se désigne plus spécialement sous le nom de machine *Compound*.

Ajoutons que pour faciliter la mise en marche, il existe toujours un tuyau muni d'une valve ou d'un robinet, qui permet de mettre en communication le tuyau V avec la boîte à tiroir du cylindre détendeur. Quelquefois, on introduit même directement la vapeur dans les orifices du cylindre détendeur, au moyen d'un tiroir supplémentaire qui se manœuvre à la main.

3° Machines Woolf à trois cylindres points morts à 90°

et 135°. — La *fig.* 50, *ci-dessus*, représente la disposition dont il s'agit. Les trois cylindres sont placés côte à côte, et leurs pistons agissent sur des manivelles distinctes d'un même arbre de couche. Les manivelles M_2, M_3 des cylindres *détendeurs* C_2 et C_3 sont calées à 90°, et la manivelle M_1 du cylindre admetteur C_1 est à l'opposé de la bissectrice de cet angle.

La vapeur vient de la chaudière par le tuyau V, franchit la valve *v* et pénètre dans la boîte à tiroir du cylindre admetteur C_1*, d'où elle est distribuée dans ce cylindre.

A l'évacuation du cylindre admetteur C_1, la vapeur passe dans les canaux E_1, puis dans les tuyaux E'_1 qui la conduisent dans les boîtes à tiroir des cylindres détendeurs C_2, C_3, d'où elle est distribuée dans ces cylindres par des tiroirs.

A l'évacuation des cylindres détenteurs, la vapeur passe par le canal E ou E', puis par le tuyau E″ ou E‴ qui la conduit au condenseur correspondant.

La détente de la vapeur se produit par son passage du cylindre admetteur dans les cylindres détendeurs. — Dans toutes les machines à moyenne pression (2^{at},75 ou 3^{at},25), les trois cylindres sont égaux; par suite la vapeur qui sort du cylindre admetteur double son volume. Le cylindre admetteur n'a pas d'organe de détente. — Dans les machines à haute pression, le cylindre admetteur est plus petit que chacun des autres, et il est généralement muni d'un organe de détente variable.

Pour faciliter la mise en marche, on met directement en communication le tuyau de vapeur V avec les boîtes à tiroir des cylindres détendeurs, au moyen d'un tuyau muni d'une soupape ou d'un robinet, et qui vient déboucher dans le canal d'évacuation E_1 du cylindre admetteur.

---

* Sur notre figure, le cylindre admetteur est desservi par deux tiroirs; on trouve cette disposition sur quelques machines à pilon. Mais sur les machines horizontales, il n'existe qu'un seul tiroir placé sur le dos du cylindre.

N° 36. — **1.** Classification des appareils de navigation, d'après le mode de transmission de mouvement du piston à l'arbre de couche, en cinq systèmes principaux, en variétés de système et en types. — **2.** Machines à balanciers. — **3.** Machines oscillantes. — **4.** Machines à bielle directe. — **5.** Machines à bielle en retour. — **6.** Machines à fourreau.

N° 36₁ Classification des appareils de navigation, d'après le mode de transmission de mouvement du piston à l'arbre de couche, en cinq systèmes principaux, en variétés de système et en types. — Au point de vue de la transmission de mouvement du piston à l'arbre de couche, les appareils de navigation se classent en cinq systèmes principaux, savoir :

1° *Les machines à balanciers,* — 2° *Les machines oscillantes,* — 3° *Les machines à bielle directe,* — 4° *Les machines à bielle en retour,* — 5° *Les machines à fourreau.*

Chacun de ces systèmes se subdivise à son tour en *variétés* et ces dernières en *types.*

N° 36₂ Machines à balanciers. — Les *machines à balanciers, fig.* 51, sont caractérisées par une ou deux pièces principales de transmission de mouvement du piston à l'arbre de couche. Ces pièces sont d'épaisses plaques K, en fonte ou en tôle, qui oscillent autour d'un des points de leur longueur, et qu'on nomme *balanciers.*

La *fig.* 51 fait voir l'ensemble des organes fondamentaux de ce système de machine; et la légende suivante en complète la description :

f	plaque de fondation.
n	colonnes formant bâtis.
n'	*châssis triangulaires* complétant les bâtis.
C	cylindre à vapeur.
P	piston à vapeur.
T	tige du piston,
U	*traverse* du piston à vapeur ou *grand té :* barre de fer méplate emmanchée perpendiculairement à la tige T.
L,L	*bielles pendantes,* articulées d'une part aux extrémités du té U, et, d'autre part, à l'un des bouts de chacun des balanciers K,K.
K,K	*balanciers.* Il y en a deux, placés symétriquement de chaque côté du cylindre. Ils sont d'ailleurs libres d'osciller autour d'un axe ou tourillon A′, qui fait corps avec le condenseur C₀. Enfin le piston leur communique son mouvement alternatif par l'intermédiaire de sa tige, de son té et des bielles pendantes.
g	bielle verticale de parallélogramme.
h	bielle horizontale de parallélogramme.
G	bras de rappel de parallélogramme.

Ces trois pièces forment, avec leurs balanciers et les bielles pendantes, de chaque côté de la machine, un *parallélogramme de Watt,* destiné à diriger en ligne droite l'extrémité supérieure de la tige du piston.

LL   *bielles courtes* ou *latérales*. Ces pièces ont leurs extrémités inférieures articulées avec les seconds bouts des deux balanciers; et leurs extrémités supérieures se trouvent emmanchées à demeure dans la traverse U′.

U′   *traverse de grande bielle.* Cette pièce forme avec les deux bielles précédentes ce qu'on appelle le *té renversé.*

Fig. 51. *Machine à balanciers ordinaires.*

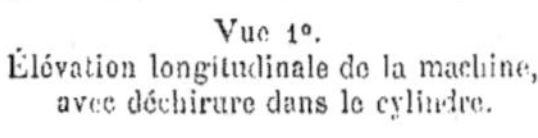

Vue 2°.
Grand té vu de face,
et bielles pendantes.

Vue 1°.
Élévation longitudinale de la machine,
avec déchirure dans le cylindre.

Vue 3°.
Té renversé vu de face,
et grande bielle.

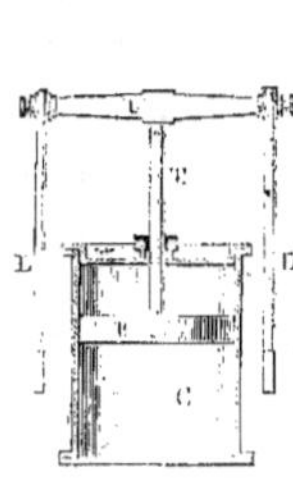
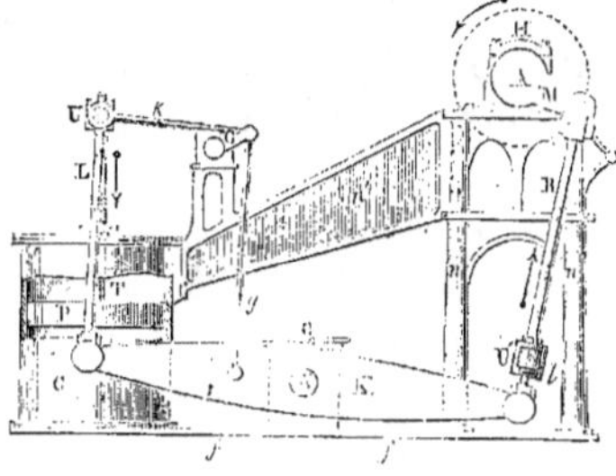
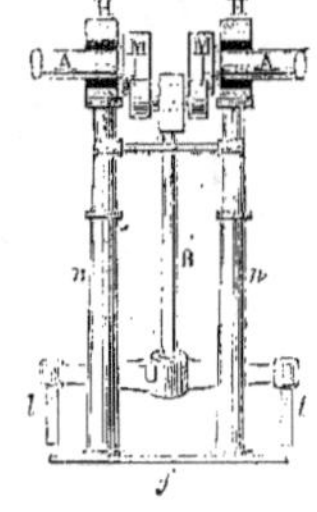

B   *grande bielle :* son pied est claveté dans la traverse U′, et il reçoit un mouvement de va-et-vient des deux balanciers K,K, par l'intermédiaire du té renversé.

M   grande manivelle.

A   arbre de couche.

H,H   grands paliers.

— On distingue deux variétés principales de machines à balanciers :

1° *Les machines à balanciers inférieurs, fig.* 51. Les balanciers sont placés en contre-bas du cylindre. Leur point d'oscillation est situé au milieu de leur longueur.

— Cette variété a été très-usitée pour les bâtiments à roues ; mais elle est aujourd'hui abandonnée.

2° *Les machines à balancier supérieur, fig.* 52. Il n'y a ici qu'un balancier. Il se trouve, comme dans les appareils ordinaires de terre, placé au-dessus du cylindre. Il oscille, en outre, autour d'un point situé tantôt au milieu

Fig. 52. *Machine à balancier supérieur.*

Vue 1°. Coupe verticale menée par l'axe du cylindre perpendiculairement à l'arbre de couche.

Vue 2°. Grand té vu de face avec ses coulisseaux *g,g* et les bielles d'entraîne-ment L,L.

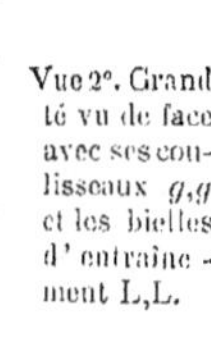
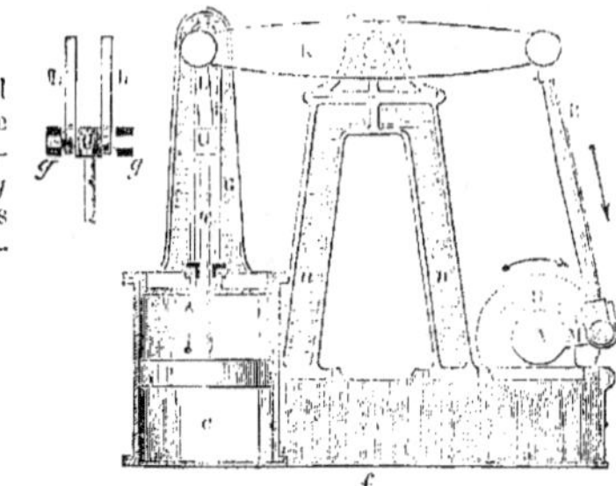

lindre. Il oscille, en outre, autour d'un point situé tantôt au milieu de sa longueur, tantôt un peu en avant de ce milieu, du côté opposé à l'arbre de couche. — Cette variété est employée à bord d'un grand nombre de bateaux à roues américains.

— La légende ci-dessus, relative à la *fig.* 51, convient à la *fig.* 52 sous les restrictions suivantes :

Les balanciers K,K, au lieu d'osciller autour d'un axe fixe, portent au contraire un tourillon A′ qui fait corps avec eux. Ce tourillon tourne alors dans des paliers boulonnés aux bâtis.

En outre, la tige du piston n'est pas guidée par un parallélogramme. Elle est maintenue en ligne droite à l'aide de coulisseaux *g*, *g*, enfilés à chaque extrémité du grand té, et glissant dans deux coulisses G, G.

N° 36₅ Machines oscillantes. — Les *machines oscillantes* sont caractérisées par la disposition du cylindre. Ce récipient, C, *fig.* 53, au lieu d'être fixe, est supporté, comme un canon, par deux tourillons *k*, *k*. Ces tourillons sont placés au milieu de sa hauteur, à l'opposé l'un de l'autre ; et il oscille autour d'eux.

Afin de donner une idée suffisante des machines oscillantes, et en particulier de la distribution de la vapeur, qui y comporte une disposition toute spéciale, nous avons représenté sur les trois vues de la *fig.* 53 l'ensemble des pièces fondamentales de ce système. La légende suivante, disposée par ordre didactique, en complète d'ailleurs la description :

f　plaque de fondation.

n,n　bâtis formés de colonnettes.

N　*entablement* : grand cadre en fonte emmanché sur les colonnettes *n*, et dont font partie les paliers H,H de l'arbre de couche.

K,K　paliers fixés à la plaque de fondation, et supportant le cylindre par ses tourillons.

C　cylindre à vapeur.

k,k　*tourillons* creux venus de fonte avec le cylindre et oscillant dans les paliers K,K.

T　tige du piston faisant en même temps fonction de grande bielle. Il résulte d'une pareille combinaison qu'elle est contrainte de se prêter aux obliquités que la grande manivelle l'oblige à prendre à droite et à gauche de la ligne *yy*, *vue 2°*. Il faut donc bien que le cylindre soit à même d'être entraîné par cette tige, en oscillant de part et d'autre de la droite précédente.

1　longue douille ménagée au centre du couvercle du cylindre et que termine le presse-étoupe habituel. Cette douille a pour but de soutenir la tige du piston contre les efforts latéraux qui résultent à chaque instant de l'oscillation qu'elle imprime au cylindre.

M　grande manivelle.

A　arbre de couche.

H,H　grands paliers.

V　tuyau d'arrivée de vapeur s'emboîtant, à travers un presse-étoupe, dans le tourillon de gauche. De la sorte, ce tourillon peut osciller autour du tuyau qui nous occupe et qui est fixe, sans que sa jonction avec lui cesse d'être étanche.

2　canal venu de fonte avec le cylindre et débouchant dans le creux du tourillon de gauche d'une part, et dans la boîte de distribution O d'autre part. Ce canal forme le prolongement du tuyau V, et amène la vapeur dans la boîte en question.

O   boîte de distribution.

D   tiroir en coquille.

E   conduit d'évacuation dans lequel, par le fait du jeu du tiroir, afflue, comme de coutume, la vapeur qui vient de produire son effet dans le cylindre.

. Fig. 53. *Machine oscillante verticale droite.*

Vue 1°. Coupe verticale menée par l'axe de l'arbre   Vue 2°. Coupe verticale menée perpendiculairement
de couche et par celui des tourillons.   à l'arbre de couche par l'axe du cylindre.

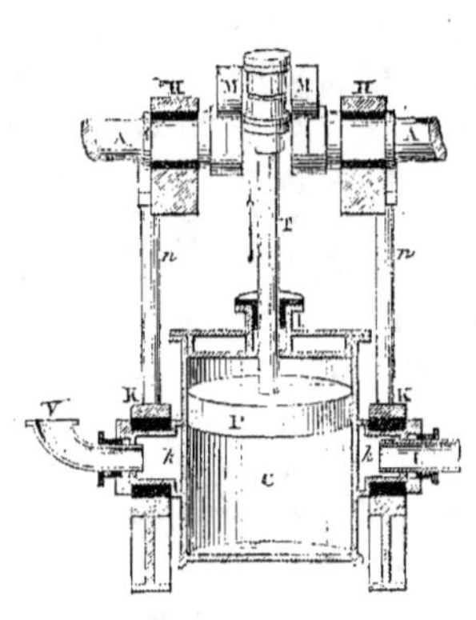

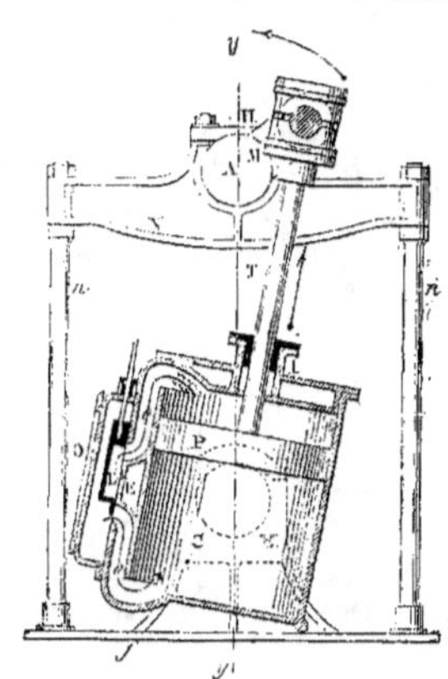

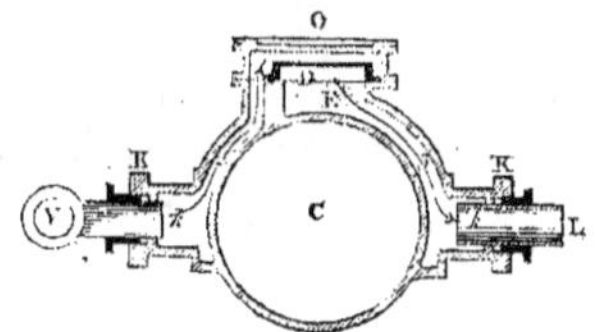

Vue 3°. Coupe menée perpendiculairement à l'axe
du cylindre par celui des tourillons.

3   canal venu de fonte avec le cylindre et aboutissant dans le creux du tourillon de droite d'un bout, et de l'autre bout au tuyau L, qui lui sert de continuation.

L   tuyau d'évacuation, fixe comme le tuyau V, et s'emboîtant aussi à travers un presse-étoupe dans le tourillon correspondant pour se rendre de là au condenseur.

— On rencontre trois variétés principales de machines oscillantes, savoir :

1° *Les machines oscillantes verticales droites, fig.* 53. La tige de piston se trouve ici verticale lors de sa position moyenne d'oscillation en y y (position qui correspond du reste à l'instant des points morts). De plus, cette tige sort par le dessus du cylindre. — La variété qui nous occupe a été très-employée pour les bâtiments à roues, tant en France qu'en Angleterre.

2° *Les machines oscillantes inclinées droites*, *fig.* 54. La tige de piston occupe ici, lors de sa position moyenne d'oscillation, une direction *yy* inclinée d'ordinaire de 45° par rapport à l'horizon. Elle sort d'ailleurs par le dessus du cylindre. Cette variété est assez usitée sur les paquebots à roues anglais et américains.

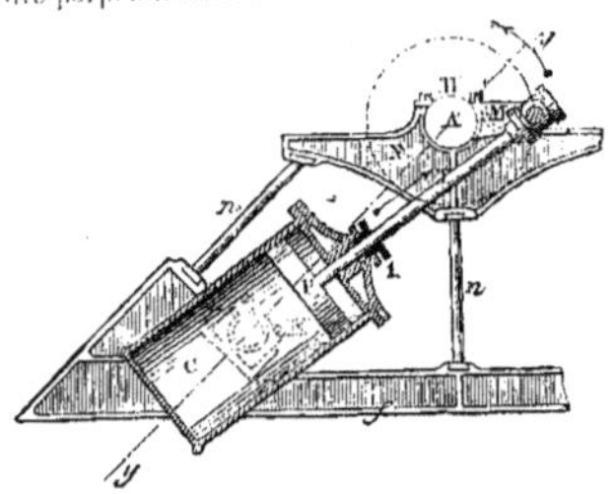

Fig. 54. *Machine oscillante inclinée droite.* — Coupe verticale menée par l'axe du cylindre perpendiculairement à l'arbre de couche.

3° *Les machines oscillantes horizontales*, *fig.* 55. La tige de piston est actuellement horizontale lors de sa position moyenne d'oscillation en *yy*. — Cette variété a été employée sur quelques bâtiments de guerre à hélice avec ou sans engrenage. Mais elle n'est plus reproduite.

La légende de la *fig.* 55 convient aux *fig.* 54 et 55.

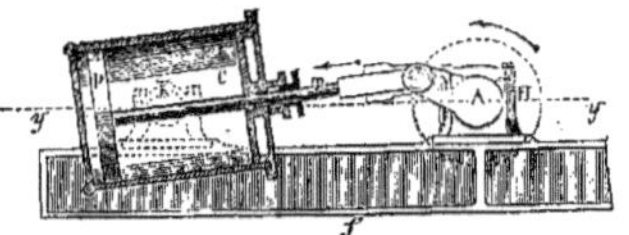

Fig. 55. *Machine oscillante horizontale.* — Coupe verticale menée par l'axe du cylindre perpendiculairement à l'arbre de couche.

N° 36₄ Machines à bielle directe. — *Les machines à bielle directe* sont les appareils où la grande bielle B, *fig.* 56, est articulée directement à l'extrémité de la tige T du piston, et va se relier à la grande manivelle en se dirigeant du côté du prolongement de cette tige. — Voici, d'ailleurs, la description des pièces fondamentales du système qui nous occupe :

f   plaque de fondation.
n   bâtis.
C   cylindre à vapeur.
P   piston à vapeur.
T   tige du piston à vapeur.

Fig. 56. *Machine horizontale à bielle directe.*

Vue 1°. Coupe verticale menée par l'axe du cylindre perpendiculairement à l'arbre de couche.

Vue 2°. Coupe horizontale passant par l'axe du cylindre et celui de l'arbre de couche.

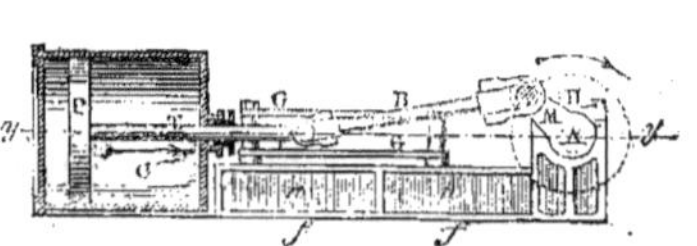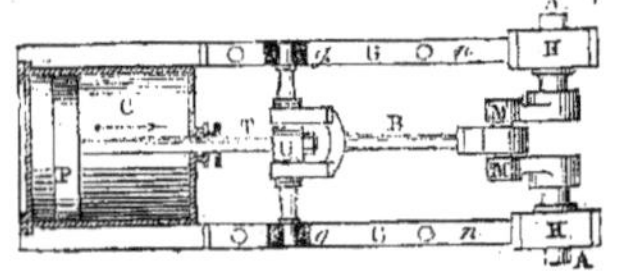

U   *traverse du piston à vapeur* ou *grand té*, barre en fer forgé implantée perpendiculairement à la tige précédente.

g,g glissoirs ou coulisseaux : espèces de blocs de forme quadrangulaire en fonte ou en bronze enfilés à chacune des extrémités de la traverse U, et glissant entre les guides G,G.

G,G glissières ou guides composés de chaque côté de la tige du piston, de deux grandes règles plates formant coulisse. Les guides inférieurs font d'ordinaire partie des bâtis. Mais chaque guide supérieur est quelquefois un morceau détaché qu'on relie solidement à ces derniers. Les pièces qui nous occupent ont pour objet de maintenir en ligne droite la tête de la tige du piston, en la soutenant contre la réaction oblique de la grande bielle, par l'intermédiaire de la traverse U et des coulisseaux *g,g*.

B   grande bielle : son pied a ici la forme d'une fourche dont les deux branches s'articulent à la traverse U.

M   grande manivelle.

A   arbre de couche.

H,H   grands paliers.

— On rencontre trois variétés principales de machines à *bielle* directe, savoir :

1° *Les machines horizontales à bielle directe*, fig. 56, dans lesquelles l'axe *yy* du cylindre est horizontal. — Cette variété a été employée à bord de beaucoup de bâtiments de guerre à hélice sans ou avec engrenage.

2° *Les machines verticales renversées à bielle directe*, vulgairement appelées *machines à pilon*, fig. 57. Dans ces machines, l'axe *yy* du

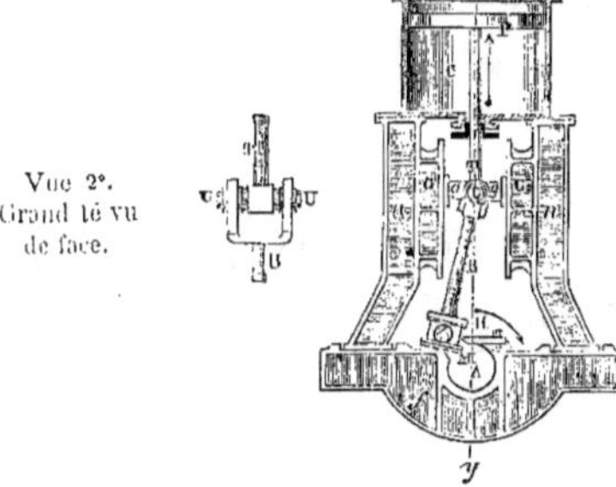

Fig. 57. *Machine verticale renversée à bielle directe, vulgairement nommée machine à pilon.*

Vue 1°. Coupe verticale menée par l'axe du cylindre perpendiculairement à l'arbre de couche.

Vue 2°. Grand té vu de face.

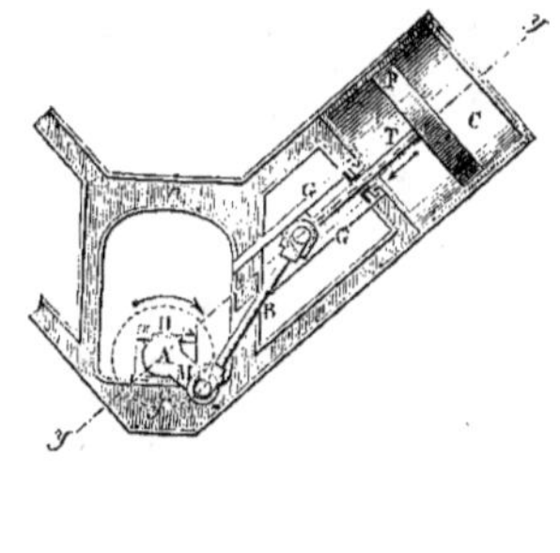

Fig. 58. *Machine inclinée renversée à bielle directe.* — Coupe verticale menée par l'axe du cylindre perpendiculairement à l'arbre de couche.

cylindre est vertical, et la tige de piston sort par le dessous de ce récipient. — Cette variété est extrêmement répandue aujourd'hui sur les transports, les canonnières et les navires du commerce à hélice sans engrenage.

3° *Les machines inclinées renversées à bielle directe*, fig. 58. Dans ces machine, l'axe yy du cylindre est incliné de 45° par rapport à l'horizon. La tige de piston sort par le dessous du cylindre. — Cette variété est assez usitée pour les bâtiments de commerce à hélice sans engrenage. — La légende ci-dessus, relative à la *fig.* 56, convient encore aux *fig.* 57 et 58.

N° 36₅ Machines à bielle en retour. — *Les machines à bielle en retour ou renversée*, *fig.* 59, sont caractérisées par l'emploi de deux ou quatre tiges de piston T,T, comprenant entre elles l'arbre en hauteur et son vilebrequin en largeur. Ces tiges sont d'ailleurs reliées à une traverse U. Enfin, de cette dernière pièce part la grande biell pour aller s'articuler à la grande manivelle, en *retournant* du côté du cylindre, ou, autrement dit, *en se renversant* par rapport aux tiges.

C'est ce système que nous avons adopté pour notre machine démonstrative, *fig.* 51. Mais on n'aperçoit sur celle-ci qu'une vue de l'ensemble des renvois de mouvement du piston à l'arbre de couche. Aussi, afin de donner une idée complète de ces renvois de mouvement, avons-nous représenté sur les différentes vues de la *fig.* 59, les organes fondamentaux de toute machine à bielle en retour. — Voici d'ailleurs la légende de cette figure donnée par ordre didactique :

f	plaque de fondation.
n	bâtis.
C	cylindre à vapeur.
P	piston à vapeur.
T,T	tiges du piston à vapeur.
U	*traverse du piston à vapeur* ou *grande traverse :* cette pièce possède à peu près la

Fig. 59. *Machine horizontale à bielle en retour.*

Vue 1°. Coupe verticale menée par l'axe du cylindre perpendiculairement à l'arbre de couche.

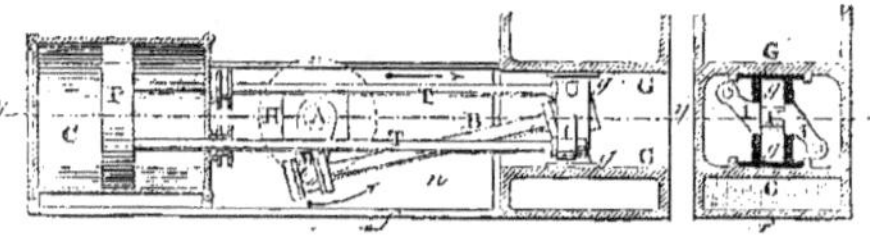

Vue 3°. Grande traverse vue de face.

Vue 2°. Coupe horizontale passant par l'axe du cylindre et celui de l'arbre de couche.

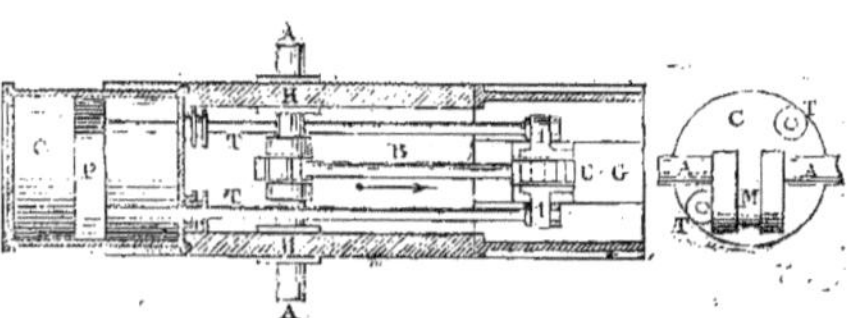

Vue 4°. Couvercle du cylindre.

forme d'un Z placé horizontalement. Ses bras forment deux oreilles ou crosses 1,1, où viennent s'emmancher les tiges de piston.

g,g   *coulisseaux* : ils ont ici la forme de savates boulonnées avec la traverse précédente et glissant entre les deux pièces G,G.

G,G   *glissières* formées de parties planes venues de fonte avec les bâtis. Elles servent, comme toujours, à diriger en ligne droite les têtes de tige de piston, en les soutenant contre la réaction oblique de la grande bielle, par l'intermédiaire de la traverse U et des coulisseaux *g,g*.

B   grande bielle.
A   arbre de couche.
M   grande manivelle.
H,H   grands paliers.

— Géométriquement parlant, les machines à bielle en retour, de même que celles à bielle directe, pourraient présenter cinq variétés. Cependant on ne rencontre actuellement à bord des navires que la variété ci-dessus à axe horizontal.

N° 36₆ Machines à fourreau. — *Les machines à fourreau* sont des appareils où là grande bielle B, *fig.* 60, est directement articulée au centre du piston, et oscille dans un grand tuyau ou *fourreau* F, fixé à ce dernier. Le fourreau traverse, du reste, comme une tige de piston ordinaire, le couvercle et généralement aussi le fond du cylindre, à travers de vastes presse-étoupe. — Voici, au surplus, la légende des pièces fondamentales du système dont il s'agit :

Fig. 60 *Machine horizontale à fourreau.*

Vue 1°. Coupe verticale menée par l'axe du cylindre perpendiculairement à l'arbre de couche, avec déchirure dans le fourreau.

Vue 2°. Couvercle du cylindre vu de face.

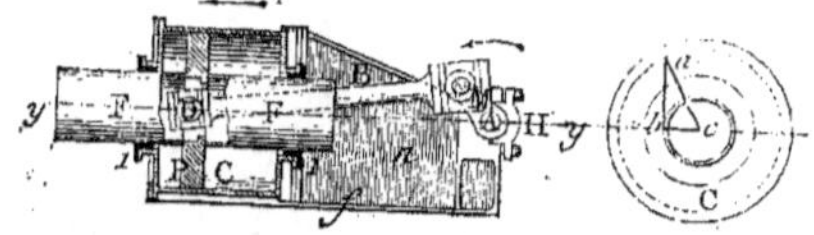

Vue 3°. Coupe horizontale passant par l'axe du fourreau et celui de l'arbre de couche.

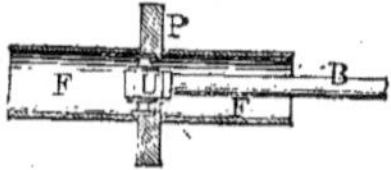

f   brides de fixation tenant lieu de plaque de fondation.
n   bâtis.
C   cylindre à vapeur.
P   piston à vapeur, ayant la forme d'une couronne.
F   *fourreau*, faisant corps avec le piston. La vapeur circule dans le cylindre tout autour et à l'extérieur du fourreau, soit à droite, soit à gauche du piston. Mais l'intérieur de F, qui est complétement à jour, communique continuellement avec l'air extérieur.
U   *tourillon* ou *soie* : cette pièce est fixée au centre évidé du piston parallèlement à l'arbre de couche, et sert d'axe d'articulation à la grande bielle.
1,1   vastes presse-étoupe, qui rendent étanche le passage du fourreau à travers le fond et le couvercle du cylindre.
B   grande bielle, dont le pied s'articule au tourillon U.
A   arbre de couche.

M   grande manivelle.}
H,H   grands paliers.

— On rencontre deux variétés principales de machines à fourreau, savoir :

Fig. 61. *Machine verticale droite à fourreau.*

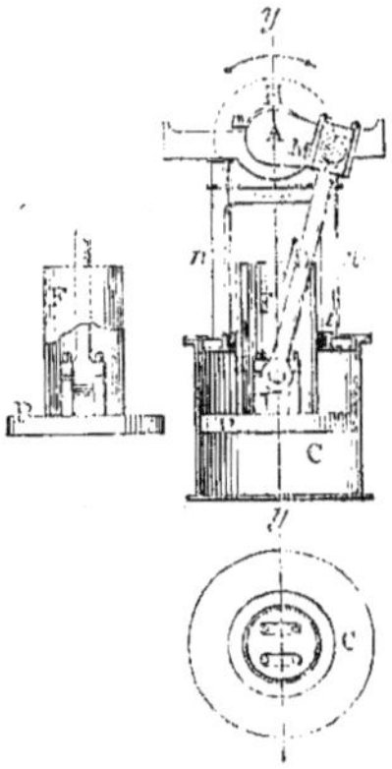

Vue 1°. Coupe verticale menée par l'axe du cylindre perpendiculairement à l'arbre de couche.

Vue 2°. Élévation du piston et du fourreau, avec déchirure dans ce dernier.

Vue 3°. Plan du couvercle du cylindre.

1° *Les machines horizontales à fourreau.* fig. 60, dans lesquelles l'axe yy du cylindre est horizontal. — Cette variété a été employée sur beaucoup de navires à hélice sans engrenage.

2° *Les machines verticales droites à fourreau, fig.* 61. L'axe yy du cylindre est ici vertical. En outre, la grande bielle sort du fourreau du côté du dessus du cylindre. — Cette variété a été employée sur plusieurs bateaux à roues de l'État et du commerce, et sur quelques paquebots à hélice avec engrenage.

La légende de la *fig.* 60 convient aussi à la *fig.* 61.

N° 57. — 1. Classification des appareils à vapeur de navigation d'après l'espèce du propulseur; machines à roues. — 2. Machines à l'hélice avec ou sans engrenage. — 3. Nécessité de plusieurs cylindres.

N° 37₁ Classification des appareils à vapeur de navigation d'après l'espèce du propulseur. — Au point de vue du propulseur, les appareils à vapeur de navigation se classent en *machines à roues* et en *machines à hélice*.

Machines à roues . — *Avec les roues,* on est évidemment libre d'employer *un système* quelconque de machine. Le cylindre est en général *vertical droit* ou *incliné droit.* Cette dernière position devient même indispensable quand le navire n'a pas beaucoup de creux.

D'autre part, les machines à roues, à cause du grand diamètre du propulseur, fonctionnent à des vitesses de rotation modérées, comprises entre 15 et 25 tours à la minute.

N° 37₂ Machines à hélice avec ou sans engrenage. — L'hélice est forcée d'avoir son arbre placé à une petite distance de la quille, et d'ailleurs à peu près parallèlement à cette pièce. De plus, elle réclame une rotation rapide à cause de ses dimensions restreintes. Par conséquent, ou ce propulseur exige des machines agissant sur son propre arbre à l'aide d'un *engrenage ;* et alors l'arbre de couche est placé à une certaine distance du précédent, et possède une vitesse de rotation modérée. Ou il faut des appareils conduisant directement l'arbre de l'hélice ; et, dans ce cas, l'arbre de couche doit former le prolongement du précédent et tourner avec rapidité.

De là, résulte la division des machines à hélice en *machines à engrenage*, et en *machines sans engrenage* ou *à connexion directe*.

La vitesse de rotation des appareils à hélice avec engrenage est toujours supérieure à celle des machines à roues. Ils font, en moyenne lors de la marche à toute puissance, de 25 à 30 tours à la minute, et exceptionnellement 50 tours.

Les machines à connexion directe font de 50 à 90 tours à la minute pour les grands bâtiments, et jusqu'à 200 tours pour les petits navires à faible tirant d'eau.

N° 37₃ Nécessité de plusieurs cylindres. — Les appareils à vapeur de navigation comportent d'ordinaire plusieurs cylindres conjugués ou accouplés sur le même arbre de couche. Cela est nécessaire pour que les manivelles puissent franchir dans tous les cas leurs points morts, et commencer à tourner au départ quelles que soient leurs positions. Les deux cylindres sont d'ailleurs très-utiles pour régulariser la rotation. — Enfin, lors d'une avarie de cylindre, on peut continuer de marcher avec le cylindre intact.

CHAPITRE III.

DÉTAILS DE CONSTRUCTION DES DIVERSES PIÈCES DES MACHINES A VAPEUR
DE NAVIGATION.

CHAP. III, § 1ᵉʳ. — DES MATÉRIAUX EN USAGE DANS LES MACHINES.

N° 38. — **1. Des métaux en général et de leurs propriétés. — 2. Oxydation des métaux et effet galvanique; moyens de préserver les métaux contre l'oxydation. — 3. Noms des métaux qui entrent dans la composition des machines. — 4. Du fer dans ses divers états : fer forgé, fonte de fer, acier, étoffe et tôle. — 5. Cuivre, plomb, étain, zinc, antimoine et nickel. — 6. Alliages des métaux précédents entre eux : bronze, laiton, maillechort et antifriction. — 7. De quelques espèces de bois employées dans les machines : cormier, charme, gaïac. — 8. Autres matières dont on fait encore usage dans les machines : feutre, caoutchouc, minium, céruse.**

N° 38₁ Des métaux en général et de leurs propriétés. — Les métaux sont des substances minérales simples, bons conducteurs de la chaleur et de l'électricité, et douées de cet éclat particulier qu'on nomme *éclat métallique*. Ils sont généralement opaques, pesants et tous solides, à l'exception du mercure.

L'industrie n'emploie guère que quelques métaux à l'état de pureté. Le plus souvent, elle se sert de ces matières sous forme d'*alliages*, c'est-à-dire après qu'elles ont été fondues et brassées ensemble dans des proportions déterminées, de manière à donner naissance en quelque sorte à de nouveaux métaux.

— Les métaux et leurs alliages possèdent, à divers degrés, plusieurs propriétés générales et entre autres : la *ductilité* ou *malléabilité* et la *ténacité*.

La *ductilité* ou *malléabilité* consiste dans la faculté que possèdent certains métaux de s'étirer en fils, ou de s'aplatir en lames.

La *ténacité* est la propriété dont jouissent les métaux de résister à des efforts assez considérables sans se rompre.

N° 38₂ Oxydation des métaux et effet galvanique. — Les métaux sont combinables avec l'*oxygène* et forment avec lui de nombreux composés appelés *oxydes*. Exemple, les oxydes de fer et de cuivre, connus sous les noms vulgaires de *rouille* et de *vert-de-gris*.

L'*oxydation* ronge les métaux et tend à diminuer la résistance des pièces qu'elle attaque. — Dans les machines, on a surtout à craindre le développement de l'oxydation sous l'influence de l'humidité ou de l'électricité.

L'expérience de chaque jour nous prouve que l'oxydation est bien activée par l'humidité. Quant au développement de l'oxydation par l'électricité, il se désigne d'ordinaire sous le nom d'*effet galvanique*. On l'observe lorsque deux métaux de natures différentes, le fer et le cuivre, par exemple, sont en contact, ou même à petite distance, au milieu d'un air humide et surtout dans l'eau de mer.

Moyens de préserver les métaux contre l'oxydation. — Pour rendre les objets en fer moins altérables au contact de l'air humide ou dans l'eau de mer. On les recouvre d'une couche très-mince de zinc, ce qui constitue le fer *galvanisé*; ou bien on les étame, parce que le zinc et l'étain s'oxydent moins facilement que le fer. Quand on ne peut pas employer ces moyens, on isole le métal du milieu ambiant par une couche de suif, de goudron, d'huile épaisse ou de peinture au minium ou au blanc de céruse. Toutefois, les substances grasses activant l'oxydation sur le cuivre et ses alliages, il n'y a moyen de prémunir ces derniers corps contre un semblable effet destructeur qu'en les tenant bien secs.

N° 38₃ Noms des métaux qui entrent dans la composition des machines. — Les principaux métaux dont on se sert dans la composition des machines à vapeur marines, sont :

1° *Le fer forgé, l'acier, l'étoffe et la fonte ;*

2° *Le cuivre rouge ;*

3° *Le zinc, l'étain, l'antimoine et le bismuth ;*

4° *Le bronze, le laiton, l'antifriction et diverses soudures,* qui ne sont autres que des alliages.

N° 38₄ Du fer dans ses divers états. — Le *fer* s'emploie sous trois états : 1° à l'état de *fer doux*; 2° à l'état de *fonte*; 3° à l'état d'*acier*.

Fer doux ou forgé. — Le *fer doux, forgé, battu* ou *malléable,* est à peu près pur. Il possède une couleur gris bleuâtre ; il est tantôt grenu, tantôt lamelleux, et jouit toujours d'une grande malléabilité. C'est d'ailleurs le métal le plus tenace. Sa densité est de 7,8. Il se fond à la température de 1500 degrés. Porté à une chaleur rouge-blanche, il se ramollit et se laisse souder à lui-même.

Fonte de fer. — La *fonte*, dite aussi *fer cru*, est le premier produit de la fusion des minerais de fer. Sa densité moyenne est de 7,7. On en distingue quatre sortes : la *fonte noire*, la *fonte grise*, la *fonte blanche* et la *fonte truitée*.

1° La *fonte noire* s'obtient dans les hauts fourneaux quand on a employé plus de charbon que de minerai. Cette fonte cède sous le marteau, et sa couleur est foncée.

2° La *fonte grise* provient de bons minerais et d'une fusion bien conduite. Elle est d'un gris bleu plus ou moins foncé, et possède une solidité et une ténacité remarquables. On s'en sert pour couler les cylindres, les condenseurs, les bâtis, etc.

3° La *fonte blanche* a une couleur blanc argentin. Elle est fibreuse, très-cassante et très-dure. On s'en sert pour la fabrication du fer et de l'acier.

4° La *fonte truitée* est un mélange de fonte blanche et de fonte grise.

— La fonte s'oxyde beaucoup moins que le fer. Mais, après un long séjour dans l'eau de mer, surtout en contact avec du bronze ou du cuivre, elle se change en plombagine très-molle.

Acier. — Le fer pur uni à une très-petite quantité de carbone et d'azote produit l'*acier*.

L'acier sert principalement pour faire des outils, des ressorts, etc. ; il acquiert de la dureté par la trempe.

Étoffe. — En *corroyant*, c'est-à-dire en forgeant ensemble des barres d'acier et de fer, on obtient ce qu'on appelle *de l'étoffe* ou *fer étoffé*.

L'étoffe est plus dure et plus tenace que l'acier et en même temps plus souple. On l'emploie pour confectionner les tiges de piston à vapeur.

Tôle. — *On donne le nom de tôle au fer réduit en feuilles.* — L'opération s'effectue soit au marteau pilon, soit au laminoir.

— On distingue les tôles sous les deux points de vue de leur mode de fabrication et de leur épaisseur. Au premier de ces points de vue, elles sont dites *tôles au marteau* ou *tôles laminées ;* et, au second, elles sont classées en *tôles fortes*, en *tôles minces* et en *tôles fines*, dites aussi *fer noir*.

Les *tôles fortes* sont les tôles dont l'épaisseur est de 6 mill. et au-dessus. — Les *tôles minces* sont celles dont l'épaisseur varie entre 1 mil. et 5 mil. — Les *tôles fines* s'entendent de celles dont l'épaisseur varie entre 1 mil. et 1/4 de mil.

N° 38₅ Cuivre. — Le *cuivre* est un métal malléable, facile à travailler au marteau, mais qui ne présente pas une grande dureté. Sa densité est de 8,9 environ. Il fond à une forte chaleur rouge. Il se couvre à l'air d'une légère couche verte, connue sous le nom de *vert-de-gris*.

Le cuivre est employé pour un grand nombre de pièces de machines et particulièrement pour les tuyaux et pour les boulons.

Uni à d'autres métaux, le cuivre forme, entre autres alliages, le bronze et le laiton ou cuivre jaune.

Plomb. — Le plomb présente à l'œil une couleur blanc-bleuâtre, et il apparaît très-brillant quand il est récemment coupé. Il est si mou qu'on peut le rayer avec l'ongle. Sa densité égale 11,4. Il fond à la température de 320 degrés. Enfin, il se ternit rapidement à l'air, en s'oxydant à sa surface.

Le plomb est d'une grande malléabilité; mais, d'un autre côté, il possède une ductilité médiocre, et sa ténacité est extrêmement faible. On ne l'emploie guère dans les machines que pour certains joints (n° 59₅).

Étain. — L'étain a une couleur bleu grisâtre. Il fait entendre un craquement particulier quand on coude une petite barre de ce métal. Il est mou et très-malléable. Sa densité est de 7,5. Il commence à fondre à 230 degrés.

Dans les machines à vapeur, on ne rencontre guère l'étain qu'allié avec d'autres matières, dont il est destiné à augmenter la fusibilité et la ténacité.

Zinc. — Ce métal a une couleur blanc-bleuâtre très-brillante. Il est mou et d'une texture granuleuse. Il devient ductile et malléable à la température de 100 à 150 degrés. Il fond à 456 degrés et se volatilise bien au-dessous de cette température. Sa densité est 7,2. Il est très-peu oxydable. — Dans les machines, on ne rencontre guère le zinc qu'allié au cuivre, avec lequel il forme le *laiton*.

Antimoine. — Ce métal est d'un blanc-bleuâtre, brillant, lamelleux, et se fond à environ 440 degrés. Il se volatilise au rouge-blanc. Sa densité est d'environ 6,7. On l'emploie surtout dans les alliages pour donner aux métaux de la dureté et les rendre cassants.

Nickel. — Le nickel est un métal blanc, légèrement grisâtre. Il se laisse laminer et étirer en fil assez fin. Sa densité est 8,8.

N° 38₆ Alliages des métaux précédents entre eux. Bronze. — Le bronze est un alliage de cuivre et d'étain. Sa densité est de 8,5.

Le bronze est beaucoup plus dur et plus fusible que le cuivre, et bien moins oxydable et susceptible de se piquer que le fer et la fonte. Il se travaille d'ailleurs très-aisément au tour et à la lime. Enfin, le frottement en est très-doux. — Il s'emploie pour la fabrication des chemises et des corps de pompes, pour les clapets, robinets, tuyaux, coussinets.

— Les proportions d'alliage qui constituent le bronze varient entre 90 parties de cuivre avec 10 d'étain, et 80 parties de cuivre avec 20 d'étain, suivant qu'il s'agit de pièces pour mouvements à moyenne ou à grande vitesse.

Laiton. — Le *laiton* ou *cuivre jaune* est un alliage de cuivre et de zinc. Il se compose, terme moyen, de 65 parties de cuivre et de 55 de zinc. Il se martelle et se lamine mieux que le bronze, et il résiste plus que lui aux chocs, à la chaleur et à la flexion. Il jouit, en outre, de la propriété de se redresser par le battage à froid avec une masse en bois.

Dans les machines, on emploie le laiton pour les presse-étoupe, les godets, les tubes de chaudières et les robinets.

Maillechort. — Le *maillechort*, nommé aussi *cuivre blanc*, contient 50 parties de cuivre, 51 d'argent et 19 de nickel. Il imite l'argent. Dans les machines, on ne l'emploie que pour les pèse-sels.

Remarque. — Tous les alliages à base de cuivre, comme ce dernier métal lui-même, ne doivent être soumis, autant que possible, qu'à des feux de charbon de bois.

Antifriction. — L'*antifriction*, se compose en moyenne de 96 parties d'étain pur, 8 d'antimoine, 4 de cuivre.

Ce métal s'emploie pour garnir les coussinets, les bagues des pistons et les barrettes des tiroirs, — il donne peu de frottement, se prête très-bien aux dénivellements des axes, en s'écrasant sans trop s'échauffer ; enfin, il se laisse pénétrer très-facilement par le sable, la limaille, etc., de telle sorte que ces matières se noient dans son épaisseur. Mais il a l'inconvénient de se fondre très-facilement et de boucher les lumières de graissage.

L'usage de l'antifriction est avantageux dans les mouvements de rotation. Mais il est trop mou pour les mouvements d'oscillation, tels que ceux des pieds de bielle.

N° 38$_7$ De quelques espèces de bois employées dans les machines. — On fait usage dans les machines, de quelques espèces de bois ; tels sont le *cormier*, le *charme* et le *gaïac*.

Cormier. — Le *cormier* ou *sorbier domestique* est dur, compacte et rougeâtre. Il est par conséquent très-propre à former les dents en bois des engrenages de fortes dimensions.

Charme. — Le bois de *charme* est dur, compacte et blanc. De même que le cormier, il est très-propre à confectionner des dents d'engrenage.

Gaïac. — Cette sorte de bois possède une grande dureté et donne lieu à un frottement très-doux. Aussi l'emploie-t-on avantageusement pour portages de pièces frottantes à rotation rapide. Il exige toutefois qu'il soit continuellement mouillé.

N° 38$_8$ Autres matières dont on fait encore usage dans les machines. — On fait encore usage dans les machines des matières secondaires suivantes : le *feutre*, le *caoutchouc*, le *minium*, la *céruse*.

Feutre. — Le *feutre* est une étoffe grossière non tissée, et obtenue par le foulage de laines ou de poils de certains animaux. Il peut avoir jusqu'à 5 centimètres d'épaisseur. Il est alors très-mou et très-poreux, ce qui le rend mauvais conducteur du calorique. — On l'emploie pour recouvrir les chaudières, les tuyaux de vapeur et les cylindres.

Caoutchouc. — Le *caoutchouc* a une couleur ordinairement brunâtre. Il ne possède ni odeur ni saveur. Sa densité $= 0,95$ environ. Il est inaltérable à l'air, mou, flexible, imperméable et extrêmement élastique, mais non compressible.

On n'emploie aujourd'hui que le caoutchouc *vulcanisé*, que l'on obtient par l'immersion du caoutchouc naturel dans un bain de soufre dont la température ne doit pas dépasser 150°. — Le caoutchouc ainsi préparé, ne se durcit pas au froid et ne coule pas à la chaleur.

On emploie surtout le caoutchouc pour clapets de pompe, et pour joints de brides d'assemblage des tuyaux froids ou chauds. Mais, dans ce dernier cas, il est associé à un tissu qui le recouvre complétement.

Enfin, comme il est peu sonore, on en forme encore des tubes destinés à transmettre les ordres.

Le caoutchouc de bonne qualité est gris clair et sans roideur. — Il faut essentiellement préserver cette matière du contact de la graisse et de l'huile, qui la font gonfler à la longue.

Minium. — Le *minium* est un composé de plomb et d'oxygène. Il est d'un rouge très-vif.

On en fait usage dans les joints des machines, à l'état de mastic rouge. On l'emploie encore à l'état de peinture, en le délayant avec de l'huile de lin.

Céruse. — La *céruse* est une combinaison de carbone, de plomb et d'oxygène. Elle est blanche et très-friable.

On emploie cette matière, comme le minium, pour faire des joints. Elle sert aussi pour peindre un grand nombre de pièces des machines que l'on veut préserver de l'oxydation.

N° 39 — **1. Objets d'assemblage des pièces fixes des machines : boulons, goupilles, vis, prisonniers, goujons, queues d'aronde, frettes. — 2. Fabrication des mastics. — 3. Confection des joints. — 4. Confection des différentes tresses employées dans les garnitures.**

N° 39₁ Objets d'assemblage des pièces fixes des machines. — Pour assembler les parties fixes des machines, on emploie des *boulons*, des *prisonniers*, des *goujons*, et exceptionnellement des *queues d'aronde.*

Boulons. — Les *boulons* sont de longs cylindres *b. fig.* 62, en fer, et quelquefois en cuivre ou en bronze, et dans lesquels on remarque les quatre parties suivantes :

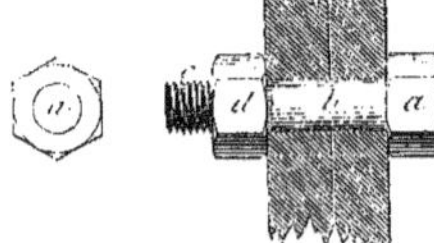

Fig. 62. Boulon.

1° La *tête a* de forme carrée ou hexagonale ;
2° Le *corps* ou la *tige b* venue de forge avec la tête ;
3° La *vis c*, partie filetée à l'extrémité du corps *b* opposée à la tête *a* ;
4° L'*écrou d.*

Goupilles. — Les *goupilles* sont de petites chevilles traversant une pièce pour la maintenir comme le ferait une clavette.

Souvent la goupille est fendue du côté opposé à sa tête : on ouvre alors la fente une fois qu'elle est enfilée, afin de l'empêcher de sortir de son trou.

Vis. — Les *vis* sont des tiges cylindriques *b*, *fig.* 63 et 64, filetées à un de leurs bouts, et portant à l'autre bout une tête polygonale et saillante *a*, *fig.* 63, à base circulaire, ou une tête conique *a*, *fig.* 64. Dans ce dernier cas, la tête se noie dans l'épaisseur de la plus en dehors des pièces qu'elle pénètre, et porte une fente pour le tournevis.

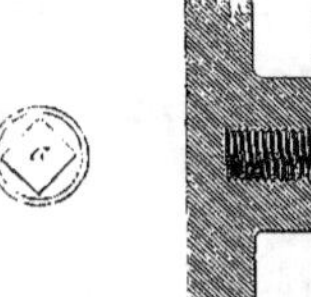

Fig. 63. Vis à tête saillante.

Quand on emploie une vis pour assembler deux pièces, l'une de celles-ci est taraudée et sert en quelque sorte d'écrou à la vis.

Fig. 64. Vis à tête noyée.

Prisonniers. — Le *prisonnier* est une espèce de boulon, *fig.* 65, fileté à ses deux extrémités. L'une *a* de celle-ci se visse à demeure dans une des pièces à assembler, et fait de la sorte fonction de tête; mais l'autre extrémité porte, comme d'habitude, un écrou *d*. Le prisonnier, de même que la vis, s'emploie pour relier deux pièces adjacentes, il présente parfois la disposition vue en *fig.* 66. Dans cette disposition, les deux pièces assemblées laissent entre elles un certain jour *eg*, et ne portent l'une contre l'autre que par une baguette *ef* parfaitement planée. Le jour ainsi ménagé est destiné à être rempli de mastic.

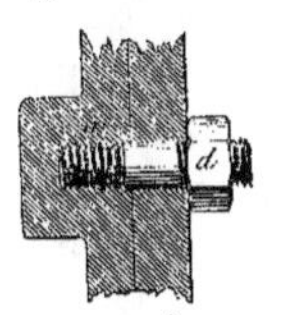

Fig. 65. Prisonnier.

Goujons. — Le *goujon* est un tenon ou cheville cylindrique tout unie, en fer ou en acier, et qui s'incruste entre deux pièces que l'on veut empêcher de glisser l'une sur l'autre. Quelquefois le goujon est employé pour servir de repère. Il se fixe alors par un de ses bouts dans la partie qu'il doit repérer.

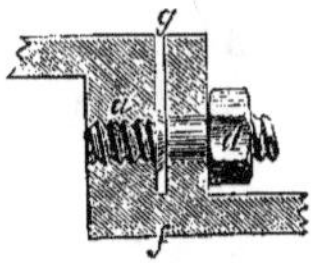

Fig. 66. Autre disposition de prisonnier.

Queues d'aronde. — Lorsqu'on veut relier ensemble deux pièces bout à bout sans les doubler, on fait usage de la *queue d'aronde*. C'est un morceau hexagonal *a*, *fig.* 67, dont deux des angles opposés sont rentrants. Une entaille semblable au morceau *a* est découpée par moitié dans les deux parties A et B à réunir. Pour empêcher la queue d'aronde de décapeler, on rabat

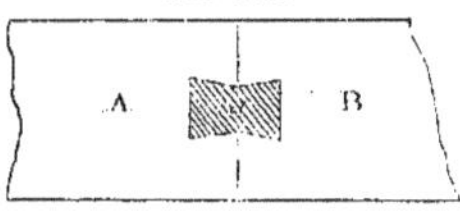

Fig. 67. Assemblage à queue d'aronde.

légèrement sur son pourtour le métal des pièces où elle est incrustée.

Fig. 41,
Pl. V.**Frettes**. — Ce sont des bandes de fer ou de cuivre, de forme circulaire ou même polygonale, le plus souvent en un seul morceau, qui
se capellent autour des pièces à assembler, de façon à former en
quelque sorte une *rousture* métallique, ainsi qu'on le voit sur la
fig. 41, pl. V.

N° 39₂ Fabrication des mastics. — On appelle en général
mastics, des matières molles destinées à être placées entre deux objets
de façon à en boucher l'intervalle en se durcissant, et capables en
outre de résister aux pressions et à la chaleur.

Les principaux mastics employés dans les appareils à vapeur de
navigation sont: le *mastic rouge au minium*, les *mastics de fer et
de fonte*, les *mastics au blanc de zinc et au blanc de céruse*, le
mastic réfractaire, les *mastic au blanc d'Espagne et au blanc de
chaux*.

1° Le *mastic rouge au minium* se compose de 1 partie de minium
et 1 partie de céruse. Ses matières intégrantes sont d'abord mélangées ensemble. Puis, on les imbibe d'une petite quantité de bonne
huile de lin ou *de chènevis*, en les battant sur une planche avec un
marteau jusqu'à ce que la pâte soit devenue bien ferme et bien liée.
On s'assure de ce résultat quand on parvient à former de petits rou-
leaux avec la pâte sans la casser. — Le plus souvent le blanc de
céruse est déjà en pâte, et il n'y a pas lieu d'ajouter de l'huile de lin.

Le mastic qui nous occupe sert pour la jonction de toutes les pièces
qui ne se trouvent pas exposées à l'action directe du feu, et qui d'ailleurs
sont appelées à se démonter: telles que les portes de regard et de
trou d'homme, les autoclaves, les assemblages de bouts de tuyaux, etc.

2° Le *mastic de fer ou de fonte* se compose de:

Tournure de fonte, ou, au besoin, limaille de fer. . 40 parties en poids.
Fleur de soufre en poudre. 2   d°
Sel ammoniac en poudre. 1   d°
Humecter avec de l'eau de mer ou de l'urine.

Quelquefois, on mélange aux matières précédentes de la poussière
ramassée dans les auges des meules à aiguiser, et dont l'effet est de
déterminer une prompte action chimique entre la limaille et le soufre.

En principe, le mastic de fer sert pour les joints des pièces en fer
ou en fonte dont les parties à assembler ne sont pas parfaitement
planées, et qui d'ailleurs ne doivent pas être démontées. Il va de soi

qu'à cause de l'action corrosive de l'ammoniaque sur le bronze et le cuivre, on ne saurait faire usage du mastic considéré pour la jonction des pièces formées de ces métaux.

3° Les *mastics au blanc de zinc* et *au blanc de céruse* se préparent absolument comme le mastic rouge, en remplaçant le minium par du blanc de zinc ou de céruse.

Ils se prêtent aux mêmes usages que ledit mastic. Ils lui sont même préférés pour les joints qui se confectionnent à l'aide de tresses, et qui sont appelés à être fréquemment démontés.

4° Le *mastic réfractaire* se compose de limaille de fonte non oxydée, tamisée et pétrie avec de l'argile et du poussier de meule à aiguiser. On mélange ces substances en les battant et en les humectant de vinaigre ou d'eau ammoniacale.

On préfère le mastic réfractaire au mastic de fonte pour les parties exposées aux flammes.

5° Les *mastics au blanc d'Espagne et au blanc de chaux* se préparent en amalgamant ensemble du blanc d'Espagne ou du blanc de chaux, de l'huile de lin et du chanvre haché menu.

Ils s'emploient dans les mêmes circonstances que le mastic au minium, sauf le cas où ils devraient se trouver en contact avec de la vapeur.

N° 39₅ Confection des joints. — On entend en général par *joint*, toute disposition servant à rendre étanche la réunion de deux pièces juxtaposées. On met du mastic dans tous les joints. Ce mastic s'applique avec ou sans garniture, suivant son espèce et le degré de dressage et de rapprochement des parties à assembler.

On fait des joints aux brides d'assemblage de tous les récipients, tels que cylindres, condenseurs, pompes, bâches, boîtes à tiroir, ainsi qu'aux couvercles et portes de trou d'homme de ces récipients, les siéges de clapet, etc., enfin aux brides des tuyaux. Avant de faire les joints, on doit laver à l'huile de lin les surfaces à jonctionner, afin d'accroître l'adhérence du mastic contre les parties métalliques. Puis, après la pose du mastic, il faut serrer partout à la fois les boulons d'assemblage. — Pour le mastic de fer, le vinaigre remplace l'huile de lin.

Quand les pièces ne sont pas parfaitement planées, on opère les joints au moyen de mastic de fer, ou bien on interpose, soit une rondelle ou une lame de plomb, soit une tresse, soit encore dans certains cas, une rondelle ou une lame de caoutchouc.

Les tresses enduites de mastic s'adaptent aux pièces démontables, telles que les couvercles de cylindre, de pompe et de boîte à tiroir, les portes de trou d'homme, etc. Elles comportent d'habitude une large tresse frottée de mastic à la céruse, mise à plat sur un des collets d'assemblage, et ayant ses deux bouts surliés et cousus ensemble. Ces tresses sont d'ailleurs comprimées par les boulons de jonction. Au lieu de tresses, on emploie aussi, pour le genre de joints dont il s'agit, de la toile métallique fine, qu'on recouvre toujours, du reste, de mastic, et qui retenant ce mastic dans ses mailles, empêche les fuites de se produire.

Le caoutchouc n'est employé que pour les joints des récipients qui contiennent de l'eau, et dont la température ne dépasse pas 60°. Tels sont les condenseurs et les bâches.

Les trous d'homme et les trous de sel des chaudières ont généralement leur joint établi avec une tresse ou un toron enduit de blanc de céruse.

Les joints des boulons s'opèrent en plaçant une bague en chanvre recouverte de minium tant sous leur tête que sous la rondelle de leur écrou.

Les joints de tuyaux comportent, en général, une rondelle de plomb enduite de mastic. Cette rondelle se loge entre les collets qui terminent les deux bouts de tuyau à assembler. — Aux rondelles de plomb on est libre de substituer des rondelles de toile métallique, et même de carton ou de caoutchouc. Toutefois, ces deux dernières substances ne sont adaptables qu'aux conduits d'eau et non à ceux qui sont soumis à une chaleur sèche.

N° 39₄ Confection des différentes tresses employées dans les garnitures. — Les tresses employées dans les garnitures de presse-étoupe et de tiroirs, se font en coton pour les petites garnitures et en chanvre pour les grandes. Comme forme, elles sont plates ou carrées. — On confectionne encore des tresses plates en chanvre pour les joints de divers trous d'homme ou de trous de sel.

Les tresses plates se confectionnent avec trois ou avec cinq torons, suivant la largeur que l'on veut leur donner. La grosseur du toron à employer, dépend de l'épaisseur que doit avoir la tresse, et varie depuis un fil de carret, jusqu'au toron complet.

Pour faire une tresse plate *en trois*, on attache ensemble les extrémités des trois torons, puis après avoir mis ces torons à plat dans la main, on passe alternativement celui de droite et celui de gauche sur le toron du milieu, de manière à ce que ce dernier prenne dans la main la place de celui qui vient de passer, et que celui-ci se mette au milieu.

Pour faire une tresse plate *en cinq*, on attache ensemble les extrémités des cinq torons ; on prend deux torons dans la main gauche et trois dans la main droite, puis, en tenant toujours les torons de la main gauche, on ne garde dans la main droite que le toron le plus éloigné et on passe ce toron sur les deux autres, pour le poser dans la main gauche, à côté et en dedans des deux qui y sont déjà. On reprend dans la main droite les deux torons de droite, puis on fait passer le toron extrême de gauche par dessus ses deux voisins, et on le place à côté et en dedans des deux torons de droite. On recommence alors sur le toron extrême de droite que l'on porte à gauche en le faisant passer sur ses deux voisins, et ainsi de suite.

Pour faire une tresse carrée, on emploie huit torons de grosseur en rapport avec les dimensions de la tresse. On attache ensemble les extrémités de ces huit torons, puis on confectionne la tresse de la manière suivante.

Prendre quatre torons dans chaque main, saisir le toron extrême de droite, le passer *sur* tous les autres de la même main, et le placer dans la main gauche, en dedans. Prendre le toron extrême de gauche, le passer *derrière* les autres de la même main, et le placer dans la main droite, en dedans. Prendre le nouveau toron extrême de gauche, le passer *sur* les autres de la même main et le placer dans la main droite en dedans. Prendre le toron extrême de droite, le passer *derrière* les autres de la même main, et le placer dans la main gauche en dedans. — Et ainsi de suite.

Chap. III, § 2. — Cylindres et pistons a vapeur. — Distributeurs et mises en marche. — Valves de prise de vapeur et organes de détente variable.

N° 40. — **1. Détails de construction des cylindres à vapeur. — 2. Orifices, conduits d'évacuation et bandes des cylindres. — 3. Fonds et couvercles des cylindres. — 4. Soupapes de sûreté des cylindres. — 5. Purgeurs, chemises et enveloppes des cylindres.**

N° 40₁ Détails de construction des cylindres à vapeur.— Le cylindre à vapeur C, *fig.* 68, est toujours formé d'un seul jet de fonte grise, saine, dure et en même temps liante. L'intérieur est alésé avec le plus grand soin, de façon à présenter un poli parfait sur toute son étendue. L'extérieur est encadré, en plusieurs points de son contour, par divers morceaux ou appendices venus de fonte avec lui.

Une des extrémités du cylindre est quelquefois bouchée, au moins en partie, par une portion de fond ou de couvercle venue de fonte avec le reste de la pièce. Enfin de nombreux trous existent en divers points des parois.

La *fig.* 68 représente les diverses vues et coupes d'un cylindre à

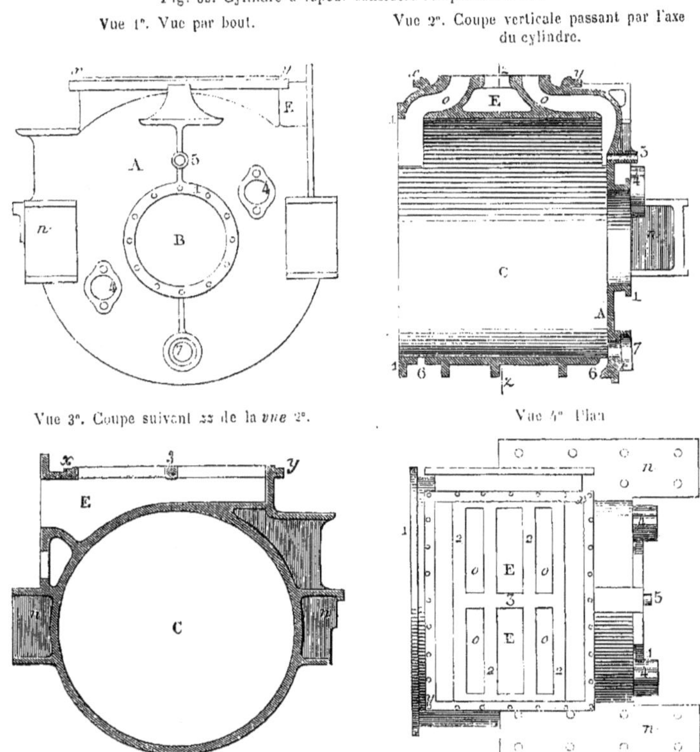

Fig. 68. Cylindre à vapeur considéré complétement nu.

Vue 1°. Vue par bout.

Vue 2°. Coupe verticale passant par l'axe du cylindre.

Vue 3°. Coupe suivant xy de la *vue* 2°.

Vue 4° Plan

vapeur complétement nu, c'est-à-dire tel qu'on le voit au moment du montage à bord. Voici la légende succinte de cette figure :

C   corps du cylindre;
n,n   *pattes de jonction*, servant à relier les cylindres à la plaque de fondation et aux bâtis;

1,1   *collets ou brides* parfaitement rabotées, et sur lesquelles viennent se boulonner les couvercles et bouchons de cylindre.

0,0   *canaux lumières ou orifices du cylindre ou de distribution.*

E   *conduit d'évacuation.*

xy   *plaque du cylindre :* plan exactement parallèle à l'axe de ce récipient et où viennent déboucher les canaux o, o et le conduit d'évacuation E. C'est sur le pourtour de cette plaque que se boulonne la boîte à tiroir.

2,2   *bandes du cylindre :* parties de la plaque précédente encadrant les orifices o, o et le conduit E. Ces bandes ont seules besoin d'être exactement planées, afin d'avoir un contact parfait avec les barrettes du tiroir qui frottent constamment contre elles.

3   cloison partageant en deux les orifices. Elle n'existe pas sur les cylindres de petites dimensions.

A   *couvercle du cylindre,* venu de fonte avec le corps même de ce récipient.

B   *trou d'homme,* percé au milieu du couvercle précédent, et permettant d'entrer dans le cylindre afin d'en visiter le piston.

4,4   Bossages troués pour le passage des tiges de piston, et formant les boîtes des presse-étoupe de ces tiges.

5   trou de graisseur de cylindre.

6,6   trous des purgeurs de cylindre.

7   trou et emplacement d'une des soupapes de sûreté.

Les nombreux petits ronds qu'on aperçoit sur les *vues* 1° et 4° autour des *pattes,* des *collets* et de la *plaque* du cylindre, figurent les trous de passage de boulons ou de prisonniers de liaison.

—— Tous les cylindres présentent, à peu de chose près, des détails identiques à ceux que nous venons de décrire. Seulement, ceux qui sont oscillants portent, en outre, venus de fonte avec leur corps, deux tourillons creux et des canaux circulaires les entourant comme une ceinture au milieu de leur longueur. Ces canaux forment le prolongement contourné des tourillons, et aboutissent à la plaque du cylindre. La disposition qui en résulte est représentée sur la *fig.* 55 *du texte,* et, à plus grande échelle, sur les *fig.* 2, 5 et 6, *pl.* I.

N° 40₂ Orifices et conduits d'évacuation des cylindres.— Les orifices des cylindres sont les débouchés des canaux o, o, *fig.* 68, *vue* 4", sur la plaque du cylindre. Les canaux de distribution viennent toujours aboutir le plus près possible des extrémités du cylindre, et sont même entaillés en partie dans le fond et dans le couvercle.

—Avec les tiroirs en coquille à double orifice (n° 42₃), chaque canal est divisé en deux par une cloison, mais du côté seulement de la plaque du cylindre. Il forme alors sur celle-ci deux orifices distincts o et o'. *fig.* 79 *du texte.* Cette plaque présente ainsi cinq ouvertures : quatre servent deux à deux pour l'introduction ou l'évacuation à l'une des extrémités du cylindre ; la cinquième E est le débouché du conduit d'évacuation.

— De son côté, le conduit d'évacuation E n'existe que sur les cylin-

dres desservis par un tiroir en coquille. Il y communique du reste par
côté avec le condenseur, soit directement, soit par l'intermédiaire du
tuyau d'évacuation.

Bandes des cylindres. — Les *bandes* des cylindres sont d'ordinaire formées par la fonte de ces récipients eux-mêmes. A cet effet, les
endroits de la *plaque* de cylindre qu'elles ne doivent pas occuper sont
taillés à contre-bas ou même complétement évidés, comme on le voit
en *fig.* 68, *vue* 2°. Quelquefois les bandes des cylindres sont rapportées et tenues sur la plaque de cylindre par des vis à tête fraisée et
noyée.

N° 40₃ Fonds et couvercles des cylindres. — Les deux
parties métalliques qui bouchent les extrémités des cylindres prennent
le nom de *couvercle* et *de fond.* — Le *couvercle* se trouve du côté
où sortent les tiges de piston pour aller s'unir à la grande traverse.

Afin qu'on puisse introduire le piston dans le cylindre, il faut que
le couvercle ou le fond soit rapporté. Souvent même, il en est ainsi
de l'une et l'autre de ces parties.

Tout couvercle ou fond mobile offre d'ordinaire la disposition représentée sur la *fig.* 69, laquelle complète la *fig.* 68. — C'est une
plaque ronde A creuse in-
térieurement, et formant une
saillie *abcd* qui s'enfonce à
frottement doux dans le bout
du cylindre. Elle porte d'ailleurs un collet i parfaitement
plané, et qui s'unit à celui
de ce récipient par de nombreux boulons.

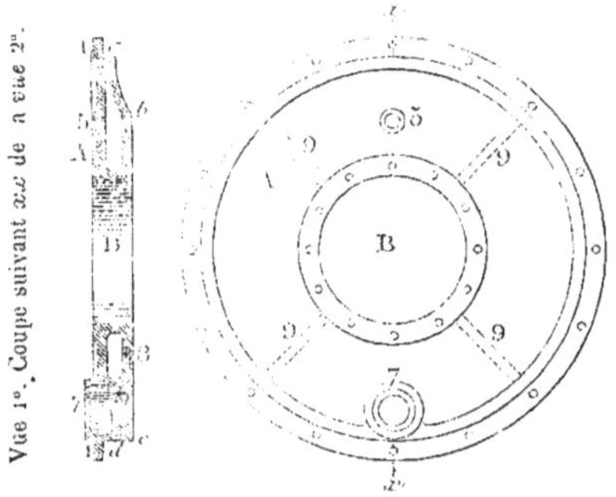

Généralement, on fait circuler de la vapeur dans le
creux intérieur du couvercle
ou du fond de cylindre. Le
sable qui remplaçait ce creux
lors de la coulée, a été enlevé par les trous 8 qu'on a ensuite fermés
avec des bouchons vissés. Ces bouchons sont assujettis avec le plus
grand soin ; car, s'ils tombaient dans le cylindre, ils pourraient occasionner de graves avaries.

— Les fonds ou couvercles A, *fig.* 68, qui viennent de fonte avec le
corps même du cylindre sont simples, et quelquefois renforcés par des

Fig. 69. Fond mobile du cylindre.
Vue 2°. Élévation de face.

Vue 1°. Coupe suivant *xx* de a vue 2°.

nervures. En outre, leur centre est toujours percé d'un trou B qu'on a
dû ménager pour le passage de l'arbre de l'alésoir.

Les fonds de cylindre portent fréquemment des *bossages* où viennent se loger, au moment des bouts
de course, les écrous des tiges du piston, quand ils ne sont pas noyés dans
cette dernière pièce.

Le trou B, *fig.* 68 et 69, ménagé
au centre des fonds et des couvercles,
sert à pénétrer dans le cylindre pour
le nettoyer et visiter le piston. On le
clôt hermétiquement à l'aide d'un
bouchon B', *fig.* 70.

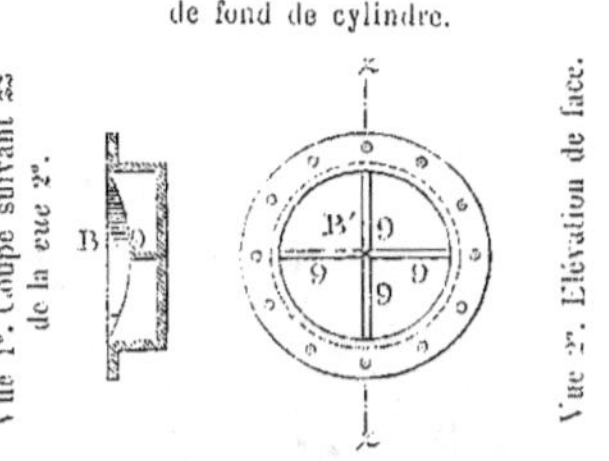

— Le couvercle des cylindres oscillants présente à sa partie centrale, un manchon très-saillant 4, *fig.* 1, *sect.* 1, *pl.* I, destiné au
passage de la tige de piston. Ce manchon permet de donner au presse-
étoupe de cette tige (n° 41₅) une hauteur suffisante pour bien la guider. — De leur côté, le couvercle et le fond des cylindres à fourreau
ont en leur milieu, pour le passage du fourreau, un énorme trou.
Aux dimensions près, ce trou correspond et est disposé semblablement à ceux que traversent les tiges de piston dans les cylindres ordinaires.

N° 40₄ Soupapes de sûreté des cylindres. — Les *soupapes de sûreté* des cylindres sont destinées à laisser écouler dans la
cale l'eau qui provient de la vapeur condensée, ou celle que la vapeur
a entraînée en sortant des chaudières, afin que cette eau ne défonce
pas le cylindre ; car elle est comprimée par le piston au moment où
l'orifice d'évacuation se ferme.

La *fig.* 71 représente la disposition adoptée pour ce genre de soupape ; voici la légende de cette figure :

C   couvercle ou fond de cylindre.
D   bouchon de trou d'homme, formant la boîte de la soupape de sûreté.
a   siége en bronze de la soupape de sûreté, portant à son centre un gaîne tenue par
      trois ou quatre bras.
A   soupape de sûreté en bronze, terminée inférieurement par une contre-tige 1, qui
      entre dans la gaîne centrale du siége *a*. Le portage de la soupape est conique ; le
      dessus de cette soupape est plat ; la tête 2 est munie d'une engoujure pour rece-
      voir le clapet en caoutchouc A'. Le sommet de cette tête est creusé pour recevoir
      le teton central du disque B.
A'   clapet en caoutchouc, capelé sur la soupape, et recouvrant une partie du siége *a*
      pour prévenir les rentrées d'air.

F.   disque annulaire en bronze, dont les bords appuient sur le clapet A', et muni d'un
      teton central pour appuyer sur la soupape A. Ce disque est pressé par les res-
      sorts R.

R.   ressorts paraboliques deux à deux dans le même plan et croisés par paire à angle
      droit. Les extémités de ces ressorts sont guidées par les nervures 3, 3 venues de fonte avec la boîte D. Ces ressorts forment la charge de la soupape de sûreté.

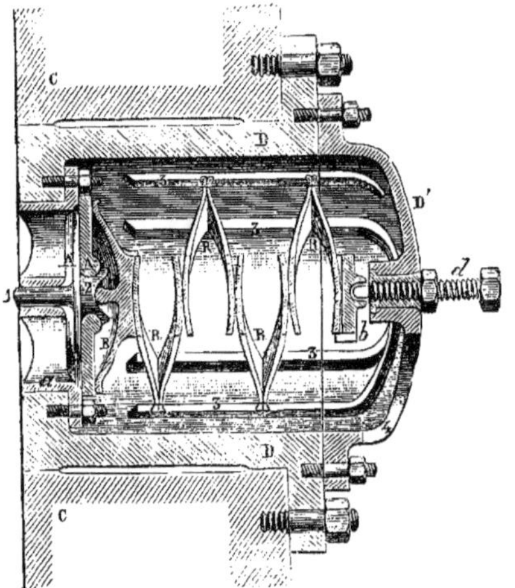

Fig. 71. Soupape de sûreté de cylindre. — Échelle 1/10ᵉ. — Coupe verticale.

b   croisillon monté sur le ressort extérieur R, et portant une gorge pour recevoir la poussée d'une vis d, et transmettre cette poussée aux ressorts en les comprimant.

D'   Couvercle de la boîte D, servant de point d'appui à la vis d, et muni à la partie inférieure, d'une ouverture 4 servant à livrer passage à l'eau quand la soupape fonctionne.

d   vis de pression taraudée dans un manchon en bronze fixé au couvercle D', et servant à comprimer les ressorts R. Lorsque le serrage est effectué, la vis d se fixe au moyen d'un contre-écrou.

N° 40₅ Purgeurs des cylindres. — Les *purgeurs* sont de simples *robinets* placés à chaque extrémité du cylindre. Ils sont destinés à être manœuvrés au moment du départ ; ou, une fois en marche, lorsque les claquements des garnitures de piston dans le cylindre y accusent la présence d'une certaine quantité d'eau.

Les robinets de purge débouchent d'ordinaire dans la cale. Mais avec l'emploi des condenseurs à surface, ils vont souvent aboutir dans un conduit en communication avec le condenseur ; on évite ainsi les rentrées d'air au cylindre et les pertes d'eau douce. Sur la machine démonstrative, *fig.* 51, les purgeurs 6 sont continus et sont manœuvrés par le tiroir qui les ouvre à chaque période d'évacuation. Cette disposition est aujourd'hui abandonnée.

Enveloppes et chemises des cylindres. — Les enveloppes sont destinées à prévenir les refroidissements des cylindres. Elles se composent généralement de feuilles de feutre recouvertes de lames de bois tenues par des cercles. Les boîtes à tiroir et les tuyaux à vapeur sont aussi recouverts d'enveloppes isolantes.

Les *chemises* des cylindres sont généralement formées d'un second cylindre en fonte, qui s'emboîte par dessus le cylindre véritable, en laissant un intervalle entre les deux. — De la vapeur prise directement sur la boîte à tiroir ou sur le tuyau d'arrivée de vapeur, afflue continuellement dans cet intervalle. Souvent, en outre, à l'aide de cloisons et de bouts de tuyaux, on force ce fluide à circuler aussi dans le fond et dans le couvercle du cylindre. Cette disposition a pour but d'empêcher les refroidissements intérieurs. Au surplus, il existe toujours à la partie inférieure de la chemise, un robinet purgeur qui sert à faire écouler la vapeur condensée par le fait de la chaleur cédée au cylindre.

N° 41. — 1. Des pistons à vapeur. — 2. Des garnitures métalliques de piston; de leur cache-joint. — 3. Des tiges de piston; leur emmanchement. — 4. Des fourreaux. — 5. Des presse-étoupe ordinaires. — 6. Des presse-étoupe à garnitures métalliques. — 7. Faire un presse-étoupe.

N° 41_1 Des pistons à vapeur. — Le *piston à vapeur* est (n° 27_1) le disque contre lequel agit la vapeur d'une manière immédiate pour mettre en mouvement tout le reste de l'appareil. Il est re-

Fig. 72. Piston à vapeur.

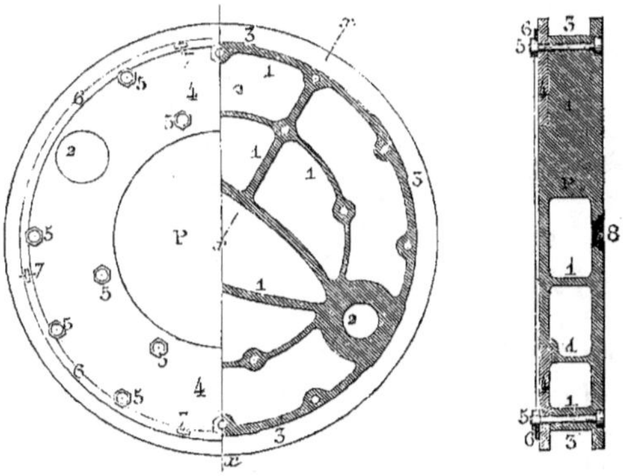

Vue 1°. Mi-élévation de face, et mi-coupe par le milieu de l'épaisseur du piston.

Vue 2°. Coupe suivant *xx* de la *vue 1°*.

présenté dans une de ses dispositions les plus habituelles sur la *fig.* 72. On y remarque les pièces ou parties suivantes :

P *carcasse* ou *corps du piston* : disque en fonte de fer évidé en grande partie intérieurement, et dont les faces forment deux cercles métalliques pleins.

1,1 *nervures* droites ou circulaires : cloisons venues de fonte avec l'intérieur de la carcasse, qu'ils servent à consolider.

2   moyeux dans lesquels viennent s'emmancher les tiges de piston.'

3   *engoujure* ou *gorge* ménagée autour de la carcasse pour recevoir les garnitures de piston.

4   *couronne de piston* : anneau plat en fonte de fer ou en fer forgé qui se boulonne contre la carcasse P, et forme le second rebord de l'engoujure 3. Cette couronne sert à pouvoir mettre les garnitures en place et à les y maintenir ensuite.

5   boulons et écrous de réunion de la couronne et de la carcasse. Ces boulons traversent de part en part la carcasse, et ont leurs écrous qui s'appuient contre la couronne.

6   *frein* de couronne de piston : cercle en fer ou en tôle se capelant autour des écrous 5, et embrassant trois des six pans de chacun deux, de façon à les empêcher de se dévisser.

7   petites goupilles traversant les têtes de goujons taraudés dans la couronne de piston, et enfilés eux-mêmes dans des trous carrés du frein 6. De la sorte, ces goujons ne peuvent se desserrer ni le frein se décapeler.

8   tampon en fonte taraudé et fixé au moyen de freins dans l'une des faces du piston, et servant à boucher les trous à travers lesquels on retire de l'intérieur de la carcasse, le sable provenant des noyaux de moulage.

On rencontre dans certains pistons à vapeur, des moyeux ou bossages pour l'emmanchement des tiges motrices de pompe à air ou de petites pompes, conduites directement par ces organes.

— La jonction de la couronne des pistons avec la carcasse, présente plusieurs dispositions.

La plus répandue, avec celle de la *fig.* 72 est dessinée sur la *fig.* 73 dont les lettres et les chiffres ont la même signification que dans la légende ci-dessus. — On y voit que les écrous 5' des boulons de jonction sont des carrés en fer, qui se logent dans des cases ménagées sur le pourtour de la gorge 3 du piston.

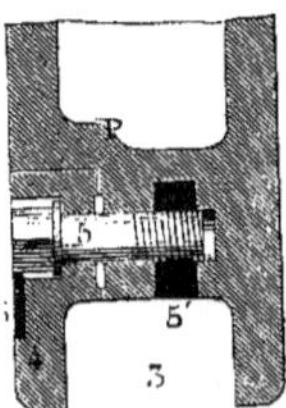

Fig. 73 Mode de jonction de la couronne du piston avec sa carcasse.

Le diamètre extérieur de la couronne et celui de l'embase de la carcasse du piston sont inférieurs, à celui du cylindre, et les garnitures doivent les déborder une fois bandées.

N° 41₂ Des garnitures métalliques de piston. — On nomme *garnitures de piston*, des pièces qu'on loge dans la gorge de cet organe pour en rendre le contour parfaitement étanche contre les parois du cylindre.

Les garnitures des pistons à vapeur sont toutes métalliques aujourd'hui. Elles se composent de *bagues* ou *anneaux en fer, en acier* ou le plus souvent *en fonte* et garnies d'antifriction. Elles sont *excentrées*, et par suite inégalement épaisses sur tout leur pourtour. Elles sont d'ailleurs coupées au point de leur plus petite épaisseur.

Les bagues ou anneaux de garniture sont généralement au nombre de deux par piston et posées côte à côte. Les coupures sont alors disposées pour ne pas se trouver en face l'une de l'autre, afin que la vapeur ne puisse pas passer.

Cache-joint. —Le *cache-joint* sert à prévenir les fuites par la coupure des bagues. Il se compose généralement d'une plaque mise en dedans de la bague, ajustée et tenue par deux vis, une sur chaque bout de cette bague. Cette plaque porte, comme la bague, sur la lèvre du piston ou bien sur la couronne. Les deux trous dont elle est munie et que les vis de fixation traversent, sont légèrement ovalisés pour permettre à la bague de se détendre à mesure que son bord extérieur s'use par le frottement dans le cylindre. On emploie aussi système représenté par la *fig.* 74. La fente de la bague *c*, est taillée en coin; et le cache-joint *j*, qui a une forme semblable, la remplit en entier. Il y est en outre constamment poussé, à mesure qu'elle tend à s'ouvrir, par un ressort *g*, qui prend son point d'appui contre le corps P du piston.

Dans les machines horizontales, les parties les plus épaisses des bagues sont en bas, et le piston s'appuie sur ces parties par l'intermédiaire de talons qui appartiennent tantôt au piston, tantôt à la bague. De cette façon, la lèvre du piston ne risque jamais de venir en contact

Fig. 74. Cache-joint en coin de garniture métallique de piston.

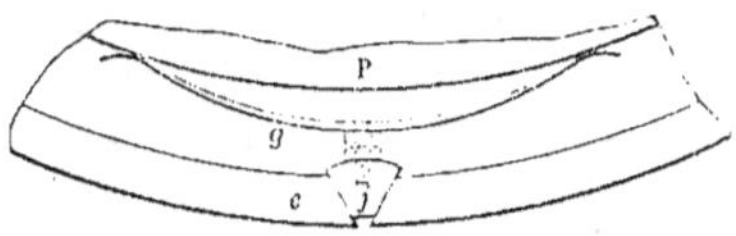

avec la paroi du cylindre. Enfin, les bagues sont bandées au moyen de ressorts paraboliques *g*, *fig.* 74, qui prennent leur point d'appui dans le fond de la gorge du piston.

Mise en place des garnitures métalliques de piston. — Les garnitures de piston peuvent être mises en place, le piston étant hors du cylindre ou bien dans le cylindre. Dans le premier cas, l'opération ne présente aucune difficulté; il faut seulement avoir la précaution de mettre chaque bague à la place qui lui est assignée, et qui est repérée soit par des goujons, soit par les talons de portage du piston. De plus, pour introduire le piston dans le cylindre, il faut comprimer les bagues comme il est dit ci-après.

Dans le deuxième cas, le piston étant dans le cylindre, il faut enlever la couronne, puis introduire les bagues après les avoir comprimées avec un cercle en fer feuillard. Une fois les bagues dans le cylindre, on les pousse jusqu'à sur la lèvre du piston. Celui-ci a d'ailleurs été amené aussi près que possible de l'ouverture du cylindre. Les ressorts sont ensuite mis en place, puis on amène la couronne. Le serrage des ressorts ne doit être effectué que lorsque toute la transmission de mouvement est montée.

Nᵒ 41₃ Des tiges de piston. — Les tiges de piston T, *fig.* 75, sont de longs cylindres en fer étoffé, quelquefois en acier, et le plus ordinairement en fer forgé. Dans ce dernier cas, elles sont souvent revêtues d'une couche d'acier de 10 à 15 millimètres d'épaisseur. Cette couche ne s'étend le long de la tige que depuis son emmanche-

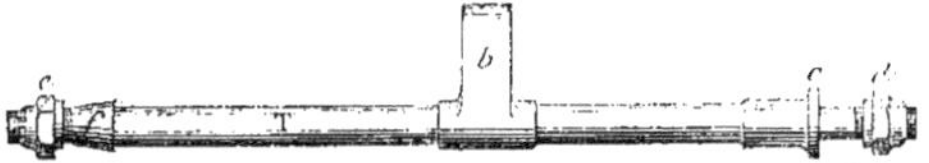

Fig. 75. Tige de piston.

ment avec le piston jusqu'à une bonne longueur de cylindre, de façon à en recouvrir seulement la partie frottante, c'est-à-dire destinée à glisser dans le presse-étoupe.

Les tiges de piston portent fréquemment un bras conducteur *b* de pompe à air ou de petite pompe. Ce bras vient de forge avec elles ou se clavette dans leur épaisseur.

Emmanchement des tiges de piston. — L'emmanchement des tiges avec les grandes traverses ou tés, consiste toujours en une embase *c*, *fig.* 75, prolongée d'une partie cylindrique plus mince que le corps de la tige. Cette partie entre dans une douille correspondante de la traverse, où elle est maintenue à l'aide d'un écrou *d* ou de clavettes. — Pour les cylindres oscillants, on emploie des têtes de tige avec jonction à clavettes. Seulement, la pièce où s'emmanchent ces têtes est, à plus proprement parler, un palier de bielle (nᵒ 49₃) qu'un té.

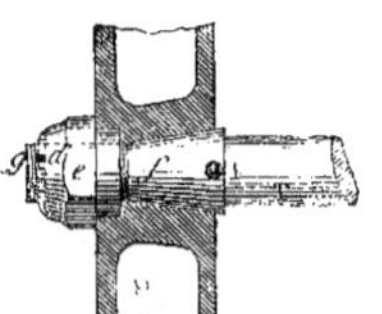

Fig. 76. Emmanchement du piston avec sa tige.

Pour les pistons, on rencontre des emmanchements coniques et d'autres cylindriques. Dans l'emmanchement à cône *fig.* 75 et 76, le cône *f*, s'introduit dans le noyau correspondant venu de fonte avec la carcasse P du piston. L'écrou *e* se visse sur la partie taraudée qui termine la tige. Il porte d'ordinaire six pans. En outre, afin d'augmenter le nombre des filets de vis en prise, il est prolongé par une partie cylindrique plus étroite que l'endroit des pans, et qui se loge dans l'épaisseur du corps du piston. Pour prévenir tout desserrage, on introduit un petite clavette *g* dans une mortaise pratiquée au bout de la tige, et dans celui des nombreux adents aperçus sur la tête de l'écrou qui se trouve alors vis-à-vis de cette mortaise. — D'autre part, un goujon 1 est incrusté sur la tige T, et vient se loger dans une petite cavité correspondante de la carcasse du piston. Il a pour but d'empêcher toute rotation de la tige sur elle-même. — L'écrou n'étant pas entièrement noyé dans le corps même du piston, oblige à ménager un renflement *ad hoc* dans le fond du cylindre.

L'emmanchement cylindrique présente la même disposition que celui de la traverse, et l'écrou a la forme de celui de la *fig.* 76.

Du nombre des tiges par piston. — Les machines à bielle directe et les machines à pilon n'ont généralement qu'une tige ; les machines à bielle en retour en ont toujours deux et quelquefois quatre, placées en diagonale de manière à comprendre entre elles l'arbre et le vilebrequin.

N° 41₄ Des fourreaux. — Les *fourreaux* des pistons à vapeur viennent d'ordinaire de fonte avec les corps même de ces pièces : du moins tel est ce qui a lieu pour la partie dans laquelle oscille la bielle. Quant à l'autre partie qu'on nomme *contre-fourreau*, et qui du reste n'existe pas toujours, elle se rapporte sur le piston à l'aide de boulons et d'écrous disposés absolument de la même manière que ceux des couronnes de piston. Ajoutons que le contre-fourreau est quelquefois remplacé par une *contre-tige*.

N° 41₅ Des presse-étoupe ordinaires. — On appelle *presse-étoupe* l'agencement destiné à rendre parfaitement étanche le passage d'une tige à travers un trou, ou plus généralement le contact de deux pièces dont l'une est mobile par rapport à l'autre.

La *fig.* 77 représente un presse-étoupe de tige de piston. On y distingue les parties suivantes :

A   *corps ou boîte* de presse-étoupe, venue ordinairement de fonte avec la pièce traversée K.

B   *siége ou grain* de presse-étoupe : couronne en bronze reposant sur une embase au fond de la boîte A, et formant le point d'appui de la garniture de presse-étoupe. Ce siége embrasse la tige T avec le moins de jeu possible, tout en lui permettant de glisser facilement. D'autre part, sa surface libre présente une gorge avec inclinaison du côté de la tige.

c   *chapeau, couronne* ou *presse-étoupe* proprement dit : cylindre avec larges rebords formant oreilles. Ce chapeau est généralement en bronze, et il entre juste dans la boîte B. Sa partie inférieure est en outre taillée en gorge. Enfin, il entoure à frottement doux la tige T.

c   prisonniers fixés dans la pièce traversée et enfilés dans les oreilles du chapeau précédent. Ils servent à l'aide de leurs écrous, à maintenir et à serrer ce chapeau.

g   garniture qui vient se loger entre le siége et la couronne de presse-étoupe. Elle est formée d'ordinaire de tresses en chanvre ou en coton. A mesure qu'on visse les écrous des prisonniers *e*, elle se comprime entre la gorge du chapeau et celle du siége, et vient se serrer contre la tige du piston.

Fig. 77. Presse-étoupe de tige de piston.

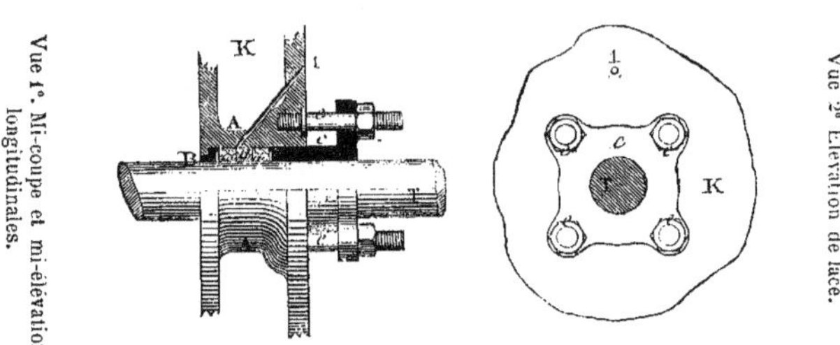

1   Petit canal à travers lequel on fait arriver l'huile [destinée au graissage de la tige, quand celle-ci est horizontale. Mais lorsqu'elle est verticale, le canal est remplacé par une gorge pratiquée à la partie supérieure du chapeau, et le graissage s'effectue avec du suif fondu.

Presse-étoupe que l'on peut serrer en marche. — Ce

système représenté par la *fig.* 78, est appliqué indistinctement à tous les presse-étoupe.] Voici la légende de cette figure :

Fig. 78. Presse-étoupe à vis.

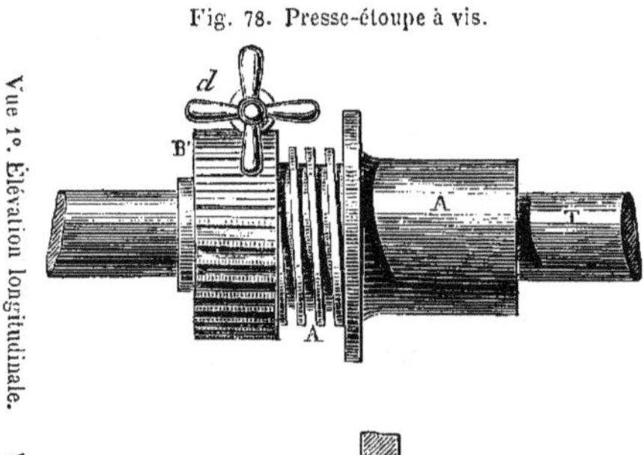

A   boîte à étoupe en fer ou en bronze, fixée par un joint étanche sur le couvercle du cylindre, et portant dans le fond une bague en bronze pour le frottement de la tige de piston. Cette boîte se prolonge en dehors du couvercle du cylindre et toute la partie saillante est taraudée extérieurement, à simple filet carré.

B   chapeau de presse-étoupe, formé simplement d'une bague cylindrique en bronze, qui s'engage dans l'intérieur de la boîte à étoupe.

B′   écrou cylindrique destiné à pousser le chapeau B pour le faire pénétrer dans la boîte à étoupe. Cet écrou est taraudé sur la boîte, et son pourtour est taillé en

engrenage hélicoïdal, dont les dents très-allongées ne se distinguent de celles
d'un pignon ordinaire que par une légère inclinaison des génératrices.

D   Vis sans fin engrenant avec les dents extérieures de l'écrou B', et servant à faire tourner cet écrou. L'axe de cette vis est vertical; sa partie inférieure repose sur une
crapaudine fixée au couvercle du cylindre; sa partie supérieure traverse une partie également fixée à ce couvercle, et s'élève jusqu'au parquet de la machine. Une
petite embase que porte la tige, en dessous de la patte qui la guide, sert de point
d'appui à la vis D, et l'empêche de remonter.

d   croisillon monté sur l'extrémité de la vis D, et au moyen duquel on fait tourner cette
vis.

T   Tige de piston.

s   Vides des doubles fonds du couvercle du cylindre.

L'écrou B' remplace tout autre moyen de serrage. Les tresses étant
préalablement bien enfoncées avec un matoir en bois, on met en
place le chapeau B et par dessus, l'écrou B' qu'on fait tourner à la
main pour commencer, puis au moyen de la vis D. En marche, le serrage s'effectue sans aucune difficulté, et on serre toujours bien carrément ; mais il faut agir avec précaution et ne serrer que modérément.

N° 41₆ Des presse-étoupe à garnitures métalliques. —
Dans les cylindres à fourreau, où le presse-étoupe a un diamètre considérable, on a trouvé plus avantageux d'employer des bagues en fonte
pour garnitures. Ces bagues sont semblables à celles des pistons à
vapeur, mais sans être excentrées. Elles sont d'ordinaire au nombre
de trois. Deux sont coupées et posées l'une au-dessus de l'autre ; elles
embrassent le fourreau et ont leur contour extérieur qui forme la surface d'un tronc de cône. La troisième n'est pas fendue du tout ; sa
surface intérieure a absolument la même forme que le contour précédent, et se capelle exactement sur ce dernier. De nombreux boulons, qui prennent leur point d'appui contre le chapeau de presse-
étoupe, poussent la bague précédente. Celle-ci force alors les premières
bagues à serrer plus ou moins étroitement le fourreau. — Il existe
souvent une disposition semblable pour les garnitures des tiroirs.

N° 41₇ Faire un presse-étoupe. — Pour faire un presse-étoupe
ordinaire, il faut commencer par confectionner des tresses carrées de
la dimension de l'intervalle qui existe entre la tige et la paroi de la
boîte. Ces tresses se confectionnent généralement en coton, parce que
le frottement du coton est plus doux que celui du chanvre, mais les
tresses en chanvre ont plus d'élasticité.

Les tresses confectionnées sont coupées de longueur de manière à
entourer exactement la tige, mais sans qu'on soit obligé de les étirer.
Les bouts sont surliés, puis les tresses sont mises à tremper dans du
suif fondu. Quand on juge que les tresses sont bien imbibées, on les

retire du bain de suif et on les laisse égouter. On les met ensuite en place une à une dans la boîte à étoupe, où on les enfonce d'abord avec un matoir en bois, et puis avec le chapeau lui-même. Il faut avoir la précaution de croiser les points de jonction des tresses pour qu'il n'y ait pas de fuites.

Quand on garnit un presse-étoupe pour la première fois et surtout quand la boîte est à une basse température, il faut bourrer ce presse-étoupe de manière que le chapeau ne morde plus que de deux centimètres environ dans la boîte. Cela est nécessaire pour que, lorsque la machine sera échauffée et que la garniture deviendra lâche par suite de la fusion du suif qu'elle renferme, il y ait un serrage suffisant.

Avec les presse-étoupe qui ont une bague intérieure de graissage, il faut serrer vigoureusement les tresses du fond, entre la bague et la douille, pour être bien assuré que l'orifice de graissage ne sera pas en dehors de la bague. On effectue ce serrage au moyen du chapeau, et par l'intermédiaire de petits blocs de bois mis sur la bague de graissage.

N° 42. — 1. Classification des tiroirs en espèces et variétés d'espèce. — 2. Tiroirs en coquille ordinaires. — 3. Tiroirs en coquille à double orifice. — 4. Des compensateurs de tiroirs en coquille. — 5. Tiroirs en coquille à dos percé. — 6. Tiroirs en D long de Dupuy de Lôme.

N° 42₁ Classification des tiroirs en espèces et variétés d'espèces. — Au point de vue théorique de leur jeu, les distributeurs de vapeur connus sous le nom de *tiroirs* se divisent (n° 51₁) en deux grandes classes :

Les *tiroirs en coquille*, qui sont ceux où l'introduction a lieu du côté des arêtes extérieures des barrettes et des orifices ;

Les *tiroirs en D*, qui sont ceux où l'introduction s'effectue du côté des arêtes intérieures.

On emploie aujourd'hui trois variétés de tiroirs en coquille :

1° Les tiroirs en coquille ordinaires
2° Les tiroirs en coquille à double orifice } sans ou avec compensateur.
3° Les tiroirs en coquille à dos percé.

De leur côté, les tiroirs en D présentent quatre variétés :

1° Les tiroirs en D courts ;   3° Les tiroirs cylindriques courts ;
2° Les tiroirs en D longs ;   4° Les tiroirs cylindriques longs.

Chacune des variétés précédentes offre plusieurs types, suivant les usines qui les ont construites.

N° 42₂ Tiroirs en coquille ordinaires. — Les tiroirs en coquille ordinaires n'offrent rien de particulier dans leur réalisation pratique, et la *fig.* 51 *du texte* en donne une idée très-exacte.

Mais suivant le constructeur, la forme de la coquille varie, ainsi que l'emmanchement de la tige et le nombre de tiroirs par cylindre.

N° 42₃ Tiroirs en coquille à double orifice. — Dans le but de diminuer la course du distributeur, on emploie les tiroirs en *coquille à double orifice*. Ce genre de tiroir est représenté en coupe par la *fig.* 79. Il doit son nom à ce que chaque lumière *l, l,* se bifurque en deux canaux *o* et *o'*, de façon à déboucher par deux orifices sur la

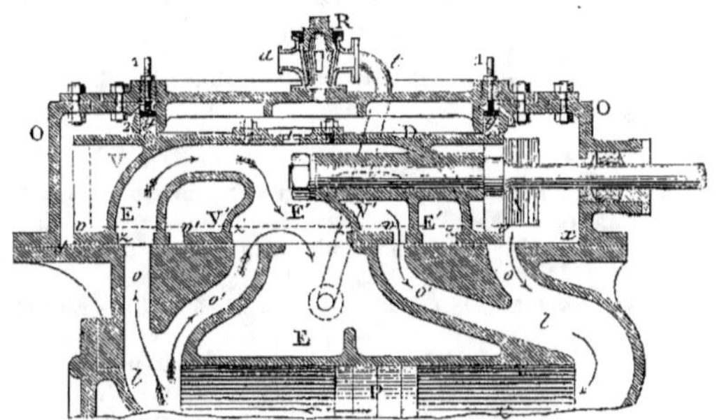

Fig. 79. Coupe longitudinale dans un tiroir en coquille à double orifice et avec compensateur.

plaque de cylindre *xy*. Voici du reste la légende de cette figure, à l'exception toutefois de ce qui concerne le compensateur, dont la description est donnée ci-après (n° 42₄).

O	*boîte à tiroir,* formée d'une caisse en fonte solidement boulonnée sur la plaque de cylindre.
V	espace de la boîte précédente en communication continuelle avec le tuyau d'arrivée de vapeur, dont on aperçoit le débouché dessiné partie en noir, partie en pointillé dans le fond de ladite boîte.
E	conduit d'évacuation au condenseur.
D	coquille extérieure du tiroir.
V′,V′	coquilles intérieures du tiroir venues de fonte avec la pièce précédente. Ces coquilles ont leurs deux faces antérieures et postérieures au plan du tableau complétement débouchées. Elles ne cessent point, par conséquent, d'être en communication avec l'espace V, et par suite elles se trouvent toujours pleines de vapeur.
E′,E′	canaux compris entre la grande coquille D et les deux petites V′,V′. Ces canaux sont complétement isolés de l'espace V. Mais, au contraire, ils communiquent constamment avec le conduit d'évacuation E.
o,o'	orifices se réunissant à chaque extrémité du cylindre en une seule et même lumière *l* avant de déboucher dans ce récipient.
C	cylindre à vapeur.
P	piston à vapeur.

Le mode de distribution du tiroir à double orifice est clairement indiqué sur la *figure ci-dessus*, à l'aide des flèches qui y sont dessinées. On voit qu'en définitive chaque barrette vz ou $v'z'$, joue ici, par rapport à l'orifice correspondant o ou o', le même rôle que dans le tiroir en coquille ordinaire.

N° 42₄ Des compensateurs de tiroirs en coquille. — Pour atténuer le frottement considérable des tiroirs en coquille simple ou à double orifice, on fait usage de *compensateurs*.

En principe, tout compensateur consiste en une installation formant entre le dos du tiroir et le couvercle de sa boîte, un compartiment en communication constante avec le condenseur. De la sorte, une portion de la surface du distributeur se trouve soustraite à la pression de la vapeur, et le frottement est diminué d'autant.

Sur la *fig.* 79, le tiroir est muni d'un compensateur. On y remarque les pièces suivantes :

c cadre en bronze, quelquefois carré, mais d'ordinaire circulaire ou ovale. Ce cadre est logé dans une rainure coulée avec le couvercle de la boîte de distribution. Il appuie à frottement étanche contre le tiroir, dont le dos, parfaitement plané à cet effet, glisse contre lui.

g garniture en chanvre logée au-dessus du cadre c dans la même rainure.

e second cadre en bronze, formant presse-étoupe au-dessus de la garniture g.

1,1   vis servant à serrer tout le système formé par les trois pièces précédentes.

2,2   petits trous par lesquels la vapeur arrive au-dessus du cadre e. De la sorte, ce cadre est toujours pressé d'une manière convenable, dans le cas où on oublierait de maintenir un serrage suffisant à l'aide des vis 1,1.

R   robinet à trois fins ayant les quatre buts que voici : 1° Il fait communiquer par le tuyau t l'intérieur du compensateur et par suite le dos du tiroir avec le condenseur, ou plutôt avec le conduit d'évacuation E. — 2° Il permet d'établir cette communication avec l'atmosphère par la tubulure a, ce qui sert à s'assurer, en stoppant et en voyant s'il sort de la vapeur ou si l'air est aspiré, que le compensateur fuit ou est étanche. — 3° Le robinet R met à même, par sa fermeture, d'isoler du condenseur l'intérieur du compensateur si ce dernier fuit, et de ramener ainsi le distributeur à un tiroir en coquille sans compensation.

Souvent, au lieu du robinet R et du tuyau f, il existe simplement dans le dos du tiroir un petit trou i. En pareil cas, le compensateur communique immédiatement avec le conduit d'évacuation E.

N° 42₅ Tiroirs en coquille à dos percé. — Dans les machines où les condenseurs sont placés vis-à-vis des cylindres et les distributeurs sur le dessus de ces derniers, on a trouvé avantageux d'employer des *tiroirs à dos percé.*

Ce sont, en dernière analyse, des tiroirs en coquille ordinaires, dont le dos est percé à son centre d'un énorme trou pour l'évacuation, et se trouve d'ailleurs isolé de la partie de la boîte de distribution où afflue la vapeur, par un système de garniture absolument semblable à un compensateur. Le tuyau d'évacuation part alors du dessus même de la boîte précédente, qui, elle aussi, porte une large ouverture. De la sorte, la vapeur, dès son entrée sous la coquille, se rend tout de suite dans ce tuyau à travers le dos du tiroir et celui de sa boîte. Les *fig.* 1 et 3, *sect.* 2 et 3, *pl.* III, montrent la disposition des tiroirs dont il s'agit.

N° 42_6 Tiroirs en D, type Dupuy de Lôme. — Les tiroirs en D (n° 51_4) sont *courts* ou *longs* suivant qu'ils se composent de deux blocs séparés et courts, ou d'un long demi-cylindre d'un seul morceau.

Les tiroirs en D courts sont aujourd'hui abandonnés, et l'on ne rencontre plus que des tiroirs en D long du type *Dupuy de Lôme*; ce tiroir est représenté, en D, *fig.* 2 et 4, *sect.* 1, *pl.* II, et en *fig.* 2 et 3, *sect.* 1 et 2, *pl.* IV. L'évacuation a lieu par des conduits distincts aboutissant à un tuyau d'évacuation commun. Cet agencement a pour but d'éloigner le plus possible le courant de vapeur chaude qui arrive de la chaudière, des parties en communication avec le condenseur.

On remarque, notamment sur les *fig.* 2 et 3, *sect.* 1, *pl.* IV, que la boîte à tiroir est arrondie comme le tiroir lui-même, et qu'il existe une garniture tout autour du dos du tiroir. Cette garniture comporte une bague de frottement en deux parties et garnie d'antifriction, qui est appuyée sur le dos du tiroir par des tresses en chanvre. Ces tresses sont logées entre la garniture précédente et la paroi de la boîte à tiroir; elles sont serrées par un presse-étoupe à lanterne que l'on fait avancer, de l'extérieur, au moyen de vis taraudées dans le couvercle de la boîte à tiroir. Les fenêtres percées dans les presse-garniture, sont nécessaires pour livrer passage à la vapeur d'évacuation.

N° 43. — 1. Rappel de la classification des mises en marche : principaux types qu'on en rencontre dans chaque système. — 2. Secteur Stephenson : détente variable obtenue par son moyen. — 3. Mise en marche Mazeline. — 4. Renvoi de mouvement de tiroir et mise en marche des machines oscillantes. — 5. Détails de construction sur les excentriques et leurs bielles.

N° 43_1 Rappel de la classification des mises en marche : principaux types qu'on en rencontre dans chaque système. — Les mises en marche présentent (n° 34_2) deux systèmes fondamentaux, et chacun de ces systèmes se subdivise en deux variétés. De plus, chaque variété est employée en général sous plusieurs types.

Voici le tableau synoptique de ces divers types rattachés chacun au système et à la variété de système dont ils font partie :

1er système de renversement de marche : deux excentriques clavetés sur l'arbre qui les porte....	1re variété : avec secteur.......	Secteur Stephenson à bielles croisées ou décroisées, et avec différents modes de suspension de l'arc.
	2e variété : avec bielles indépendantes...	Mise en marche du Creusot.
2e système de renversement de marche : une seule manivelle ou excentrique à calage variable....	1re variété : sans déclanche.......	Mise en marche Mazeline. / Mise en marche Dupuy de Lôme.
	2e variété : avec déclanche......	Mise en marche des machines à balanciers. / Mise en marche de la plupart des machines oscillantes

Beaucoup, parmi ces types, sont aujourd'hui abandonnés, nous ne parlerons que de ceux que l'on emploie encore.

N° 43_2 Secteur Stephenson. — La disposition de secteur Stephenson qui a été adaptée à la machine démonstrative, *fig.* 31 *du texte*, et représentée à grande échelle sur la *fig.* 45, est très-répandue. Les autres types de secteur n'en diffèrent que par la manière dont les bielles relient leurs excentriques à la coulisse, ainsi que par le mode de suspension de celle-ci. Mais ces différences influent peu sur le fonctionnement de la coulisse.

La manière dont les bielles des excentriques relient ceux-ci à la coulisse, constitue deux dispositions différentes de secteur Stephenson, qu'on désigne sous le nom de secteurs à bielles décroisées ou à bielles croisées. — Les secteurs sont *à bielles décroisées ou croisées* suivant que, au moment où l'angle des deux excentriques est tourné du côté de la coulisse, les bielles sont *décroisées* ou *croisées*.

En mettant le secteur à mi-suspension, la course du tiroir est beaucoup plus réduite lorsque les bielles sont croisées que lorsqu'elles ne le sont pas.

Détente obtenue avec le secteur. — On peut produire la détente variable au moyen du secteur Stephenson, en changeant la suspension de la coulisse de manière que le bouton d'entraînement du tiroir se rapproche plus ou moins du milieu de l'arc, suivant la détente à produire. Le changement d'introduction résulte de la diminution de la course du distributeur et de l'augmentation de l'angle d'avance qui se produisent à mesure que l'on approche de la mi-suspension.

N° 43_3 Mise en marche Mazeline. — La mise en marche Maze-

line se rencontre sur un très-grand nombre de machines horizontales
à·bielle en retour. Elle rentre, quant au principe de son jeu, dans le
mécanisme de renversement de marche démonstratif représenté *fig.* 46
du texte, et décrit au n° 34₄. Seulement, le levier *m* de cette figure
est ici remplacé par tout un système d'engrenages, qui facilite l'entraînement des distributeurs pour le décalage du toc, et que commande
d'ailleurs une roue ou volant. — Cette mise en marche est représentée
en *fig.* 1 et 2, *sect.* 2, *pl.* II, et décrite en détail dans la légende de cette
planche. Les *fig.* 1 et 3, *sect.* 1, *pl.* IV, représentent ce mécanisme
avec les dernières modifications qu'il a reçues, et dont la plus importante consiste dans l'installation du frein construit par l'usine d'*In-
drel*; ce frein est représenté par la *fig.* 80, dont voici la légende :

a   extrémité avant de l'arbre des tiroirs, au-delà de la grande roue dentée. Une embase
       de cet arbre sert de butoir au moyeu du volant de manœuvre.
b   partie hexagonale qui prolonge l'arbre des tiroirs et qui est venue de forger avec lui.

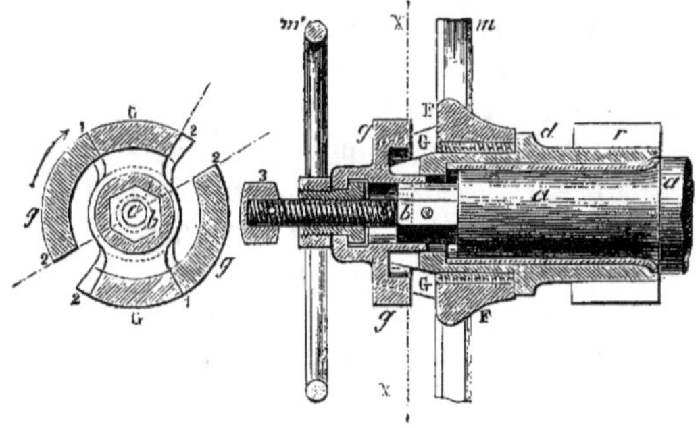

Fig. 80. Frein de la mise en marche Mazeline.

Vue 2°. Coupe suivant XX   Vue 1°. Coupe verticale par l'axe
de la *vue* 1°.   de l'arbre des tiroirs.

c   prisonnier cylindrique taraudé extérieurement avec un pas à gauche, et rapporté sur
       l'extrémité avant de l'arbre des tiroirs.
d   manchon en fer sur lequel est monté le volant *m* de manœuvre de la mise en train.
       Ce manchon fait corps avec le pignon qui engrène avec la roue satellite.
F   moyeu du volant de manœuvre *m* de la mise en train.
G   parties saillantes du moyeu F, au nombre de deux diamétralement opposées, et pré-
       sentant, vues de bout, la forme de deux fractions de couronnes, *vue* 2°, dont les faces
       longitudinales dans le sens des rayons sont taillées en hélice.
g   frein en fer portant deux griffes, ayant également la forme de portions de couronnes
       dont les faces suivant le rayon sont taillées en hélice ; le moyeu est ajusté à frotte-
       ment doux sur la partie hexagonale *b*.
m   volant de manœuvre de la mise en train, venu de fonte avec son moyeu F.
m′   volant de manœuvre du frein. Le moyeu du frein *g* porte un évidement intérieur
       dans lequel se loge la tête d'un boulon en fer percé suivant son axe et taraudé sur
       le prisonnier *c*. L'extrémité de ce boulon fait saillie sur l'avant et se taraude exté-

rieurement, avec un pas à droite, dans le moyeu du volant m' ; trois petites vis engagées mi-partie dans le boulon précité et mi-partie dans le moyeu du volant m', rendent ces deux pièces solidaires.

r pignon en fer faisant corps avec le manchon d, et engrenant avec la roue satellite de la mise en train.

1   faces de contact des griffes du frein avec celles du moyeu F, pour la marche avant.

2   faces de contact des griffes du frein avec celles du moyeu F, pour la marche arrière.

3   écrou goupillé à l'extrémité du prisonnier c pour limiter la course de la griffe du frein.

Sur la *fig.* 80, le frein est en poste pour la marche avant; les griffes portent par leurs faces de contact 1. Le volant m' et le boulon sur lequel le volant est taraudé sont solidaires; ce dernier tourne librement dans le moyeu du frein et entraîne celui-ci, soit pour l'enfoncer, soit pour le dégager, suivant qu'on tourne le volant m' à gauche ou à droite. Dans ces mouvements, le frein ne peut marcher que parrallèlement à lui-même, sans tourner par rapport à l'arbre des tiroirs, à cause de son emmanchement à frottement doux sur la partie hexagonale b.

Pour renverser la marche, il faut commencer par desserrer le frein en agissant sur le volant m', qu'on fait tourner à droite. Le boulon sur lequel le volant est fixé tourne avec lui et entraîne le frein qu'il desserre. L'écrou 3 limite la course du frein ; mais il faut avoir soin de ne pas arriver brusquement sur cet écrou afin de ne pas coincer le volant m'. Le volant m de la mise en train étant devenu libre, on renverse la marche, et, cette opération terminée, on enfonce le frein en faisant tourner le volant m' à gauche. Les griffes du frein viennent en contact avec celles du volant m, par les faces 2, appuient ce volant dans le sens du mouvement qu'on lui a imprimé pour renverser la marche, et tendent par suite à maintenir la mise en train à bloc ou à l'y mettre si elle n'y était pas exactement.

N° 43₄ Renvoi de mouvement de tiroir des machines oscillantes. — Le système de renvoi de mouvement de tiroir des machines oscillantes, est caractérisé par une pièce principale connue sous le nom d'*arc des oscillants* ou d'*arc de Penn*. Cet arc est représenté à grande échelle et avec les épaisseurs en S, *fig.* 8 et 10, *sect.* 1, et *fig.* 1 et 2, *sect.* 2, *pl.* I. Sur le croquis ci-contre, *fig.* 81, il se voit en ac. — Il est guidé par deux colonnettes n, n parallèles à la ligne d'axe Ak, qui joint le centre de l'arbre de couche A à celui des tourillons d'oscillation k. Il se trouve en outre dirigé par une tige T' venue de forge avec lui et traversant une gaîne fixe G. Cette tige T' porte d'ailleurs le bouton d'entraînement x, que vient embrasser soit l'encoche de la tige q d'excentrique, soit la coulisse d'un secteur Stephenson, suivant le genre de mise en marche employé. D'autre part, l'intérieur de l'arc est fendu, et reçoit un coulisseau monté à l'extrémité y du levier yz du tiroir.

Pendant que l'arc ac reçoit un mouvement de va-et-vient entièrement indépendant des oscillations du cylindre, l'extrémité y du levier yz participe à ce mouvement tout en glissant sous l'influence de ces oscillations dans la fente de l'arc, et l'autre extrémité de ce levier conduit le tiroir.

Mise en marche des machines oscillantes. — La mise en marche des machines oscillantes se compose souvent aujourd'hui d'un secteur Stephenson. Cependant certains constructeurs préfèrent employer un excentrique ordinaire à calage variable et avec déclanche. C'est cette disposition que nous avons représentée en *fig.* 81.

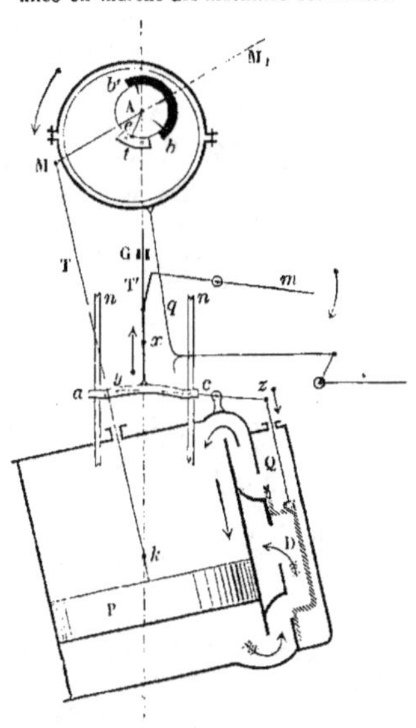

Fig. 81. Renvoi de mouvement de tiroir et mise en marche des machines oscillantes.

En pareil cas, pour renverser la marche, on déclanche, à l'aide d'une espèce de mouvement de sonnette l, la tige q d'excentrique. Puis, avec le levier m, on manœuvre le tiroir à bras de façon que la machine parte à rebours du sens qu'on veut quitter, et que le *butoir bb′*, vissé dans l'arbre A, vienne rencontrer le *toc t*, boulonné sur le chariot d'excentrique, par l'extrémité b' opposée à celle b primitivement en contact avec ce toc.

N° 43₅ Détails de construction sur les chariots d'excentrique. — La *fig.* 82 représente un chariot d'un modèle très-usité. Ce chariot e est en fonte ; et presque toujours il se compose de deux morceaux, afin qu'on puisse le monter sur l'arbre de couche. Ces deux morceaux sont réunis entre eux par deux queues d'aronde a,a et par un boulon b. Ils sont d'ailleurs évidés en partie. Enfin, sur leur pourtour extérieur, existe une gorge ou rainure r, *vue* 2°, destinée à empêcher le collier de décapeler une fois en place. Quelquefois, au lieu d'une rainure, il y a pour le même objet une saillie s, *vue* 3°, qui se loge dans une gorge taillée dans l'intérieur du collier. — En *f,f,* sont ménagées deux entailles pour le passage des clefs d'emmanchement sur l'arbre, si l'excentrique est fixe. Sinon, il existe un toc formé par une petite saillie *t* venue de fonte avec le chariot *e*. Quant

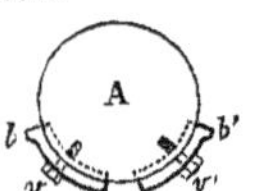

Fig. 82. Chariot d'excentrique.

au butoir, qui correspond dans ce dernier cas au toc, il est formé de deux portions d'arc de cercle en fer *b,b'*, *fig.* 82 *bis*. Ces portions sont légèrement incrustées dans l'arbre A qui porte l'excentrique, et tenues chacune par une vis *v,v'*.

Fig. 82 *bis*. Butoir d'excentrique de tiroir.

Les chariots d'excentrique ne sont pas tous façonnés de la même manière. Tantôt, ils sont formés de deux parties, dont la ligne de jonction est perpendiculaire au rayon d'excentricité. Tantôt, ils sont d'un seul morceau, auquel cas ils doivent être montés à l'une des extrémités même de leur arbre.

Détails de construction sur les colliers d'excentrique. — Les colliers d'excentrique sont d'ordinaire en bronze et exceptionnellement en fer forgé. La *fig.* 83 représente la forme la plus usitée. On y remarque les détails suivants :

c   collier avec nervure sur son pourtour extérieur, et composé de deux parties.

d,d boulons d'assemblage des deux parties du collier.

q   bielle ou tige d'excentrique en fer. Cette bielle est clavetée dans la partie inférieure du collier quand celui-ci est en bronze. Sinon, elle vient de forge avec lui.

1   petite lumière par laquelle on verse l'huile destinée au graissage du collier.

2   patte d'araignée : petites rainures creusées dans le collier, aboutissant à la lumière 1, et servant à répartir l'huile de graissage sur tout le contour intérieur.

3   petites cales en cuivre, qu'on enlève au fur et à mesure que l'on serre les boulons *d,d* pour compenser l'usure du collier.

Détails de construction sur les bielles d'excentrique, et sur les déclanches ou les fourches de leur pied. — Les bielles ou tiges d'excentrique sont toujours en fer forgé. Elles ont une

forme tantôt cylindrique, tantôt plate. Les têtes se fixent d'ordinaire
par une clavette au collier d'excentrique.—De son côté, leur pied est
à encoche et à déclanche, lorsqu'il est destiné à se séparer à volonté

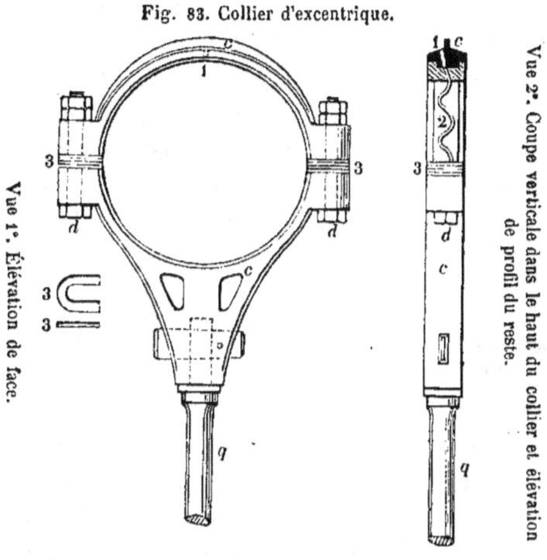

Fig. 83. Collier d'excentrique.

du bouton d'entraînement du tiroir. Tel est le pied q dessiné sur la
fig 84, dont voici le légende :

x bouton d'entraînement du tiroir, en acier, faisant corps avec la tige du distributeur
   ou avec une des pièces de renvoi de mouvement de cet organe, quand il n'est pas
   conduit directement.
y encoche avec laquelle s'enclanche à volonté le bouton précédent.
c *couteau de déclanche*. Levier formant le crochet à une extrémité, et pénétrant à volonté

Fig. 84. Pied de bielle d'excentrique avec encoche
et déclanche.

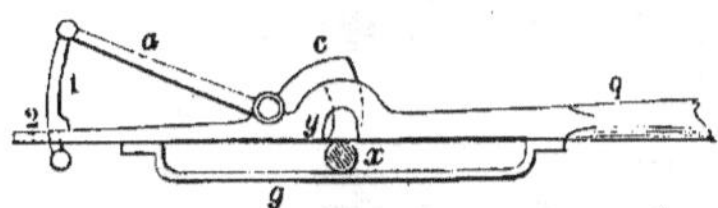

à travers l'épaisseur même de la bielle q, dans l'encoche y. La queue a du couteau
a son extrémité articulée avec un arc à mentonnet 1, dont le menton peut venir
s'appuyer contre les rebords du trou 2 pour tenir la queue a levée. Si l'on pousse
l'arc 1, le crochet du couteau pénètre dans l'encoche y ; il prend un point d'appui
contre le bouton x, soulève d'abord la bielle q, et la force à se séparer complètement du bouton x. — La manœuvre pour réenclancher est aussi simple : Il suffit
de décrocher le menton de l'arc 1 et de tirer sur cette dernière pièce, ou même le

plus souvent, de laisser le poids de la queue *a* faire basculer le couteau et dégager l'encoche.

g *sous-garde* destinée à arrêter la levée de la bielle *q* d'excentrique, dans le cas où cette bielle serait entraînée par un frottement exagéré sur le collier.

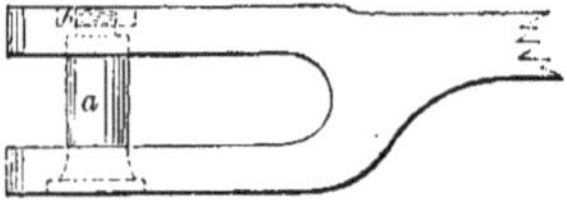

Fig. 85. Extrémité de bielle d'excentrique avec fourche.

— Lorsque les bielles d'excentrique sont destinées à se relier avec un secteur, ou à s'articuler à demeure avec la pièce d'entraînement du tiroir, leur pied est terminé par une fourche, ainsi qu'on le voit en *fig.* 85, ou simplement par un œil.

N° 44. — 1. Tuyaux de vapeur; joint glissant; enveloppe et robinets purgeurs des tuyaux précédents; valves de prise de vapeur. — 2. Description d'un système de détente variable.

N° 44₁ Tuyaux de vapeur. — *Le tuyau de vapeur* qui établit la communication des chaudières avec les cylindres, est d'ordinaire en cuivre rouge. Il part des soupapes d'arrêts (n° 59₁ et 63₁), et vient aboutir à chacune des boîtes à tiroir en se bifurquant en autant d'embranchements qu'il y a de cylindres. En outre, il se compose de plusieurs morceaux réunis entre eux par des collets en bronze. Ces collets ont leur gaîne fixée au bout de tuyau correspondant dans le genre de la partie *b* de la *fig.* 86.

Joint glissant. — On nomme ainsi la jonction de deux bouts de tuyau à l'aide d'un presse-étoupe. L'un des tubes T, *fig.* 86, est

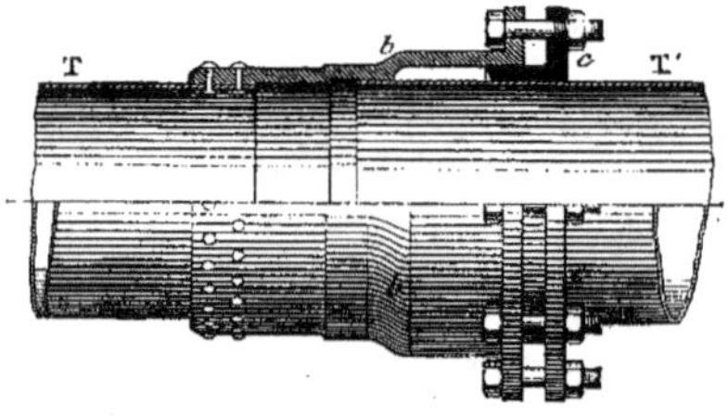

Fig. 86. Joint glissant.

riveté avec la boîte *b* du presse-étoupe, tandis que le second T′ entre à frottement doux dans cette boîte. Il y est d'ailleurs rendu étanche par une garniture en chanvre que presse le chapeau *c* au moyen de boulons. Cette disposition permet aux deux bouts de tuyau de jouer dans

le sens de leur longueur, l'un par rapport à l'autre, sans qu'il en résulte de fuite.

Enveloppe et robinets purgeurs des tuyaux de va-

peur. — Les tuyaux de vapeur sont toujours revêtus d'une enveloppe isolante qui en prévient les refroidissements extérieurs.

D'autre part, ils portent le plus souvent à leurs principaux coudes, de petits robinets purgeurs destinés à faire écouler de temps à autre, l'eau qui se dépose continuellement dans ces coudes, et qui provient ou de condensations partielles de la vapeur ou des particules liquides entraînées par ce fluide.

Valves de prise de vapeur. — D'ordinaire, la *valve* ou *registre de prise de vapeur* consiste en une véritable clef de poêle perfectionnée et qu'on nomme papillon. Ainsi, sur la *fig.* 87, c'est un octogone *v* en bronze, logé dans une boîte B de même métal intercalée entre deux bouts du tuyau de vapeur V. Dans l'intérieur de la boîte, existe un siège pareillement octogonal sur lequel le papillon vient s'appuyer quand on le ferme. Ces deux pièces ont d'ailleurs leur pourtour taillé en chanfrein, afin d'obtenir un contact plus parfait et d'éviter le coinçage.

Fig. 87. Valve de prise de vapeur.

Vue 1°. Coupe menée dans la valve et le tuyau de vapeur perpendiculairement à l'axe de la valve.

Vue 2°. Perspective de la valve et du tuyau de vapeur coupé perpendiculairement à l'axe de la valve.

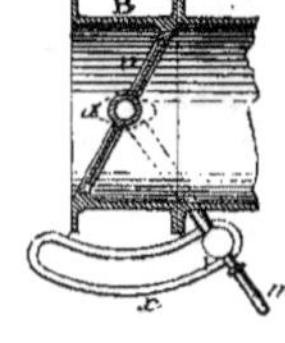
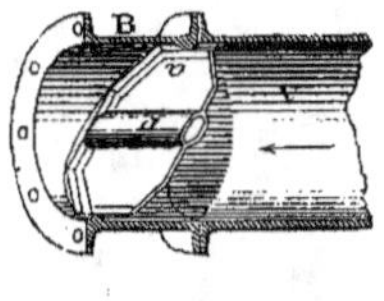

L'axe *a* qui porte la valve, est incrusté dans l'épaisseur de celle-ci. L'une de ses extrémités se trouve supportée par une cavité ménagée au centre d'un petit bouchon qu'on visse dans les parois de la boîte B, tandis que l'autre sort de cette boîte à travers un presse-étoupe et s'emmanche avec une poignée *m*. Celle-ci peut à l'aide du bouton à vis 1, se fixer le long de l'arc *x* à tel point que l'on désire pour avoir une ouverture déterminée. A cet effet, l'arc *x* est divisé en dixièmes de l'ouverture totale de la valve.

N° 44₂ Description d'un système de détente variable. — Les systèmes de détente variable (n° 29₁) sont très nombreux ; la *fig.* 88 représente le système à plaque frottante et à orifices multiples conduit par un excentrique à calage variable. Voici la légende de cette figure :

V   tuyau d'arrivée de vapeur.
O   boîte à tiroir.
O′   boîte à détente.

d   *détente à plaque frottante avec orifices multiples.* Cette détente n'est autre qu'une grande plaque de fonte percée de plusieurs trous rectangulaires o',o'....Cette plaque glisse devant des orifices $o,o,...$, pratiqués dans la cloison de séparation des boîtes O et O'. Il est évident que, suivant que les trous $o',o',...$, démasquent ou non les orifices $o,o,...$, l'arrivée de la vapeur a lieu ou est interceptée.

e,e   excentriques du tiroir.

e   excentrique de détente. Il est monté à frottement doux sur l'arbre de couche A ; et, maintenu dans diverses positions fixes par rapport à ce dernier à l'aide des pièces *g* et K' ; il communique à la détente un *mouvement incessant*.

j,J   bielle d'excentrique de détente et tige de détente.

AM   grande manivelle.

x,z,y points correspondants aux extrémités et au milieu du parcours d'un point quel-

Fig. 88. Détente à plaque frottante avec orifices multiples du Creusot.

Vue 1°. Élévation de face, avec le couvercle de la boîte à détente enlevé.

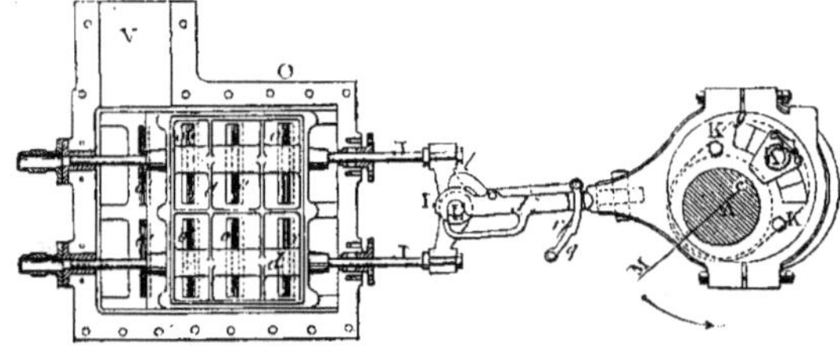

Vue 2°. Coupe horizontale passant par la tige supérieure de détente.

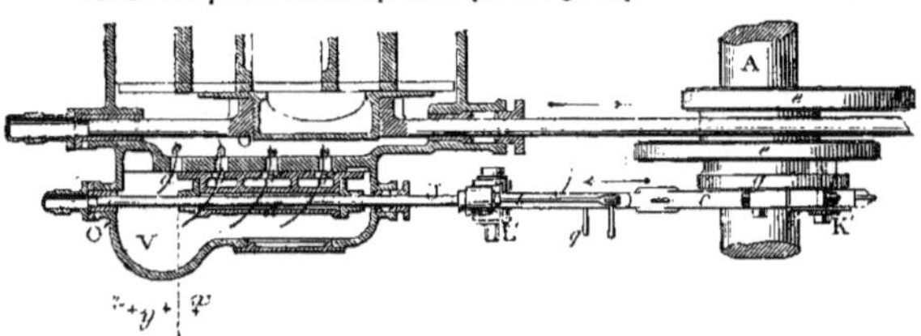

conque *a* pris sur l'organe de détente. On voit qu'ici cet organe *ouvre en grand à* ses *bouts de course* et ferme à mi-course, exactement comme un tiroir ordinaire.

g,K',K,K *mécanisme de modification du degré de détente. g* est un disque ovale claveté sur l'arbre de couche. Il se trouve accolé contre l'excentrique de détente, et le maintient à divers calages à l'aide d'un boulon dont le pied est incrusté dans son épaisseur. A cet effet, ce boulon traverse une rainure pratiquée dans le chariot de l'excentrique, et porte à sa tête un fort écrou K', muni d'une savate et d'un frein. D'autre part, il existe en K,K, deux forts prisonniers à tête polygonale fixés perpendiculairement au chariot précédent, et sur lesquels on emmanche à volonté des clefs pour former bras de levier. — On conçoit d'après cela qu'en dévissant l'écrou K' et en agissant sur les susdites clefs, on force l'excentrique à changer de calage.

l,l *mécanisme de suspension d'action de la détente.* Tout ce qui a été dit sur ce mécanisme dans la légende de la *fig.* 84, est entièrement applicable au cas actuel. Nous ajouterons seulement que la queue du couteau du déclanche *l* se manœuvre ici à l'aide d'un arc à mentonnet *q*, que la petite lame élastique *r* maintient en place une fois levé.

Chap. III, § 3. — Condenseurs, pompes a air et baches.

N° 45. — 1. Des tuyaux d'évacuation. — 2. Détails de construction et emplacement des condenseurs. — 3. Injections à la mer et de cale; robinets de sûreté; régulateurs et plongeurs ou appendices d'injection; des tuyaux d'injection. — 4. Soupapes de purge de condenseur et reniflards.

N° 45₁ Des tuyaux d'évacuation. — Les tuyaux d'évacuation sont (n° 30₁) des conduits en cuivre rouge qui établissent la communication entre les boîtes à tiroir et les condenseurs. L'extrémité des tuyaux d'évacuation se réunit toujours par un joint glissant (n° 44₁) à une tubulure venue de fonte avec le condenseur.

N° 45₂ Détails de construction des condenseurs ordinaires. — Les condenseurs ordinaires ou par mélange sont toujours en fonte, leur forme n'a rien de bien arrêté; généralement ils sont parallélipipédiques à angles arrondis. La pompe à air et la bâche font partie du condenseur.

Tous les condenseurs sont munis d'un trou d'homme, qui permet d'atteindre et de visiter les clapets de pompe à air, ainsi que la crépine ou le débouché du régulateur d'injection. Ce trou d'homme se clôt par une porte elliptique ou rectangulaire, posée de dehors en dedans, de façon à être appliquée par la pression atmosphérique. Cet agencement est représenté par la *fig.* 89. On voit que c'est tout bonnement un couvercle A muni de rebords et retenu contre le condenseur au moyen de nombreux prisonniers *b, b....* Le joint doit d'ailleurs en être exécuté avec le plus grand soin pour prévenir toute rentrée d'air.

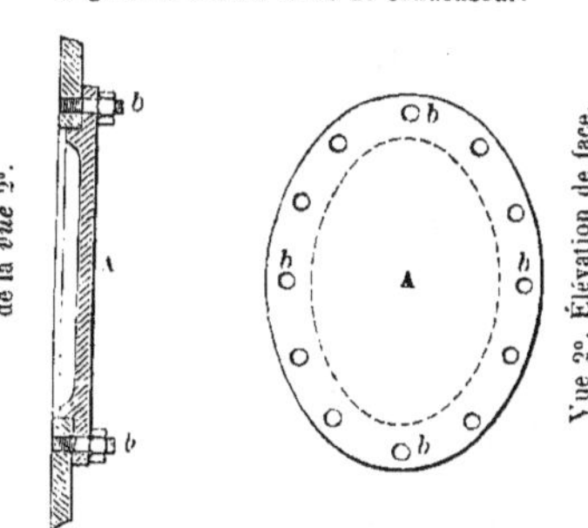

Fig. 89. Porte de visite de condenseur.

Emplacement des condenseurs. — Dans presque toutes les machines horizontales actuelles, les condenseurs sont placés à l'opposé des cylindres. Chaque cylindre a d'ailleurs son condenseur distinct. — Dans les machines à pilon, le condenseur sert le plus souvent d'appui au cylindre, et fait alors partie des bâtis.

Nº 45₃ Injections à la mer et de cale. — En se reportant à notre machine démonstrative (*fig. 31 du texte*) et à beaucoup des appareils de nos planches, on voit que le plus souvent aujourd'hui chaque condenseur est muni de deux injections distinctes : *l'une dite à la mer, l'autre dite de cale* ou *supplémentaire.*

Robinets de sûreté et régulateurs d'injection. — A chaque extrémité du tuyau d'injection à la mer, il existe un obturateur qui permet d'en établir ou d'en intercepter la communication tant avec l'extérieur du navire qu'avec le condenseur.

L'obturateur qui se trouve contre la muraille du bâtiment est en général un robinet ordinaire en bronze, dit de *sûreté ou de prise d'eau.* Il est disposé comme toutes les autres prises d'eau (nº 63₃). Sous vapeur, on le tient toujours ouvert en grand.

Le second obturateur est désigné sous la dénomination de *régulateur d'injection.* Il a pour objet de régler la quantité d'eau qu'on doit laisser entrer au condenseur, suivant l'allure de la machine.

La *fig.* 90 représente le régulateur d'injection de *Dupuy de Lôme.* Il comprend tout bonnement un robinet, dont la noix A et le boisseau B sont à *lanterne*, c'est-à-dire percés d'une série de trous rectangulaires.

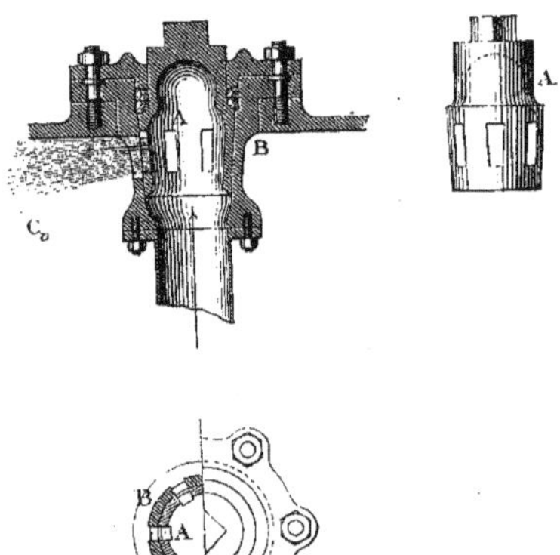

Fig. 90. Régulateur d'injection à lanterne.

Vue 1°. Coupe verticale menée par l'axe du robinet.

Vue 2°. Élévation de la noix.

Vue 3°. Mi-coupe horizontale et mi-plan.

L'ouverture de ce régulateur a lieu quand les jours de la noix correspondent avec ceux du boisseau. La clef qui s'emmanche sur le carré de la noix porte un index qui parcourt les divisions d'un cadran en cuivre, gradué en dixièmes de l'ouverture totale du régulateur.

Cette disposition a l'avantage de laisser toujours l'eau jaillir à l'intérieur du condenseur C₀ avec une égale vigueur, dans tous les sens et parfaitement divisée, et cela quel que soit le degré d'ouverture du robinet.

Plongeurs ou appendices d'injection. — Lorsqu'on emploie un simple robinet ou une vanne pour régulateur d'injection, l'eau est divisée au moyen d'un *plongeur* ou *appendice d'injection*. Le plus souvent, ce plongeur est un long tuyau qui s'étend jusqu'au fond du condenseur, et qui est percé d'une multitude de petites fentes alternées. — D'autre fois, l'extrémité du plongeur se trouve arrondie, et elle est seule fendue en une série de lames, par où s'élance l'eau refroidissante.

Le régulateur d'injection de cale, se compose d'un simple robinet accolé au condenseur et débouchant dans une crépine située à l'intérieur de ce récipient. Son tuyau se termine inférieurement par une pomme d'arrosoir qui repose à fond de cale.

N° 45₄ Soupapes de purge de condenseur. — Les soupapes de purge consistent quelquefois en un simple robinet. Mais, le plus souvent, elles se composent d'une soupape à siège A, *fig.* 91, dont la boîte B communique par une tubulure V avec le tuyau de vapeur, et par une seconde tubulure E avec le tuyau d'évacuation ou directement avec le condenseur. — Pour purger, il suffit de soulever à la main la soupape de dessus son siège, au moyen de sa tige. Pour purger le condenseur, quand il n'y a pas de soupape, on manœuvre le tiroir à bras de façon à introduire de la vapeur sur une des faces du piston, et l'on renverse immédiatement la position du distributeur pour faire évacuer le fluide au condenseur.

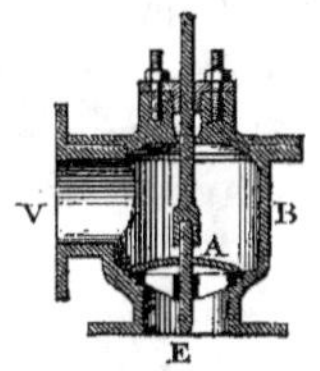

Fig. 91. Soupape de purge de condenseur.

Reniflards. — Les reniflards comportent comme pièce fondamentale, une soupape à siège ; mais on en rencontre plusieurs spécimens. Celui qui est dessiné en *fig.* 92 présente un excellent agencement. On y trouve les pièces suivantes :

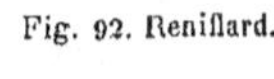
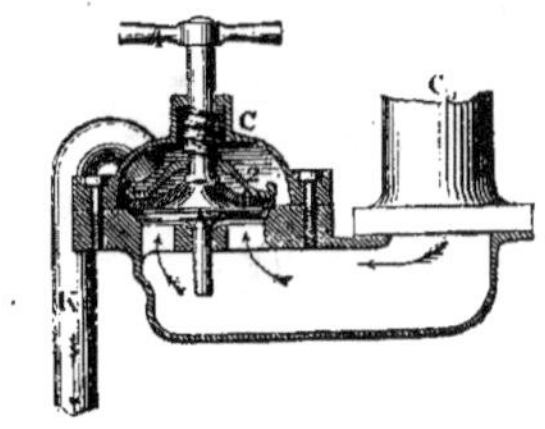

Fig. 92. Reniflard.

A   soupape conique en bronze dont le siége est venu de fonte avec un canal en bronze aboutissant au condenseur C₀.
C   couvercle en bronze destiné à prévenir le jaillissement de l'eau expulsée du condenseur.
K   tuyau par lequel cette eau s'écoule dans la cale.
1   disque en caoutchouc capelé par-dessus la soupape A, dont il recouvre parfaitement les rebords, pour prévenir les rentrées d'air.
2   chapeau en bronze appuyant le disque 1 sur la soupape A.
3   ressort dont la tension appuie le chapeau 2 sur le disque en caoutchouc 1.
4   poignée de manœuvre du reniflard.

Beaucoup de machines n'ont pas de reniflard. Dans ce cas, il faut, pour purger le condenseur, en forcer les fluides à filer, à travers les clapets de pompe à air, par le tuyau de décharge. Mais le plus souvent, on part sans purger.

N° 46. — 1. Description et fonctionnement d'un condenseur à surface démonstratif. — 2. Des distillateurs. — Condensateur Perroy.

N° 46₁ Description et fonctionnement d'un condenseur à surface démonstratif. — Les condenseurs à surface sont les organes dans lesquels la vapeur est liquéfiée par contact, et ne se mélange pas avec l'eau refroidissante. La fig. 93 *ci-après*, représente le type de condenseur à surface appliqué sur un grand nombre de machines. Nous y avons groupé tous les organes nécessaires à son fonctionnement. La légende de cette figure donne la description détaillée de ce condenseur.

Fonctionnement du condenseur à surface démonstratif. — Avant d'introduire la vapeur dans la machine, pour la purger et la balancer, il faut disposer le condenseur à surface pour qu'il puisse fonctionner dès que la machine sera mise en mouvement, et pour que ses tubes ne prennent pas une température trop élevée pendant l'échauffement de l'appareil moteur. On commence par s'assurer que le robinet d de prise d'eau à la cale de la pompe de circulation est bien fermé ; on ouvre alors les robinets obturateurs placés sur les tuyaux A_f et D_f, puis le robinet d'air du tuyau I qui met en communication la partie supérieure de la chambre à eau avec l'atmosphère.

L'eau de la mer pénètre dans les capacités du condenseur qui lui sont réservées, et la chambre à eau se remplit complétement si le haut du condenseur ne dépasse pas le niveau de la mer. On ferme alors les robinets du tuyautage I. La pompe à air doit ensuite être amorcée ; à cet effet, on commence par ouvrir le robinet obturateur de la décharge accidentelle D_e, pour donner une issue à l'air, puis on ouvre d'une petite quantité le robinet réparateur K, et l'eau de la mer passe des coquilles dans le condenseur, de là dans le conduit D'_e, puis dans la pompe à air, et finalement dans la bâche à eau douce. On ferme le robinet K dès que l'eau paraît au tube indicateur 8 de niveau de la bâche. A ce moment, la pompe à air est pleine d'eau ; la bâche n'en contient qu'une très-petite quantité, mais le niveau montera au premier coup de piston de la pompe à air, parce que la partie inférieure du conduit D'_e, qui est actuellement pleine d'eau, se videra en grande partie.

Pendant qu'on échauffe la machine, on ouvre de temps à autre les purges des cylindres et celles de leurs chemises ; le tuyau collecteur 16 amène l'eau de toutes ces purges au condenseur.

Dès que la machine est mise en mouvement, les organes du condenseur suffisent à son fonctionnement. La pompe de circulation agissant, le courant de l'eau réfrigérante est établi à travers les tubes du condenseur, et ces tubes sont toujours maintenus à une température inférieure à celle de la bâche à eau douce. La vapeur qui évacue les cylindres pénètre dans le condenseur par le conduit E''', et se répand d'abord dans la capacité libre au-dessus des tubes. Elle traverse ensuite successivement chacun des trois groupes de tubes, et se condense au contact de ces tubes constamment refroidis par l'eau de circulation. Elle tombe à l'état liquide dans le conduit D'_e, d'où elle est prise par la pompe à air et envoyée à la bâche B_a. La pompe P_e puise dans cette capacité et pourvoit à l'alimentation des chaudières.

Il résulte de l'ensemble de ces dispositions que c'est toujours la même eau qui est employée au fonctionnement de l'appareil moteur. Comme toutes les purges aboutissent au condenseur, il n'y a de pertes d'eau d'alimentation que celles qui résultent des fuites extérieures de l'appareil moteur ou des fuites aux chaudières. Ces pertes sont remplacées par une quantité égale d'eau de la mer, introduite dans le condenseur par le réparateur K, dont on règle convenablement l'ouverture quand le régime de marche est établi. Le réparateur K est ouvert plus ou moins, suivant le niveau de la bâche à eau douce indiqué au tube 8, et suivant l'état des niveaux aux chaudières.

Le vide s'établit et se maintient dans le condenseur à surface comme dans le condenseur ordinaire, par la liquéfaction de la vapeur et par l'action de la pompe à air, qui, ainsi que nous l'avons dit, est amorcée avant la mise en marche. On n'a pas l'habitude de purger le condenseur à surface, et d'y établir le vide : cette opération n'est pas nécessaire, eu égard à la pression relativement élevée à laquelle fonctionnent les machines pourvues de condenseurs à surface.

Quand la machine a cessé de fonctionner, on ferme tous les robinets de communication du condenseur avec l'extérieur, puis on vide la chambre à eau, les tuyaux ou conduits A_f, D_f et D'_f ; enfin, la bâche à eau douce et la pompe à air. Cette vidange s'effectue ordinairement au moyen de petits tuyaux disposés à cet effet.

Fig, 93. *Condenseur à surface démontable.*

Vue 1°. Coupe suivant YY de la *vue 2°*, avec portions d'élévation longitudinale.   Vue 2°. Coupe suivant XX de la *vue 1°*, avec portions d'élévation transversale.

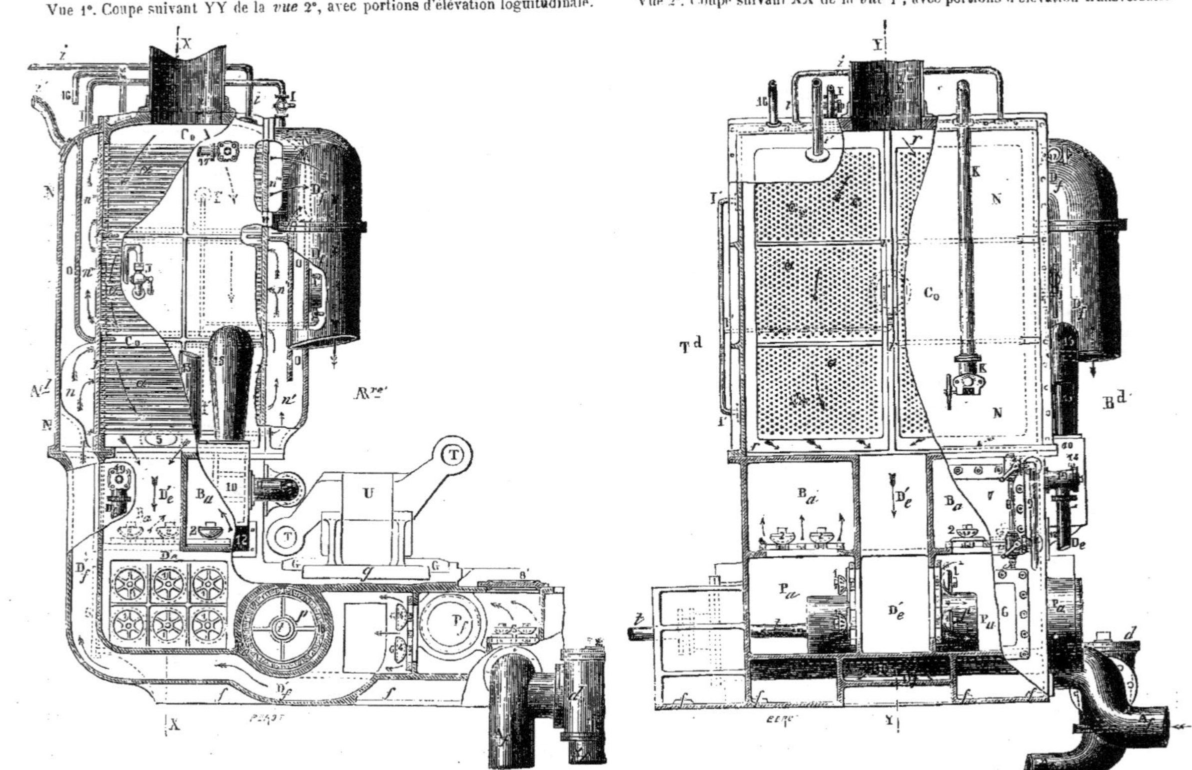

— Entrée de la vapeur dans le condenseur et circulation de cette | la pompe de circulation et dans le conduit qui l'amène aux tubes du | ...pe est reprise par le petit cheval pour servir à l'alimentation ; mais quoi... l'extérieur, un peu an-

——→ Entrée de la vapeur dans le condenseur et circulation de cette vapeur autour des tubes au contact desquels elle se liquéfie.

⇒⇒→ Chemin que suit la vapeur condensée pour se rendre aux clapets d'aspiration de la pompe à air et de là aux clapets de bâche.

——→ Entrée de l'eau provenant de la condensation, dans la bâche à eau douce.

——→ Chemin suivi par l'eau réfrigérante à travers les clapets de la pompe de circulation et dans le conduit qui l'amène aux tubes du condenseur.

⇒⇒→ Trajet de l'eau réfrigérante ou de circulation, dans les coquilles et à travers les tubes du condenseur qu'elle parcourt en trois groupes séparés.

——→ Sortie de l'eau de circulation du dernier groupe de tubes du condenseur, et entrée de cette eau dans le tuyau de décharge qui doit la déverser à la mer

ra Tubes du condenseur, dans l'intérieur desquels circule l'eau réfrigérante. L'ensemble du faisceau tubulaire est divisé en trois groupes que l'eau froide parcourt successivement en renversant sa marche. Le volume formé par l'intérieur des tubes et par les coquilles des portes du condenseur, constitue ce qu'on nomme la *chambre à eau*.

A_f Tuyau d'arrivée de l'eau réfrigérante, ou *eau de circulation*. Cette eau est aspirée à la mer par la pompe P_f qui l'envoie ensuite dans la chambre à eau du condenseur. Le tuyau A_f est muni d'un robinet obturateur.

A'_f Tuyau d'aspiration à la cale de la pompe de circulation, muni d'un robinet obturateur d.

$Æ^{re}$ Arrière.

A'^t Avant.

B_a Bâche à eau douce, dans laquelle la pompe à air refoule l'eau provenant de la condensation de la vapeur et où puisent les pompes alimentaires.

B^d Bâbord.

C_o Caisse à tubes ou condenseur proprement dit, les faces opposées, avant et arrière, qui servent de plaques de tête aux tubes, sont en bronze et rapportées. Tout le volume laissé libre autour des tubes se nomme la *chambre à vapeur du condenseur*. — La vapeur pénètre dans le condenseur par le conduit E''' ; elle contourne les tubes, se liquéfie à leur contact et tombe dans la capacité D'_e, située au-dessous du condenseur, d'où la pompe à air l'envoie à la bâche.

D_e Tuyau de décharge accidentelle. Cette décharge est destinée à évacuer l'air extrait du condenseur et le trop-plein d'eau douce de la bâche. — Le tuyau D_e débouche le plus souvent dans une caisse d'où l'eau douce est reprise par le petit cheval pour servir à l'alimentation ; mais quelquefois le tuyau D_e débouche à l'extérieur, un peu au-dessus du niveau de la mer, ou bien vient s'embrancher sur le tuyau de décharge D_f de la pompe de circulation. Il est alors muni du robinet 19 qui lui sert d'obturateur, et d'un clapet de retenue destiné à empêcher l'eau de mer de pénétrer accidentellement dans la bâche à eau douce.

D'_e Conduit de communication de la pompe à air avec le condenseur.

D_f Conduit et tuyau de décharge de l'eau de circulation. Ce tuyau est muni d'un obturateur placé près de la muraille du bâtiment ; il porte quelquefois une soupape de sûreté, destinée à prévenir tout accident dans le cas où on oublierait d'ouvrir cet obturateur avant de mettre en marche. D'autrefois, la soupape de sûreté en question se trouve sur une des coquilles que forment les portes du condenseur.

D'_f Conduit de communication de la chambre à eau du condenseur avec le refoulement de la pompe de circulation.

d Robinet obturateur du tuyau A'_f d'aspiration à la cale de la pompe de circulation.

E''' Partie du tuyau d'évacuation débouchant dans le condenseur.

f Brides de fixation du condenseur avec les carlingues du navire, et bossages que traversent les boulons qui relient le condenseur aux carlingues.

G Glissière de grande traverse.

g Coulisseau de grande traverse.

I Tuyautage permettant d'établir, à l'aide de robinets *ad hoc*, une communication entre l'atmosphère et la partie supérieure des compartiments ou coquilles de la chambre à eau du condenseur. On ouvre cette communication au moment de la mise en marche, pour laisser échapper l'air que contenait la chambre à eau.

I' Indicateur du vide et son tuyautage.

i Tuyautage ramoneur, établissant une communication entre le tuyau de prise de vapeur du petit cheval et la partie supérieure de la chambre à vapeur du condenseur. Ce tuyautage sert à envoyer, lors de l'arrivée au mouillage, un jet rapide de vapeur dans le condenseur, pour faire fondre les graisses qui se sont figées sur les tubes pendant le fonctionnement.

i' Tuyautage établissant une communication entre le refoulement de la pompe du petit cheval et la chambre à eau du condenseur, pour empêcher les tubes de s'échauffer pendant les arrêts. L'installation dont il s'agit est inutile lorsque la pompe de circulation a un moteur indépendant de la machine elle-même.

J Tuyau et robinet servant à introduire du bicarbonate de soude dans la chambre à vapeur du condenseur afin de neutraliser les acides gras. Le bicarbonate de soude est actuellement remplacé par un lait de chaux (n° 72$_5$.).

K Réparateur des pertes d'eau d'alimentation. Lorsque l'eau d'alimentation devient insuffisante, ce que l'on reconnaît au faible niveau de la bâche, alors que les niveaux aux chaudières ne sont pas trop élevés, on ouvre le réparateur K, et une certaine quantité d'eau de circulation passe dans le condenseur et de là dans la bâche, d'où elle est prise par la pompe alimentaire et envoyée aux chaudières.

N Portes du condenseur. Elles sont au nombre de deux, placées l'une à l'avant, l'autre sur l'arrière. Il faut les démonter pour visiter les tubes du condenseur. Ces portes sont munies de doubles fonds qui forment des coquilles, dont les bords portent contre les plaques de tête des tubes, et qui sont disposées pour que l'eau de circulation parcoure successivement chaque groupe de tubes.

n,n',n'',n''' Compartiments ou coquilles formées par les portes du condenseur.

O Réservoirs d'air ménagés, l'un au-dessus de la coquille n, l'autre à côté de la coquille n', et qui ont pour effet d'atténuer les coups de bélier produits par le refoulement de la pompe de circulation.

P_a Pompe à air à piston plongeur et à double effet. Le cylindre de cette pompe, beaucoup plus court que le piston et d'un diamètre plus grand que celui de ce dernier, porte au milieu de sa longueur, une garniture en bois de gaïac formant comme un presse-étoupe dans lequel le piston glisse. Cette garniture partage la capacité totale de la pompe à air en deux parties égales, à chacune desquelles correspond une série de clapets d'aspiration et une série de clapets de refoulement.

P_e Pompe alimentaire à piston plongeur et à simple effet.

P_f Pompe de circulation ou à eau froide. Cette pompe est disposée comme la pompe à air; son piston est conduit par une tige spéciale du cylindre à vapeur correspondant. — Dans les nouvelles machines, la pompe de circulation est généralement du système centrifuge et a un moteur indépendant.

p Piston de pompe à air; long cylindre en bronze, creux et fermé à ses deux extrémités. L'aspiration et le refoulement produits alternativement par ce piston, dans chacune des capacités de la pompe à air, résultent du volume qu'il laisse libre ou qu'il prend dans chacune de ces capacités, par suite de son mouvement alternatif.

r Plaques de tête des tubes du condenseur. Ces plaques de tête sont en bronze et rapportées. Les tubes sont maintenus sur les plaques de tête au moyen de presse-étoupe dont les chapeaux annulaires se taraudent sur les plaques elles-mêmes.

T Tiges de grand piston.

t Tige de piston de pompe à air. Cette tige est fixée à un bras monté sur la tige de piston inférieure du cylindre à vapeur correspondant.

U Grande traverse de piston.

XX
YY Lignes de coupe. — Dans la *vue* 1°, la partie de la coupe qui correspond à la pompe de circulation a été faite, pour plus de clarté, par le milieu des clapets de refoulement d'en abord.

1 Clapets d'aspiration de la pompe à air. Ces clapets sont en caouthouc et circulaires; leur siége est vertical. Ils sont placés sur deux rangées superposées.

2 Clapets de refoulement de la pompe à air. Ces clapets ont la même forme que les clapets 1; leur siége est horizontal.

3 Clapets d'aspiration de la pompe de circulation, également circulaires et en caoutchouc; leur siége est horizontal.

4 Clapets de refoulement de la pompe de circulation; ils sont en caoutchouc et de forme circulaire, avec siège vertical.

5 Porte de visite du condenseur.

6 Porte de visite des clapets d'aspiration de la pompe à air.

7 Porte de visite des clapets de bâche.

8 Tube indicateur du niveau de l'eau dans la bâche à eau douce.

9 Tuyau d'applique en bronze, communiquant avec la bâche à eau douce, et sur lequel sont montées les armatures du tube indicateur 8.

10 Boîte à clapets de la pompe alimentaire.

11 Tuyau de communication de la pompe alimentaire avec la boîte à clapets 10.

12 Conduit d'aspiration de la pompe alimentaire, communiquant avec la bâche à eau douce.

13 Tuyau de refoulement de la pompe alimentaire.

14 Ressort du clapet de trop-plein de la pompe alimentaire.

15 Réservoir d'air de la pompe alimentaire.

16 Tuyau collecteur des purges des cylindres et de leurs enveloppes.

17 Tuyau d'évacuation du petit cheval au condenseur.

18 Garniture en languettes de gaïac, formant une sorte de presse-étoupe dans lequel se meut le piston de pompe à air.

19 Robinet obturateur du tuyau de décharge accidentelle D_e.

N° 46₂ Des Distillateurs. — Les distillateurs sont des appareils destinés à faire de l'eau douce *potable*. Leur jeu et leur construction reposent absolument sur le même principe que les condenseurs à surface. La vapeur peut être fournie par les chaudières de la machine ou par une chaudière spéciale.

Condensateur Perroy. — Ce condensateur est réglementaire dans la marine française; le dernier type adopté est représenté par la *fig.* 94 ci-après.

L'appareil comprend trois parties principales : l'*aérateur*, le *réfrigérant* et le *filtre*.

L'*aérateur* E, est destiné à mélanger une grande quantité d'air avec la vapeur qui entre dans l'appareil. L'aérateur se compose de deux cônes s'emboîtant l'un dans l'autre; le cône extérieur, aboutissant au réfrigérant par le tuyau V', communique avec l'air ambiant par deux petits robinets qui règlent l'entrée de l'air. Le cône intérieur amène des chaudières, la vapeur destinée à produire de l'eau douce. En pénétrant d'un cône dans l'autre, cette vapeur détermine une aspiration très-énergique, à la manière d'un giffard, et introduit dans l'appareil une quantité considérable d'air.

Le *réfrigérant* A, a pour objet de condenser la vapeur, et de refroidir ensuite l'eau distillée provenant de cette condensation. C'est un appareil tubulaire à circulation. Les tubes sont en laiton, et étamés à l'étain fin; ils sont partagés par les coquilles des portes C,C, en dix groupes que la vapeur et l'eau douce parcourent successivement, en sens inverses et de haut en bas. Le groupe inférieur ne comporte qu'une rangée horizontale de quatre tubes; chacun des autres groupes en comporte deux rangées. En fonctionnement normal, les quatre groupes inférieurs sont toujours pleins d'eau. — L'eau refroidissante, prise à la mer par le tuyau A_f, traverse le réfrigérant de bas en haut. En général, l'eau distillée est refroidie jusqu'à la température de 50° à 32°.

Le *filtre*, ou la caisse en tôle F, qui contient le noir animal, est destiné à purifier l'eau.

Pour faire fonctionner l'appareil, il faut commencer par établir la communication avec la mer, en ouvrant les robinets des tuyaux A_f, D_f, ainsi que le robinet de dégagement d'air 6, les robinets de vidange étant fermés. — Si l'eau douce ne doit pas être élevée pour arriver au filtre, le robinet d'air 4 reste ouvert, le robinet 5 étant fermé, et l'on met le réfrigérant en communication avec la chaudière et avec l'atmosphère, par l'ouverture du robinet de prise de vapeur placé sur le tuyau V, et par celle des deux robinets de l'aérateur. Le mélange d'air et de vapeur circule dans les tubes et la vapeur se condense en se saturant

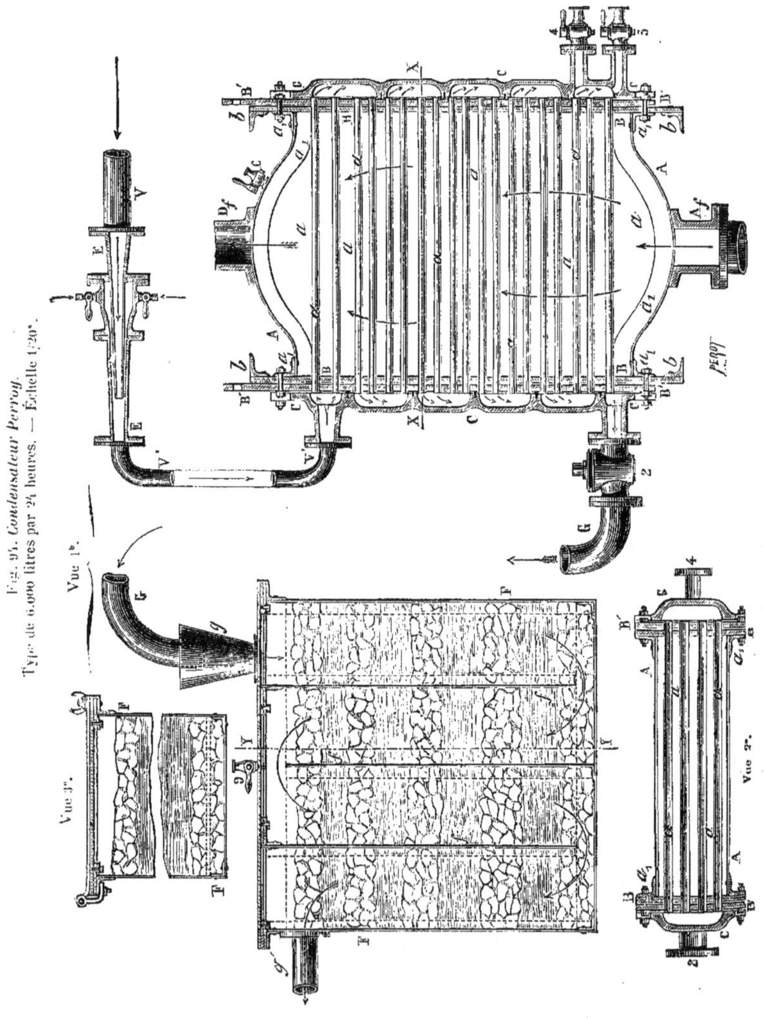

Fig. 95. *Condensateur Perroy.* Type de 6,000 litres par 24 heures. — Échelle 1:20.

Vue 1ᵉ.

Vue 2ᵉ.

Vue 3ᵉ.

d'air; la partie du gaz qui n'a pas été dissoute s'écoule par le robinet 4. — Une fois l'appareil en marche, on règle l'ouverture du robinet

Vue 1°. Coupe verticale dans le condensateur, l'aérateur et le filtre, tout le système étant ramené dans un même plan.

Vue 2°. Coupe horizontale suivant XX de la *vue* 1°.

Vue 3°. Coupe verticale suivant YY de la *vue* 1°.

A   corps extérieur du condensateur. C'est une caisse en tôle zinguée dont les diverses parties sont assemblées au moyen des cornières a_1.

a espace libre entre l'appareil tubulaire et l'enveloppe extérieure, ainsi qu'entre les tubes, et formant la chambre à eau du condensateur. L'eau réfrigérante circule dans cet espace libre.

α tubes du condensateur. Ces tubes sont en cuivre rouge, et étamé des deux côtés. Ils forment dix groupes superposés, composés chacun de deux rangées horizontales, sauf le groupe le plus bas qui n'a qu'une rangée. La vapeur parcourt tous ces groupes successivement et en sens inverses, en pénétrant d'abord dans le groupe supérieur.

A_f tuyau d'arrivée de l'eau de la mer dans la chambre à eau a du condensateur. La circulation de cette eau dans ladite chambre, où elle baigne extérieurement tous les tubes, est produite par l'élévation successive de sa température de bas en haut.

B   plaques à tubes, en bronze, rapportées sur la caisse A. — Les tubes α traversent librement les plaques B, de même que les plaques de serrage B′, et le joint est fait au moyen de rondelles en caoutchouc enfilées sur les tubes, et comprimées entre les plaques B et B′.

b cornières rivetées sur les plaques à tubes B et servant de moyen de fixation au condensateur.

C   portes de l'appareil tubulaire, formant coquilles, et servant ainsi à déterminer la circulation de la vapeur de chaque groupe de tubes dans le groupe inférieur.

D_f tuyau de décharge par où s'écoule l'eau refroidissante, après qu'elle a circulé dans le condensateur, en baignant extérieurement les tubes.

E   aérateur servant à mélanger de l'air avec la vapeur arrivant de la chaudière, pour rendre potable l'eau résultant de la condensation de cette vapeur.

F   filtre destiné à épurer l'eau provenant de la distillation. Cet appareil comprend quatre compartiments verticaux, remplis de tranches alternées de noir animal et de cailloux. L'eau traverse successivement ces quatre compartiments, et s'y débarrasse de toutes les matières empyreumatiques et organiques qu'elle peut contenir.

f cloisons du filtre, disposées pour que l'eau ait quatre parcours dans l'appareil.

G   tuyau par lequel l'eau douce sort du condensateur et pénètre dans le filtre F. Ce tuyau est fixé avec joint étanche sur la porte C, et sort de la caisse A à travers un presse-étoupe.

g entonnoir dans lequel le tuyau G déverse l'eau provenant du condensateur, et qui doit traverser le filtre.

g' tuyau conduisant l'eau potable dans les caisses à eau de la cale.

V   tuyau de communication de l'aérateur E avec la chaudière.

V′   tuyau de communication de l'aérateur E avec le condensateur.

2   robinet obturateur du tuyau G, pour régler la sortie de l'eau douce du condensateur.

4   robinet pour régler la sortie de l'air en excès dans l'appareil tubulaire, et par suite la pression qu'on veut maintenir à l'intérieur des tubes.

6   robinet d'évacuation d'air. En l'ouvrant, au début de la mise en fonction du condensateur, on met l'eau refroidissante à même de remplir complètement, dès ce début, la chambre à eau de l'appareil.

9   robinet d'air du filtre.

de vapeur pour obtenir de l'eau dont la température ne dépasse pas 52°. D'un autre côté, on diminue l'ouverture du robinet 4 jusqu'à ce qu'il ne sorte plus que de l'air par ce robinet.

Lorsque l'eau douce doit être élevée en sortant du réfrigérant, celui-ci, étant en contre-bas de la caisse de noir animal, le robinet d'air 4 doit être tenu fermé. La pression de l'air refoulée par l'aérateur dans les tubes du réfrigérant, devient alors suffisante pour élever l'eau douce à la hauteur voulue. L'air sort mélangé avec l'eau par le tuyau G, et la partie en excès s'échappe dans l'atmosphère, quand l'eau s'écoule du tuyau G dans l'entonnoir *g* pour pénétrer dans le filtre — Lorsque l'appareil est réglé, il n'y a plus à y toucher à moins qu'il ne se produise une variation considérable de pression à la chaudière.

Dans le filtre que l'eau traverse en quatre parcours verticaux, se trouvent des couches alternées de noir animal et de cailloux. — L'eau sort immédiatement potable pourvu que son séjour dans la caisse de noir animal soit de trois-quarts d'heure environ.

Il faut démonter assez souvent le filtre pour laver le noir animal et le débarrasser des impuretés qui obstruent ses pores. Cette opération s'effectue très rapidement, car le couvercle du filtre est mobile. — De leur côté, les tubes du réfrigérant doivent être démontés de temps à autre pour être nettoyés, tant à l'extérieur qu'à l'intérieur.

Au repos, la prise de vapeur et les communications avec la mer étant fermées, l'appareil est vidé, aussi bien le filtre que les deux chambres du réfrigérant, par l'ouverture des robinets d'air et des robinets de vidange. L'aérateur se vide par son robinet d'air inférieur. Un petit trou de 5ᵐᵐ pratiqué sur chacune des cloisons horizontales des portes G,G, au milieu de leur longueur, permet à l'eau que renferment les coquilles de s'écouler.

N° 47. — **1. Détails de construction des pompes à air.** — **2. Détails de construction des clapets de pied et de tête de pompe à air.** — **3. Pistons, tiges de piston et fourreaux de pompe à air.**

N° 47₁ Détails de construction des pompes à air. — Les pompes à air se trouvent le plus habituellement logées à l'intérieur des condenseurs, et leur corps vient de fonte avec eux. Mais, lorsqu'elles sont placées en dehors de ces récipients, elles sont formées d'un cylindre isolé en fonte de fer, ou exceptionnellement tout en bronze. qui se boulonne à toucher le condenseur.

Les corps de pompe en fonte A, *fig.* 95, sont toujours revêtus intérieurement d'une chemise en bronze B tenue par des vis 1, 1 à tête noyée. Le corps de pompe est bouché par un couvercle, qui lui est boulonné et qui porte en son centre un presse-étoupe pour le passage de la tige ou du fourreau du piston.

N° 47₂ Détails de construction des clapets de pied et de tête de pompe à air. — Les clapets de pied et de tête des pompes à air à double effet sont généralement composés d'une série de rondelles en caoutchouc vulcanisé. La *fig.* 96 représente la disposition habituelle de ces clapets.

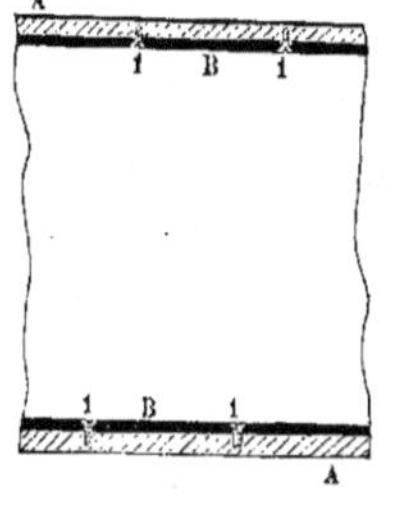
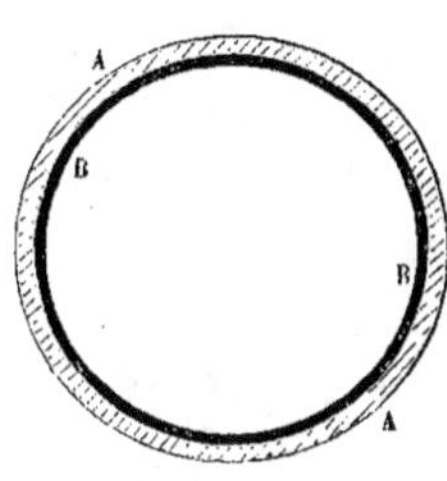

Fig. 95. Corps de pompe à air avec chemise en bronze.

Vue 1°. Coupe verticale passant par l'axe de la pompe.

Vue 2°. Coupe verticale menée perpendiculairement à l'axe de la pompe.

Le disque en caoutchouc A repose sur un siège en bronze B formant grillage. Une coupe C pareillement en bronze sert de butoir au disque, et l'empêche de trop se relever. Enfin un prisonnier *b* vissé dans le siége B relie, à l'aide d'écrous, la coupe C à ce siége, après avoir traversé le centre du d sque. La partie inférieure de la coupe C lais se un jour de 15ᵐᵐ environ, entre elle et le disque en caoutchouc. Ce dernier commence alors par se soulever parallèlement à lui-même, quand les fluides de la condensation viennent presser sa face inférieure ; et il n'a plus qu'à se ployer un peu pour livrer un passage suffisant à ces fluides. Cet agencement empêche ou au moins prévient en partie le fendillement et le recoquillement du clapet.

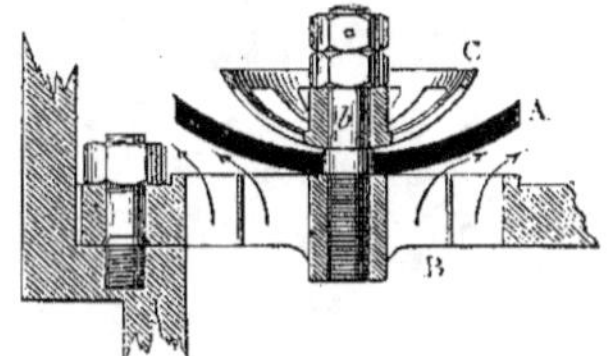

Fig. 96. Clapet de pied ou de tête de pompe à air, en caoutchouc.

Vue 1°. Coupe verticale menée par le centre du clapet.

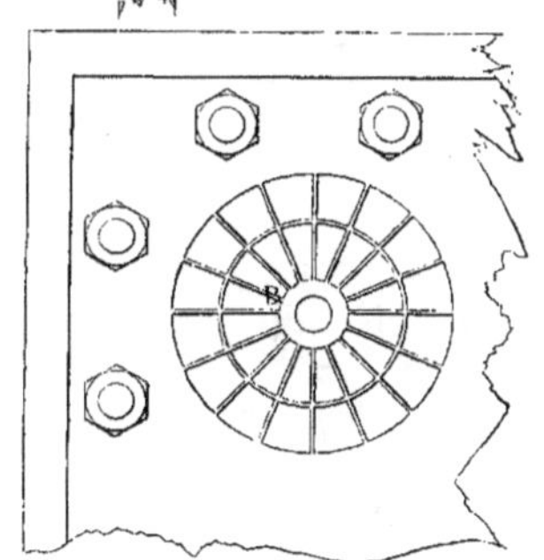

Vue 2°. Plan du siége avec le clapet enlevé

--- Dans quelques pompes à air à simple effet, les clapets de pied

Fig. 97. Clapet de pied ou de tête de pompe à air, en bronze.
Vue 2°. Élévation.

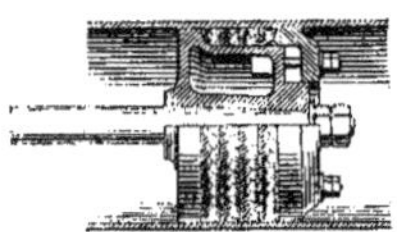

Vue 1°. Coupe verticale menée par le milieu de la longueur de la *vue 2°*.

et de tête sont en bronze, et présentent l'installation qu'on voit dessinée en *fig.* 97. Le clapet A est ici une espèce de petite porte qui repose sur un siége B de même métal, et percé d'un vaste trou rectangulaire. Ce clapet porte, venues de fonte avec lui, deux pentures *a,a* qui s'emmanchent dans deux doubles gonds C, C, faisant eux-mêmes corps avec le siège B. Deux boulons *b,b* relient les pentures et les gonds. Enfin, les pièces C,C présentent des proéminences très-accentuées qui forment butoirs. Notons qu'avec les clapets en métal, les butoirs sont d'autant plus indispensables que, si le soulèvement de ces clapets n'était pas convenablement limité, ils ne retomberaient plus.

Fig. 98. Piston de pompe à air aspirante et foulante: mi-coupe et mi-élévation.

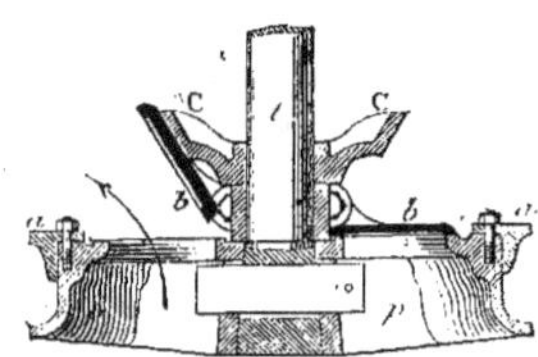

Fig. 99. Piston de pompe à air aspirante et élévatoire.

Vue 1°. Coupe suivant l'axe de la tige de piston, montrant le clapet de gauche levé, et celui de droite baissé.

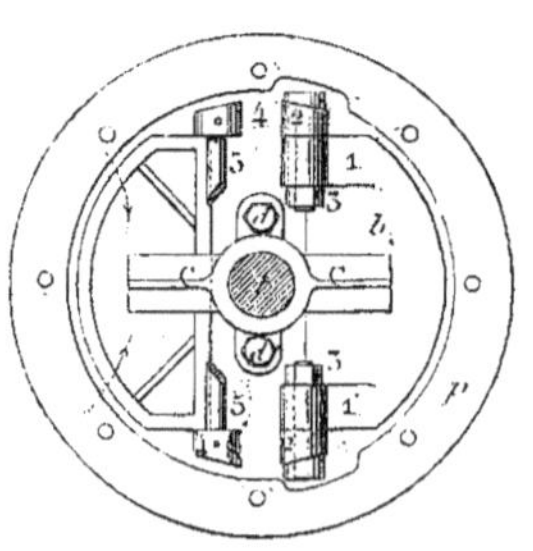

Vue 2°. Plan, avec le clapet de gauche enlevé.

N° 47₅ Pistons de pompe à air; leur garniture. — Les pistons de pompe à air se composent d'une carcasse en bronze évidée intérieurement. Cette carcasse est souvent nantie d'une gorge, avec couronne mobile, destinée à recevoir une garniture en chanvre ou en coton. D'autres fois, elle a son pourtour lisse, et par conséquent sans garniture. L'ajustage seul s'oppose alors au passage des fluides, ou du moins ne laisse filtrer qu'un peu de liquide, pourvu que le piston soit toujours couvert par l'eau.

Dans les pompes aspirantes et foulantes, le piston est d'habitude très-épais, ainsi qu'on le voit en *fig.* 98.

— Le pistons des pompes à air aspirantes et élévatoires ont une forme plate. Ils sont en outre percés à jour, et portent soit deux clapets à charnière soit une série de clapets en caoutchouc. La première disposition est dessinée en *fig.* 99, dont voici la légende :

p carcasse du piston.
a couronne pour serrer la garniture.
b,b clapets en bronze. On a représenté ici les deux modes usités de fixation de ces clapets avec le piston. Ainsi, pour le clapet de droite, ce sont des boulons distincts 3, 3 s'enfilant dans deux gonds 2,2, qui font corps avec le piston, et dans deux pentures 1,1, coulées avec ce dernier. Pour le clapet de gauche, c'est tout simplement une broche unique 5, tenue par des goujons dans les deux gonds 4,4, et traversant les pentures du clapet.
t tige de piston.
c,c butoirs fixés au corps du piston par les deux prisonniers d,d.

Garniture de piston de pompe à air. — Cette garniture se fait généralement en coton. Pour l'exécuter, on confectionne des tresses carrées, et quelques-unes demi-rondes pour les fonds de gorge. On a soin de n'employer que du gros fil peu commis, et de faire un tressage peu serré, mais bien régulier. Chaque tresse est confectionnée légèrement plus large que la profondeur de la partie de la gorge du piston qu'elle doit occuper. Elle est ensuite coupée d'une longueur égale à la circonférence du cylindre, surliée à chacun de ses bouts, battue au maillet sur ses deux faces, et enfin trempée dans du suif chaud.

Tiges de piston et fourreaux de pompe à air. — Les tiges de piston de pompe à air sont en bronze, ou en fer forgé et revêtues d'une chemise de bronze. — D'autre part, les différents modes d'emmanchement des tiges de pistons de pompe à air tant avec ces pistons qu'avec leurs traverses ou bras, sont entièrement analogues à ceux des tiges de piston à vapeur (n° 41$_3$).

Dans quelques machines, les tiges de piston de pompe à air sont remplacées par des fourreaux F, *fig.* 4 *bis*, *sect.* 1, et *fig.* 2, *sect.* 2, *pl.* I. Ces fourreaux sont simples, autrement dit ne s'étendent que sur une des faces du piston. Leur métal est d'ailleurs en bronze, et leur jonction avec l'organe précédent s'opère au moyen d'un fort boulon 13, dont la partie supérieure est terminée par un œil, auquel vient s'articuler le pied à fourche de la bielle de pompe à air.

N° 48. — 1. **Détails de construction des bâches.** — 2. **Des tuyaux de décharge.** —
3. **Divers spécimens d'obturateurs de décharge.**

N° 48₁ Détails de construction des bâches. — Les bâches,
dont le but est expliqué au n° 25₃, sont d'ordinaire en fonte et venues
de coulée avec le condenseur. L'emplacement de la bâche dépend de
l'espace libre qu'on peut trouver au-dessus et par côté du condenseur,
d'après l'économie géométrique de l'ensemble de l'appareil. La forme
de ce récipient est la plupart du temps quelconque, pourvu qu'il ait
un réservoir d'air suffisant.

N° 48₂ Des tuyaux de décharge. — Les tuyaux de décharge
sont d'ordinaire en cuivre rouge, et leur section est circulaire afin que
leur résistance soit plus uniforme.

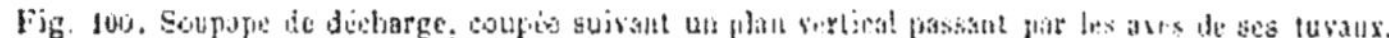

Fig. 100. Soupape de décharge, coupée suivant un plan vertical passant par les axes de ses tuyaux.

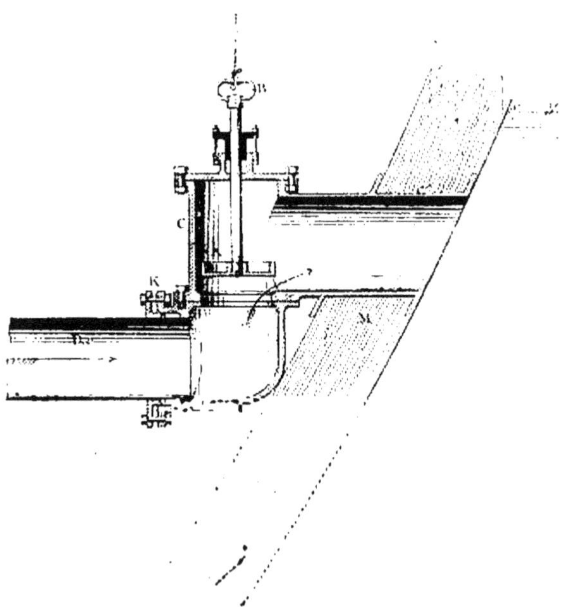

Dans les bateaux à roues de l'État ainsi que dans tous les bâtiments
à commerce et les transports à hélice, ces tuyaux se débouchent
un peu au-dessous de la flottaison, afin d'alléger le travail de la

pompe à air. Dans les navires à hélice de guerre, afin d'être à l'abri du boulet, ils traversent la carène au-dessous de la flottaison. Chaque tuyau vient aboutir dans une boîte située en abord, et avec laquelle il s'unit par un joint glissant (n° 43₁). Cette boîte renferme un organe de fermeture qu'on désigne sous le nom générique d'*obturateur de décharge*.

N° 48₅ Divers spécimens d'obturateurs de décharge. — Souvent l'obturateur de décharge est une soupape. Une disposition très-répandue de cette soupape est celle que représente la *fig*. 100. On y remarque les pièces suivantes :

D*e*   tuyau de décharge, réuni par un joint glissant K avec la boîte C.
C   boîte de soupape de décharge. Cette boîte est en fonte et porte une forte tubulure C′ qui s'incruste dans la muraille M du navire. Elle est fixée par des vis à bois, ou par des chevilles rivées contre les deux collets de la tubulure, de part et d'autre de la muraille.
A   soupape de décharge manœuvrable à la main avec la tige B. La poignée de cette tige se suspend au moyen d'un bout de corde pour tenir la soupape levée pendant la marche. Au repos, on laisse retomber celle-ci sur son siége, qu'elle clôt dès lors hermétiquement.

Lorsque le tuyau de décharge débouche au-dessous de la flottaison *xy*, la soupape précédente est accompagnée d'un gros robinet placé à l'intérieur, contre la muraille du bâtiment, et dont le tournant se manœuvre au moyen d'une vis sans fin.

La bâche porte une soupape de sûreté semblable à celle des cylindres à vapeur. Cette soupape sert à prévenir, par son ouverture, toute avarie, quand on oublie au départ de manœuvrer l'obturateur de décharge.

CHAP. III, § 4. — ORGANES DE TRANSMISSION DE MOUVEMENT. —
PIÈCES D'ASSISE ET GRAISSEUR.

N° 49. — **1. Des tés, traverses ou jougs.** — **2. Des coulisseaux et des glissières.** — **3. Des bielles et de leurs articulations.**

N° 49₁ Des tés, traverses ou jougs. — *On appelle* TÉS, TRA-VERSES *ou* JOUGS, *les pièces où viennent s'emmancher la ou les tiges du piston à vapeur, et auxquelles s'articule le pied de la grande bielle correspondante.*

Dans la machine démonstrative (*fig*. 31) et dans les machines à bielles en retour, les grandes traverses ont la forme d'un ∾ horizontal en fer forgé, comme on le voit en U, *fig.* 95, qui représente la dernière disposition adoptée par Indret.

Les bras T,T, de la traverse se nomment *crosses* ou *oreilles*. Ils sont terminés par des douilles où viennent s'emmancher avec embase et écrou (voir en *c* et *d*, *fig.* 75) les tiges du piston à vapeur. De son côté, la grande bielle vient s'atteler sur la portée U.

On voit en U, *fig.* 5, *sect.* 1, *pl.* II, un autre genre de traverse en ∼ du type Dupuy de Lôme. Enfin, la *fig.* 2, *sect.* 2, *pl.* II, représente également en U, la traverse du type Mazeline, c'est ce type que représente la machine démonstrative, *fig.* 31.

— Dans les appareils où il n'y a qu'une tige par piston, la traverse offre d'ordinaire l'aspect de la figure 101. C'est tout simplement une

Fig. 101. Traverse droite de grand piston avec ses coulisseaux et ses glissières.
Vue 1°. Plan, avec coupe horizontale dans le coulisseau de gauche.

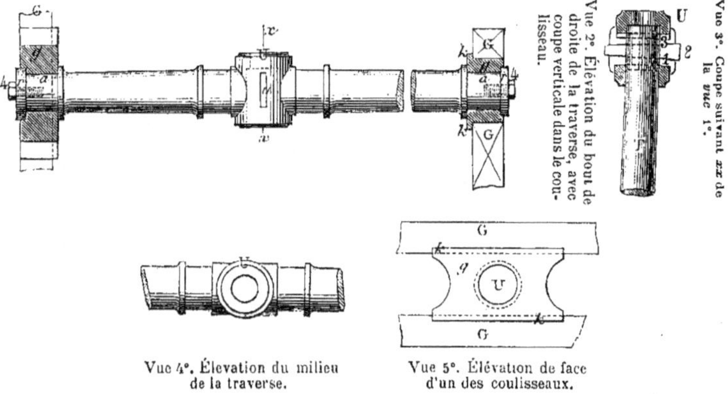

Vue 4°. Élévation du milieu de la traverse.

Vue 5°. Élévation de face d'un des coulisseaux.

barre droite en fer forgé arrondie, ou quelquefois en partie plate. Dans tous les cas, cette barre forme en son milieu une douille U, et à chaque extrémité un tourillon *a*. — L'emmanchement des tés droits avec la tige de piston T, *vue* 5°, quoique pouvant être à embase et à écrou, comprend d'ordinaire une double mortaise *u*, taillée dans la douille U, et correspondante à une autre mortaise pratiquée dans ladite tige. Une clavette 2, taillée en plan incliné, se loge entre deux autres clavettes 1 et 3, appelées *à mentonnets* à cause des rebords ou mentons qui les empêchent de décapeler de la mortaise. La manière d'obtenir le serrage avec cette disposition est expliquée au n° 49₃.

— Dans les machines à fourreau, la traverse est une simple soie ou tourillon, fixée sur un pourtour de l'évidemment central du piston.

N° 49₂ Des coulisseaux et des glissières. — Dans tous les appareils marins à hélice et dans beaucoup de ceux à roues, les tés ou traverses de grand piston sont guidés au moyen de *coulisseaux* et de *glissières*.

La *fig.* 95 représente en G,*g*, la disposition la plus usuelle des coulisseaux et des glissières dans les nouvelles machines à bielle en retour. Le coulisseau *g*, a la forme d'un U sur les branches duquel se fixe la traverse. Ces branches sont assez écartées et assez élevées pour que le pied de bielle ait son jeu libre. La partie inférieure du coulisseau glisse sur une partie dressée des bâtis du condenseur, et porte deux rebords qui sont emprisonnés par des joues latérales G,G, qui servent de glissière pour la marche arrière. Toutes les parties du coulisseau *g* en contact avec les glissières, sont garnis d'antifriction.

Avec les traverses du genre Mazeline, *fig.* 2, *sect.* 2, *pl.* II, les coulisseaux *g,g* sont deux espèces de savates en fonte boulonnées à la traverse U. Le coulisseau inférieur porte une plaque en bronze ou bien il est garni d'antifriction. De leur côté, les guides comprennent deux rainures G,G, parfaitement rabotées : l'une est pratiquée dans l'épaisseur d'une plaque faisant partie des bâtis, et l'autre se trouve taillée dans le dessous du condenseur.

Dans les machines à bielle directe, les coulisseaux ont la forme de *blocs g,g. fig.* 101, qui s'enfilent sur la traverse. Quand ils le sont aux extrémités mêmes de cette pièce, on les empêche d'abord de décapeler au moyen d'une rondelle *r* et d'une vis 4. En second lieu, on prévient leur dévirage dans la coulisse elle-même à l'aide de joues *k,k* ménagées au haut et au bas de leur face verticale en dedans des guides. Ces blocs sont en fonte, et exceptionnellement en bronze ou en fer. Souvent, d'ailleurs, ils sont garnis d'antifriction sur leurs faces glissantes.

Avec les coulisseaux en forme de blocs, les guides sont de grandes règles plates G, G, parfaitement planes en fonte de fer, et quelquefois en fer forgé. Dans le premier cas, elles font d'ordinaire partie des bâtis, comme sur notre *figure*. Dans le second, le guide inférieur est rapporté avec de simples vis à tête noyée, et le guide supérieur se trouve tenu à l'aide d'énormes boulons qui traversent des entretoises creuses destinées à maintenir un écart convenable entre les deux règles.

N° 49₃ Des bielles. — *On comprend sous le nom générique de* BIELLES *toutes les pièces qui sont articulées à leurs deux extrémités.*

D'ordinaire, l'une de ces extrémités a un mouvement de va-et-vient et s'appelle *le pied de bielle*, tandis que l'autre extrémité a un mouvement de rotation et se nomme *la tête de bielle*.

Le corps des bielles est toujours en fer forgé : il présente une section d'ordinaire ronde et quelquefois rectangulaire. Il est d'ailleurs presque toujours renflé en son milieu.

Les articulations qu'on rencontre aux extrémités des pièces qui nous occupent sont de deux espèces, les unes à *palier* et les autres à *chape*.

Articulation de bielle à palier. — La *fig.* 102 montre une articulation *à palier*. Elle se compose de deux *coussinets* en bronze A, A, intérieurement demi-cylindriques. Les coussinets de tête de bielle sont antifrictionnés sur leur surface frottante. Mais il n'en est pas de même pour les coussinets de pied de bielle, à cause du mouvement de va-et-vient, qui fait que l'antifriction s'écrase.

Le coussinet intérieur repose sur une espèce de *té* venu de forge avec le corps de bielle B, et le coussinet extérieur est retenu par une bride ou chapeau C. Deux ou quatre boulons b,b, traversent de part en part toutes les pièces précédentes. — Les coussinets sont percés de deux petites lumières

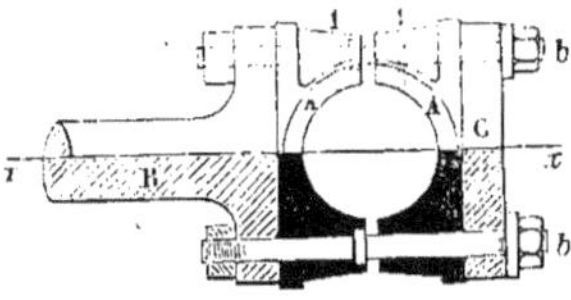

Fig. 102. Extrémité de bielle avec articulation à palier.

Vue 1° Mi-élévation, et mi-coupe verticale menée par le milieu de l'épaisseur de la bielle.

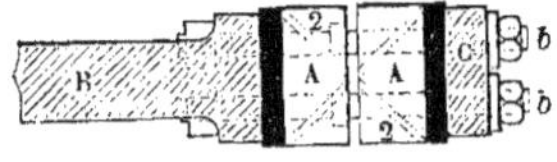

Vue 2°. Coupe suivant xx de la *vue* 1°.

1,1 destinées à communiquer avec le graisseur de l'articulation. Ils possèdent de plus sur leur surface frottante de petites rainures 2, 2, nommées *pattes d'araignée*, qui ont pour objet de faciliter la circulation de l'huile de lubrifiage. — Enfin, leur serrage s'obtient à l'aide des boulons b,b et de leurs écrous. Ces derniers sont munis de freins qui présentent l'une des dispositions suivantes.

Souvent l'écrou porte une partie cylindrique a, *fig.* 103, d'un diamètre plus petit que celui de son cercle circonscrit. Cette partie entre dans une savate annulaire b tenue par une dent 1, dans le chapeau ou bride C. Une vis v traverse cette savate, et vient

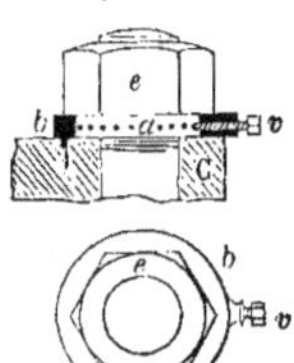

Fig. 103. Frein à savate pour écrou.

pénétrer dans la partie cylindrique a, percée à cet effet d'une série de trous sur tout son pourtour

La *fig.* 104 montre un autre spécimen de frein d'écrou. L'écrou *e* est terminé intérieurement par une embase *a*, taillée en roue à rochet. Un cliquet *b*, poussé par un res- sort 1, s'engage dans les dents de la roue et pré- vient tout desserrage.

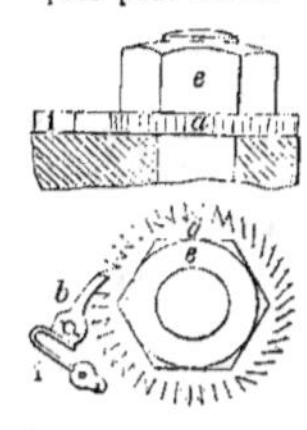

Fig. 104. — Frein à cliquet pour écrou.

On rencontre encore un troisième genre de frein dit *à lunettes*. C'est tout simplement une plaque de tôle entaillée à chacune de ses extrémités de ma- nière à former en creux une portion du polygone de l'écrou. Cette plaque, logée dans l'intervalle de deux écrous, les retient l'un par l'autre.

Articulation de bielle à chape. — Dans l'articulation *à chape* *fig.* 105, le corps de la bielle B est terminé par une partie rectangu- laire *a b c d*, dans laquelle est pratiquée une mortaise M.

Sur la surface supérieure de cette partie rectangulaire repose un coussinet en bronze A, pareillement rectangulaire et à joues latérales.

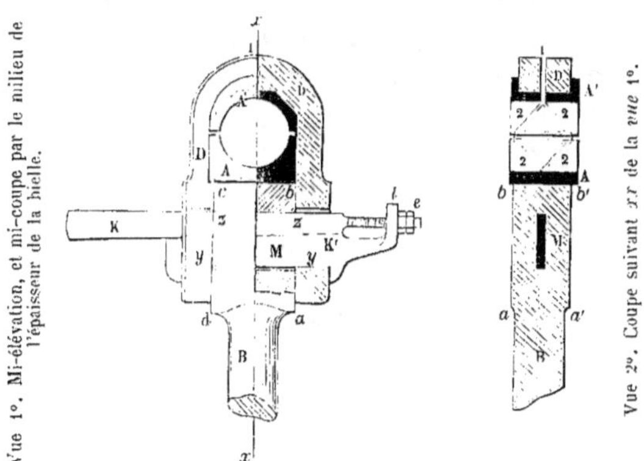

Fig. 105. Extrémité de bielle avec articulation à chape.

Au-dessus de ce coussinet, il vient s'en placer un second A', qui a une forme extérieure polygonale pour ne pas tourner, et qui porte deux joues ovales afin de ne pas décapeler.

Les deux coussinets et la partie *abcd* du corps de la bielle sont en- tourés par une bride en fer forgé D, percée de deux mortaises qui correspondent à celle M de la bielle. Deux clavettes K et K' traversent à la fois les trois mortaises. Ces clavettes ont leurs faces en contact taillées en plan incliné ; de plus, celle d'en bas, de l'espèce dite *à mentonnets*, porte deux rebords qui l'empêchent de bouger dans le sens de sa longueur, et maintiennent l'écartement des deux branches de la chape. D'autre part, une partie filetée termine la clavette supérieure ; et après avoir traversé un crochet *l* de la clavette inférieure,

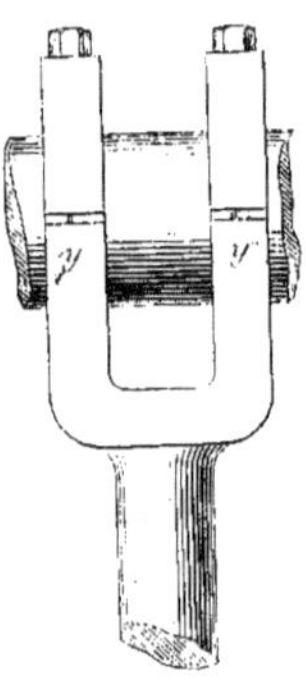

Fig. 105 *bis*. Extrémité de bielle à fourche.

elle reçoit un écrou et un contre-écrou *e* qui préviennent tout glissement ou desserrage des clavettes.

La clavette inférieure K′ porte par sa base contre le dessous *yy* des mortaises de la chape, tandis que la clavette supérieure K appuie par son dos en *zz* contre le dessus de la mortaise M du corps de la bielle. Par conséquent, si l'on enfonce la clavette K, elle force nécessairement la clavette K′ à faire descendre la chape et par suite le coussinet supérieur A′.

Le petit conduit 1, perforé à travers la chape et le coussinet supérieur, est une lumière communiquant avec un godet de graissage ; les rainures 2,2 sont des *pattes d'araignée*.

Quelquefois, les bielles sont terminées par deux branches *y,y*, comme l'indique la *fig.* 105 *bis*. On dit alors qu'elles sont *à fourche* ou *à double articulation*.

Le mode d'articulation de chacune des branches peut être d'ailleurs à palier ou à chape.

N° 50. — 1. Des arbres de couche. — Détails de construction sur les grandes manivelles. — 3. Des paliers d'arbre de couche : paliers ordinaires et paliers des appareils à hélice.

N° 50₁ Des arbres de couche. — Les arbres de couche présentent aujourd'hui deux dispositions distinctes, suivant qu'ils appartiennent à des appareils à hélice sans ou avec engrenage, ou à des machines à roues.

Dans les appareils à hélice sans engrenage à deux cylindres, les arbres de couche ont l'aspect de la *fig.* 106. Ils sont formés d'une seule pièce A′AA″ en fer forgé, et portent deux *vilebrequins* M, M, c'est-à-dire deux paires de manivelles venues de forge avec l'arbre et leurs boutons *b,b*. Ces *vilebrequins* sont d'ailleurs situés à angle droit l'un par rapport à l'autre. D'autre part, des contre-poids d'équilibration m, m sont quelquefois rapportés aux deux manivelles de chaque vilebrequin.

En général, les arbres de couche qui nous occupent reposent sur des paliers en trois endroits de leur longueur A′, A et A″, qu'on appelle des *portées*. Ils doivent d'ailleurs être maintenus dans le sens de leur

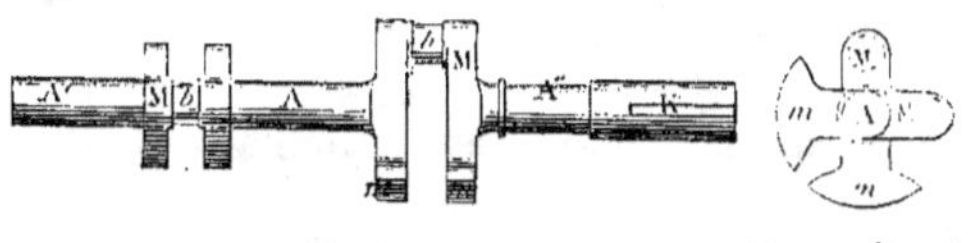

Fig. 106. Arbre de couche de machine à hélice à deux cylindres.

Vue 1° Élévation longitudinale.   Vue 2° Élévation par bout.

axe. Mais il est bon, afin d'éviter les échauffements, qu'ils ne le soient qu'à leur portée arrière A″. Cette portée est pour cela comprise entre deux renflements ou collets.

Enfin, la partie K, qui forme l'extrémité arrière de l'arbre de couche, se trouve taillée à pans, ou sinon elle est disposée pour recevoir des clavettes ; car elle est appelée à s'assembler, au moyen d'un manchon ou de plateaux, avec le bout avant de la ligne d'arbres d'hélice.

Arbres de couche à trois ou quatre vilebrequins. — Dans le principe, les arbres de couche à trois vilebrequins ont été construits d'un seul morceau, comme ceux des machines à deux cylindres. Actuellement, les arbres des grandes machines à hélice se font généralement en autant de parties qu'il y a de vilebrequins. Le mode d'assemblage consiste en de petits tourteaux venus de forge avec les bouts d'arbres, et boulonnés à demeure, dans le genre de ce que l'on faisait déjà pour quelques arbres des tiroirs *fig. 4, sect. 1, pl*. IV. Les paliers intermédiaires sont naturellement en deux parties pour embrasser les tourteaux de jonction. Cette disposition a d'ailleurs été facilitée par l'écartement des axes des cylindres résultant de l'adjonction de chemises de vapeur à ces organes. — Chaque vilebrequin étant forgé à part, peut être mieux corroyé et présente par suite plus de garanties de solidité.

Arbre de machines à roues. — Dans les machines à roues, l'arbre de couche offre la disposition représentée sur la *fig*. 107. Il est formé de trois morceaux, l'un *intermédiaire* A, et deux *extérieurs* A′, A″. Ces deux derniers tronçons ont chacun une manivelle, M′ ou M″, qui vient se réunir par une soie ou bouton b à une manivelle correspondante M du tronçon intermédiaire. Ce dernier est d'ailleurs tout droit dans un grand nombre de machines, comme celles à balanciers ; mais, dans beaucoup d'autres, telles que les machines oscillantes, il porte en son milieu, et venu de forge avec lui, un vilebrequin N conducteur de pompe à air. Ce vilebrequin se trouve dirigé sur le prolongement de la bissectrice de l'angle des deux manivelles de l'arbre intermédiaire.

L'arbre intermédiaire des machines à roues possède des portées a,a, qui sont toujours comprises entre des renflements ou collets. Les arbres extérieurs, qui, eux aussi, possèdent chacun deux portées n'ont,

Fig. 107. Arbre de couche de machine à roues, avec vilebrequin intermédiaire.

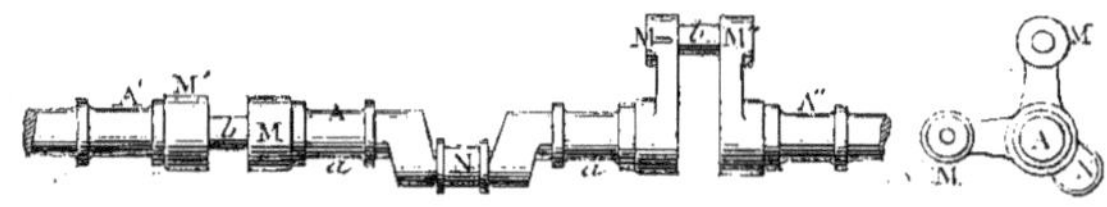

Vue 1ᵉ. Elévation transversale   Vue 2° Élévation par bout.

à moins qu'ils ne soient en porte-à-faux, que celle située à toucher leur manivelle qui soit encaissée entre deux collets.

— Enfin, dans les machines à hélice avec engrenage, l'arbre de couche est semblable à celui des appareils à roues.

N° 50₂ Détails de construction sur les grandes manivelles. — Les manivelles venues de forge avec leur arbre, se découpent au moyen de la *machine à mortaiser*; et leurs parties rondes, ainsi du reste que celles de l'arbre, se taillent *au tour*. Dans les machines à roues, les manivelles sont *rapportées*. La *fig.* 108 représente en détail la disposition de ces sortes de manivelles.

Chaque manivelle M ou M′ porte un fort renflement R ou R′ percé en son milieu d'un trou circulaire O, légèrement conique, et qu'on appelle *œil*. Elle s'emmanche à chaud sur son arbre A ou A′, et elle se fixe invariablement à cette pièce à l'aide de trois clefs, dont on remarque la présence ou l'emplacement en d,d,d, *vues* 2° et 3°. A l'opposé du premier renflement, les manivelles en possèdent un second r,r', percé d'un trou o, qu'on appelle spécialement *œil de la manivelle*. C'est dans ces *œils* que s'introduit leur bouton ou soie de jonction b. — Ce bouton, d'ordinaire en fer aciéré, est un peu conique à une de ses extrémités. Il se fixe par cette extrémité dans l'œil de la manivelle M de l'arbre intermédiaire au moyen d'une clavette C, ou quelquefois, *vue* 4°, au moyen d'un fort écrou C se vissant sur l'extrémité en question, qui se termine alors par une partie filetée. Dans tous les cas, la seconde extrémité du bouton est légèrement aplatie, sur les deux côtés opposés par où elle doit pousser, suivant un plan à la fois parallèle à son axe et aux rayons des manivelles. Cette seconde extrémité entre dans l'œil o de la manivelle M', lequel possède un plus grand diamètre que le bouton. De la sorte, elle laisse à l'intérieur de cet œil un certain jeu au-dessus et au-dessous d'elle dans la direction même desdits rayons. Mais elle appuie, dans le sens perpendiculaire au précédent, contre deux languettes planes ou *touches t, t*, en bronze dur ou en acier.

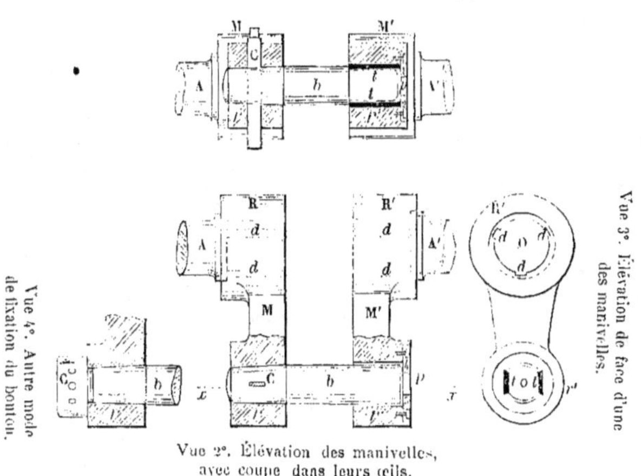

Fig. 108. Agencement des grandes manivelles de machine à roues.
Vue 1°. Projection par bout des manivelles, avec coupe
dans leurs œils suivant xx de la *vue 2°*.

Vue 2°. Élévation des manivelles,
avec coupe dans leurs œils.

Vue 3°. Élévation de face d'une des manivelles.

Vue 4°. Autre mode de fixation du bouton.

Ces touches sont incrustées à queue d'aronde dans l'œil o aux extrémités du diamètre de cet œil perpendiculaire au rayon de manivelle. Elles sont du reste retenues dans le sens de leur longueur par la rondelle p, fixée sur le plat extérieur de l'œil au moyen de cinq à six vis à tête noyée 1,2,3,4... — L'installation précédente est nécessaire pour prévenir la flexion et même la rupture du bouton de manivelle, lorsqu'il se produit des dénivellements de l'arbre extérieur par rapport à l'arbre intermédiaire.

N° 50₃ Des paliers d'arbre de couche : paliers ordinaires. — *Les* PALIERS *sont les supports sur lesquels reposent les arbres de couche ou autres.*

La forme de palier la plus vulgaire est celle que représente la *fig.* 109. On y remarque les pièces suivantes :

D   *corps du palier :* bloc de fonte entaillé à sa partie supérieure, et fixé sur les bâtis *n,n* au moyen des boulons K,K. Ces boulons entrent gais dans les trous de l'embase du palier, de façon que celui-ci puisse se déplacer légèrement par rapport au bâtis, à l'aide des coins I,I.

B   *chapeau de palier :* pièce de fonte se plaçant au-dessus du corps du palier, et taillée de façon à entrer en partie dans ce corps.

C   *coussinets :* pièces en bronze de forme demi-cylindrique et entre lesquelles frotte l'arbre dans sa rotation. Ces coussinets ont extérieurement un contour polygonal, destiné à les empêcher de tourner avec l'arbre. Ils possèdent aussi les joues *j,j*, dans le sens de leur longueur.

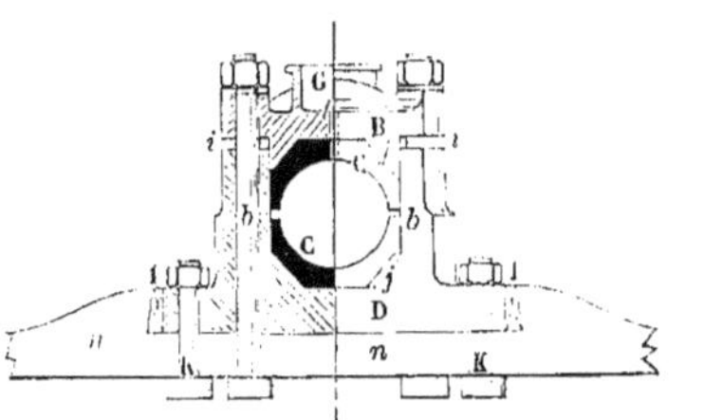

Fig. 109. Palier ordinaire, représenté en mi-coupe verticale et en mi-élévation de face.

b,b   boulons de serrage, d'ordinaire au nombre de quatre, traversant le palier et son chapeau. En vissant les écrous de ces boulons on force le chapeau B à descendre, et par suite le coussinet supérieur à se rapprocher du coussinet inférieur. Ces écrous sont du reste munis de freins à savate, à cliquet ou à lunettes, comme ceux des articulations de bielle à palier n° 49₅.
Des petites cales en bois dur, qui se logent en *i,i* supportent le poids du chapeau et servent à régler le serrage.

G   godet graisseur venu de fonte avec le chapeau du palier. Il communique avec l'intérieur du coussinet par la lumière *l* perforée à travers cette pièce et la précédente, et qui aboutit d'ailleurs à des pattes d'araignée.

Paliers des appareils à hélice. — Dans les appareils horizontaux à hélice, on a donné aux grands paliers des installations différentes de la forme vulgaire décrite ci-dessus. On s'est proposé avant tout de produire le serrage des coussinets dans le sens de l'axe des cylindres, c'est-à-dire dans la direction où l'usure tend à se produire le plus rapidement. La forme la plus habituelle de ces paliers se voit en H, *fig.* 1, 2, 3 et 4, *sect.* 1, *pl.* IV. Chaque palier fait corps avec un bâtis qui, en se prolongeant en dessus, forme aussi les paliers *h* de l'arbre des tiroirs. Ces bâtis sont fixés aux cylindres au moyen des boulons 28, et ces mêmes boulons servent à effectuer le serrage du palier. — Chaque palier est muni de deux demi-coussinets en bronze ou en fonte et garnis d'antifriction ; le serrage se fait horizontalement. Le coussinet du fond est ajusté dans un évidement demi-cylindrique du palier ; le coussinet d'en dehors a sa partie extérieure taillée à pans, et se trouve serré par une plaque de fer sur laquelle appuient les écrous des boulons 28. Entre les deux demi-coussinets, s'interposent des cales de serrage qui empêchent le coussinet du fond de tourner.

Dans les machines où l'arbre de couche est en autant de morceaux qu'il y a de vilebrequins, chaque palier intermédiaire est partagé en deux parties pour embrasser les tourteaux de jonction des bouts d'arbres. L'ensemble présente alors la disposition des paliers h de l'arbre des tiroirs.

N° 51. — 1. Des carlingues des machines à vapeur marines. — 2. Des plaques de fondation et des brides de fixation. — 3. Des bâtis, des entablements, et des liaisons supérieures des machines avec les coques. — 4. Des parquets de machine.

N° 51₁ Des carlingues des machines à vapeur marines. — Les appareils à vapeur sont établis à bord des bâtiments

Fig. 110. Carlingue en bois, et plaque de fondation ou brides de fixation.
Vue 1°. Coupe verticale menée dans l'épaisseur de la carlingue.

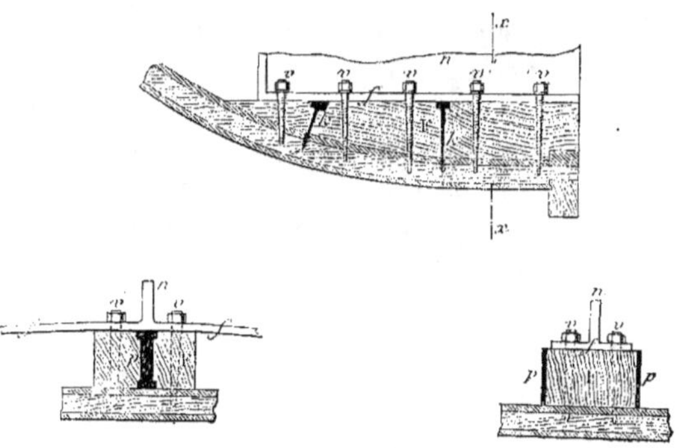

Vue 2°. Coupe suivant xx de la *vue* 1°, supposée comportant une plaque de fondation.

Vue 3°. Coupe suivant xx de la *vue* 1°, supposée comportant des brides de fixation.

sur de fortes pièces de bois ou de tôle nommées *carlingues* de la machine. Mais pour certains appareils sans plaque de fondation, on fait usage d'un système de pièces de charpente formant une plate-forme complète.

On voit en F, *fig.* 110, l'installation d'une carlingue en bois pour machine à hélice. De fortes chevilles k,k en cuivre, chassées de l'intérieur du navire et taillées en harpon ou rivées par-dessous la carène, assujettissent les carlingues à la coque. Comme ces pièces de charpente ont besoin de résister à des efforts considérables, on les fortifie dans certains cas au moyen de plaques de tôle *p,p, vue* 3°, boulonnées de part en part de leur épaisseur. Ces plaques ont parfois la forme de cornières courbes, s'appliquant sur les fonds des bâtiments par leur branche horizontale, et s'y fixant au moyen de vis à bois, qui consti-

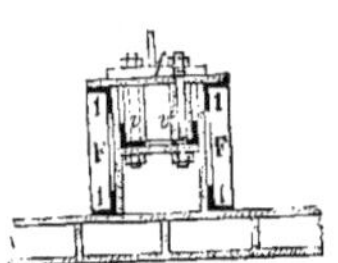

Fig. 111. Coupe menée perpendiculairement à la longueur d'une carlingue en tôle de machine.

tuent alors les liaisons des carlingues de la machine avec ces fonds. Quelquefois enfin, on emploie une véritable carlingue en fonte, telle que *p, vue* 2°, qu'on incruste entre deux carlingues en bois.

À bord des navires en fer. les carlingues F, *fig.* 111, sont de longues caisses ou poutres creuses composées de pièces de tôle réunies entre elles et avec la coque par des cornières 1,1.

N° 51₂ Des plaques de fondation. — Dans la plupart des machines, tout l'ensemble des pièces fixes se boulonnent sur une plate-forme en fonte nommée *plaque de fondation*, de façon à former un tout complètement rigide et indépendant des déformations du bâtiment. Cette plaque *f. fig.* 110, *vues* 1° *et* 2°, est elle-même jonctionnée avec les carlingues, quand elles sont en bois, au moyen de vis à bois *v, v*, en fer galvanisé. Mais, si les carlingues sont en tôle, on se sert de boulons *v, v, fig.* 111, traversant des entretoises creuses, forcées entre la face supérieure des carlingues et un plan de feuilles de tôle fixé à leur intérieur parallèlement à cette face.

La plaque de fondation n'est astreinte à aucune configuration particulière. Mais dans quelques cas spéciaux, comme pour les machines oscillantes, elle est découpée pour donner passage à certaines pièces mobiles.

Quelle que soit sa disposition, elle est renforcée par des nervures destinées à assurer la rigidité des plaques de fondation.

Des brides de fixation. — Beaucoup d'appareils à hélice n'ont pas de plaque de fondation. Les cylindres, les condenseurs et les bâtis sont alors munis à leur partie inférieure de brides *f, vue* 3°, *fig.* 110, qui se fixent directement aux carlingues.

N° 51₃ Des bâtis. — Les bâtis comprennent toute la charpente de fonte, de fer ou quelquefois de tôle, qui relie entre elles, au-dessus de la plaque de fondation ou des brides de fixation, les diverses pièces fixes des machines, et qui supporte en outre les organes mobiles. Ils présentent une infinité de formes différentes et variables avec chaque genre d'appareil. Dans les machines à hélice, les bâtis reposent sur la plaque de fondation, ou directement sur les carlingues si cette plaque n'existe pas ; ils sont boulonnés d'un côté sur les cylindres, et le côté opposé forme les paliers de l'arbre de couche.

Des entablements. — Les bâtis des machines oscillantes comprennent d'ordinaire une série de colonnettes en fer forgé. Les pieds de ces colonnettes s'emmanchent dans la plaque de fondation, tandis que toutes les têtes sont réunies par une espèce de grand cadre en fonte X, *sect.* 1 et 2, *pl.* I, appelé *entablement*.

Des liaisons supérieures des machines avec les coques. — Lorsque les bâtis ont une grande hauteur, comme dans les machines oscillantes à roues, l'entablement s'incruste à frottement doux entre les côtés d'un rectangle formé de deux baux et de deux longrines en bois ou en tôle. Ce rectangle est alors libre de jouer, dans une certaine mesure, sous l'influence des déformations du navire sans entraîner l'entablement de la machine et lui sert de point d'appui dans les grands roulis.

N° 51₄ Des parquets de machine. — Tout autour des machines, il existe, jusqu'à toucher le vaigrage et les soutes à charbon, un plancher de plaques de feuilles de tôle, qui va du reste rejoindre le pied des chaudières. Ce plancher se nomme *parquet*. Il est destiné à former, pour les mécaniciens, une plate-forme de circulation solide et à l'abri du feu.

Les plaques de parquet reposent sur des traverses fixées aux carlingues ou sur des cornières fixées sur l'appareil. Leur surface supérieure est lamellée, diamantée ou couverte de petits ronds, afin d'être moins glissante au roulis.

Dans les grands appareils, il existe deux étages de parquets, qui communiquent entre eux par des échelles en fer. D'ailleurs, les parquets et les échelles sont munis de balustrades, dites *mains courantes*, que supportent des chandeliers ou montants. Les mains-courantes sont placées à hauteur d'appui. Au-dessous d'elles, le parquet est limité par une bordure pleine en tôle d'environ 0^m,20 de haut, relevée en cornière, et que l'on nomme *garde-pied*.

**N° 52. — 1. Du graissage et du lubrifiage. — 2. Graisseurs à suif. —
3. Graisseurs à huile. — 4. Lécheurs. Arroseurs.**

N° 52₁ Du graissage et du lubrifiage. — Le lubrifiage a pour
but d'introduire dans les articulations un corps qui rende le frottement plus doux. C'est dans le même but que l'on graisse les tiroirs et
les cylindres.

Le suif est réservé pour les pièces qui, comme les pistons à vapeur, les tiroirs et les organes de détente variable, sont à une température capable de le maintenir à l'état liquide. On le chauffe alors
préalablement dans des bouilloires *ad hoc*.

L'huile d'olive est employée pour graisser les articulations, les paliers, les glissières, etc. : en un mot, les différents mouvements qui
ne dépassent la température ordinaire qu'accidentellement.

De leur côté, les tiges de piston à vapeur, de tiroir et de détente
se graissent au suif chaud, et quelquefois à l'huile quand elles sont
horizontales.

D'autre part, avec les condenseurs à surface, on ne doit employer
que de l'huile pour graisser les cylindres, les tiroirs et les détentes.

N° 52₂ Graisseurs à suif. — Pour effectuer le graissage, on
emploie un certain nombre d'organes divers, mais qui peuvent se
classer en deux catégories : *les graisseurs à suif* et *les graisseurs à
huile*.

Les graisseurs à suif s'appliquent particulièrement aux cylindres et
aux boîtes à tiroir et à détente. — Ils se com-
posent d'ordinaire de deux godets superposés
A, a, *fig.* 112, munis chacun d'un robinet
R, r. — Pour un cylindre à vapeur, le pied
du grand godet communique avec l'intérieur
de ce récipient C par le canal B. Souvent,
d'ailleurs, ce canal aboutit à une caisse plate
en cuivre D, qui s'étend dans une certaine
partie de la largeur du cylindre, et laisse les
matières graisseuses se projeter à travers une
longue fente.

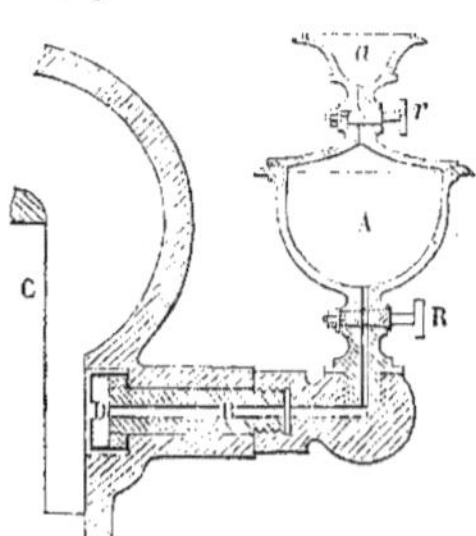

Fig. 112. Graisseur à suif.

Pour se servir d'un pareil graisseur, on
ferme le robinet du bas R ; on ouvre celui du haut r, et l'on verse le
suif fondu. On ferme ensuite le robinet du haut, et on ouvre celui

du bas. La vapeur pénètre aussitôt dans le godet A ; et l'équilibre de pression s'y établissant, le suif tombe en vertu de son poids. Cette combinaison de deux robinets est utile, afin qu'on puisse verser le suif à un instant quelconque de la course du piston, surtout dans les machines à mouvement rapide.

Au lieu des simples robinets de la *fig.* 112, on emploie assez souvent des graisseurs automoteurs comme celui qu'on aperçoit en 2, *fig.* 1, *sect.* 1, *pl.* IV. Le suif, placé dans une espèce d'entonnoir supérieur servant de couvercle, est fondu par la vapeur qui remplit le godet. On fait ensuite passer le suif dans ce dernier, d'où il se déverse par un tube dont l'ouverture est vers le sommet. Le suif est élevé jusqu'au tube par l'eau provenant de la vapeur condensée. La condensation de la vapeur règle le graissage.

N° 52₃ Graisseurs à huile. — Les graisseurs à huile s'emploient principalement pour les pièces mobiles, pour les glissières et les paliers des appareils à vapeur. Ils se composent en général d'un godet A. *fig.* 113, et d'un porte-mèche *p*. Une mèche *m* en laine ou en coton s'introduit dans ce conduit par un de ses bouts, tandis que l'autre bout trempe dans l'huile du godet. Cette mèche forme siphon, et l'huile y circule par le fait de la *capillarité*. Le godet est bouché par un couvercle *c*, percé d'un petit trou 1, qui a pour but de laisser agir à l'intérieur du godet la pression atmosphérique.

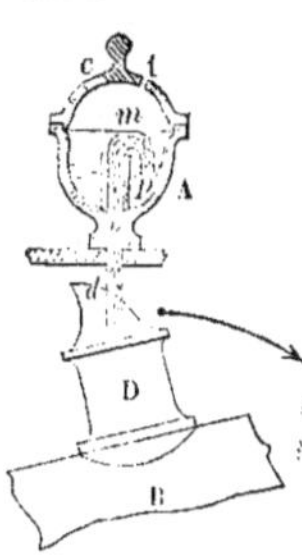

Fig. 113. Graisseur à huile du genre dit à *lécheur*.

Les graisseurs à huile sont habituellement implantés dans la pièce qui entoure ou surmonte la partie où doit arriver la matière lubrifiante. La mèche traverse alors cette pièce de façon à venir aboutir à une très petite distance de la partie en question. On met un ou deux godets graisseurs par articulation suivant l'importance du mouvement. Au lieu du godet à mèches, on emploie assez souvent des godets dont l'orifice inférieur est obturé par une vis percée suivant son axe, et dont le haut forme soupape, cette dernière étant ajustée sur le bord de l'orifice. Deux petits trous percés dans la vis, au-dessous de la soupape et normalement à l'axe, aboutissent au canal central de cette vis. En soulevant la soupape, par le desserrage de la vis, ces deux trous sont plus ou moins démasqués et laissent passer l'huile.

— Pour les petites pièces à mouvement lent, on se passe habituellement de graisseur, et l'huile se verse de temps à autre à la main à travers un petit trou pratiqué sur la pièce qui surmonte l'endroit à graisser.

N° 52₄ Lécheurs. — Pour les pieds et les têtes de bielle, on emploie des *lécheurs*. Un godet graisseur ordinaire est monté à demeure en un endroit fixe de la machine, et laisse pendre, au-dessous de son godet, le bout de la mèche, à laquelle on donne ici une forme plate. Un autre godet D, *fig.* 113, sans mèche, est monté sur la pièce mobile B, et communique avec l'endroit à lubrifier par une lumière complétement libre. Ce second godet porte un bec *d*, qui, dans ses passages successifs, vient rencontrer le bout pendant de la mèche et en *lécher* les quelques gouttes d'huile qui s'y accumulent à chaque instant.

La *fig.* 114 réprésente le système de lécheur le plus usité aujourd'hui.

La boîte en bronze A est fixée sur la tête de bielle par les vis 1, 1, et son intérieur communique avec le tourillon de la manivelle par les lumières de graissage 2,2. Au centre de la boîte A se visse un prisonnier *b*, sur lequel se fixe, par la clavette goupillée 3, le lécheur B. Le peu d'espace qui existe entre le lécheur B et les rebords recourbés de la boîte A, empêche l'huile qui est descendue dans la boîte A d'être projetée dans les mouvements brusques de la machine.

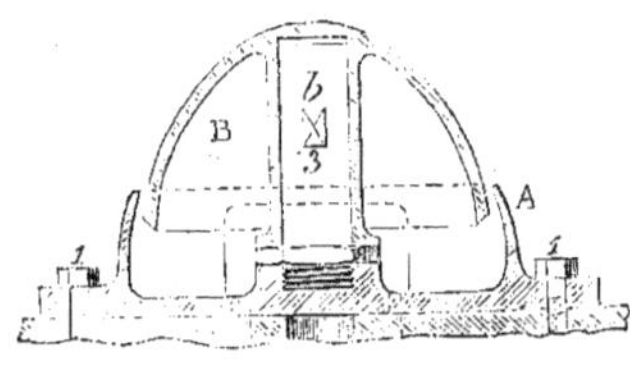

Fig. 114. Graisseur à lécheur pour tête et pour pied de bielle.

Vue 1°, coupe verticale par l'axe de la bielle.

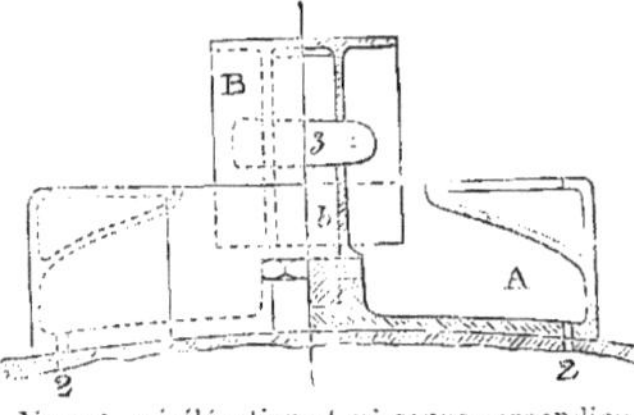

Vue 2°, mi-élévation et mi-coupe perpendiculairement à l'axe de la bielle.

Arroseurs. — Les arroseurs sont des tuyaux munis de robinets qui permettent d'amener de l'eau dans les grandes articulations, telles que paliers, pieds et têtes de bielle, lorsqu'il se produit un échauffement. Cette eau est généralement prise sur le refoulement de la pompe à air pour les machines à condensation par mélange, ou sur celui de la pompe de circulation pour les machines à condensation par surface.

CHAPITRE IV.

Chap. IV, § 1er. — De l'hélice.

N° 53. — 1. De l'hélice ; principe de son jeu. — 2. Des éléments de l'hélice ; ailes, diamètre, pas, fraction de pas partielle ou totale. — 3. Emplacement et nombre des hélices. — 4. De l'avance des bâtiments à hélice ; du recul de l'hélice.

N° 53₁ De l'hélice. — L'*hélice* est un propulseur ayant un mode d'action en tout semblable à celui d'une vis qui, placée dans le sens de la quille, appuierait par sa tête contre un point pris à l'intérieur du navire, et dont la partie filetée, située à l'arrière du bâtiment, tournerait dans l'eau comme dans un écrou.

Concevons une vis à filets carrés, mais dont les filets ont peu d'épaisseur et sont excessivement saillants. Découpons les trois quarts d'un filet complet et partageons le quart restant en deux parties égales par exemple ; puis faisons glisser le morceau le plus élevé de manière que son bord inférieur soit dans le même plan perpendiculaire à l'axe que le bord inférieur du premier morceau. Enfin, faisons tourner ce deuxième morceau autour du noyau de la vis, qu'on nomme *moyeu*, de manière à le mettre dans une position diamétralement opposée à celle du premier, et nous aurons une hélice à deux ailes. Pour que l'hélice soit parfaite, comme propulseur, il ne reste plus qu'à limer les ailes sur les bords et à les amincir en allant du moyeu vers les extrémités. Ce travail doit se faire sur la face de l'aile qui doit être tournée du côté de l'avant du bâtiment, de manière à ne pas déformer la surface qui regarde l'arrière. — Si nous avions partagé le quart de filet conservé, en 3, 4 ou 6 parties égales, que nous aurions ensuite

déployées autour du moyeu, nous aurions obtenu une hélice à 3, 4 ou
6 ailes. La *fig.* 115 représente une hélice à deux ailes. Le mouvement
de rotation ayant lieu dans le sens de la flèche x, les faces arrière
des ailes, celles qui n'ont pas été déformées, s'appuient obliquement
sur l'eau à mesure que l'hélice tourne, et il en résulte une poussée
dans le sens de la flèche y, qui fait avancer le bâtiment.

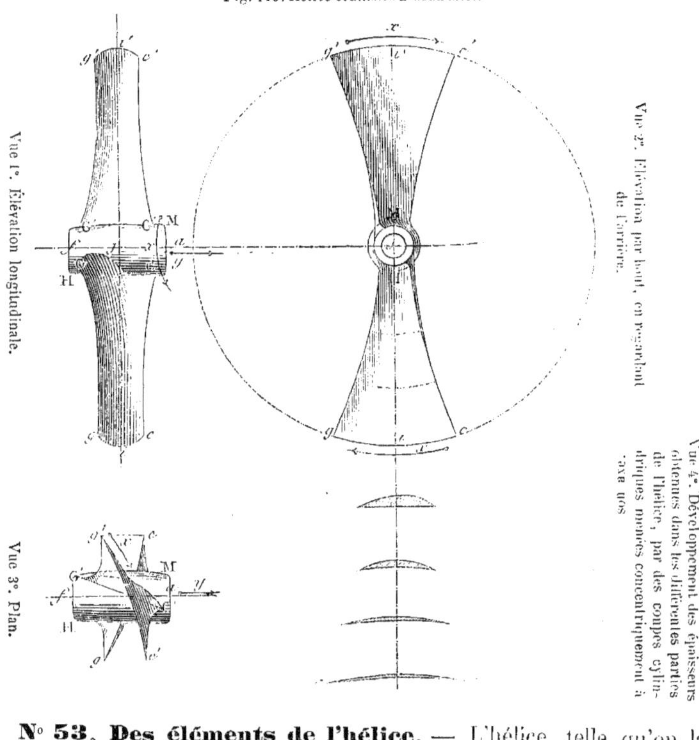

Fig. 115. Hélice ordinaire à deux ailes.

N° 53₂ Des éléments de l'hélice. — L'hélice, telle qu'on la
réalise en pratique, est représentée en *fig.* 115.

On y remarque les éléments suivants : 1° les *ailes et leur nombre;*
2° le *diamètre;* 3° le *pas;* 4° la *fraction de pas partielle et totale.*

Ailes. — Les AILES *sont des portions égales* CGgc *et* C'G'g'c' *d'un
même filet, qui sont implantées autour d'un cylindre métallique* HM
nommé MOYEU. — Le *nombre des ailes* varie depuis 2 jusqu'à 6. Les
hélices à 2 ailes se masquent facilement derrière l'étambot, lors-

qu'on marche à la voile; mais elles occasionnent des trépidations qui fatiguent l'arrière.

Diamètre. — *Le* DIAMÈTRE *ii', fig. 115, de l'hélice, s'entend de celui du cylindre sur lequel se trouvent les bords extérieurs des ailes.* — Le diamètre se fait en général égal aux 6/7 du tirant d'eau de l'arrière.

Pas. — *Le* PAS *de l'hélice est celui du filet complet, c'est-à-dire la quantité dont on s'élèverait le long de l'axe sur le bord de l'aile en faisant un tour complet.* — Le pas vaut en moyenne 1,5 du diamètre.

Le pas est dit à *droite* quand, dans la marche en avant, les ailes passent de bâbord à tribord au moment où elles sont en l'air; le pas est dit à *gauche* dans le cas contraire. D'après cela, sur la figure 115, le pas est à droite, en y supposant l'avant du bâtiment du côté de la flèche *y*.

Fraction de pas partielle ou totale. — *La* FRACTION DE PAS PARTIELLE *s'entend du nombre des parties décimales du pas contenues dans la portion* af *de l'axe,* fig. 115, *le long de laquelle s'étend chaque aile.* Cette même longueur *af* évaluée d'une manière absolue, en mètres par exemple, se désigne sous le nom de *longueur de l'hélice.*

La FRACTION DE PAS TOTALE *n'est autre que la somme des fractions de pas partielles de toutes les ailes.* Elle vaut en moyenne 0,25, *quel que soit le nombre des ailes.*

N° 53₃ Emplacement et nombre des hélices. — L'emplacement des hélices est toujours à l'arrière du bâtiment; et sauf quelques rares exceptions, elles occupent sur l'avant du gouvernail un trou ménagé dans le massif arrière et nommé *cage d'hélice.*

On n'emploie généralement qu'une hélice par navire. Cependant les bâtiments à très-faible tirant d'eau ont deux hélices placées l'une à droite et l'autre à gauche de la quille, sous les façons arrière du bâtiment, parce qu'une seule hélice ne pourrait pas avoir des dimensions assez grandes.

N° 53₄ De l'avance des bâtiments à hélices. — *On appelle* AVANCE *d'un bâtiment à hélice l'espace qu'il parcourt à chaque tour de son propulseur.* En se rappelant qu'une vitesse de 1 nœud à l'heure correspond à un parcours de 0ᵐ,514 par seconde, on a la relation :

$$\text{Avance} = \frac{\text{vitesse en nœuds du navire} \times 0,514 \times 60}{\text{nombre de tours d'hélice à la minute}},$$

Du recul de l'hélice. — Si l'eau dans laquelle fonctionne l'hélice était gelée, à chaque tour de ce propulseur son axe avancerait d'une quantité égale au pas. Mais, eu égard à la mobilité du liquide, il n'en est pas ainsi. L'eau cède plus ou moins sous le choc des ailes, et l'axe de l'hélice n'avance à chaque révolution que d'une quantité inférieure au pas. En un mot, il y a ce qu'on nomme du *recul*.

On appelle alors *coefficient de recul* ou simplement *recul*, l'expression $\dfrac{pas - avance}{pas}$.

Exemple. Un bâtiment file 10 nœuds avec une hélice de $5^m,6$ de pas, et faisant 72 tours à la minute. On demande le recul.

La première des expressions ci-dessus donnera tout de suite :

$$avance = \frac{10^n \times 0,514 \times 60}{72} = 4^m,28.$$

Puis, de la seconde de ces expressions, on déduira :

$$recul = \frac{5^m,60 - 4^m,28}{5^m,60} = 0,24.$$

— Le recul vaut moyennement de 0,10 à 0,15 *par calme*. Il augmente naturellement par vent debout, ou bien quand le bâtiment remorque.

N° 54. — **1. Classification des différents systèmes d'hélices à trois points de vue. — 2. Classification au point de vue de la nature de la surface des ailes : hélices à pas constant ; hélices à pas variable. — 3. Classification au point de vue de la disposition des ailes sur le moyeu : hélices ordinaires à ailes simples ; hélices Mangin à ailes doubles ou triples. — 4. Classification au point de vue de la conjuguaison de l'hélice avec l'arbre de la machine : hélices fixes et hélices amovibles. — 5. Hélices folles : différents moyens de rendre le navire indépendant de l'hélice.**

N° 54₁ Classification des différents systèmes d'hélices à trois points de vue. — Les différentes sortes d'hélices que l'on rencontre se classent à trois points de vue :

1° Au point de vue de la nature de la surface des ailes ;

2° Au point de vue de la disposition des ailes autour du moyeu ;

3° Au point de vue de la conjugaison de l'hélice avec la machine.

N° 54₂ Classification des hélices au point de vue de la nature de la surface des ailes. — Au point de vue de la nature de la surface des ailes, on distingue principalement les hélices *à directrice droite* ou *à pas constant*, et les hélices *à directrice brisée* ou *courbe*, dites aussi à *pas croissant*.

Hélices à pas constant. — Les hélices à *pas constant*, les seules actuellement usitées en France, sont celles dont les bords des ailes s'élèvent régulièrement comme les filets d'une vis.

Hélices à pas variable. — Les hélices à pas variable sont celles dont le bord des ailes ne s'élève pas d'une manière régulière. Généralement, dans ces hélices, le cinquième de la largeur de l'aile, sur la partie avant, s'élève moins rapidement que le reste de la surface. Cette manière de faire avait pour but de diminuer le choc de l'aile contre l'eau.

N° 54₅ Classification des hélices au point de vue de la disposition des ailes sur le moyeu. — Au point de vue de la disposition des ailes sur le moyeu, les hélices se présentent sous deux variétés principales : les hélices *ordinaires* ou *à ailes simples*, et les hélices *Mangin* dites aussi à *ailes doubles* ou *triples*.

Hélices ordinaires ou à ailes simples. — Les hélices à *ailes simples* sont les hélices à deux ou à un plus grand nombre d'ailes épanouies autour du moyeu. — Les unes ont leurs lignes médianes

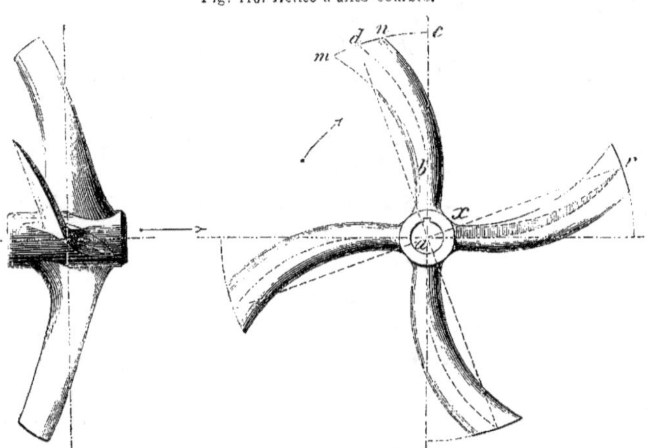

Fig. 116. Hélice à ailes courbes.

droites et situées dans un même plan perpendiculaire à l'axe. Telle est l'hélice représentée en *fig.* 115.

— D'autres ont la ligne médiane courbe ; telles sont les hélices que l'on construit actuellement, et dont un type est représenté par la *fig.* 116. Cette hélice est à quatre ailes déployées, le pas est constant. La forme des ailes résulte de la manière dont elles ont été découpées.

— La ligne médiane *abd* de l'aile a pour projection sur le cercle une ligne droite *ab*, puis un arc de cercle *bd*, tangent en *b* au rayon *abc*, et passant par le point *d*. Le point *b* est au cinquième du rayon à partir du centre, et le point *d* se trouve sur un rayon *ad* faisant avec *abc*, et en arrière du mouvement de rotation pour la marche en avant, un angle de 20°. Les bords de l'aile se projettent suivant des arcs de cercle passant par trois points, que l'on détermine suivant les valeurs des fractions de pas à l'extrémité de l'aile, au milieu de l'aile et au moyeu, cette dernière étant la plus grande.

Hélices Mangin à ailes doubles ou triples. — Les hélices Mangin à ailes doubles consistent en deux paires d'ailes A,B et A′,B′, *fig.* 117, montées sur le même moyeu à la suite l'une de l'autre, et, en outre, orientées de façon à se trouver juste l'une devant l'autre.

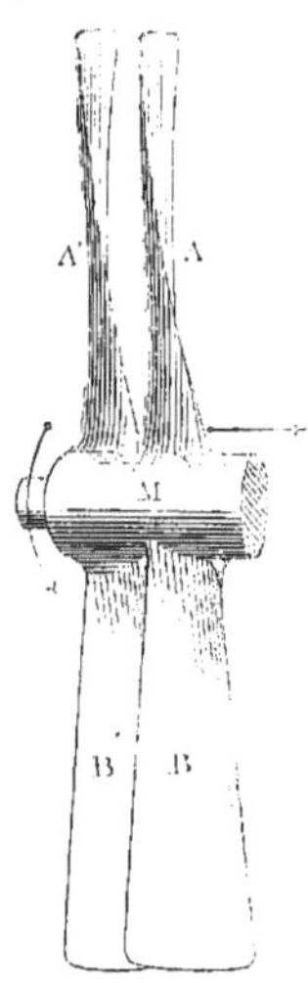

Fig. 117. Hélice Mangin.

Avec les hélices Mangin, la fraction de pas totale se répartit également entre toutes les ailes, comme dans les hélices ordinaires, et n'a pas besoin d'être plus considérable qu'avec ces dernières.

La faible largeur des hélices Mangin leur donne la précieuse faculté de pouvoir se cacher derrière l'étambot avant, lorsqu'on se propose de marcher à la voile. Mais elles ont l'inconvénient d'occasionner des trépidations considérables et de fatiguer l'arrière du bâtiment.

N° 54₄ Classification des hélices au point de vue de leur conjugaison avec l'arbre de la machine. — Au point de vue de leur conjugaison avec l'arbre de la machine, on distingue les hélices *fixes* et les hélices *amovibles*.

Hélices fixes. — Les hélices *fixes* sont celles qui sont établies à demeure dans leur cage, et ne se démontent pas à la mer. Ces hélices ont leur moyeu claveté sur le bout de l'arbre de la machine qui sort du navire.

Hélices amovibles. — Les hélices *amovibles* sont celles qui peuvent se hisser dans un puits ménagé à l'arrière du bâtiment. Ces hélices sont montées sur un tourillon, nommé arbre *porte-hélice*, que supportent les deux paliers d'un cadre, et qui se réunit avec l'arbre de la machine par une disposition qui permet d'emmancher ces deux arbres ensemble ou de les séparer à volonté. Ce système est aujourd'hui abandonné.

N° 54₃ Hélices folles. — Qu'une hélice soit fixe ou amovible, elle est d'ordinaire susceptible d'être rendue *folle* ou *affolée*. Cela signifie que, au moyen d'embrayage (n° 56₁), le bout d'arbre qui sort du bâtiment peut cesser d'être relié à tout le train d'arbres que commande l'appareil.

L'affolement des hélices leur permet, lorsque le navire marche à la voile, de *tirbouchonner* dans l'eau, de façon à amoindrir la résistance qu'elles apporteraient au sillage du bâtiment si on les maintenait immobiles, et si d'ailleurs le nombre des ailes ne se prêtait pas à la dissimulation complète ou presque de toute leur surface résistante derrière l'étambot.

Différents moyens de rendre le navire indépendant de l'hélice. — Outre le recours à l'affolement de l'hélice, on peut encore rendre le bâtiment indépendant de ce propulseur par les deux moyens que voici :

1° Si l'hélice est amovible, on la remonte dans son puits.

2° Si le propulseur n'a que deux ailes, et surtout s'il est du système Mangin, on le masque derrière l'étambot en tenant ses branches verticales.

N° 55. — **1. Nature du métal de l'hélice. — 2. Installations diverses des hélices fixes dans leur cage. — 3. Hélices en porte-à-faux. — 4. Emmanchement des hélices fixes avec leur arbre.**

N° 55₁ Nature du métal de l'hélice. — L'hélice doit toujours être du même métal, ou à peu près, que le doublage de la carène. Ainsi, si la coque est en fer, l'hélice est en fer ou en fonte. Si la coque est doublée de cuivre, l'hélice est en bronze.

Cette mesure est dictée par la nécessité de prévenir les effets de l'action galvanique (n° 38₂), et surtout d'empêcher la surface du propulseur de se couvrir de coquillages, d'herbes, etc.

N° 55₂ Installations diverses des hélices fixes dans leur cage. — Les hélices fixes sont logées dans *une cage* ménagée à l'arrière du bâtiment, et encadrées par la quille, par une longrine supérieure et par deux étambots, dont celui de l'arrière supporte le gouvernail. Cette installation peut présenter deux dispositions :

1° Les hélices *avec chaise sur l'étambot arrière :* l'extrémité arrière de l'arbre porte-hélice est supportée par un coussinet ou un palier, qui repose lui-même sur une chaise fixée à l'étambot en question.

2° Les hélices en *porte-à-faux* : l'arbre porte-hélice cesse d'être supporté à son extrémité arrière ; mais il est soutenu par un palier à sa sortie du navire. C'est la seule disposition qui soit usitée aujourd'hui.

N° 55₃ Hélices en porte-à-faux. — La *fig.* 118 représente

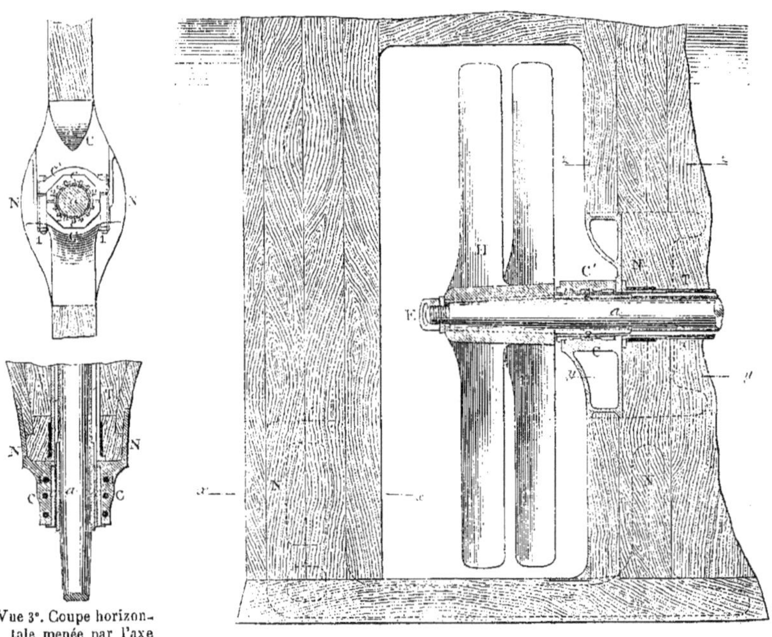

Fig. 118. Hélice en porte-à-faux, installation type de la marine militaire.

Vue 2°. Élévation de face de l'étambot avant.

Vue 1°. Coupe longitudinale menée dans la cage par l'axe de l'hélice.

Vue 3°. Coupe horizontale menée par l'axe du tube de l'étambot.

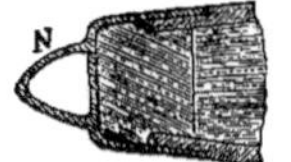

Vue 4°. Coupe suivant *xx* de la *vue* 1°.

Vue 5°. Coupe suivant *yy* de la *vue* 1°.

Vue 6°. Coupe suivant *zz* de la *vue* 1°.

l'agencement adopté dans la marine militaire. Bien que, sur notre figure, l'hélice soit du système Mangin, elle est cependant assez souvent à quatre ou à six ailes. Quoi qu'il en soit, on remarque sur cette figure les pièces que voici :

a   *arbre porte-hélice*, formé par le dernier bout de la ligne d'arbres.
T   *tube d'étambot*, à travers lequel le bout d'arbre précédent sort du navire.
C   palier de l'hélice. La partie inférieure de ce palier est fixe, et appartient à une armature N qui embrasse l'étambot avant et y est solidement vissée. La partie supérieure du palier est un chapeau C', qui est maintenu en place par six forts boulons en cuivre 1,1...
c   coussinets en bronze, garnis d'une série de languettes de gaïac 2,2....
N,N   armatures en bronze : l'une sert à fixer le palier de l'hélice, ainsi qu'il a été expliqué en C, et l'autre est destinée à consolider tout l'encadrement inférieur de la cage du propulseur.

N° 55₄ Emmanchement des hélices fixes avec leur arbre.

— L'arbre porte-hélice *a*, *fig.* 119, est terminé par une partie de plus petit diamètre, qui entre juste dans un vide de même forme ménagé à l'intérieur du moyeu M. Une clavette transversale K ou des clefs longitudinales *k, k* traversent le moyeu et l'arbre, de façon à réunir invariablement ces deux pièces. Lorsqu'il n'y a que des clefs longitudinales, un écrou E se visse sur l'extrémité de l'arbre *a* qui déborde lui-même du moyeu M, et il prévient tout décapelage de l'hélice d'avec cette extrémité. Au surplus, il est en bronze à bord des bâtiments doublés en cuivre ; sa tête recouvre

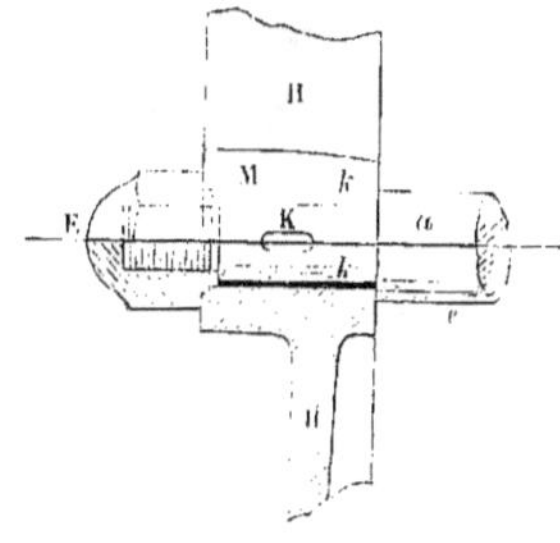

Fig. 119. Mi-élévation et mi-coupe de l'emmanchement avec son arbre d'une hélice en porte-à-faux.

alors le bout de l'arbre pour le mettre à l'abri de tout contact avec l'eau de mer, et, par suite, en prévenir la détérioration galvanique (n° 58₂). Enfin, il est bon de le goupiller avec ce bout. Car, comme il force beaucoup dans la marche en arrière, il est exposé à se dévisser lors de cette marche.

Une chemise en bronze recouvre la portion de l'arbre comprise entre l'avant du moyeu et l'avant du palier C, *fig.* 118. Une autre chemise recouvre l'arbre à son passage à travers le presse-étoupe C, *fig.* 121. Enfin, une chemise en cuivre rouge soudée par ses deux extrémités sur les deux manchons précédents, recouvre l'arbre sur la partie qui se trouve dans le tube d'étambot. Cette disposition a pour but de mettre l'arbre à l'abri du contact de l'eau de mer, et de prévenir les effets galvaniques. Sur les bâtiments en fer, l'arbre est laissé à nu.

Fig. 120. Ligne d'arbres d'hélice démonstrative.

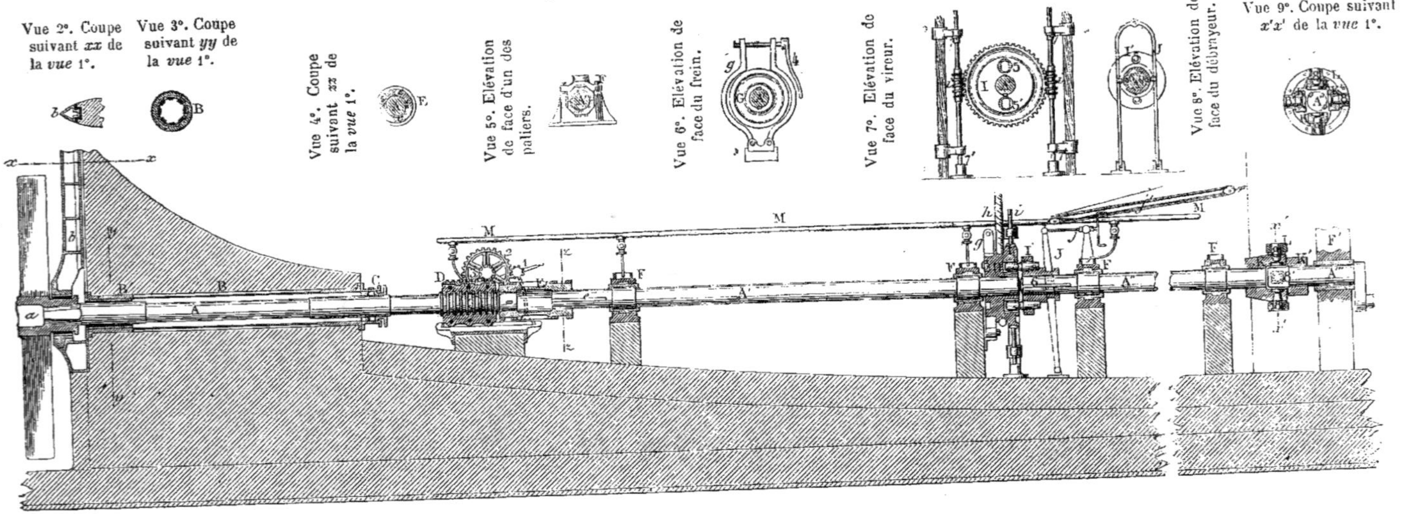

Vue 1°. Coupe longitudinale.

a portion avant de l'arbre porte-hélice, accompagné des deux ailes simples de l'avant d'une hélice Mangin amovible. Le bout arrière de cet arbre et les deux autres ailes de l'hélice ont été enlevés avec la partie arrière du puits.

A tronçon arrière de la ligne d'arbres. Ce tronçon est réuni ici avec l'arbre porte-hélice par un emmanchement polygonal. Il porte d'ailleurs à sa sortie et à son entrée dans le tube B, deux renflements recouverts chacun d'un manchon en bronze, tandis que l'intervalle de ces deux renflements est revêtu d'une chemise en cuivre rouge.

A', A" tronçons intermédiaires, au nombre de deux, reliant le bout d'arbre précédent avec l'arbre de couche A"'.

b bielle avant du cadre de l'hélice. Cette bielle est guidée par une coulisse rectangulaire entaillée dans l'étambot.

B *tube d'étambot*, manchon en bronze incrusté dans le massif arrière, pour prévenir toute filtration de l'eau dans le bois de ce massif. — A bord des navires en fer, le tube est également en fer.

B' coussinet complet en bronze, garni de gaïac, sur lequel porte le bout d'arbre arrière à sa sortie du navire.

C *presse-étoupe arrière* ou *de l'hélice* : il empêche l'eau extérieure de pénétrer à l'intérieur du navire à travers le tube d'étambot.

D *palier de butée* (n° 564). Ce palier porte des rainures ou cannelures circulaires parallèles entre elles et perpendiculaires à l'axe du palier. Dans ces cannelures s'emboitent des collets également parallèles entre eux et faisant corps avec l'arbre A. Ces collets transmettent toute la poussée de l'hélice au bâtiment, par l'intermédiaire du massif qui supporte le palier de butée. Ce palier est du reste ici mobile, c'est-à-dire susceptible, après décalage, de glisser sur ses supports, de façon à rappeler en dedans l'arbre arrière A pour le démancher d'avec l'hélice, quand on veut remonter celle-ci.

1 poignées et pignon commandant la roue 2.

2 grande roue dentée montée sur le même axe que le pignon 3.

3 petit pignon engrenant avec une crémaillère taillée dans le dessus du palier de butée, et forçant ce palier à se déplacer le long de ses supports après qu'il a été décalé.

E *manchon d'entraînement*. Ce manchon est en bronze et creux. D'une part, il se clavette sur l'extrémité avant du dernier tronçon A de la ligne d'arbres ; de l'autre, il s'enfile sur l'avant-dernier bout A' de cette ligne, en laissant entre l'extrémité de ce bout et celle du précédent un cer-

tain jeu qui permet le rapprochement de ces deux extrémités, lorsqu'on rappelle l'arbre A en dedans.

e, e clavettes fixées, en formant saillie, sur l'avant-dernier bout d'arbre A', et engagées à frottement doux dans des rainures du manchon précédent. Ce manchon est ainsi obligé de participer a la rotation de l'arbre A', tout en conservant d'ailleurs la possibilité de glisser le long de lui.

F, F'... *paliers d'arbre d'hélice*, destinés à supporter les divers tronçons de la ligne d'arbres.

F' grand palier arrière de la machine.

G tambour de frein. Ce tambour est clavelé sur l'arbre A'.

g frein composé de deux lames courbes en fer étoffé, ayant chacune leur pied relié par une charnière avec la carlingue de la quille. Ces deux lames sont rapprochées à volonté au moyen de la vis de serrage 4. Elles étreignent ainsi le tambour G, et déterminent sur son pourtour un frottement qui prévient, quand la machine ne fonctionne pas, tout mouvement de l'hélice sous l'action de la mer et de la vitesse du bâtiment. Le frein est d'ailleurs proportionné de façon à pouvoir arrêter le propulseur affolé (n° 54₂).

I plateau fixe d'embrayage formant une seule pièce de fonte avec le tambour G. Ce plateau porte deux trous 5',5', munis de *touches* en bronze. Il est, de plus, entouré d'une couronne dentée.

i, i vis sans fin. Ces vis engrènent avec la couronne précédente, et permettent de faire tourner l'hélice et la machine au moyen d'un levier à rochet ou d'un volant capelé sur le carré qui forme l'extrémité supérieure de l'axe de chacune d'elles. L'ensemble de ces vis et de la couronne dentée constitue ce qu'on appelle *le vireur*.

7,7 anneaux fixés par des goupilles aux axes des vis sans fin. Ils servent, en appuyant contre les douilles directrices supérieures, à retenir ces vis dans le sens de leur longueur. Ils permettent d'ailleurs de les désengrener d'avec la roue I, et de les rendre indépendantes de cette dernière pièce lorsque l'appareil fonctionne. Il suffit, pour cela, d'enlever les goupilles et de tourner ou détourner les vis. Les axes de celles-ci, n'étant pas retenus dans le sens de leur longueur, montent aussitôt verticalement ; puis dès que les mortaises 7', 7', pratiquées aux pieds desdits axes, ont, dans ce mouvement d'ascension, dépassé les douilles directrices inférieures, on y enfonce des clavettes.

I' *plateau d'embrayage* : tourteau enfilé sur l'arbre A", et

portant à l'intérieur de son moyeu des rainures où entrent à frottement doux des clefs longitudinales 6, 6, incrustées en saillie dans ledit arbre. Le plateau d'embrayage a ainsi la liberté de glisser le long de cet arbre ; mais il est contraint de participer à sa rotation. Il porte d'ailleurs deux fortes soies ou boutons 5, 5, qui pénètrent dans les trous 5', 5', du plateau fixe I pour l'entraîner. Ces boutons peuvent sortir de leurs trous lorsqu'on veut débrayer l'hélice, car il n'y a qu'à faire glisser le plateau mobile I' le long de son arbre A". Les soies 5, 5 sont d'ailleurs *galbées*, à l'effet de permettre les denivellations des tronçons d'arbre arrière. L'ensemble des deux plateaux I et I' constitue ce qu'on nomme l'*embrayeur*.

J *levier d'embrayage* à fourchette. Ce levier porte deux dents qui entrent à frottement doux dans une gorge circulaire menagée autour du moyeu du plateau mobile I'. Il laisse ainsi ce dernier complètement libre de tourner ; mais dès qu'il est tiré de l'arrière à l'avant ou réciproquement, il force le plateau I' à glisser le long de son arbre, de façon à débrayer ses boutons d'avec le plateau fixe I ou à les y embrayer.

j vis pour manœuvrer le levier précédent.

j' palan destiné à remplacer au besoin l'action plus lente de la vis *j*.

K *plateau d'assemblage* clavelé sur l'arbre A", et portant incrustés sur deux oreilles de son pourtour, aux extrémités d'un même diamètre, deux forts boutons 8, 8.

K' *autre plateau d'assemblage* clavelé sur l'arbre A"' et portant, comme le précédent, deux boutons 8', 8', incrustés sur deux oreilles de son contour.

L anneau percé de quatre trous situés aux extrémités de deux diamètres perpendiculaires. Ces quatre trous reçoivent à frottement doux, et dans des coussinets de bronze parfaitement alésés, les bouts des boutons 8,8 et 8', 8'. Tout ce système de manchons d'assemblage, de boutons et d'anneau, constitue ce qu'on nomme un *joint mobile* ou *à la cardan*; il sert à relier le tronçon avant de la ligne d'arbres d'hélice avec l'arbre de couche. Il permet une complète dénivellation de la ligne d'arbres par rapport à l'arbre de couche, sans qu'il y ait à craindre de fatigue à la jonction de cette ligne et de cet arbre.

M, M tuyau amenant l'eau de la mer dans une série de robinets situés à l'aplomb des paliers de la ligne d'arbres, et servant à arroser ces paliers en cas d'échauffement.

N° 56₁ Description complète d'une ligne d'arbres d'hélice démonstrative. — L'arbre de couche de la machine communique son mouvement de rotation à l'hélice par une suite de bouts d'arbres qui constitue ce qu'on appelle la *ligne d'arbres.*

Toute ligne d'arbres comporte un certain nombre d'organes, qui en sont les accessoires indispensables. La *fig.* 120 *ci-avant* représente, jusqu'au moindre de ses détails, le dessin d'une *ligne d'arbres démonstrative,* c'est-à-dire sur laquelle nous avons groupé, de la manière la plus visible, tous les accessoires qu'on peut y rencontrer aujourd'hui. La légende de la figure 120, qui est faite par ordre didactique, donne toutes les explications nécessaires à l'étude de cette ligne d'arbres.

N° 56₂ Manœuvre de la ligne d'arbres d'hélice démonstrative. — Les principales manœuvres à exécuter avec une ligne d'arbres se réduisent aux suivantes :

1° Affoler l'hélice ou l'embrayer.

2° Mettre verticales les branches d'une hélice à deux ailes, simples ou doubles, soit pour masquer le propulseur derrière l'étambot, soit pour le remonter, s'il est amovible.

3° Virer à froid la machine.

4° Rappeler l'arbre d'hélice en dedans, ce qui ne s'opère que quand elle est amovible et avec emmanchement polygonal.

Pour *affoler l'hélice,* il suffit, après avoir désengrené les deux vis *i, i, fig.* 120, du vireur, si elles ne l'étaient pas déjà, de haler sur l'avant le levier d'embrayage J à l'aide de sa vis *j* ou de son palan *j'.* — Pour *réembrayer* l'hélice, on serre le frein *g,* et on engrène le vireur. Puis, tout en desserrant le frein, on vire jusqu'à ce que les trous 5′,5′ du plateau I se trouvent vis-à-vis des boutons 5,5 du plateau mobile I'. A cet instant, on n'a plus, à l'aide de la vis *j,* ou du palan *j'* croché sur l'arrière, qu'à haler de ce dernier côté le levier d'embrayage J, jusqu'à ce que les boutons 5,5 soient suffisamment engagés dans leurs trous 5′,5′.

Pour *mettre verticales les ailes d'une hélice,* on serre le frein *g ;* on engrène les vis du vireur, et l'on désembraye les boutons d'embrayage.

Puis, tout en desserrant le frein, on vire jusqu'à ce qu'on ait mis le propulseur dans la position voulue. Ceci se reconnaît au moyen d'une marque faite sur l'arbre, et qui doit correspondre à un repère tracé sur le palier de butée ou sur le bord du presse-étoupe arrière. Cela fait, l'on resserre le frein ; et, si l'on veut, on désengrène le vireur.

Pour *virer à froid la machine*, la manœuvre est absolument la même que pour mettre l'hélice verticale, sauf qu'on ne désembraye pas.

— On ne désembraye pas non plus pour mettre les ailes de l'hélice verticales, lorsque le vireur est placé sur l'avant de l'embrayeur.

Pour *rappeler en dedans un arbre d'hélice à emmanchement polygonal*, on commence par mettre l'hélice verticale ; puis on décale le palier de butée, et l'on tourne le levier qui commande le système d'engrenages 1, 2, 3. Le palier de butée glisse alors sur ses supports et entraîne, par ses collets, le dernier bout d'arbre arrière.

N° 56₅ Du presse-étoupe arrière. — L'agencement du presse-étoupe arrière est représenté sur la *fig.* 121.

Le chapeau C' du presse-étoupe a la disposition habituelle. Mais la

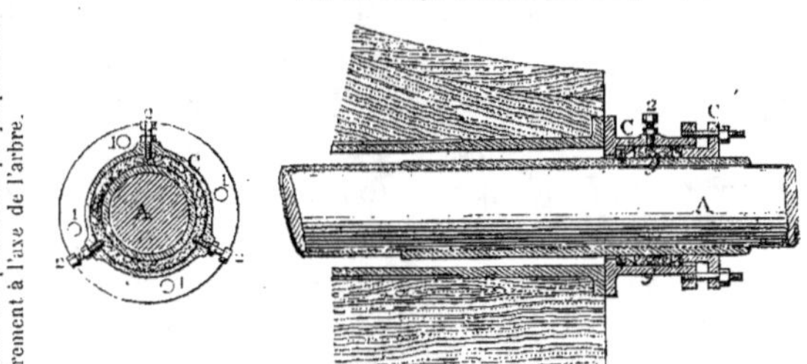

Fig. 121. Presse-étoupe arrière des navires à hélice.

Vue 2°. Coupe verticale passant par l'axe de l'arbre.

boîte C est fixée contre le pourtour du tube d'étambot par quatre boulons 1, 1, 1, 1, qui traversent une collerette formant son pied. De plus, elle porte, autour de la circonférence située au milieu de sa longueur, trois ou un plus grand nombre de vis 2, 2, 2, également espacées. Ces vis traversent l'épaisseur de la boîte dans des trous taraudés ; et quand on les serre, elles viennent appuyer contre la garniture *g* du presse-étoupe. Elles entrent même un peu dans cette garniture par leurs extrémités, qui sont à cet effet taillées en olive.

Cette disposition permet de charger le presse-étoupe quand la garniture est usée. — Pour cela, on serre à bloc les vis 2, 2, 2, de manière à pincer contre l'arbre A les tresses situées à leur aplomb. On rend ainsi ces tresses entièrement étanches, et on les empêche d'être chassées en dedans par la pression extérieure de l'eau. On enlève ensuite le couvercle C′ ainsi que les tresses situées sur l'avant des vis ; on remet de nouvelles tresses ; on replace ledit couvercle, et enfin on desserre les vis. — Des écrous placés sur ces dernières permettent d'ailleurs de les fixer dans une position déterminée, et préviennent tout accident, qui pourrait arriver du fait de leur desserrage à un instant quelconque.

N° 56₄ Diverses dispositions de butées. — On n'emploie presque exclusivement aujourd'hui qu'une seule espèce de butée, c'est la butée à collets. Les butées sont fixes ou mobiles. Les butées mobiles sont installées pour permettre de rentrer l'arbre des hélices amovibles, afin qu'on puisse hisser ces dernières. Telle est la disposition que représente en D la *fig.* 120 et dont la manœuvre est indiquée au n° 56₂, 4°.

Le plus souvent, que les hélices soient fixes ou amovibles, la butée est montée sur deux tourillons, comme un canon. Cette disposition permet un certain jeu à l'arbre porte-hélice quand l'arrière du bâtiment s'affaisse. Les tourillons sont généralement pris dans des coussinets engagés dans des rainures creusées dans les bâtis ou flasques qui supportent la butée, et sont calés dans ces rainures. — Sur les bâtiments en fer, la butée n'a pas de tourillons, et se fixe directement sur le massif qui la supporte.

Butées à collets. — Les paliers de butée fixes et à tourillon ne diffèrent du palier D, *fig.* 120, que par l'absence du mécanisme de manœuvre. La *fig.* 122 représente un palier de butée directement fixé sur sa plaque de fondation. Voici la légende de cette figure :

Vue 1°. Mi-élévation et mi-coupe suivant XX de la *vue* 2°.
Vue 2°. Mi-coupes suivant YY et ZZ de la *vue* 1°.

A   arbre porte-hélice, muni de 16 collets de butée.
a   collets de butée, coupés droits sur la face avant, et à pan incliné sur la face arrière.
B   palier de butée en deux parties ; le serrage s'effectue horizontalement, et à juste portée. Les cannelures de ce palier sont garnies d'antifriction.
b   boulons de serrage du palier de butée.
b′   tirants du palier de butée, fixés sur le massif arrière du bâtiment, et destinés à supporter une partie de l'effort de poussée.
1   auge pratiquée sur le sommet du palier de butée, et lumières de graissage et, au besoin, d'arrosage de ce palier.
1′   canal longitudinal pratiqué un peu au-dessous des cannelures de butée, et en com-

munication avec ces cannelures par de petits canaux verticaux. Cette disposition a pour but de faciliter le dégagement de l'huile de graissage ou de l'eau d'arrosage, et surtout des impuretés qui peuvent se trouver dans le palier de butée.

2   cavités ménagées autour du palier de butée, pour entourer ce palier d'eau et l'em-

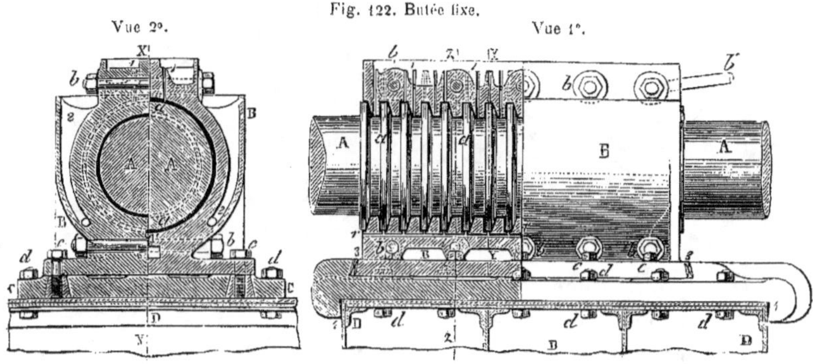

Vue 2°.   Fig. 122. Butée fixe.   Vue 1°.

pêcher de s'échauffer. L'eau s'écoule à la cale par les petits trous que l'on aperçoit dans le bas, sur la *vue* 2°.

C   plaque de fondation sur laquelle est monté le palier de butée. Cette plaque est en fonte.

c   boulons de fixation du palier de butée sur sa plaque de fondation. Ces boulons pénètrent dans des écrous de forme trapézoïdale, ajustés dans des logements pratiqués sur la plaque.

3   clavettes trapézoïdales coinçant le palier de butée entre des talons ménagés aux extrémités avant et arrière de la plaque C.

D   carlingue en bois ou en fer montée sur cornières, et supportant le palier de butée.

d   boulons de fixation de la plaque C sur la carlingue D.

4   clavettes trapézoïdales coinçant la plaque C sur la carlingue D, et insérées entre cette carlingue et des talons dont la plaque est munie.

La *fig.* 122 et sa légende suffisent pour bien faire comprendre l'installation de la butée.

N° 57. — 1. Des roues à aubes; principe de leur jeu. — 2. Éléments de ces roues : diamètre, angles d'entrée et de sortie, immersion, pas, nombre des aubes trempantes et dimensions de chaque pale. — 3. Emplacement et nombre des roues. — 4. De l'avance des navires à roues; du recul des roues; du cercle roulant. — 5. Différents systèmes de roues à aubes : roues à aubes fixes et à aubes articulées.

N° 57₁ Des roues à aubes; principe de leur jeu. — Les roues à aubes ne sont, en dernière analyse, que des rames tournantes. Elles se composent de rectangles en bois, *ab*, *a'b'*, etc., *fig.* 123. nommés *aubes* ou *pales*, et fixés à l'extrémité de rayons implantés tout autour d'un arbre A qui reçoit son mouvement de la machine.

On conçoit aisément que les aubes, en tournant, viennent choquer

Fig. 123 relative au jeu d'une roue à aubes fixes.

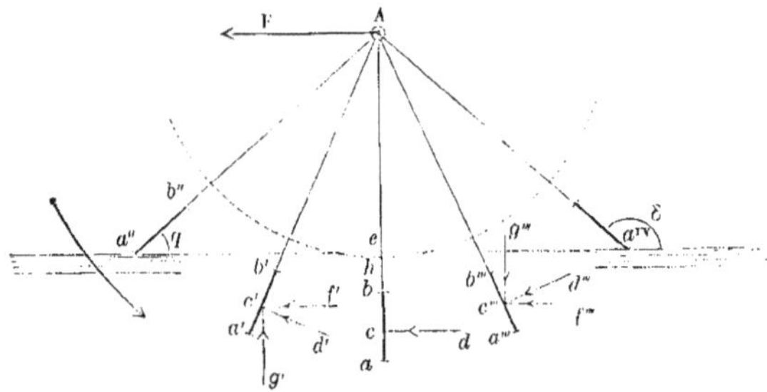

l'eau, et en reçoivent une poussée qui se communique au navire par l'intermédiaire de l'arbre A.

Nº 57₂ Éléments des roues à aubes. — Dans toute roue à aubes ordinaires, on distingue six éléments : 1° *le diamètre; 2° les angles d'entrée et de sortie; 3° l'immersion; 4° le pas de la roue; 5° le nombre des aubes trempantes; 6° les dimensions de chaque pale.*

Diamètre. — *Le* DIAMÈTRE *s'entend de celui du cercle décrit par le bord extérieur des pales.* — Ce diamètre se fait aussi grand que possible pour diminuer la vitesse de rotation que doit avoir la machine.

Angles d'entrée et de sortie. — *Les* ANGLES D'ENTRÉE ET DE SORTIE *sont les angles aigus, tels que* Aa″a^{iv} *et* Aa″a″, *que forme chaque pale avec la flottaison à son entrée ou à sa sortie de la masse liquide.*

L'expérience a démontré que, pour fournir un bon rendement, les angles en question doivent être de 40° à 45°.

Immersion. *L'*IMMERSION *est la quantité* eb *ou* ea *dont le bord intérieur* b *ou extérieur* a *de chaque pale se trouve au-dessous de l'eau, au moment où cette pale devient verticale.*

L'immersion du bord intérieur des pales ne doit jamais être moindre que les 0,04 du diamètre.

Pas. — *On appelle* PAS *de la roue la distance* cc′ *qui sépare les milieux de deux pales consécutives.* — Le pas vaut en moyenne 1^m dans les roues ordinaires. Mais dans celles à aubes articulées, où les pales sont très-grandes, il atteint généralement 1^m,8.

Nombre des aubes trempantes. — *Le* NOMBRE DES AUBES TREM- PANTES *est une conséquence forcée du pas et de l'angle d'entrée.*

Il varie, en pratique, depuis 2 jusqu'à 10 par roue.

Dimensions de chaque pale. — *Les* DIMENSIONS *de chaque pale sont sa hauteur ou largeur, et sa longueur, c'est-à-dire sa dimension la plus grande et, par conséquent, celle qui se trouve perpendiculaire aux flancs du navire.* — Ces dimensions sont calculées pour que la somme des surfaces de toutes les aubes trempantes soit comprise entre 0,5 et 0,4 de la maîtresse section immergée.

N° 57₃ Emplacement et nombre des roues. — Les roues sont toujours au nombre de deux, placées de chaque côté du bâtiment et vers le milieu de sa longueur, ou plus généralement par le travers ou un peu en arrière de sa plus grande largeur.

Cependant quelques petits bateaux de rivière destinés à franchir des passes étroites, ont leurs roues situées tout à fait à l'arrière.

N° 57₄ De l'avance des navires à roues. — On appelle *avance* d'un bâtiment à roues le nombre de mètres qu'il parcourt à chaque tour de propulseur.

D'après cette définition, on a évidemment la relation :

$$\text{avance} = \frac{\text{vitesse en nœuds du navire} \times 0^{\mathrm{m}},514 \times 60}{\text{nombre de tours de roue à la minute}}.$$

Du recul des roues. — L'eau *cède* sous la pression des pales frappantes, lesquelles déterminent la poussée du bâtiment. Il faut donc que les vitesses des différents points de ces pales soient supérieures à la vitesse du navire. C'est cette différence de vitesse qui constitue le *recul*.

Pour mesurer cet effet, on emploie ce qu'on appelle le *coefficient de recul* ou simplement le *recul*, et qui n'est autre que l'expression :

$$\text{recul} = \frac{\text{circonférence au milieu des pales} - \text{avance du navire}}{\text{circonférence au milieu des pales}}.$$

— *Exemple.* Un navire file 12ⁿ,5 avec des roues de 8ᵐ,50 de diamètre au milieu des pales, et faisant 18ᵗ,7 à la minute. On demande le recul.

La première des expressions ci-dessus donnera :

$$\text{avance} = \frac{12^{\mathrm{m}},5 \times 0,514 \times 60}{18,7} = 20^{\mathrm{m}},61.$$

On calculera ensuite la circonférence au centre des pales, laquelle est évidemment égale à 3,1416 × 8ᵐ,50 = 26ᵐ,08.

Puis, de la seconde des expressions précitées, on déduira :

$$recul = \frac{26^m,08 - 20^m,61}{26^m,08} = 0,21.$$

— Le recul des roues vaut en moyenne 0,25 par calme, si les aubes sont fixes, et 0,20, si elles sont articulées (n° 57$_5$). Il augmente avec vent debout et quand le bâtiment remorque.

Cercle roulant. — *On appelle* CERCLE ROULANT *la circonférence* Ah, *fig.* 123, *dont tous les points ont une vitesse linéaire égale au sillage du navire.*

Le rayon du cercle roulant est évidemment égal à *la distance du centre de l'arbre au milieu des pales* $\times$ (1 — *recul*), soit en moyenne aux 0,75 de cette distance.

Tout point du *rayon vertical* inférieur situé en dehors du cercle roulant pousse évidemment le bâtiment. Mais tout point situé en dedans de ce cercle ne fait que *scier*.

Le bord intérieur des aubes ne doit jamais tomber en dedans du cercle roulant. Sans quoi, il y aurait une partie de la surface des pales qui scierait, surtout quand elles arrivent à leur position verticale.

N° 57$_5$ Différents systèmes de roues à aubes : roues à aubes fixes et à aubes articulées. — Il existe deux systèmes de roues à aubes : les roues à *aubes fixes*, et les roues à *aubes articulées* ou *mobiles*.

Les premières, *fig.* 123, sont celles dont les pales sont fixées invariablement à leurs rayons.

Les secondes, *fig.* 124, ont, au contraire, leurs aubes *ab*, *a′b′*, etc., qui oscillent autour de leurs points de liaison *e*, *é*, avec les rayons R, R′.... Des leviers *ch*, *c′h′*...., implantés perpendiculairement à la surface des pales et un peu au-dessous du milieu de leur hauteur, sont commandés par des bielles B, B′..., articulées à un collier plein enfilé sur un bouton fixe O. Ces bielles, en tirant constamment sur la queue des leviers des pales, forcent ces dernières à se maintenir, pendant tout le temps qu'elles trempent, dans la meilleure position pour prévenir les pertes de travail.

L'angle *p d'entrée des pales* doit valoir, d'après l'expérience, 70° pour 0,20 de recul présumé et 55° d'angle d'entrée des rayons.

— D'un autre côté, l'installation d'un simple collier sur un bouton *a* ne peut se pratiquer, comme on le voit *fig.* 126, que lorsque l'arbre est en porte-à-faux ; et, avec cette disposition, on incruste ledit bouton

sur l'élongis du tambour. Sinon, il faut avoir recours à un énorme
excentrique ayant toujours son centre en O, *fig.* 124, mais entourant
l'arbre A et venant se visser contre la muraille du bâtiment. Dans tous

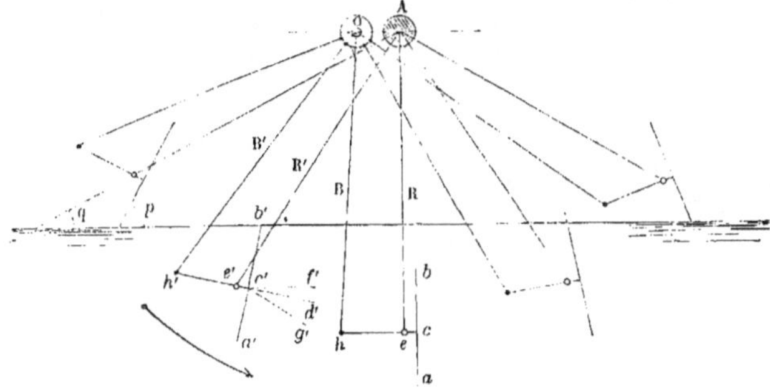

Fig. 124 relative au jeu d'une roue à aubes articulées.

les cas, les bielles B, B'..., s'articulent au collier du bouton ou de
l'excentrique, sauf une B, qui lui est *incrustée* perpendiculairement,
de façon à l'entraîner et à éviter les ballottements qui auraient lieu
sans cela. Cette bielle se nomme *bielle conductrice*.

**Nº 58. — 1. Installations diverses des roues à aubes le long du bâtiment : roues avec
chaise sur l'élongis du tambour ; roues en porte-à-faux. — 2. Des aubes fixes ; de
leur fractionnement et de leur fixation : disposition Dupouy. — 3. Installation
des aubes articulées. — 4. Différentes manières de rendre le navire indépendant
des roues. — 5. Démonter et remonter les aubes à la mer.**

**Nº 58₁ Installations diverses des roues à aubes le long
du bâtiment : roues avec chaise sur l'élongis du tambour.** — Au point de vue de l'installation le long du bâtiment, les
roues à aubes présentent deux dispositions : elles sont *avec chaise sur
l'élongis du tambour* ou *en porte-à-faux*.

La *fig.* 125 représente la première de ces dispositions. — L'arbre extérieur A, y est soutenu en dedans du bâtiment par un des *grands paliers* P de la machine ; puis, il sort de la muraille à travers un presse-
étoupe K, ou même quelquefois à travers une simple manche en cuir.
Son extrémité va reposer sur une *chaise* ou support fixé à l'élongis I du
tambour, et qui forme une espèce de palier disposé pour recevoir un
coussinet. Deux ou trois disques en fonte de fer D, D, D, sont clavetés

sur l'arbre qui nous occupe, à l'aide de clefs 1,1... Pour plus de solidité, on conserve carrées les parties de l'arbre où doivent se caler ces

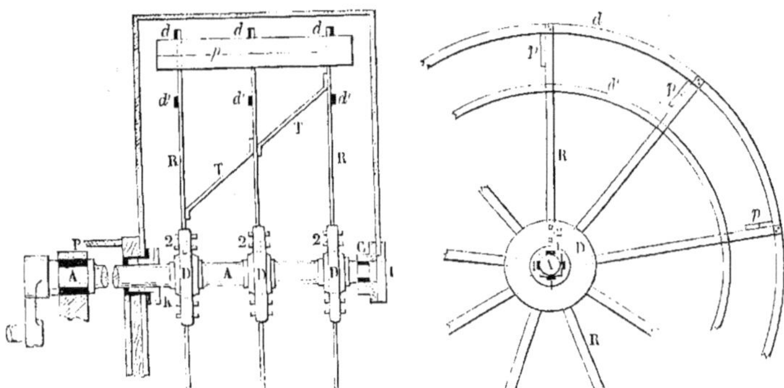

Fig. 125. Roue à aubes fixes avec chaise sur l'élongis du tambour.

Vue 1°. Coupe verticale passant par l'arbre.   Vue 2°. Élévation de face.

pièces. — Autour de chaque disque s'épanouissent une suite de rayons
R, R.., en fer forgé. Ces rayons sont d'ordinaire en nombre égal à
celui des aubes. Mais quelquefois ils le sont seulement à la moitié de
ce nombre, lorsqu'on adopte l'installation dessinée sur la *fig*. 127, où,
au milieu de chaque entre-deux des rayons complets, il existe un bout
de rayon fixé aux *cercles* de roue, et sur lequel on peut monter une
pale. — Dans tous les cas, les rayons sont placés de façon à appuyer
de champ sur les aubes, c'est-à-dire dans le sens de leur plus grande
résistance à la flexion. Ils ont d'ailleurs leurs pieds encastrés dans des
trous percés à l'intérieur de leur disque, et y sont maintenus par des
clavettes 2,2. Souvent, au lieu de trous, il existe des rainures trapézoïdales, comme sur la *fig*. 126, *vue* 2°, et alors on substitue des boulons aux clavettes. — De leur côté, les différents disques sont orientés
les uns par rapport aux autres, de telle sorte que les rayons soient situés trois par trois dans un même plan passant par l'axe de l'arbre A.
Les aubes *p, p*..., se fixent alors à l'extrémité de chacune de ces séries
de rayons, au moyen de divers systèmes d'attache expliqués au n° 58₂.
— Enfin, les rayons d'une même roue sont consolidés entre eux par des
tirants en fer T,T ; et ceux appartenant à un même disque ont leur
écartement maintenu par deux *cercles d* et *d'* pareillement en fer, situés l'un en dehors, l'autre en dedans des pales. Ces cercles forment

des espèces de *rabans* en deux et quelquefois trois morceaux boulonnés ou rivetés en tous leurs points de rencontre avec les rayons. Les endroits où chacun de ceux-ci se fixe avec ces cercles ont la forme qu'on aperçoit *fig.* 126, *vue* 2°, *et fig.* 127. Cette forme a pour but de conserver au rayon toute sa solidité malgré le percement des trous nécessaires au passage de ses boulons ou de ses rivets de fixation avec lesdits cercles.

Roues en porte-à-faux. — La seconde installation des roues le long de la muraille du bâtiment, c'est-à-dire l'agencement en *porte-à-faux*, est représentée par la *fig.* 126.

Dans cette installation, l'arbre extérieur A est toujours soutenu en

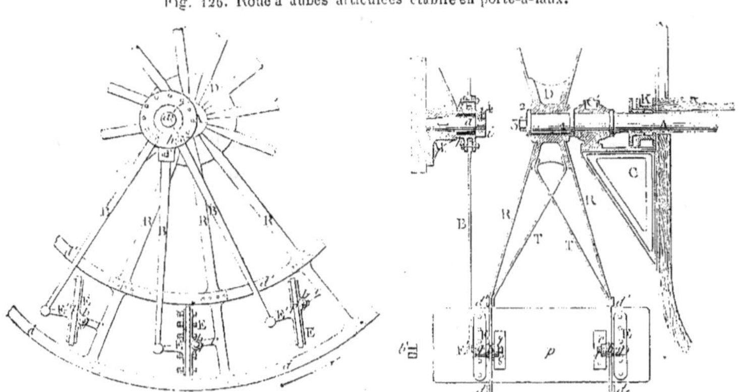

Fig. 126. Roue à aubes articulées établie en porte-à-faux.

Vue 2°. Élévation de face.Vue 1°. Profil avec coupe dans le tambour.

dedans du navire par un des grands paliers. Mais immédiatement après avoir percé la muraille à travers un presse-étoupe, il va reposer sur un fort palier C′, que supporte une chaise en bois ou en tôle G, solidement boulonnée contre le bord. Le bout de l'arbre qui dépasse le palier est alors très-court. — Sur ce bout, se clavette, à l'aide de clefs 1, 1..., un tourteau D en fonte de fer, et ayant la forme de deux troncs de cône accolés par leurs petites bases. Puis, une rondelle 2, tenue par la vis 5, empêche ce tourteau de sortir de l'arbre. — De leur côté, les rayons R,R..., s'emmanchent et se boulonnent dans des rainures trapézoïdales ménagées tout autour de l'intérieur de chacun des troncs de cône du tourteau. Ceux de ces rayons situés par paire dans un même plan passant par l'axe de l'arbre vont en divergeant. De cette façon, leurs extrémités se rapprochent, l'une de la muraille du navire, l'autre de la face plane du tambour, et présentent un écartement *convenable* relativement à la largeur des aubes. Des tirants T,T, et des *cercles* extérieurs *d* et intérieurs *d'*, servent, du reste, comme il a été expliqué ci-dessus, à consolider tout le système des rayons.

Nᵒ 58₂ Des aubes fixes et de leur fractionnement. — Les aubes fixes sont des rectangles en bois dur, et résistant à l'écrasement, tel que le chêne ou mieux l'orme.

Tantôt chaque aube est d'un seul morceau A, *fig.* 127. Tantôt, comme cela est représenté en B, elle se compose de plusieurs pièces juxtaposées. Mais le plus habituellement, ainsi qu'on le voit en C et en D, elle est fractionnée en deux ou trois morceaux placés de part et d'autre de ses rayons.

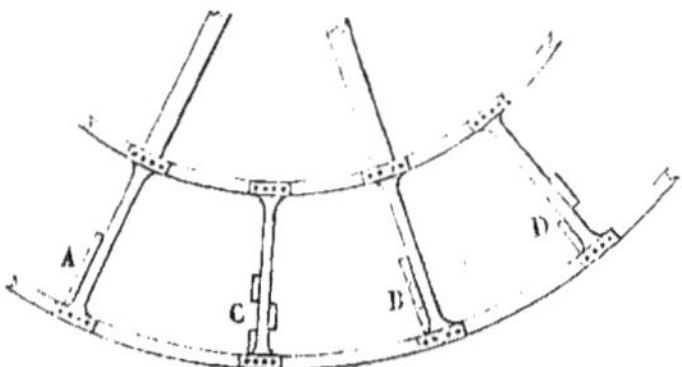

Fig. 127. Diverses dispositions des aubes fixes sur leurs rayons.

Les trois dernières dispositions offrent l'avantage de rendre les aubes plus maniables, et, par suite, de faciliter leur changement de place le long des rayons.

Dans tous les cas, chaque aube doit toujours être montée de façon que toute sa surface, ou son plus grand nombre de morceaux destinés à être du même côté de ses rayons, portent contre la face arrière de ceux-ci. Car de cette façon ce sont les rayons, et non les pièces d'attache dont il va être parlé ci-après, qui supportent toute ou la plus grande partie de la poussée de l'aube lors de la marche en avant. Or il résulte de là plus de garantie de solidité.

Fixation des aubes fixes : disposition Dupouy. — On distingue trois modes principaux de fixation des aubes fixes :

1° Le système à *crocs* qu'on voit en A, *fig.* 128. — Ce mode de fixation comporte tout simplement un boulon tenu par un crochet de fer qui embrasse le rayon R. La tige de ce boulon traverse l'aube *p*, et a son extrémité saisie par un écrou 1. Cet écrou vient porter sur une savate carrée 2 en tôle, appelée *plaque d'aube*, et destinée à l'empêcher de pénétrer dans le bois de la pale.

2° Le système à *brides* ou à *étriers* qui est représenté en B, *fig.* 128. — Dans ce système, le rayon R est complétement entouré par les deux branches de l'étrier; et celles-ci, après avoir traversé l'aube, sont retenues par des écrous 1,1. Ces derniers reposent d'ailleurs, comme plus haut, sur une savate 2. Ce système ne présente guère plus de solidité que le précédent; il est de plus très-dur à démonter.

3° Le système *à la Dupouy*. — L'aube est ici en trois morceaux séparés p, p', p'', *fig.* 129. Deux, p et p', de ces morceaux, sont placés sur l'arrière de leurs rayons, et le troisième p'' sur l'avant. Ces trois pièces sont maintenues entre elles et contre chaque rayon au moyen d'un taquet C et d'un boulon A. Le taquet appuie contre les deux morceaux extrêmes p et p', le long desquels deux petits goujons I,I, l'empêchent de glisser. Le boulon, après avoir traversé la pièce centrale p'' et le taquet, a son extrémité filetée saisie par un écrou B à oreilles. Cet écrou vient s'appuyer sur une savate incrustée dans le taquet. En outre, pour être enfilé plus aisément, il possède une tête de la forme d'un rectangle très-étroit, et une fente t égale à ce rectangle est pratiquée dans le morceau du milieu parallèlement à sa longueur. D'après cela, quand on monte le système, on n'a qu'à passer, à travers la fente t, la tête du boulon, préalablement enfilé lui-même dans le taquet et dans son écrou. Puis, on fait faire un

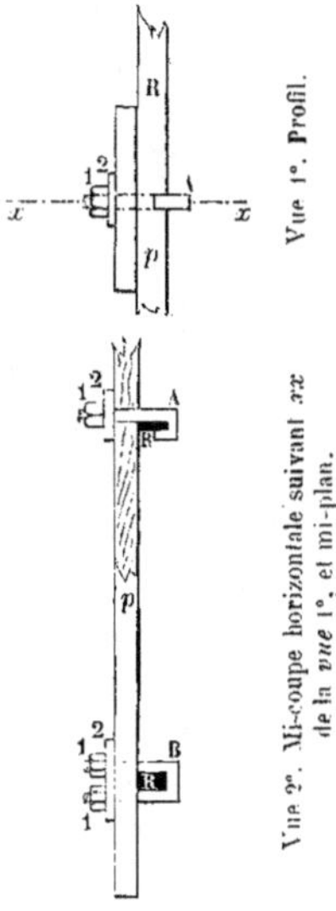

Fig. 128. Différents modes de fixation des aubes fixes avec les rayons.

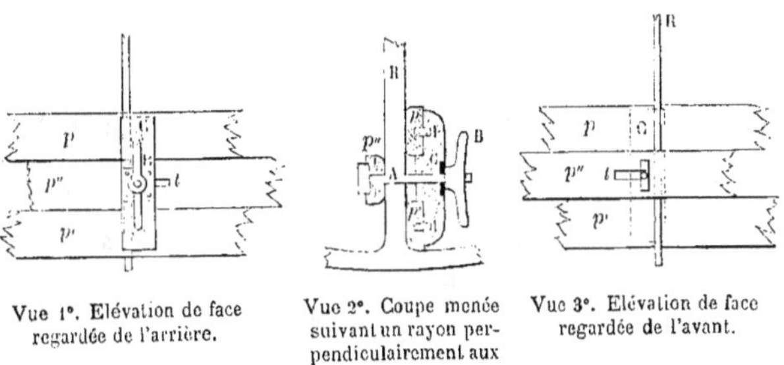

Fig. 129. Aubes à la Dupouy.

Vue 1°. Elévation de face regardée de l'arrière.

Vue 2°. Coupe menée suivant un rayon perpendiculairement aux aubes.

Vue 3°. Elévation de face regardée de l'avant.

demi-tour au boulon, de façon que sa tête se place perpendiculairement à la fente en question.

Le système Dupouy est très commode pour rapprocher ou éloigner les aubes du centre de la roue. Car, en desserrant un écrou par rayon, on peut faire courir tout l'ensemble de l'aube dans un sens quelconque.

Nᵒ 58₃ Installation des aubes articulées. — Les aubes articulées sont, autant que possible, d'une seule pièce. Sinon les morceaux qui composent chacune d'elles doivent être juxtaposés et former un plan bien uni. — Au surplus, sur une de leurs faces sont fixées des pentures E,E, et e,e, *fig.* 126, et sur l'autre, le levier d'oscillation E′. A cet effet, d'une part, le levier porte, à son pied et perpendiculairement à sa longueur, une longue patte qui correspond à la penture la plus en dehors. Des boulons traversent alors cette penture, l'aube et la patte du levier, et ont leurs têtes qui s'appuient contre la première de ces pièces, tandis que leurs écrous portent contre la dernière. De la sorte, le bois de l'aube est à l'abri de tout écrasement. Pour les autres pentures, on obtient un pareil résultat au moyen de savates ou contre-plaques rectangulaires, placées du côté de l'aube où se trouve le levier.

Quoi qu'il en soit, les rayons portent chacun, perpendiculairement à leur longueur, un petit bout de bras r terminé par un œil b, qui vient s'interposer entre les œils de la paire de pentures E,e, correspondantes. Un boulon g traverse ces trois œils, et se trouve retenu par une clavette l, qui le serre contre les pentures et lui fait faire corps avec elles. Ce boulon forme de la sorte un axe de rotation, qui tourne dans l'œil b du rayon correspondant.

De leur côté, les bielles d'oscillation B, B..., ont leurs pieds et leurs têtes terminés par des œils. Ces œils s'enfilent sur des boulons fixés à des fourches formant les extrémités des leviers E′,E′.., ou au collier h d'excentrique. La *bielle conductrice* (nᵒ 57₃) est d'ailleurs clavetée en x dans ce collier.

Les diverses articulations dont nous venons de parler ont des douilles de garniture en bronze ou en gaïac.

— Quant à l'excentrique des roues articulées établies en porte-à-faux, il se compose d'une forte soie ou tourillon a claveté dans une chaise M fixée à l'élongis des tambours. Sur ce tourillon est emmanché *à force* un coussinet en bronze d'un seul morceau, et dont la surface extérieure est parfaitement polie. Le collier en fer h se capelle sur ce coussinet, autour duquel il est destiné à tourner. Il est de plus maintenu dans le sens de la longueur du tourillon au moyen de la bague i fixée elle-même par une vis 4 qui pénètre dans ce tourillon.

N° 58₄ Différentes manières de rendre le navire indépendant des roues. — Lorsqu'on veut marcher à la voile, il faut rendre le navire indépendant des roues. On peut employer à cet effet deux procédés différents : on *affole* les roues, ou l'on *démonte* les pales trempantes.

Le mode de l'affolement s'emploie surtout avec les roues articulées. Avec les roues ordinaires, on n'en fait usage que quand le temps ne permet pas le démontage des aubes.

Quoi qu'il en soit, le moyen le plus simple d'affoler les roues consiste à dételer les grandes bielles, et à avoir soin ensuite de les amarrer aux bâtis de façon que les manivelles ne les rencontrent pas.

Quelquefois il existe un système d'embrayage qui met à même de séparer rapidement les arbres extérieurs d'avec l'arbre intermédiaire.

— Le second procédé pour rendre le navire indépendant des roues, consiste à enlever un nombre de pales supérieur à celui des aubes trempantes, puis à faire plonger dans l'eau les portions de roue dépourvues de leurs pales.

Ce second procédé est plus avantageux que le premier. En effet, avec les aubes enlevées, le seul obstacle à la marche consiste dans les cercles et les rayons qui coupent l'eau.

N° 58₅ Démonter et remonter les aubes à la mer. — Pour démonter ou remonter les aubes à la mer, il faut avoir recours aux manœuvres et précautions suivantes :

1° On met en panne, ou l'on réduit la vitesse du navire à moins de deux nœuds. Puis, à l'aide de la machine si l'on est sous vapeur, ou sinon avec des palans frappés sur les rayons des roues et passant par les sabords de tambour, on amène en l'air la série d'aubes à démonter.

2° On ferme les soupapes d'arrêt, puis on saisit solidement les roues, à l'avant et à l'arrière, avec des bosses passées autour des rayons et dans des mains de fer fixées exprès aux grands baux. Pour les bosses, le filin est à préférer aux chaînes, car il résiste mieux que celles-ci aux fortes secousses, pourvu qu'on ait soin de mettre des paillets au portage des arêtes des rayons. Au surplus, on double les amarres si l'on est obligé de conserver une vitesse supérieure à deux nœuds pendant le reste de l'opération, ou s'il y a grosse mer.

3° Les roues étant parfaitement assujetties, on envoie les chauffeurs dans les tambours. S'il fait mauvais temps, chaque homme est tenu du bord par une corde passée autour des reins. Lorsque les écrous des pièces d'attache des aubes sont à pans, on met à la portée des chauffeurs un assortiment complet de clefs, pour qu'il y ait moyen de dévisser partout à la fois. On a soin, au surplus, de numéroter les aubes, afin qu'elles puissent être remises ensuite sur les mêmes rayons, de façon à éviter les tâtonnements qui résulteraient de leur manque d'ajustage par rapport à de nouveaux rayons.

4° Dès que les pales sont démontées, on débosse. Puis on vire aux roues en prenant une retenue sur l'arrière.

Lorsque tous les rayons sans aube sont dans l'eau, les roues sont bossées à demeure.

On doit toujours profiter du démontage des pales pour en visiter les pièces d'attache et leurs écrous. Aussi, afin que pareille visite puisse se faire successivement sur toutes ces pièces, il est bon, dans les longues campagnes, de varier à chaque démontage les aubes à enlever.

— Le remontage des aubes n'offre aucune difficulté; il comporte une série d'opérations absolument inverses à toutes celles qui sont relatives au démontage.

CHAPITRE V.

[CHAP. V, § 1ᵉʳ. — DESCRIPTION DES CHAUDIÈRES MARINES.]

N° 59. — 1. Description complète comme appareil évaporatoire démonstratif de la chaudière type de la marine, tubulaire à retour de flamme, à faces planes et à moyenne pression. — 2. Jeu de cette chaudière, et instruments propres à la conduite des feux.

N° 59₁ Description complète comme appareil évaporatoire démonstratif de la chaudière type de la marine, tubulaire à retour de flamme, à faces planes et à moyenne pression. — Toutes les chaudières à vapeur de navigation comportent, en dernière analyse, une série de compartiments, de pièces et d'organes, qui, bien que n'ayant pas toujours la même forme, ont cependant les mêmes fonctions et portent les mêmes noms. Il nous a donc paru rationnel, afin de mettre le lecteur à même d'acquérir facilement une connaissance parfaite de tout ce qui constitue un générateur à vapeur marin, de dessiner *un appareil évaporatoire démonstratif*, sur lequel nous avons groupé, de la manière la plus visible et sans en excepter un seul, les divers détails qui entrent dans la composition d'un semblable générateur. La *fig. 130, ci-après*, représente la chaudière type de la marine pour les moyennes pressions. La légende de cette figure en donne une description détaillée.

A la légende de la *fig.* 130, il resterait à ajouter les *robinets de chauffeur*. Ces robinets, situés près de la façade du générateur, sont montés à l'extrémité supérieure de longs troncs de cônes verticaux, dont le pied aboutit à la prise d'eau du petit cheval. Ils servent à fournir de

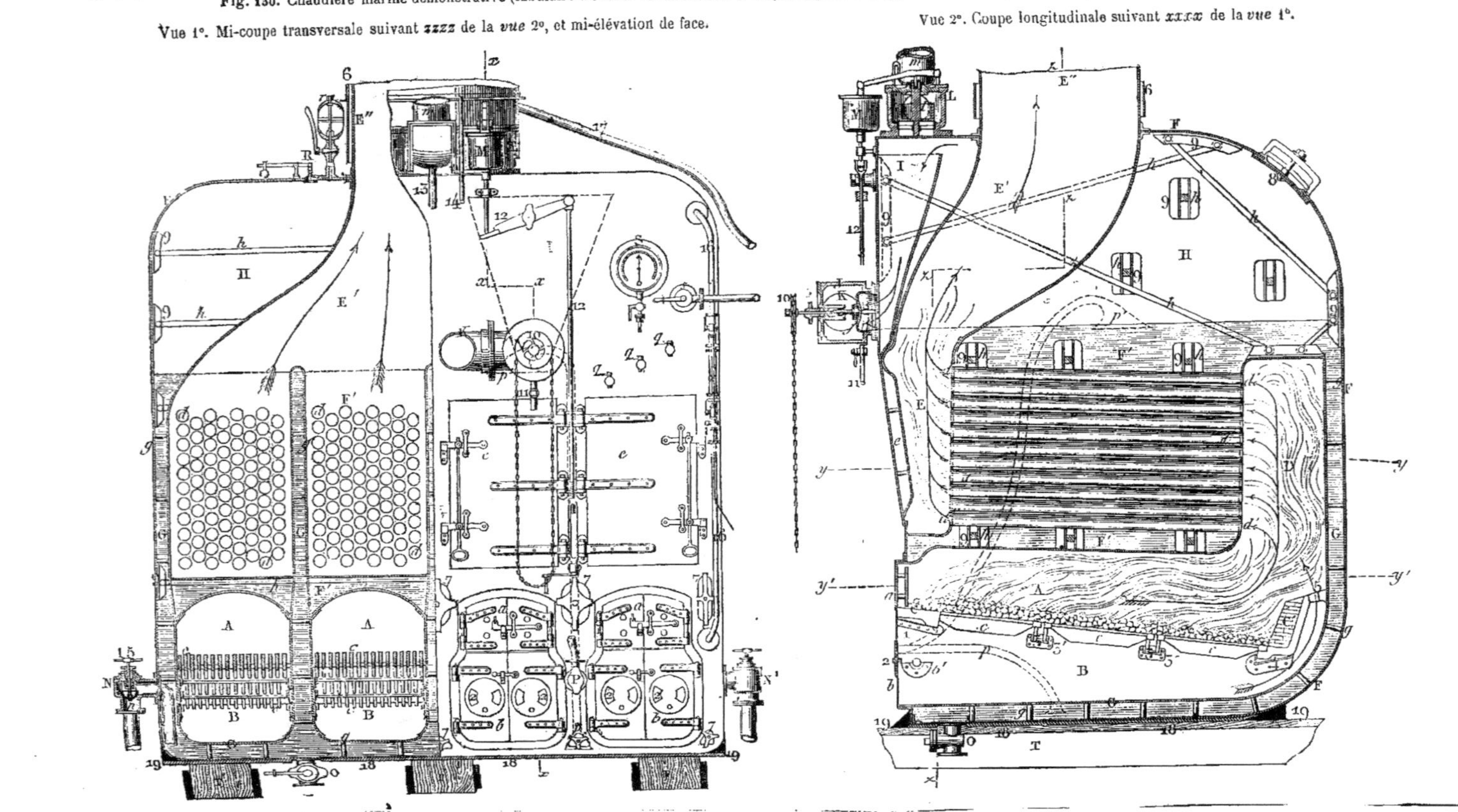

Fig. 130. Chaudière marine démonstrative (tubulaire à retour de flamme et à moyenne pression, type de la marine (échelle = 1/45° pour 100 ch¹ n¹).

Vue 1°. Mi-coupe transversale suivant *zzzz* de la *vue* 2°, et mi-élévation de face.

Vue 2°. Coupe longitudinale suivant *xxxx* de la *vue* 1°.

FOYERS ET COURANTS DE FLAMME.

A, B *fourneau*, comprenant à la fois l'*âtre* ou foyer A, et le *cendrier* B. La partie supérieure du fourneau a la forme d'une voûte et se nomme *ciel de foyer.*

Fig. 130. — Vue 3°. Coupes horizontales suivant *yy* et *y'y'* de la *vue* 2°.

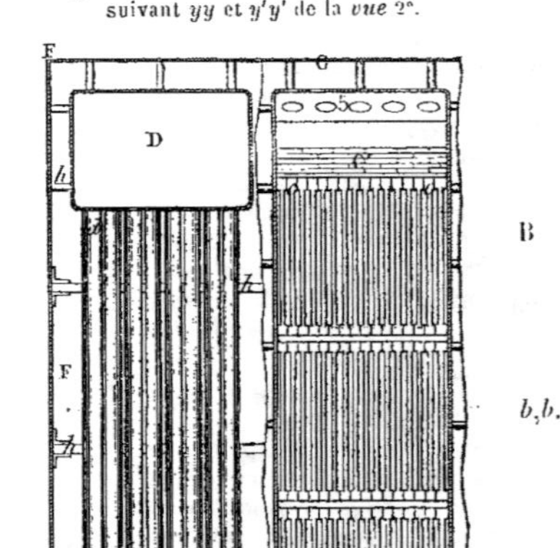

a, a .. *portes de fourneau.* Ces portes sont à double fond pour prévenir leur élévation à de trop hautes températures. Elles sont formées chacune de deux battants munis de pentures qui s'enfilent sur des gonds. Ces battants se ferment au moyen d'un loquet.

B *cendrier :* compartiment destiné à recevoir tous les résidus de la combustion qui tombent à travers les vides de la grille, et à donner accès à l'air extérieur pour entretenir la combustion.

b, b.. *portes de cendrier,* à deux battants, mais sans double fond. Elles possèdent aussi des pentures, des gonds et un loquet. Elles servent à régler l'introduction de l'air dans le cendrier.

2, 2... *ventouses* percées au milieu des battants des portes de cendrier. Elles ont chacune la forme de deux secteurs circulaires opposés par le sommet. Devant ces secteurs tourne un disque portant lui-même deux ouvertures qui leur sont entièrement semblables. Ce disque recouvre et découvre à volonté la ventouse, en tout ou en partie. Il permet ainsi d'obtenir, avec les portes de cendrier fermées, un tirage aussi faible que l'on désire.

b' *barre d'appui* pour le crochet et pour le rouable.

C *sole :* pièce de fer placée à l'entrée de chaque foyer et destinée à recevoir les bouts avant de la première rangée de barreaux.

1, 1... *supports de sole :* pièces en tôle sur lesquelles reposent les deux extrémités de la sole. Ces pièces sont boulonnées avec les parois de la chaudière.

c, c... *barreaux de grille :* pièces de fer destinées à supporter le combustible. Ils ont leurs extrémités légèrement renflées de manière que, étant placés les uns à côté des autres, ils laissent entre eux des interstices ou vides tant pour le passage de l'air nécessaire à la combustion que pour la chute des cendres. Les barreaux sont toujours disposés sur deux ou trois rangées mises bout à bout, et leur ensemble constitue, pour chaque foyer, ce qu'on nomme *la grille* (n° 62$_2$).

3, 3... *sommiers de barreaux :* traverses en fer concourant à soutenir les barreaux. Ils reposent eux-mêmes sur des étriers 3',3'... en tôle, boulonnés avec les parois de la chaudière.

C' *autel :* espèce de dossier en fer placé au fond de chaque foyer, et contre lequel sont appliquées plusieurs couches de briques réfractaires. L'autel a pour but de supporter les extrémités arrière des barreaux de grille de la dernière rangée, et d'empêcher la tôle du fond du foyer d'être brûlée par la flamme.

4, 4 *supports d'autel :* pièces de fer boulonnées sur la tôle de la chaudière, et sur lesquelles reposent les deux extrémités de chaque autel.

5, 5... *trous pour injection d'air :* une partie de l'air arrivant par les portes de cendrier vient s'injecter, à travers ces trous, au milieu de la masse gazeuse qui s'élance de dessus les grilles, et facilite la combustion des gaz.

D *boîte à feu :* compartiment par où s'écoule la flamme à sa sortie du foyer correspondant.

d, d... *tubes* en laiton, et quelquefois en fer. Ces tubes ont leurs extrémités incrustées dans deux fortes plaques en tôle *d' d'* et *d" d"*, appelées *plaques de tête* ou *de tubes* arrière et avant. C'est à travers les tubes que la flamme s'échappe en quittant la boîte à feu,

E   *boîte à fumée* : compartiment situé en avant des tubes de chaque foyer, et dans lequel pénètrent, à leur sortie de ceux-ci, les gaz chauds de la combustion.

e, e...   *portes de boîte à fumée*. Ces portes sont disposées, comme celles de foyer, avec double fond, charnières et loquets, mais elles ne sont qu'à un seul battant.

E′   *culotte* : conduit formant le prolongement des boîtes à fumée, et allant aboutir dans la cheminée E″. — L'ensemble des boîtes à feu, des tubes, des boîtes à fumée et de la culotte forment les *courants de flamme*.

E″   *cheminée* : conduit à travers lequel s'écoulent en plein air les produits de la combustion, et qui sert en même temps à déterminer le tirage.

6   chemise de la cheminée servant à prévenir l'élévation de la température autour de ce conduit.

CHAUDIÈRE PROPREMENT DITE.

F   *corps de la chaudière*, formé d'une série de feuilles de tôle rivetées les unes aux autres.

F′   *chambre à eau* : réservoir qui renferme l'eau à vaporiser, et où le niveau de celle-ci doit toujours se maintenir entre 0ᵐ,10 et 0ᵐ,30 au-dessus de la rangée supérieure des tubes.

G,G..   *lames d'eau* : compartiments intérieurs de la chambre à eau. Les lames verticales servent à séparer entre eux, ainsi que des parois externes de la chaudière, les foyers, les divers groupes de tubes et les boîtes à feu et à fumée correspondantes aux différents foyers. La lame d'eau horizontale qui règne sur tout le fond du générateur, a pour but d'empêcher ce fond de se brûler.

g, g...   *entretoises* formées par une douille en tôle que traverse un fort boulon dont les deux extrémités sont rivées en dehors des tôles qui forment les deux faces de chaque lame d'eau. Elles servent à prévenir le rapprochement et l'écartement de ces tôles. Actuellement, les entretoises des lames d'eau verticales sont taraudées dans les deux tôles, puis rivées ; elles n'ont pas de douilles.

7, 7...   *trous de sel*, à travers lesquels on peut piquer et enlever le sel qui s'est

déposé tant à l'intérieur des lames qu'au fond de la chaudière. Ces trous se ferment par des *autoclaves* (n° 63₁).

H   *chambre à vapeur* : compartiment au-dessus du niveau de l'eau, et qui sert de réservoir à la vapeur.

8   *trou d'homme*, pour pénétrer dans la chaudière. Ce trou est fermé par une autoclave.

h, h...   *tirants* : tiges de fer maintenant l'écartement des parois de la chaudière ; ils sont fixés aux patins 9,9, par des boulons.

9, 9...   *patins d'attache* des tirants, formés de deux morceaux de cornière rivetés.[1]

I   *appendice de prise de vapeur*, permettant d'aller puiser près du ciel de la chambre H, la vapeur à envoyer aux cylindres, de façon qu'elle soit le plus sèche possible (n° 63₁).

J   *boîte de la soupape d'arrêt*.

j   *soupape d'arrêt* : disque servant à intercepter ou établir à volonté la communication entre la prise de vapeur I et le tuyau de vapeur K (n° 63₁).

10   petit volant destiné à manœuvrer la soupape précédente, soit directement à la main, soit du parquet des chauffeurs à l'aide d'une chaînette.

11   robinet et tuyau purgeur de la boîte de soupape d'arrêt.

K   *tuyau de vapeur*, amenant la vapeur de la chaudière dans les boîtes à tiroir.

L,L   boîtes de soupape de sûreté.

l,l   *soupapes de sûreté*. Ce sont des disques maintenus contre leurs siéges par des contre-poids M,M. Elles sont destinées à limiter la tension de la vapeur du générateur.

M   *contre-poids* de soupape de sûreté, agissant sur la tige de sa soupape par l'intermédiaire d'un levier.

12   système de levier, de tringle et de poignée, permettant de soulever à la main le contre-poids M et en même temps la soupape de sûreté qui lui correspond.

m   *tuyau d'échappement*, à travers lequel s'écoule en plein air la vapeur qui sort par les soupapes de sûreté. Il remonte le long de l'arrière de la cheminée.

13   tuyau purgeur de la boîte de soupape de sûreté.

14   tuyau de purge du tuyau d'échappement *m*. Ce tuyau est actuellement supprimé.

N   *boîte du régulateur alimentaire et tuyau d'alimentation* par la machine. Ce tuyau part de la pompe alimentaire et amène à la chaudière l'eau que cette pompe puise à la bâche, ou à la mer si la machine est sans condensation. Le tuyau se prolonge au delà de la boîte et pénètre à l'intérieur de la chaudière pour y aller déboucher au fond.

n   *régulateur alimentaire*, composé d'une soupape maintenue sur son siége, ou laissée libre de s'en soulever, suivant la position de l'organe 15.

15   organe de manœuvre du régulateur alimentaire : c'est un petit volant terminé par une tige qui se visse dans le couvercle de la boîte N, et dont le bout sert de butoir à la soupape *n*.

N'   boîte d'un second régulateur alimentaire. Ce second régulateur est réservé pour la prise d'eau à la mer et le petit cheval (n° 65₂).

O   *robinet de vidange* de chaudière, par lequel on laisse écouler dans la cale l'eau du générateur quand on veut le vider et l'assécher.

P   *robinet et tuyau d'extraction continue*, à travers lesquels on laisse continuellement s'écouler de l'eau des chaudières, afin de prévenir (n° 72₂) ou plutôt de diminuer les incrustations.

p   *plongeur d'extraction continu* (vu en pointillé) : petit conduit formant à l'intérieur de la chaudière le prolongement du tuyau précédent. Il va puiser l'eau d'extraction au fond de la chaudière ou à la surface même du liquide, ainsi qu'on le voit en *p'*.

Q   *tube indicateur*, appelé aussi *tube-jauge* ou *de niveau* (n° 63₃) : tube en verre, monté dans des douilles en laiton, et dont les deux extrémités communiquent l'une avec la chambre à eau, l'autre avec la chambre à vapeur par l'intermédiaire du tuyau 16. Le niveau de l'eau s'établit dans le tube comme dans la chaudière, et devient ainsi constamment visible. Son milieu correspond à la hauteur moyenne que doit occuper le niveau, soit à $0^m,20$ au-dessus de la rangée supérieure des tubes.

16   tuyau dont les deux extrémités plongent, l'une vers la partie inférieure de la chambre à eau, l'autre vers le haut de la chambre à vapeur, et le long duquel est monté le tube indicateur. Il sert à mettre cet appareil à l'abri des influences des ébullitions ou autres circonstances qui peuvent en fausser les indications.

q,q,q   *robinets-jauges* : petits robinets destinés à contrôler les indications du tube indicateur. Ils sont au nombre de trois : celui du milieu correspond à la hauteur moyenne du niveau de l'eau; et les deux autres, aux positions extrêmes que ce niveau peut occuper sans danger.

R   *soupape atmosphérique* : petite soupape ouvrant de dehors en dedans et maintenue contre son siége par un contre-poids. Elle a pour but de prévenir l'écrasement du générateur, en y laissant pénétrer l'air extérieur dès que la pression absolue baisse au-dessous de 1ᵃᵗ, ce qui tend à se produire à la suite de l'extinction des feux. — Dans les nouvelles chaudières, cette soupape est un simple clapet s'ouvrant de bas en haut, et sans contre-poids.

r   *sifflet de signal*, réglementaire à bord de tous les navires.

S   *manomètre Bourdon*, indiquant à chaque instant la pression de la vapeur (n° 23₃).

s   robinet et tuyau de prise de vapeur du petit cheval (n° 65₂).

17   tuyau d'évacuation du petit cheval débouchant dans la cheminée.

T,T,T   *carlingues de chaudière* : fortes pièces en bois, chevillées avec le fond du bâtiment et dont le dessus forme le plan de pose de la chaudière. A bord des bâtiments en fer, elles sont formées de longues poutres creuses en tôle.

18   *plate-forme* ou *plancher de chaudière*, formé de planches en chêne ou de feuilles de tôle chevillées ou boulonnées aux carlingues. Cette plate-forme est recouverte d'une couche de mastic, sur laquelle porte le fond du générateur, qui est ainsi à l'abri de l'oxydation due à l'humidité de la cale.

19   taquets en bois fixés à la plate-forme 18, pour maintenir la chaudière.

l'eau pour éteindre les feux. — Il existe aussi un tuyau d'incendie qui vient s'embrancher sur le tuyau de vapeur et se bifurque en deux branches. Ces deux branches sont munies chacune d'un robinet, et se dirigent l'une vers la soute à charbon de babord, l'autre vers celle de tribord. Cette installation a pour but d'étouffer tout feu, et en particulier les combustions spontanées qui viendraient à se déclarer dans les soutes à charbon. A cet effet, les branches de tuyau précitées débouchent dans le bas desdites soutes à travers de fortes et larges crépines.

D'autre part, il y a sur le devant du générateur un parquet, dit *parquet de chaudière*, qui forme le prolongement de celui de la machine (n° 51₃). — De plus, les chaudières marines sont en général revêtues d'une enveloppe destinée à en prévenir le refroidissement extérieur.

On appelle *surface de chauffe totale* la surface qui transmet à l'eau la chaleur dégagée par le combustible. Cette surface comprend ici : 1° le fond et les côtés des cendriers ; 2° toute l'étendue des foyers, c'est-à-dire les chambres au-dessus des grilles ; 3° les faces des boîtes à feu, dont font partie les plaques de tubes arrière diminuées, bien entendu, de l'aire de tous leurs trous ; 4° l'intérieur des tubes ; 5° les parois latérales, les seuillets et les plaques de tubes des boîtes à fumée ; 6° la culotte de la cheminée. — Mais, en pratique, on ne considère comme *efficace* que la partie de la surface précédente léchée par la flamme et baignée par l'eau, c'est-à-dire, d'une part, la *surface directe*, qui comprend les foyers et les boîtes à feu, et d'autre part les tubes. Encore, pour ces derniers, on estime qu'il ne faut considérer que les 2/3 et même la 1/2 de leur nombre total.

N° 59₂ Jeu de la chaudière démonstrative. — Pour se servir de la chaudière démonstrative que nous venons d'expliquer, on commence *par faire le plein*. En d'autres termes, on la remplit d'eau jusqu'à ce que le niveau atteigne le milieu du tube indicateur, c'est-à-dire sa hauteur moyenne. Il suffit à cet effet de laisser arriver l'eau de la mer par le régulateur alimentaire N', qui est en communication avec la prise d'eau du petit cheval. On a soin en même temps de soulager les soupapes de sûreté, et d'ouvrir les robinets-jauges ainsi que ceux du tube indicateur, afin que l'air de la chaudière puisse s'échapper, et n'entrave pas l'entrée du liquide. Ceux des robinets précédents situés les plus bas sont refermés à mesure qu'ils donnent de l'eau.

Une fois le plein terminé, on ferme à leur tour les robinets supérieurs ainsi que le régulateur d'alimentation. On charge ensuite la grille d'une couche de combustible de 10 à 13 centimètres d'épaisseur, et on y met le feu à l'aide de quelques morceaux de bois, de copeaux, d'étoupes imbibées de graisse, etc., placés sous le charbon qui se trouve près de la sole. — Ceci fait, on tient entr'ouvertes les portes de cendrier et de fourneau. Puis, quand le charbon placé sur le bois est allumé, on remet du combustible frais par-dessus. On ouvre alors en grand les premières portes en question, et on ferme les secondes. Dès que cette dernière quantité de charbon est bien incandescente, on l'éparpille, petit à petit ou même d'une seule fois, vers l'arrière de la grille ; on la remplace sur le devant par du combustible frais ; on referme définitivement les portes de fourneau, et peu de temps après toute la charge est prise. A partir de ce moment, il ne reste plus qu'à mener le chauffage régulièrement. Bientôt la vaporisation se produit, et l'air renfermé dans les chaudières s'échappe à travers les soupapes de sûreté, que l'on a maintenues soulevées jusqu'à cet instant. Aussitôt que la vapeur sort sous la forme d'un nuage blanc, on laisse retomber ces soupapes ; et, en continant à charger légèrement les foyers, la pression à la chaudière monte. Dès lors, au bout d'un temps qu'on peut estimer en moyenne à 1 h. 1/4, elle finit par atteindre la tension de régime du générateur ; et on est prêt à partir.

A *l'instant de la mise en marche*, on ouvre la *soupape d'arrêt j* ; et, en manœuvrant le registre de prise de vapeur (n° 30₃), on laisse le fluide de la chaudière arriver aux boîtes à tiroir, pour être distribué de là dans les cylindres. Puis, quelque temps après le départ, on fait fonctionner l'extraction continue. — Sur ces entrefaites, le niveau de l'eau tend à baisser tant par suite de la consommation de vapeur que des extractions. On le maintient au point voulu à l'aide de la pompe alimentaire, dont le débit se règle par la soupape *n*. — D'autre part, on entretient l'activité des foyers en les rechargeant chaque fois que la couche est diminuée de 1/3 à 1/4 de l'épaisseur maximum qui lui convient suivant l'espèce du combustible. On dégage les grilles de temps à autre, en passant le *crochet* entre les vides des barreaux.

Pendant les arrêts prolongés, on ferme les extractions et les alimentations. Puis, on clôt les cendriers ; on ouvre les foyers, on attire tout le charbon sur le devant des grilles, et enfin on referme les portes de fourneau. De cette façon, on réduit au minimum la combustion, et par suite la production de vapeur, tout en conservant néanmoins les feux allumés. — D'ailleurs, si les soupapes de sûreté laissent échapper la vapeur, on maintient le niveau constant à l'aide du petit cheval.

Enfin, *à l'arrivée*, on éteint les feux, en les jetant bas sur les parquets de chaudière, et en les arrosant avec de l'eau puisée aux robinets de chauffeur à l'aide de manches ou de petits seaux. On laisse ensuite l'eau refroidir dans le générateur, à moins qu'il n'y ait urgence de visiter son intérieur, auquel cas on le viderait tout de suite.

Nous venons d'esquisser à grands traits les principales manœuvres relatives aux chaudières. On trouvera, au § 2 du *chap.* VI, des détails plus circonstanciés sur chacune de ces manœuvres.

Instruments propres à la conduite des feux. — La conduite des feux exige d'abord des pelles pour charger le charbon. Mais elle nécessite aussi l'emploi de trois instruments connus sous le nom générique de *ringards*. Ce sont : le *crochet*, la *lance* et le *rouable*.

Le *crochet*, *fig.* 131, est une tige en fer terminée par un crochet

Fig. 131. Crochet (échelle = 1/22ᵉ). — Vue 1ᵉ. Élévation de face.

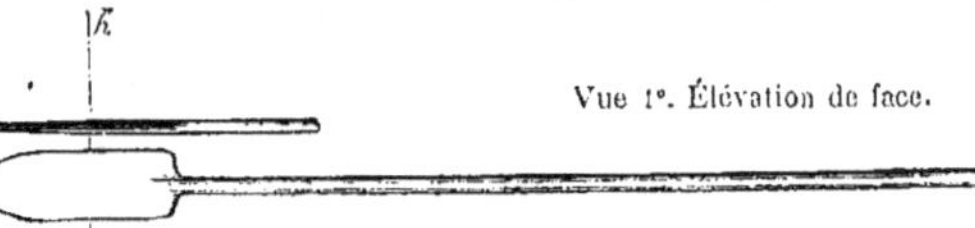

dont la partie repliée est plate et large. — Il s'introduit dans les interstices des barreaux de grille, en s'appuyant sur la barre d'appui. On fait ainsi tomber de ces interstices les scories qui les obstruent, et l'on dégage les passages réservés à l'air.

La *lance*, *fig.* 132, est une tige terminée par une lance plate et

Vue 2°. Profil du bout de la lance.   Fig. 132. Lance (échelle = 1/22ᵉ).

Vue 1°. Élévation de face.

pointue. — Elle s'engage à plat entre la grille et le charbon, lorsque celui-ci se colle sur les barreaux.

Le *rouable*, *fig.* 133, est un râteau plein en fer forgé. — Il sert à

Fig. 133. Rouable vu en perspective (échelle = 1/22ᵉ).

étendre le charbon sur les grilles, et à retirer du foyer le combustible et les scories.

N° 60. — 1. Classification des chaudières marines à deux points de vue. Classification au point de vue de la tension de la vapeur : chaudières à basse, à moyenne et à haute pression; forme extérieure de ces chaudières. — 2. Classification des chaudières marines au point de vue de leur disposition intérieure en systèmes et variétés de système. — 3. Chaudières tubulaires, à retour de flamme et à flamme directe. — 4. Chaudières à tubes d'eau.

N° 60₁ Classification des chaudières marines à deux points de vue. — Les différentes sortes de chaudières employées en navigation doivent se classer à deux points de vue :

1° *Au point de vue de la tension de la vapeur;*

2° *Au point de vue de leur disposition intérieure.*

Classification au point de vue de la tension de la vapeur : chaudières à basse, à moyenne et à haute pression. — *Au point de vue de la tension de la vapeur*, les chaudières marines se divisent en *chaudières à basse, à moyenne et à haute pression.*

Les chaudières *à basse pression* sont celles où la tension de la vapeur ne dépasse pas $1^{at},5$. Elles sont aujourd'hui abandonnées.

Dans les chaudières *à moyenne pression*, encore très-nombreuses dans la marine, la tension absolue de la vapeur est de $1^{at},5$ à 3^{at}.

Enfin, les chaudières où la tension de la vapeur atteint 4^{at} et au-dessus, sont appelées *à haute pression*. Ces chaudières commencent à être très-employées.

Forme extérieure des chaudières à basse, à moyenne et à haute pression. — Les chaudières à basse et à moyenne pression ont leurs *faces planes*, avec leurs angles de côté légèrement arrondis. Celles à haute pression sont cylindriques, avec foyer également ment cylindrique.

N° 60₂ Classification des chaudières marines au point de vue de leur disposition intérieure en systèmes et variétés de système. — *Au point de vue de leur disposition intérieure*, les chaudières marines se classent en deux systèmes principaux :

1° *Les chaudières tubulaires ou à tubes de fumée;*

2° *Les chaudières à tubes d'eau.*

Ces systèmes se subdivisent d'ailleurs en un grand nombre de variétés, caractérisées par la disposition des tubes.

N° 60₃ Chaudières tubulaires. — Les *chaudières tubulaires* sont celles dont la chambre à eau est traversée par un grand nombre de tubes de petit diamètre. On en rencontre de deux sortes :

1° *Les chaudières tubulaires à retour de flamme;*

2° *Les chaudières tubulaires à flamme directe.*

Chaudières tubulaires à retour de flamme. — Dans *les chaudières tubulaires à retour de flamme*, *fig.* 130, les tubes se trouvent situés au-dessus de la grille dans la chambre à eau. De plus, ils sont disposés de telle sorte que les gaz de la combustion retournent sur leurs pas à la sortie du fourneau, en décrivant un chemin parallèle et de sens contraire à leur premier parcours. — Dans les chaudières destinées à des navires de creux très-faible, les tubes, au lieu d'être au-dessus des foyers, sont par côté.

La marine française a adopté deux types de chaudières tubulaires à moyenne pression, qu'elle a qualifiés des noms de *chaudières hautes à grilles longues* et *basses à grilles courtes*. Le premier de ces types est celui que représente notre chaudière démonstrative, *fig.* 130. Le second ne diffère du premier que par une plus petite distance de chaque grille à son cendrier, un moindre nombre de tubes placés en hauteur et une diminution de la longueur des grilles. D'un autre côté, il existe trois types de chaudières cylindriques à haute pression, qualifiés de *haut*, *moyen* et *bas*, représentés par la *fig.* 135.

Chaudières tubulaires à flamme directe. — Dans *les chaudières tubulaires à flamme directe*, les tubes forment le prolongement du fourneau. Dès lors, les produits de la combustion s'échappent, sans changer de direction, *directement* dans ces tubes pour se rendre de là à la cheminée.

La *fig.* 134 représente la variété de chaudière tubulaire qui nous

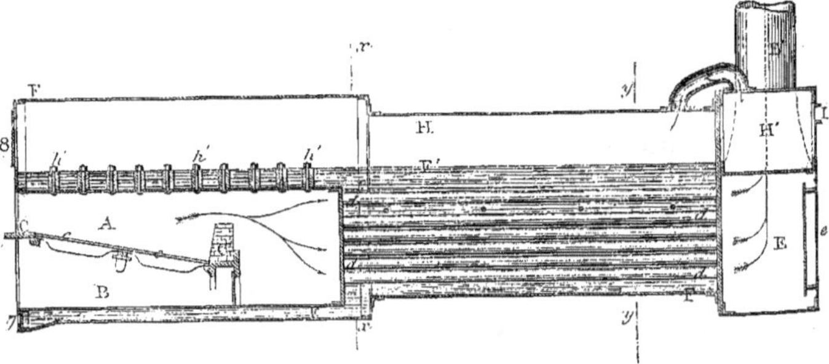

Fig. 134. Chaudières tubulaires à flamme directe et à haute pression. — Coupe longitudinale.

occupe. La légende de la *fig.* 130 convient à la *fig.* 134, avec les additions suivantes :

h' _ *armatures* : espèces d'arcades formées chacune de deux plaques de fer reliées par leurs extrémités tant entre elles qu'avec les parois latérales de la chaudière. Ces plaques comprennent dans leur intervalle une série de boulons traversant le ciel des foyers, et dont les écrous viennent appuyer sur leur camp supérieur. Les armatures servent ainsi à la fois de tirants et de soutiens de ciel de foyer.

Il' *coffre à vapeur* : espèce de caisse logée dans la boîte à fumée et où la vapeur vient se surchauffer avant de se rendre aux cylindres.

z tuyau établissant la communication entre la chambre à vapeur et la caisse précédente.

Les coupes que l'on ferait suivant xx et yy, accuseraient la forme cylindrique du générateur.

Les chaudières tubulaires à flamme directe sont spécialement réservées aux hautes pressions et aux navires de faible tirant d'eau. Car, d'une part, on peut leur donner extérieurement une forme cylindrique (n° 60₁). D'autre part, leur hauteur restreinte permet de les loger au-dessous de la flottaison.

N° 60₄ Chaudières à tubes d'eau. — Dans les chaudières à tubes d'eau, la flamme et les gaz de la combustion entourent les tubes, et l'eau circule dans leur intérieur pour se vaporiser. — Ces chaudières ont l'avantage d'être très-résistantes et de pouvoir supporter des pressions élevées. D'un autre côté, leur volume et leur poids sont beaucoup plus faibles que ceux des chaudières ordinaires, en raison de la petite quantité d'eau qu'elles renferment. Par contre, l'alimentation doit être continue et réglée avec le plus grand soin, si l'on veut éviter les coups de feu. La *fig.* 136 représente une chaudière à tubes d'eau du système Belleville, pour canot à vapeur.

⌠ **N° 61.** — **1. Chaudières cylindriques, tubulaires à retour de flamme et à haute pression.** — **2. Chaudière Belleville pour canot à vapeur.**

N° 61₁ Chaudières cylindriques, tubulaires à retour de flamme et à haute pression. — Le type de ces chaudières, devenu réglementaire dans la marine, est représenté par la *fig.* 135, sur laquelle nous avons reporté les organes accessoires de ce générateur. La légende de cette figure est donnée *ci-après*.

Les chaudières cylindriques à haute pression ont leurs soupapes de sûreté chargées à raison de quatre kilogrammes par centimètre carré de la surface de leur grande base. — Les trois types *haut*, *moyen* et *bas* de ces chaudières, présentent exactement les dispositions de la *fig.* 135, et ne diffèrent que par les dimensions. — D'un autre côté, il n'existe, dans les chaudières cylindriques, ni

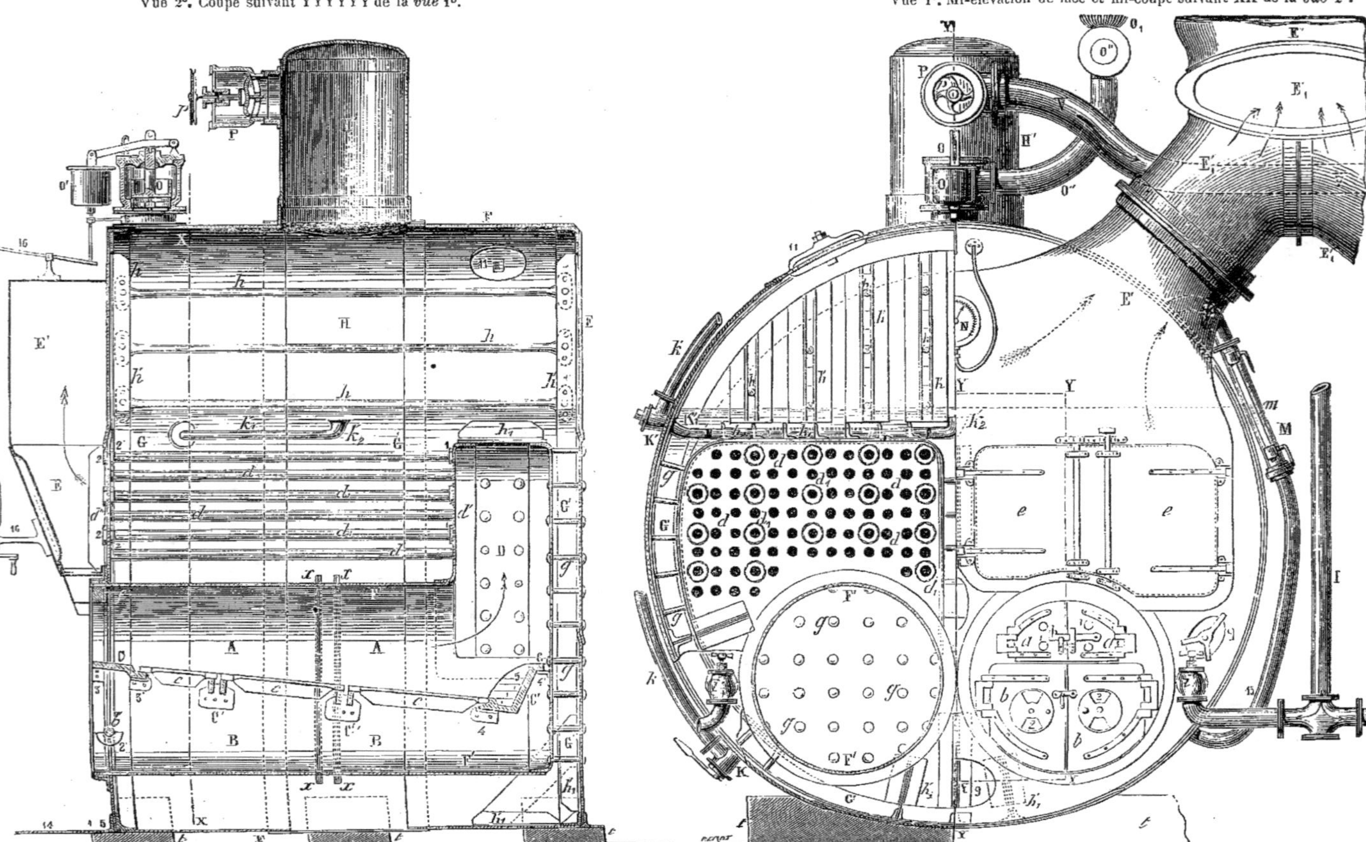

Fig. 135. — Chaudière marine démonstrative, cylindrique tubulaire à haute pression, type haut. — Échelle 1/40ᵉ.

Vue 2ᵉ. Coupe suivant YYYYYY de la *vue 1ᵉ*.

Vue 1ᵉ. Mi-élévation de face et mi-coupe suivant XX de la *vue 2ᵉ*.

LÉGENDE DE LA FIG. 135.

A,B	fourneaux de forme cylindrique, confectionnés chacun avec deux feuilles de tôle roulées et rivetées. Pour chaque fourneau, les deux cylindres ainsi formés sont joints bout à bout, au moyen des pinces rabattues x,x, rivetées l'une sur l'autre avec interposition d'une forte rondelle de tôle. Les fourneaux sont rivetés sur la façade de la chaudière au moyen d'une forte cornière.
a,b	portes de fourneau et portes de cendrier, chacune en deux parties.
1,2	trous d'injection d'air et ventouses de porte de cendrier.
b'	barres d'appui des outils de chauffe, supportées par des galoches en cornière 2'.
C	sole supportée par les pattes en cornière 3 et 3'.
C'	autels supportés par les pattes en cornières 4 et 4', et garnis d'une maçonnerie en briques réfractaires 5. Il existe une lame d'air 6, derrière l'autel.
c,C''	grilles, sommiers de grilles et galoches supportant les sommiers.
D	boîte à feu ; elle est plane dans le fond, sur la plaque de tête, dans la partie supérieure et dans la partie verticale d'en dedans ; du côté extérieur, elle est parallèle au contour de la chaudière ; dans le bas, elle suit le contour du fourneau.
d,d	tubes en laiton bagués et épaulés.
d_1,d_1	tubes en fer formant tirants. Ces tubes sont taraudés dans les trous de la plaque de tête d' de la boîte à feu ; l'extrémité est rivée dans une fraisure pratiquée à l'extérieur ; les tubes sont ensuite affleurés et reçoivent à l'intérieur, le contre-écrou 1. Du côté de la boîte à fumée, les trous de la plaque de tête d'' sont agrandis ; le tube est renflé et taraudé pour recevoir les écrous 2 et 2' qui servent à le fixer.
d',d''	plaques de tête arrière et avant.
E,E'	boîte à fumée et culotte de la cheminée. Ces compartiments sont rapportés.
e	portes de boîte à fumée, en deux parties ayant chacune un loquet.
E'_1	raccordement de la culotte avec la cheminée,
E''	cheminée construite pour desservir quatre chaudières.
F	paroi extérieure de la chaudière, de forme cylindrique.
F'	parois des fourneaux et des boîtes à feu.
f	remplissage pour diminuer l'entrée du foyer.
G,G'	chambre à eau et lames d'eau.
g	entretoises taraudées et rivées.
H,H'	chambre à vapeur et coffre à vapeur supplémentaire.
h,h'	tirants et patins de tirants.
h_1	armatures pour consolider les ciels de boîte à feu.
h'_1	fortes armatures pour relier les parties inférieures des boîtes à feu à l'enveloppe extérieure de la chaudière.
I,i	tuyau et régulateur d'alimentation de la machine.
i'	régulateur d'alimentation au petit cheval.
K,k	robinet et tuyau d'extraction ordinaire.
K',k'	robinet et tuyau d'extraction à hauteur de niveau.
k'_1,k'_2	tuyau intérieur et pipe de l'extraction.
M,m	ensemble du tube de niveau.
12,13	tuyaux de communication du manchon M avec la chaudière.
	Il existe trois robinets jauges du type ordinaire, placés sur la gauche de la *vue* 1°, et qui ont été enlevés par la coupe.
N	manomètre indiquant la pression dans la chaudière.
O,O',O''	boîte de la soupape de sûreté, contre-poids et tuyau d'échappement de cette soupape.
P,p,V	soupape d'arrêt, volant de manœuvre de cette soupape et tuyau de prise de vapeur.
t	assises de la chaudière ; chantiers formés par les carlingues et dans lesquels les chaudières s'emboîtent.
9,11	trous de sel et trou d'homme.
14,15	parquet de chauffe et cornière de retenue des chaudières.
16	ensemble de l'appareil de manœuvre de la soupape de sûreté.

sur chauffeur ni sécheur. Ces chaudières fonctionnent absolument comme les chaudières à moyenne pression.

N° 61₂ Chaudière Belleville pour canot à vapeur. — Cette chaudière est représentée par la *fig.* 136, dont voici la légende :

Vue 1° élévation de face de la chaudière avec déchirures dans la façade, et coupe verticale transversale dans l'enveloppe et le foyer.
Vue 2° coupe longitudinale suivant *xx* de la *vue* 1°.
Vue 3° plan avec déchirure dans la toiture; et mi-coupe horizontale à hauteur de grille.

FOYER ET ENVELOPPE.

A,B   foyer et cendrier constituant le fourneau.
a,b   porte de foyer et porte de cendrier.
C   sole, formée par une pièce de fonte reposant sur des galoches.
c   barreaux de grille, sur une seule rangée, inclinés de l'avant à l'arrière.
D   intervalles entre les tubes constituant la boîte à feu.
D′   brise-flamme; sorte de treillage formé de bandes de tôle placées au-dessus du faisceau tubulaire, et obligeant les gaz chauds de la combustion à chauffer les tubes sur toute leur longueur.
E   boîte à fumée située au-dessus du brise-flamme.
e   porte de la boîte à tubes, formée de doubles tôles dont l'intervalle est garni d'escarbilles.
E′   culotte de la cheminée.
E″   cheminée à rabattement, formée de doubles tôles, sans remplissage.
F   enveloppe de la chaudière, formée de doubles tôles espacées, reliées par des entretoises et des cornières. L'intervalle compris entre les tôles est garni d'escarbilles.
f   maçonnerie en briques réfractaires entourant le foyer.
1   crémaillère recourbée, articulée à sa partie inférieure, et passant dans une fente de la porte de cendrier *b*, pour fixer cette porte.
2   sommier des barreaux de grille, avec lame d'air sur l'arrière.

SYSTÈME TUBULAIRE.

F′   tubes en fer forgé, soudés à recouvrement sur mandrin. Ces tubes sont disposés longitudinalement et en quinconce au-dessus de la grille. Ceux qui appartiennent à la même rangée verticale sont reliés entre eux alternativement sur l'avant et sur l'arrière, par des *boîtes de raccord f′* dans lesquelles ils sont vissés. Chaque rangée verticale de tubes prend le nom d'*élément* et chaque élément, disposé en serpentin, part du collecteur inférieur G′ pour aboutir au collecteur supérieur G. Lorsque la chaudière est en fonction, l'eau remplit le collecteur inférieur et environ les trois tubes inférieurs de chaque élément; la vapeur occupe la partie supérieure du faisceau tubulaire.
f′   boîtes de raccord en fonte malléable, sur lesquelles les tubes sont vissés, et qui établissent la communication entre ces tubes.
f₁   douilles ou manchons de raccord des tubes supérieur et inférieur de chaque élément, avec les bouts d'attente vissés sur les collecteurs G et G′. Cette disposition a pour but de permettre le démontage de l'un quelconque des éléments, sans toucher aux autres.
G   collecteur supérieur ; tube de section quadrangulaire, fermé à ses deux extrémités, et où viennent aboutir les tubes supérieurs de tous les éléments.

G'   collecteur inférieur, semblable au collecteur G, et dans lequel débouche le tuyau
      d'alimentation et où les tubes inférieurs de tous les éléments puisent leur eau.
H   tube diviseur; sorte de réservoir de vapeur en communication avec le collecteur su-
      périeur G à l'aide de trois petites tubulures de sections différentes. La tubulure
      du milieu a la plus petite section. Ceci a pour but de répartir autant que possible
      sur tous les points du générateur, l'effet de succion exercé par la prise de vapeur.
I   tuyau de communication du tube diviseur avec l'épurateur.

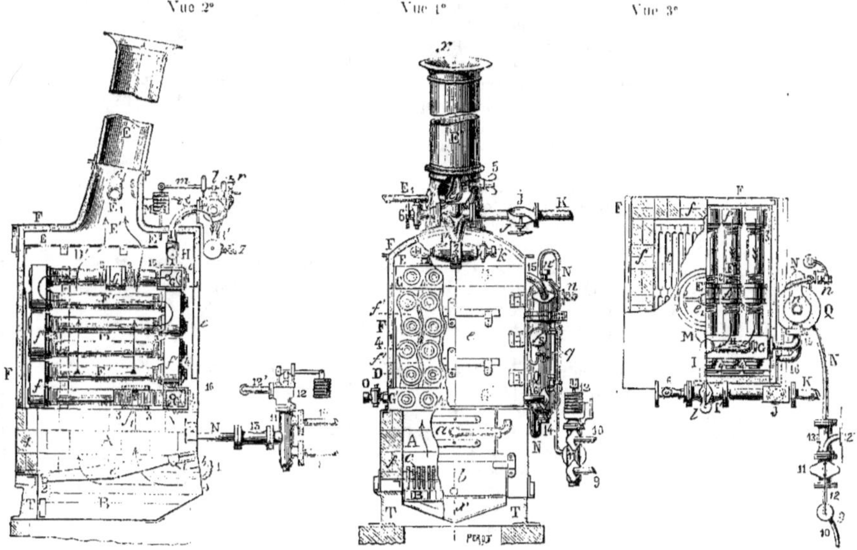

Fig. 136. Chaudière Belleville pour canot à vapeur. — Échelle = 1/30° pour chaudière alimentant
une machine de 5ᶜʰ de 300ᵏᵐ.

3   bagues vissées sur les tubes contre les boîtes de raccord f' et les manchons de
      raccord f₁; elles sont destinées à assurer l'étanchéité des joints.
4   portes ou bouchons de visite des collecteurs G,G' et des boîtes de raccord f'. Ces
      bouchons sont maintenus à l'aide de boulons dits à ancre.

ORGANES ACCESSOIRES

E₁   tuyau d'évacuation de la vapeur du cylindre.
e₁   appendice terminant le tuyau d'évacuation E₁ et produisant le tirage forcé.
I'   épurateur; vase dans lequel débouche le tuyau I, pour que la vapeur se dépouille
      des particules liquides qu'elle a pu entraîner.
J   boîte de la soupape d'arrêt.
j   soupape d'arrêt servant de *registre* de vapeur.
K   tuyau amenant la vapeur de la chaudière dans la boîte à tiroir.
k   prise de vapeur pour l'injecteur d'alimentation.
L   boîte de la soupape de sûreté, surmontant l'épurateur I'.
l   soupape de sûreté ouvrant à l'air libre.
M   contre-poids de la soupape de sûreté, placé à l'extrémité du levier m.

m   levier du contre-poids M de la soupape de sûreté *l*.

N   tuyau d'alimentation. Ce tuyau part de la boîte à crépine 13 ; il amène l'eau d'alimentation à l'automoteur alimentaire *n*, qui en règle l'écoulement ; puis il vient déboucher dans le collecteur inférieur par un orifice situé sur l'arrière, et un peu en contre-bas de celui qui établit la communication de ce collecteur avec le cylindre-niveau Q.

n   robinet automoteur ou *régulateur* d'alimentation. Il est placé contre le chapeau du cylindre-niveau Q, et son tournant pénètre à l'intérieur de ce chapeau. Il porte deux leviers : l'un emmanché sur l'extrémité intérieure du tournant, l'autre sur l'extrémité extérieure. Le premier est attelé à un flotteur, cylindre creux en fonte de fer qui plonge en partie dans l'eau du cylindre-niveau ; le second porte un contre-poids formé de rondelles de fer, qui est destiné à équilibrer le poids du flotteur diminué de celui du volume d'eau qu'il déplace. Ce dernier levier porte aussi un index qui marque sur un cadran gradué, le degré d'ouverture du robinet. — Le mouvement de montée ou de descente de l'eau dans le cylindre-niveau détermine un mouvement analogue du flotteur, et conséquemment l'ouverture ou la fermeture partielle ou totale du robinet *n*, suivant l'amplitude des oscillations du niveau de l'eau dans le cylindre Q.

n'   tubulure pour faire le plein, placée au sommet du cylindre-niveau Q.

O   robinet de vidange.

Q   cylindre-niveau ; récipient de section circulaire ou quadrangulaire, placé sur le côté de la chaudière et communiquant avec le collecteur supérieur par le tuyau 15, et avec le collecteur inférieur par le tuyau 16.

q   tube indicateur du niveau de l'eau dans le cylindre-niveau et conséquemment dans l'appareil tubulaire. En marche, le niveau accusé dans le tube est toujours plus élevé de six à huit centimètres environ, que celui de l'eau dans l'appareil tubulaire. Cette différence provient du refroidissement qu'éprouve la vapeur dans le tuyau 15 ; et de l'entraînement de l'eau des tubes du générateur par la vapeur naissante.

r   sifflet de signal, monté sur l'épurateur I', près de la soupape de sûreté.

S   manomètre métallique indiquant la pression de la vapeur.

T   carlingues en fer constituant le plan de pose des chaudières.

5   écrou à oreille servant à manœuvrer un petit clapet qui règle l'échappement de la vapeur du cylindre par la tuyère e_1.

6   robinet de décharge et prise de vapeur du giffard de cale.

7   robinet de purge de l'épurateur. Un petit tuyau que l'on peut raccorder sur le robinet 7, rejette l'eau à la mer.

8   robinet et tuyau d'échappement permettant d'envoyer directement la vapeur de la chaudière dans la cheminée.

9   tuyau de refoulement de la pompe alimentaire.

10   tuyau de refoulement de l'injecteur alimentaire.

11   réservoir en communication avec une caisse à eau douce placée en abord et contenant la provision d'eau d'alimentation. Le réservoir 11 porte la soupape de trop-plein de la pompe alimentaire.

12   système de leviers et de contre-poids pour charger convenablement la soupape de trop-plein et la maintenir sur son siège tant que le robinet *n* est suffisamment ouvert.

12'   tuyau de communication de la soupape de trop-plein avec le réservoir d'alimentation.

13   boîte à crépine dans laquelle passe l'eau d'alimentation en sortant du réservoir 11.

14   robinet ou bouchon de vidange du cylindre-niveau Q.

15   tuyau de communication du cylindre-niveau Q avec le collecteur supérieur G.

16   tuyau de communication du cylindre-niveau Q avec le collecteur inférieur G'.

Fonctionnement des chaudières Belleville. — Le principe sur lequel sont fondées les chaudières *Belleville* est le suivant :

Faire arriver sur des surfaces très-chaudes de l'eau qui se vaporise rapidement et se renouvelle de même. Dans ces chaudières, l'eau refoulée par la pompe alimentaire pénètre dans le collecteur inférieur, d'où elle s'élève dans chaque élément. Les tubes étant entourés de gaz chauds sont à une température très-élevée ; conséquemment à mesure que l'eau s'élève, elle s'échauffe, et son mouvement ascensionnel continuant, elle ne tarde pas à se transformer en vapeur. Cette vapeur se rend d'abord dans le tube diviseur qui régularise en quelque sorte sa pression, puis dans l'épurateur où elle se débarasse des particules aqueuses qu'elle est susceptible d'entraîner. Enfin de l'épurateur, la vapeur se rend dans les boîtes à tiroirs de la machine.

Au repos sans pression, le niveau est parfaitement net dans les tubes, et se trouve d'ailleurs à la hauteur indiquée par le tube-jauge. Mais dès la mise en marche, l'eau n'a plus de niveau dans les tubes. La vapeur formée dans les tubes inférieurs entraîne en s'élevant, une certaine quantité d'eau d'autant plus grande que la formation de la vapeur est plus rapide ; le niveau est détruit, et les tubes qui avoisinaient ce niveau, au-dessus et au-dessous, renferment un mélange de vapeur et d'eau d'autant moins dense que le tube que l'on considère est plus élevé. — La circulation de l'eau ainsi divisée, est éminemment favorable à l'absorption rapide du calorique, et, en général, il n'y a pas à craindre que les tubes soient brûlés.

N° 62. — 1. Nature des tôles employées dans les chaudières marines ; des rivets ; assemblage des tôles et usage des cornières. — 2. Des barreaux de grille. — 3. Des tubes de chaudière et de leur établissement sur les plaques de tête. Tubes mobiles. — 4. Des cheminées : cheminées fixes, cheminées mobiles à télescope ou à rabattement.

N° 62₁ Nature des tôles employées dans les chaudières marines. — Les chaudières marines sont construites en tôle de fer, et exceptionnellement en tôle d'acier.

Les tôles de fer (n° 58₄) qui entrent dans la confection des chaudières marines, ont une épaisseur de 6 à 11 millimètres pour les parois extérieures, les cendriers, les portes de foyer et de cendrier, etc. ; de 11 à 14 millimètres pour les fonds, les fourneaux et les parties en contact avec la flamme ; enfin de 16 millimètres pour les plaques de tubes. Pour les culottes et les foyers, les tôles doivent en outre être de première qualité et parfaitement soudées.

Des rivets. — Les tôles se réunissent les unes aux autres au moyen de *rivets*. — Ce sont de petits boulons *ab*, *fig.* 137, qu'on enfile à *chaud* dans les trous des deux tôles à assembler, et qu'on bat sur eux-mêmes de manière à leur former une seconde tête ou *fausse tête b*. On se sert pour cela d'un marteau aciéré appelé *rivoir*, en contre-tenant sur la tête *a* du

Fig. 137. Différentes dispositions de rivets.

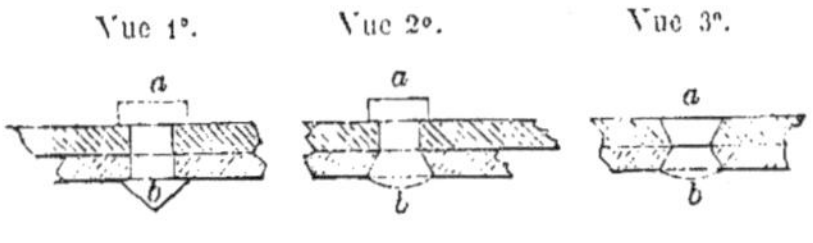

Vue 1°.   Vue 2°.   Vue 3°.

rivet. Quand le rivet se refroidit, son retrait rapproche les feuilles de tôle aussi intimement que possible.

La tête est cylindrique et plate, comme on le voit en *a*, *vues* 1° et 2°, *fig.* 157. Quelquefois, elle est tronc-conique, *vue* 5°. En pareil cas, elle se noie dans la tôle sur laquelle elle porte. Les fausses têtes *b* présentent d'ordinaire une forme conique avec la partie pointue en dehors, comme le montre en *b* la *vue* 1°. Souvent, elles forment, *vues* 2° et 5°, un tronc de cône noyé dans la tôle avec sa petite base du côté du contact des deux feuilles. De plus, la grande base de ce cône est plate et affleure la surface extérieure de la feuille qui le renferme, ou est légèrement bombée en goutte de suif.

Le diamètre du corps des rivets employés dans les chaudières est compris entre 18 et 21 millimètres, suivant l'épaisseur des tôles à réunir.

Assemblage des tôles et usage des cornières. — L'assemblage des tôles situées dans le prolongement les unes des autres s'opère de deux manières, *à clin* ou *à franc-bord*.

Fig. 138. Différents modes d'assemblage de deux tôles en prolongement.

Vue 1°. Assemblage à clin.   Vue 2°. Assemblage à franc-bord.

Dans l'assemblage à clin, *fig.* 138, *vue* 1°, l'une des deux feuilles de tôle à assembler B, recouvre l'autre A d'une certaine quantité, et l'on se sert de rivets pour coudre la jonction des deux pièces.

Dans l'assemblage *à franc-bord*, *fig.* 138, *vue* 2°, les deux feuilles à réunir A et B sont posées côte à côte. Une bande en tôle C, nommée *couvre-joint*, se place alors tout le long de la ligne de jonction. Cette plaque déborde également sur chacune des feuilles, et elle s'y réunit au moyen de deux coutures de rivets.

— Quand les tôles à joindre ont leurs surfaces perpendiculaires entre elles, on emploie pareillement deux modes de jonction qui correspondent aux deux précédents : ou l'on courbe une des tôles, ou l'on se sert de *cornières*. — Le premier de ces systèmes, *fig.* 139, n'est en définitive qu'un assemblage à clin. — Le second système, *fig.* 140, n'est en dernière analyse qu'un assemblage à franc-bord, dont le *couvre-joint* C est ployé en deux, et prend le nom de *cornière* ou *fer d'angle*. Les tôles A et B se rivettent chacune avec une des branches de la cornière.

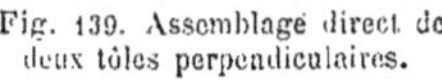

Fig. 139. Assemblage direct de deux tôles perpendiculaires.

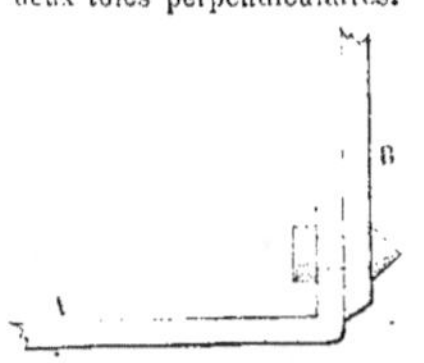

N° 62₂ Des barreaux de grille. — Les *barreaux de grille* sont des barres en fer forgé terminés par des talons ab, $a'b'$, *fig.* 141, plus large que leur corps. Ces talons étant mis à se toucher dans chaque rangée de barreaux, les vides de la grille se trouvent naturellement formés. Dans les chaudières types, ces vides ont de 14ᵐᵐ à 15ᵐᵐ de largeur. — D'autre part, les barreaux portent en dessous une forte nervure c, destinée à les consolider. — On doit laisser un jour de 15 à 20 millimètres entre les bouts des barreaux de deux rangées consécutives. Sans quoi, ces barreaux butteraient l'un contre l'autre par le fait de leur dilatation, et se tordraient.

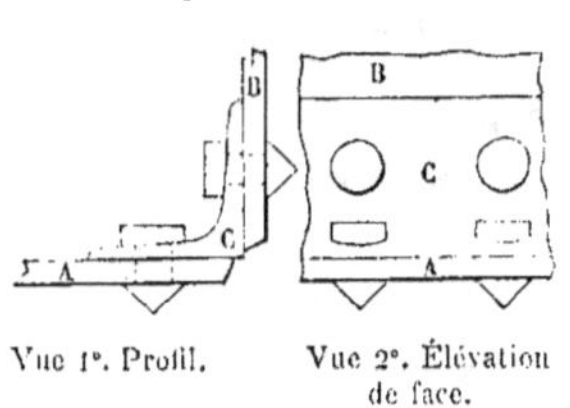

Fig. 140. Cornière. ¼

Vue 1ᵉ. Profil.   Vue 2ᵉ. Élévation de face.

Fig. 141. Barreau de grille des chaudières types (échelle = 1/10ᵉ).
Vue 1ᵉ. Élévation de face.

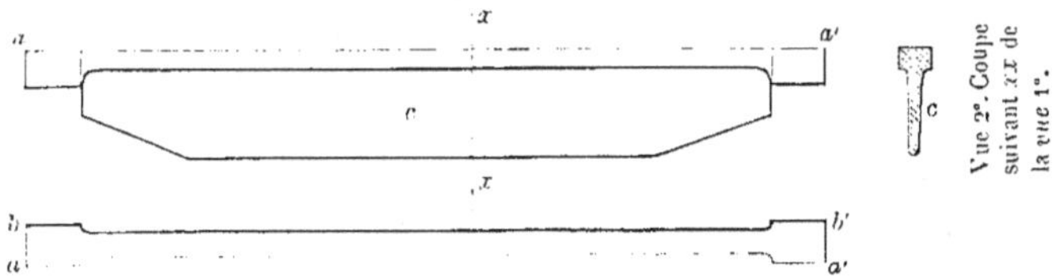

Vue 2ᵉ. Coupe suivant xx de la vue 1ᵉ.

Vue 3ᵉ. Plan.

N° 62₃ Des tubes de chaudière et de leur établissement sur les plaques de tête. — Les tubes de chaudière sont généralement en laiton de 70^{mm} de diamètre intérieur et de 2^{mm},5 d'épaisseur. Les tubes sont rabattus en collerette et rivés sur les plaques de tête $d'd'$, *fig.* 142. Puis on force à l'intérieur de chacune de leurs

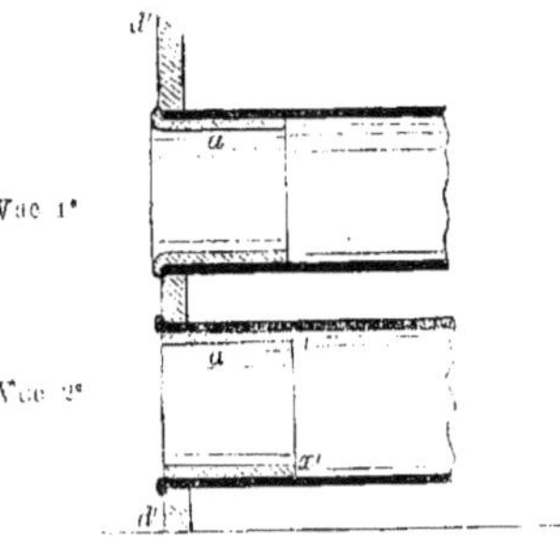

Fig. 142. Établissement des tubes sur les plaques de tête.

extrémités une bague a en fer doux ou en acier. Autrefois, *vue* 1°, cette bague se rabattait par dessus le tube. Aujourd'hui, *vue* 2°, la bague n'est aucunement rabattue. Elle a d'ailleurs le pourtour intérieur de son bout xx' légèrement arrondi.

D'autre part, on forme quelquefois sur les tubes, en dedans et à toucher les plaques de tête, un bourrelet ou épaulement. On se sert pour cela d'un mandrin en trois segments dans l'axe duquel on chasse une broche conique. Cette méthode est actuellement abandonnée.

Tubes mobiles. — Les tubes mobiles ou démontables, ont été imaginés pour faciliter le nettoyage des chaudières. On en rencontre de trois systèmes principaux :

Tubes Langlois. — Ces tubes d, représentés par la *fig.* 143, portent à leur extrémité avant un manchon d_1 en bronze, qui se taraude sur la plaque de tête d''. Dans la plaque de tête d', l'extrémité arrière est tout simplement tenue par une bague c. Le manchon d_1 porte une collerette qui fait joint étanche, au moyen de la rondelle de plomb 2, sur la plaque de tête d''. On met en place le tube au moyen d'une clef à tenons qui s'en-

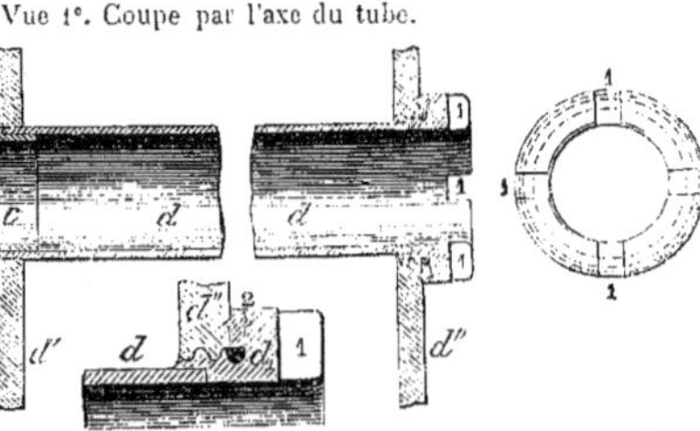

Fig. 143. Tube mobile Langlois.

Vue 1°. Coupe par l'axe du tube.

Vue 3°. Vue à grande échelle d'une moitié du bout avant du tube.

Vue 2°. Vue du tube par bout du côté de la boîte à fumée.

gage dans des entailles 1, 1, pratiquées sur le manchon d_1. — Pour sortir le tube, on commence par enlever la bague c, puis on le dévisse.

Tubes Gantelme. — Ces tubes d, représentés par la *fig.* 144, sont munis de deux manchons en bronze d_1, d_1, soudés sur leurs extré-

Fig. 144. Tube mobile Gantelme. — Coupe verticale.

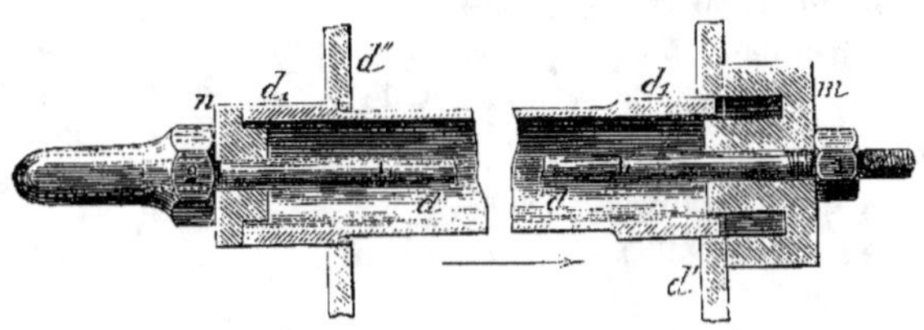

mités. Ces manchons sont cylindriques et s'emmanchent à force dans les trous des plaques de tête d' et d''. Celui de la boîte à feu a d'ailleurs un diamètre plus petit que celui de la boîte à fumée. — Le tube se met en place ou se démonte au moyen du long boulon L, des deux manchons m et n et des écrous 1 et 2. On retourne cet outillage pour sortir le tube.

Tube Toscer. — Le tube Toscer ressemble au tube Gantelme ; mais au lieu d'être muni de manchons, il est renflé à ses extrémités. La tenue a lieu au moyen de bagues.

N° 62₄ Des cheminées. — La cheminée est destinée à déterminer le tirage et à conduire la fumée au-dessus du pont. Les cheminées des chaudières marines sont d'énormes tubes en tôle mince. Verticalement, les tôles sont assemblées et rivetées sur bandes intérieures, et ne se touchent que par les bords, de manière à former une surface continue. Horizontalement, elles sont unies par des cercles extérieurs.

L'installation des cheminées présente trois systèmes :

Les cheminées fixes,

Les cheminées mobiles à télescope.

Les cheminées mobiles à rabattement.

Cheminées fixes. — Les *cheminées fixes* s'élèvent perpendiculairement au-dessus des chaudières, et montent d'un seul jet jusqu'à la hauteur qu'elles doivent avoir au-dessus du pont. Mais le mode de fixation de leur pied, ainsi que le système de tenue de leur tête, est en tout semblable à ce qui est expliqué ci-après pour les cheminées mobiles. En outre, de même que celles-ci, elles possèdent une chemise qui s'étend depuis les chaudières jusqu'à quelques pieds au-dessus du pont des gaillards, pour empêcher les panneaux d'être brûlés.

Cheminées mobiles à télescope. — Les *cheminées à télescope*, dites aussi *à fourreau* ou *à longue vue*, sont celles qui comprennent, outre la chemise, deux cylindres s'emboîtant l'un dans l'autre. Le premier de ces cylindres est fixe et forme la partie inférieure de la cheminée, tandis que le second, qui en constitue la partie supérieure, est libre de se lever et de se baisser par rapport au précédent.

La *fig.* 145 représente la disposition d'une cheminée à télescope. En voici la légende détaillée :

A   partie inférieure et fixe de la cheminée. Cette partie est reliée avec les bouts des culottes des divers corps de chaudière de l'appareil évaporatoire, par une cornière circulaire qui se jonctionne par son contour avec le pied de la partie fixe de la cheminée, comme on le voit en *fig.* 130, et par son collet avec le dessus de la chaudière. Dans le pied de la cheminée se trouvent des tôles placées rectangulairement entre elles. Elles servent d'entretoises à cette partie, et divisent la cheminée en autant de petits conduits qu'il y a de corps de chaudière aboutissant à son pied.

1,1...   cornières directrices en forme de *té*. Elles sont au nombre de quatre placées à 90° les unes des autres sur toute la hauteur de la partie fixe de la cheminée. Elles ont pour but de servir de guide à la partie mobile de celle-ci.

B   chemise destinée à prévenir l'échauffement des divers ponts que traverse la cheminée. Elle est distante de celle-ci de 20 à 25 centimètres, et a son pied riveté avec une plaque de tôle reposant sur les hiloires du premier étambrai de la cheminée.

b   toit en forme de couronne circulaire, attenant au haut de la partie fixe de la cheminée, de manière à se trouver au-dessus et à une petite distance de la chemise. Il a pour objet d'empêcher l'eau de la pluie de tomber à l'intérieur de cette chemise, tout en y permettant d'ailleurs la libre circulation de l'air.

C   partie mobile de la cheminée, emboîtée dans la partie fixe.

c.c   tôles fixées rectangulairement entre elles à l'intérieur de la partie mobile de la cheminée, et servant d'entretoises pour consolider cette partie.

c',c'..   tirants destinés à maintenir entre elles les tôles précédentes.

E   cornière circulaire attenante au pied de la partie mobile de la cheminée. Elle porte quatre encoches qui glissent le long des cornières 1,1..., et guident cette partie mobile.

e   cercle se serrant à volonté avec deux vis autour de la partie mobile de la cheminée. Appelé à servir d'arrêt à cette partie quand elle est hissée, il se serre en ce moment à toucher le haut de la partie fixe. — On le remplace quelquefois par des clefs qui s'engagent dans des trous percés dans le pied de la partie mobile et la tête de la partie fixe.

D   cercle en fer riveté avec la tête de la partie mobile. Il porte des boucles qui servent à crocher les haubans de cheminée, et les palans de roulis qu'on ajoute à la mer.

d,d   haubans de cheminée en chaîne de fer.

F,F..   treuils, au nombre de quatre où s'enroulent les chaînes de remontage.

f,f..   chaînes de remontage. Elles partent des treuils F, F,..; puis, elles vont passer sur des poulies à gorge G,G,..., établies contre la partie fixe de la cheminée du côté de la chemise; et de là, elles descendent s'amarrer à des boucles attenantes à la cornière circulaire E du pied de la cheminée mobile.

H,H   roues dentées montées sur les axes des treuils F,F.

h   vis sans fin unique commandant les deux roues précédentes. Elle porte à chacune de ses extrémités un emmanchement carré. Cet emmanchement reçoit une manivelle, sur laquelle les hommes agissent pour hisser la cheminée.

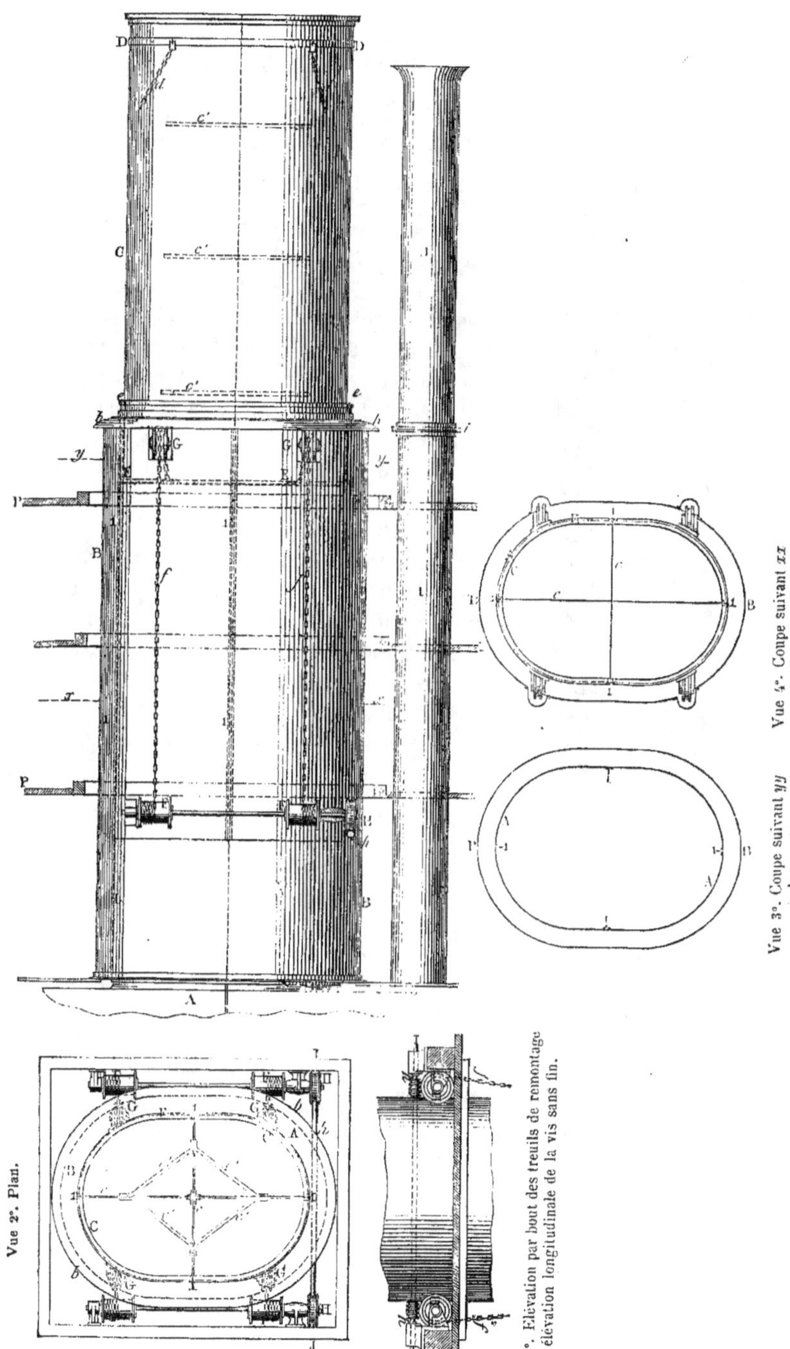

Fig. 145. Cheminée à télescope (échelle = 1/100° pour 1000 ch⁻ n²).
Vue 1°. Élévation de face.
Vue 2°. Plan.
Vue 3°. Coupe suivant yy de la vue 1°.
Vue 4°. Coupe suivant xx de la vue 1°.
Vue 5°. Élévation par bout des treuils de remontage et élévation longitudinale de la vis sans fin.

I   tuyau d'échappement des soupapes de sûreté.
J   prolongement du tuyau précédent. Il est uni à ce tuyau par une charnière i, qui lui permet de se rabattre et d'être couché horizontalement lorsque la cheminée est amenée.
P,P,... ponts que traverse la cheminée dans des étambrais pratiqués à cet effet.

Cheminées mobiles à rabattement. — Dans les cheminées à rabattement, il existe encore une partie fixe A, *fig.* 146, au-dessus de laquelle se trouve située la partie mobile C. Seulement cette dernière partie tourne ici autour d'une charnière y placée suivant un de ses diamètres. Elle porte, en outre, une cornière xyt formée d'une demi-ellipse xy et d'un demi-cercle yt, dont les plans forment un angle xyt un peu plus grand que 135°. Une seconde cornière zyt, en tout semblable à la précédente, est placée symétriquement par rapport à celle-ci sur le haut de la partie fixe de la cheminée. Enfin, cette partie est prolongée au-dessus de l'horizontale ut par un morceau xuy, en forme de coin : ce morceau est destiné à boucher le vide qui existe au-dessous de la cornière xy de la partie mobile de la cheminée.

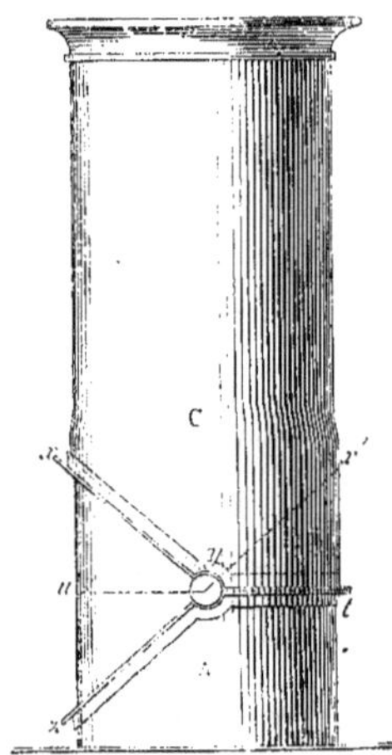
Fig. 146. Cheminée à rabattement.

Pour les petites cheminées il est plus simple et suffisamment solide d'avoir la charnière placée suivant une horizontale tangente à la surface de la cheminée.

Actuellement, toutes les cheminées fixes sont munies d'un capot en tôle monté, au moyen de deux bras, sur un axe qui passe par le diamètre de la cheminée. Un double levier à sonnette aux branches duquel sont frappés des cartahus, sert à relever le capot ou à l'abattre, et à le fixer dans la position où on le place.

N° 63. — **1. Des prises de vapeur et des soupapes d'arrêt; des sécheurs. — 2. Des soupapes de sûreté de chaudière; de leur manœuvre; de leur nombre par chaudière et de leur emplacement; de leur charge. Tuyaux d'échappement. — 3. Des tubes de niveau et des robinets-jauges : précautions relatives à ces appareils. — 4. Régulateur d'alimentation. — 5. Des trous d'homme et des trous de sel de chaudière. Autoclave. — 6. Robineterie et prises d'eau : précautions à prendre pour empêcher les voies d'eau par les trous de ces prises.**

N° 63₁ Des prises de vapeur. — Dans les chaudières où la soupape d'arrêt n'est pas placée vers le haut de la chambre à vapeur, l'orifice de la soupape est prolongé intérieurement par un appendice qui va prendre la vapeur à la partie la plus élevée de la chaudière, afin de l'envoyer plus sèche aux cylindres.

Il consiste quelquefois en une simple caisse débouchée et évasée vers le haut, ainsi qu'on le voit en I sur la chaudière démonstrative, *fig.* 150. Mais plus souvent, c'est un long tuyau I, *fig.* 147, percé d'un grand nombre de petites fentes et placé horizontale-

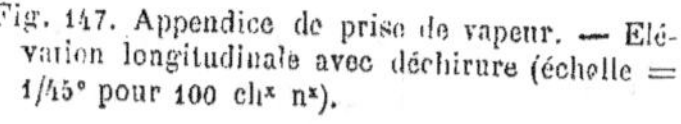

Fig. 147. Appendice de prise de vapeur. — Elévation longitudinale avec déchirure (échelle = 1/45° pour 100 ch^x n^x).

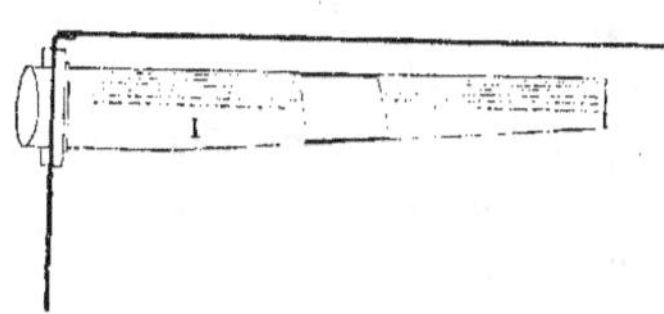

ment à peu de distance du ciel de la chaudière. La vapeur, en passant à travers toutes ces fentes, se dépouille de ses particules aqueuses et arrive bien sèche dans le tuyau de vapeur.

Des soupapes d'arrêt. — Les soupapes d'arrêt ont pour objet d'établir ou d'intercepter, à volonté, la communication des chaudières avec le tuyau de vapeur.

La *fig.* 148 représente l'installation réglementaire. — La soupape est un disque en bronze j, logé dans une boîte en fonte J boulonnée à la chaudière. Elle repose sur un siége a formé d'une bague en bronze incrustée dans la tubulure de communication de la boîte, J avec la chambre à vapeur. D'autre part, elle est guidée par une contre-tige b venue de fonte avec elle, et glissant dans une

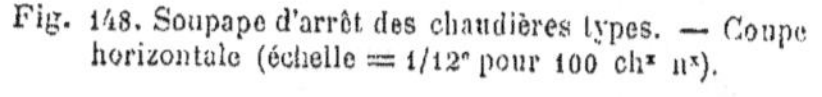

Fig. 148. Soupape d'arrêt des chaudières types. — Coupe horizontale (échelle = 1/12° pour 100 ch^x n^x).

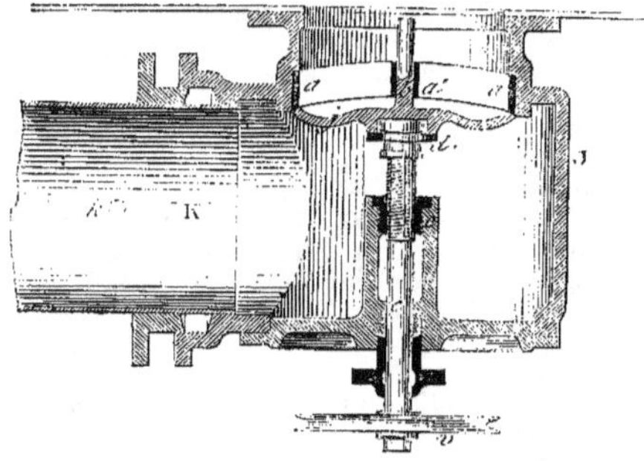

gaîne a' reliée au pourtour du siége par trois lames. — Quant à la tige c, qui sert à manœuvrer la soupape, elle lui est fixée par une articulation, ce qui permet au disque j de s'appliquer toujours bien exactement contre son siége. De plus, elle sort de la boîte de soupape à travers une presse-étoupe dont le siége en bronze e est taraudé pour lui servir d'écrou. Il suffit dès lors de visser ou de dévisser cette

tige au moyen du volant *v*, pour fermer ou ouvrir la soupape d'arrêt.
— Le volant *v* est ajusté sans clavette sur une partie conique qui termine la tige *c*, et n'y est tenu que par le serrage d'un écrou. Lorsque la soupape fait une grande résistance le volant glisse sur son emmanchement, et l'on ne court pas le risque de casser la tige.

De son côté, la boîte de soupape est reliée au tuyau de vapeur K par un joint glissant. Enfin, on voit en *k*, sur ce tuyau, le trou d'un petit robinet purgeur destiné à égoutter la vapeur condensée.

Les soupapes d'arrêt doivent être décolées au moment de l'allumage, à moins qu'on ne les ouvre en grand.

Des sécheurs. — Le sécheur est un appareil logé dans la base de la cheminée, qui a pour but de vaporiser l'eau que la vapeur entraîne à sa sortie de la chaudière. La *fig.* 149 représente l'installation réglementaire pour les chaudières à moyenne pression. Les chaudières à haute pression n'ont pas de sécheur à cause de la température élevée de la vapeur, qui décomposerait les matières employées au graissage des cylindres. Voici la légende de la *fig.* 149 :

F   chaudières réglementaires à faces planes et à moyenne pression.
E'   culotte de la cheminée.
E'₁   conduits de fumée dans le sécheur.
E''   cheminée.
J   soupape d'arrêt mettant en communication le sécheur avec le tuyau principal K de vapeur.
J'   soupape de communication de la chaudière avec le sécheur, par l'intermédiaire du tuyau K'.
K   tuyau principal recevant la vapeur qui a traversé le sécheur et conduisant cette vapeur à la machine.
K'   tuyau établissant la communication de la chaudière avec le sécheur correspondant.
L   soupape de sûreté placée directement sur la chaudière.
l ·   tuyau d'échappement de la soupape de sûreté.
s   lames du sécheur dans lesquelles la vapeur circule pour se dépouiller de l'eau qu'elle a pu enlever aux chaudières. Il n'existe aucune cloison dans ces lames; la vapeur n'effectue par suite qu'un seul parcours dans le sécheur.
1,1   tuyaux de purge munis de robinets et permettant de vider complétement le sécheur à la suite de l'extinction des feux, ou bien de le débarrasser de l'eau qu'il pourrait renfermer, soit à la suite d'un entraînement considérable survenu dans une chaudière, soit à la suite des condensations qui se produisent pendant les temps d'arrêts lorsque les portes de boîte à fumée sont ouvertes.

Les chaudières en fonction ont leur soupape de prise à vapeur J' ouverte; la vapeur passe par le tuyau K' et pénètre dans le sécheur. L'eau que la vapeur a pu entraîner, se vaporise au contact des faces intérieures des lames *s*, qui sont léchées par la fumée. Cette vapeur

vient sortir par la soupape d'arrêt J, d'où elle débouche dans le
tuyau K qui la conduit aux cylindres.

Fig. 149. Sécheur pour chaudière réglementaire à moyenne pression.

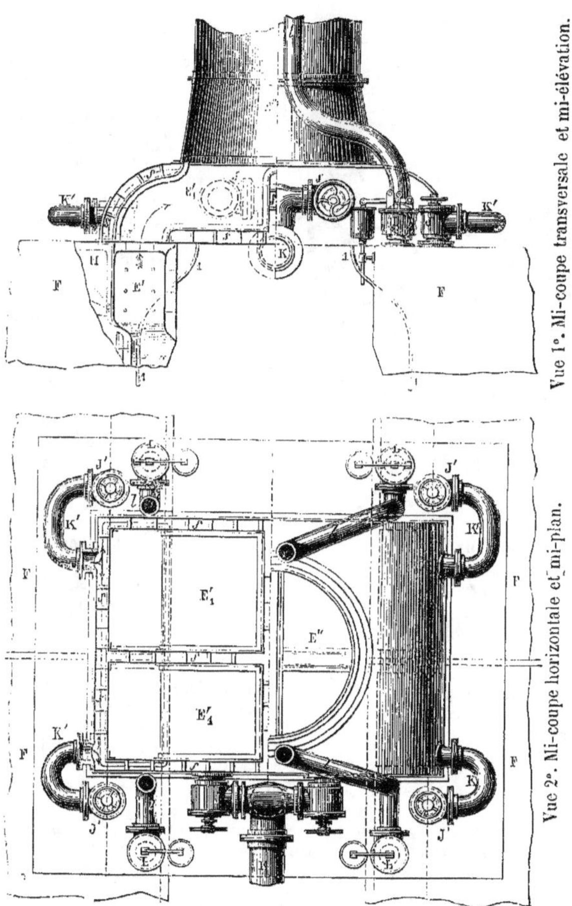

N° 63₂ Des soupapes de sûreté de chaudière. — Les soupapes de sûreté ont pour but de limiter la pression de la vapeur dans
la chaudière pour prévenir les explosions (n° 95). Elles présentent,

pour les générateurs marins, la disposition dessinée en détail sur la *fig.* 150, dont voici la légende :

L   boîte de soupape de sûreté, en fonte, boulonnée sur le dessus de la chaudière F. Elle sert à recevoir le siége de la soupape et à empêcher la vapeur qui s'échappe de remplir la chambre des machines. Elle est fermée par un couvercle 1, qui permet d'introduire et de visiter la soupape sans démonter la boîte.

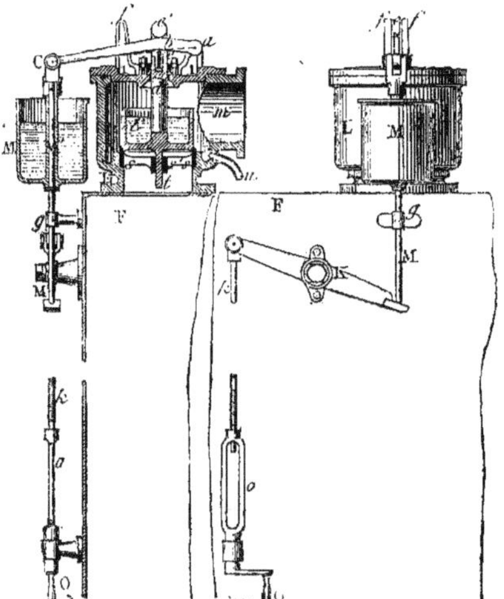

Fig. 150. Soupape de sûreté des chaudières types (échelle = 1/20ᵉ pour 100 ch^x n^x).

Vue 1°. Coupe menée par l'axe de la soupape et de son contre-poids.

Vue 2°. Élévation par bout de l'ensemble de la soupape et de son contre-poids.

m   tubulure où vient s'adapter le *tuyau d'échappement.*

n   tuyau purgeur de la boîte à soupape, pour laisser écouler l'eau provenant de la vapeur condensée.

s   siége de soupape de sûreté, bague en bronze tenue avec des vis dans la tubulure de communication de la boîte avec la chaudière. Ce siége porte à son centre une douille directrice *s'*, reliée avec son pourtour par trois lames.

l   *soupape de sûreté.* Elle est formée d'un disque en bronze surmonté ici d'un cylindre creux venu de fonte avec lui. On remplit ce cylindre de plomb jusqu'à une certaine hauteur pour empêcher la soupape de se gondoler et la faire ainsi mieux porter sur son siége. Cette soupape est guidée avec précision par une contre-tige *l*, qui fait corps avec elle et glisse dans la douille directrice *s'*.

d   tige de soupape de sûreté, venue de coulée avec la soupape et sortant à travers le presse-étoupe du couvercle de la boîte L.

e   *olive* logée dans l'épaisseur de la tige précédente et sur l'extrémité de laquelle repose le levier *a*C.

e'   roulette pareillement logée dans l'épaisseur de la tige de soupape et sur laquelle porte le dos du levier *a*C.

*a*C   levier de soupape de sûreté. Ce levier oscille autour d'un axe *a*. Il passe de là au milieu de l'épaisseur de la tige *d* entre l'olive *e* et la roulette *e'*.

f, f   flasques fixées sur le dessus de la boîte à soupape, et servant à bien maintenir dans son plan vertical le levier *a*C lors de ses mouvements d'oscillation.

M   *contre-poids de soupape et sa tige.* Ce contre-poids est articulé, à l'aide de sa tige au levier précédent. Il est du reste formé d'un cylindre creux en fonte, où l'on met du plomb pour le charger.

g   douille fixée à la façade de la chaudière et servant de guide à la tige M. Le trou de cette douille est évasé aux deux extrémités, afin que la tige M puisse s'incliner sous les oscillations du levier *a*C.

K   levier de manœuvre à la main du contre-poids de soupape.

k   tringle filetée à sa partie inférieure et articulée par son extrémité supérieure avec
       un des bouts du levier K.

0   manivelle commandant la tringle *k*, à l'aide d'un fuseau *o* dont le haut forme
       écrou.

Manœuvre de la soupape de sûreté. — Il ne faut jamais
attendre que la vapeur soulève d'elle-même la soupape de sûreté ; il
vaut mieux ouvrir la soupape à la main, toutes les fois que l'on stoppe.
Cette manœuvre doit être effectuée très-lentement pour ne pas déterminer un entraînement d'eau. Pour la fermeture, il faut amener lentement la soupape sur son siége, afin de ne pas détériorer le portage. —
En marche, il faut purger de temps à autre la boîte de la soupape, pour
éviter la surcharge qu'occasionnerait l'eau provenant de la vapeur condensée.

**Du nombre des soupapes de sûreté par chaudière et
de leur emplacement.** — Les ordonnances relatives à la marine
du commerce exigent qu'il y ait deux soupapes par corps de chaudière.

Mais, dans la marine de l'État, on ne met deux soupapes que quand
l'appareil évaporatoire ne comprend qu'un seul corps. Sans quoi, il n'y
a jamais qu'une soupape par corps.

Charge des soupapes de sûreté de chaudière. — La charge
des soupapes de sûreté des chaudières de la marine se calcule sur le
grand diamètre du cône de partage.

Pour charger le contre-poids d'une soupape de sûreté, après d'ailleurs
qu'on a rempli de plomb le réservoir du dessus de la soupape, on peut
procéder d'une manière tout à fait pratique ainsi qu'il suit :

On commence par déterminer la *charge totale* qui devrait agir *directement* au-dessus de la soupape supposée sans pesanteur, à raison de
$1^{Kg},055$ par Cm. *c* de surface et par atmosphère effective de tension-
limite à la chaudière. Le grand diamètre de l'orifice est exprimé en
centimètres.

Puis, au moyen d'un bout de ligne, on frappe un peson sur le haut
de la tige de la soupape. On charge alors, par tâtonnement, le contre-
poids jusqu'à ce que le peson soulevé, en entraînant la soupape et son
levier, marque la *charge totale*.

Tuyaux d'échappement. — Les tuyaux d'échappement ne présentent rien de particulier. Ce sont de simples conduits en cuivre rouge
partant des boîtes de soupape de sûreté et montant le long de la cheminée. Ils sont d'ailleurs composés de plusieurs morceaux réunis par
des collets boulonnés.

N° 63₃ Des tubes de niveau. — Les chaudières marines possèdent deux sortes d'appareils pour accuser le niveau de l'eau. Ce sont

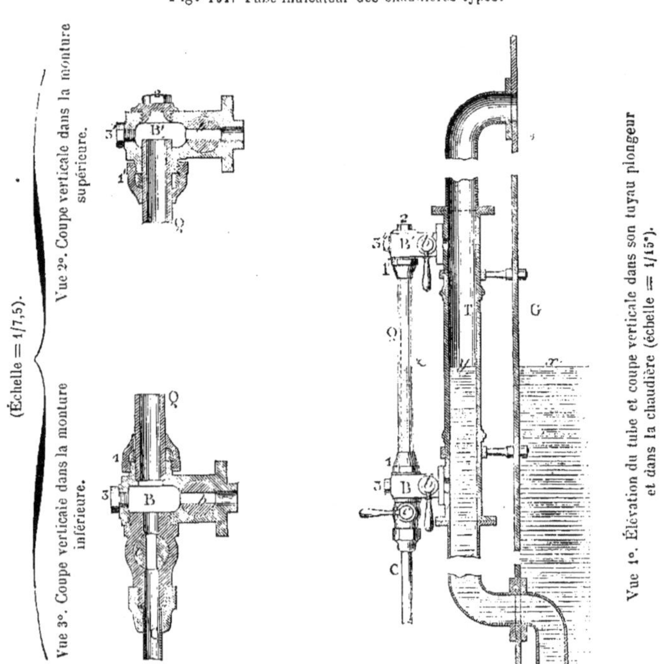

les *tubes de niveau*, appelés aussi *tubes indicateurs* ou *tubes-jauges*, et les *robinets-jauges*. La *fig.* 151 représente la disposition adoptée pour les tubes de niveau. On y remarque la série de pièces suivantes :

G   lame d'eau sur le devant de laquelle est placée toute l'installation du tube de niveau.

T   *tuyau plongeur*, le long duquel est monté le tube de niveau. Ce tuyau met en communication le point le plus haut et le point le plus bas de la chaudière.

Q   *tube de niveau* : long cylindre creux en verre, épais de 5ᵐᵐ à 6ᵐᵐ, et ayant en moyenne 0ᵐ,48 de longueur sur 0ᵐ,018 de diamètre intérieur.

B,B′   *armatures de tube :* pièces en bronze tenues par un emmanchement avec collet sur le tuyau T, et dans lesquelles viennent s'emboîter les deux extrémités du tube Q.

1,1′   presse-étoupe écrou pour rendre étanches les emmanchements des deux extrémités du tube avec ses armatures.

b, b' robinets permettant d'interrompre la communication du tube avec la chaudière.

2   bouchon à vis, fermant le trou à travers lequel on introduit le tube dans ses armatures lorsqu'on le monte.

$3, 3'$ bouchons à vis, servant à clore des ouvertures à travers lesquelles on passe un dégorgeoir pour dégager, quand il y a lieu, les canaux de communication des armatures B, B' avec le tube T.

c *robinet purgeur*, prolongé d'un petit tuyau C aboutissant aux pieds des chaudières. Ce robinet permet de laver l'intérieur du tube indicateur quand il est sali par l'écume ou par les dépôts salins. A cet effet, on ferme le robinet inférieur b, on laisse ouvert le robinet supérieur b', et l'on ouvre le robinet purgeur. On doit d'ailleurs ouvrir de temps en temps le robinet c pour s'assurer par l'écoulement de l'eau, que les communications du tube indicateur avec la chaudière sont toujours libres.

x, y, z niveaux de l'eau dans la chaudière, dans le tuyau plongeur et dans le tube indicateur. En général, le niveau doit s'élever jusqu'au milieu du tube indicateur.

Des robinets-jauges. — Les robinets-jauges, *fig.* 152, sont de simples robinets placés sur le devant d'une des lames d'eau de chaque corps de chaudière. Ils sont au nombre de trois : l'un q, *vue* 1°, correspond au niveau moyen ; l'autre q', au dernier degré où peut descendre l'eau sans découvrir la surface de chauffe ; enfin le plus haut q'', au point que le niveau ne doit pas dépasser afin d'éviter des entraînements d'eau avec la vapeur. D'après cela, il faut, en marche, que le robinet du milieu donne de l'eau ou de la vapeur ; le robinet du bas, toujours de l'eau ; et celui du haut, toujours de la vapeur.

Ces robinets ont d'ailleurs leurs trous de prise situés sur une même verticale, et le plan longitudinal de chacun d'eux est incliné de 45° par rapport à cette ligne. Ou encore ces plans sont maintenus verticaux, et ce sont les trous précités qui se trouvent placés sur une ligne oblique par rapport à l'horizon. Avec l'une ou l'autre de ces dispositions, le fluide déversé par un des robinets ne peut pas tomber sur le robinet inférieur.

Dans tous les cas, la fixation du boisseau de chaque robinet avec les

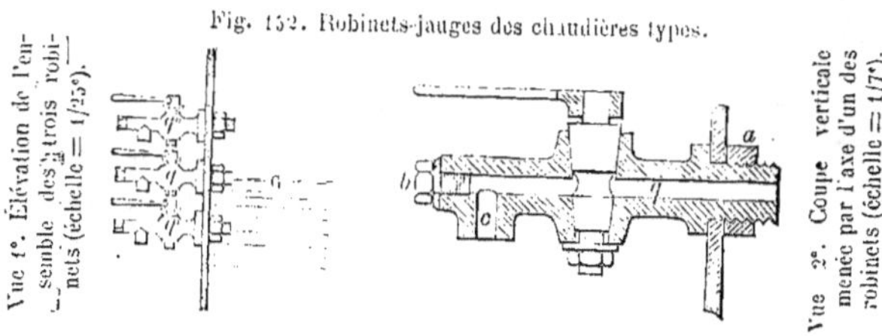

Fig. 152. Robinets-jauges des chaudières types.

parois du générateur s'opère au moyen de l'écrou a, *fig.* 152, *vue* 2°. En outre, ce boisseau porte à son extrémité extérieure un bouton à vis b, à travers le trou duquel on peut passer un dégorgeoir pour dégager le conduit q s'il vient à être obstrué par un morceau de sel. Les becs c des robinets débouchent généralement dans un tuyau à trois embranchements, qui conduit l'eau sur le parquet de chauffe. On évite ainsi de brûler les chauffeurs et de mouiller les chaudières.

Précautions relatives aux tubes de niveau et aux robinets-jauges. — Ces organes ont besoin d'être purgés de temps à autre pour maintenir libres leurs communications avec la chaudière. — En cas d'ébullition, il faut faire cesser momentanément ce phénomène (n° 74₂), pour connaître exactement la hauteur du niveau. — Si l'eau remplit le tube jusqu'en haut, il faut s'assurer que les robinets des armatures ne sont pas fermés, puis purger le tube alternativement par le robinet du haut et par celui du bas ; on reconnaîtra ainsi lequel des deux est bouché, et on le dégagera. — On opère de la même manière quand le niveau est immobile dans le tube.

Régulateur d'alimentation. — Ce régulateur est représenté par la *fig.* 153. — Il comporte une boîte en bronze A, munie d'un clapet s,

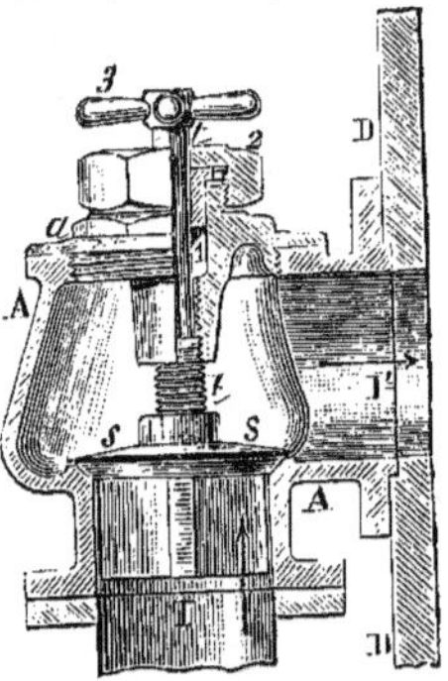

Fig. 153. Régulateur d'alimentation : type de la marine militaire. Coupe verticale avec élévation du clapet et mi-élévation du couvercle (échelle = 1/7°).

et communiquant avec la chaudière par la tubulure I', qui lui sert de moyen de fixation sur la paroi D du générateur. La boîte A communique par le dessous de son clapet, avec une des branches I du tuyau d'alimentation. Elle est fermée par un couvercle taraudé a, dans lequel passe la tige t dont l'extrémité sert de butoir au clapet. Cette tige se visse dans la partie inférieure très-allongée du couvercle a, et traverse, dans le haut de ce couvercle, une boîte à étoupe 1, dont le chapeau annulaire est serré par un écrou 2. — Enfin, la tige t est terminée par un petit croisillon 3 qui sert à la manœuvrer.

Dans la position de la figure, l'alimentation est fermée ; mais si l'on dévisse la tige t, son extrémité remonte et permet au clapet une certaine levée ; l'eau d'alimentation pénètre alors dans la chaudière en quantité plus ou moins grande, suivant la levée du clapet. — Le régulateur d'alimentation au petit cheval est en tout semblable à celui que nous venons de décrire.

N° 63₄ Des trous d'homme et des trous de sel de chaudière. — Les trous d'homme permettent de pénétrer dans la chaudière. Leur forme est ovale, et ils sont bouchés au moyen d'une *auto-clave*.

Les trous de sel sont destinés à retirer le sel qui s'agglomère dans le fond des générateurs et se colle le long des parois des lames d'eau. Leur forme est rectangulaire, triangulaire à angles arrondis, ou ovale, et ils sont pareillement fermés par des autoclaves.

Autoclaves. — On appelle ainsi toute plaque A, *fig.* 154, destinée

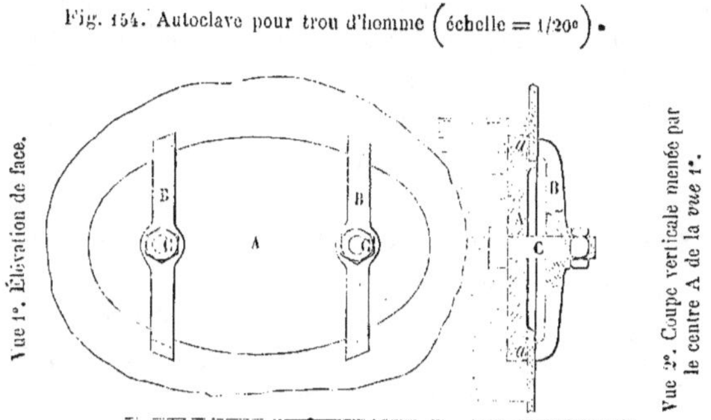

Fig. 154. Autoclave pour trou d'homme $\left(\text{échelle} = 1/20^e\right)$.

à boucher, de *dedans en dehors*, une ouverture pratiquée dans les parois d'un récipient. Pour les trous d'hommes, le trou a ses bords renforcés par une collerette mise d'ordinaire du côté de l'intérieur de la chaudière et que fixent des rivets à têtes fraisées. Cette collerette forme même souvent cornière circulaire s'emboîtant dans le trou et le débordant extérieurement. — Dans tous les cas, la forme du trou permet de passer l'autoclave de can. Une fois cette pièce introduite, on la redresse ; et elle vient s'appliquer sur la paroi par un rebord *a* ménagé sur tout son contour. Ce rebord est garni d'une tresse en chanvre frottée de mastic à la céruse (n° 59₂). Enfin, le tout est tenu par des boulons C, C et des traverses en fer B, B venant s'appuyer par leurs extrémités contre la paroi où est percé le trou à boucher. — Quand l'autoclave est de petites dimensions, on remplace les deux pièces B, B par une espèce de trépied ou griffe unique traversée à son centre par un boulon.

N° 63₃ Robineterie. — La *fig.* 155 représente un robinet. On y distingue les parties suivantes :

1° La *noix* A. Elle consiste en un tronc de cône, tantôt plein, à l'exception d'une *fente* ou *œil* qui le traverse de part en part ; tantôt entièrement creux, et percé dans son épaisseur d'une seule fente ou de plusieurs, suivant que son fond est débouché ou fermé. Dans tous les cas, la noix est terminée par un carré *a*, sur lequel on peut emmancher une clef pour la manœuvrer.

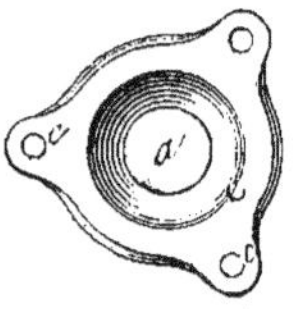

Fig. 155. Robinet à trois fins.

Vue 1ᵉ. Plan.

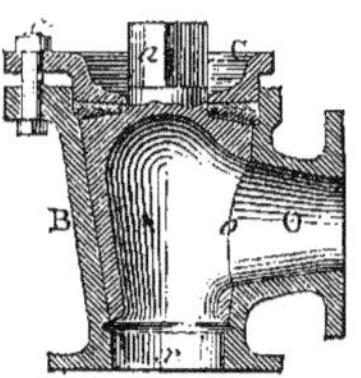

Vue 2ᵉ. Coupe verticale.

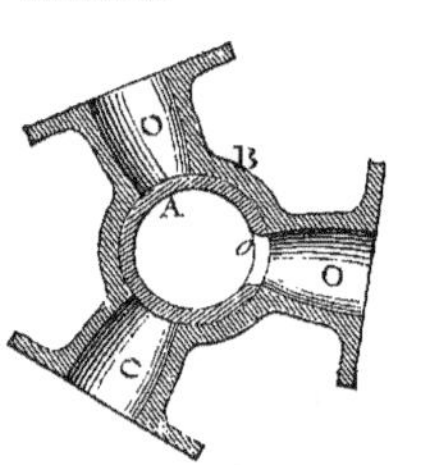

Vue 3ᵉ. Coupe horizontale menée par les axes des tubulures O.

2° La *boîte ou boisseau* B. C'est un tronc de cône creux portant plusieurs tubulures O, O..., qu'on met à volonté en communication avec la noix, en faisant tourner celle-ci autour de son axe.

3° Le *chapeau* C. C'est une espèce de couvercle formant presse-étoupe, et se fixant au boisseau à l'aide de boulons *c*, *c*..., passés dans des oreilles ménagées sur le chapeau et sur le boisseau.

— Le jeu de tout robinet est très-facile à comprendre. Si l'on tourne, par exemple, la noix de façon que sa fente *o* se trouve vis-à-vis d'une des tubulures O du boisseau, il est évident qu'il y a une communication d'établie entre cette ouverture et le trou *x* du pied du robinet. Lorsque, au contraire, la fente *o* est placée vis-à-vis des parties pleines du boisseau, il cesse d'y avoir aucune communication entre l'intérieur de la noix et une des tubulures, et le robinet se trouve fermé. — On voit donc qu'en tournant convenablement la noix, on peut à volonté faire correspondre entre elles un certain nombre d'ouvertures du boisseau prises deux à deux. On dit alors qu'un robinet est à une, deux ou trois *eaux* ou *fins*, suivant le nombre des communications distinctes que l'on est à même d'établir par sa manœuvre. — Ainsi, le robinet de la *fig.* 155 est à *trois fins*, parce qu'on peut mettre successivement les trois trous O en communication avec l'ouverture *x*. — On fait toujours, sur le carré de la noix, des traits indiquant la ou les diverses fentes de celle-ci.

Les robinets sont toujours en bronze ainsi que leur boisseau, afin de résister à l'oxydation et de conserver leur poli.

Prises d'eau. — Les *prises d'eau* sont les orifices percés dans la coque du bâtiment pour mettre en communication avec la mer les condenseurs, les petits chevaux, les chaudières, les robinets de chauffeur, etc.

A bord des bâtiments en fer, chacun de ces orifices est tout bonnement formé d'une série de petits trous percés dans la tôle du bordage sur toute la surface d'un cercle plus ou moins étendu, et autour duquel on boulonne, en interposant une savate annulaire, la bride d'un robinet de sûreté. — Mais, à bord des navires en bois, les prises d'eau sont des trous A, *fig.* 156, perforés dans toute l'épaisseur de la muraille, à travers des remplissages fixés dans les mailles de la coque. Elles ont d'ailleurs la forme de troncs de cône dont la grande base est à l'extérieur du navire. Tout l'intérieur de ce trou est garni d'une couche de brai sur laquelle on met une enveloppe de feutre. Par-dessus cette enveloppe, on place un fourreau de plomb. L'extrémité extérieure de ce fourreau porte un rebord qui vient se noyer dans l'épaisseur du bordé, et son extrémité intérieure est rabattue en collerette sur le vaigrage. Enfin, un cône de bronze B est enfilé en dedans de toutes ces garnitures. Ce cône possède à sa grande base, une bride dont on a soin de garnir le dessous de minium, et qui vient aussi se noyer dans le bordé par-dessus le collet du fourreau en plomb. — On fixe cette bride à l'aide de vis I,I..; et l'on calfate tout autour d'elle. Mais préalablement on met en place le raccord en bronze C, dont la partie inférieure forme un écrou qui vient se visser sur l'extrémité intérieure du cône B, filetée à cet effet. Sous la bride de ce raccord, on loge une rondelle en feutre après en avoir recouvert le dessus d'une couche de minium en pâte. Puis, on visse le raccord C, jusqu'à refus.

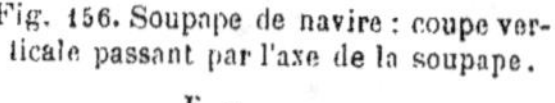

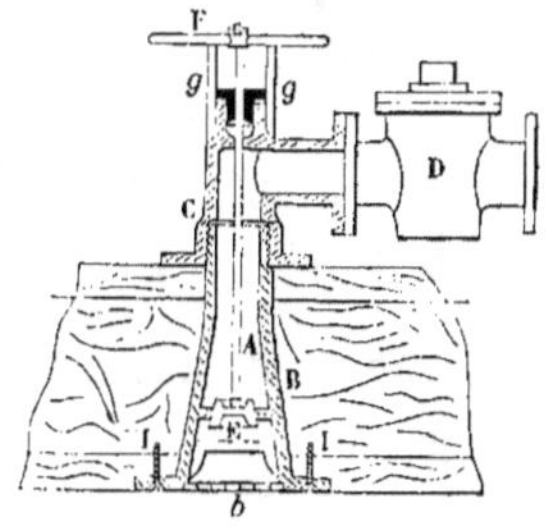

Fig. 156. Soupape de navire : coupe verticale passant par l'axe de la soupape.

Les prises d'eau des coques en bois sont en général complétées par un grillage extérieur *b*, destiné à prévenir l'introduction des herbages ou coquillages. Les tuyaux d'extraction, et en général tous les débouchés à la mer, sont privés de ce grillage, afin de ne pas arrêter les morceaux de dépôt quand ils sont chassés des chaudières.

Précautions à prendre pour empêcher les voies d'eau

par les trous des prises. — Pour empêcher les voies d'eau par les trous des prises, le raccord de ces prises, au lieu de se joindre immédiatement avec le tuyau qu'elles sont destinées à desservir, le fait par l'intermédiaire d'un fort robinet D, *fig.* 156, dit *de sûreté* ou *obturateur*. — On emploie aussi des soupapes dans le genre de la soupape *Kingston* E, *fig.* 156, logée dans le manchon en bronze de la prise d'eau, et ayant son siége venu de coulée avec ce manchon. Cette soupape se ferme de dehors en dedans, et se trouve appliquée contre son siége par la pression de l'eau. Pour la manœuvrer, il existe une tige F qui traverse le raccord C dans un presse-étoupe, et est terminée par une poignée double. On ferme la soupape en tirant sur sa tige, et l'on maintient celle-ci en l'air au moyen de deux montants g,g, qui s'appuient contre les deux branches de la poignée. On ouvre, au contraire, la soupape en laissant tomber les montants g, g, et en poussant fortement sur la tige F.

CHAP. V, § 2. — DES APPAREILS ALIMENTAIRES ET D'ÉPUISEMENT
DE CALE.

**N° 64. — 1. Description d'une pompe alimentaire démonstrative. —
2. Des pompes de cale. — 3. Injecteur Giffard : manière de s'en servir.**

N° 64₁ Description d'une pompe alimentaire démonstrative. — Les pompes alimentaires sont destinées à refouler dans les chaudières de l'eau, pour remplacer celle qui s'en va en vapeur et qui se dépense par les extractions (n° 72₂) et aussi par les fuites. Cette eau est prise à la bâche, afin de bénéficier de ce qu'elle est ainsi déjà chaude.

Toutes les pompes alimentaires employées en navigation sont aspirantes et foulantes à simple effet, et présentent dans le jeu et dans l'agencement de leurs divers organes une entière similitude. La *fig.* 157 représente une des dispositions de ces pompes. Voici la légende de cette figure :

P₂   corps de pompe en fonte, revêtu intérieurement d'une chemise en bronze.
P   *piston plongeur :* cylindre creux en bronze, pénétrant dans le corps de pompe à travers le presse-étoupe *a*. Ce piston ne porte que sur son presse-étoupe, et joue dans le corps de pompe sans en toucher les parois. Il est d'ailleurs terminé

    par un fort boulon en fer qui y est vissé et qui s'attelle au bras conducteur attenant à une des tiges du grand piston.

b   tuyau de communication de la pompe alimentaire avec la boîte à clapets C.

C   boîte à clapets, dite aussi *boîte alimentaire*, fixée le long de la bâche B*a*.

d, e clapet d'aspiration et clapet de refoulement.

f   *clapet de trop-plein.* Ce clapet est maintenu sur son siége par un ressort *r* formé de plusieurs lames élastiques. Ces lames sont enfilées sur la tige de la soupape

Fig. 157. Pompe alimentaire démonstrative : coupe verticale.

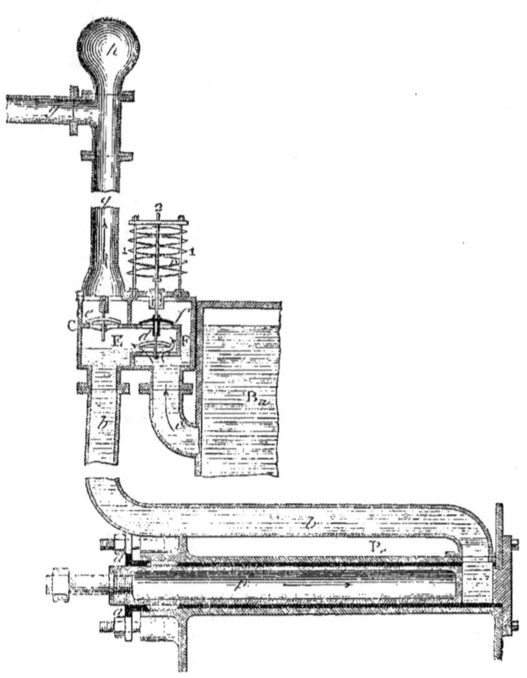

et dirigées par des montants 1,1. De plus, la plus basse d'entre elles repose sur un épaulement de ladite tige, et la plus haute est retenue par une traverse 2. La tension des ressorts est calculée de façon qu'ils cèdent sous une pression qui doit être un peu supérieure à la tension effective maximum aux chaudières.

c   tuyau d'aspiration à la bâche de la pompe alimentaire. — Dans les machines sans condensation, ce tuyau prend son eau à la mer.

F   conduit de communication du trop-plein avec le tuyau *c*.

g   tuyau de refoulement aux chaudières de la pompe alimentaire.

h   *réservoir d'air* placé sur le tuyau *g*, pour régulariser l'écoulement de l'eau refoulée aux chaudières, et prévenir les chocs de cette eau dans le tuyau *g*.

Voici comment fonctionne cette pompe :

Chaque fois que le piston p sort du corps de pompe, il se forme le vide dans la partie E de la boîte à clapets, et il y a *aspiration*. L'eau de la bâche se précipite dans cette partie à travers le tuyau c et soulève le clapet d. En même temps, le clapet e se referme sous l'effort de la pression des chaudières. — Au contraire, quand le piston s'enfonce dans le corps de pompe, il *refoule* l'eau qui remplit l'espace E. Cette eau soulève le clapet e, et se rend aux chaudières par le tuyau g. — Pendant le refoulement, le clapet d reste collé sur son siége.

Lorsque le *régulateur alimentaire* (n° 63₃), situé à l'extrémité du tuyau g contre le générateur, se trouve fermé totalement, ou en partie comme cela a généralement lieu en marche, l'eau refoulée ne peut plus arriver du tout aux chaudières où il n'y en entre qu'une portion. Cette eau ou cette portion presse alors avec force contre la soupape de trop-plein f; et le ressort de celle-ci cédant, le liquide trouve une issue libre qui lui permet de retourner à la bâche par le conduit F et le tuyau c.

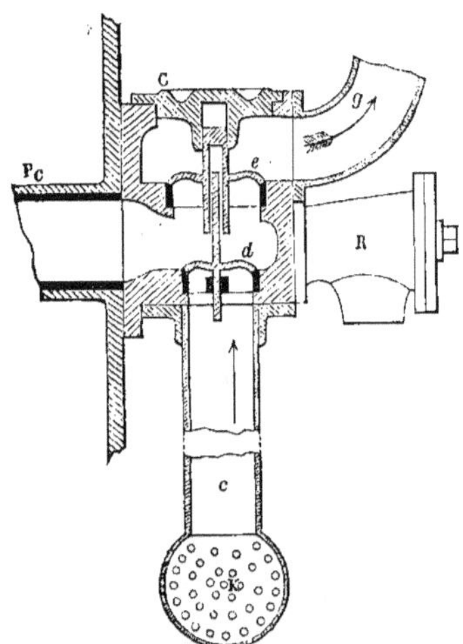

Fig. 158. Boîte à clapet d'une pompe de cale : coupe verticale menée par l'axe de la boîte.

N° 64₂ Des pompes de cale. — Les pompes de cale sont destinées à faire vider par la machine elle-même l'eau qui tend à s'accumuler dans le fond du navire. Le plus souvent aujourd'hui, elles ont leur corps Pc, *fig*. 158, et leur piston en tout semblables à ceux des pompes alimentaires. Mais leur boîte à clapets C ne renferme que deux soupapes : l'une d d'aspiration, l'autre e de refoulement. — D'autre part, le tuyau d'aspiration c plonge à fond de cale au moyen d'une crépine K, qui empêche les saletés de pénétrer dans la boîte à clapets. De son côté, le tuyau de refoulement g va percer la muraille du navire et porte un robinet obturateur.

Les renvois de mouvement du piston de la pompe de cale sont

quelquefois installés avec une déclanche, afin qu'on soit libre d'annihiler le jeu de cette pompe lorsque la cale est asséchée. Mais, le plus souvent aujourd'hui, on emploie dans ce but un robinet d'*air* R, qu'on ouvre quand on désire que la pompe de cale fonctionne à sec. L'air aspiré et refoulé à travers le robinet empêche les clapets de battre sur leur siége.

Nᵒ 64. Injecteur Giffard. —*L'injecteur Giffard* est un appareil d'alimentation ou d'épuisement qui fonctionne au moyen de vapeur prise à la chaudière et qu'on introduit directement dans l'injecteur. Cet appareil sert, en marine, à remplacer les pompes alimentaires et de cale. La *fig.* 159 représente un injecteur Giffard pour alimentation. Voici la légende succincte de cette figure :

A   corps de l'instrument.
A′   tubulure du tuyau de vapeur communiquant avec la chaudière.
B   tuyère pour l'injection de la vapeur, formant le prolongement du conduit A′.
b   aiguille réglant l'injection de vapeur; cette aiguille se manœuvre au moyen de la

Fig. 159. Injecteur Giffard pour alimentation (échelle = 1/15ᵉ pour un débit de un litre par minute).

Vue 1ᵒ. Coupe longitudinale.   Vue 2ᵒ. Coupe suivant XX de la *vue* 1ᵒ.

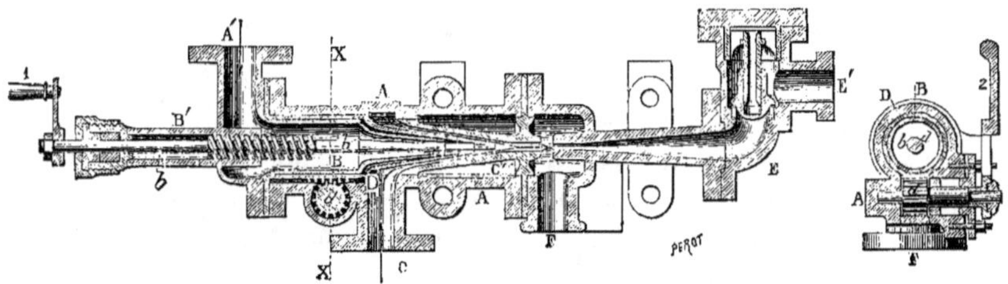

     poignée 1 ; elle est munie d'un filet de vis à pas rapide qui se taraude dans le fond d'un ajutage B′ que traverse la tige.
C   tubulure du tuyau d'aspiration de l'instrument dans le réservoir d'eau d'alimentation.
C′   tuyère formant le prolongement du tuyau d'aspiration, pour amener l'eau autour de la vapeur que débite la tuyère B.
D   tuyère supplémentaire formant enveloppe sur la tuyère de vapeur B, et ajustée à frottement sur cette dernière.
d   petit pignon logé dans une cavité ménagée dans l'instrument, et engrenant avec les dents d'une crémaillère pratiquée sur la tuyère extérieure D. Ce pignon est mû de l'extérieur au moyen de la poignée 2.
E   tube divergent, muni de son clapet de retenue, et aboutissant à la chaudière par le conduit E′.
F   tuyau de trop-plein du giffard.

Fonctionnement de l'appareil. — La vapeur qui arrive par le conduit A′, et dont le débit par la tuyère B est réglé par la tige b, entraîne l'air qui se trouve entre les deux tuyères C′ et D et produit une aspiration dans le tuyau C. L'eau d'alimentation monte par ce tuyau, entoure la vapeur qu'elle condense, et reçoit de cette vapeur une certaine vitesse en vertu de laquelle la veine liquide se projette dans le tube divergent E, puis va battre la soupape de retenue du conduit E′ et pénètre dans la chaudière.

Manière de se servir de l'injecteur Giffard. — On commence par ouvrir en partie, avec la poignée 2, la section annulaire entre C′ et D, par laquelle doit passer l'eau d'alimentation; puis on abaisse la pointe b jusqu'au fond de la tuyère B. Cela fait, il faut ouvrir le robinet placé sur le tuyau de vapeur qui vient se raccorder en A′, et faire tourner lentement la poignée 1 jusqu'à ce que l'on entende un bruit strident. A ce moment l'instrument est amorcé et fonctionne. On augmente ou on diminue la quantité d'eau introduite dans la chaudière, en manœuvrant simultanément les poignées 1 et 2. Si, lorsque, après avoir fonctionné, l'instrument crache, il faut le réamorcer.

N° 65. — 1. Des pompes dites à 4 fins. — 2. Des petits chevaux.

N° 65₁ Des pompes dites à quatre fins. — Les pompes *à quatre fins* servent à achever le plein des chaudières qui ont leur niveau au-dessus de la flottaison, à alimenter pendant les arrêts, à vider la cale et enfin à faire puiser de l'eau à la mer pour le lavage du bâtiment ou en cas d'incendie.

Les *pompes à quatre fins* sont des pompes aspirantes et foulantes comprenant deux corps fonctionnant chacun à simple effet. On en voit sur la *fig.* 160 un spécimen dont voici la légende :

A,A   corps de pompe en bronze.
B,B   pistons de pompe.
C,C   bielles motrices articulées sur le piston.
c,c   guides des pistons. Ils sont implantés perpendiculairement à ces derniers et passent dans des douilles attenantes à la partie supérieure de chaque corps de pompe.
D   balancier auquel viennent s'atteler les deux bielles C,C. Il se meut soit à bras, à l'aide de la tringle d qui est commandée par une brimbale, soit par la machine elle-même ou le petit cheval au moyen de la tringle d' qui s'y attelle.
a,a   clapets d'aspiration, ayant pour butoirs les petites anses 1,1.

b,b clapets de refoulement.

E   *réservoir d'air*, pour régulariser l'écoulement de l'eau et éviter les coups de bélier.

e   trou de visite.

F   tuyau allant aboutir à la mer

G   tuyau muni d'un robinet, et communiquant avec la partie inférieure des chaudières.

H   tuyau terminé par une crépine et allant aboutir à fond de cale. Ce tuyau s'embranche sur le précédent et est muni d'un robinet.

I   tuyau muni d'un robinet, partant du réservoir d'air E et montant sur le pont.

z   robinet de la pompe, maintenu dans son boisseau au moyen de la bride 2 et de la vis 3, et commandé par la poignée 4. Il est à deux fins. — Lorsqu'il est placé comme sur la *vue* 1°, il fait communiquer le canal x et la chambre des clapets

Fig. 160. Pompe à quatre fins.

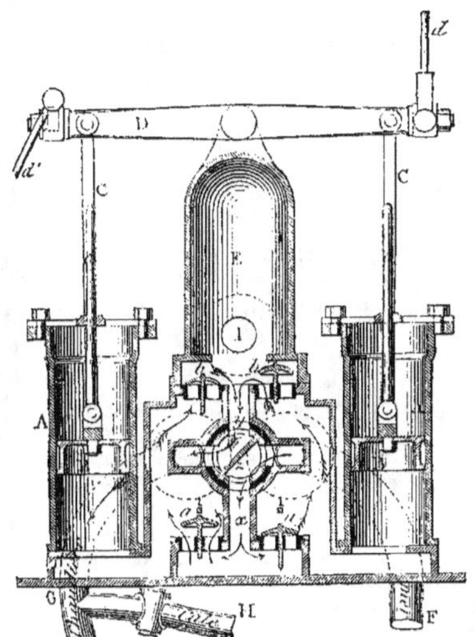

Vue 1°. Coupe verticale passant par les axes des deux corps de pompe.

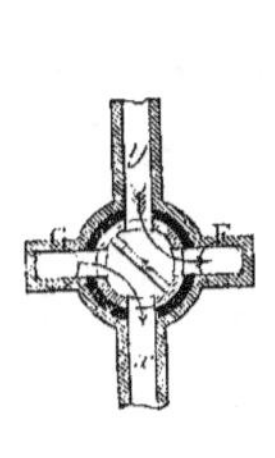

Vue 3°. Autre position que sur la *vue* 1°, occupée par le robinet de la pompe dans son boisseau.

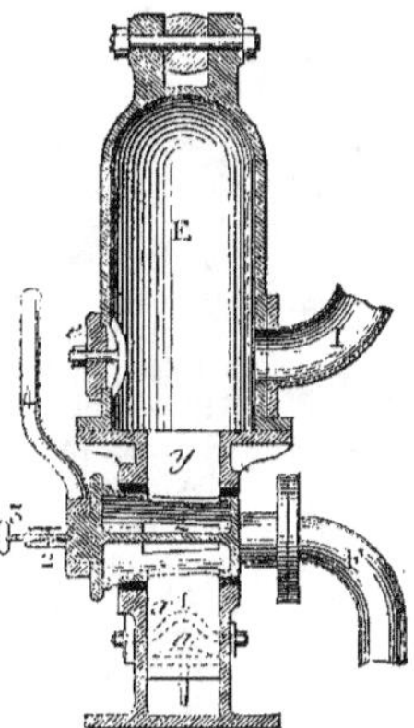

Vue 2°. Coupe menée suivant Ex de la *vue* 1°.

d'aspiration avec le tuyau F de la mer. En même temps, la chambre des clapets de refoulement communique avec le tuyau du pont I, ou, par le canal y, avec le tuyau G des chaudières. — Lorsque le robinet de la pompe est placé comme sur la *vue* 3°, il fait communiquer, par le canal x, la chambre des clapets d'aspiration avec le tuyau G des chaudières ou avec celui de cale H. En même temps, la chambre des clapets de refoulement communique avec le tuyau I, ou, par le conduit y, avec le tuyau F de la mer.

La pompe dont il s'agit peut remplir les *quatre offices suivants* :

I. *Prendre de l'eau à la mer et en alimenter les chaudières. Le* robinet z est placé comme sur la *vue* 1°, les robinets des tuyaux F et G sont ouverts et ceux des autres fermés.

II. *Prendre de l'eau à la mer et la refouler sur le pont.* Comme ci-dessus, le robinet du tuyau I est ouvert et celui du tuyau G fermé.

III. *Vider l'eau des chaudières et la refouler à la mer ou sur le pont.* Le robinet z est placé comme sur la *vue* 5°, et on ouvre les robinets particuliers des tuyaux G et F ou I.

IV. *Rejeter l'eau de la cale à la mer ou sur le pont.* Comme en III, mais en ouvrant le robinet du tuyau H au lieu de celui du tuyau G.

N° 65₂ Des petits chevaux. — On appelle en général *petit cheval*, toute petite machine à vapeur auxiliaire, d'ordinaire *sans condensation*, destinée à mouvoir une pompe alimentaire indépendante du grand appareil.

La *fig.* 161 représente le *petit cheval type* de la marine militaire. Voici la légende de cette figure :

C	cylindre à vapeur du petit cheval, surmonté d'un robinet graisseur 1.
P,T	piston à vapeur et tige de piston du petit cheval.
V	tuyau d'arrivée de vapeur pouvant communiquer avec toutes les chaudières.
O	boîte de distribution, munie d'un robinet purgeur 2.
D,Q	tiroir en coquille et tige de ce tiroir.
E	conduit et tuyau d'évacuation allant déboucher dans la cheminée des chaudières.
U	cadre en fonte venu de coulée avec la pièce p et tenu par une clavette y avec la tige T.
A	arbre de volant en fer. Cet arbre porte une manivelle M sur laquelle agit le cadre U, par l'intermédiaire d'un coulisseau en bronze g.
x	volant pour régulariser le mouvement de rotation.
e, q	excentrique et tige d'excentrique du tiroir.
m	poignée mobile permettant de manœuvrer à bras la pompe du petit cheval, après avoir préalablement ouvert toutes les purges du cylindre.
P$_e$	pompe du petit cheval, aspirante et foulante à simple effet.
p	piston plongeur de la pompe précédente.
n,n,f	bâtis et plaque de fondation du petit cheval.
a, r	robinets à 3 fins, faisant communiquer les trois tuyaux qui viennent y aboutir avec la boîte du clapet d'aspiration ou avec celle du clapet de refoulement.
a'	clapet d'aspiration.
r'	clapet de refoulement.

L'inscription de sa destination le long de chacun des tuyaux de notre figure nous dispense de donner aucune explication sur leur fonction. Elle montre clairement qu'on peut, avec le petit cheval qui nous occupe, effectuer les quatre opérations distinctes que voici :

1° *Alimenter les chaudières avec l'eau de la mer.*

2° *Vider les chaudières et en jeter l'eau à la mer*, soit par la prise d'eau du petit cheval, soit par le tuyau qui monte sur le pont.

3° *Pomper l'eau de la mer pour l'envoyer sur le pont*, lors du lavage ou en cas d'incendie.

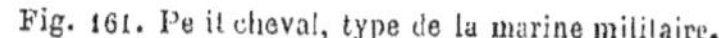

Fig. 161. Petit cheval, type de la marine militaire.

Vue 1. Coupe verticale menée suivant Vp de la vue 2.

Vue 2. Élévation de face.

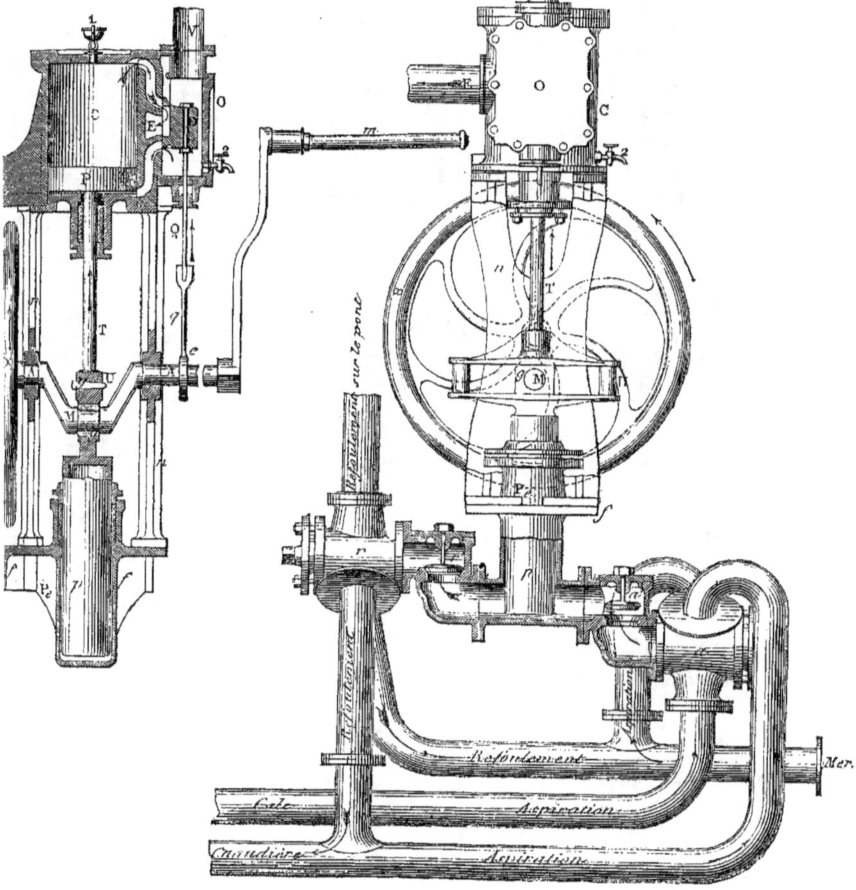

4° *Vider l'eau de la cale et la rejeter dehors*, soit par la prise d'eau du petit cheval, soit par le tuyau qui monte sur le pont.

Boîte à clapets et réservoir d'air actuels des petits chevaux. — La *fig.* 161 *bis* représente la modification apportée aux boîtes à clapets des petits chevaux. Voici la légende de cette figure :

Fig. 161 *bis*. Boîte à clapets et réservoir d'air actuels des petits chevaux.

Vue 1°. Coupe longitudinale suivant XX de la *vue* 2°.

Vue 2°. Coupe transversale suivant YY de la *vue* 1°.

A   tuyau d'aspiration. Ce tuyau a deux embranchements munis de robinets ; l'un prend à la mer, et l'autre à la cale.

A'   conduit de communication de la boîte à clapets avec la pompe.

a   clapet d'aspiration.

B   tuyau de refoulement placé au bas du réservoir R. Ce tuyau a deux embranchements munis de robinets ; l'un aboutit aux chaudières et l'autre sur le pont.

b   clapet de refoulement.

c   clapet de trop-plein, chargé par le ressort en hélice 1.

n   partie de bâtis du petit cheval.

P_a   partie du corps de pompe du petit cheval.

R   réservoir d'air.

La boîte à clapets actuelle des petits chevaux est exactement disposée comme celle des pompes alimentaires (n° 64₁), et fonctionne de la même manière.

CHAPITRE VI.

Chap. VI, § 1ᵉʳ. — Des combustibles.

Nº 66. — 1. Principaux éléments d'un combustible. Des combustibles employés dans la marine. Du bois. — 2. Diverses espèces de houilles. Houilles proprement dites. — 3. Anthracite. Lignite. Agglomérés. — 4. Tableau des éléments des principaux combustibles.

Nº 66₁ Principaux éléments d'un combustible. — Dans tout combustible, on doit considérer cinq éléments, savoir : le *pouvoir calorifique* ; le *pouvoir vaporisateur* ; la *capacité d'air* ; la *densité* et le *poids à l'encombrement*.

Pouvoir calorifique d'un combustible. — Le *pouvoir calorifique* d'un combustible est la quantité totale de chaleur que chaque kilogramme de ce combustible produit en brûlant complétement. On l'évalue en *calories*.

Pouvoir vaporisateur d'un combustible. — Le *pouvoir vaporisateur* d'un combustible est la quantité d'eau prise à 0° qui peut être transformée en vapeur par la combustion d'un kilogramme de ce combustible.

Capacité d'air d'un combustible. — La quantité d'air nécessaire pour brûler un kilogramme d'un combustible quelconque, constitue la *capacité d'air* de ce combustible.

Densité et poids à l'encombrement d'un combustible. — La *densité* d'un combustible est le rapport du poids d'un certain volume de ce combustible à l'état compacte, c'est-à-dire abstraction faite des intervalles vides qui existent entre ses morceaux, au poids d'un égal volume d'eau.

Le *poids à l'encombrement* d'un combustible est le poids d'un certain volume, tel qu'un hectolitre ou un mètre cube de ce combustible, en tenant compte des intervalles vides qui se trouvent entre ses fragments.

Des combustibles employés dans la marine. — Les combustibles employés dans la navigation à vapeur sont :

1° Le bois, exceptionnellement ;
2° Les combustibles minéraux naturels ou charbons de terre ;
3° Les charbons agglomérés.

Du bois. — Le bois ne s'emploie que très-rarement, et à défaut de charbon de terre.

N° 66₂ Diverses espèces de houilles. — *On donne en général le nom de houilles ou de charbons de terre aux amas de combustibles enfouis dans le sein de la terre.* Ce sont des matières noires, brillantes, compactes, et pouvant se réduire en une poussière d'une couleur plus ou moins brune.

Les houilles se divisent en :
1° *Houille proprement dite* ou *charbon bitumineux ;*
2° *Anthracite* ou *charbon de pierre ;*
3° *Lignite* ou *bois pétrifié.*

Houille proprement dite. — *La houille proprement dite,* ou *charbon bitumineux,* a une couleur noire très-brillante ; sa cassure est généralement lamelleuse. Elle renferme une certaine quantité de *bitume,* qui lui donne la propriété de tacher les doigts et rend sa flamme éclairante.

Diverses variétés de la houille proprement dite. — Les *houilles proprement dites* se divisent en trois variétés, savoir :

Les houilles *grasses.*
Les houilles *dures* ou *compactes.*
Les houilles *maigres* ou *sèches.*

I. *Les houilles grasses* offrent à l'œil une couleur noire très-brillante, ont un aspect gras bien marqué et tachent beaucoup les doigts.

Elles s'allument facilement, brûlent avec une flamme blanche et produisent une chaleur vive ; elles se fondent et s'agglutinent sous l'action de la combustion, mais donnent peu d'escarbilles. — Les houilles grasses ne sont pas bonnes à employer seules, parce qu'elles exigent l'emploi fréquent du rouable pour détruire leur adhérence. — Voici les noms des principales houilles grasses :

Loire (très-grasse) ; *Roche-la-Molière* (demi-grasse) ; *Lalle, Saint-Étienne, Rive-de-Gier, Grand-Combe, Portes-et-Sénéchas, Trelys* et *Bessége* (grasse et demi-grasse) ; *Graissessac* (demi-grasse) ; *Commentry, Anzin, Newcastle*, etc.

II. Les houilles *dures* ou *compactes* résistent à la division de leurs fragments plus que les autres variétés ; leur couleur est d'un gris très-foncé, et elles ont une cassure en lames ou en grains réguliers. Elles brûlent facilement en donnant une flamme blanche assez longue, et dégagent une fumée plus noire que les houilles grasses, mais moins abondante ; elles font peu d'escarbilles. — Ces houilles sont très-bonnes pour le chauffage des chaudières. On les trouve notamment à *Alais* et à *Rive-de-Gier*.

III. Les houilles *maigres* ou *sèches* ont un éclat moins brillant que celui des houilles grasses ; leur couleur varie du brun foncé au gris de fer ; elles tachent peu les doigts et sont très-friables. Elles contiennent moins de bitume que les houilles grasses ; elles brûlent avec une flamme bleuâtre, souvent courte, quelquefois longue ; elles dégagent moins de fumée que les deux autres variétés précédentes ; elles donnent d'ailleurs beaucoup d'escarbilles.

Ces houilles sont assez avantageuses pour le chauffage des chaudières à vapeur. Elles se rencontrent à *Blanzy* et au *Creuzot*.

N° 66₃ Anthracite. — L'*anthracite* est compacte et grisâtre ; il ne salit pas les doigts parce qu'il renferme très-peu de matières bitumineuses.

L'anthracite brûle difficilement et presque sans fumée. Sa flamme, quand elle est bien activée, est rouge et brillante, sinon elle est faible. Il donne peu d'escarbilles. — C'est un très-bon charbon pour le chauffage des chaudières ; mais il doit être brûlé par petites couches et avec un tirage actif. — On le trouve abondamment en France, mais surtout en Amérique.

Lignite. — Le *lignite* a une couleur noirâtre, souvent brune, une apparence ligneuse et une cassure inégale. — Les lignites brûlent avec une flamme claire et dégagent souvent une fumée abondante accompagnée d'une odeur âcre. C'est un charbon médiocre pour les chaudières, parce qu'il a un pouvoir calorifique très-faible.

On trouve de bons lignites dans les départements du *Var*, de *Vaucluse*, de la *Somme*, et notamment dans les *Bouches-du-Rhône*, à *Rocher-Bleu*.

Agglomérés ou briquettes. — Les *briquettes* sont des charbons de toute provenance qui ont été broyés, lavés, puis agglomérés à l'aide de goudron. La pâte est soumise, dans des moules appropriés, à une pression considérable, qui rend les briquettes compactes et résistantes.

— En principe, on a confectionné des briquettes pour utiliser les menus. Actuellement, les briquettes forment la presque totalité des approvisionnements de nos ports. Elles ont sur le charbon naturel l'avantage d'avoir été débarrassées des matières terreuses que ces derniers contiennent ; elles forment, par suite, un meilleur combustible.

N° 66, Tableau des éléments des principaux combustibles. — Les valeurs moyennes de ces éléments sont résumés dans le tableau suivant :

DÉSIGNATION.	PARTIES COMBUSTIBLES		POUVOIR calorifique.	CAPACITÉ. d'air.	DENSITÉ.	POIDS à l'encombrement.
	Hydrogène.	Carbone.				
			calories	mèt. cubes		kil. à l'hect.
Bois.	0,04	0,40	3.000	3,3	1,35 à 0,38	52 à 22
Houilles { grasses	»	»	8.200	»	»	»
dures.	»	»	8.500	»	»	»
maigres. . . .	»	»	7.200	»	»	»
Moyenne des houilles.	0,05	0,84	7.500	8,8	1,33	80
Anthracite	0,03	0,90	8.600	9,0	1,40	88
Lignite.	0,05	0,69	5.800	7,5	1,30	85
Agglomérés	0,05	0,85	8.000	8,9	1,33	82

Le pouvoir vaporisateur pratique des briquettes d'*Anzin*, qui constituent un des meilleurs combustibles, a été trouvé à la chaudière d'essai de 8^{kg},5. On estime que le pouvoir vaporisateur pratique de la houille moyenne, dans les chaudières des bâtiments, est de 8 kilogrammes.

Chap. VI, § 2. — Conduite des foyers et des chaudières.

N° 67. — 1. Placement du combustible sur les grilles : cas où l'on doit mouiller le combustible. — 2. Allumage. — 3. Épaisseur de la couche de combustible. — 4. Entretien du chauffage pendant la marche : manière de charger les grilles. — 5. Activer et ralentir les feux ; rester sur les feux. — 6. Dispositions à prendre pour chauffer avec du bois. — 7. Soins à donner aux cheminées et à leurs haubans. — 8. Feu dans la cheminée.

N° 67₁ Placement du combustible sur les grilles. — On ne procède d'habitude au chargement des fourneaux qu'après avoir fait le plein (n° 69₁). Les grilles ont d'ailleurs été préalablement nettoyées et les barreaux remis en place. — Afin d'accélérer l'allumage, et toutes les fois que la chose est praticable, on a recours, pour le premier chargement des fourneaux, à du charbon gras, comme plus facile à enflammer (n° 66₂). Dans tous les cas, le combustible est concassé en morceaux de la grosseur du poing.

Tous ces dispositions prises, le chargement se fait en jetant le charbon avec la pelle, en commençant par le fond, et en le répartissant uniformément sur toute la surface des grilles. La hauteur de cette première couche varie entre 10 et 12 centimètres, suivant la qualité du charbon. Elle doit être un peu au-dessous du point où on l'entretient une fois les feux en train ; car elle s'augmente pendant l'allumage (n° 67₂). — La naissance de la grille est dégagée sur une longueur de 15 à 20 centimètres, sur laquelle on place quelques morceaux de bois disposés en grille et supportés par des pierres de charbon en guise de chenets. Au-dessous de ces morceaux, on place des corps inflammables, tels que copeaux, menues branches, vieilles étoupes ayant servi à l'essuyage de la machine, etc. Enfin, par-dessus le bois, on forme une petite voûte de charbon.

Cas où l'on doit mouiller le combustible. — Cette opération doit se faire lorsque le charbon est trop menu, comme celui qu'on retire du fond des soutes. Car, sans cela, le combustible passerait entre les barreaux de grille, et de plus il serait entraîné par le tirage. — Le mouillage du charbon menu s'effectue de façon à obtenir une espèce de mortier épais, que l'on jette sur de la houille déjà allumée. On arrive ainsi à pouvoir brûler le poussier le plus fin. Mais sa combustion donne en résumé peu de chaleur ; car l'eau qui a servi au mouillage se vaporise et absorbe une certaine quantité de calorique.

Aussi doit-on, en principe, tenir le charbon à l'abri de tout humectage inutile.

N° 67₂ Allumage. — Quelques instants avant le moment probable de l'allumage, on a dû prendre les précautions suivantes :

Enlever le capot de la cheminée. Ouvrir son registre, si elle en est munie. Donner du mou à ses haubans, pour qu'ils ne raidissent pas outre mesure par l'effet de la dilatation, et mettre en place des palans de roulis. Ouvrir les soupapes de sûreté pour donner issue à l'air contenu dans la chambre à vapeur. Enfin, décoller les soupapes d'arrêt pour qu'elles ne se trouvent pas coincées quand on sera sous pression.

Ces dispositions étant prises, on ferme les portes des cendriers et on présente une lampe devant les matières inflammables mises (n° 67₁) à l'entrée de chaque fourneau. Puis, on tient entr'ouvertes les portes de foyer. On attend ainsi que tout le tas de bois se soit affaissé en brûlant, et que le charbon placé dessus soit allumé. On met alors sur ce dernier, à la main ou à la pelle, quelques morceaux de combustible frais que l'on renouvelle de temps à autre en poussant légèrement vers le fond celui qui est allumé ; et on entr'ouvre les portes des cendriers, mais sans fermer complètement celles des fourneaux. Au bout de quelques instants, on a sur le devant de chaque grille une bonne masse de charbon incandescent. On repousse alors ce charbon sur l'arrière, au moyen du rouable, et en ramenant cet outil on mélange le charbon allumé avec celui qui ne l'est pas encore. On ferme alors les portes des fourneaux, et l'on ouvre en grand celles des cendriers.

Dès ce moment la combustion prend son allure normale. Puis, au bout de quelque temps de chauffage, la vaporisation (n° 21₁) s'établit. L'air contenu dans la chaudière est bientôt expulsé, ce dont on s'aperçoit à la légère colonne de vapeur qui commence à se montrer par le tuyau d'échappement, ou à sortir par les robinets-jauges manœuvrés à cette intention. A ce moment on laisse retomber les soupapes de sûreté. En continuant ensuite à charger légèrement les fourneaux, la pression s'élève et ne tarde pas à atteindre sa valeur de régime. Puis, si l'on ne doit pas marcher immédiatement, on se met dans les conditions énoncées au n° 67₃ pour ralentir les feux. — Le temps nécessaire pour obtenir la pression vaut, dans les circonstances ordinaires, de 1 h. à 1 h. 1/4 pour les grands bâtiments, et 1 h. 1/2 pour les petits, car le tirage y est en général moins bon. Mais, en cas de presse, on peut ne mettre que 3/4 d'heure, en tenant le niveau bas et en se résignant à courir le risque de fatiguer le générateur par l'activité du chauffage.

Dans les chaudières à haute pression, fonctionnant avec un tirage forcé obtenu au moyen d'un jet de vapeur lancé dans la cheminée, l'allumage est d'abord très-lent. Mais, dès que la tension aux chaudières a dépassé 1 atmosphère, on fait manœuvrer le jet de vapeur, et les feux se développent presque subitement.

N° 67₃ Épaisseur de la couche de combustible. — Les charbons exigent d'être brûlés dans des conditions différentes suivant leur espèce (n° 66₂ et ₃). — En principe, l'écartement des barreaux et l'épaisseur de la couche de combustible doivent être combinés de façon que l'air appelé par le tirage traverse la houille d'autant moins rapidement qu'elle est plus grasse, afin qu'il ait le temps de se combiner avec les gaz qu'il doit brûler.

Avec l'amalgame habituel (1/2 de gras et 1/2 de maigre), l'épaisseur de la couche ne doit pas dépasser 12 à 15 *cm.*, suivant l'activité des feux ; et l'écartement réglementaire des barreaux (14 *mill.*) se trouve convenable.

Mais si l'on n'avait que de la houille *grasse* à brûler, la couche devrait être portée à une hauteur de 15 *cm.*; et l'écartement des barreaux devrait atteindre 16 à 18 *mill.*

Avec les charbons maigres, on ne doit guère dépasser 12 *cm.* pour l'épaisseur de la couche de combustible ; et l'espacement le plus convenable à donner aux barreaux est 12 *mill.*

Enfin avec de l'anthracite seul, il faut employer un écartement des barreaux de 10 *mill.* ; concasser le charbon en morceaux au plus de la grosseur d'un œuf; donner 15 *cm.* d'épaisseur à la couche, et employer un tirage *actif.* Si le tirage n'est pas suffisant, il faut diminuer la couche de combustible.

N° 67₄ Entretien du chauffage pendant la marche : manière de charger les grilles. — La machine étant en marche et les fourneaux en pleine activité, voici les principales règles à observer pour la bonne conduite des feux :

Ne recharger les foyers, surtout ceux qui appartiennent au même corps de chaudière, que fourneau par fourneau, et effectuer l'opération rapidement, afin de restreindre les rentrées d'air froid (n° 68₄). — Ne recharger chaque foyer que quand l'épaisseur de la couche est descendue aux 3/4 de sa valeur normale. Préparer près du fourneau, la quantité de charbon frais nécessaire pour la charge, et le concasser en morceaux de la grosseur du poing.

Tout étant ainsi disposé, on procède au chargement du fourneau de la manière suivante : Fermer la porte du cendrier et ouvrir celle du fourneau ; commencer par égaliser la couche de charbon qui reste sur la grille, soit avec la pelle, soit avec le rouable ; puis, jeter deux ou trois pelletées de charbon frais sur l'avant pour diminuer le rayonnement ; cela fait, effectuer la charge en commençant par le fond, et en étendant bien uniformément le charbon. Dégager ensuite la naissance de la grille, pour qu'elle laisse passer de l'air, puis fermer le fourneau. Cette opération terminée, il faut ouvrir le cendrier et le nettoyer : car les escarbilles échauffent l'air et font diminuer le tirage. Les escarbilles doivent être séparées des cendres et remises dans le fourneau.

Quand les feux sont paresseux, il faut, avant d'effectuer la charge, donner un coup de rouable tout en égalisant la couche de charbon, puis rouvrir le cendrier en refermant le fourneau, et attendre que le feu soit bien repris.

Le bon fonctionnement d'un fourneau se manifeste toujours par une clarté vive et uniforme projetée dans le cendrier. Si ce dernier est obscur, il faut passer le crochet, et au besoin, donner un coup de lance pour détacher le mâchefer, que l'on retire avec le rouable, en attendant que l'on puisse décrasser le fourneau.

N° 67₅ Activer les feux. — On active les feux pour produire une plus grande quantité de vapeur. Pour cela il faut : Dégager les passages d'air entre les barreaux de grille au moyen du crochet ou de la lance. — S'assurer si la couche de charbon est régulière, et l'égaliser s'il y a lieu. — Recharger les fourneaux qui en ont besoin. — Ouvrir en grand les portes de cendrier, si elles ne le sont pas déjà. — S'abstenir de brûler les escarbilles et d'ouvrir inutilement les portes de fourneau.

Il y a d'ailleurs encore moyen d'augmenter le tirage par l'action de manches à vent et l'installation sur le pont de voiles ou de masques, ayant pour effet d'envoyer une grande quantité d'air dans la chambre de chauffe. Enfin, faire usage du tirage forcé si l'installation existe.

Dans tous les cas, il faut augmenter progressivement l'épaisseur de la couche de charbon sur la grille, en même temps que le tirage.

Ralentir les feux. — Pour ralentir les feux, afin de produire moins de vapeur, on devra, tout en tenant les fourneaux dans un état de chauffage convenable, prendre les dispositions suivantes : Fermer en partie ou en totalité les portes de cendrier. En faire autant pour le registre de la cheminée s'il en existe. — Brûler les escarbilles. — Alimenter avec le petit cheval. — Pratiquer de fortes extractions si c'est nécessaire, et décrasser successivement tous les fourneaux qui en ont besoin. — Enfin, ouvrir les portes de foyer si la production de vapeur est encore trop abondante.

S'il s'agit de faire tomber la pression dans le plus bref délai, ouvrir légèrement les soupapes de sûreté, et en dernier ressort, les portes des boîtes à tubes.

Rester sur les feux. — Rester sur les feux, c'est se mettre dans les conditions de la plus faible production de vapeur possible, lorsque, par exemple, la machine étant stoppée, on veut se tenir prêt à partir promptement. — Pour un arrêt de moins d'une heure, il suffit d'observer les prescriptions précédentes, et, de plus, de fermer les extractions, les alimentations et les soupapes d'arrêt, dès qu'on a stoppé. — Mais aussitôt qu'on reçoit l'ordre de rester sur les feux pour plus longtemps, on exécute, outre ces dernières fermetures, les diverses manœuvres que voici :

Fermer les portes de cendrier. Ouvrir les portes de fourneau et attirer sur le devant des grilles tout le charbon qui les recouvre. — Si la pression monte trop, ouvrir légèrement les soupapes de sûreté, et dépenser utilement l'excédant de vapeur en alimentations et extractions successives. — Dès qu'on est maître de la pression, fermer les portes de foyer. — Au surplus, profiter de la circonstance pour nettoyer les fourneaux qui en ont besoin, visiter et mettre les grilles en bon état, et ramoner les tubes si c'est nécessaire.

N° 67$_6$ Dispositions à prendre pour chauffer avec du bois. — À encombrement égal, la puissance calorifique du bois n'est que le 1/5 environ de celle du charbon (n° 66$_4$). Pour produire la même quantité de vapeur dans le même temps, les fourneaux devraient donc recevoir un volume de bois 5 fois plus grand que celui de la houille qu'ils contiennent ordinairement. — Or ceci ne devient possible qu'en abaissant le plan de grilles d'au moins 50 *cm*. Mais le volume du cendrier se trouverait réduit à 1/6, et deviendrait insuffisant pour fournir la quantité d'air nécessaire à la combustion. Néanmoins, on parvient à fournir à la combustion la quantité d'air nécessaire, en ajoutant à chaque porte de fourneau, devenue trop petite par suite de l'abaissement des grilles, une tôle dans laquelle on ménage des trous d'air en quantité suffisante pour compenser la réduction trop grande de l'orifice des cendriers. De plus, on augmente la surface totale des intervalles des grilles par l'enlèvement d'un barreau sur deux, mais en ayant la précaution de remplir l'intervalle des talons avec des morceaux de briques.

N° 67₇ Soins à donner aux cheminées et à leurs haubans. — Les soins à donner aux cheminées consistent en un ramonage fréquent, une solide tenue au moyen de leurs haubans et le renouvellement de leur peinture extérieure.

Le ramonage peut se faire de plusieurs manières, selon que les feux sont *éteints* ou *en activité*.

Dans le premier cas, il est indispensable, pour éviter tout accident, de ne commencer l'opération que lorsque les courants de flamme sont suffisamment refroidis. — On fait alors descendre, dans l'intérieur de la cheminée, au moyen d'un cartahu frappé sur une pantoire allant d'un mât à l'autre, un homme muni d'un balai avec lequel il frotte toute la paroi intérieure. — On aura dû préalablement fermer les portes de cendrier, pour éviter que l'homme ne soit enveloppé d'un nuage de suie entraîné par le courant d'air. — Ce ramonage devra s'effectuer avant celui des tubes, pour ne pas avoir à revenir ensuite à ces derniers.

Le ramonage de la cheminée en marche ne s'entreprend que dans une longue traversée. Voici comment on y procède : on suspend à un cartahu, venant à l'aplomb de la cheminée, une couronne circulaire en tôle, d'un diamètre inférieur de 10^{cm} au moins à celui de ce conduit. On y fixe, dans le sens des rayons, de vieux balais qui débordent de façon que le tout entre juste dans la cheminée. Puis, on attache au centre de la couronne un poids suffisant pour forcer tout le système à descendre. On affale alors cet appareil jusqu'au bas de la cheminée, et on le remonte jusqu'au haut. On répète l'opération plusieurs fois si c'est nécessaire.

Les cheminées à télescope doivent toujours être hissées quand on les ramone. Ajoutons que les cheminées des générateurs à haute pression, où le tirage s'effectue à l'aide d'un jet de vapeur, n'ont que très-rarement besoin d'être nettoyées.

— La tenue des cheminées se fait (n° 62₄) par des haubans en fer munis chacun d'une vis de ridage, qu'on doit avoir soin de graisser fréquemment. Il faut leur *donner du mou avant l'allumage* à cause de la dilatation de la cheminée, et les raidir tous également quand les feux ont pris leur activité normale; on en fait de même pour les palans de roulis.

Avec les cheminées dites *à télescope* ou *à rabattement*, on doit encore avoir soin de tenir toujours en bon état de fonctionnement et de graissage les mécanismes particuliers affectés à leur manœuvre.

— Quant à la peinture extérieure, il n'y a qu'à l'entretenir de manière à éviter l'oxydation des tôles.

N⁰ 67₈ Feu dans la cheminée. — Il arrive parfois, avec un tirage très-actif et un charbon à longue flamme, que la suie en ignition est projetée sur le pont et que les tôles de la cheminée viennent même à rougir. — Quand cet accident se présente, il faut immédiatement rabattre le capot et fermer momentanément les portes de cendrier. Une fois les choses remises en état, il faut marcher avec un tirage plus modéré. — Lorsqu'on dispose d'un jet de vapeur dans la cheminée, il suffit de le faire fonctionner activement pour voir disparaître aussitôt la circonstance qui nous occupe.

N⁰ 68. — 1. Décrassage des fourneaux et des grilles; enlèvement des cendres et du mâchefer. — 2. Ramonage des tubes pendant la marche. — 3. Extinction des feux. — 4. Précautions générales à prendre pour restreindre les rentrées d'air froid dans les chaudières.

N⁰ 68₁ Décrassage des fourneaux et des grilles; enlèvement des cendres et du mâchefer. — L'encrassement plus ou moins prompt des fourneaux dépend uniquement de la qualité du charbon, et il est produit par les matières incombustibles que le charbon renferme. Un fourneau a besoin d'être décrassé quand le cendrier est obscur et que l'on a de la difficulté à passer le crochet. — En service courant et avec le tirage naturel, chaque fourneau est décrassé toutes les huit heures. L'opération dont il s'agit devra être conduite le plus activement possible, et ne pas être effectuée simultanément dans plusieurs fourneaux à la fois, surtout appartenant à un même corps.

Cela compris, ne commencer le décrassage du fourneau que l'on a en vue, que lorsqu'il ne reste plus sur les grilles qu'une couche de coke mince, mais uniforme. — En attendant, préparer les outils de chauffe, le seau ou la manche d'extinction des feux, et écarter de la devanture des chaudières le charbon qui pourrait s'y trouver. — Dès qu'on est prêt, fermer la porte du cendrier, ouvrir celle du foyer, et ramener, au moyen de la lance, tout le charbon d'un seul côté du fourneau. — Décoller aussitôt les scories de la partie libre des grilles en faisant pénétrer la lance entre elles et les barreaux, à partir de la sole jusqu'à l'autel. Puis rejeter ces matières sur le parquet au moyen du rouable. — Les faire arroser immédiatement par un chauffeur muni du seau ou de la manche d'extinction, et qui, du reste, doit avoir soin de n'opérer que lorsque celui qui décrasse est retiré de quelques pas, de façon à ne pas être atteint par la vapeur mélangée de cendres chaudes qui se dégage des escarbilles arrosées. — Repousser ensuite le coke sur l'endroit des grilles que l'on vient de nettoyer, et le couvrir de quelques pelletées de charbon frais. — Recommencer la même opération sur l'autre moitié des grilles, et y ramener ensuite une partie du charbon allumé. — Rouvrir la porte du cendrier, recharger toute la surface des grilles d'une couche mince, que l'on complète aussitôt qu'elle est enflammée.

Une fois le décrassage complétement terminé, on se hâte de débarrasser le cendrier des cendres et débris de mâchefer tombés pendant l'opération. Puis, on les éteint aussitôt, en observant de mouiller le moins possible les tôles de la devanture des chaudières. — Toutes ces escarbilles sont ensuite enlevées dans des seaux *ad hoc*, pour être jetées à la mer.

N° 68₂ Ramonage des tubes pendant la marche. — Les tubes sont engorgés par la suie ; et celle-ci est d'autant plus abondante que le charbon renferme plus de bitume. Les houilles grasses ou fumeuses exigent un ramonage tous les deux jours environ ; et les charbons maigres et anthraciteux, tous les quatre jours seulement. Le ramonage des tubes entraîne une réduction notable dans la production de vapeur, sans compter les autres inconvénients inhérents aux rentrées d'air froid (n° 68₄). Aussi, ne doit-il être opéré dans une chaudière qu'après avoir mis les autres dans le meilleur état d'activité. On ne doit d'ailleurs ramoner à la fois qu'une série de tubes correspondante à un fourneau, et après avoir laissé tomber un peu les feux.

Avant le ramonage, on devra prendre les dispositions suivantes : Installer, au moyen de seaux à escarbilles et d'une planche, un échafaudage pour mettre l'homme qui ramone à une hauteur convenable. — Se munir de tous les outils nécessaires : écouvillons avec brosse en fil de fer ou en fil de laiton, raclettes à long manche et avec lame circulaire, balais, etc. — Tenir à portée une baille pleine d'eau pour y rafraîchir les écouvillons en crin si l'on s'en sert.

Cela fait, clore le cendrier correspondant à la série des tubes qu'on va entreprendre. Maintenir le fourneau fermé, à moins que, les feux n'étant pas assez tombés, on craigne que la flamme ne sorte des tubes. — Ouvrir la porte de la boîte à tubes, et commencer le ramonage par les rangées supérieures de ceux-ci en passant vivement l'écouvillon dans chaque tube. — Détacher ensuite la suie qui recouvre la paroi de la boîte à fumée, et retirer le tout avant de fermer la porte de cette boîte. — Aussitôt après, recharger légèrement le fourneau, rouvrir le cendrier, et continuer successivement le ramonage foyer par foyer. — Enfin, mouiller un peu la suie extraite et l'envoyer jeter à la mer. — Lorsque l'installation Rowland existe, le ramonage s'effectue beaucoup plus rapidement : il suffit de diriger successivement le jet de vapeur dans chaque tube, en commençant par les rangées supérieures.

N° 68₃ Extinction des feux. — En arrivant au mouillage, on n'éteint les feux que lorsqu'ils sont tombés à moitié, et après avoir alimenté au petit cheval et extrait fortement pour déconcentrer l'eau des chaudières. Cela fait, on se prépare à l'extinction des feux de la manière suivante, que complète une partie ou la totalité des précautions indiquées aux n°ˢ 67₅ (à la fin), 69₃ et 75₄ : Rentrer dans les soutes le charbon qui recouvre les plaques de parquet. — Préparer les manches d'extinction des feux, ou à défaut, des petits seaux. — Tenir à portée les outils de chauffe. — Les hommes doivent se donner la main deux à deux : l'un pour retirer les feux et l'autre pour les arroser.

Toutes ces dispositions étant prises, les extractions continues, les alimentations, les soupapes d'arrêt et les portes de cendrier et de boîte à tubes sont fermées; les portes de foyer sont au contraire ouvertes. Et aussitôt le premier des deux chauffeurs précédents attire à lui, au moyen du rouable, tout le charbon qui recouvre chaque grille, le fait tomber devant le cendrier et se retire ensuite de quelques pas, pour ne pas être brûlé par la vapeur que produit l'arrosage pratiqué par l'autre chauffeur. — Puis, quand il a retiré tout le charbon non adhérent sur les grilles, il décolle avec la lance et le crochet les scories, et les rejette hors des fourneaux au moyen du rouable. Il ne reste plus alors qu'à vider les cendriers, et à mettre en tas tous les résidus après les avoir convenablement arrosés. — Pour restreindre les rentrées d'air froid (n° 68₄), on doit maintenir fermées, aussitôt après l'extinction, les portes de cendrier et de foyer. — Dans le même but et pour éviter aussi que l'eau de la pluie n'arrive dans les boîtes à fumée, il faut mettre en place le capot de la cheminée.

N° 68₄ Précautions générales à prendre pour restreindre

les rentrées d'air froid dans les chaudières. — L'air froid qui s'introduit dans les courants de flamme à la suite de l'ouverture des portes de fourneau, et surtout de celles de boîte à fumée, amène un ralentissement dans la production de vapeur. D'autre part, elle expose les tôles de l'intérieur des chaudières à un changement brusque de température, d'où peuvent résulter des gerçures et des fendillements. Pour éviter ces inconvénients, il faut effectuer le plus rapidement possible les diverses opérations relatives à l'entretien des feux, au chargement, au décrassage et à l'extinction des feux, et enfin au ramonage des tubes. — N'agir pour chaque corps que sur un fourneau ou une boîte à fumée à la fois ; et même, s'il y a moyen, n'entreprendre les divers corps de chaudière que les uns après les autres. — Ouvrir le moins possible les portes de foyer et de boîte à fumée, et fermer hermétiquement les portes de cendrier toutes les fois qu'on n'a besoin d'aucun tirage.

N° 69. — 1. Faire le plein des chaudières. — 2. Conserver le niveau constant. — 3. Précautions relatives à l'alimentation soit en marche, soit quand on va stopper ou qu'on a déjà stoppé. — 4. Particularités relatives aux générateurs Belleville — 5. Abaissement notable du niveau de l'eau des chaudières ; mesures à prendre.

N° 69₁ Faire le plein des chaudières. — *Faire le plein des chaudières*, c'est y introduire, avant l'allumage, une quantité d'eau telle que le niveau atteigne le milieu du tube-indicateur, ce qui correspond à une couche d'eau de 15ᶜᵐ à 20ᶜᵐ au-dessus des surfaces de chauffe les plus élevées. De plus, on doit savoir qu'il est bon, en principe, d'appareiller avec de forts niveaux, afin de ne pas avoir à se préoccuper, dans une certaine mesure, de l'alimentation par les petits chevaux pendant les arrêts ou stoppages qui se produisent toujours dans les départs. Mais, quand on est pressé et qu'on veut avoir vite de la pression, il est nécessaire (n° 67₂) de ne remplir le générateur que jusqu'à 5 à 6ᶜᵐ au-dessus des tubes.

Quoi qu'il en soit, pour faire le plein simultanément dans tous les corps de chaudière qui doivent fonctionner, on ouvre les robinets de prise d'eau des petits chevaux, ainsi que les régulateurs d'alimentation correspondants. — Les soupapes de sûreté sont ouvertes en même temps que les prises d'eau, afin d'éviter à l'intérieur des chaudières la compression de l'air, ce qui entraverait l'introduction de l'eau. On tient également ouverts les robinets et les tubes-jauges jusqu'à ce qu'ils donnent de l'eau. — Enfin, on ferme les régulateurs d'alimentation lorsque les appareils précédents indiquent que le niveau a atteint la hauteur voulue. — Quand on est pressé, on allume les feux, tout en achevant le plein, dès que l'eau a recouvert les surfaces de chauffe.

Il arrive souvent que le niveau normal du générateur est au-dessus de la flottaison. En pareille occurrence, le plein ne peut se compléter par la communication des chaudières avec l'extérieur. On le termine alors soit par la pompe à bras, soit par le petit cheval, lorsqu'il est disposé pour marcher à la main. — Dans le cas qui nous occupe, ou si la prise d'eau est obstruée, on s'assure que l'eau cesse d'entrer dans la chaudière en fermant la soupape de sûreté, et on présente la main ou une lumière devant les robinets-jauges. S'il en sort un petit courant d'air, on est certain que l'eau monte encore. — Si, par manque d'attention, on a laissé monter trop haut le niveau d'une chaudière, on le ramène à sa position normale, en renvoyant l'eau en excès dans la cale au moyen du robinet de vidange. — Lorsque les prises d'eau sont obstruées, ou que le navire étant échoué, on veut être prêt à partir dès qu'il flottera, ou enfin si l'on n'a à sa disposition ni petit cheval ni pompe à quatre fins, on fait le plein ou on le complète par le trou d'homme avec une pompe à incendie.

N° 69₂ Conserver le niveau constant. — On doit s'efforcer de maintenir le niveau d'eau à la hauteur constante indiquée par le milieu du tube indicateur (n° 63₅).

Cela est important pour la sécurité, le bon fonctionnement du générateur et la meilleure utilisation du combustible. Dans ce but, on proportionne l'ouverture des régulateurs alimentaires à la consommation d'eau qui est faite dans la chaudière par l'extraction, la vaporisation et quelquefois par les fuites. D'autre part, lorsqu'on doit faire des extractions à la main, il faut prendre pour le niveau les précautions indiquées au n° 72₂.

Lorsqu'il y a du roulis, on se règle sur la hauteur moyenne du niveau vu dans le tube. Lorsqu'il y a de la bande, le niveau vu dans le tube doit être plus élevé pour les chaudières au vent, et, au contraire, plus bas pour les chaudières sous le vent.

N° 69₃ Précautions relatives à l'alimentation soit en marche, soit lorsqu'on va stopper ou qu'on l'est déjà. — Ce que nous venons de dire dans l'article précédent, répond en partie à la présente question. — Nous ajouterons qu'il faut s'assurer fréquemment du bon fonctionnement des appareils de niveau (n° 63₅).

De plus, si, par suite d'avarie, l'alimentation devenait insuffisante par les pompes alimentaires, on y suppléerait en faisant fonctionner les petits chevaux, et en fermant un peu les régulateurs alimentaires des autres corps de chaudière. Si, malgré cela, le niveau ne se maintenait pas encore, il y aurait certainement une fuite ; et, en cas de presse, on pourrait continuer à fonctionner en fermant l'extraction continue, qui se trouverait ainsi remplacée par la fuite. — Enfin, si, nonobstant toutes ces précautions, le niveau baissait toujours, il faudrait marcher avec une pression plus faible, et finalement mettre bas les feux de la chaudière considérée.

Avant un arrêt prévu de la machine, on doit forcer l'alimentation de manière à tenir le niveau élevé. Aussitôt que l'on stoppe, on doit fermer les extractions et les régulateurs alimentaires. Si le niveau vient à trop baisser pendant le stoppage, par le fait d'échappement de vapeur à travers les soupapes de sûreté, on le ramène à un bon point avec les petits chevaux. — Enfin, lorsqu'on arrive au mouillage, on s'arrange de façon à avoir un niveau élevé. Puis, dès qu'on a jeté l'ancre, on fait une bonne extraction suivie d'une forte alimentation, ou l'on exécute ces deux opérations d'une façon modérée et successive (n° 73$_4$).

N° 69$_4$ Particularités relatives aux générateurs Belleville. — Les chaudières *Belleville* sont destinées à fonctionner à l'eau douce, et par suite à alimenter, en marine, des machines avec condensation par surface. Néanmoins, on peut être appelé à fonctionner dans certain cas, soit avec de l'eau saumâtre, soit même avec de l'eau salée. En fonctionnement normal, l'alimentation ne doit jamais être fermée, parce que ces chaudières contiennent très-peu d'eau. Si l'on veut de la vapeur saturée, il faut tenir un niveau moyen ; pour avoir de la vapeur sèche, il faut tenir un niveau plus bas, ce qui s'obtient en chargeant un peu plus le contre-poids du flotteur qui est dans le cylindre-niveau, ou en diminuant l'ouverture du robinet d'alimentation. Si l'on veut de la vapeur humide, c'est-à-dire entraînant de l'eau dans l'épurateur, il faut, au contraire, décharger un peu le contre-poids du régulateur d'alimentation ou augmenter l'ouverture de ce régulateur. — Pendant les arrêts, on alimente avec le giffard ou le petit cheval. On fait d'ailleurs fonctionner cette alimentation pendant la marche, si la pompe alimentaire de la machine ne fonctionne pas bien.

Lorsqu'il s'agit de réparer les pertes d'alimentation, on affecte généralement une seule chaudière à cette opération, qui est alors alimentée

directement par le petit cheval, et on tient le niveau très-élevé. Grâce
à ce niveau élevé, la vapeur entraîne de l'eau dans l'épurateur, et cette
eau est ensuite rejetée à la mer. A cause de la circulation rapide de
l'eau dans les tubes, le sel n'a pas le temps de devenir adhérent, et
l'eau l'emporte dans l'épurateur. La hauteur du niveau à maintenir
dans la chaudière est réglée d'après les indications du salinomètre dans
l'eau prise à l'épurateur ; la concentration de cette eau se maintient
généralement à 5° ; si le degré de salure est plus élevé, les entraînements d'eau ne sont pas suffisants et il faut tenir un niveau plus haut ;
si le degré de salure est plus faible, les entraînements d'eau sont trop
considérables et on peut tenir le niveau plus bas. La vapeur fournie
par cette chaudière va travailler dans les cylindres, puis elle passe du
condenseur dans la bâche à eau douce, et de là dans les réservoirs
destinés à la recueillir. Lorsque ces réservoirs sont pleins, il convient,
si les circonstances le permettent, de supprimer le fonctionnement de
cette chaudière et de la vider complétement. Toutefois, si cette opération ne peut être faite, on se contente de supprimer l'alimentation
au petit cheval, en rétablissant celle de la machine ; le niveau est provisoirement maintenu élevé, jusqu'à ce que la concentration de l'eau
de l'épurateur soit descendue à un degré du salinomètre ; puis ce niveau
est réglé à la même hauteur que dans les autres chaudières.

Dans le cas de fortes fuites par les joints des tubes du condenseur,
on est obligé de tenir le niveau élevé à toutes les chaudières en fonction, afin de faire extraction par l'épurateur dans chacune d'elles.

Lorsqu'on éteint les feux des chaudières Belleville, il est avantageux
de les remplir complétement avec l'alimentation au giffard ou au petit
cheval, et de ne les vider que lorsqu'elles sont suffisamment refroidies.
On évite ainsi les contractions violentes des tubes du haut qui sont
toujours fortement échauffés.

**N° 69₅ Abaissement notable du niveau de l'eau des chau-
dières ; mesures à prendre.** — Si, en marche, on vient à s'apercevoir tout d'un coup que le niveau ne paraît plus dans le tube indicateur et que les robinets-jauges donnent tous de la vapeur, il y a
lieu de craindre que les surfaces de chauffe ne soient découvertes et
rougies par le feu.

En pareille occurrence, on doit bien se garder d'augmenter l'alimentation, avant d'avoir examiné plus amplement l'état des choses ; car une
semblable imprudence pourrait déterminer une explosion fulminante
(n° 96₁). Mais il faut, sans *toucher à rien autre*, commencer par

fermer l'extraction continue et les cendriers, et ouvrir les portes de boîte à fumée. Puis, si l'on n'aperçoit aucune partie rougie ou échauffée, on reste une ou deux minutes en expectative, afin de s'assurer si les tôles ne tendent pas à rougir, ce qui se reconnaît à leur changement de couleur et aux petites crépitations que font entendre, en s'écaillant, les pellicules de dépôt de l'intérieur de la chaudière.

Si cet examen est satisfaisant, on force l'alimentation de manière à ramener le niveau à sa hauteur normale. Puis, dès que le niveau est rétabli, on ferme les boîtes à fumée, on rouvre les cendriers et l'extraction, et l'on active la combustion.

Mais, si dans l'examen précité, on s'aperçoit qu'il y a des tôles rougies ou qui tendent à le faire, il faut immédiatement mettre bas les feux et achever la manœuvre comme il est dit au n° 96₂, quand on est sous le coup d'une explosion fulminante.

N° 70. — 1. Diverses natures d'eau : eau de fleuve et eau de mer. — 2. Définitions de la concentration et de la saturation d'un liquide par rapport à un sel. — 3. Lois de la saturation de l'eau de mer par rapport au chlorure de sodium et au sulfate de chaux.

N° 70₁ Diverses natures d'eau : eau de fleuve et eau de mer. — L'eau *pure* ou *distillée* ne contient aucune matière étrangère soit en dissolution soit en suspension. Il n'en est pas de même de l'eau que l'on prend à la surface de la terre ; cette eau contient toujours, en quantité plus ou moins grande, des substances que l'on nomme *sels*.

En général, les eaux de fleuve contiennent comme substances étrangères du bicarbonate de chaux et des matières terreuses.

— De son côté, au point de vue de la formation des dépôts (n° 70₅), la composition de l'eau de mer, sous une densité de 1,026, peut se résumer ainsi qu'il suit, en nombres ronds :

```
Eau pure . . . . . . . . . . . . . . . . . . . . . . . . .  96ᵍʳ,50
Sel marin ou chlorure de sodium. . . . . . . . . . . . .   2 ,65
Sulfate de chaux. . . . . . . . . . . . . . . . . . . .   0 ,15
Magnésie et autres substances . . . . . . . . . . . . .   0 ,70
                                                         ─────────
                                                         100ᵍʳ,00
```

N° 70₂ Définitions de la concentration et de la saturation d'un liquide par rapport à un sel. — Lorsqu'un sel est en dissolution dans un liquide, on appelle *concentration*, ou vulgairement

salure, le rapport du poids du sel dissous au poids de la dissolution.
— Lorsqu'il y a plusieurs sels en dissolution dans un liquide, il y a
lieu de distinguer la *concentration particulière* par rapport à chaque
sel, et qui est celle que nous venons de définir, d'avec la *concentration totale*, qui s'entend du rapport du poids de *tous les sels ensemble* au poids de la dissolution.

Exemple : On sait que dans 100 *gr.* d'un liquide contenant du sel en
dissolution, il y a 10 *gr.* en tout de ces substances ; la *concentration*
ou *salure totale* sera $\frac{10}{100} = 0,1$. — *Réciproquement*. Sachant qu'une
dissolution saline est concentrée à 0,1, on aura évidemment pour le
poids de sel contenu dans 100 *gr.* de la dissolution, $100^{gr} \times 0,1 = 10$ *gr.*

Si la quantité des matières en dissolution vient à augmenter, soit
par une nouvelle addition des sels, soit par l'évaporation du liquide,
la concentration augmente, et il arrive un moment où le liquide ne
peut plus dissoudre une nouvelle quantité de sel. On dit alors que ce
liquide est *saturé*.

Si à partir de ce moment on vaporise une partie du liquide, le sel
que le liquide vaporisé tenait en dissolution est mis en liberté.

**N° 70₅ Lois de la saturation de l'eau de mer par rapport
au chlorure de sodium et au sulfate de chaux**. — Les dépôts
qui tendent à se former dans les chaudières alimentées avec de l'eau
de mer, sont incrustants ou vaseux.

Les dépôts *incrustants*, c'est-à-dire qui se produisent sous forme de
couches cristallines *adhérentes* aux surfaces de chauffe, peuvent provenir du chlorure de sodium ou sel marin, et du sulfate de chaux.

Les dépôts *vaseux* proviennent de la magnésie et des matières terreuses renfermées dans l'eau de mer.

— D'après l'expérience, la saturation de l'eau de mer par rapport
au *sel marin* n'a lieu que lorsque la concentration totale du liquide
atteint 0,55 en moyenne, et cela quelle que soit la température de
l'eau, et par suite la pression de la vapeur formée.

— Le *sulfate de chaux* est beaucoup moins soluble à chaud qu'à
froid, et d'autant moins soluble que la concentration totale est plus
élevée. L'eau des chaudières concentrée à 0,105 est *saturée* par rapport au sulfate de chaux dès que la température atteint 155° environ,
c'est-à-dire que, dans ces conditions, la totalité des sels de chaux se
sépare de l'eau, et forme des dépôts incrustants ; c'est ce qui explique
pourquoi les chaudières à haute pression, pour lesquelles la tempéra-

ture dépasse 140°, ne peuvent pas être alimentées avec de l'eau de mer.

N° 71₁ Instruments propres à apprécier le degré de concentration de l'eau des chaudières.

— Pour apprécier le degré de concentration de l'eau des chaudières, on se sert de plusieurs sortes d'instruments, qu'on désigne sous le nom générique de *pèse-sels*, de *salinomètres* ou encore de *saluromètres*.

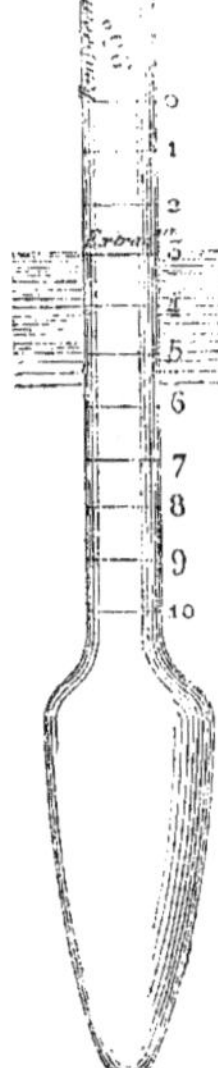

Fig. 162. Pèse-sels réglementaire (échelle = 1/2).

La plupart des pèse-sels sont des flotteurs à poids constant, dont le jeu repose sur le principe d'Archimède (n° 11₁). — Selon la densité et par suite l'épaississement du liquide où ces flotteurs sont plongés, ils s'enfoncent plus ou moins ; et de leur degré d'enfoncement on déduit le point de *concentration* ou de *salure*.

N° 71₂ Pèse-sels réglementaire de la marine française.

— Dans la marine militaire, on fait usage d'un modèle de *pèse-sels* unique et réglementaire, qu'on voit représenté en *fig.* 162 ; il est exécuté en maillechort. Le diamètre de sa tige est fixé à 12 millimètres, ce qui le rend plus maniable et d'une graduation plus facile à lire. Cette graduation est opérée à 95° de température, c'est-à-dire à la température à laquelle se trouve à très-peu près l'eau qui vient d'être extraite de la chaudière, et qu'il s'agit de peser.

Le zéro correspond à l'affleurement de l'instrument dans l'eau distillée ; la division 10 correspond à une concentration de 0,35. Chaque degré du pèse-sels correspond par suite à une concentration de 0,035, qui est précisément la concentration moyenne de l'eau de mer chauffée à 95°.

Dans la marine française, c'est à la division 5 du pèse-sels, laquelle correspond à 0,105 de concentration, qu'il est ordonné de maintenir l'eau des chaudières.

Installations Picot et Bienaymé. — Pour recevoir l'eau des chaudières que l'on doit expérimenter au pèse-sels, on emploie souvent un vase en cuivre ou en fer-blanc composé d'autant de tubes qu'il y a de corps de chaudière. Mais, depuis quelques années, on avait adopté réglementairement dans la marine militaire une installation due à M. *Picot*, qui permettait d'avoir sous les yeux d'une manière *permanente* le degré de concentration de l'eau du générateur.

Elle consiste en un vase appliqué contre chaque corps de chaudière, et dans lequel, grâce à une série d'étranglements disposés sur le parcours du liquide, l'eau du générateur coule continuellement, avec une vitesse très-modérée et sans secousses, autour du pèse-sels plongé dans l'appareil.

Cette installation est aujourd'hui remplacée par celle de M. *Bienaymé*, qui est beaucoup plus simple. Cette dernière consiste en un vase cylindrique au fond duquel débouche un tuyau recourbé en colimaçon et qui amène l'eau de la chaudière.

Nº 71₅ Moyen de construire un pèse-sels à bord. — Dans les cas où en cours de campagne on se trouverait complétement dépourvu des pèse-sels affectés au service des machines, on en construirait un de la manière suivante :

Avec une feuille de cuivre jaune mince, faire un tube, *fig.* 162, de 10 à 15 centimètres de long et de 10 à 12 millimètres de diamètre, le rendre cylindrique autant que possible et polir sa surface extérieure. Puis, ménager à quelques millimètres d'une de ses extrémités une collerette qui servira à le souder sur la base d'un cône, également en cuivre mince, de 25 à 50 millimètres de diamètre et de 6 centimètres de hauteur. L'instrument ainsi préparé sera plongé, avec son extrémité supérieure maintenue ouverte, dans un vase contenant de l'eau distillée à la température de 95°. Par l'ouverture du tube, on laissera tomber à l'intérieur du cône des grains de plomb jusqu'à ce que l'instrument s'enfonce de manière à n'avoir plus que 4 à 5 millimètres hors de l'eau. Si, au lieu d'avoir à faire enfoncer l'appareil, il était au contraire trop lourd, il faudrait confectionner un réservoir plus volumineux. — Dans tous les cas, une fois l'immersion convenable obtenue, on fermera le tube au moyen d'un petit disque ou d'une calotte en cuivre soudée à l'étain avec beaucoup de soin, afin que l'eau n'entre pas.

Une fois l'instrument terminé, on le gradue de la manière suivante :

Plonger l'instrument dans de l'eau distillée, prise au réfrigérant, et chauffée à 95°. Marquer l'affleurement et graver le zéro. — Si l'on n'avait pas de thermomètre marquant 95°, il suffirait de faire bouillir l'eau, de la verser dans une éprouvette et de plonger l'instrument dedans.

En second lieu, comme il serait difficile de faire une concentration très-élevée on se contentera de trouver le chiffre 5 de la graduation. A cet effet, comme ce chiffre doit correspondre à $0,035 \times 5 = 0,175$ de concentration, on fera fondre 175^g de sel dans $1000 - 175 = 825^g$ d'eau distillée. Cette dissolution sera chauffée à 95°, et on plongera l'instrument dedans pour marquer l'affleurement et le chiffre 5. L'intervalle de 0 à 5 sera partagé en 5 parties égales. On pourra, si l'on veut, prolonger les divisions au-dessous, jusqu'à 10.

N° 72. — 1. Dépôts salins dans les chaudières; moyens de les prévenir. — 2. Des extractions : extractions à la main, précautions qu'elles nécessitent; extractions continues. — 3. Des dépôts graisseux dans les chaudières. Appareils à dégraisser l'eau d'alimentation.

N° 72₁ Dépôts salins dans les chaudières; moyens de les prévenir. — Avec la concentration de 0,105, correspondant à 3° du pèse-sels, les dépôts salins *incrustants* qui se forment dans les chaudières alimentées à l'eau de mer, sont uniquement dus au sulfate de chaux. Le sel marin ne forme pas de dépôts, parce qu'on reste très-loin de la saturation par rapport à ce sel. — Quant aux dépôts vaseux, ils n'ont pas d'adhérence.

Les dépôts salins rendent les tôles moins bonnes conductrices de la chaleur, et ils exposent ces tôles à être brûlées. Enfin ils peuvent devenir la cause d'une explosion fulminante (n° 96₁).

On prévient la formation des dépôts salins en alimentant avec de l'eau douce, ce qui exige l'emploi d'un condenseur à surface (n° 46₁). Avec l'alimentation à l'eau de mer, on réduit considérablement ces dépôts par les extractions.

N° 72₂ Des extractions. — Les extractions consistent dans le rejet à la mer d'une certaine partie du liquide des chaudières, que l'on remplace par une égale quantité d'eau d'alimentation, et par conséquent à un état de concentration très-inférieur à celui de ce liquide. Elles empêchent l'eau de dépasser un certain épaississement, et préviennent ainsi, au moins en partie, les dépôts dans le générateur par le fait de la *déconcentration* qu'elles produisent (n° 70₂).

Les extractions s'effectuent pendant tout le temps que fonctionne l'appareil, soit d'une manière périodique à des intervalles plus ou moins fréquents, soit d'une manière continue.

Extractions à la main, précautions qu'elles nécessitent.
— Les extractions périodiques, connues aussi sous le nom d'*extractions à la main*, ont lieu par des tuyaux spéciaux. Elles se répètent plus ou moins souvent selon les indications du pèse-sels et habituellement d'heure en heure. Dans les chaudières types de la marine, les extractions à la main n'existent plus que pour la surface du niveau.

Quoi qu'il en soit, quelques instants avant l'extraction à la main, on fait monter le niveau de 6 à 8 *cm.* au-dessus de sa hauteur normale. Pendant ce temps, on aura soin de tenir les fourneaux en bonne activité, et de s'abstenir de décrassage de grilles ainsi que de ramonage de tubes. Il faudra aussi éviter de faire extraction dans plusieurs corps de chaudière à la fois. — Quand le niveau a atteint la hauteur voulue, on ferme l'alimentation et on attend quelques instants pour que la nouvelle eau se soit bien mélangée avec celle de la chaudière. Puis, dès qu'on a une bonne pression, on procède à l'extraction en ouvrant son robinet de sûreté situé en abord et son robinet près de la chaudière. La pression de la vapeur chasse l'eau, et on ferme les robinets précédents dès que le niveau est descendu à 2 ou 3 *cm.* au-dessous de sa hauteur normale.

Il est bon de desserrer légèrement les brides des robinets avant l'extraction ; et pendant toute la durée de l'opération, on doit avoir l'œil sur le tube indicateur. — Avec de grands mouvements de roulis ou une forte bande, on devra laisser baisser le niveau moins que d'habitude au-dessous du milieu du tube indicateur, de crainte d'exposer les surfaces de chauffe à se découvrir. — D'autre part, pour éviter des secousses aux tuyaux et des ébranlements fâcheux à leurs joints, il ne faut pas ouvrir ou fermer brusquement les robinets.

Après l'extraction, on ne devra rétablir le niveau que graduellement, afin que la pression ne tombe pas par une alimentation trop précipitée.

Extractions continues. — L'*extraction continue* s'effectue par un tuyau particulier muni d'un robinet (n° 63₅). Un prolongement intérieur permet de prendre l'eau à extraire soit à la hauteur des ciels de foyer, soit au fond de la chaudière, soit enfin à quelques centimètres au-dessous du niveau normal. Le robinet est maintenu constamment ouvert, et son degré d'ouverture est réglé d'après les indications du pèse-sels.

En pratique, la concentration oscille entre 2°,5 et 3° du pèse-sels. Quand elle atteint 3°, on ouvre un peu plus le robinet d'extraction ;

quand elle descend à 2°,5, on diminue légèrement l'ouverture de ce robinet. — Il est bon de forcer un peu les extractions quand on diminue l'activité des feux, parce qu'il y a en ce moment dans la chaudière une grande quantité de sel en suspension, qu'il faut faire disparaître pour qu'il ne se dépose pas quand la vaporisation devient plus modérée.

L'organe d'extraction doit être surveillé avec le plus grand soin quand sa prise d'eau est au fond de la chaudière. Car celle-ci est ainsi exposée à des vidages accidentels. Ajoutons enfin que, lorsqu'il existe des fuites dans un corps de chaudière avec lequel on continue néanmoins à fonctionner, on doit fermer en tout ou en partie l'extraction continue.

N° 72₃. Dépôts graisseux dans les chaudières. — Avec les machines pourvues de condenseurs à surface (n° 46₄), les dépôts salins ne sont pas à craindre ; mais ils sont remplacés dans les chaudières par les dépôts graisseux. Ces dépôts proviennent du suif ou de l'huile de graissage des tiroirs et des cylindres, que la vapeur entraîne dans le condenseur, et que l'eau d'alimentation apporte ensuite aux chaudières. Les dépôts graisseux peuvent occasionner des coups de feu comme les dépôts salins ; d'un autre côté, les corps gras attaquent la tôle et la rongent rapidement.

On évite ces inconvénients en nettoyant l'intérieur des chaudières comme par le passé ; en ne graissant les tiroirs et les cylindres qu'à l'huile ; enfin, en dégraissant l'eau d'alimentation.

Appareil pour dégraisser l'eau d'alimentation. — On dégraisse l'eau d'alimentation et on neutralise les acides gras au moyen d'un lait de chaux. L'appareil employé dans ce but est représenté par la *fig.* 163.

Le tuyau *a*, qui est greffé sur le refoulement de la pompe alimentaire, amène l'eau dans le récipient A. Le niveau est maintenu constant dans ce récipient, au moyen du flotteur 1 qui manœuvre un robinet dans lequel débouche le tuyau *a*.

L'eau provenant du récipient A, s'écoule par un robinet *a'*, et tombe dans un entonnoir *b*, que prolonge le tuyau *b'* aboutissant au fond d'un récipient cylindrique B. Le débit du robinet *a'* dépend uniquement de son ouverture ; cette dernière est indiquée sur un cadran que parcourt l'aiguille 3. — On verse dans l'entonnoir *b*, tous les quarts d'heure, la quantité de chaux nécessaire. L'eau provenant du robinet *a'*, entraîne cette chaux dans le fond du vase B, où le lait de chaux se fabrique. La crépine 4 empêche les corps étrangers de s'élever dans le liquide, et le robinet 5 sert à purger le fond du vase B.

L'eau de chaux fabriquée dans le vase B, en sort par le tuyau c, pour tomber dans un troisième vase C, et en sortir ensuite par les tuyaux c_1, c_2, qui aboutissent au sommet des condenseurs. Le niveau est maintenu constant dans le vase C, par le flotteur 2 qui manœuvre le robinet de sortie du lait de chaux.

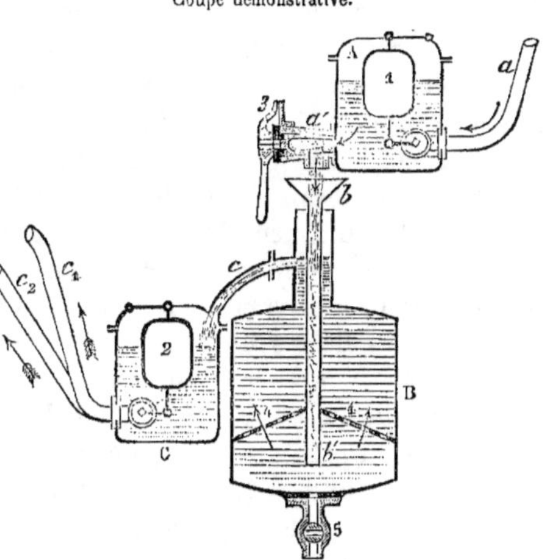

Fig. 163. Appareil à dégraisser l'eau d'alimentation. Coupe démonstrative.

Le poids de chaux à employer est le *quart* de celui des matières grasses dépensées pour les tiroirs et les cylindres. Il faut *un litre* d'eau pour délayer *un gramme* de chaux.

N° 73. — **1. Diverses causes d'augmentation ou de diminution de la pression dans les chaudières, et moyens d'y remédier. Faire tomber la pression aux chaudières. — 2. Abaissement de cette pression au-dessous de la pression atmosphérique. — 3. Supprimer une chaudière à la mer : précautions pour en prévenir l'écrasement. Allumer un nouveau corps de chaudière. Cas où les deux opérations précédentes se font simultanément. — 4. Soins à donner aux chaudières quand on vient d'éteindre les feux. Vider les chaudières.**

N° 73₁ Diverses causes d'augmentation ou de diminution de la pression dans les chaudières, et moyens d'y remédier. — Quelle que soit la pression de régime adoptée aux chaudières, il est impossible en pratique de la maintenir rigoureusement constante. Il survient à chaque instant des variations de tension qu'on est obligé de subir, mais qu'il faut chercher à éviter, parce qu'elles ont le grand inconvénient de fatiguer les chaudières. Ces variations peuvent provenir : des *irrégularités du chauffage*, des *changements propres de la température de l'eau des chaudières et des variations de la dépense de vapeur.*

— I. Les irrégularités du chauffage se présentent lorsque la combustion est ralentie ou activée par des modifications de tirage ou de fonctionnement des foyers. Elles se manifestent en donnant lieu à une *diminution de pression,* lors des circonstances suivantes : — 1° ouverture plus ou moins prolongée des portes de fourneau ; — 2° fermeture partielle ou totale des portes de cendrier ; — 3° ouverture des portes de boîte à fumée ; — 4° encrassement des grilles ; — 5° épaisseur exagérée ou trop réduite de la couche de combustible dans les foyers ; — 6° chargement des fourneaux avec un charbon trop gros ou trop menu ; — 7° brûlement des escarbilles ; — 8° encombrement des cendriers par les résidus de la combustion ; — 9° engorgement produit par les dépôts de suie dans les courants de flamme, les tubes et la cheminée ; — 10° opérations du décrassage des grilles et du ramonage des tubes ; — 11° emploi de nouveau charbon de qualité inférieure au précédent, ou brûlant moins bien avec l'écartement actuel des barreaux ; — 12° dérangement désavantageux dans l'appel de l'air, par suite d'un changement de temps, de brise, d'allure du navire ou d'orientation des manches à vent ; — 13° formation ou accroissement des dépôts salins ou même simplement augmentation du degré d'épaississement de l'eau des chaudières, par manque d'attention dans les extractions.

Les irrégularités du chauffage déterminent, au contraire, des *augmentations de pression,* quand elles sont dues aux faits que voici : — 1° dégagement des grilles par la manœuvre du crochet ou de la lance ; — 2° arrangement de la couche de combustible dans les foyers ; — 3° enlèvement des escarbilles de l'intérieur des cendriers ; — 4° suite des opérations indiquées en 10° ci-dessus, et circonstances inverses à celles citées en 11°, 12° et 13°.

— II. Les changements propres de la température de l'eau des chaudières sont des refroidissements, et amènent par conséquent *une diminution de pression :* — 1° lorsqu'on ouvre les portes de foyer ou de boîte à fumée, et en ce cas elles coopèrent avec l'effet précité produit sur le chauffage lui-même par cette ouverture ; — 2° lorsque, par une raison quelconque, on est obligé d'alimenter avec l'eau de la mer, et par conséquent au moyen du petit cheval ; — 3° quand, à la suite de fortes extractions, il faut forcer l'alimentation.

Les changements propres de la température de l'eau des chaudières sont au contraire des élévations, et, par suite, donnent lieu à des *augmentations de pression*, lorsqu'on alimente moins que d'habitude, soit qu'on réduise en tout ou en partie les extractions, soit qu'on cesse de maintenir le niveau à son point normal.

— III. Les variations de la dépense de vapeur consistent en accroissements et conséquemment se manifestent par des *diminutions de pression* : — 1° lorsqu'il y a des fuites de vapeur dans une partie quelconque de l'appareil évaporatoire ou moteur; — 2° lorsque les soupapes de sûreté fonctionnent; — 3° lorsqu'il y a accélération dans la rotation de la machine. Cette dernière circonstance a lieu, entre autres, à la suite d'une plus grande ouverture de la valve de vapeur, d'une réduction dans le degré de détente auquel on marche, d'un accroissement de sillage dû à une amélioration dans le vent, la mer, la voilure, l'allure du navire, etc., ou encore à une remorque qu'on quitte.

Les variations de la dépense de vapeur consistent au contraire en diminutions, et produisent par conséquent des *augmentations de pression*, lorsqu'il y a arrêt ou en général ralentissement de marche. Ce dernier fait provient, du reste, de circonstances immédiatement contraires à celles énoncées ci-dessus.

Quelles que soient les causes de la variation de la pression aux chaudières, on ramène cette pression à son point normal en faisant cesser lesdites causes. Si ces causes doivent subsister, on en corrige les effets, ou même on prévient ces derniers en modifiant le degré de détente, l'ouverture de la valve (n° 29$_{2\,et\,3}$) ou la production de vapeur, soit isolément, soit simultanément.

Faire tomber la pression aux chaudières. — Il arrive fréquemment qu'on a besoin, quelquefois même impérieusement, de faire tomber rapidement la pression aux chaudières, ou de l'empêcher d'y trop monter. On emploie alors les moyens suivants :

Fermer les cendriers, et le registre de la cheminée s'il y en a. — Ouvrir les portes de foyer. — Extraire et alimenter fortement, et au besoin effectuer cette dernière opération à l'eau froide au moyen du petit cheval. — Enfin, s'il est nécessaire, ouvrir les portes de boîte à fumée. — En même temps, soulever doucement les soupapes de sûreté, si par ailleurs cette manœuvre n'inspire pas de crainte. Sinon, ne les soulager qu'autant que la tension aux chaudières atteint sa valeur limite.

Une fois tous les moyens précédents employés, il ne resterait plus, s'il en était besoin, qu'à recourir aux procédés indiqués au n° 94₁ pour le cas où les soupapes de sûreté ont leurs fonctions paralysées.

N° 73₂ Abaissement de la pression aux chaudières au-dessous de la pression atmosphérique. — Sous l'influence d'une des causes de diminution de pression signalées au n° 73₁ ou de la combinaison de plusieurs d'entre elles, il peut arriver que, lorsqu'on fonctionne à basse pression, la tension de la vapeur aux chaudières tombe au-dessous de celle de l'atmosphère. — En pareil cas, le mouvement de l'appareil ne s'entretient plus que par l'action du condenseur, et l'on dit que la *machine marche sur le vide*.

Les appareils actuels, surtout avec l'hélice comme propulseur, ne peuvent pas fonctionner dans ces conditions; car outre qu'il faudrait ouvrir les valves en grand et déclancher les organes de détente pour entretenir le mouvement, ce qui ferait encore baisser la pression, on s'exposerait à des projections d'eau très-violentes. Il faut, par suite, prévenir la chute de pression en réduisant la vitesse autant que cela est nécessaire, jusqu'à ce que la production de vapeur soit suffisante pour qu'on puisse reprendre l'allure normale.

N° 73₃ Supprimer une chaudière à la mer : précautions pour en prévenir l'écrasement. — Les principales causes qui peuvent conduire à la suppression d'une chaudière en activité sont : 1° le besoin de réduire la production de vapeur, soit par économie, soit parce que, à la suite d'un changement d'allure, de vent, de voilure ou de mer, cette production devient surabondante eu égard à la vitesse de rotation adoptée; 2° une avarie grave dans la chaudière considérée ou encore un échouage. — La rapidité avec laquelle l'opération devra être conduite n'étant pas la même dans les deux catégories de circonstances précédentes, nous allons indiquer les dispositions particulières à chacune d'elles.

Dans la première hypothèse, dès que la suppression d'une chaudière est décidée, on cesse d'en charger les fourneaux, on ferme ensuite la valve générale de prise de vapeur, et on augmente le degré de détente, au fur et à mesure, de façon à maintenir la pression à son point dans les corps de chaudière à conserver. — Lorsque la couche de charbon de la chaudière à supprimer a diminué de la moitié au moins, on en ferme la soupape d'arrêt. — Cela fait, continuer l'opération en attirant les feux de la chaudière qu'on supprime sur l'avant des foyers, et les y entretenir ou bien les laisser s'éteindre graduellement, suivant l'ordre donné. Puis, effectuer quelques bonnes extractions et alimentations *successives* pour déconcentrer l'eau. Si l'on est gêné par la pression, ou même pour empêcher celle-ci d'atteindre sa valeur limite et de fatiguer inutilement les tôles, soulever doucement les soupapes de sûreté. Avoir soin d'ailleurs de conserver un plein ordinaire, afin de maintenir le navire dans son assiette normale et de mettre la chaudière éteinte dans les meilleures conditions de refroidissement et de repos. — Achever ensuite de faire échapper la vapeur en excès par la soupape de sûreté. Avant de baisser cette dernière, s'assurer que la soupape atmosphérique peut fonctionner, et éviter ainsi que le vide ne se produise à l'intérieur de la chaudière, ce qui pourrait occasionner son *écrasement*. Si cette dernière soupape n'existe pas, ouvrir le robinet-jauge supérieur.

Si on a éteint les feux, attendre pour nettoyer les grilles, les cendriers et les tubes, que la chaudière soit en partie refroidie. N'opérer d'ailleurs que foyer par foyer. — Puis, tenir la chaudière prête à fonctionner de nouveau, en rechargeant les fourneaux dès que les grilles ne sont plus assez chaudes pour faire craindre un allumage spontané du charbon.

Dans la deuxième des hypothèses énoncées au commencement de cet article, sans toutefois qu'on soit sous le coup d'une explosion, auquel cas la manœuvre serait celle propre à une pareille circonstance (n°ˢ 95₅ et 96₂), l'opération qui nous occupe doit être promptement terminée, et il faut alors agir comme voici :

Abattre les feux le plus vivement possible. Fermer la soupape d'arrêt et l'alimentation. Soulever les soupapes de sûreté, et même, si l'on est gêné par la pression, ouvrir les portes de boîte à fumée. En même temps, si le niveau est élevé, continuer de faire fonctionner l'extraction continue, en ayant soin toutefois de ne pas laisser tomber le niveau au-dessous des surfaces de chauffe tant que les feux ne sont pas jetés bas complétement. — Aussitôt cette opération achevée, fermer les soupapes de sûreté, et vider la chaudière comme il est expliqué au n° 73₄. Enfin, suivant le degré d'urgence de la réparation, hâter le refroidissement en ouvrant les portes de cendrier, de fourneau et de boîte à fumée, ainsi que les trous d'homme, de sel, etc. — De leur côté, le coke et le charbon qu'on a retirés de la chaudière sont employés pour l'entretien des autres feux.

Allumer un nouveau corps de chaudière. — Lorsqu'on marche sans la totalité des corps de chaudière, ceux qui ne sont pas en activité ont en général leur plein fait et leurs fourneaux chargés. Si le corps à allumer ne se trouve pas dans cette condition, on l'y mettra aussitôt, soit en faisant le plein au moyen des pompes alimentaires, soit au moyen de la prise d'eau du petit cheval, soit en employant les deux moyens réunis, s'il y a urgence.

Une fois le plein fait à la nouvelle chaudière, on allume les feux à l'aide de charbon embrasé pris dans les foyers en fonction, en conduisant l'allumage suivant les indications du n° 67₂. Lorsque la pression a atteint dans cette chaudière, ou mieux un peu dépassé le point auquel fonctionnent les autres, il faut ouvrir en douceur sa soupape d'arrêt. Puis, mettre petit à petit la machine au nouveau régime de marche qu'elle doit prendre, en réglant le degré d'introduction et l'ouverture de la valve de vapeur sur la production de vapeur.

Cas où les deux opérations précédentes se font simultanément. — En pareil cas, et si l'on ne veut pas d'ailleurs éprouver un ralentissement sensible de marche, commencer par allumer les feux de la chaudière à mettre en action. Ne charger que légèrement pendant ce temps les fourneaux que l'on va éteindre, et cesser entièrement cet entretien lorsque l'eau commence à être chaude dans la nouvelle chaudière. Quand la pression de cette chaudière a atteint ou mieux un peu dépassé le point auquel fonctionnent les autres, ouvrir petit à petit sa soupape d'arrêt et fermer en même temps celle du corps à éteindre. Terminer ensuite pour ce dernier comme il a été indiqué plus haut.

N° 73₄ Soins à donner aux chaudières quand on vient d'éteindre les feux. — Avant d'éteindre les feux, on a eu la précaution de pratiquer quelques alimentations et extractions successives pour déconcentrer l'eau des chaudières. — Après l'extinction des feux (n° 68₃), on pratique une forte extraction, jusqu'au bas du tube de niveau, et les chaudières ne sont complétement vidées que sauf les cas d'urgence. On évite ainsi, surtout quand il reste des chaudières en fonction, les trépidations et les refroidissements que subiraient les tôles des chaudières vides sour l'influence du tirage. — Suivre, pour ce qui concerne les soupapes de sûreté et atmosphériques, ainsi que le nettoyage des grilles, cendriers et tubes, toutes les indications du n° 73₃, relatives à la suppression sans urgence d'une chaudière en activité.

Vider les chaudières. — Quand on donne l'ordre de vider les chaudières dès l'extinction des feux, ne pas attendre que la pression soit tombée pour faire cette opération. S'il existe des extractions à la main, effectuer le vidage en ouvrant les robinets de sûreté et de chaudière correspondants. Avoir un homme à la clef de chacun de ces robinets, et veiller avec attention le bruit et l'espèce de trépidation que produit l'eau en s'en allant violemment à la mer. Au moment où ces effets cessent, fermer les robinets afin d'empêcher la formation, par la rentrée de l'eau froide, d'un vide presque subit à l'intérieur du générateur. On peut encore, pour la fermeture précédente, regarder le manomètre, et saisir le moment où il accuse une pression effective égale à autant de fois 7^{cm},6 qu'il y a de mètres du fond des chaudières à la flottaison. — Si l'on n'a pas d'extractions à la main, on vide avec les extractions continues tout le liquide situé au-dessus de leurs prises. Puis le reste de l'eau est expulsé au moyen des robinets de vidange. — Si l'on a trop laissé tomber la pression ou si l'on opère à froid, il faut vider en entier les chaudières par le dernier procédé. Toutefois, s'il n'y avait insuffisance de pression que dans un des corps de chaudière, on pourrait, par la manœuvre des soupapes d'arrêt, le mettre en communication avec les autres corps et lui restituer une tension convenable. — Dans tous les cas, aussitôt les chaudières vidées, soulever les soupapes de sûreté pour laisser échapper tout ce qui reste de vapeur à l'intérieur des générateurs et y prévenir la formation du vide.

N° 74. — 1. Causes et effets des ébullitions dans les chaudières. — 2. Moyens de les prévenir et d'y porter remède. — 3. Causes et effets des projections d'eau. — 4. Moyens de les prévenir et d'y porter remède.

N° 74₁ Causes et effets des ébullitions dans les chaudières. — L'accident connu sous le nom d'ébullition se manifeste aux chaudières quand la vaporisation est tumultueuse. On s'en aperçoit au tube de niveau dans lequel se manifeste le plus souvent un courant descendant, sans aucune stabilité de niveau. Les robinets-jauges, moins celui du bas, donnent alternativement de l'eau et de la vapeur.

Toutes les fois qu'il y a ébullition, c'est qu'il se produit momentanément une vaporisation très-active ou qu'il y a eu une diminution sensible et brusque de pression dans le coffre à vapeur.

— Les effets les plus ordinaires des ébullitions dans les générateurs consistent : — 1° en trépidations qui fatiguent les tôles ; — 2° en incertitudes sur les indications des appareils de niveau ; — 3° quand elles sont violentes, en projections d'eau.

N° 74$_2$ Moyens de prévenir les ébullitions et d'y porter remède. — On prévient les ébullitions en conduisant les feux avec régularité, en ouvrant toujours lentement les soupapes d'arrêt et les soupapes de sûreté ; enfin, en ne mettant pas en marche précipitamment.

— Une fois une ébullition déclarée, il faut la combattre par les moyens suivants : *clore les portes des cendriers et ouvrir celles des fourneaux ; — extraire fortement et alimenter de même, en employant au besoin le petit cheval afin d'avoir de l'eau plus froide ; — fermer la valve, ou mieux*, surtout s'il n'y a qu'un corps de chaudière d'atteint par l'accident, *clore la ou les soupapes d'arrêt en partie ou au besoin totalement, et alors ralentir la marche ou stopper* (n° 76$_{4\text{ et }5}$) ; — *bien se garder d'ailleurs de toucher aux soupapes de sûreté* (n° 65$_2$).

— Si l'on continue à marcher malgré l'ébullition, on devra, pour obtenir à un moment quelconque des indications exactes avec les appareils de niveau, clore un instant (n° 65$_1$) les soupapes d'arrêt. — Une fois l'ébullition calmée, on ne reprend que successivement l'allure normale qu'on avait avant l'accident.

D'autre part, quand on s'approche de l'embouchure d'un fleuve, on doit se tenir en garde contre l'accident qui nous occupe, en ralentissant la marche et en forçant les extractions et les alimentations jusqu'à ce qu'on ait vu l'effet du changement de la nature de l'eau sur le fonctionnement des chaudières.

N° 74$_3$ Causes et effets des projections d'eau. — Les *projections d'eau*, c'est-à-dire les entraînements en grande quantité de particules liquides au milieu de la vapeur, se manifestent dans les circonstances suivantes : — 1° lorsqu'il y a des ébullitions ; — 2° lorsqu'on ouvre brusquement la soupape d'arrêt ou la soupape de sûreté ; — 3° lorsqu'on met en marche précipitamment ; — 4° quand on tient, avec du roulis, un niveau trop élevé.

— Les projections d'eau ont des effets quelquefois très-graves et toujours fâcheux pour l'appareil moteur. Ces effets peuvent se résumer ainsi : — 1° quand la projection d'eau est accompagnée d'ébullition, il se produit les inconvénients inhérents à ce dernier phénomène (n° 74$_1$). — 2° Suivant l'importance de la projection, l'eau qui arrive dans les cylindres se trouve plus ou moins comprimée par les pistons pendant qu'ils la refoulent à bout de course à travers les soupapes de sûreté,

et le cylindre peut être défoncé. — 3° Enfin, la chaudière peut se vider
et recevoir un coup de feu.

**Nᵒ 74₄ Moyens de prévenir les projections d'eau et d'y
porter remède.** — On prévient les projections d'eau en prévenant
les ébullitions, en ouvrant lentement les soupapes d'arrêt ou les soupapes de sûreté, en ne mettant pas en marche précipitamment.

— Une fois une projection d'eau déclarée, on y remédie absolument
de la même manière qu'à une ébullition (nᵒ 74₃) ; de plus, ouvrir les
purges des cylindres, ainsi que celles du tuyau de vapeur ; ralentir la
marche en diminuant l'ouverture de la valve, et finalement stopper,
si besoin est. — Une fois l'accident passé, ne reprendre que progressivement l'allure normale.

En cas de trombe d'eau par la soupape de sûreté, il faut isoler la
chaudière où l'accident se produit, laisser la soupape de sûreté ouverte
et même l'empêcher de se fermer, puis mettre vivement les feux bas.

**Nᵒ 75. — 1. Des fuites dans les chaudières. — 2 Des fuites dans les tuyaux, robi-
nets et soupapes de chaudière. — 3. Conséquences des fuites précédentes par
rapport à l'alimentation, à l'extraction et à l'épuisement de la cale.**

Nᵒ 75₁ Des fuites dans les chaudières. — Depuis le simple
écoulement causant tout au plus une incommodité, comme celui qui
se produit avec une rivure imparfaite de tube, jusqu'aux projections
d'eau bouillante ou de vapeur provenant de la déchirure ou de l'affaissement d'une tôle entière, les fuites aux chaudières présentent des
degrés de gravité bien différents, et qui dépendent d'ailleurs tant de
la pression au générateur que de la partie de celui-ci où elles ont lieu.
— Quand une fuite n'est pas trop abondante, que d'ailleurs elle ne
gêne en aucune façon le service ni le fonctionnement de l'appareil évaporatoire, on peut, suivant les circonstances, ne pas s'en préoccuper,
ou au moins ne pas se presser d'y remédier. — Mais quand une fuite
se déclare avec une certaine intensité, et qu'entre autres elle est assez
forte pour remplir la chambre des machines d'eau bouillante ou de
vapeur qui la rende inhabitable, il faut immédiatement faire tomber
la pression de la chaudière avariée (nᵒ 75₄), et l'isoler en même temps
des autres corps s'il y en a. Puis voir ce qu'il convient de faire, ou
une réparation provisoire, ou une réparation définitive.

Les fuites aux chaudières peuvent être groupées comme suit :

1° Fuites par les joints, *desserrés* ou *mal faits*, des portes de trou d'homme et de sel, indicateurs de niveau, robinets-jauges, etc. — On réussit souvent à les étancher, sans cesser de fonctionner, au moyen d'un serrage ou d'un calfatage. — Lorsque la chaudière est éteinte, on refait le joint.

2° Fuites par les tubes, rivets et entretoises de chaudière, par les boulons de fixation des divers accessoires, enfin, par les coutures des tôles. Ces fuites sont la suite *d'usure, d'oxydation, d'excès de pression, de coups de feu, de refroidissement subit, de mauvaise confection*, etc. — Quand il s'agit d'un tube, on peut le tamponner en marche (n° 92₂). — Lorsque la chaudière est éteinte, on change sa bague, ou bien on change le tube lui-même.

Pour un rivet, une entretoise ou une couture, on peut, dans quelques circonstances, étancher la fuite à l'aide de petits coins en bois. — Lorsque la chaudière est éteinte, on opère un *matage*, ou bien on change la pièce.

Lorsqu'un rivet est complétement sauté, on parvient le plus souvent à remédier à l'accident en forçant à sec dans le trou un morceau de bois d'une espèce spongieuse, comme du sapin, qu'on rase ensuite au niveau de la tôle.

D'autre part, les fuites sur la paroi extérieure de la chaudière peuvent être étanchées par un placard en tôle, recouvert d'étoupe enduite de mastic au minium ou à la céruse, et qu'on maintient à l'aide d'épontilles ou de coins. Si la fuite est considérable, et qu'il y ait nécessité de continuer à marcher, il devient nécessaire de ne fonctionner qu'à basse pression. Le procédé qui nous occupe est aussi applicable à l'intérieur d'un foyer. Seulement, il faut éteindre les feux de ce foyer.

3° Fuites par des fissures ou des déchirements. Ces fuites proviennent des causes détaillées en 2°, ou encore de l'existence de *moines* dans les tôles (n° 82₃). — Quand les fissures ou les déchirements sont peu étendus et que la tôle tout autour n'est pas détériorée, on peut continuer à marcher avec le corps de chaudière en agissant comme on l'a dit ci-dessus pour une couture desserrée. Mais autrement il faut se hâter de supprimer ce corps; puis, on répare l'avarie par un des procédés indiqués au n° 94₅.

N° 75₂ Des fuites dans les tuyaux, robinets et soupapes de chaudière. — Les fuites dans les tuyaux se produisent à la soudure, aux pinces ou aux joints de leurs brides; enfin, dans une partie quelconque, quand il y a rupture. — Elles sont occasionnées par l'ouverture ou la fermeture trop brusque de leurs robinets, par des variations brusques de température, etc.

Lorsqu'une fuite se produit dans le tuyautage, on isole la partie avariée, et on aveugle la fuite par une *rousture* (n° 84₄). — Lorsque l'isolement de la partie déchirée d'avec le générateur correspondant est impossible, il faut diminuer la pression dans ce dernier (n° 75₄), et interrompre sa communication avec les autres corps ; puis, au besoin, le supprimer, afin qu'il y ait moyen de procéder à la réparation précédente. Si la fuite se produit à un joint, on le calfate, puis on resserre les boulons. Au besoin, on peut faire une rousture sur la tranche des colerettes, ou même remplacer la rousture par un cercle en feuillard.

De leur côté, les robinets sont surtout sujets à fuir par leur presse-étoupe. — Il suffit de resserrer ce dernier, en ayant soin toutefois de ne jamais effectuer le serrage qu'à chaud, si le robinet est situé sur un tuyau de chaudière. Il peut aussi arriver que, par suite du mauvais état de la bride ou des boulons qui la retiennent, la noix soit projetée hors du boisseau, en donnant ainsi passage à une colonne d'eau considérable. Cet accident est très-dangereux pour la sûreté des hommes et même du navire. Quand il se produit, on doit se hâter, si le boisseau communique avec un corps de chaudière, de faire tomber la pression dans ce corps et d'éteindre les feux. Il faut de plus aveugler immédiatement la sortie de l'eau à l'aide de fauberts, couvertures ou hamacs, bien mouilllés si le liquide jaillissant est chaud. Puis, on procède à une réparation provisoire ou définitive comme il est dit au n° 94₁.

— Les fuites de vapeur par les soupapes sont amenées par le mauvais état de leur rodage ou du joint de leur siège, par le gauchissement de ce dernier, de leur disque ou de leur tige, ou enfin par l'introduction de corps étrangers en dessous de leur zone de portage. Elles le sont encore, s'il s'agit de soupapes de sûreté, par le dérangement ou l'allégement de leur contre-poids.

Il n'est pas possible d'obvier en marche, à une fuite occasionnée par le mauvais état du rodage ou le gauchissement d'un obturateur ; et il est expliqué au n° 94₁ comment on y remédie au repos. — Si la fuite est due à la présence d'un corps étranger, il arrive souvent que ce corps est entraîné par l'ouverture brusque de la soupape. — Enfin, dans le cas d'un contre-poids dérangé ou allégé, on peut, s'il est extérieur, remettre les choses en ordre en replaçant le contre-poids convenablement ou en y ajoutant des morceaux de métal.

Les soupapes de sûreté en parfait état et qui ne fuient pas d'ordinaire, laissent par moment échapper de la vapeur avec gros temps, lorsqu'on fonctionne aux environs de la tension-limite aux chaudières. Cet effet est dû à l'influence des mouvements du navire sur l'action du contre-poids. Il n'y a moyen d'y remédier qu'en réduisant la pression de fonctionnement par une diminution dans l'intensité des feux ou dans le degré de détente.

N° 75₃ Conséquences des fuites précédentes par rapport à l'alimentation, à l'extraction et à l'épuisement de la cale. — Les fuites aux générateurs, ainsi du reste que celles des récipients et tuyaux en communication avec eux, obligent, quand il est nécessaire de continuer de fonctionner, à forcer l'alimentation, en employant, au besoin, tous les moyens dont on dispose (n° 69₃). Toutefois, lorsque c'est à la chambre à eau qu'elles existent, on restreint l'obligation précédente en fermant, selon les indications du pèse-sels, en partie ou même en totalité, l'extraction continue qui se trouve remplacée par les fuites. Mais si celles-ci, même en ne donnant aucune gêne ni aucune crainte pour le corps de chaudière avarié, sont telles qu'on ne parvienne plus à maintenir le niveau malgré la fermeture totale de l'extraction continue et les autres moyens employés, on doit marcher moins vite et fonctionner à basse pression. Puis, on essaye de remédier sommairement aux fuites; et finalement on supprime la chaudière avariée, et on la répare radicalement.

La buée qui, dans les circonstances qui nous occupent, se dégage du fond du navire peut, quand elle devient gênante, être prévenue en partie par des injections d'eau froide prise aux robinets de chauffeur et intelligemment pratiquées.

CHAP. VI, § 3. — CONDUITE DE LA MACHINE.

N° 76. — **1. Préparatifs de départ dans la machine. — 2. Purger et balancer la machine. — 3. Mettre en marche : précautions à prendre. — 4. Accélérer ou ralentir la marche. — 5. Stopper. — 6. Renverser la marche.**

N° 76₁ Préparatifs de départ dans la machine. — Toutes les pièces de la machine étant remontées, les joints faits et les presse-étoupe garnis, il faut, pendant qu'on allume les feux aux chaudières, prendre les dispositions suivantes :

Amener l'hélice, si elle est amovible et remontée dans son puits, et relever son verrou. Ou, avec des roues, mettre, s'il y a lieu, les aubes à la distance convenable de l'arbre d'après le tirant d'eau; visiter d'ailleurs leurs pièces de fixation, et enlever les bosses. — Faire une visite générale de l'appareil, pour s'assurer qu'il n'y a ni morceau de bois ou de fer, ni outil, etc., qui puisse gêner le jeu des pièces mouvantes, être rencontré par elles ou encore tomber plus tard dans leur parcours par suite des mouvements du navire. Desserrer légèrement le presse-étoupe de l'hélice pour donner issue à un mince filet d'eau qui sert de liquide lubrifiant. Lâcher le frein, désengrener le vireur, et s'assurer que l'embrayage de l'hélice est bien en prise. Dégorger avec un fil de fer les lumières de lubrifiage du palier de butée et de tous les autres paliers de la ligne d'arbres. Ouvrir la prise d'eau d'arrosage de ces paliers, quelques instants avant le départ. — D'un autre côté, enlever, dans la machine, les tresses préservatrices des articulations et les tampons des lumières des godets graisseurs, et épingler, comme ci-dessus, ces lumières. — Préparer tous les outils, objets et matières dont on peut avoir besoin dans le service courant, tels que masses en cuivre, marteaux, clefs ordinaires et à vis, repoussoirs, tampons pour tube de chaudière; blanc de céruse, mastic, chanvre, torons, etc. — Visiter et disposer le porte-voix de commandement du pont à la machine, ainsi que le porteur d'ordres, s'il y en a un. — Ouvrir les obturateurs de sûreté d'injection, de prise d'eau de petit cheval et d'arrosage des articulations. S'il y a longtemps qu'on n'a pas fonctionné, faire tourner à la main tous les autres robinets, afin de s'assurer qu'ils ne sont pas gommés ou trop durs. — Veiller à ce que les brides des robinets où passe l'eau chaude soient un peu gaies. — Ouvrir et bien tenir dans cette position les obturateurs de décharge. Toutefois s'ils sont au-dessous de la flottaison, attendre pour cette ouverture qu'on soit prêt à balancer. — Déclancher les détentes variables et les tenir ouvertes en grand. — Passer les mèches de graissage (n° 77₂), et remplir d'huile les godets correspondants, un quart d'heure environ avant de balancer. — Chauffer du suif dans les bouilloires *ad hoc* mises à l'entrée des cendriers, et se tenir ainsi prêt à graisser les pistons dès le commencement de la marche. — Si les tiroirs sont à compensation, avoir bien soin, afin de faciliter leur manœuvre à bras, d'ouvrir les robinets de communication (n° 42₄) de l'intérieur des compensateurs avec les condenseurs. Si les tiroirs sont en D, desserrer légèrement, dans le même but, leurs garnitures. — Lorsque la vapeur commence à se former, décoller la valve de prise de vapeur. — Lorsque la pression est suffisante, faire marcher le petit cheval pour s'assurer qu'il est apte à fonctionner.

N° 76₂ Purger et balancer la machine. — Ces opérations ont pour but d'échauffer la machine et de s'assurer que son fonctionnement est libre. Elles ne doivent être exécutées qu'après l'autorisation de l'officier de quart.

Pour *purger les condenseurs*, tenir les purges des cylindres fermées; puis ouvrir légèrement la valve de vapeur, et petit à petit jusqu'en grand les soupapes de purge, s'il en existe, ou autrement manœuvrer les tiroirs alternativement en avant et en arrière. — Dès qu'on commence à voir sortir la vapeur par le reniflard, la purge est terminée. Fermer aussitôt les soupapes de purge et la valve, s'assurer que les reniflards sont bien retombés sur leurs siéges, et obtenir le vide aux condenseurs en injectant une petite quantité d'eau par les régulateurs d'injection, qu'on referme aussitôt. Avec les machines actuelles à moyenne, et à plus forte raison à haute pression, on se dispense de purger le condenseur et d'y établir le vide. La tension de la vapeur est suffisante pour qu'on puisse mettre en marche avec une contre-pression de 1ᵃᵗ.

Pour *échauffer les cylindres*, ouvrir leurs robinets de purge, ainsi que ceux des boîtes à tiroir, qu'on referme du reste aussitôt. Puis, ouvrir légèrement la valve, et manœuvrer les distributeurs à bras de façon à introduire de la vapeur alternativement sur les deux faces des pistons. Avec la mise en train Mazeline ou avec un secteur, on place alternativement le mécanisme dans la position de la marche avant et dans celle de la marche arrière. Au besoin, on fait faire à la machine un petit mouvement, en ouvrant plus grandement la valve, de façon à pouvoir introduire de la vapeur dans les deux bouts de chaque cylindre. Dans tous les cas, fermer la valve et les robinets de purge des cylindres dès que ces derniers ne donnent plus de vapeur.

Pour *balancer*, laisser les purges des cylindres ouvertes (à moins qu'on n'ait établi le vide au condenseur); ouvrir légèrement le registre, et largement l'injection parce que l'eau entre difficilement au condenseur à cause du manque de vide. Puis, suivre, pour la manière de manœuvrer les tiroirs, de façon à faire exécuter doucement à la machine quelques tours en avant et en arrière, les indications du n° 76₃ ₑₜ ₆ relatives à la manière de mettre en marche et de renverser le mouvement.

Pendant le balancement, surveiller si les pièces ne butent pas contre d'autres ou contre des objets oubliés, auquel cas, en stoppant immédiatement, on prévient toute avarie, eu égard à la lenteur du mouvement. D'autre part, remarquer avec soin les défauts de serrage qui se manifestent, afin de les corriger aussitôt, et voir si le graissage pénètre bien partout où il le doit.

Si les renvois de mouvement de tiroir sont à excentrique à calage variable et à déclanche (n°ˢ 54₄ et 45₄), il est bon, pendant le balancement, d'enclancher dans les deux marches pour s'assurer, en voyant si chaque chariot d'excentrique est rencontré par le butoir de l'arbre qui le porte, qu'il n'est pas gommé ou oxydé avec cet arbre. De plus, fermer un instant les purges des cylindres pour s'assurer que le vide s'établit bien.

Quoi qu'il en soit, une fois la machine balancée, mettre les tiroirs à moitié course ; ou, avec les mises en train sans déclanche (n° 54₃ ₑₜ ₄), placer la roue ou le levier de renversement de marche au milieu de son parcours. En même temps, fermer la valve de vapeur et les régulateurs d'injection. —Dès lors, on est prêt à mettre en route, et l'on prévient sur le pont.

N° 76₃ Mettre en marche : précautions à prendre. — Pour *mettre en marche*, laisser les purges des cylindres ouvertes. — Si la mise en train est sans déclanche, faire tourner le levier ou la roue de commande jusqu'à l'extrémité de son parcours qui correspond à la marche dans le sens où l'on veut partir ; puis, ouvrir petit à petit la valve de vapeur et largement les régulateurs d'injection. Fermer les purges des cylindres dès qu'elles ne donnent plus d'eau, et réduire alors vivement l'ouverture de la valve et de l'injection, afin que la machine ne s'emporte pas à la suite de l'établissement du vide. Avec les mises en train à déclanche, opérer les ouvertures précédentes en même temps qu'on manœuvre les distributeurs à bras à l'aide de leurs leviers ou roues de commande, de manière à faire exécuter ainsi quelques tours à l'appareil dans le sens voulu ; et enclancher à ce moment les bielles d'excentrique si l'on doit continuer à fonctionner au moins quelques minutes dans ledit sens.

Pour éviter les ébullitions et les projections d'eau (n° 74₁ ₑₜ ₃), ainsi que les chutes de pression et les chances d'avarie dans les divers organes de mouvement, il faut en principe lorsqu'on met une première fois en marche, opérer l'ouverture successive de la valve et des injections de façon à n'arriver qu'au bout d'une dizaine de minutes, en moyenne, à la vitesse de régime.

Au commandement *en route*, enclancher les détentes, s'il y a lieu, et régler leur degré d'introduction en même temps que l'ouverture de la valve de vapeur de façon qu'on doive avoir celle-ci un peu fermée (n° 29₅) pour se maintenir à l'allure commandée. S'il fait gros temps, ne se servir que de la valve pour obtenir ce dernier résultat (n° 29₄). — Se guider, pour l'ouverture des régulateurs d'injection, sur le vide accusé par les indicateurs et sur la température des condenseurs tâtés avec la main (n° 26₂). — Diriger les alimentations (n° 69₂ et 3) ainsi que les extractions (n° 72₂), et conduire le chauffage (n° 67₄ et 5) en raison du régime adopté. — Avec des tiroirs en D, remettre au point convenable les garnitures qu'on a dû desserrer au départ (n° 76₁). — Enfin, faire une ronde générale dans l'appareil, et nettoyer la cale à l'aide des pompes d'exhaustion, le tout comme il est indiqué au n° 78₁.

N° 76₄ Accélérer ou ralentir la marche. — Pour *accélérer* ou *ralentir la marche momentanément*, il faut (n° 50₃) ouvrir ou fermer plus ou moins complétement la valve de vapeur et les injections jusqu'à ce qu'on soit parvenu à l'allure désirée. Comme dans le cas qui nous occupe, et à moins qu'il ne s'agisse d'un ralentissement commandé par une ébullition ou une projection d'eau (n° 74₁ et 3), il y a lieu de s'attendre à des manœuvres diverses, on suspendra l'action des détentes. — Si le changement de régime n'est pas un fait temporaire, mais s'il doit au contraire persister longtemps, le mode d'opérer ne diffère du précédent qu'en ce qu'on obtient ce changement en réglant les détentes, comme il a été dit au n° 76₃, en même temps que la valve. — Si la mer est forte et qu'il s'agisse de ralentir la marche, *on devra préférer la fermeture partielle de la valve à l'emploi des détentes* (n° 29₄).

D'autre part, une augmentation notable de vitesse nécessite une ronde générale dans l'appareil pour s'assurer de l'état des mouvements, pour renouveler l'huile des graisseurs et ouvrir légèrement les arroseurs des principales articulations.

— De son côté, la conduite des foyers suit naturellement les alternatives de vitesse. On doit donc, selon le cas, activer ou ralentir les feux (n° 67₅). Il faut pareillement modifier les alimentations et les extractions en conséquence.

N° 76₅ Stopper. — Cette manœuvre s'exécute soit lorsque l'on en reçoit l'ordre du pont, soit lorsqu'on juge nécessaire de l'exécuter pour prévenir une avarie dans la machine (n°ˢ 78₁ et 82₂) — Voici, comment on la pratique : commencer par déclancher les détentes afin que leurs orifices ne restent pas bouchés ; fermer ensuite la valve de vapeur ainsi que les injections, et ouvrir les purges des cylindres. Puis, avec des mises en marche sans déclanche, placer le levier ou la roue de commande au milieu de son parcours, afin d'être prêt à partir aussi bien dans un sens que dans l'autre. — Si les mises en marche sont avec déclanche, la manœuvre ne diffère de la précédente qu'en ce que : 1° on déclanche les excentriques en même temps que l'on ferme la valve de vapeur ; 2° on place à bras les tiroirs à mi-course.

S'il existe des points de la rotation pour lesquels la machine part difficilement, il faut profiter de ce que le propulseur a tendance à entraîner la machine pour ne pas stopper dans ces positions défavorables.

— Pendant un stoppage, les chaudières doivent être conduites, et, si l'on en a le temps, appropriées comme il est expliqué aux n°ˢ 67₃, 68₁ ₑₜ ₂ et 69₃.

Lorsque l'arrêt doit se prolonger, fermer les robinets d'arrosage, et même le faire quelque temps avant le stoppage (n° 77₂) ; clore les soupapes d'arrêt, retirer les mèches des godets de graissage et dégorger leurs lumières ; fermer les divers obturateurs de sûreté et ceux de décharge. Faire une visite générale de l'appareil et du propulseur (n° 78₂). Serrer et refroidir les mouvements qui en ont besoin. Recharger les presse-étoupe ou en serrer les chapeaux. — Si le navire est à roues, demander à l'officier de quart à revisser les boulons des pièces de fixation des aubes, et, à cet effet, assujettir les propulseurs, comme il a été expliqué au n° 58₃, dans diverses positions. — Réparer toutes les légères avaries survenues dans l'appareil.

— Si le stoppage est définitif, procéder à l'extinction des feux et aux opérations qui la suivent, conformément aux indications des n°ˢ 68₃ et 75₄.

N° 76₆ Renverser la marche. — Pour *renverser la marche*, il faut commencer par stopper (n° 76₅) ; puis on met la machine en route à la nouvelle marche indiquée, en suivant les indications du n° 76₃. — Lorsque le bâtiment a une grande vitesse au moment où on stoppe, il est nécessaire pour renverser le marche, d'ouvrir largement le registre et de fermer de bonne heure les purges des cylindres, afin de détruire plus facilement la résistance que fait le propulseur au renversement de marche.

Par suite de leur agencement, les mises en train sans déclanche permettent de renverser la marche sans décomposer l'opération en deux temps, et, en particulier, sans toucher à la valve de vapeur. Toutefois, une semblable manœuvre ne doit être exécutée que dans certaines limites de vitesse ou sous le coup de circonstances impérieuses, surtout avec la mise en train Mazeline.

— D'autre part, pendant les opérations précédentes, on conduit les chaudières suivant les indications du n° 67₅, de façon à ne pas être gêné par la pression.

N° 77. — 1. Du serrage des articulations et des paliers. — 2. Mode de procéder au graissage. — 3. Bruits divers et chocs. Échauffements et grippages. — 4. Fuites et rentrées d'air dans la machine ; moyens de les reconnaître et d'y remédier. — 5. Engorgement des condenseurs et obstruction des organes d'injection.

N° 77₁ Du serrage des articulations et des paliers. — En principe, le serrage des articulations et des paliers doit être réglé de façon à ne déterminer ni choc, ni broutement, ni échauffement. Le jeu qui existe dans les articulations est réglé par les cales en cuivre mince interposées des deux côtés, entre les deux demi-coussinets. Ce jeu vaut de 1/4 à 1/3 de milimètre. Au fur et à mesure qu'il se produit de l'usure, on diminue d'autant l'épaisseur des cales.—Quant au meilleur mode de procéder au serrage avec un tel agencement, il consiste à commencer par enlever les cales, puis serrer *à bloc*, pour faire porter exactement le coussinet sur la pièce enveloppée. On doit d'ailleurs, avec des écrous, bien prendre soin de visser également des deux bords. On desserre ensuite de la quantité convenable pour obtenir le jeu précité. Cette quantité se marque d'avance sur les clavettes ou sur les écrous de serrage. Cela fait, on met en place les cales, dont on règle l'épaisseur en tâtonnant jusqu'à ce que, en resserrant, on voit que lesdites clavettes ou écrous correspondent à leurs points de repère. —Dans les serrages dits à juste portée, les coussinets n'ont pas de cales ; l'assemblage de leurs deux morceaux forme une circonférence *complète*, dont le diamètre ne diffère de celui de la pièce embrassée que de 1/2 à 2/5 de millimètre. A la suite d'une usure appréciable, on lime les plans de contact des deux morceaux du coussinet, de manière que ladite pièce se trouve toujours serrée de la même façon, on détermine d'ailleurs le jeu en interposant, entre le

tourillon et le coussinet, de petits cylindres de cire, puis on resserre
à bloc.

— Tout ce qui précède concerne le serrage au repos, et par conséquent celui qu'il est de bonne règle de pratiquer ou de vérifier au
mouillage avant chaque départ. Mais pendant qu'on fonctionne, il n'y
a plus, à proprement parler, que des *resserrages* ou des *desserrages*
à opérer. Il est toujours prudent de stopper un instant pour effectuer
ces opérations, afin d'éviter des accidents.

N° 77₂ Mode de procéder au graissage. — Le graissage
s'effectue à l'aide des appareils décrits au n° 52. — Les récipients
contenant de la vapeur se graissent comme il a été expliqué au n° 52₃.
Le suif qu'on emploie d'ordinaire pour ce lubrifiage, se verse à l'aide
de bouilloires *ad hoc*. Ces bouilloires sont maintenues toujours pleines.
De plus, elles sont placées devant les cendriers pendant les préparatifs
de la mise en marche (n° 76₁), et plus tard sur les parties chaudes
de la machine, afin d'avoir leur suif continuellement fondu ; ou encore,
pour cela, à bord des bâtiments de l'État, on les remplit à des fontaines à suif soit appliquées contre les chaudières, soit en communication avec celles-ci par un petit tuyau de vapeur. — D'autre part,
comme le suif contient parfois des matières étrangères nuisibles au
graissage, il est bon de ne jamais l'employer sans l'avoir passé à une
trémie. Aussi les bouilloires précitées sont-elles généralement munies
de cet appendice. — Il est avantageux de graisser peu à la fois mais
souvent.

— En ce qui concerne le graissage à l'huile, il s'effectue au moyen
de burettes qu'on maintient toujours garnies. Ces burettes s'alimen-
tent d'ailleurs à des fontaines à huile, qu'on a soin de ne jamais laisser
épuiser complétement. De leur côté, les mèches des graisseurs doivent
avoir le nombre de leurs fils proportionné à la force de l'articulation.
Il faut, en outre, qu'elles n'aient jamais plus de 8 à 10 jours de service, parce que, au bout de ce temps, leur action capillaire cesse
d'exister par suite des impuretés de l'huile qui se logent entre les fils.
Au surplus, pour retarder cet effet, il faut de temps à autre presser
les mèches dans toute leur longueur avec les doigts, et nettoyer bien
proprement les godets graisseurs. — D'un autre côté, la mise en place
des mèches exige un certain soin. Il est nécessaire de les introduire
dans leur porte-mèche sans les obstruer. En outre, et sauf (n° 52₄)
dans les graisseurs à lécheur, leur bout inférieur ne doit pas déborder
l'extrémité de la lumière qui aboutit à la partie même qu'il s'agit de

lubrifier, sans quoi il se mord entre cette partie et le coussinet qui l'entoure et entrave la lubrification. Afin de prévenir cet inconvénient, on amarre au conduit de la mèche l'extrémité de celle-ci qui trempe dans le godet, ou on la charge d'un petit morceau de plomb. Pour les grandes articulations, on fait passer l'extrémité précitée à travers un anneau formé au bout d'un fil de fer. On enroule ensuite la mèche autour de ce dernier, et un deuxième anneau qui termine le fil à son bout supérieur sert à la suspendre convenablement. Les graisseurs à l'huile ne sont remplis et leurs mèches ne sont mises à leur poste qu'au dernier moment. On les en retire d'ailleurs pendant les arrêts et les stoppages (n° 76₃ et ₅)

La hauteur du niveau de l'huile dans les godets se détermine, par expérience et d'après l'allure de la machine, en se réglant sur les indications suivantes : — Le graissage est bien lorsque les rebords des articulations, des collets d'arbre ou des glissières, se recouvrent d'une légère pâte jaune ou blanche, provenant de l'écrasement de l'huile entre les parties frottantes et de son mélange avec la poussière métallique qui résulte de la petite usure inévitable de ces parties. — Lorsque le graissage manque, l'huile sort noire de l'articulation, ou le plus souvent, les pièces broutent ; lorsqu'il est trop abondant, l'huile découle limpide et en assez grande quantité.

Il convient de remonter le niveau de l'huile dans les godets toutes les heures. De plus, à chaque graissage, il est bon de verser directement quelques gouttes d'huile dans le porte-mèche. On en fait autant, au contact des joues de coulisseau ou de coussinet avec les glissières ou les collets des parties embrassées. — Quant aux pièces qui se graissent à la main, elles doivent l'être de façon à ne jamais laisser apparaître les indices mentionnés ci-dessus d'un lubrifiage mal dirigé.

Ajoutons enfin que, dans le cas d'échauffement, on lubrifie comme il est expliqué au n° 77₃, et que le palier de butée (n° 56₄), qui est très-sujet à cette sorte d'accident, se trouve très-bien d'un lubrifiage permanent à l'eau, quitte à remettre le graissage à l'huile quelques minutes avant l'arrêt définitif de la machine.

N° 77₅ Bruits divers et chocs. — Les bruits qui se produisent dans la machine se distinguent en *bruits normaux* et en *bruits accidentels*.

Parmi les *bruits normaux*, nous signalerons d'abord le bruit de trépidation des chaudières dû au tirage, les gargouillements qui s'y manifestent continuellement ; enfin le fouettement de l'eau par le propulseur surtout à bord des navires à roues. — Puis, vient le bruit de *souffle* produit par l'évacuation de la vapeur des cylindres aux condenseurs. — De leur côté, les clapets des diverses pompes donnent lieu, dans l'état régulier des choses, à des bruits intermittents et qui ressemblent à des claquements cadencés entendus dans le lointain.

— Les *bruits accidentels* sont dus à la présence d'eau dans les cylindres et aux chocs ou aux frottements exagérés dans les pièces mobiles. Quand ils se produisent, il faut immédiatement en trouver la cause, afin de se rendre compte de sa gravité et d'y remédier.

Lorsqu'il survient de l'eau dans les cylindres, à la suite soit de projections (n° 74₅), soit d'engorgement des condenseurs (n° 77₅), les bagues métalliques des pistons claquent avec force aux approches des bouts de course de ces organes. Il se manifeste en même temps un ébranlement général dans les pièces de transmission de mouvement. Mais l'eau qui jaillit à chaque instant par les soupapes de sûreté ne laisse aucun doute sur l'origine des effets précédents.

De leur côté, les chocs et les frottements exagérés dans les organes de transmission de mouvement se produisent avec des sons et des caractères particuliers ; et de plus, pour les chocs, à des moments déterminés de la rotation. Voici le résumé des causes de ces chocs, et les effets qu'ils produisent :

1° *L'usure des coussinets d'articulation ou de palier, ou des colliers d'excentrique, aussi bien du reste que leur serrage incomplet*, a pour conséquence de laisser trop de liberté à la pièce embrassée. Il s'ensuit qu'il y a choc à chaque changement de portage, c'est-à-dire à fin de course. Pour les pieds et têtes de bielle, ainsi que pour les paliers de l'arbre, il en résulte un bruit sourd accompagné d'un ébranlement plus ou moins violent se faisant ressentir dans les autres parties de la machine. — Dès qu'un choc de l'espèce que nous venons d'examiner se manifeste avec une certaine intensité, on ne doit pas hésiter à prévenir toute chance d'avarie en modifiant aussitôt le serrage de la partie où il existe, néanmoins on peut atténuer le choc par l'arrosage. — Lorsqu'au lieu des circonstances précédentes, *il existe au contraire un frottement exagéré dû à un serrage trop fort ou à un manque de graissage*, les pièces frottantes font entendre un *broulement* sans intermittence.

2° *Lorsqu'il y a desserrage des boulons de couronne d'un grand piston*, les garnitures métalliques ne se trouvent plus suffisamment tenues dans le sens de l'épaisseur de ce piston. Elles cèdent alors à l'action de la vapeur à chaque extrémité de course, et sont ainsi projetées contre la couronne ou contre le rebord du piston, selon le sens de l'arrivée de la vapeur. Le choc qui en résulte produit les mêmes vibrations que le choc dans les articulations. Il en est de même du *desserrage de la tige*. — On reconnaît que le choc est dans le cylindre et non dans les articulations, lorsqu'après avoir arrosé celles-ci à tour de rôle, on n'a pas fait disparaître le choc, ou que du moins on ne l'a pas fait diminuer d'une façon sensible. — En pareil cas, il faut stopper, et ouvrir le cylindre pour resserrer les vis de la couronne, ou l'écrou de la tige du piston. Si les vis de la couronne étaient rendues, on interposerait entre la couronne et la bague une bande circulaire en toile mince. Pour la tige du piston, on mettrait une cale sous l'écrou.

3° *Lorsque les garnitures métalliques d'un piston sont insuffisamment bandées*, elles éprouvent des effets de reploiement et de débandage qui les font battre contre les parois du cylindre vers chaque fin de course du piston. Il en résulte un claquement clair et métallique, mais sans communication de vibrations aux diverses pièces de transmission de mouvement. Les accidents de ce genre n'exposent pas à des avaries aussi graves que le précédent. Leur résultat le plus fâcheux consiste dans les fuites de vapeur qui en résultent (n° 77₄). — *Lorsque les garnitures de piston sont au contraire trop bandées ou mal graissées*, elles font entendre un broutement sans intermittence.

4° *La présence accidentelle d'un corps incompressible*, tel qu'une clef, une masse, un écrou, tombé sous une des pièces mobiles de la machine, détermine aussi des chocs importants à surveiller. Car, si le corps précité est trop volumineux ou trop résistant pour se rompre sous l'effort de la pièce qui vient le comprimer, il s'ensuit nécessairement la rupture de cette pièce, quelquefois même la destruction de tout l'appareil. Le stoppage immédiat de la machine (n° 82₂) est la première manœuvre à exécuter dès qu'on entend un bruit de nature à faire craindre de semblables accidents. — Un objet étranger oublié pendant une réparation dans un cylindre, une boîte à tiroir, un corps de pompe, etc., donne lieu aux mêmes effets ; mais on s'en aperçoit pendant le balancement de la machine. — En marche, un tampon de trou à sable sorti de son encastrement peut occasionner une avarie grave, en s'interposant entre le fond ou le couvercle et le piston à fin de course. Le choc est alors subit et violent ; il faut stopper immédiatement, ouvrir le cylindre pour s'assurer de son état et enlever le corps étranger.

5° *Lorsque, avec des roues, les pièces de fixation des aubes finissent par se desserrer*, ces pièces battent contre les rayons. Il en résulte un ferraillement de l'existence possible duquel il est bon d'être prévenu, afin d'en connaître la cause aussitôt qu'il se manifeste.

Échauffements et grippages. — Les échauffements se produisent dans les paliers et les articulations. Ils se révèlent le plus souvent à leur naissance par quelque *broutement* et par une odeur de graisse brûlée. On les constate d'ailleurs d'une manière certaine par l'application de la main sur la partie qui enveloppe l'endroit où ils existent. Voici les principales circonstances où ils se produisent, et comment on les combat :

1° *Un serrage trop fort* occasionne inévitablement un échauffement. — Si la température qui en résulte n'est pas assez élevée pour que la main ne puisse supporter la chaleur, on fait cesser l'échauffement en desserrant un peu le palier ou l'articulation, et en lubrifiant plus abondamment que de coutume pendant quelque temps.

2° Les surfaces en contact des pièces frottantes ne sont pas toujours dans un état de poli convenable. Elles présentent souvent des *rugosités*, qui proviennent d'ordinaire de grains d'une dureté supérieure à celle des parties environnantes, et qui finissent par produire un échauffement. — Cet échauffement cesse d'ordinaire avec un graissage convenable qui ramène, au bout de quelque temps, le poli des surfaces.

3° L'*ovalisation* de certaines soies, comme celles des pieds de bielle, qui ne forcent jamais qu'aux deux extrémités d'un même diamètre, rend la rotation de la pièce enveloppante très-dure, et par suite détermine un échauffement, dès qu'on veut maintenir le serrage de façon à éviter les chocs. — Il faut alors se hâter de remédier à l'ovalisation.

4° *Le défaut de graissage* est aussi une cause fréquente d'échauffement. Il se révèle du reste par les caractères qui lui sont inhérents et qui ont été exposés au n° 77₂. — On le prévient par des visites fréquentes aux godets de graissage.

5° *La dénivellation des pièces mobiles* entre elles ou par rapport aux parties fixes de la machine, est cause que le frottement s'exerce seulement sur une portion des surfaces en contact. Or, la même pression se trouvant répartie sur une étendue plus restreinte, détermine un échauffement qu'il n'y a moyen d'arrêter en marche qu'en laissant

un peu plus de jeu entre lesdites surfaces. — Pour prévenir l'effet
dont il s'agit, il est nécessaire de rectifier souvent pendant les repos,
le parallélisme des pièces.

6° *L'introduction dans les mouvements de corps durs en poussière,*
tels que sable, verre pilé, émeri, pierre ponce, etc., est encore l'origine
de nombreux échauffements et grippages ; car ces débris pénètrent
dans le métal des surfaces frottantes et les rendent rugueuses. — Si,
le genre d'échauffement qui nous occupe se déclare, on commence par
donner un peu de jeu au serrage, et l'on graisse ou l'on arrose à l'eau
abondamment, de façon que le liquide lubrifiant entraîne au dehors
les particules introduites entre les pièces frottantes.

— Lorsque, sous l'influence de l'une des causes précitées, l'échauffement a pris un développement tel, que la main supporte difficilement la température du métal, il faut recourir à d'autres expédients.
— Après avoir légèrement desserré le palier ou l'articulation, on peut
essayer de graisser avec du suif fondu introduit au moyen d'un godet
spécial dépourvu de porte-mèche et s'emmanchant à la place du
graisseur habituel. Lorsque le refroidissement commence, on cesse le
graissage au suif, et l'on reprend le lubrifiage ordinaire. Ou bien
encore, après avoir fermé le godet graisseur, on arrose légèrement les
parties échauffées avec de l'eau froide que l'on s'attache à faire pénétrer entre les surfaces en contact. Sous l'influence du mouvement de
ces surfaces, l'huile préalablement introduite se mélange à l'eau salée
et prend une consistance pâteuse qui adoucit le frottement. Toutefois,
on arrive plus sûrement au même résultat en introduisant par la
lumière, dont on retire préalablement la mèche, de l'eau savonneuse
ou un mélange d'huile et d'eau de mer battues ensemble.

Si les parties frottantes se grippent, ce qu'on reconnaît par les
débris de métal sortant avec l'huile de l'entre-deux des surfaces frottantes, il faut avoir recours au graissage à l'huile mélangée de *fleur
de soufre.* On introduit abondamment le liquide ainsi formé par la
lumière. Ce liquide étant d'une consistance légèrement pâteuse et
onctueuse et se mélangeant d'ailleurs avec la limaille produite par le
grippage, s'interpose entre les parties frottantes, et en remplit les
petites cavités. — Le frottement est de la sorte notablement adouci,
et le plus souvent l'échauffement diminue sensiblement. Dès qu'on a
obtenu ce résultat, on cesse le graissage à la fleur de soufre, et l'on
mêle à l'huile une petite quantité de plombagine, dont les propriétés
faiblement mordantes agissent pour redonner aux surfaces frottantes

le poli détruit par le grippage. Si le refroidissement continue toujours, on revient petit à petit au graissage ordinaire, en ayant soin de le tenir un peu abondant pendant quelque temps, et de veiller avec attention les pièces considérées.

Lorsque l'échauffement persiste et augmente même malgré l'emploi des moyens précédents, il devient nécessaire d'arroser l'articulation à grande eau surtout sur les joues. — S'il n'existe pas de système d'arrosage, on y supplée par le jet d'une pompe, ou, aux parties fixes, par l'application de fauberts mouillés. — Un échauffement qui n'est pas détruit par l'emploi de tels procédés nécessite d'abord le ralentissement de la vitesse, puis l'arrêt de la machine. On visite alors les endroits où l'accident s'est déclaré, et l'on répare s'il y a lieu les parties grippées ou rugueuses (n° 88₃). — Il importe de noter que lorsqu'il se produit un échauffement intense dans une articulation dont le coussinet est garni d'antifriction, il faut marcher doucement, pendant le temps nécessaire pour que l'échauffement ait diminué d'une façon très-sensible. Sans cette précaution, on s'exposerait à ce que l'antifriction se soude au tourillon au moment de l'arrêt.

N° 77₄ Fuites et rentrées d'air dans la machine; moyens de les reconnaître et d'y remédier. — Les fuites dans la machine proprement dite entraînent, plus encore que les fuites aux chaudières (n° 75₁), des pertes de puissance. Car, outre la déperdition de vapeur elle-même, il y a accroissement de la contre-pression (n° 27₁), ou, pour prévenir cet accroissement, augmentation de la quantité d'eau injectée et par suite du travail des pompes à air. De leur côté, les rentrées d'air accroissent aussi la contre-pression en nuisant au vide. — Voici le résumé des principaux cas de fuites et rentrées d'air dans la machine proprement dite :

1° *Fuites par les bagues des pistons à vapeur, par les barrettes des tiroirs, et par leurs garnitures* s'ils sont à compensateur, à dos percé ou en D. — Ces espèces de fuites se révèlent par le mauvais vide accusé aux condenseurs, accompagné d'une élévation de température de ces récipients. Ces indices ne disparaissent, si on ne remédie pas de suite à la cause même de la fuite, qu'en forçant l'injection plus que de coutume, eu égard à l'allure actuelle de la machine. — Les fuites par les bagues de piston proviennent de leur manque de bandage, ou de grippures à l'intérieur même du cylindre. — Celles par les barrettes du tiroir sont dues à des grippures sur leur face frottante et sur les bandes de cylindre, ou à une application trop faible contre ces mêmes bandes lorsqu'il y a un compensateur. — Les fuites par les garnitures mêmes du tiroir proviennent de ce que les parties du distributeur qui frottent contre elles sont grippées, ou de ce que ces garnitures ne sont pas assez serrées ou graissées. On fait disparaître ces fuites en graissant, puis en resserrant en douceur et bien carrément les garnitures. S'il s'agit d'un tiroir avec compensateur dont l'installation comporte un robinet spécial R, *fig.* 79 *du texte*, il suffit de le manœuvrer pour s'assurer s'il y a ou non fuite par le compensateur. Si ce robinet n'a pas de communication avec l'atmosphère, on peut encore reconnaître qu'il y a fuite par le compensateur, en écoutant si l'on n'entend pas un petit sifflement dans le tuyau qui va dudit robinet au condenseur.

Pour reconnaître si ce sont les barrettes du tiroir qui fuient, on place, le distributeur à boucher les deux orifices. Ce placement s'effectue en mettant d'abord la machine dans une position convenable, puis en manœuvrant la mise en train. Mais, il faut préalablement marquer un point de repère sur le té ou la traverse de la tige de tiroir, et un autre sur l'une des glissières de ce té, correspondant au milieu de course du premier, et par conséquent du distributeur. Une fois le tiroir placé à boucher ses orifices, on laisse la vapeur arriver dans sa boîte. Puis, on ouvre les robinets graisseurs ou purgeurs des deux extrémités du cylindre, et au besoin les deux soupapes de sûreté ; et s'il existe un compensateur, on en interrompt la communication avec le condenseur. On remarque alors s'il y a ou non de la vapeur qui sort du cylindre. Dans la première hypothèse, on est certain qu'il y a fuite aux barrettes, et on y remédie comme il est dit au n° 84₁.
—Lorsque, après cela, il reste quelque doute sur l'état étanche des garnitures du tiroir et des bagues du piston, ou dans la seconde hypothèse ci-dessus de non-échappement de vapeur, on continue son investigation comme il suit : Si le distributeur comporte des garnitures, on laisse le tiroir placé à mi-course et sa boîte en communication avec les chaudières. Puis, on observe si le condenseur s'échauffe ; si oui, on visite les garnitures et les parties du distributeur frottant contre elles ; et, suivant le cas, on renouvelle ces garnitures, ou on répare les parties frottantes (n° 84₁).

— Enfin, il reste à s'assurer de l'état étanche des bagues du piston. Voici comment on procède : On place le piston que l'on ne vérifie pas momentanément, à un de ses points morts, et on laisse la mise en train enclanchée. Les purges de l'autre cylindre étant fermées du côté de l'introduction, on ouvre les purges, ainsi que le robinet graisseur de l'autre bout du cylindre ; puis on ouvre légèrement la valve. On voit alors si la vapeur sort par les purges ou les robinets graisseurs ouverts. — Quant aux grippures qui peuvent exister dans le cylindre, on les reconnaît aisément en visitant cet organe.

2° *Fuites par les presse-étoupe de tige de piston à vapeur.* — Dans ce cas, il se produit, pendant que le piston s'éloigne du presse-étoupe, des déperditions de vapeur visibles d'elles-mêmes ; et, pendant qu'il s'en rapproche, des rentrées d'air qui se manifestent par un mauvais vide du condenseur sans élévation de sa température. — On remédie aux fuites qui nous occupent en resserrant les boulons du presse-étoupe ou en le rechargeant, à moins toutefois qu'elles ne soient dues à une déviation de la tige.

3° *Fuites par les presse-étoupe de tige de tiroir, et les soupapes de sûreté de cylindre.* — Ces fuites se révèlent d'elles-mêmes. — On remédie aux premières en resserrant les chapeaux des presse-étoupe. Pour les secondes, on soulève la soupape, et on tâche de nettoyer son pourtour et celui de son siége ; car la fuite tient le plus souvent à l'interposition d'un corps étranger et en particulier de graisse entre ces parties. Si on ne réussit pas ainsi, c'est que les surfaces portantes sont grippées, et il faut profiter du premier repos de la machine pour les roder.

4° *Fuites par les joints des couvercles ou fonds des cylindres et par des crevasses ou fêlures dans ces pièces et ces récipients, ainsi que dans les boîtes à tiroir, etc.* — Ces fuites se découvrent encore d'elles-mêmes, pour les parties qui contiennent la vapeur d'introduction. — Pour les parties qui contiennent toujours de la vapeur d'évacuation, telles que les boîtes des tiroirs en D, il se produit des rentrées d'air que l'on découvre en promenant la flamme d'une bougie sur les joints.

5° *Rentrées d'air aux condenseurs.* — Ces rentrées proviennent d'un reniflard reposant mal sur son siége, de joints imparfaits, de fêlures ou de crevasses dans les parois des récipients dont il s'agit. Elles se révèlent par un mauvais vide sans augmentation ni diminution de la température du condenseur. — Dès que ces rentrées d'air se manifestent, la première chose à faire est de visiter le reniflard et de s'assurer qu'il n'y a aucun corps d'interposé entre cette soupape et son siége, et que sa tige est libre dans la gaîne qui la dirige. Si tout est en bon état de ce côté, on recherche l'endroit exact où les fuites existent en promenant, devant les parties soupçonnées, la flamme d'une bougie. Cette flamme est vivement attirée dès qu'elle se présente en face de la fêlure. — Lorsque l'accident qui nous occupe se produit par un joint, on y remédie au moyen d'un calfatage. Mais lorsqu'il a lieu dans une paroi même, on fait usage, si la paroi est plane, de plaques de tôle fixées par des vis taraudées dans l'épaisseur du métal. Lorsque cette épaisseur est trop amincie, on maintient les placards obstructeurs avec des frettes, des chaînes ou même des torons qu'on trésillonne autour du condenseur, ou encore à l'aide d'épontilles dans le genre d'un fuseau à percer. Si la paroi avariée est courbe ou anguleuse, on a recours à des bandes de toile ou de feutre recouvertes de mastic et saisies à l'aide de torons comme il vient d'être dit. Enfin, si on veut procéder à une réparation radicale, on stoppe et on suit les indications du n° 85₁.

N° 77₅ Engorgement des condenseurs. — Un condenseur peut être engorgé jusqu'à être rempli complétement dans les circonstances suivantes :

1° L'injection est trop abondante pour que la pompe à air soit capable d'extraire entièrement l'eau de condensation.

2° Dans un arrêt, on a oublié de fermer momentanément le régulateur d'injection, ou, si ce régulateur fuit, le robinet de sûreté correspondant.

3° La pompe à air fonctionne mal, à cause du mauvais état ou serrage de la garniture de son piston, ou de son presse-étoupe, ou encore par suite de la rupture d'un ou plusieurs de ses clapets.

Quelle que soit la cause de l'accident dont il s'agit, il en résulte toujours un mauvais vide accompagné d'un abaissement de température, principalement dans le bas. Cet accident expose à ce que l'eau envahisse le cylindre correspondant et qu'elle gêne ensuite le mouvement du grand piston. — Au repos, et s'il y a un reniflard, l'engorgement d'un condenseur se manifeste par un écoulement d'eau dans la cale à travers cette soupape. — Quand c'est en marche, que le condenseur est engorgé, on doit fermer l'injection. Puis, on continue à fonctionner : le condenseur se réchauffe graduellement ; et en se remettant à injecter, on parvient à rendre aux fonctions de l'appareil leur état normal.

— Si l'accident provient du mauvais état ou serrage de la garniture de la pompe à air, ou de la rupture d'un ou plusieurs clapets de piston ou de pied, il se reproduira bientôt ; et dans ce cas, il n'y a plus

moyen de continuer à marcher qu'après avoir remédié aux dérangements survenus (n° 86$_2$).

Obstruction des organes d'injection. — Cette obstruction
peut se produire : — 1° aux crépines des prises d'eau d'injection, à la
suite d'un échouage sur la vase ; — 2° aux mêmes crépines dans les
parages où il y a beaucoup d'herbes marines, de corps flottants entre
deux eaux, tels qu'étoupes, copeaux, morceaux de toile, etc., car ces
matières vont se coller contre lesdites crépines sous l'action de l'aspiration des condenseurs ; — 3° à l'intérieur des tuyaux d'injection, lors
de froids assez vifs pour geler l'eau qui séjourne d'ordinaire au mouillage dans ces tuyaux.

Pour parer à une semblable obstruction, on commence par caler
le reniflard correspondant, et fermer l'obturateur de décharge. Puis,
après avoir ouvert le régulateur, ainsi que le robinet de sûreté d'injection, on introduit, par la soupape de purge ou par la manœuvre à
bras du tiroir, de la vapeur dans le condenseur. Cette vapeur remplit
ce récipient et la bâche ; et n'ayant d'issue que par le tuyau d'injection, elle tend à fondre l'eau gelée ou à chasser ce qui est collé
contre le débouché dudit tuyau. Toutefois, lorsque ce sont des herbes,
elles peuvent ne faire que se soulever comme un clapet, et reproduire
l'obstruction dès que le vide est rétabli. — Quoiqu'il en soit, on reconnaît que le tuyau d'injection est dégagé en interrompant l'arrivée de
la vapeur au condenseur, et en voyant s'il se produit aussitôt dans
ce tuyau un refroidissement allant de la muraille du navire à son intérieur.

Quand l'opération que nous venons d'expliquer ne réussit pas, on
tâche de frotter la crépine avec une gratte mise au bout d'un long
manche ou avec un goret ; ou au besoin on la visite à l'aide d'un scaphandre. Mais quand on est pressé, ou que les procédés précédents
n'aboutissent pas ou ne peuvent pas être employés, on a recours à
l'injection de cale s'il y en a. On fait alors arriver, à l'aide d'un robinet de chauffeur ou de tout autre en communication avec la mer,
l'eau de l'extérieur dans un batardeau installé à la prise d'eau d'injection à la cale. — S'il n'y a pas d'injection de cale, on fonctionne
sans condensation (n° 85$_3$). Ou bien on coupe le tuyau ordinaire d'injection, et on le fait communiquer au moyen d'un manche d'aspiration de pompe, avec une prise d'eau quelconque dont on enlève un
bout de tuyau.

N° 78₁ Précautions générales à prendre dans tout l'appareil pendant la marche. — La surveillance aux chaudières doit porter sur les points suivants :

1° CHAUFFAGE. — Faire arriver des soutes le charbon en quantité suffisante, et veiller à ce que les diverses qualités soient mélangées dans les proportions convenables, s'il y a lieu. — Ne pas laisser disperser le charbon sur le parquet devant les portes des cendriers, ni le mêler aux escarbilles. — Le mesurer exactement et le casser de la grosseur convenable. Le mouiller légèrement s'il est trop menu. — Faire des rondes dans les soutes ; et s'assurer qu'il y a bien le nombre d'hommes voulu pour le travail, que le charbon est pris également des deux bords et dans les endroits désignés. Voir aussi si les précautions prescrites contre l'incendie y sont bien observées, et s'il n'y a pas commencement de fermentation faisant craindre une combustion spontanée (n° 97₂). — Porter une attention constante aux accidents de feu susceptibles de se produire à la suite du nettoyage des fourneaux, ou du contact accidentel des outils de chauffe, à leur sortie des foyers, avec des matières inflammables, ou encore par l'ignition des enveloppes de chaudière en bois ou en feutre. — Se reporter, pour la conduite et l'entretien des feux, ainsi que pour le nettoyage des grilles et des tubes, la suppression ou l'allumage occasionnel d'un corps de chaudière, l'aveuglement des fuites, le tamponnage des tubes, etc., aux n°ˢ 67₄ ₑₜ ₅, 68₁ ₑₜ ₂, 73₅, 75₁ ₑₜ ₂ et 92₂. — Veiller à la bonne disposition des appels d'air dans la machine. Régler, s'il y a lieu, le tirage artificiel selon les besoins de la chauffe. S'assurer du bon ridage des haubans de cheminée ; s'ils sont en corde et chaîne, les mollir légèrement quand il pleut ; et dans tous les cas ne pas tenir trop raides ceux de l'avant s'il y a du tangage. — Lors d'ébullitions ou de projections d'eau, observer les prescriptions du n° 74₂ ₑₜ ₄.

2° NIVEAUX D'EAU. — Maintenir leur hauteur dans les limites convenables (n° 69₁ ₑₜ ₂), et s'assurer qu'aucune cause ne tend à fausser les indications des appareils qui les accusent (n° 63₅). — Quels que soient les motifs qui puissent distraire son attention, le mécanicien chef de feux ne doit jamais rester plus de trois minutes sans consulter ces appareils.

3° ALIMENTATION. — Avoir toujours les appareils auxiliaires d'alimentation prêts à être mis en action. — Diriger la fonction dont il s'agit de façon à satisfaire aux obligations relatives aux niveaux. — S'assurer, par le contact de la main sur la partie du tuyau d'alimentation la plus voisine des chaudières, comment elle s'accomplit. Si elle s'accomplit bien, la température à cet endroit doit être à peu près la même que celle de l'eau des bâches. — Sinon, on s'en aperçoit bientôt à la rapidité avec laquelle le niveau baisse. Dans ce cas, on opère comme il est dit au n° 69$_{2\ et\ 3}$.

4° EXTRACTIONS. — Consulter souvent les indications du pèse-sels, et diriger les extractions d'après ces indications (n° 72$_2$). — S'il y a des extractions à la main, s'en servir très-régulièrement d'heure en heure, et vérifier avec soin, pendant leur non-fonctionnement, la fermeture de leurs robinets et de leurs prises d'eau. Visiter l'état des presse-étoupe de ces robinets.

5° PRESSION. — S'assurer du bon fonctionnement des manomètres. — Maintenir la pression au chiffre voulu avec le moins de variation possible (n° 75$_1$). — Examiner si les soupapes de sûreté ne fuient pas, et purger leurs boîtes.

6° FUITES DANS LES CHAUDIÈRES. — Se rendre compte de l'existence et de la gravité de ces fuites. Examiner avec soin les modifications qu'elles subissent d'elles-mêmes, ainsi qu'à la suite des moyens employés pour y remédier (n° 75$_{1\ et\ 2}$). — Surveiller les tubes tamponnés.

7° REMISE DU QUART AUX CHAUDIÈRES. — Au moment de quitter le quart, l'agent chef des feux se livre avec son successeur, en même temps du reste que le mécanicien chef de quart en fait autant avec celui qui le remplace, à l'examen suivant : aptitude des robinets de chauffeur à fonctionner pour éteindre tout commencement d'incendie ; ordres de service relatifs au chauffage ; désignation des chaudières en fonction ; nombre de fourneaux allumés et indication de ceux où on brûle des escarbilles ; temps depuis lequel les divers foyers et leurs tubes ont été décrassés ; — point où en est le charbon dans les soutes et nombre d'hommes employés à l'apporter près des foyers ; — niveaux d'eau ; alimentation ; bon état des petits chevaux ; degré de concentration de l'eau dans les divers corps, ordres relatifs à ce sujet ; degrés d'ouverture des robinets d'extraction continue ; tour de rôle dans lequel doivent être pratiquées aux diverses chaudières les extractions à la main, s'il en existe, et heures auxquelles elles ont été effectuées en dernier lieu ; — bon fonctionnement des manomètres et des soupapes de sûreté ; — ébullitions, projections d'eau et fuites qui se sont produites pendant le quart, et expédients employés pour les combattre ; — nombre et position des tubes tamponnés.

— De son côté, la surveillance de l'appareil moteur lui-même comporte les investigations ci-après :

1° Distribution de vapeur. — Vérifier si l'ouverture de la valve de vapeur est celle qui convient pour le régime adopté (n° 76₃), et si son organe de manœuvre à la main est bien fixé. — Voir si les cames ou excentriques de détente fournissent l'introduction voulue et d'ailleurs égale à chaque cylindre. — S'assurer que les compensateurs ou les garnitures de tiroir, s'il y en a, ont le serrage convenable. — Voir si les boîtes de distribution ne sont pas engorgées par de l'eau, et les purger si c'est nécessaire. — Examiner si les soupapes de sûreté de cylindre ne donnent lieu ni à des fuites de vapeur ni à des rentrées d'air.

2° Condensation. — Empêcher l'ouverture des régulateurs d'injection de varier accidentellement. — S'assurer fréquemment si le vide est bon. Se rendre compte au surplus de la manière dont se fait l'injection, en se guidant pour cela sur les indications déjà mentionnées au n° 76₃. — Lorsque d'ailleurs le vide n'est pas satisfaisant, vérifier si aucune fuite ni rentrée d'air ne se produit aux condenseurs (n° 77₄), s'ils ne s'engorgent pas d'eau, si les injections ne s'obstruent pas (n° 77₅), ou si leurs robinets de sûreté ne se trouvent pas fermés indûment, enfin si les reniflards et les soupapes de purge portent bien sur leurs siéges.

3° Mouvements. — Se tenir constamment aux écoutes pour s'assurer que la machine fonctionne sans chocs et sans bruits inaccoutumés. Si pareille circonstance se produit, chercher à s'en rendre compte aussitôt d'après la connaissance intime qu'on doit avoir de son appareil, et prendre ses mesures pour y remédier. — Surveiller le serrage, le graissage et les échauffements, en faisant, à chaque quart, plusieurs rondes générales dans la machine, et en suivant pour cette investigation les recommandations du n° 77₁,₂ et ₃. — Voir, entre autres, si les chauffeurs ne gaspillent pas l'huile ; si les robinets d'arrosage sont en état de fonctionner au premier instant ; si les clavettes ou écrous de serrage ont leurs freins bien en place.

4° JOINTS ET GARNITURES. — S'assurer de l'état des divers joints et garnitures de la machine. Exercer cette surveillance principalement aux endroits susceptibles de donner lieu à des fuites de vapeur ou à des rentrées d'air, tels qu'aux garnitures des tiroirs, aux presse-étoupe de leurs tiges et à ceux des tiges de grand piston et des tourillons de cylindre oscillant, et aux divers joints des condenseurs. — Dès le premier soupçon de pareille circonstance, se conformer aux indications du n° 77₄.

5° LIGNE D'ARBRES ET PROPULSEUR. — Surveiller les mouvements de la ligne d'arbres, comme il a été dit pour ceux de la machine en 3° ci-dessus. — Porter une attention toute particulière aux paliers de butée, aux manchons de jonction, à l'embrayeur et surtout au presse-étoupe arrière, afin de s'apercevoir immédiatement de toute fuite considérable qui viendrait à s'y déclarer. — Prêter l'oreille aux bruits accidentels susceptibles de se produire à l'hélice. — Avec des roues, observer de temps à autre si l'on n'entend pas le bruit de ferraillement signalé au n° 77₃, à la suite du desserrage des pièces de fixation d'une ou de plusieurs pales, et surveiller d'une manière spéciale le graissage des paliers extérieurs de ces propulseurs.

6° POMPES. — Veiller à ce que le tuyau d'aspiration et les différents joints des boîtes à clapets soient bien étanches ainsi que le presse étoupe du piston. — S'assurer du bon fonctionnement des pompes, que l'on reconnaît d'abord aux battements des clapets. En second lieu, le mauvais fonctionnement d'une pompe alimentaire se reconnaît à l'insuffisance de l'alimentation ; celui d'une pompe à air se reconnaît au mauvais vide dans le condenseur. Pour les pompes de cale, on entend le mouvement de l'eau dans les tuyaux de refoulement. S'il n'y a qu'un mouvement de montée, la pompe fonctionne bien. S'il y a alternativement montée et descente, ou si l'on n'entend rien, la pompe fonctionne mal. Lorsque les pompes de cale sont munies d'un robinet à air (n° 64₂), il suffit, pour étudier leur fonctionnement, d'ouvrir très-légèrement ce robinet et d'observer ce qui s'y passe suivant les diverses phases du jeu du piston. Il va de soi d'ailleurs qu'avec ces pompes, il faut visiter souvent leur crépine d'aspiration. En outre, dès que la cale est asséchée, on empêche sa boue de les engorger soit en les déclanchant, soit en ouvrant leur robinet d'air, s'il en existe un, soit enfin, au besoin, en laissant arriver un peu d'eau dans le fond du navire. — Ajoutons que dans une navigation au milieu d'une eau chargée de sable, il faut veiller avec attention si les pistons des pompes à air et alimentaires ne butent pas contre leurs fonds ; car il est alors à craindre qu'il ne se dépose dans ces fonds du sable provenant de l'eau d'injection.

7° NETTOYAGE DE LA CALE. — Veiller à ce que la cale soit toujours propre et n'émette pas de mauvaise odeur. — A cet effet, y faire arriver de l'eau par les robinets de chauffeur et à l'aide d'une petite manche la conduisant sous le parquet ; puis faire pomper cette eau par les diverses pompes d'exhaustion. — Renouveler cette opération deux fois par jour quand la cale est propre, et une fois par quart quand elle est sujette à sentir mauvais. Et même, si on a laissé se produire une odeur nauséabonde, répéter la manœuvre précédente jusqu'à ce que cette odeur ait disparu. — Lorsqu'il y a du suif ou de l'huile de répandue, employer pour le lavage qui nous occupe de l'eau chaude, obtenue en ouvrant légèrement un robinet de vidange de chaudière.

8° MANŒUVRES. — Nous avons expliqué en détail, au n° 76, les diverses manœuvres qu'on est appelé à exécuter dans l'appareil moteur. — Il nous reste à rappeler ici, à ce sujet, que le mécanicien chef de quart ne doit, sous aucun prétexte, quitter la chambre des machines, sans s'être fait remplacer par un de ses collègues ou, en cas de force majeure, par l'homme le plus capable dont il dispose. Il se tient, autant que possible, à proximité des mises en marche et de la valve de vapeur, prêt à exécuter toute espèce de mouvement, soit que l'ordre lui en vienne du pont, soit qu'il le juge nécessaire pour la sécurité de la machine. Dans ce dernier cas, il se conforme aux indications du n° 82₂, s'il y a lieu de stopper immédiatement pour cause d'avaries, ou à la suite d'un bruit ou d'un choc faisant craindre un accident. Ajoutons qu'il stoppe encore de lui-même, entre autres, lorsqu'un homme se trouve pris dans les pièces mobiles. — Le mécanicien chef de quart ralentit, sans ordre, la vitesse de la machine et se tient prêt à stopper : lors d'accidents, de bruits ou de chocs n'offrant pas de chances d'avarie imminentes, et aussi lorsqu'il se produit une ébullition violente aux chaudières ou une projection d'eau dans les cylindres. — Enfin, il demande sur le pont à diminuer la marche ou à stopper selon les circonstances, s'il s'agit d'un serrage à retoucher ou d'un échauffement persistant. — Il demande encore à ralentir lorsque, dans le gros temps, le navire fuyant vent arrière, la machine est sujette à s'emporter par saccades à la suite des émersions du propulseur. — Lors des deux manœuvres dont nous venons de parler, le mécanicien chef de quart prévient immédiatement sur le pont, s'il les a entreprises de lui-même. Il avertit d'ailleurs le chef des feux afin qu'il prenne aux chaudières toutes les mesures relatives à un temps d'arrêt ou à un ralentissement de marche sous vapeur (n° 67₅).

9° BATIS ET PLAQUES DE FONDATION. —S'assurer, surtout de gros temps, que les liaisons de ces pièces entre elles et avec les carlingues du navire ne jouent pas. — Resserrer, s'il y a lieu, les écrous, et enfin avoir recours, au besoin, aux consolidations indiquées au n° 88₄.

10° ACCESSOIRES. — Veiller à ce que les fontaines et burettes à huile, bouilloires à suif soient maintenues propres et convenablement remplies (n° 77₂). — Dans la consommation des matières grasses, commencer par celles qui restent des approvisionnements antérieurs ou qui sont susceptibles de donner de mauvaises odeurs. — Tenir la main à ce qu'il ne soit suspendu dans la chambre des machines, ni placé près des articulations de l'appareil, aucun corps qui, par sa chute ou son dérangement, serait susceptible d'occasionner des avaries. — S'assurer que tous les objets de menue réparation et les outils dont il est parlé au n° 76₁ aux préparatifs de départ, sont en quantité suffisante et dans les endroits désignés. — Visiter de temps à autre le porte-voix de commandement et le porteur d'ordres, qui va du pont à la chambre des machines. — Tenir toujours convenablement éclairée cette chambre, et plus particulièrement les endroits où fonctionnent les pièces mobiles ou qu'occupent les manomètres et les appareils de niveaux d'eau. — Veiller à ce qu'on n'approche aucune lumière des vases qui contiennent des matières grasses. — Une demi-heure avant la fin de chaque quart, faire balayer devant la machine et devant les chaudières, et essuyer les pièces accessibles ainsi que les mains-courantes, etc. — Écrire, à la fin de chaque heure, les indications correspondantes aux diverses colonnes du bulletin de quart (n° 79₅). Transcrire à la fin du quart tous ces renseignements sur le casernet de la machine.

11° REMISE DU QUART DANS LA MACHINE. — Au moment de quitter son service, le mécanicien chef de quart se livre avec son successeur d'abord à l'examen de ce qui concerne les chaudières, comme il a été dit plus haut. Puis, il procède avec lui à la ronde générale dont il est parlé en 3° ci-dessus, en examinant particulièrement, si le propulseur est une hélice, la butée, le presse-étoupe arrière et le vireur. Il le met en même temps au courant de tous les ordres de service qui concernent l'appareil moteur et son régime : tel que la vitesse de rotation, le degré de détente, la pression, etc. Il lui signale ensuite les accidents, comme les échauffements, grippages, fuites, chocs, etc., qui ont eu lieu pendant son quart. Il lui explique aussi les moyens qui ont été employés jusqu'ici pour y remédier, et lui fait part de l'opportunité qu'il y a de les continuer ou de les cesser. Il l'informe ensuite de la quantité de matières grasses en approvisionnement dans la machine. — Enfin, il rend compte au mécanicien chargé, des circonstances exceptionnelles qui ont pu se produire pendant son quart.

N° 78₂ Précautions à prendre dans tout appareil avant et après l'arrivée. — Ces précautions se résument ainsi :

1° Quelque temps avant le moment probable de l'arrivée, fermer les portes des soutes à charbon, en ne laissant dehors que la quantité de combustible que l'on suppose nécessaire pour atteindre le mouillage. — Maintenir élevé le niveau aux chaudières. — Faire jeter toutes les escarbilles à la mer.

2° Supprimer le lubrifiage à l'eau où il existe, et rétablir le graissage ordinaire (n° 77₂). — Supprimer l'introduction de l'eau qu'on laisse arriver pour laver toujours un peu la cale.

3° Au commandement de *Bas les feux*, mettre l'appareil dans la position la plus favorable aux démontages que l'on peut avoir à exécuter. Puis, agir comme il est expliqué au n° 76₅ pour le cas d'un stoppage qui doit se prolonger. Ne pas oublier d'ailleurs de serrer le frein de l'hélice ou de bosser les roues, surtout s'il y a du courant ou qu'on ait besoin de travailler dans la machine.

4° Cela fait, suivre pour l'appareil évaporatoire toutes les prescriptions des nᵒˢ 68₂ et 75₄ relatives à l'extinction des feux et aux soins à donner aux chaudières ; aussitôt après cette opération, faire, en suivant d'ailleurs les ordres donnés à ce sujet, l'essuyage général de toutes les pièces mobiles et de la charpente de la machine pendant que ces pièces sont encore chaudes. Dans cet essuyage, ne pas oublier surtout la partie taraudée des boulons qui excède les écrous ; sans quoi, il s'y forme un mastic tellement adhérent au métal, qu'il finit souvent par rendre impossible tout mouvement de ces derniers. — Vider les condenseurs de l'eau qu'ils contiennent. Profiter de la vapeur pour en introduire dans les condenseurs afin de faire fondre les graisses. Ouvrir les robinets de purge des cylindres, des boîtes à tiroir et des tuyaux de vapeur. Enfin, faciliter par tous les moyens possibles l'écoulement de l'eau contenue dans les divers récipients ou le tuyautage. On évite ainsi leur oxydation et on ne les expose pas aux chances de rupture qui, dans les pays froids, pourraient se produire par suite de la congélation de l'eau. Mettre un peu d'huile et de suif dans les cylindres dès qu'ils sont désséchés, afin que ces matières s'y répandent pendant qu'ils sont encore chauds. — Vider les graisseurs, enlever leurs mèches, boucher leurs lumières, fermer leurs couvercles et placer des tresses préservatrices aux articulations, aux passages des tiges de piston ou autres, autour de leurs presse-étoupe, et en général partout où il serait nuisible de laisser s'introduire de la poussière. — Resserrer le presse-étoupe de l'hélice. — En même temps qu'on exécute toutes les prescriptions précédentes, passer une visite générale de tout l'appareil et du propulseur, afin de connaître les avaries ou dérangements qui peuvent exister. — A la suite de cette visite, refaire les joints et recharger les presse-étoupe qui en ont besoin : la chaleur qui existe encore ramollissant les tresses, celles-ci se compriment plus facilement, et la garniture se trouve mieux faite. — Enfin, pour les autres dérangements et avaries à réparer, se reporter au n° 82₁.

N° 78₅ Moyens d'utiliser l'appareil en cas d'incendie ou de voie d'eau. — Le tuyau de refoulement des petits chevaux ou des pompes à 4 fins, se trouve disposé pour recevoir des manches permettant d'arroser les endroits où il viendrait à se déclarer un incendie. — Pour projeter de l'eau sur les endroits précités, on fait marcher les petits chevaux à la vapeur, si les feux sont en activité ; sinon, on allume, au besoin, un corps de chaudière. — Nous savons du reste (n° 59₁) que, pour le cas de combustion dans les soutes à charbon (n° 97₅), il existe réglementairement aujourd'hui un petit tuyau à double embranchement qui prend sur le tuyau de vapeur ou sur la chaudière et se trouve installé à demeure. En cas d'incendie, il faut diminuer la vitesse de la machine, afin d'employer la vapeur en excès à combattre l'accident à l'aide des petits chevaux ou de jets directs de ce fluide.

D'autre part, lors d'une voie d'eau considérable, le fonctionnement même de la machine peut aider puissamment les pompes d'exhaustion ordinaires du bord, les pompes de cale et les petits chevaux, dont on devra d'ailleurs s'attacher à prévenir l'obstruction des crépines. Il suffit pour cela de fermer les injections à la mer et de se servir des injections de cale. Si le condenseur s'engorge, on ferme momentanément ces dernières injections. S'il n'existait pas d'injections de cale, on aurait recours aux reniflards maintenus ouverts ; ou encore on se servirait des injections ordinaires, disposées ainsi qu'il est expliqué à la fin du n° 77₃. — On devra d'ailleurs, si les circonstances l'exigent, accélérer la rotation de l'appareil. — Dans le cas d'un condenseur à surface, on ferait aspirer la pompe de circulation à la cale.

Si, à la suite d'une circonstance quelconque, telle qu'un échouage, la machine devait être maintenue stoppée, il y aurait encore possibilité d'utiliser celle-ci pour combattre la voie d'eau, tout en continuant du reste à avoir recours aux petits chevaux mus par la vapeur, et à toutes les pompes d'exhaustion manœuvrées à bras. A cet effet, on purgerait les condenseurs, après avoir calé les reniflards. Puis, on ouvrirait les injections à la cale, et quand l'eau cesserait d'entrer dans les récipients précédents, on fermerait ces injections, et on purgerait de nouveau. On chasserait ainsi, à travers les clapets de pompe à air et les tuyaux de décharge, tout le liquide qui aurait été aspiré. On continuerait alors, tant qu'il en serait besoin, une pareille suite de purges et d'ouvertures d'injections de cale. S'il n'y avait pas de ces injections, on les remplacerait par les reniflards, maintenus successivement ouverts et fermés.

N° 79. — 1. Précautions à prendre avant, pendant et après le combat. — 2. Distribution du personnel dans l'appareillage, le mouillage, la navigation et le combat. — 3. Remplir le bulletin de quart d'après les données de la machine et de la marche du bâtiment.

N° 79₁ Précautions à prendre avant, pendant et après le combat. — Avant le combat :

S'assurer que chaque agent de la machine occupe le poste qui lui est assigné par le rôle de combat (n° 79₂), et qu'il connaît bien les fonctions qu'il doit remplir. — Faire une visite générale dans tout l'appareil. — Disposer à portée les outils dont on peut avoir besoin pour un démontage. — Préparer du minium, du blanc de céruse, de la toile et de la ligne pour faire des roustures sur les tuyaux qui pourraient être crevés.

— Avoir des coins en bois exactement de la forme des orifices des cylindres, afin de pouvoir boucher ces orifices, s'il fallait transformer la machine en machine atmosphérique (n° 83₃). — Aviser à un moyen rapide pour fonctionner au besoin sans condensation.

—Déboucher les anguillères et bien nettoyer les crépines de pompe de cale. — Disposer la pompe de cale supplémentaire si elle existe. — Visser les manches d'incendie sur le tuyau de refoulement du petit cheval.

— Renouveler l'huile des godets et s'assurer du fonctionnement des arroseurs. — Allumer toutes les lampes dont on dispose, soit pour bien éclairer toutes les parties de la machine, soit en prévision de l'obstruction du panneau qui donne du jour. — Enlever les claires-voies des panneaux de la machine et les remplacer par des filets, afin d'empêcher les débris de tomber dans les mouvements.

— Allumer tous les corps de chaudière qui ne le sont pas, et tenir les feux en pleine activité. — Accumuler le plus possible de charbon à l'entrée des soutes ou dans l'entre-deux des fourneaux. — Doubler les haubans de la cheminée. — Préparer des morceaux de bois frottés de suif ou trempés dans du goudron, afin de pouvoir, à un moment donné, ranimer les feux et leur donner une très-grande activité. — Dégager tous les passages qui amènent l'air dans la chaufferie, et s'assurer du fonctionnement du jet de vapeur dans la cheminée, si l'installation existe. — Si le haut des chaudières dépasse le pont, l'entourer de hamacs ou de sacs remplis de charbon, de façon à former tout autour une sorte de blindage.

Pendant le combat. — Tous les hommes conservent scrupuleusement leurs postes, et se tiennent prêts à exécuter les commandements. — Être préparé à tout changement de marche, et par conséquent avoir les détentes variables déclanchées. — Régler l'intensité des feux pour la vitesse commandée, au moyen des portes de cendrier que l'on tient plus ou moins ouvertes; mais avoir une forte couche de charbon sur les grilles, de manière à pouvoir donner rapidement aux feux une très-grande activité. Employer au besoin pour ce dernier cas, les morceaux de bois préparés dont il est parlé ci-dessus. — Ouvrir les arroseurs des principales articulations de la machine, afin de prévenir les échauffements, et exercer une surveillance très-active sur tous les mouvements.

En cas d'avarie, avoir recours à tous les moyens pour continuer de se servir de la machine. Si par exemple, un corps de chaudière est avarié, l'isoler immédiatement en fermant la soupape d'arrêt, et y faire tomber la pression. En même temps, continuer à fonctionner avec les autres corps en poussant leurs feux très-activement. S'il n'y a qu'un corps de chaudière, et que l'avarie porte uniquement sur le coffre à vapeur, continuer de fonctionner en laissant tomber la pression; puis quand cette pression est assez faible, essayer de boucher le trou au moyen d'un placard épontillé, et fonctionner ensuite avec une pression modérée. — En cas d'avarie dans la machine, disposer rapidement l'appareil pour fonctionner avec un seul cylindre (n° 85$_3$), ou pour faire fonctionner un cylindre comme machine atmosphérique, ou enfin, suivant le cas, pour fonctionner sans condensation. — Pour les propulseurs, il n'y a pas lieu de s'occuper momentanément d'une avarie ; une roue entièrement brisée, ne fait pas perdre beaucoup de la vitesse ; il en est de même d'une aile d'hélice brisée.

APRÈS LE COMBAT. — Faire une visite générale de tout l'appareil, et procéder à la réparation des avaries les plus urgentes qui pourraient empêcher de regagner un port.

Si l'on était obligé de se rendre à l'ennemi, mettre l'appareil hors d'état de servir. A cet effet, si la machine est oscillante, introduire un bloc de bois dur entre un des cylindres et la plaque de fondation : en mettant en marche, les tiges de piston se trouveront faussées. — Avec les machines horizontales, défoncer les cylindres en plaçant de gros morceaux de bois soit sur les presse-étoupe pour les machines à bielle directe, soit directement sur les couvercles pour les machines à bielle en retour et à fourreau. Dans le premier cas, la traverse défoncera le couvercle du cylindre ; dans le second, ce sera la manivelle. S'il reste assez de temps, on pourra fêler les cylindres en les battant avec la panne d'un marteau à frapper devant.

Pour les chaudières, les vider complétement en gardant les feux en train, et en ayant soin de bien fermer les alimentations et les communications avec la mer, pour éviter le retour d'eau et par suite une explosion fulminante. Dans un quart d'heure, l'appareil évaporatoire sera mis hors de service.

N° 79$_2$ Distribution du personnel pour l'appareillage, le mouillage, la navigation et le combat. — Les postes d'appareillage et de mouillage sont généralement les mêmes que le poste de combat. Il n'y a par suite qu'à former trois rôles pour le personnel de la machine ; 1° *le rôle de propreté*; 2° *le rôle des quarts à la mer*; 3° *le rôle de combat.* Le tableau ci-après donne pour ces trois cas la répartition du personnel de la machine, pour un appareil de 100 à 140 chevaux qu'un second maître mécanicien peut être *appelé* à diriger, mais qui est actuellement confié à un maître mécanicien.

N° 79$_3$ Remplir le bulletin de quart d'après les données de la machine et de la marche du bâtiment. — Trois casernets de couleurs différentes, l'un blanc, l'autre rose et le troisième chamois, sont affectés à la redaction du journal de la machine. Chacun de ces casernets est tenu par le chef de quart. Le blanc est réservé au

DISTRIBUTION DU PERSONNEL D'UNE MACHINE COMPOUND DE 100 A 149 CHEVAUX.

Personnel : 1 maître chargé, — 1 second-maître, — 2 quartiers-maîtres, — 6 ouvriers chauffeurs, — 6 matelots chauffeurs, — 6 soutiers.

APPAREILLAGE, MOUILLAGE ET BRANLE-BAS DE COMBAT.		PROPRETÉ.		NAVIGATION.
Le maître chargé. . . .	commande partout.			par quart, à trois quarts.
1 second-maître. . . .	surveillance générale de la machine, mise en train et valve de vapeur.	1 second-maître	machine.	——————
		1 quartier-maître. . . .	chaufferie.	1 second-maître ou 1 quartier-maître chef de quart. Surveillance de la machine et de la chaufferie.
1 quartier-maître . . .	surveillance spéciale des mouvements de la machine et de la ligne d'arbres.	1 quartier-maître. . . .	magasin, établi, forge et extérieur.	
1 quartier-maître . . .	surveillance générale de la chaufferie et des soutes.	1 ouvrier chauffeur . . .	machine avant.	1 ouvrier chauffeur-graisseur et lampiste.
		1 ouvrier chauffeur . . .	machine arrière.	
1 ouvrier chauffeur. . .	Porte-voix et mise en train.	1 ouvrier chauffeur . . .	magasin et ligne d'arbres.	1 ouvrier chauffeur. . . ⎰ devant
1 ouvrier chauffeur . . .	graisseur et lampiste.			2 matelots chauffeurs. . ⎱ les feux.
3 ouvriers chauffeurs . .	devant les feux.	2 ouvriers chauffeurs . .	chaufferie.	
1 ouvrier chauffeur.. . .	Petits chevaux et manches d'incendie.	1 ouvrier chauffeur . . .	Etabli, forge et extérieur.	3 soutiers, faisant le quart par bordée.
2 soutiers..	transport du charbon.			

premier quart, le rose au deuxième et le chamois au troisième quart. Le recto de chaque page est divisé en deux parties dans le sens de la hauteur, et sert pour deux quarts ou pour un jour. Dans le sens de la largeur, chaque page est divisée en deux parties ; l'une fait souche et l'autre se détache en bulletin. A la fin de chaque quart, le bulletin et la souche sont remplis de chiffres identiques par le chef de quart de la machine, et ce dernier fait remettre le bulletin à l'officier de quart. — Chaque casernet contient 200 pages et suffit pour un semestre. Le casernet de quart est tenu au mouillage comme à la mer.

Le modèle ci-joint représente un bulletin de quart.

Le bulletin de quart se remplit d'après les données de la machine et de la marche du bâtiment. Ce dernier marche à *grande vitesse*, à *moyenne vitesse*, ou à *petite vitesse*. — D'autre part, la machine peut fonctionner comme moteur *auxiliaire*.

En désignant par V la vitesse obtenue aux essais, on a :

$$
\begin{aligned}
&\text{Grande vitesse en service courant.} \ldots \ldots & V_g = 0{,}90\ V \\
&\text{Moyenne vitesse} \quad d^o \ldots \ldots & V_m = 0{,}75\ V \\
&\text{Petite vitesse} \quad d^o \ldots \ldots & V_p = 0{,}60\ V
\end{aligned}
$$

Ainsi pour un bâtiment qui aurait filé 10 nœuds à ses essais :

$$
\begin{aligned}
&\text{Le maximum de la grande vitesse en service courant serait} & 10 \times 0{,}90 = 9{,}^{nd}0 \\
&\quad d^o \quad \text{de la moyenne vitesse} \quad d^o & 10 \times 0{,}75 = 7{,}^{nd}5 \\
&\quad d^o \quad \text{de la petite vitesse} \quad d^o & 10 \times 0{,}60 = 6{,}^{nd}0
\end{aligned}
$$

Le navire marchera à grande vitesse à partir de $7^{nd}{,}5$. Il marchera à moyenne vitesse de 6nd à $7^{nd}{,}5$. Il marchera à petite vitesse à $6^{nd}{,}0$ et au-dessous.

Lorsque le bâtiment a ses voiles établies, et que la machine fonctionne sans que son action propulsive domine celle des voiles, on dit que la machine fonctionne comme auxiliaire.

Les marches à grande, moyenne ou petite vitesse sont comptées d'après le loch dont les données sont apportées dans la machine à la fin de chaque quart.

En représentant par C, la consommation par heure faite aux essais à grande vitesse, il est alloué par heure de marche en service courant :

$$
\begin{aligned}
&\text{A grande vitesse } V_g. \ldots \ldots & C_g = 0{,}75\ C \\
&\text{A moyenne vitesse } V_m. \ldots \ldots & C_m = 0{,}45\ C \\
&\text{A petite vitesse } V_p. \ldots \ldots & C_p = 0{,}25\ C \\
&\text{Pour la marche auxiliaire} \ldots \ldots & 0{,}15\ C
\end{aligned}
$$

Le   18   de   à   Le   18

Qualité du charbon....... ....

Espèce du charbon............

Poids de l'hectolitre de charbon..

ÉCHAUFFEMENTS, ACCIDENTS, ETC.

VERSEMENTS, CONSOMMATIONS EXTÉRIEURES.

OBSERVATIONS.

Le chef de quart :

			Repères.		Repères.	
Durée de l'introduction en fonction de la course............................						
Ouverture de la valve, en dixièmes......			1		1	
Nombre de tours aux vitesses	grande...............		2		2	
	moyenne.............		3		3	
	petite...............		4		4	
Nombre d'heures de marche aux vitesses	grande......		5		5	
	moyenne...........		6		6	
	petite...............		7		7	
Nombre d'heures de marche auxiliaire.			8		8	
Nombre de foyers	allumés.............		9		9	
	remis en activité.......		10		10	
Nombre d'heures d'entretien des foyers.			11		11	
Nombre d'hectolitres	d'escarbilles...........		12		12	
	d'eau distillée..		13		13	
Nombre d'heures	de travail des pompes...		14		14	
	de travaux d'entretien...		15		15	
Consommation en kilogrammes	Charbon......		16		16	
	Huile...............		17		17	
	Suif...............		18		18	
			19		19	

D'autre part il est alloué :

		CHAUDIÈRES A FACES PLANES.		CHAUDIÈRES CYLINDRIQUES. (*)		
		Type haut.	Type bas.	Type haut.	Type moyen.	Type bas.
Par foyer	allumé à nouveau. .	$300^{kg},0$	$240^{kg},0$	$400^{kg},0$	$365^{kg},0$	$325^{kg},0$
	remis en activité. . .	$150^{kg},0$	$120^{kg},0$	$200^{kg},0$	$182^{kg},0$	$162^{kg},0$
	par heure d'entretien des feux	$6^{kg},0$	$4^{kg},8$	$8^{kg},0$	$7^{kg},3$	$6^{kg},5$
Par tonne d'eau distillée.				$166^{kg},666$		

(*) Les chiffres inscrits pour les chaudières cylindriques, ont été calculés sur ceux des chaudières à faces planes, proportionnellement à la surface de grille.

Voici quelques renseignements sur la manière de remplir le bulletin de quart :

Repère 1. — Faire la moyenne pour tout le quart.

Repère 2. — Faire la moyenne pour tout le quart.

Repères 3, 4 et 5. — Relever le nombre de tours du compteur toutes les demi-heures, et faire la moyenne pour chaque allure, d'après la répartition de la vitesse, colonnes 6, 7 et 8, en divisant pour chaque allure, le nombre de tours par sa durée exprimée en minutes.

Repères 6, 7 et 8. — Lorsque les changements d'allure se font par ordre, on les compte du moment de leur mise à exécution ; lorsque ces changements résultent des circonstances extérieures, les allures de marche sont décomptées d'après les lochs.

Repère 9. — Inscrire la durée du fonctionnement à cette allure d'après ordre.

Repère 10. — Foyers allumés à nouveau, c'est-à-dire appartenant aux chaudières qui n'étaient pas en fonction et que l'on y met.

Repère 11. — Les foyers remis en activité étaient précédemment dans la position des feux entretenus.

Repère 12. — Inscrire le produit du nombre des foyers entretenus par le nombre d'heures de cet entretien.

Repères 13 et 14. — Inscrire les nombres correspondants d'après les quantités mesurées dans la chaufferie ou dans la cale à eau.

Repère 15. — Nombre d'heures du fonctionnement des pompes de cale de la machine.

Repère 16. — Inscrire le produit du nombre d'hommes employés par le nombre d'heures de travail. — Les hommes employés aux travaux extérieurs ne sont pas comptés.

Repères 17, 18 et 19. — Porter les chiffres des consommations totales faites pour la machine, quelle que soit l'allure.

Voici, par ailleurs, quelques renseignements sur la manière de remplir la colonne de gauche de la souche du journal :

Article : *Qualité du charbon.* — Écrire suivant le cas : très-bonne, bonne, médiocre ou mauvaise.

Article : *Espèce du charbon.* — En roche ou en briquettes de *telle* provenance.

Article : *Poids de l'hectolitre.* — Le poids moyen d'un hectolitre de charbon, défalcation faite de la tare des seaux à escarbilles. — Il importe de noter que sur les petits bâtiments, les seaux à escarbilles n'ont qu'une capacité d'un demi-hectolitre.

Article : *Echauffements, accidents, etc.* — Indiquer sommairement les accidents survenus pendant le quart; leurs causes et les moyens employés pour les combattre.

Article : *Versements, consommations extérieures :* Porter tout le charbon délivré pendant le quart, pour tous les services autres que celui de la machine en marche ou avec les feux entretenus.

Article : Observations. — *Pendant la marche.* Sur l'état de la machine, des chaudières ; manière dont le charbon brûle ; travaux effectués ; serrages, desserrages ; heures de la mise en marche, de remise en activité des feux, d'extinction ou de la mise en état d'entretien des feux ; temps d'arrêt. — *Au mouillage.* Visite des diverses parties de la machine ; état des pièces ; réparations ; travaux d'entretien, etc.

CHAPITRE VII.

ENTRETIEN, CONSERVATION ET RÉPARATIONS DES APPAREILS
A VAPEUR DE NAVIGATION.

Chap. VII, § 1ᵉʳ. — Entretien et conservation.

**N° 80. — 1. Soins à donner aux chaudières et au tuyautage lors d'un repos momen
tané. — 2. Enlèvement des dépôts salins et des dépôts graisseux. Courroie Lambert. — 3. Soins à donner aux chaudières et au tuyautage lors d'un repos indéfini.
— 4. Épreuves à froid des chaudières.**

**N° 80₁ Soins à donner aux chaudières et au tuyautage
lors d'un repos momentané.** — La série des prescriptions à observer pour ces soins consiste en ce qui suit, en supposant d'ailleurs
qu'on ait pris à l'arrivée toutes les précautions relatives aux générateurs dont on vient d'éteindre les feux (n° 73₄) :

1° *Vider*, s'ils ne le sont déjà, tous les corps de chaudière, au
moyen du robinet de vidange à la cale. — *Enlever les dépôts salins
et graisseux*, ainsi qu'il est expliqué ci-après (n° 80₂), dès que la température des chaudières permet de s'y introduire. Une fois l'enlèvement des dépôts salins terminé, laver, si c'est possible, les chaudières
à l'eau douce. Puis, faire une visite générale à leur intérieur; et s'assurer qu'on n'a oublié aucun des outils employés à l'enlèvement des
dépôts et retirer les tampons mis au débouché des tuyaux. — Pendant tout le temps qu'il y a du monde dans les chaudières, bien veiller
à ce que la circulation de l'air s'y fasse sans entrave. Sinon, on exposerait les hommes à des syncopes, et au moins les lumières qui les
éclairent à s'éteindre.

Les *dépôts graisseux* se détachent au moyen de grattes et de pinces, puis s'enlèvent avec des râteaux.

2° *Assécher* les chaudières, et *entretenir cet asséchement* en établissant un courant d'air par l'ouverture des portes de trou de sel, de trou d'homme et celle des soupapes de sûreté. Si l'air est humide, allumer de petits feux dans les cendriers. Ou bien encore, fermer les chaudières après asséchement et chauffage comme ci-dessus.

3° Ramoner la cheminée (n° 67₇), et l'amener si elle est amo-. vible. Nettoyer les tubes et les foyers, et plus particulièrement les grilles. Changer ou redresser celles de ces dernières pièces qui en ont besoin, et réparer les autels s'il y a quelques briques de tombées. — Débarrasser les entrées des tubes et toutes les coutures des courants de flamme, de la pâte dure et corrosive que forme la suie mêlée avec le sel déposé par le suintement de l'eau aux endroits en question. — Mettre des capots sur le haut des tuyaux d'échappement et de la cheminée.

4° Bien nettoyer les parois visibles des chaudières et notamment le pourtour des coffres à vapeur et des culottes de cheminée, et en frotter les parties qui menacent de s'oxyder, avec l'huile tombée des articu-. lations dans les auges *ad hoc*, ou avec le suif recueilli au fond des condenseurs. Huiler les gonds et ferrures des diverses portes. — Peindre au minium ou au gris de zinc les endroits non feutrés et accessibles des dessus de chaudière. Tenir d'ailleurs la main à ce qu'on n'y place aucun objet. — Passer une couche de peinture noire ou blanche sur la cheminée. — Examiner les jonctions des parois des soutes à charbon avec le pont supérieur ainsi que les tirants qui soutiennent ces parois, car ces pièces manquent souvent. Laisser les trous de charbon débouchés ou seulement couverts de leur grillage, afin de donner une libre issue aux gaz que la houille laisse se dégager. — Pousser le combustible du fond des soutes vers les portes avant de faire du charbon, afin de commencer par brûler celui qui a séjourné longtemps à bord.

5° Exécuter les réparations de toutes les avaries et fuites reconnues pendant la marche ou découvertes depuis. — S'assurer de la fermeture hermétique de tous les robinets et obturateurs de sûreté. — Visiter et refaire avec soin les joints des tuyaux qui en ont besoin. — De leur côté. tous les robinets qui ne sont pas prises d'eau sont rodés, puis graissés légèrement à l'huile avant d'être remis en place. — Il en est de même pour les soupapes de sûreté en ce qui concerne leur zone de portage et leur tige directrice. Mais, de plus. il faut visiter avec soin les renvois de mouvement et l'attache avec ces renvois des contre-poids de soupape, et en huiler légèrement les diverses articulations.

6° Toutes les précautions précédentes ayant été prises, il ne reste plus qu'à en entretenir les bons effets. A cette intention, la cheminée est, si elle est amovible, hissée et amenée tous les huit jours. Elle reçoit une couche de peinture tous les mois. — Tous les robinets sont manœuvrés une fois par semaine. — On visite fréquemment, au moyen du scaphandre, les crépines de toutes les prises d'eau à l'extérieur du navire.

N° 80₂ Enlèvement des dépôts salins ou graisseux. — Les dépôts salins s'enlèvent, sur les surfaces de chauffe des fourneaux et dans les lames d'eau, au moyen de marteaux et de pinces; on les retire à l'aide de petits râteaux. Sur les tubes, les dépôts salins s'enlèvent au moyen de demi-lunes ou de crocs montés au bout de manches plus ou moins longs, et avec la courroie *Lambert* dont il est parlé ci-après. — Avant de piquer le sel, il faut avoir la précaution de boucher avec un tampon de bois les orifices des tuyaux qui aboutissent à la chaudière, afin que les débris de sel ne les obstruent pas. Lorsque le piquage ou le grattage est terminé, il faut bien dégager les lames d'eau, principalement celles qui sont sous les cendriers et derrière les autels et les boîtes à feu.

Les dépôts graisseux se décollent au moyen de longs ciseaux emmanchés, et se retirent, comme le sel, à l'aide de râteaux. Il faut surtout bien nettoyer les ciels des foyers, près des boîtes à feu, et les plaques à tubes de l'arrière.

Courroie Lambert. — La courroie Lambert, qui est réglementaire pour le nettoyage des tubes, est représentée par la *fig.* 164. — Sur le cuir de la courroie sont fixées, par des rivets, des griffes en acier *a*, *vues* 5° à 6°, qui sont destinées à briser et à décoller le sel qui recouvre les tubes; cette courroie est terminée par deux poignées B, sur lesquelles on frappe des bouts de filin qui servent à manœuvrer la courroie.

Pour se servir de cet outil, on commence par enlever les tubes démontables, ce qui facilite le nettoyage des autres. La courroie est passée en cravate sur le tube à nettoyer, comme l'indique la *vue* 1°; cette opération s'effectue en laissant tomber entre les tubes un des bouts de filin de manœuvre de la courroie, et en passant ce filin sur le tube à l'aide de crochets. On installe ensuite les poulies de retour *c*, *vue* 7°, des filins de manœuvre; ces poulies se montent sur les tubes des rangées extrêmes au moyen des colliers C ; elles sont contre-tenues par des bouts de corde 1, 2, *vue 1°*. — En agissant alternativement sur les bouts courants *b, b*, les griffes frottent sur le sel qui recouvre les tubes et le détachent. — De temps à autre, lorsqu'on voit que la partie du tube sur laquelle on opère est à nu, on fait avancer les poulies de retour *c*, pour nettoyer une autre partie du tube, et ainsi de suite.

Cet outil nettoie bien les tubes, sauf près des plaques de tête. Sur ces dernières parties, il faut faire tomber le sel avec des pinces. L'opération est facilitée, d'abord par l'action de la courroie qui a déjà brisé

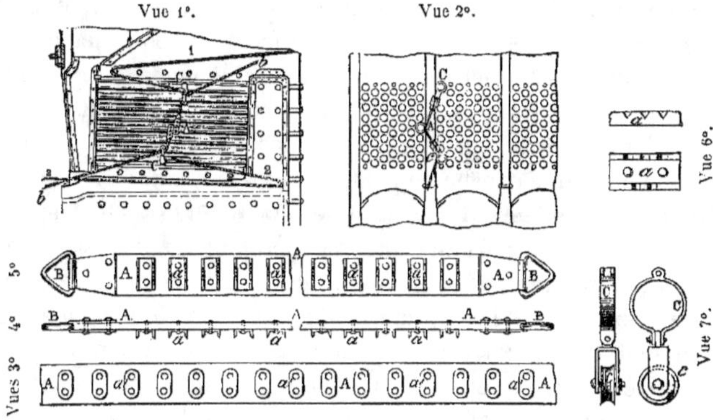

Fig. 164. Courroie Lambert, et installation de cet outil pour le nettoyage des tubes des chaudières.

le sel en grande partie, et ensuite par l'enlèvement des tubes démontables.

Pendant que l'on travaille avec la courroie, il ne faut pas perdre de vu le tube, afin de changer de place dès qu'il est à nu. Sans cette précaution, les griffes enlèveraient une partie de son métal et l'affaibliraient.

N° 80₅ Soins à donner aux chaudières et au tuyautage lors d'un repos indéfini. — Dans cette supposition, suivre les mêmes prescriptions que ci-dessus pour l'enlèvement des dépôts salins ou graisseux, l'asséchement des chambres à eau, le ramonage de la cheminée et le nettoyage des foyers et des tubes, le huilage des ferrures et gonds de toutes les portes de chaudière et celui des divers robinets du tuyautage, pour la visite des crépines de prise d'eau, les réparations à effectuer, et casser un joint de tous les tuyaux amenant de l'eau aux chaudières, afin de prévenir les infiltrations. — Démonter les contre-poids et les mouvements des soupapes de sûreté. — Veiller à ce que le calfatage du pont soit entretenu avec le plus grand soin dans les parties situées au-dessus des générateurs, et à ce que toutes les ouvertures pratiquées dans ces parties soient hermétiquement fermées. — D'un autre côté, donner à l'extérieur des chaudières, ainsi qu'aux boîtes à feu et à fumée, une couche de peinture au gris de zinc ou au minium ; et passer à l'intérieur, ainsi que sur les plaques de tête et dans les cendriers et les foyers, une couche d'huile grasse. — Refermer avec joints étanches les divers trous de sel et le trou d'homme. — Gratter la cheminée avec soin et la peindre au minium ou au gris de zinc, en dedans comme au dehors. — Enlever les plaques de parquet devant les chaudières, pour aérer les fonds du navire et faciliter l'entretien et la visite du tuyautage. — Ne mettre en mouvement l'appareil de hissage de la cheminée et tous les robinets qu'une fois tous les quinze jours. — Renouveler les divers graissages tous les trois mois, et donner aux endroits peints une couche de peinture tous les six mois.

N° 80₄ Epreuves à froid des chaudières. — L'épreuve à froid a pour but de constater que le générateur a une résistance suffisante et ne présente pas de défauts. Elle se fait lors de la recette et en service courant. — Les épreuves de recette se font à une pression double de celle qui correspond à la charge des soupapes de sûreté. En service courant, l'épreuve doit être faite au moins une fois par an et à une pression égale à une fois et demie celle qui correspond à la charge des soupapes. Toutefois, lorsque la pression de régime dépasse 6^{at}, la *surcharge* d'épreuve est uniformément de 6^{kg} par *cm.c.* pour les chaudières neuves ou refondues, et de 3^{kg} pour les chaudières en service ou simplement réparées. — La pression d'épreuve doit être maintenue de cinq à dix minutes.

La chaudière à essayer est isolée, puis on fait le plein. A bord, le plein se fait aussi haut que le permet le niveau de la mer, puis il est complété, s'il y a lieu, avec le petit cheval. La soupape de sûreté est ensuite calée. — A terre, on refoule dans la chaudière pleine avec une pompe de compression munie d'un manomètre. A bord, on emploie le petit cheval manœuvré à bras, et la pression est indiquée par le manomètre de la chaudière. — Si le générateur est vide d'air, la pression monte rapidement ; et dès que le manomètre marque la pression d'épreuve, on ne fait plus pomper que pour maintenir cette pression, qui tend à tomber par le fait du gonflement de la chaudière. Pendant que la chaudière est sous pression, toutes les parties du générateur sont examinées par les hommes répartis dans les fourneaux et à l'extérieur. Les fuites, s'il y en a, et les gonflements qui se produisent dans les intervalles des tirants et des entretoises, sont notés ; puis on laisse tomber lentement la pression en cessant de pomper et en ouvrant légèrement le robinet de vidange, ou bien tout simplement un robinet de jauge. — S'il ne s'est produit aucune fuite, et si après l'essai, les tôles n'ont pas conservé de gonflement, cet essai est satisfaisant, et la chaudière peut fonctionner sous vapeur à la pression qui correspond à la charge des soupapes. Dans le cas contraire il y a lieu de réparer pour faire disparaître les fuites, et de renforcer les parties gondolées.

Quand la chaudière a montré un affaiblissement général, il faut diminuer la pression de régime.

N° 81. — 1. Soins à donner à l'appareil moteur et au propulseur lors d'un repos momentané. — 2. Soins à leur donner lors d'un repos indéfini.

N° 81₁ Soins à donner à l'appareil moteur et au propulseur lors d'un repos momentané. — Ces soins doivent être tels, que la machine soit tenue prête à fonctionner au premier ordre. En supposant qu'on ait pris à l'arrivée toutes les précautions voulues (n° 78₂) pour le nettoyage des pièces, la remise en état des diverses garnitures, etc., ils se résument en ceci :

1° S'assurer de la fermeture hermétique des obturateurs de décharge. — Enlever des condenseurs, bâches et diverses pompes, tous les dépôts de graisse, de vase ou de boue qui peuvent s'y être formés. Assécher avec des fauberts tous les récipients, ainsi que les cylindres et les boîtes de distribution. Cet asséchement a pour but d'éviter l'oxydation des récipients précités et les mauvaises odeurs susceptibles de s'en exhaler. De plus, en cas de grands froids, il prévient la formation de glace pouvant déterminer la rupture des compartiments où elle se produirait. — Laver à l'eau chaude tous les graisseurs, après en avoir d'ailleurs enlevé les mèches. — Puis, boucher avec une cheville en bois leurs lumières. Tenir en bon état toutes les pompes. — Démonter les coussinets qui se sont échauffés, afin de voir s'ils se sont grippés, et, lorsqu'ils sont garnis d'antifriction, si ce métal n'a pas fondu. Remédier à ces effets, s'il y a lieu. Mettre des cales aux clavettes d'articulation qui se sont montrées trop dures et qui de plus sont presque rendues à bout de serrage. — Réparer toutes les avaries et fuites reconnues pendant la marche et découvertes depuis. — Dans les appareils à hélice à engrenage, visiter les dents des roues de transmission ; coincer, si elles bougent, celles de ces dents qui sont en bois et rapportées, et les changer si elles sont usées. — Rectifier les arbres de couche et de propulseur. Vérifier la régulation des tiroirs et le parallélisme des pièces, à l'aide des jauges prises lors du montage.

2° Assécher la cale ; gratter les endroits des carlingues et du vaigrage qui sont recouverts de graisse et de poussier de charbon, et passer partout assez de couches de chaux pour que les fonds du navire soient blanchis. — Peindre les machines et leur chambre. — Huiler l'intérieur des cylindres, les tiroirs, les détentes, les glissières, les parties polies de la machine, les soupapes, les valves, les divers renvois de mouvement, les articulations, les coussinets, les ressorts, et enfin les filets des écrous destinés à se dévisser. Dans ce graissage, terminer par essuyer légèrement chaque pièce, de façon qu'elle ne soit que poisseuse. — Les pièces extérieures en cuivre sont astiquées à sec. — Huiler toutes les tresses préservatrices mises aux diverses articulations, presse-étoupe, joints, etc., pour empêcher l'introduction des corps étrangers. — Si quelque tourillon doit être mis à nu pour cause de réparation, l'envelopper avec des linges huilés et recouverts d'une garniture de coton. — Dans le démontage des pièces qu'il s'agit de nettoyer, de visiter ou de réparer, éviter tout choc qui détruirait leur poli, et les placer sur des tins de bois. Avoir soin, en remontant ces pièces, de les remettre non-seulement à la même place, mais encore dans le même sens, afin d'éviter les gauches et les porte-à-faux : cette précaution nécessite qu'on se trace des repères avant tout démontage, s'il n'en existe pas déjà, comme cela devrait être en principe.

3° Conserver l'hélice en place. — La remonter si elle est amovible. Visiter alors les coussinets de son cadre et la rondelle de butée pour la marche en arrière ; bien nettoyer sa surface, et lui donner une couche de minium si son métal est en fer. Puis la remettre à poste, à moins qu'on ne craigne des abordages de chalands ou de canots lourdement chargés. — Si l'hélice est fixe, avoir recours au scaphandre pour la visiter ainsi que ses accessoires extérieurs, et pour la gratter.

— Avec des roues, porter attention aux pièces de fixation des aubes. Démonter, huiler et replacer les boulons de ces pièces, afin de prévenir leur oxydation. Enfin, entretenir la peinture des rayons et des cercles.

4° Toutes les prescriptions précédentes ayant été suivies, il faut en entretenir les bons effets. Dans ce but, nettoyer, astiquer et mettre en mouvement à bras l'appareil une fois par jour en lui faisant faire un quart de tour. — Dans le nettoyage, prendre soin que les corps mordants employés pour le fourbissage des pièces polies en fer ne pénètrent pas dans les mouvements. — D'autre part, dans le virage à bras de l'appareil, commencer par renouveler l'huile des articulations. — Passer chaque jour l'inspection générale de l'appareil. Dans cette inspection, porter une attention toute particulière au palier de butée, au presse-étoupe arrière, et aux petits mouvements, tels que les robinets pour purges de cylindre, situés dans les parties basses et qui se trouvent ainsi exposés par le voisinage de la cale à une prompte oxydation. Examiner aussi avec attention les objets mobiles placés dans la chambre des machines. — Une fois par semaine, faire jouer tous les organes de mise en mouvement des diverses soupapes, valves et obturateurs, et en même temps, par conséquent, ces dernières pièces elles-mêmes; et manœuvrer l'embrayage de la ligne d'arbres. — Tenir la cale asséchée, en pompant toutes les fois qu'il est nécessaire, et en épongeant avec des fauberts. — D'autre part, si l'hélice est amovible et maintenue habituellement en bas, la remonter et la remettre en place une fois au moins tous les mois, afin de la nettoyer et de s'assurer que le cadre de suspension se meut sans obstacle dans ses coulisses.

5° Profiter de toutes les circonstances de séjour forcé sur rade pour procéder à des inspections partielles et successives de l'appareil, de telle sorte qu'une visite minutieuse et complète de toutes ses parties intérieures et cachées puisse être exécutée au moins une fois par an. Il va de soi que toutes ces recommandations sont applicables aux machines auxiliaires.

N° 81₂ Soins à donner à l'appareil moteur et au propulseur lors d'un repos indéfini. — Ces soins consistent en ce qui suit :

1° Suivre les mêmes prescriptions que dans l'article précédent pour le décrassage et l'assèchement de la cale et de tous les récipients de l'appareil, pour le lavage des graisseurs, l'entretien des pompes, la peinture des machines, de leur chambre et des carlingues, pour le huilage des cylindres, tiroirs, détentes, glissières, etc.; pour les réparations reconnues nécessaires, pour la rectification de la régulation des tiroirs et du parallélisme des pièces. — Tamponner et calfater les débouchés des tuyaux de décharge, si ces débouchés se trouvent au-dessus de l'eau. Sinon, prendre à l'intérieur du navire toutes les précautions convenables pour prévenir les suintements dans les bâches, en démontant, par exemple, un joint de collet desdits tuyaux. — Peindre au minium ou huiler l'intérieur des condenseurs et des bâches.

2° Démonter les bagues métalliques de piston, ainsi que les garnitures en chanvre et en coton des divers presse-étoupe et des pistons de pompe à air et autres. Les huiler et les remettre en place, mais ne point serrer les garnitures. Avoir toujours à bord un rechange de ces dernières. — Garnir de toile huilée les joints des divers couvercles et portes de récipient. — Si l'huile est de qualité médiocre, il vaut mieux enlever toutes les garnitures en matières végétales de presse-étoupe, de pistons et de joints, et remettre à vide les pièces destinées à serrer ces garnitures quand elles sont en place.

3° Visiter les clapets en caoutchouc au moins tous les trois mois; et même les démonter et les conserver à l'abri de la lumière et de la chaleur, dans les caisses à ce destinées.

4° Prendre, pour ce qui concerne l'hélice, les précautions mentionnées dans l'article précédent. De plus, chaque fois que le bâtiment entre au bassin, visiter et rôder les diverses prises d'eau, et changer s'il y a lieu la garniture du presse-étoupe arrière. — Pour les roues, démonter les aubes et passer sur les rayons et les cercles, une couche de coaltar ou de goudron minéral mélangé avec du noir de fumée.

5° Bien garantir tout le système de la pluie et surtout de l'eau provenant du lavage et du briquage du navire. — Entretenir avec le plus grand soin le calfatage du pont dans la partie située au-dessus de la machine.

6° Tous les quinze jours, faire fonctionner les diverses soupapes, valves, etc., ainsi que les pompes d'exhaustion manœuvrables à la main, et virer à bras la machine d'un quart de tour environ. En outre, lui faire faire une fois par mois un tour complet. — Renouveler chaque trimestre le huilage de toutes les pièces qui sont entretenues de cette façon, et à chaque semestre donner une couche de peinture aux machines et à leur chambre. — Remonter et remettre en place l'hélice, si elle est amovible, une fois au moins tous les deux mois.

7° Se livrer à des inspections partielles et successives des parties intérieures et cachées de la machine, de telle sorte que la visite complète ait eu lieu dans l'espace de six mois.

CHAP. VII, § 2. — AVARIES ET RÉPARATIONS.

N° 82. — 1. Des avaries en général. — 2. Mesures préliminaires à prendre en cas d'avarie. — 3. Des soufflures et des moines. — 4. Manière d'obvier à un ajustage imparfait dans une réparation.

N° 82₁ Des avaries en général. — On appelle *avarie* tout accident qui exige une réparation immédiate de la pièce affectée pour qu'on puisse continuer à fonctionner avec elle.

Avec les approvisionnements pour réparations, les pièces de rechange et les outils passés sur les navires de l'État, et à l'aide du personnel de leur machine, les avaries peuvent le plus souvent être réparées par les moyens du bord.

Dans le cas contraire, il arrive d'habitude qu'on peut continuer à fonctionner en isolant ou en dételant (n° 83₃) du reste de l'appareil la partie affectée. Il en est de même d'ailleurs dans la plupart des autres avaries. Il en résulte qu'il y a en général, moyen de faire route pendant qu'on procède à une réparation définitive, à une installation provisoire ou enfin au rechange de l'organe avarié.

En principe, il n'y a pas de règles absolues à tracer pour la manière d'effectuer des réparations. Tout dépend du temps, du personnel, de l'outillage, des matériaux, etc., dont on dispose, ainsi que de l'emplacement de la partie avariée.

N° 82₂ Mesures préliminaires à prendre en cas d'avarie. — En cas ou en crainte d'avarie dans l'appareil moteur, quelle qu'en soit la cause, la première chose à faire est *de fermer la valve de vapeur*. Puis, on achève d'exécuter les opérations relatives au stoppage (n° 76₅) que la machine soit ou non arrêtée d'elle-même. — Toutefois, tout ralentissement ou arrêt de la machine ne doit s'effectuer qu'après avoir prévenu l'officier de quart, à moins qu'il n'y ait urgence, auquel cas on manœuvre en même temps qu'ont fait avertir sur le pont.

Pour les chaudières, la manœuvre à exécuter au premier moment d'un accident, ne comporte pas le plus souvent le stoppage immédiat de l'appareil, et se trouve expliquée pour chaque circonstance aux n°ˢ 91₁, 95₃, et 96₂.

— A la suite d'une avarie dans l'appareil moteur ou dans les chaudières, il peut arriver que la chambre des machines soit envahie par des flots de vapeur, formant un milieu éclatant de blancheur, et cependant si opaque qu'on ne peut y voir à quelques centimètres. Quand un pareil accident arrive, il faut que les hommes qui sont dehors envoient de l'eau dans la machine et dans la chaufferie, par tous les moyens possibles, afin de condenser cette vapeur, et de donner un peu de fraîcheur aux hommes qui sont en bas et dont la vie est compromise.

— Enfin, il peut arriver qu'on ait reconnu des pailles ou des fêlures dans les cylindres à vapeur ou dans un des renvois de mouvement importants de l'appareil, et cependant qu'on soit obligé de continuer à marcher. — On diminue alors l'activité des feux (n° 67₅) de manière à ramener la tension aux chaudières presque à celle de l'atmosphère, et par suite de façon que la pression effective maximum sur les pistons ne dépasse pas une pareille limite.

N° 82₃ Des soufflures et des moines. — On appelle *soufflures* des vides existant dans une pièce fondue, et produits au moment de la coulée par les gaz qui n'ont pas pu s'échapper par les *évents*.

Dès qu'une soufflure se révèle, on en régularise le trou. Puis, après en avoir agrandi le fond en queue d'aronde, on introduit un bouchon en métal de même nature et aussi dur que celui de la pièce ; et on le refoule de manière à lui faire occuper le fond de l'entaille. Cela fait, on lime et on polit la surface extérieure du bouchon de façon à la raccorder parfaitement avec le métal qui l'entoure. — Quand un pareil bouchon sort ou prend du jeu dans son trou, on le change en agrandissant ce dernier.

— Les soufflures cachées dans le fer à la suite du corroyage, et qui se rencontrent surtout dans les tôles, prennent le nom de *moines*. — Quand un moine existe dans une tôle de foyer ou de boîte à feu, la partie extérieure de la tôle se boursoufle et se brûle ; il faut alors couper toute la tôle dédoublée. Si la partie qui reste n'a pas une épaisseur suffisante, il faut enlever toute la partie affaiblie et mettre une pièce (n° 91₅).

N° 82₄ Manière d'obvier à un ajustage imparfait dans une réparation. — Il arrive presque toujours que, par suite du manque de ressources ou de la nécessité d'exécuter promptement une réparation, les surfaces rapportées n'adhèrent pas sur celles où on les applique et sont exposées à jouer au bout de quelque temps. En pareil cas, et après avoir enveloppé toutes les issues de terre glaise, on coule de l'étain ou mieux du métal antifriction, qu'on comprime fortement à l'aide des boulons de jonction à mesure qu'il se refroidit.

N° 83. — 1. Avaries dans les cylindres à vapeur. — 2. Avaries dans leurs fonds et couvercles. — 3. Transformation d'une machine avariée en machine atmosphérique. Marcher avec une seule machine. — 4. Avaries dans les pistons à vapeur et leurs garnitures. — 5. Avaries dans les tiges de piston à vapeur. — 6. Avaries dans les presse-étoupe.

N° 83₁ Avaries dans les cylindres à vapeur. — Les avaries spéciales auxquelles est exposé le corps même des cylindres à vapeur, sont les *grippures*, les *fêlures* parallèlement ou perpendiculairement à son axe, et les *fentes* à ses collets.

— Les *grippures* dans les cylindres horizontaux peuvent être produites par la lèvre du piston qui n'est plus soutenue par les garnitures, lorsque celles-ci n'ont pas de talon et que leurs ressorts ne sont pas suffisamment bandés. — Les grippures peuvent être produites dans tous les cylindres par un manque de graissage ou par l'introduction d'un corps dur et en poussière, tel que la rouille enlevée par la vapeur au surchauffeur.

— Quand on s'aperçoit à temps de l'accident qui nous occupe, il est très-facile d'y remédier avec la gratte. Mais lorsque la grippure est trop profonde, il faut incruster une pièce à queue d'aronde et la remettre à la lime parfaitement de surface avec le cylindre.

— Les *fêlures* et les *fentes* proviennent le plus souvent de chocs. Mais elles sont aussi occasionnées par de trop fortes pressions, dues, par exemple, à de l'eau comprimée entre le piston et le couvercle.

On arrête les fêlures par un trou rond pratiqué à chacune de leurs extrémités, et qu'on bouche par une vis dont on rive la tête. On emploie ensuite, si la fente fuit, des boulons ou des goujons en cuivre rouge, qu'on visse dans une série de trous taraudés en divers endroits de sa longueur : ces trous doivent être assez rapprochés pour que les boulons mordent l'un dans l'autre. Il faut, en outre, du côté de l'intérieur de la surface du cylindre, fraiser les trous et couper les têtes des goujons à affleurer cette surface.

— Au surplus, si la fente s'étend en x, *fig.* 1, *pl.* V, dans le sens de la longueur du cylindre C, on entoure ce récipient, afin de le consolider, de frettes F en plusieurs morceaux et mises à chaud. Ces frettes sont des cercles forgés en fer plat, ayant environ 20 millimètres d'épaisseur et 100 de hauteur. A mesure qu'elles se refroidissent, on en resserre entre eux les divers morceaux au moyen de boulons b, b, enfilés dans des trous d'oreilles ménagées aux bouts de ces morceaux.

En ce qui concerne les cylindres fêlés perpendiculairement à leur axe, on voit en *fig.* 2, *pl.* V, la réparation d'une fêlure *abc* et en même temps d'un collet de fond fendu en deux endroits *a* et *c*. — Pour une pareille réparation, on a commencé par entailler au burin un évidement dans l'épaisseur de la partie fêlée du cylindre ; et après avoir garni cet évidement d'une couche de mastic au minium, on y a appliqué une feuille de tôle *ef* préalablement cintrée et qu'on a fixée à l'aide de vis 1,1..., à tête noyée. Cela fait, on a enlevé au burin la petite épaisseur dont la feuille de tôle débordait l'encastrement ; et enfin on a raccordé exactement la surface de cette feuille avec celle du cylindre à l'aide d'une lime circulaire. — La feuille de tôle avait surtout pour but de prévenir les fuites de vapeur et les rentrées d'air. Mais pour donner à la réparation une grande consistance, on a passé, du côté de la fêlure, trois tirants *j*, *j'*, *j''*, allant du couvercle au fond, et dont les extrémités étaient retenues avec de simples écrous ou à l'aide de l'agencement *kl* ou *k'l'*. — D'autre part, pour consolider la partie fendue du collet du fond du cylindre, on a eu recours à deux équerres *g*, *g*. Les pieds de ces équerres ont été enfilés sur deux boulons dudit fond, et retenus par les écrous de ces boulons ; puis leurs têtes ont été fixées au corps même du cylindre à l'aide de vis. — Enfin, on a formé un compartiment avec une feuille de tôle *ih*, ployée à ses deux bouts et retenue au cylindre par des vis. L'intérieur de ce compartiment a été rempli de mastic de fer, afin de rendre la fêlure complétement étanche.

La *fig.* 3, *pl.* V, montre encore la réparation d'un cylindre C, fêlé à son corps dans le sens de l'axe et en plusieurs endroits de son fond. Cet accident, arrivé à bord de *l'Yonne* à la suite d'un burin oublié dans le cylindre, fut réparé ainsi qu'il suit :

On remédia aux fêlures du fond, comme il est dit au n° 83₂. — Pour la fente du cylindre lui-même, laquelle s'étendait sur une longueur de 70^{cm} à partir d'un des collets, on la recouvrit d'une plaque de tôle de 6^{mm} d'épaisseur enduite de mastic au minium et de chanvre haché. Puis, deux demi-cercles, chacun en deux morceaux A et A′, furent placés par dessus la feuille de tôle à 30^{cm} l'un de l'autre. D'autre part, leurs extrémités furent boulonnées contre les bâtis, et serrées par des boulons passés dans des talons *ad hoc*. On plaça en outre un cercle en deux parties B et B′ autour du collet fêlé ; et, pour plus de solidité, on obtint le serrage à l'aide d'étriers *b, b* à écrous (*M. Juvénal*).

— Dans tous les cas, quand on a réparé un cylindre fêlé, il convient de marcher avec une pression plus faible.

Nº 83₂ Avaries dans les fonds et couvercles de cylindre. — Les fonds et couvercles de cylindre sont sujets à des fêlures et à des défoncements produits par le choc de pièces extérieures. Mais, le plus souvent, de pareilles avaries sont dues à l'interposition entre le piston et le fond ou le couvercle du cylindre d'un corps dur, tel qu'un outil oublié, un tampon de trou à sable, ou bien à de violentes projections d'eau.

On voit en *fig. 4, pl.* V, la réparation des fêlures du fond du cylindre *vue 2°, fig.* 5, dont l'avarie a été exposée au nº 83₁. Ces fêlures, *xyyy* et *y'y'*, furent recouvertes par des plaques A et C en forte tôle et avec bords formant cornières. Ces tôles se fixèrent à l'aide de vis à la partie plate du fond de cylindre. Mais, comme plusieurs des nervures de ce fond étaient aussi fendues, les bords des tôles relevés en cornière servirent du même coup à consolider la réparation des fêlures elles-mêmes et à remédier aux cassures des nervures que touchaient ces tôles. Dans ce dernier but, on eut de plus recours à des cornières B, G et F, dont les branches horizontales se relièrent avec des vis à la partie plate du fond de cylindre, tandis que les branches verticales se jonctionnèrent avec les bords relevés des tôles A et C, à l'aide des boulons 1,1,..., traversant les nervures. Enfin, la quatrième nervure fêlée fut réparée isolément à l'aide des cornières E et D, qu'on fixa du reste de la même façon que les précédentes. — D'autre part, on remédia aux quelques fentes *z,z,z*, qui s'étaient déclarées au collet du fond, au moyen d'une couronne en tôle qu'on retint à l'aide d'une vis, et qu'on perça de trous pour le passage des boulons de fixation de ce fond avec le cylindre (*M. Juvénal*).

— La *fig.* 5, *pl.* V, montre un couvercle de cylindre fendu de part en part suivant *xx*. Cette avarie, arrivée à bord du *Vautour*, fut réparée dans un moment pressé, ainsi qu'il suit :

Deux morceaux de fer A,A furent forgés ronds, puis taraudés dans toute leur longueur. On disposa ensuite quatre écrous pour chacun de ces morceaux, et l'on perça les nervures B, C, D, E de trous pour y passer les boulons A,A. Ceux-ci furent mis en place ainsi que leurs écrous *b,b*..., en ayant soin de loger sous ces derniers des savates 1,1, taillées en biseau. Aussitôt après, on serra fortement les écrous d'en dehors, de façon à rapprocher les deux parties du couvercle ; puis, on vissa à force les écrous d'en dedans pour éviter tout desserrement. Enfin on logea entre les nervures et par-dessus les parties fendues, deux morceaux de tôle *mnop* de 1ᵉᵐ d'épaisseur et ployés comme une pelle. Ces morceaux furent jonctionnés par trois boulons avec chacune des nervures qu'ils touchaient (*M. Roux*).

Fig. 6, pl. V.
 — On voit encore en *fig.* 6, *pl.* V, un fond de cylindre fêlé suivant trois directions *xy*, *xz* et *xy′*. Cette avarie est arrivée à bord de l'aviso à roues le *Pingouin*. Pour la réparer, on commença par forger une frette F d'un centimètre d'épaisseur, et on la plaça à chaud autour du fond de cylindre afin de resserrer parfaitement les parties cassées. Après cela, on perça dans ce fond un nombre suffisant de trous. On découpa ensuite un morceau de tôle *abcyc*, qui fut adapté sur la face intérieure et par-dessus une feuille de carton enduite de céruse et de minium. On plaça en outre, à l'extérieur du fond, un morceau de tôle A en forme de cornière, recouvrant les deux fentes *xy′* et *xz* et s'appliquant en même temps contre les nervures voisines de ces fentes. Le tout fut maintenu solidement contre le fond par quinze boulons, et la cornière fut en outre fixée par des vis aux nervures entre lesquelles elle était logée (*M. Gardier*).

 — Dans la réparation précédente, et en général dans celle d'un couvercle ou d'un fond où l'on place une feuille de tôle du côté de l'intérieur du cylindre, on diminue d'autant la liberté de ce récipient (n° 30₄). Il faut alors refaire le joint du couvercle avec une tresse. Dans ce cas, il peut être nécessaire de diminuer la hauteur des garnitures du presse-étoupe.

Fig. 7, pl. V.
 — Lorsque le couvercle ou le fond d'un cylindre est brisé à la naissance de son collet, comme on le voit en *x*, *fig.* 7, *pl.* V, on se sert d'équerres en fer A,A..., confectionnées avec du fer plat, ou l'on emploie tout simplement des espèces de cornières doubles qu'on confectionne avec de la tôle très-forte. Ces équerres ou cornières doubles s'enfilent d'une part sur les boulons *b, b*..., qui relient le cylindre avec son couvercle ou fond, et d'autre part, elles se fixent à cette dernière pièce à l'aide de plusieurs vis *v, v*.

 — Il peut encore arriver, en fait d'avaries aux fonds et couvercles de cylindre, qu'il y ait rupture d'une soupape de sûreté. En pareil cas, si l'on n'avait pas le temps de réparer la soupape, on pourrait la condamner et la coincer, en veillant alors avec soin les claquements dans les cylindres, pour ouvrir leurs robinets de purge, et même au besoin pour stopper et purger ces récipients.

N° 83₅ Transformation d'une machine avariée en machine atmosphérique. — Quand l'avarie d'un couvercle ou d'un fond de cylindre est telle, qu'on ne puisse pas absolument y remédier par les moyens du bord, il faut convertir la machine avariée en machine atmosphérique (n° 27₂).

Il suffit évidemment, pour cela, d'enlever complétement la pièce brisée et de condamner l'orifice situé du côté de cette pièce. Cette obstruction de l'orifice s'obtiendra au moyen d'un morceau de bois qu'on y logera du côté de l'intérieur du cylindre, en ayant soin de le consolider convenablement et de le couper de façon qu'il ne gêne pas les mouvements des barrettes du tiroir. — On ne changera d'ailleurs rien au régime de la seconde machine.

Marcher avec une seule machine. — Enfin, si à la suite d'une avarie quelconque, le cylindre n'était pas réparable, on détellerait sa grande bielle d'avec la manivelle correspondante. On séparerait de même le tiroir d'avec ses renvois de mouvement, et on le placerait à mi-course. Puis, on fermerait la valve *particulière* du cylindre avarié, s'il en existait une; et l'on ouvrirait les robinets de purge ou les soupapes de sûreté de ce récipient, afin de laisser constamment sortir la vapeur qui s'infiltrerait dans son intérieur.

On fonctionnerait alors avec un seul cylindre. Il serait bon d'ailleurs, afin de faciliter le franchissement des points morts, de restreindre l'avance à l'introduction. Avec un secteur, ce résultat s'obtiendrait en poussant la suspension extrême un peu plus loin. Avec une mise en train Mazeline, on diminuerait, dans les limites possibles, l'épaisseur du manchon qui enveloppe le bouton d'entraînement de l'arbre des tiroirs.

A bord d'un bâtiment à roues, il suffirait, dans le même but, d'enlever ou simplement de remonter le long de leurs rayons les deux pales de chaque roue situées sur les diamètres de direction parallèle à la grande manivelle de la bonne machine. De plus, pour mettre en marche, on aurait recours, au besoin, à une corde passée sur une pale, et on aurait soin de bien purger et de faire le vide au condenseur.

N° 83₄ Avaries dans les pistons à vapeur. — Les avaries susceptibles de se produire dans les pistons à vapeur, sont les fêlures de leurs faces et la rupture de leurs nervures. Elles sont du reste occasionnées par les mêmes causes que les accidents de couvercles et de fonds de cylindre (n° 83₂).

La *fig. 8. pl.* V, concerne l'avarie d'un piston fêlé circulairement

Fig. 8, en *xxx*, sur la face supérieure. Cette avarie a été réparée au moyen
Pl. V. d'une couronne A en tôle placée à chaud, et tenue au moyen de vis.

— La *fig.* 9, *pl.* V, représente un piston dont les nervures sont bri-
Fig. 9, sées en *x*, *x*..... Un pareil accident ne peut s'apercevoir et se réparer
Pl. V. que dans les pistons dont la face supérieure est en entier formée par la
couronne. Celui dont il s'agit ici est arrivé à bord du *Pétrel*. — Pour
y remédier, on entailla toutes les nervures de manière à placer un
cercle AA de 12 à 15 millim. d'épaisseur et de 55 à 60 centim. de diamètre. Ce cercle fut mis à chaud (*M. Trotabas*).

Pour une semblable réparation, on pourrait substituer à la frette une
série de bandes de fer B, B, placées à chaud de part et d'autre des nervures et boulonnées solidement entre elles à travers celles-ci.

Il y aurait encore moyen de réparer un piston fêlé à l'aide de fortes
frettes appliquées dans la gorge où se logent les bagues de garniture.
On devrait alors raccourcir les ressorts qui poussent ces bagues par
derrière.

Toutes les réparations d'un piston qui entraînent une augmentation
de son épaisseur, donnent lieu aux mêmes observations qu'au n° 83₂,
au point de vue de la liberté du cylindre.

Avaries dans les garnitures de piston à vapeur. — Ces
avaries consistent dans la rupture des bagues ou de leurs ressorts.

Pour les bagues, la seule réparation que l'on puisse essayer consiste
à rapporter, dans l'intérieur, une forte pièce en fer tenue par des vis,
et à placer des ressorts supplémentaires de chaque côté de cette pièce.
Mais généralement il y a des bagues de piston de rechange. — Enfin,
comme dernière ressource, on ferait une garniture en chanvre, en
installant dans la gorge du piston des segments de bois façonnés en
gorge de boîte à étoupe, et que serrerait la couronne du piston.
Les ressorts cassés sont remplacés par d'autres pièces semblables
que l'on confectionne au besoin.

N° 83₅ Avaries dans les tiges de piston à vapeur. —
Les accidents auxquels sont exposées les tiges de piston sont leur torsion et, plus rarement, leur rupture. Ils proviennent de défauts dans
la pièce, de son manque de force ou de la mauvaise qualité de son fer.
Souvent aussi elles sont la suite d'avaries graves dans les cylindres
ou dans la transmission de mouvement.

Dans le cas de rupture, une tige de piston n'est pas réparable; si la
Fig. 10, tige n'est que tordue, on la redresse. Pour cela, on commence par
Pl. V. marquer trois coups de pointeaux *a*, *b*, *c*, *fig.* 10, *pl.* V, un à chaque

bout et le troisième au milieu de la courbure. On chauffe ensuite la tige au charbon de bois, et quand elle a atteint la couleur cerise, on la place sur deux forts billots en chêne B, B, écartés entre eux de la corde de la courbure. Puis on emploie pour le redressement un des moyens suivants : — 1° On frappe sur la tige avec une grosse masse en bois ; ou mieux, on installe une espèce de *mouton* formé de l'enclume du bord, par exemple, et de gueuses. Ce mouton se guide entre deux montants en bois, et il se manœuvre à l'aide d'un palan. Il faut au surplus, afin d'éviter l'écrasement de la pièce à redresser, mettre sur celle-ci un bloc de cuivre ou de bois à l'endroit où l'on doit frapper. — 2° On peut faire usage d'un cric agissant sur la partie courbe de la pièce pendant qu'elle est chaude.

Toutefois, si une tige de piston n'était que fêlée suivant son axe ou à peu près, et dans une partie qui ne rentre pas dans le presse-étoupe, il serait possible, au moyen d'une bonne frette mise à chaud, de consolider cette tige et de continuer à s'en servir. — Si la fêlure rentrait dans le presse-étoupe, on pourrait effectuer la même réparation, mais il faudrait enlever le couvercle du cylindre. Puis, on transformerait la machine avariée en machine atmosphérique (n° 83₃).

— Chaque fois qu'on fonctionne avec une tige de piston réparée, il devient nécessaire de marcher à une pression plus faible.

— Il est encore un accident auquel sont sujettes les tiges de piston : c'est le jeu qu'elles peuvent prendre dans leur emmanchement avec leur piston ou avec leur traverse.

Lorsque l'emmanchement est à clavettes, on redonne du serrage en burinant l'une des deux faces de la mortaise de la tige situées perpendiculairement à l'axe de celle-ci, et en plaçant une cale rectangulaire contre la face opposée. — Avec un emmanchement à écrou, il suffirait d'une simple cale ou savate en forme de couronne logée au-dessous de l'écrou.

N° 83₆ Avaries dans les presse-étoupe. — Les avaries dans les presse-étoupe consistent d'habitude dans la rupture d'une des oreilles ou dans le bris du chapeau lui-même. Elles sont occasionnées par la mauvaise qualité du métal ou par le choc de la traverse du piston, soit par le fait d'une garniture trop haute ou par l'interposition accidentelle d'un corps dur entre le chapeau et la traverse.

Lorsque le chapeau est brisé, il n'est généralement pas réparable. Il faut en confectionner un de fortune, si l'on n'en a pas de rechange. Pour cela, on façonne un collier en fer, et l'on y rapporte, au moyen

de prisonniers ou de vis, deux ou trois oreilles qu'on espace entre elles
de façon qu'elles correspondent aux boulons de serrage du presse-
étoupe.

N° 84. — 1. **Avaries dans les tiroirs.** — 2. **Avaries dans les excentriques et les
renvois de mouvement de tiroir.** — 3. **Avaries dans les organes de détente variable.** — 4. **Avaries dans les tuyaux et valves de vapeur.**

N° 84₁ Avaries dans les tiroirs. — Les avaries dans les
tiroirs consistent d'abord dans l'usure ou bien dans le grippage de
leurs barrettes, de leurs parties rondes s'ils sont en D, ou plus généralement de leurs parties frottantes sur les garnitures, s'il y en a. Puis
vient la rupture de leur douille d'emmanchement avec leur tige, et enfin
la fêlure de leur dos.

Tous les tiroirs actuels ont leurs barrettes garnies d'antifriction. —
L'usure des barrettes n'entraîne généralement aucun inconvénient grave :
car la douille d'emmanchement des tiges est ovalisée pour permettre
au tiroir de descendre. — Lorsqu'il existe des grippures sur les barrettes, on les répare au moyen de la gratte, et au besoin, on rapporte
de l'antifriction avec le fer à souder. Dans le cas où le métal serait
enlevé sur une grande étendue, on devrait le remplacer par voie de
coulée en entourant la barrette du tiroir au moyen d'un cadre en bois
enduit de plombagine. Puis on dresserait la partie rapportée pour la
mettre dans le même plan que la partie restée intacte. — Le métal
antifriction est bon à couler lorsque, étant en fusion, une feuille de
papier trempée dedans s'enflamme.

Lorsqu'il y a déformation des parties rondes d'un tiroir en D, on
lime ces parties jusqu'à ce qu'on trouve, à la règle, qu'elles ont repris
une forme exactement cylindrique ou mieux légèrement bombée, afin
de prévenir l'usure postérieure. Au surplus, une fois les surfaces
limées, on les frotte avec du papier à l'émeri, afin de les roder parfaitement.

Fig. 11,   — Les ruptures, telles que xx, vue 1°, *fig.* 11, *pl.* V, des gaînes
Pl. v.   d'emmanchement A de tige de tiroir, se réparent à l'aide d'une douille
en fer B, *vue 2°*, avec double patte. Cette douille se rapporte au moyen
de vis dans l'intérieur du tiroir, après qu'on a préalablement enlevé
à coups de burin les parties avariées.

— Enfin, la fêlure du dos d'un tiroir se raccommode en fixant à l'intérieur des plaques en cuivre ou en tôle, s'étendant dans toute l'étendue de la fêlure et fixées à l'aide de vis ou de boulons.

N° 84₂ Avaries dans les excentriques. — Les excentriques sont en général sujets à l'usure et à l'arrachement de leur collier, au bris de leur chariot ainsi que de leur toc, de leur butoir ou de leurs clefs, enfin à la torsion et à la rupture de leur tige. Ces diverses avaries sont d'ordinaire occasionnées par la mauvaise qualité du métal, par la fatigue ou l'arrêt brusque des pièces.

On voit, en *fig.* 12, *pl.* V, la réparation d'un collier en bronze d'excentrique, dont le chariot était du reste en fonte, et qui s'était usé dans le sens du rayon, de près de 1 centimètre. On coupa une bague de rechange pour piston par segments de 14 à 15 centim. de long. On burina ces segments de manière à en faire des cales destinées à être ajustées à queue d'aronde dans le collier et avec une saillie de 12 millim. On plaça ainsi trois de ces cales *a,a,a*, *fig.* 12, *pl.* V, à la partie inférieure de chaque collier, et l'on maintint chacune d'elles dans le sens transversal à l'aide de deux vis. L'épaisseur du métal usé était d'ailleurs trop mince pour qu'on risquât de l'affaiblir encore en y pratiquant des entailles pour un plus grand nombre de cales (*M. Trotabas*).

Si l'on avait eu de l'antifriction, on aurait pu se contenter d'implanter, dans le collier d'excentrique, une série de goujons taraudés débordant de 10 millim., et de couler ensuite de l'antifriction que l'on aurait ajustée en se servant du chariot comme d'un gabarit.

— Lorsqu'un chariot d'excentrique se fend, il est d'ordinaire possible de le raccommoder au moyen de bandes de tôle y appliquées. Mais, dans le cas où il est complétement brisé, il faut en confectionner un de fortune. A cet effet, on prend les épaisses feuilles de tôle dont on dispose, et l'on y découpe quatre morceaux circulaires sur un gabarit confectionné à l'aide du collier d'excentrique. Ces cercles sont percés au diamètre de l'arbre en déterminant le centre du trou d'après la connaissance du rayon d'excentricité. Puis, ils sont coupés, suivant un de leurs diamètres *xx*, *fig.* 13, *pl.* V, en deux morceaux A et B. On jonctionne ensemble chaque série de morceaux à l'aide de rivets *b,b*..., et l'on obtient ainsi deux parties de chariot. Ces parties se montent sur l'arbre et sont alors réunies entre elles au moyen de plaques C, C, C et de boulons. On installe d'ailleurs un toc *f*, si l'excentrique est à calage variable.

— Quand c'est un toc, un butoir ou une clef de calage d'excentrique qui casse, on stoppe, puis on change ces pièces, ce qui n'offre aucune difficulté.

— Quant aux ruptures ou aux torsions des bielles d'excentrique, elles rentrent en entier dans les accidents de même genre relatifs aux grandes bielles. Nous ne nous y arrêterons donc pas.

Avaries dans les renvois de mouvement de tiroir. — Les renvois de mouvement de tiroir sont sujets aux mêmes accidents que ceux de piston à vapeur. Seulement, comme les premières de ces pièces ont des dimensions beaucoup plus petites que les secondes, elles sont bien plus facilement et toujours réparables par les moyens du bord.

Fig. 14, Pl. V.   — On voit sur la *fig.* 14, *pl.* V, une rupture de l'arbre d'un tiroir d'une machine à roues. La réparation fut effectuée à *Gibraltar*. On forgea un fort boulon *a*, *vue* 1°, formé d'un morceau de jas d'ancre. On calcula le diamètre du boulon de façon que la partie annulaire de l'arbre A qui devait l'entourer, eût une section un peu supérieure à la sienne et par conséquent à peu près d'égale résistance à la torsion. On enleva ensuite les diverses manivelles B,B,B, *vue* 2°, de l'arbre; et, après avoir dressé la face cassée *b*, *vue* 1°, on parvint, au moyen d'un tour, à percer dans l'arbre A un trou *c* de même diamètre que le boulon *a* et de 50 centim. de long. On ajusta la partie mince du boulon dans le creux de l'arbre, et l'on relia le tout fortement ensemble au moyen d'une clef passée dans des mortaises pratiquées préalablement dans ces deux pièces. On replaça ensuite les manivelles, comme le montre la *vue* 2° (*M. Roux*).

N° 84₃ Avaries dans les organes de détente variable. — Les détentes variables, ainsi que leurs renvois de mouvement, sont sujettes aux mêmes avaries que les tiroirs et leurs organes d'entraînement.

Tout ce qui a été dit à ce sujet est donc entièrement applicable ici. Nous n'avons rencontré, du reste, aucun exemple particulier de ces sortes d'avaries.

N° 84₄ Avaries dans les tuyaux de vapeur. — Les avaries dans les tuyaux de vapeur consistent dans leur rupture ou leur fêlure, dans leur dessoudage, et enfin dans des fentes aux parties qui forment leurs jonctions. On doit attribuer ces avaries à la vétusté, à la mauvaise qualité du métal, à des chocs, au mauvais serrage des boulons de jonction des collets, et enfin à l'emploi de pressions trop élevées.

Quand un pareil accident se produit en déterminant plus qu'une simple fuite (n° 75₁), il faut s'empresser de fermer les soupapes d'arrêt, et par conséquent de stopper et de ralentir les feux en conséquence (n° 67₃). — Dans tous les cas, on répare provisoirement ces sortes d'avaries à l'aide d'une *rousture*. Ce procédé consiste dans l'application, sur la partie déchirée ou disjointe du tuyau, d'une toile, de bandes de laine, ou d'un morceau de feutre enduit de mastic au minium ou au blanc de céruse, et recouvert d'une autre toile. On entoure le tout d'une ligne fine, fortement serrée sur toute la longueur de la fuite. Avec les pressions élevées, on enveloppe la rousture ainsi faite d'une feuille de plomb serrée fortement avec une ligne. Enfin, si on a besoin de donner une bonne solidité à la rousture, on la *latte* avec des morceaux de bois ou des bandes de fer, ou on la cercle avec des frettes en deux morceaux serrés par des vis. — Au surplus, le genre de réparation précédente ne peut être considéré que comme provisoire, et il faut changer la partie avariée dès que les circonstances le permettent.

— De leur côté, les jonctions des tuyaux de vapeur sont sujettes à des fentes aux angles des pinces rabattues sur les collets, ou aux angles des collets eux-mêmes avec leur gaîne, quand c'est ce dernier agencement qui existe. — On procède à une réparation provisoire d'un semblable accident à l'aide d'une rousture confectionnée comme plus haut. Ou bien, confectionner deux collets, chacun en deux morceaux, et les appliquer contre la collerette avariée, de manière à croiser leurs lignes de jointure. Marquer alors l'emplacement des trous des boulons du joint; percer ces collets et les mettre en place en faisant un joint au minium. Retenir et serrer le tout au moyen de longs boulons remplaçant les premiers boulons de jonction. — Un pareil assemblage fait, au besoin, l'office d'un joint glissant, si la séparation de la collerette avec le tuyau vient à être complète.

Pour réparer d'une façon définitive l'avarie précédente, il faut couper le tuyau de vapeur et y rapporter un bout sur lequel on fixe la collerette.

Avaries dans les valves de vapeur. — Les valves de prise de vapeur sont peu sujettes aux accidents, et du reste elles s'avarient différemment suivant leur disposition.

Ainsi, avec les vannes, il y a à craindre le grippage des barrettes, ce qui se répare comme pour les tiroirs (n° 84₁). Avec les papillons et les soupapes, c'est le portage contre leur siége qui cesse d'être bien étanche. On s'aperçoit de ces détériorations à ce que, pendant

les stoppages, la vapeur pénètre dans la boîte à tiroir malgré la fermeture de la valve.

— Il arrive aussi que l'organe de manœuvre de cette valve se
détraque. On s'en aperçoit quand, en manœuvrant la valve, l'écoulement n'a lieu, ou, au contraire, ne peut être interrompu en aucune
façon. Car cela indique que les pièces de liaison de la valve avec ses
organes de manœuvre sont brisées ou tombées. Il va de soi qu'il faut
y remédier immédiatement.

**N° 85. — 1. Avaries dans les condenseurs. — 2. Avaries dans les tuyaux, robinets
et régulateurs d'injection. — 3. Transformation d'une machine avariée en machine
sans condensation.**

N° 85₁ Avaries dans les condenseurs. — Les avaries des
condenseurs consistent : 1° dans leur perforation sous l'influence de
l'oxydation et de l'effet galvanique auxquels ils sont exposés à cause de
l'humidité constante de la cale et de la présence des organes en cuivre
attenant à ces récipients ; 2° dans leur fêlure ou défoncement par suite
de chocs.

Fig. 15, La *fig.* 15, *pl.* V, représente la réparation d'un condenseur du *Vau-*
Pl. V. *tour*, percé d'un trou dans un endroit où un homme ne peut pénétrer.
— Voici comment on y remédia : un morceau de bois rond fut introduit dans le trou avec de longues tenailles, puis on l'enfonça avec
deux coins C, C′. Cela fait, on retira les coins, et l'on coupa avec
un long ciseau la partie saillante du bouchon. Après cela, on prit
un morceau de bois plat *b*, recouvert d'une plaque de plomb et d'une
couche de minium que l'on plaça par-dessus le bouchon ; puis, avec
les deux longs coins C et C′ serrés l'un contre l'autre, on força le tout;
et le trou se trouva bouché hermétiquement (*M. Roux*).

Fig. 16, — La *fig.* 16, *pl.* V, montre la réparation d'un des condenseurs C₀
Pl. V. du *Charlemagne*, fendu par les éclats d'un obus entré dans la machine
lors de l'attaque des forts de Sébastopol. Par-dessus chaque fente, on
mit, pour faire joint, une plaque de tôle A enduite de minium et
tenue avec des vis. Puis, on consolida les parois au moyen d'une série
de fortes équerres B, B, en fer, tenues par des boulons (*M. Roux*).

Dans les condenseurs à surface, les avaries les plus communes consistent en fuites par les garnitures des tubes. On s'en aperçoit au
niveau élevé de la bâche à eau douce en même temps qu'aux chaudières,
le réparateur étant d'ailleurs fermé, et aussi à l'accroissement de con-

centration de l'eau des chaudières. En pareille occurrence, il y a moyen
de fonctionner en forçant un peu les extractions si les fuites ne sont
pas trop considérables ; mais dans le cas contraire, il faut stopper,
enlever les portes du condenseur et refaire les joints. Ajoutons que
quelquefois les tubes glissent dans leur presse-étoupe sous l'influence du
refoulement de l'eau de circulation. L'effet produit est le même que
lorsqu'il y a des fuites.

**N° 85₂ Avaries dans les tuyaux, robinets et régulateurs
d'injection.** — Les tuyaux d'injection sont exposés aux obstructions
(n° 77₅) et aux ruptures. — Les ruptures sont dues ou au jeu du bâtiment ou à un choc.

Quand il survient un tel accident, on ferme immédiatement le
robinet ou l'obturateur de sûreté. Puis, on supplée à l'injection à la
mer comme il est dit au n° 77₅ lors d'une obstruction des tuyaux qui
nous occupent. Quant à la réparation provisoire de la rupture, elle
s'opère à l'aide d'une rousture, comme au n° 84₄.

— Au lieu du tuyau d'injection, ce peut être le régulateur lui-même
qui ne fonctionne plus ou encore son plongeur qui est obstrué. —
Que le régulateur soit un robinet ou une vanne, on le répare comme
tous les robinets ou vannes, en général. Voici un exemple d'une avarie à un régulateur d'injection arrivée à bord du *Vautour*.

Le régulateur d'injection consistait en un robinet R, *fig.* 17, *pl.* V,
placé à l'intérieur du condenseur C₀. Une tringle *f* en fer portant une
manivelle servait à manœuvrer ce robinet. — La tringle *f* avait l'extrémité terminée par un carré s'emmanchant dans un trou de la noix du
robinet. Ce carré s'était rongé, et la tringle tournait dans la noix sans
l'ouvrir dès que la chaleur faisait dilater cette dernière fortement, de
sorte qu'il était devenu impossible de régler l'injection en marche.
Après bien des recherches, l'avarie fut reconnue et réparée en soudant
un morceau de fer à la tringle *f*, et en confectionnant à son extrémité
un carré qui pût n'entrer qu'à force dans le trou de la noix.

Les avaries auxquelles sont exposés les robinets de sûreté d'injection sont communes à tous les robinets de prise d'eau en général ; on
trouvera ce sujet traité plus loin (n° 94₄).

**N° 85₃ Transformation d'une machine avariée en ma-
chine sans condensation.** — Lorsque l'avarie d'un condenseur
ou d'un de ses organes essentiels est irréparable, et que les chaudières
fonctionnent à une tension suffisante, on peut, tout en ne changeant
rien au régime de l'autre machine, marcher sans condensation avec

la machine avariée. A cet effet on enlève le piston de la pompe à air, et l'on bouche alors le trou du presse-étoupe du couvercle ; on enlève également les clapets de pied et de tête et l'on coince le reniflard, s'il y en a. De la sorte, la vapeur qui s'échappe du cylindre se rend du condenseur dans la bâche sans rencontrer d'obstacle, et s'évacue en plein air par le tuyau de décharge. — Toutefois, si ce dernier ne débouche que peu au-dessus de la flottaison, on forme à l'extérieur du navire un prolongement vertical au tuyau de décharge, en employant pour cela un morceau de tôle ou un tuyau demi-cylindrique cloué le long du bord. — Dans les bâtiments où le tuyau de décharge débouche au-dessous de la ligne d'eau, on ferme hermétiquement l'obturateur de décharge. Puis, on établit sur la bâche ou préférablement sur le trou de visite du condenseur, un conduit vertical qu'on fait déboucher par un des sabords de la batterie, par-dessus le plat bord ou dans la cheminée. Ce conduit peut être formé d'une cheminée de cuisine ou d'un des manchons qui servent à l'embarquement du charbon. On a eu recours au procédé que nous venons de décrire à bord du paquebot des messageries l'*Égyptus*, ainsi que sur le vaisseau le *Napoléon* et la frégate l'*Isly*.

— Le fonctionnement sans condensation d'une des machines paralyse le jeu de la pompe alimentaire correspondante. Il faut alors avoir recours au petit cheval, si la seconde pompe alimentaire est insuffisante pour desservir tout l'appareil évaporatoire.

— Enfin si, pour une raison quelconque, il n'est pas possible d'employer un des procédés que nous venons de décrire ni de réparer le condenseur avarié, il faut dételer le cylindre correspondant et marcher avec une seule machine (n° 85₃).

N° 86. — **1. Avaries dans les pompes à air et dans leurs couvercles, pistons et tiges de piston. — 2. Avaries dans les clapets de pompe à air et leurs butoirs. — 3. Avaries dans les bâches, les tuyaux et obturateurs de décharge.**

N° 86₁ Avaries dans les pompes à air. — Les corps des pompes à air sont sujets à des fêlures et ruptures par suite de chocs. Leur réparation est la plupart du temps susceptible d'être opérée par les moyens du bord. Pour cela, on suit absolument les mêmes errements que pour les cylindres à vapeur (n° 83₁), quand le corps de ces pompes est distinct du condenseur. Sinon, on se rapproche des moyens appliqués aux condenseurs avariés (n° 85₁). — Au surplus,

si l'on ne parvient point à réparer une avarie dans une pompe à air,
on marche sans condensation (n° 85₃), en plaçant un tuyau d'évacuation sur le condenseur, s'il s'agit d'une rupture du corps de la
pompe ou de son couvercle.

La *fig.* 18, *pl.* V, représente la réparation d'une fêlure dans une
des pompes à air de la machine de la *Meuse*. Cette avarie eut lieu en
même temps que le bris d'une colonne B, et l'arrachement en ZZ' d'une
partie A du corps de la pompe à air P_a et du dessous du condenseur.

Pour réparer cette avarie, on réajusta le morceau cassé A contre la
partie intacte A' de la pompe. Puis, on procéda à l'ajustage de deux
tôles circulaires C et C' placées l'une C à l'intérieur, et l'autre à l'extérieur. Ces deux tôles furent tenues par 16 boulons ou vis. On fraisa
du reste la tête de celles de ces pièces qui se trouvaient sur le parcours du piston. En outre, on fit usage, pour plus de solidité, d'une
forte cornière E rivetée préalablement avec la tôle extérieure C' et
reliée aux bâtis par trois fortes vis. Enfin, pour renforcer le dessous
du condenseur brisé en Z', on forgea une bande de fer à talon F, qu'on
logea, *vue* 2°, dans une entaille pratiquée à travers l'épaisseur du
chapiteau de la colonne brisée. On la fixa d'ailleurs par trois fortes
vis 1,1,1 sur la nervure qui formait le rebord du dessous du condenseur. Ces vis furent placées avec $1^{mm},5$ de tirage. De plus, les
vis 2,2..., qui servirent à relier au condenseur la colonne brisée,
furent passées à travers ladite bande. Nous ajouterons que de longues
vis 3.3, *vue* 3°, achevèrent de réunir la partie brisée avec la partie
intacte du condenseur (M. *Eck*).

Avaries dans les couvercles de pompe à air. — Ces sortes
d'avaries sont identiques, tant dans les causes qui les produisent que
dans les modes de réparation qui leur conviennent, avec celles des
couvercles et fonds de cylindre (n° 83₂).

On voit sur la *fig.* 19, *pl.* V, la réparation du bris d'un couvercle de
pompe à air de la machine de la *Védette*, suivant la ligne $x\,x$. — Dans
cette réparation, on perça avec des fuseaux des trous dans le couvercle
brisé, et on les tarauda. En même temps, on découpa une couronne A
en tôle d'environ $0^m,12$ de large, et on la fixa par des vis sur la
partie avariée. On eût pu, pour plus de solidité, mettre autour de la
boîte du presse-étoupe un collier de fer C, en deux morceaux réunis par
des boulons, le tout mis à chaud.

**Avaries dans les pistons et tiges de piston de pompe à
air.** — Les pistons et tiges de piston de pompe à air sont exposés

aux mêmes accidents que les pistons et tiges de piston de cylindre à vapeur (n° 83₄ et ₅), et l'on peut leur appliquer les mêmes modes de réparation.

La *fig.* 20, *pl.* V, montre la réparation d'une tige en bronze de pompe à air brisée en xx. — Pour opérer cette réparation, on commença par rapporter l'un contre l'autre les deux morceaux brisés, et l'on frappa deux coups de pointeau y,y, dont la distance fut prise avec une jauge, de façon à conserver à la tige sa longueur primitive. On forgea alors un énorme goujon A formé d'un morceau de jas d'ancre. En même temps, au moyen d'un tour, on fora un trou dans chacun des deux morceaux B et B'. Ces trous furent calculés de façon que la section annulaire formée par la partie pleine présentât la même résistance à la traction que celle du goujon en *fer* A. On tourna ensuite le goujon de manière qu'il entrât juste dans les deux pièces. Enfin, le tout fut fortement réuni en un bloc au moyen de deux clefs C et C', disposées à angle droit l'une par rapport à l'autre.

— Dans les réparations de tige de pompe à air, il est prudent de diminuer le travail de la pompe en faisant tomber le vide, soit par l'injection, soit par une rentrée d'air.

N° 86₂ Avaries dans les clapets de pompe à air et leurs butoirs. — Les clapets en caoutchouc sont exposés à s'arracher par usure ou par fatigue, et ceux en métal sont sujets à se briser par choc.

— Les clapets circulaires en caoutchouc sont surtout exposés à se fendre et à décapeler par-dessus leur butoir. — Les fentes peuvent être arrêtées au moyen d'une couture en fil de laiton ; quant aux clapets emportés, il faut les remplacer. Un clapet métallique brisé peut être remplacé par deux ou trois plaques de tôle ou mieux de cuivre qu'on applique contre du bois. On garnit la face de fermeture de ce clapet de fortune par quelques doubles de toile à voile, et l'on relie le tout par des rivets. On rapporte d'ailleurs deux pentures sur le dos de ce clapet.

— Il arrive fréquemment encore que ce sont les butoirs des clapets métalliques qui cassent. Avec cet accident, un clapet est exposé à ne plus retomber une fois levé, et peut occasionner d'autres avaries s'il appartient au piston. La réparation elle-même n'offre aucune difficulté, soit qu'elle se borne à la réunion des morceaux brisés ou à la confection d'une pièce de fortune.

Dans tous les cas, si l'on juge nécessaire de ménager les clapets d'une pompe ou leurs butoirs, on doit diminuer le travail de cette pompe en faisant tomber le vide. — D'autre part, si, pour une raison quelconque, on ne vient pas à bout d'opérer une des réparations précédentes et qu'elle soit cependant indispensable pour le fonctionnement de la pompe à air, il faut se décider à marcher sans condensation (n° 85₃).

N° 86₃ Avaries dans les bâches, les tuyaux et obturateurs de décharge. — Les avaries dans les bâches consistent dans leur rupture occasionnée par un choc, ou le plus souvent par la fermeture inopportune du tuyau de décharge, lorsqu'il n'y a pas de soupape de sûreté. En pareil cas, il faut immédiatement stopper pour procéder à la réparation. Cette réparation s'opère de même que pour les condenseurs (n° 85₁).

— Les tuyaux de décharge sont sujets, comme les bâches, à des ruptures occasionnées par les mêmes causes et en outre par le jeu de la muraille du navire. Ce jeu peut entraîner la sortie du tuyau de la boîte à étoupe de son joint glissant (n° 44₁). — En pareil cas, on ferme immédiatement l'obturateur de décharge ; puis, on démonte la boîte du joint glissant, et, à l'aide de trévires, on tâche de ramener les deux bouts de tuyau à leurs positions respectives. — Si l'on ne pouvait pas réussir dans cette opération, on couperait un des deux bouts disjoints de façon qu'il y ait moyen de forcer les trous de ces bouts à se retrouver l'un vis-à-vis de l'autre. On les réunirait alors par un manchon artificiel installé comme il est expliqué quelques lignes plus bas.

Quand un tuyau de décharge est fendu, on le répare à l'aide d'une *forte rousture* (n° 84₄) faite sur toute la longueur de la partie avariée. Lorsque le tuyau est complétement arraché, au lieu d'avoir recours au raccommodage précédent, on se sert d'une manche en toile goudronnée roustée par ses extrémités aux deux bouts du tuyau à réunir.

— Quant aux avaries qui surviennent aux obturateurs de décharge seuls, on les répare absolument de la même manière que celles qui sont propres aux vannes, clapets, robinets, etc., suivant l'espèce de l'obturateur considéré. Seulement, si cette réparation exige qu'on démonte la boîte de l'organe avarié, il faut préalablement aveugler à l'extérieur le débouché du tuyau de décharge.

Nº 87₁ Avaries dans les tés ou traverses, les glissières et les coulisseaux. — Les accidents les plus communs aux tés ou traverses de piston, consistent dans leur fêlure ou leur rupture par suite de choc ou de mauvaise qualité du métal.

— La *fig.* 21, *pl.* V, représente la réparation d'une traverse de piston fendue en xx à son moyeu. Deux flasques A,A courbes et en fer plat ou en forte tôle ont été appliquées sur les deux faces de la traverse. Puis, on les a maintenues sur le moyeu par des vis b,b.., et sur les parties plates par des rivets a,a.., mis à chaud. Les trous des rivets ayant été préalablement faits sur la traverse, ceux des flasques ont été tracés en présentant ces flasques préalablement chauffées au rouge sombre. Elles ont été chauffées de nouveau pour la mise en place. De la sorte, quand le refroidissement a eu lieu, leur contraction a fait fortement resserrer la cassure.

Sur la *fig.* 22, *pl.* V, on aperçoit une réparation de traverse de pompe à air de machine à balanciers brisée au point d'attache de la pompe alimentaire. — Voici comment on procéda à la réparation : On forgea une chape A, de manière que sa partie massive formât le tourillon de la bielle de pompe à air, et que ses deux joues embrassassent le tronçon du bras du té jusqu'au moyeu. Puis, cette chape fut percée, ajustée et rivetée en a,a,a, le tout comme il a été dit plus haut (*M. Juvénal*).

— Les avaries dans les glissières et les coulisseaux consistent en usure, en fêlures et en ruptures. — On répare des glissières usées inégalement, en les dressant à la lime avec une règle bien droite et en conservant parallèles leurs deux plans opposés. Puis, on augmente la hauteur du coulisseau, soit à l'aide de l'antifriction soit à l'aide de plaques de métal rapportées des deux côtés. — Quant aux fêlures et aux ruptures simples tant des glissières que des coulisseaux, on les raccommode à l'aide de flasques rivetées ou vissées contre les faces non frottantes des parties dont il faut consolider ou rétablir la jonction. — En cas de rupture irrémédiable d'un coulisseau, on pourrait en confectionner un avec du bois dur, que l'on armerait d'ailleurs de flasques et de patins en métal.

N° 87₂ Avaries dans les bielles. — Les principaux accidents auxquels sont exposées les bielles sont leur tension et leur rupture. Ces accidents sont occasionnés par les mêmes causes que les avaries des tiges de piston (n° 85₃), et se réparent la plupart du temps de la même manière.

— La *fig.* 23, *pl.* V, montre le redressement d'une grande bielle qui fut tordue à bord du *Vautour*. — On boucha tous les fourneaux à l'exception d'un seul, afin que tout le tirage se fît par le fourneau dans lequel on chauffa la bielle. En sortant cette pièce du foyer, on fit appuyer le sommet de sa courbure sur un coin en fer a, reposant lui-même sur une enclume A. On la maintint dans cette position, d'une part à l'aide d'une chaîne BB passée dans des crampes fixées aux carlingues, et d'autre part au moyen de deux palans C et C'. En halant sur le premier C de ces palans, tandis que l'on contre-tenait sur l'autre C', on redressa la bielle sans même donner un coup de marteau. — D'ailleurs, on avait préalablement tracé sur cette pièce, un trait xx parallèle à son axe, et qui servit à s'arrêter à temps dans le redressage. A cet effet, une planche très-droite D fut clouée sur la quille, et sur cette planche on en fit glisser une autre E de petites dimensions, et portant une tige avec une pointe, de façon à former un véritable trusquin.

— Les bielles gercées se réparent au moyen de frettes mises autour de la partie fendue. Mais lorsque la gerçure est perpendiculaire à l'axe de la bielle, il faut que la frette se trouve elle-même dans le sens de cet axe ; et la réparation n'est plus guère praticable qu'autant que la pièce avariée est d'une faible longueur, comme le sont les bielles courtes des machines à balanciers. — Telle est la réparation que montre la *fig.* 24, *pl.* V. La pièce gercée en x fut enveloppée d'une frette A serrée par un boulon a, et forcée en outre au moyen d'une cale ou coin en fer B. Il va sans dire d'ailleurs qu'on avait ménagé dans la frette des trous pour le passage des clefs de serrage de la chape du coussinet de la bielle.

N° 87₃ Avaries dans les balanciers. — On rencontre beaucoup d'accidents arrivés aux balanciers. Ces accidents sont le plus souvent des gerçures ou ruptures se déclarant par le travers du moyeu, ou vers l'extrémité des flasques. Ils sont d'ordinaire dus à des défauts dans le métal ou à un excès de fatigue.

— La *fig.* 25, *pl.* V, montre la réparation d'un des balanciers en fonte de la machine du *Ramier*, cassé en x. — On démonta le balancier, et l'on y fit deux entailles ou crans A, A, de part et d'autre et à une certaine distance du moyeu. On prit ensuite une forte barre de fer B, ayant une section carrée de $0^m,05$ de côté environ. On en refoula les deux extrémités b,b, de manière à y former un talon de 2 centim. de saillie. La barre fut alors placée à chaud sur le balancier, avec ses deux saillies ajustées dans les crans A,A. Le retrait produit par son refroidissement resserra complétement la cassure. En outre, pour la maintenir en place, on forgea grossièrement deux grandes brides C,C, que l'on capela pareillement à chaud sur le balancier et sur la barre, et que l'on souqua fortement avec des clavettes c,c. — Il eût été avantageux de consolider la réparation précédente par de bonnes frettes D,D montées sur le moyeu du balancier, de part et d'autre de son épaisseur (*M. Roux*).

Fig. 26. Pl. V. — Quand on a le temps, on procède comme ci-après pour réparer un balancier brisé en xx, *fig.* 26, *pl.* V. Faire fondre deux bourrelets en fonte A,A, destinés à être mis l'un en dessus, l'autre en dessous du balancier ; à défaut, employer des gueuses de fonte dont on arrondira les angles. Forger ensuite deux tirants B,B, avec brides et clavettes, et proportionner ces tirants et leurs brides de façon qu'ils se trouvent un peu courts à froid. Placer dans chaque fourche extrême du balancier un fort boulon b, et présenter à leurs postes les blocs A,A. Puis, emmancher les deux tirants sur les boulons b,b, et frapper à la fois, et jusqu'à refus, les clavettes des quatre brides. — En opérant ainsi, on obtient un rassemblement solide de tout le système, qu'augmente encore par le retrait, le refroidissement ultérieur des tirants. — Lorsque la fente xx s'étend de part et d'autre du moyeu, il devient indispensable de capeler à chaud autour de chaque extrémité de celui-ci, une forte frette D. Il faut même commencer la réparation par là.

Fig. 27. Pl. V. — Quand il s'agit de ruptures xx, *fig.* 27, *pl.* V, aux extrémités des flasques d'un balancier, on remédie à l'accident ainsi que le montre la figure. On y voit qu'une forte bride A a été fixée par des vis tout autour de l'extrémité avariée, et qu'on a consolidé le tout à l'aide de deux lattes B,B, mises de part et d'autre du balancier et boulonnées entre elles à travers ce dernier (*M. Juvénal*).

Fig. 28. Pl. V. Quand les balanciers sont formés de feuilles de tôle, le raccommodage doit s'effectuer au moyen de pareilles feuilles, ainsi qu'on le voit sur la *fig.* 28, *pl.* V. Voici alors comment on opère :

On taille deux plaques de tôle A,A, assez grandes pour s'étendre bien au delà de la cassure xx, et l'on perce dans ces tôles un grand nombre de trous. Puis, on rivette ces plaques avec les deux parties séparées du balancier, que l'on a préalablement rapprochées aussi intimement que possible.

Nᵒ 87₄ Avaries dans les engrenages. — Les avaries dans les engrenages consistent dans l'usure ou la rupture de leurs dents et dans le bris de leurs jantes et de leurs bras.

— Les dents s'usent surtout près de leur racine dans la roue conduite et près de leur pointe dans la roue conductrice. Aussi, les fait-on en bois de charme ou de cormier dans la grande roue dentée des machines à transmission, de même que dans la roue conductrice des mises en train Mazeline.

— Pour confectionner une dent de rechange, on découpe dans de la tôle un calibre d'après une des dents demeurées intactes. Puis, avec ce calibre, on taille la dent dans un morceau de bois ramené préalablement à une épaisseur convenable. Quand on a mis en place une nouvelle dent, on couvre d'une légère couche de sanguine toutes les dents du pignon préalablement essuyées. Puis, on vire à bras la machine, et on enlève du bois sur la nouvelle dent, aux portages de celles du pignon, jusqu'à ce que ces portages existent sur toute la largeur de la dent.

Pour réparer une dent d'engrenage en fonte, il faut enlever au burin et percer une mortaise dans la jante. Puis on taille et l'on met en place une dent confectionnée en fer tendre.

— Quant aux fêlures et ruptures de la jante ou des rayons d'une roue dentée, on y remédie au moyen de frettes et de jumelles, à l'instar de ce qui est expliqué dans le courant de ce chapitre aux réparations des pièces qui ont quelque analogie de configuration et de structure avec les parties dont il s'agit.

Nᵒ 88. — **1. Avaries dans les arbres de couche et de propulseur. — 2. Avaries dans les manivelles et vilebrequins. — 3. Avaries dans les paliers, chapeaux de palier et coussinets. — 4. Consolidation des machines par gros temps ; et avaries dans les plaques de fondation et les bâtis.**

Nᵒ 88₁ Avaries dans les arbres de couche et de propulseur. — Les arbres de couche et de propulseur sont exposés à des gerçures ou à des ruptures, provenant la plupart du temps de l'existence de pailles dans leur métal.

Il n'est généralement pas possible de chercher à réparer un arbre

<table>
<tr><td>Fig. 29,
Pl. V.</td><td>

de couche brisé, à cause des efforts considérables que cette pièce supporte et transmet. Mais quand il n'existe qu'une fente *xx*, *fig.* 29, *pl.* V, il y a moyen de consolider l'arbre. On emploie pour cela deux forts colliers A,A, que l'on capelle à chaud, par-dessus des clavettes longitudinales en acier B,B,B, que l'on a incrustées dans l'arbre.

</td></tr>
</table>

— Lorsque la gerçure se présente comme en *xx*, *fig.* 30, *pl.* V, sur une des portées de l'arbre, il faut employer des queues d'aronde B,B en acier, que l'on peut fixer au moyen de vis à tête fraisée. — On peut du reste, dans certains cas, enlever à coups de burin un des collets de la partie avariée ; puis, faire courir sur son bâti le palier correspondant P, *fig.* 31, *pl.* V, de manière à mettre la moitié de la surface de son socle en dehors du bâti. On supporte l'autre moitié de cette surface au moyen d'une plate-forme A, confectionnée avec des bandes de fer et des pièces de bois. On est alors ramené, pour la consolidation de l'endroit fendu *x*, au cas où la fente se présente en un point quelconque de la longueur de l'arbre, et l'on a recours à des frettes et à des clefs.

— Les tronçons des lignes d'arbres d'hélice sont sujets à des accidents analogues aux précédents. Mais leur réparation s'effectue facilement parce qu'ils sont plus dégagés.

— Quand c'est un arbre extérieur de machine à roues qui est avarié et que l'on est incapable de le réparer, on déconjugue cet arbre en enlevant la soie de manivelle, et l'on marche avec une seule roue.

— Enfin, quand l'arbre de couche lui-même est rompu, il devient en général impossible de continuer de fonctionner avec la machine. Quelquefois cependant, comme il est arrivé à bord du navire à hélice anglais le *Bremen*, la cassure se produit vers le milieu de l'arbre ; et alors si celui-ci est à vilebrequin, on sépare complétement les deux morceaux, et l'on continue à fonctionner avec le cylindre arrière, ou même, si le navire est à roues, avec les deux cylindres agissant séparément.

N° 88₂ Avaries dans les manivelles. — Les avaries dans les manivelles sont occasionnées par des défauts dans le métal et consistent en fentes ou gerçures, comme on le voit en *x*, *fig.* 32, *pl.* V. Cette avarie, qui se rapporte à une manivelle de la machine du *Ramier*, fut réparée au moyen d'une forte frette A, en un morceau, et que l'on capela à chaud sur la pièce fêlée (*M. Roux*).

— Ce mode de réparation est du reste employé d'une manière générale dans les cas semblables. Seulement, la frette est en deux

morceaux, quand il n'y a pas moyen d'enlever le tourillon pour la
capeler. — Quelquefois, d'ailleurs, au lieu d'être unique, elle comprend plusieurs colliers superposés et coincés entre eux. Cette dernière disposition est indispensable quand la frette unique devrait
atteindre de trop grandes proportions.

— Les accidents dans les manivelles se manifestent encore à leur
soie. La *fig.* 34, *pl.* V, représente la réparation qui eut lieu à la suite
d'un pareil accident à bord du *Vautour*. On ajusta trois cales en acier
A,A,A, dans la partie cône de celle-ci. Ces cales avaient 25 millim. de
largeur sur 10 d'épaisseur, et elles furent encastrées de 8 millim.
dans la soie. On présenta ainsi cette dernière pièce dans l'œil de la
manivelle, et on lima les cales de manière qu'elles pénétrassent sans
effort jusqu'aux deux tiers environ de la longueur de cet œil, et que
l'axe de la soie se trouvât perpendiculaire aux faces de la manivelle.
Puis, on sortit la soie ; et, après avoir entouré l'œil en question d'une
forte limande de coton filé imbibée d'huile, on mit le feu à cette limande. Ce feu ayant été entretenu pendant sept heures, on obtint par
ce moyen, une dilatation de l'œil suffisante pour que la soie enfoncée
à froid et à grands coups de masse, se trouvât incrustée très-solide-
ment dans la manivelle après le refroidissement de celle-ci (*M. Roux*).

Avaries dans les vilebrequins. — Les avaries les plus communes dans les vilebrequins, sont les gerçures sur le corps de leurs
manivelles, ce qui rentre dans le cas décrit ci-dessus, et les fêlures
de ces dernières à leur raccordement avec l'arbre. Dans cette dernière
disposition, on commence par incruster par le travers de la fêlure, une
ou deux pièces à queue d'aronde, et l'on ajoute à chaud, une forte
frette entourant l'arbre et la manivelle, et qui doit être nécessairement ici en deux morceaux.

— Quant aux avaries des boutons de vilebrequin, elles proviennent généralement d'une dénivellation de la ligne d'arbres. — On
voit en *fig.* 53, *pl.* V, un bouton de vilebrequin de l'arbre A de la machine de l'*Yonne*, cassé entièrement en *xx*. Pour réparer cette avarie
avec les moyens du bord, on perça un fort trou dans les extrémités
des manivelles M,M et le tourillon lui-même. On ajusta dans ce trou
un gros boulon en fer B à tête fraisée, et qui fut retenu par une forte
cheville en acier C (*M. Juvénal*).

N° 88₃ Avaries dans les paliers et leurs chapeaux. —
Les avaries dans les paliers consistent d'ordinaire dans la rupture de
leur corps et de leur chapeau.

Lorsque les paliers sont brisés à leur base, on peut y incruster des pièces taillées en queue d'aronde. Mais, comme ils sont fixés par des boulons qui les traversent dans toute leur hauteur, on consolide ou même on effectue entièrement la réparation en cerclant la partie supérieure de leur corps au moyen d'une frette en fer forgé.

De leur côté, les chapeaux des paliers se réparent pareillement au moyen d'une frette A, *fig.* 35, *pl.* V, capelée à chaud sur leur contour. Le plus souvent d'ailleurs, on incruste préalablement une pièce B, à queue d'aronde, par le travers de la gerçure xx.

Avaries dans les coussinets. — Les coussinets sont sujets à s'user, à se gripper, à se fondre s'ils sont en antifriction, à se gercer et enfin à se rompre.

On remédie à l'usure des coussinets au moyen de cales logées entre leur base et soit la pièce ou le palier qui les porte, soit la bride ou le chapeau de palier qui les retient, de manière à maintenir leur axe à même hauteur par rapport à ladite pièce. — Pour les paliers à serrage vertical, on peut remédier à l'usure du coussinet inférieur en le remplaçant par le coussinet supérieur. En pareil cas, il faut avoir soin de boucher avec de l'antifriction, l'ancienne lumière de graissage, et d'en perforer une nouvelle dans le morceau du coussinet qui est devenu celui du dessus.

— Pour réparer un coussinet grippé, on commence par bien le décaper avec de l'eau seconde. Puis, on le répare à la lime ou au tour. S'il existe des trous trop profonds, on les comble avec du métal antifriction ou de l'étain, dont on met ensuite à coups de lime la surface de niveau avec celle du coussinet.

— Quand c'est l'antifriction d'un coussinet qui a fondu, il faut recreuser les pattes d'araignée avec un bec d'âne, et déboucher les lumières de graissage si ces parties se trouvent engorgées à la suite de cette fonte. D'ailleurs, lorsque la quantité de métal fondue est considérable, on recharge préalablement le coussinet.

— Lorsqu'un coussinet est brisé, l'on place sur les côtés ou en dessous des cales ajustées à queue d'aronde. Ces cales sont d'ailleurs mises à chaud afin que leur retrait, lors du refroidissement, rapproche les parties désunies; et, autant que possible, leur métal est pris de même nature que celui du coussinet.

Quand il n'y a pas moyen de réparer un coussinet avarié, on en confectionne un de fortune au moyen de bois dur, tel que du gaïac ou du chêne, renforcé par des brides de fer, et que l'on garnit intérieurement avec de l'antifriction.

N° 88₄ Consolidation des machines par gros temps. — En principe, lorsque par gros temps les plaques de fondation ou les bâtis d'une machine travaillent, on y remédie en réduisant la pression de façon à restreindre les poussées des pistons et en même temps la vitesse de rotation de l'appareil. Mais, quand des circonstances majeures ne forcent pas à tenir invariablement la route qu'on suit, et que l'allure qui en résulte fatigue la machine, il faut absolument modifier un peu cette route.

Dans les machines à cylindres horizontaux, la partie de la charpente qui fatigue le plus par grosse mer et au tangage, est le bâti arrière. On le consolide en l'épontillant contre le bau du faux pont placé directement au-dessus, avec des pièces de bois faisant partie de l'approvisionnement du navire. On resserre ensuite tous les boulons de fixation du bâti. Plus tard, on pourra remplacer les épontilles en bois par des épontilles en fer forgé A, *fig.* 36, *pl.* V. Ces épontilles portent un té à chaque extrémité : l'un B de ces tés, se boulonne sur le bâti, et l'autre B′ se fixe contre le bau par de fortes vis à bois.

Fig. 36.
Pl. V.

— Si les machines prennent du jeu sur leurs carlingues, on serre les boulons des plaques de fondation, en ayant soin d'opérer en diagonale, afin d'avoir moins de chances de déranger le parallélisme de l'appareil, et en se servant de jauges pour observer si les bâtis et les cylindres ne se déplacent pas entre eux. Pour les machines élevées, telles que les appareils à roues ou à hélice avec engrenage, on peut augmenter les liaisons avec le haut du navire, soit au moyen de tirants supplémentaires, soit en coinçant les entablements entre les baux qui les avoisinent.

Avaries dans les plaques de fondation et les bâtis. — Les plaques de fondation et les bâtis sont exposés à des ruptures, occasionnées par la faiblesse de leurs proportions, et le plus souvent par la réaction des déformations de la coque pendant le mauvais temps. Si de pareilles ruptures se produisent, on les répare au moyen de bandes et d'équerres en fer forgé. À défaut de fer, on se servirait de morceaux de forte tôle et de cornières ajustés et boulonnés sur les parties cassées.

Dans toute réparation de plaque de fondation, il est bon d'accroître la solidité du raccommodage à l'aide de nouveaux morceaux de carlingue interposés entre la plaque et le fond du navire, et orientés dans un sens perpendiculaire aux carlingues qui existent déjà.

— On voit, en *fig.* 37, *pl.* V, un châssis triangulaire d'une machine

Fig. 37,
Pl. v.

à balancier cassé en xx à la partie qui avoisine le cylindre. — Pour réparer cette avarie, on a forgé une plaque en fer A, de la largeur du bâti, et on l'a ajustée sur la partie supérieure du châssis. On a confectionné ensuite deux autres pièces B et B', que l'on a ajustées de chaque côté de la nervure C. Enfin, ces diverses pièces ont été fixées entre elles et sur le bâti au moyen de boulons.

Fig. 38,
Pl. v.

— S'il s'agissait d'un bâti de machine horizontale cassé en xx, *fig.* 38, *pl.* V, par exemple, on réparerait l'accident au moyen de deux brides semblables A, A, formant étrier. On ajusterait ces pièces de chaque côté de la nervure n. La branche du haut serait d'ailleurs fixée par des boulons qui traverseraient l'entablement supérieur du bâti et une plaque B placée au-dessus. La branche du bas serait fixée par des vis taraudées dans l'entablement inférieur du bâti. Enfin, le côté vertical serait boulonné contre la nervure g perpendiculaire à la première.

N° 89. — 1. Avaries dans les hélices. — 2. Avaries dans les chaises et les paliers de support d'hélice, et dans le tube et le presse-étoupe arrière. — 3. Avaries dans les accessoires de la ligne d'arbres.

N° 89₁ Avaries dans les hélices. — Les hélices sont exposées à être engagées par des bouts de filin, tels que orins de bouée, grelins de remorque, etc., et à avoir une ou plusieurs de leurs ailes brisées.

Pour dégager une hélice, on la remonte si elle est amovible. Mais si elle est fixe, on la fait tourner à bras en douceur, tantôt dans un sens, tantôt dans un autre, et l'on embraque fortement sur un des bouts du filin engagé. Si ce moyen ne réussit pas, et en général s'il s'agit de visiter une hélice, on fait plonger un homme ; et quand il y a nécessité de rester longtemps sous l'eau, on emploie le scaphandre.

— La rupture d'une aile hélice ne diminue pas sensiblement la marche si le propulseur a plus de quatre ailes. Mais, s'il n'en a que deux, le sillage se réduit d'un quart environ. En même temps, l'appareil tourne alors un peu plus rapidement qu'avant l'avarie, et, le plus souvent, il éprouve des chocs qui forcent à diminuer la pression.

Fig. 39,
Pl. v.

— La *fig.* 39, *pl.* V, représente une hélice brisée à bord du transatlantique belge le *Léopold I*ᵉʳ. Quand l'accident arriva la vitesse tomba de 11ⁿᵈ à 8ⁿᵈ,5. En outre, les vibrations habituelles de l'arrière s'accrurent notablement. On continua néanmoins à marcher dans ces conditions ; et à la première relâche, l'hélice brisée fut remplacée par une de rechange.

— Une aile d'hélice brisée n'est guère facile à réparer. Toutefois, on y est parvenu à bord de la frégate la *Bellone*, en opérant comme il est expliqué ci-après :

L'hélice, qui était du système Mangin et amovible, eut une de ses ailes cassée à 35 centim. du moyeu. — A la première relâche qui suivit l'accident, l'on remonta le propulseur sur le pont, et on l'enleva de son châssis. Puis, on burina en coin l'extrémité du tronçon restant A, *fig.* 165, de l'aile cassée. En même temps, on confectionna le modèle en bois de la pièce semblable à la partie d'aile perdue, mais en outre prolongé par une mâchoire de forme convenable pour embrasser le tronçon précité et la moitié du pourtour du moyeu. Cette pièce fut coulée en même métal que l'hélice. Puis, on l'ajusta, et cette aile rapportée fut tenue par des vis *a,a* sur le moyeu, et par des rivets *b,b* sur le tronçon.

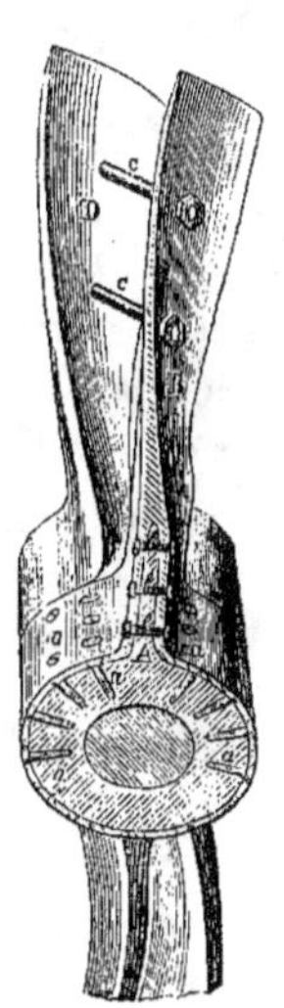

Fig. 165. Réparation d'une aile d'hélice brisée.

Enfin, l'ensemble de la réparation fut consolidé à l'aide de deux entretoises *c,c*, reliant la pièce B, à la branche D (*M. Reboul*).

— On peut encore réparer une aile d'hélice au moyen de plusieurs feuilles de cuivre courbées convenablement et rivetées ensemble. On doit d'ailleurs renforcer la partie de cette aile de fortune destinée à servir de racine, et l'approprier au meilleur mode d'assemblage à employer, eu égard à la configuration du tronc restant de la branche brisée. — Quant à la forme en hélice, on l'obtient en chauffant chaque feuille de tôle et en la battant ensuite pour la gauchir suivant un gabarit relevé sur une des ailes intactes.

— Il va de soi que toutes les réparations précédentes ne sont applicables aux hélices fixes qu'à l'aide d'un scaphandre, d'un bassin, d'une caisse étanche ou d'un abatage en carène, soit qu'on puisse les exécuter sur place, soit qu'elles nécessitent le déclavetage du propulseur d'avec son arbre et son démontage.

N° 89₂ Avaries dans les chaises et les paliers de support d'hélice. — Les chaises d'hélice sont principalement exposées à des affaissements provenant des déformations du navire. On y remédie en fixant des cales au-dessous des coussinets de support, après les avoir démontés.

— Les paliers de support d'hélice sont sujets aux mêmes avaries que les paliers ordinaires, et se réparent d'une façon semblable (n° 88₃). Seulement, il faut pouvoir y atteindre pour les démonter, puis les remettre en place, ce qui exige, avec les hélices fixes, l'emploi d'un des moyens signalés au n° 89₁.

Quant aux coussinets de ces paliers, ils sont pareillement exposés aux mêmes accidents que ceux des paliers ordinaires et notamment à une usure rapide. Dans ce dernier cas, ils occasionnent des dénivellements de l'arbre porte-hélice, qui amènent eux-mêmes des dégradations du tube arrière. — Lorsque l'hélice est amovible, on la hisse, et l'on répare les coussinets du cadre en les rechargeant d'antifriction ou de gaïac. Avec une hélice en porte-à-faux (n° 55₃), il serait nécessaire d'avoir sous la main un scaphandre. Seulement, il suffirait alors d'enlever le chapeau du palier d'étambot. Puis, au moyen de palans, on soulèverait un peu l'hélice, de façon à pouvoir dégager le coussinet inférieur de ce palier.

Avaries dans le tube et le presse-étoupe arrière. — Les avaries dans le tube arrière des navires à hélice consistent d'ordinaire en usure due au frottement de l'arbre qui sort du navire et qui porte indûment sur le tube. Il y a alors à craindre qu'il ne se déclare, d'un moment à l'autre, une voie d'eau considérable. En pareil cas, il devient indispensable de changer le tube le plus tôt possible pour pouvoir continuer à marcher à la vapeur. Cette réparation, de même d'ailleurs que la précédente, exige absolument la confection d'un batardeau, une rentrée au bassin ou un abatage en carène. Du reste, dès que l'usure qui nous occupe prend une certaine proportion, on en est prévenu par la *sciure* de métal qu'entraîne à l'intérieur du bâtiment, l'eau qui suinte toujours autour du chapeau du presse-étoupe arrière.

— Les avaries dans le presse-étoupe de l'hélice sont toujours très-dangereuses. Car elles déterminent immédiatement une voie d'eau considérable, et qui n'est guère susceptible d'être bouchée qu'en cessant de marcher à la vapeur. Toutefois, la plupart du temps, il n'y a à craindre que l'usure des tresses du presse-étoupe ; mais on conçoit que ces tresses ne peuvent se changer ici de la même manière que dans un presse-étoupe ordinaire. — Quand le presse-étoupe présente la disposition de la *fig.* 121 *du texte*, qui est aujourd'hui réglementaire, on commence, pour renouveler la garniture, par serrer les vis

2,2,2, destinées à la comprimer. Puis, on ôte le chapeau du presse-
étoupe, et l'on enlève les vieilles tresses jusqu'à celles qui sont pin-
cées par les vis. On met alors de nouvelles tresses en place, et on les
comprime avec ledit chapeau, après avoir desserré les vis. Si à la suite
de cette compression la garniture n'est pas suffisante, on recommence
l'opération précédente pour loger quelques nouvelles tresses.

— Nous citerons encore, pour recharger un presse-étoupe d'hélice,
le procédé suivant, qui a été employé à bord du navire de guerre
anglais le *Sharp-Shooter*. Ce procédé nous semble, du reste, nécessaire, quel que soit l'agencement du presse-étoupe, si la garniture à
changer est entièrement pourrie et hachée comme dans notre exemple.

On prépara des plaques $d, d,...$, *fig.* 40, *pl.* V, dites de sûreté. Fig. 40,
On confectionna, en outre, un manchon e, en deux morceaux réunis à Pl. V.
l'aide de pattes et de boulons, et ayant le même diamètre intérieur
que la boîte b du presse-étoupe. Enfin, des tresses de rechange $f,f...$,
bien graissées, furent disposées d'avance. Cela fait, on retira en douceur le chapeau, jusqu'à ce que les boulons de serrage fussent dégagés
de ses oreilles. On enfila alors sur ces boulons les plaques de sûreté,
et par-dessus celles-ci des gaînes, comme pour entretoises de chaudière, destinées à les tenir ultérieurement au moyen des écrous desdits boulons ; ces écrous furent d'ailleurs vissés en partie à cet instant. On retira ensuite entièrement le chapeau, en ayant soin, au
moment où il allait quitter tout à fait sa boîte, de faire pousser, grâce
à la forme ovale de leurs trous, les plaques de sûreté, de manière à
les forcer à embrasser l'arbre a exactement. On les maintint solidement dans cette position, en serrant à bloc les écrous précités. Aussitôt
après, on fit glisser le chapeau c sur l'avant de l'arbre a, et l'on
monta sur ce dernier les tresses de rechange $f, f...$, en les maintenant
à l'aide du manchon e, le tout étant disposé comme on le voit *vue* 1°.
Puis, à l'aide d'un cric, on fit glisser sur l'arrière le système formé
par les tresses et le manchon. Dès que ce dernier fut rendu à toucher
les plaques de sûreté $d, d,...$, on força avec le cric sur le chapeau c,
de façon que la première tresse arrière fût prête à pénétrer dans tout
jour qui se présenterait devant elle. En même temps, on retira une
à une les plaques de sûreté. En continuant dès lors à agir sur le
chapeau c, toutes les tresses de rechange glissèrent le long du manchon e, qui butait contre le collet de la boîte du presse-étoupe, et
refoulèrent, en les remplaçant, toutes les tresses qui étaient pourries.
Aussitôt que les boulons furent enfilés dans les oreilles du chapeau,

on revissa leurs écrous, on enleva le manchon *e*, et toute l'opération fut terminée (*M. R. Mac Ewen*).

— Dans le cas où le chapeau même du presse-étoupe arrière viendrait à se briser, on remédierait à l'accident comme au nᵒ 83₆, en se servant d'ailleurs d'un des moyens précédents, pour retenir les garnitures pendant la réparation.

Nᵒ 89₃ Avaries dans les accessoires de la ligne d'arbres. —Les avaries spéciales aux accessoires d'une ligne d'arbres, comportent principalement la détérioration des rainures du palier de butée, et les fêlures ou les ruptures des embrayages et des manchons ou plateaux d'assemblage.

Pour remédier à l'usure des rainures d'un palier de butée, on y recoule de l'antifriction.

Les réparations des embrayages et des manchons ou plateaux d'assemblage, s'effectuent assez facilement au moyen de frettes, et, au besoin, au moyen de morceaux de tôle rapportés, en suivant du reste pour tout cela les indications du nᵒ 90₂ relatives aux réparations des tourteaux de roue. — Quand un embrayage comporte des soies, on remédie à leurs avaries, s'il y a lieu, ainsi qu'il a été expliqué au nᵒ 88₂ pour les boutons de manivelle.

Nᵒ 90. — 1. Avaries dans les roues. — 2. Avaries dans leurs rayons, cercles, tourteaux et aubes. — 3. Avaries dans les chaises et les paliers de support de roue.

Nᵒ 90₁ Avaries dans les roues. — Les roues à aubes ne sont guère exposées à des avaries que dans le cas d'abordage ou de rencontre d'objets flottants, tels que des bouées, ou, dans les mers polaires, de gros morceaux de glace.

Nᵒ 90₂ Avaries dans les rayons, cercles, tourteaux et aubes de roue. — Les avaries dans les roues sont presque toujours réparables par les moyens du bord.

Ainsi, un rayon tordu ou cassé se redresse ou se répare à la forge, ou encore se remplace par un de rechange. Toutefois, un rayon cassé qu'on craint de trop raccourcir en le travaillant à la forge, ou qu'on ne veut pas démonter, se raccommode avec une patte fixée aux deux parties à réunir au moyen de rivets ou de boulons. — Un cercle de roue brisé peut se réparer par le moyen précédent.

— Quant à un tourteau brisé ou fendu, il se frette et se consolide par des bandes de fer boulonnées sur les parties à réunir. —La *fig.* 41,

pl. V, représente une semblable réparation exécutée sur une des roues Fig. 41.
de la frégate le *Cacique*. Un des tourteaux de cette roue était fendu Pl. V.
suivant xx' et yy'. Comme ce tourteau se trouvait le plus en dehors,
on put, après avoir rentré légèrement l'arbre extérieur en dedans pour
le faire sortir du coussinet de l'élongis, capeler à chaud sur le disque
et son moyeu, les deux frettes F et G, toutes les deux en un seul morceau. On boulonna en outre, pareillement à chaud, deux plaques a et b
de forte tôle contre le tourteau, entre deux paires de ses nervures
(*M. Roux*). — S'il n'y avait pas eu possibilité de capeler les frettes
par le bout de l'arbre, il eût fallu les confectionner en deux morceaux
réunis par des boulons serrés au moyen de clavettes. — De leur côté,
les clefs de tourteau qui n'ont plus assez de serrage dans leur mortaise, sont passées à la forge pour qu'on puisse les refouler. Ou bien
encore, on les coince avec de la tôle mince.

— Enfin, les aubes brisées ou emportées sont remplacées par des
pales de rechange ou de fortune. On peut confectionner des pales de
fortune avec des planches pour bordage, coupées de longueur convenable.

**N° 90₃ Avaries dans les chaises et les paliers de support
de roue.** — Les avaries aux chaises qui reposent sur les élongis, se
réparent à l'aide de forte tôle ou de fer plat boulonné contre les parties
à réunir. On peut aussi, suivant la position de la fêlure ou de la rupture, avoir recours à un étrier formé d'une latte de fer, et destiné à
soutenir la plate-forme de la chaise en venant se boulonner par ses
branches verticales contre l'élongis.

— Les chaises des roues en porte-à-faux (n° 58₁), pourraient bien
aussi avoir leurs fêlures réparées avec de la tôle ou du fer plat. Mais,
en cas de rupture complète, il faudrait absolument, à cause de la
grande saillie que présente la plate-forme de ces chaises, opérer
comme il suit. — On commencerait par boulonner contre l'intérieur
de la muraille du navire, de chaque bord et au-dessus de l'arbre, une
forte épontille en bois. Puis, on prendrait la chaîne en fer qui sert
habituellement à virer les roues à froid ou une analogue. On la tendrait de la chaise de bâbord à celle de tribord, après l'avoir fait passer
par le haut des tambours sur les épontilles précitées, et avoir entouré
les chaises avec ses bouts reliés chacun avec son courant par une
manille. Enfin, des ridoirs à vis montés sur le milieu de la chaîne, ser-
viraient à lui donner une tension suffisante.

— Les paliers des chaises de roue et leurs coussinets sont sujets aux mêmes avaries et se prêtent aux mêmes réparations que les paliers et les coussinets ordinaires (n° 88₅). Lorsque l'arbre extérieur A, *fig.* 42, *pl.* V, au lieu de dépasser le coussinet C, se trouve, au contraire, trop court, l'usure finit par former à l'extrémité extérieure de ce coussinet, une espèce de bourrelet B, *vue* 1°, contre lequel le bout de l'arbre vient buter. Il se manifeste alors des échauffements qui cessent dès qu'on a fait sauter le bourrelet et pratiqué à sa place une gorge G, *vue* 2°, laissant l'arbre libre de courir dans le sens de sa longueur.

N° 91. — 1. Avaries dans les foyers et les chaudières; coups de feu. — 2. Remplacer un rivet et un boulon d'entretoise. — 3. Fentes, crevasses et déchirements dans les chaudières. — Mettre une pièce à une chaudière et à une plaque de tubes. Réparer une cornière.

N° 91₁ Avaries dans les foyers et les chaudières ; coups de feu. — Les principales avaries susceptibles de se produire dans les foyers et les chaudières, sont résumées dans le sommaire du présent numéro.

— On entend par *coup de feu* ou *brûlure*, le dommage qui résulte de l'action de l'air sur une tôle de chaudière rougie à la suite d'une circonstance quelconque. Les coups de feu proviennent des causes suivantes : — 1° Trop grande épaisseur des tôles de la surface de chauffe. — 2° Isolement prolongé de cette surface d'avec l'eau du générateur, dû soit à un abaissement du niveau, et *à fortiori* à un vidage de la chaudière, soit à la présence de croûtes salines, soit enfin à l'existence de chambres de vapeur formées dans les endroits qui présentent une mauvaise disposition pour la circulation de l'eau.

Les coups de feu exposent à des explosions fulminantes (n° 96₁) pendant le temps même qu'ils se produisent. De plus, ils peuvent, suivant les qualités de la tôle, et attendu qu'ils réduisent la résistance de celle-ci pendant qu'elle est rouge au 1/6 de sa valeur à froid, déterminer un affaissement sous l'effort de la pression de l'intérieur des chaudières, ou même donner naissance à de larges crevasses et par suite à une explosion par déchirement (n° 95₂).

Quand une chaudière a reçu un coup de feu à une de ses tôles, il faut, avant de la remettre en service, bien s'assurer que la tôle n'est pas fendillée, ni brûlée assez profondément pour avoir sa résistance compromise. Sinon, on délivre toute la partie brûlée et on la remplace (n° 91₅).

N° 91₂ Remplacer un rivet et un boulon d'entretoise.
— Les rivets et les boulons d'entretoise peuvent être ébranlés, partir
ou prendre du jeu, soit lors d'une trop grande fatigue ou de vibrations subies par la chaudière, soit à la suite de la brûlure ou du mauvais rivetage d'une de leurs têtes ou de la qualité inférieure de leur
métal.

Lorsqu'un rivet n'est qu'ébranlé et joue, on peut le resserrer à froid.
Mais, comme cette opération rend le fer très-cassant, et d'ailleurs ne
réussit presque jamais, il vaut mieux enlever la pièce et la remplacer.

— Pour changer un rivet il faut opérer comme il suit. — On
chauffe le nouveau rivet jusqu'au blanc suant. Puis, on le présente,
du côté de l'intérieur de la chaudière et avec une pince *ad-hoc*, dans
les trous des tôles qu'il doit traverser et dans lesquels on a passé une
broche de l'extérieur pour le repérer, et que l'on retire quand le
rivet est en face du trou. — Aussitôt le rivet introduit, on contretient
la tête à l'aide d'un *abatage*. Puis un homme frappe, avec un *marteau
à river*, sur le bout du rivet qui déborde des tôles, et rabat ce bout
à coups secs et précipités de façon à confectionner la fausse tête.
Lorsqu'on veut que cette fausse tête soit bien régulière, on la forme à
l'aide d'une *bouterolle*. — Si l'on n'a pas de rivets de rechange, on
s'en fabrique avec du fer choisi, à petits grains et légèrement nerveux.

— Quand, au lieu d'un rivet, c'est un boulon d'entretoise à *fourreaux* ou à *douille* qu'il s'agit de remplacer, on opère absolument de
la même façon pour la présentation de ce boulon et la confection de
sa fausse tête. Si, au lieu d'une fausse tête, on emploie un écrou, il
faut loger entre cet écrou et la tôle, une rondelle en fer destinée à écraser autour du trou de celle-ci, un joint en chanvre graissé de minium.
Dans tous les cas, on doit avoir soin, pour faciliter l'enfilage du boulon dans la douille, de ne le passer d'un côté qu'au fur et à mesure
que l'on retire le vieux boulon s'il n'est pas parti ; sinon, on introduit
préalablement, à travers la douille et les tôles, une broche que le
nouveau boulon chasse devant lui, quand on le met en place.

— Les entretoises formées d'un boulon unique, vissées, par les deux
bouts dans les tôles à maintenir écartées, se remplacent par des entretoises plus grosses, afin qu'il y ait possibilité de reprendre préalablement le taraudage des tôles, lequel se trouve d'ordinaire abîmé par
l'oxyde ou par la sortie du vieux boulon. — Lorsque les tôles sont en
partie usées à l'endroit d'une entretoise à remplacer, ou si les trous
de passage sont trop agrandis pour resservir, on bouche ces trous par

des ronds de tôle rivetés. Puis, on perce sur ces tôles un nouveau trou pour l'entretoise.

N° 91₃ Fentes, crevasses et déchirements dans les chaudières. — Ces accidents se produisent à la suite des mêmes causes que les explosions par déchirement (n° 95₂), dans lesquelles, du reste, il rentrent dès qu'ils sont un peu considérables.

Mettre une pièce à une chaudière et à une plaque de tubes. — Dans le cas d'une fente (*fig.* 43, *pl.* V), on commence par percer un trou *b* et *c*, à chacune de ses extrémités, afin de l'empêcher d'aller plus loin. On perce en outre deux autres trous dans l'intervalle compris entre les deux premiers, et on prépare ensuite un morceau de tôle A, de même épaisseur que la paroi où est la fente, de 15 à 20 millimètres plus long qu'elle, et enfin de 50 millimètres de large. On applique ce morceau de tôle au dedans de la chaudière, et on y trace la marque des trous précités. Puis, au moyen d'un foret ou d'un poinçon, on perce les endroits de ces marques. — Cela fait, on présente la pièce recouverte de mastic au minium ; on la maintient avec des boulons d'assemblage passés dans les trous du milieu ; et on la rivette d'abord à ses extrémités, et ensuite en ce milieu, après avoir enlevé lesdits boulons. Dans cette opération, on écrase bien la tête des rivets, de façon à couvrir la plus grande étendue possible de la fente, et on matte la tôle dans les petits intervalles de celle-ci qui sont à découvert.

Il se déclare souvent aux angles mêmes des chaudières des fentes de peu de largeur, auxquelles on remédie d'une manière analogue à ce qui précède, en employant une bande de tôle ployée.

— S'il s'agit d'une grande fente, d'une crevasse, d'un déchirement notable, d'une partie compromise à la suite d'un coup de feu (n° 91₁), ou encore d'un moine étendu qu'on a reconnu dans une tôle, il faut changer la ou les tôles avariées ou y mettre une pièce. — Pour changer une tôle, on la *dérivette*, en ayant soin de ne pas déformer les trous des tôles avec lesquelles elle est cousue, afin que ces trous puissent resservir. Cela fait, on la remplace par une feuille en tout semblable et découpée sur elle.

Pour mettre une pièce à une tôle, on *délivre* à l'aide d'un *bec d'âne* ou *bédâne*, toute la partie endommagée. On a soin d'arrondir les angles de l'ouverture pratiquée de la sorte ; car c'est dans les coins que les tôles se fendent et se rongent le plus vite. D'ailleurs, si le morceau doit être mis au milieu d'une tôle, on lui donne d'ordinaire la forme A, *fig.* 44, *pl.* V. Mais si, au contraire, il doit s'étendre jusqu'à un des

bords même de la tôle, on le taille comme en C, *fig.* 45, *pl.* V. De
plus, on étire à chaud et en forme de lame de couteau, les pinces x, x ;
car ces pinces sont appelées à s'intercaler entre les deux tôles A et B,
sans laisser du jour.

Fig. 45, Pl. V.

On trace sur le pourtour de l'ouverture obtenue ainsi qu'il est dit
plus haut, des trous du diamètre des rivets. Pour conserver aux tôles
leur résistance, ces trous doivent avoir leurs centres éloignés des
bords des tôles d'une fois et demie le diamètre, soit de 25 à 30 millimètres en moyenne, et espacés entre eux du double de la proportion
précédente, c'est-à-dire de 50 à 60 millimètres. Dès qu'ils ont été
tracés, on les perce au foret ; puis, on prépare un morceau de tôle
neuve de la même épaisseur que celle où on doit la riveter. On présente cette feuille devant l'ouverture précitée et du côté de la chaudière où il faut l'appliquer. Ce côté doit être celui d'en *dedans*, parce
qu'elle sera appliquée par la pression de la vapeur et aussi parce que
de la sorte l'entre-deux des tôles est moins exposé à s'emplir de sel
et par conséquent à recevoir un coup de feu (n° 91₁). On maintient
cette feuille contre l'ouverture à boucher au moyen de boulons à vis
ou de fuseaux. On y trace les trous percés sur le pourtour de cette
ouverture ainsi que ce pourtour lui-même. Puis, après avoir enlevé
cette feuille, on y décrit le trait suivant lequel il faut la découper. Ce
trait doit être éloigné de celui qui correspond au pourtour, de trois fois
environ le diamètre des rivets, soit en moyenne de 50 à 60 millimètres.
On perce alors les trous, on découpe la tôle et on taille un chanfrein
tout autour. Dans les endroits courbes du générateur, il faut se guider
sur le vieux morceau de tôle enlevé, pour cintrer à chaud la nouvelle tôle à mettre en place ; ou prendre à cet effet les formes de l'endroit à réparer à l'aide de gabarits en fil de fer, en tôle mince ou en
plomb. Dans tous les cas, une fois la nouvelle tôle préparée, on la
présente devant l'ouverture à boucher ; on l'y maintient avec quelques
boulons d'assemblage passés dans plusieurs de ses trous et qu'on enlève au fur et à mesure. Aussitôt après on la rivette ; puis l'on matte
tout le long des coutures, afin de rendre celles-ci parfaitement étanches.
Au surplus, si les tôles de la chaudière n'ont plus une surface parfaitement unie, on est obligé, pour rendre le joint étanche, d'introduire
dans ce joint de l'urine ou du sel ammoniac dissous dans l'eau. Car,
de cette façon, on active pour un temps l'oxydation, et on bouche les
petits vides. Si la chaudière est vieille, il faut, dans la réparation précédente, remplacer les rivets par des boulons.

En ce qui concerne les plaques de tubes, il y a seulement à craindre qu'elles ne se fendent. En pareil cas, on prend une feuille de tôle *abcd*, *fig.* 46, *pl.* V, d'une étendue suffisante pour couvrir toute la fente *xx*. Puis, on perce la feuille d'une série de ronds destinés à correspondre aux débouchés des tubes qui se trouvent sous elle. Enfin, on l'enduit d'une couche de minium ou de céruse sur sa face portante, et on la fixe à l'aide d'un bon nombre de vis pénétrant dans des trous préalablement taraudés de la plaque de tubes.

Lorsque les plaques de tubes présentent de la courbure, il est bon de relier entre elles celles de l'avant et de l'arrière à l'aide de quelques tirants. Ces tirants sont mis à la place d'autant de tubes, et retenus par de forts écrous contre des ronds en tôle de bonne épaisseur posés à l'extérieur des plaques pour boucher les trous des tubes enlevés.

Réparer une cornière. — Les cornières sont exposées à se brûler et surtout à se fendre à leur angle. — Lorsqu'on a des cornières de rechange, on dérivette la partie avariée et on la remplace. Sinon, on procède comme voici, dans l'hypothèse d'une fente *x x*, *fig.* 47, *pl.* V, dans l'angle d'une cornière A.

On forge des équerres de fer B, B,...., de 20 millimètres d'épaisseur. Ces équerres, destinées à maintenir entre elles les tôles que réunissait la cornière, sont mises à une distance les unes des autres de 20 à 25 centimètres, et fixées avec les côtés de la cornière et lesdites tôles au moyen de boulons *b, b*. On taille ensuite une pièce de bois C, de façon à lui donner la forme de l'angle considéré de la chaudière; et, après avoir enduit sa partie creuse de mastic au minium, on l'applique fortement contre cet angle à l'aide de coins *d,c*, s'appuyant contre des parties fixes environnantes.

N° 92. — **1.** Affaissements et écrasements des chaudières : moyens d'y remédier. — **2.** Consolider, tamponner ou remplacer un tube de chaudière. — **3.** Appareils de niveau d'eau et manomètres avariés. — **4.** Consolidation et avaries des cheminées; cheminées emportées et remplacées.

N° 92₁ Affaissements et écrasements des chaudières : moyens d'y remédier. — Les *affaissements* des chaudières se produisent le plus souvent par manque de soutien des tôles de forme concave, telles que les ciels de foyer, ou encore à la suite de coups de feu. — Dès qu'ils se déclarent, on doit agir comme quand on est menacé d'une explosion par déchirement (n° 95₅).

Il est toujours difficile de redresser en place une tôle affaissée, et comme cette opération diminue toujours la résistance du métal, il vaut mieux laisser la tôle telle qu'elle, si elle ne gène pas absolument. On la soutient par des tirants supplémentaires, et aussi au moyen de cornières rivetées par une de leurs branches avec elle et les tôles avoisinantes, et formant ainsi armatures (n° 62₄). Au besoin, on emploie des épontilles en fer, quitte, dans cette dernière supposition, à éteindre le foyer où se trouvent ces épontilles, à le condamner et à ne chauffer le corps de la chaudière qu'avec ses autres fourneaux. — Les tôles affaissées qu'on ne redresse pas, donnent lieu à des creux qui se remplissent de dépôts, et qui, formant saillie dans le foyer, ne tardent pas à être brûlés. Aussi vaut-il mieux le plus souvent se décider à changer les parties déformées d'une chaudière.

— Les *écrasements* des chaudières ont lieu à la suite d'un vide produit à leur intérieur, et d'où il résulte que la pression atmosphérique tend à rapprocher les tôles, d'autant plus que les tirants et les autres pièces de consolidation ne sont pas disposés pour soutenir cet effort. Cet accident peut se produire après l'extinction des feux (n° 68₃). Il peut encore se produire sous vapeur lorsque, par l'absence d'un tuyau de purge aux boîtes de soupape de sûreté ou à la suite de l'obstruction de ce tuyau, lesdites boîtes et une partie du tuyau d'échappement se remplissent d'eau, provenant soit de la condensation de la vapeur, soit d'une pluie torrentielle, et qu'on vient à ouvrir brusquement et en grand une de ces soupapes. Si cette eau se trouve à une très-basse température par le fait de l'air ambiant, elle pourra déterminer une condensation partielle de la vapeur du corps auquel appartient la soupape ouverte et par suite l'écrasement de ce corps. — Un semblable événement est arrivé à bord de la frégate à roues le *Cacique*. — Quand il se présente, on doit se hâter de fermer la soupape d'arrêt du corps de chaudière avarié, afin d'empêcher la vapeur des autres corps de l'envahir et de se répandre de là dans la chambre des machines. Puis, on éteint les feux de ladite chaudière, et on procède, s'il y a lieu, à une réparation.

Pour réparer un écrasement remédiable, on change les morceaux de cornière cassés ; et on renforce par des tirants toutes les parties gondolées, qu'on laisse d'ailleurs telles quelles.

N° 92₂ Consolider, tamponner ou remplacer un tube de chaudière. — Il arrive souvent que les tubes ont leurs rivures rongées et donnent lieu à des fuites gènantes. Lorsque la détérioration n'est pas trop avancée, on change la bague après avoir mandriné le tube pour qu'il porte bien dans le trou de la plaque de tête.

Lorsqu'un tube est crevé, on le tamponne provisoirement à ses deux bouts. — En prévision de cet accident, on fournit en approvisionnement aux navires des tampons en bois tendre et de droit fil, tel que le sapin. Pour les chaudières à flamme directe il n'y a qu'une sorte de tampons ; ce sont ceux décrits les premiers ci-après. Mais, pour les chaudières à retour de flamme, il y en a de deux espèces. Les uns, B, *fig.* 48, *pl.* V, destinés à l'extrémité antérieure des tubes, forment des troncs de cône de 12 à 15 centimètres de long, et ayant le diamètre moyen égal à celui du tube ou de ses bagues, s'il y en a. Les autres, B, *fig.* 49, *pl.* V, appelés à boucher l'extrémité arrière des tubes, sont cylindriques et d'un diamètre un peu inférieur à celui du tube ou de ses bagues. De plus, ils portent du côté de leur bout qui doit rester dans le tube, une fente profonde, ou même le plus souvent deux en croix. Ces fentes servent à recevoir des coins *b*, qu'on ne force qu'une fois le tampon en place. L'autre bout est muni d'une queue de petit diamètre, destinée à buter contre le fond de la boîte à feu A. Le tampon s'introduit par l'avant.

— Lorsqu'on a à tamponner un tube, voici le plus généralement comment on opère dans une chaudière à retour de flamme.

Laisser tomber les feux du fourneau auquel correspond le tube avarié, et tenir fermées les portes de cendrier et de foyer, comme lors d'un ramonage des tubes (n° 68₂). Ouvrir la boîte à fumée voulue. — Prendre un tampon à queue ; frotter avec du blanc de céruse la partie du tampon qui doit rester dans le tube, et placer les coins dans leurs fentes respectives. Puis, au moyen d'une tringle vissée dans le trou *a*, pousser le tampon jusqu'à ce que sa queue bute contre le fond de la boîte à feu. A ce moment, enfoncer avec un refouloir les divers coins. Ceux-ci font alors écarter les parties fendues du tampon ; et, comme d'autre part, le bois se gonfle au contact de l'eau, l'extrémité arrière du tube ne tarde pas à être bouchée d'une façon à peu près étanche. Ajoutons que la queue du tampon, qui du reste ne sert plus à rien depuis que les coins ont été enfoncés, finit par brûler quand on a remis le foyer en fonction. — L'opération précédente étant terminée, prendre un tampon conique court ; le frotter aussi avec du blanc de céruse, et l'enfoncer à coups de masse jusqu'à refus dans l'extrémité avant du tube. Ce dernier tampon ne tarde pas à se gonfler comme le premier, et dès lors le tube se trouve complétement bouché. Pour que cet effet puisse se produire plus promptement, il est bon de fendre en divers sens le petit bout du deuxième tampon. Cette précaution est même indispensable lorsqu'on fonctionne à une pression un peu élevée.

Lorsque la fuite est considérable, l'enfoncement du second tampon devient très-dur, par suite de l'eau qui remplit le tube et qu'il faut refouler à travers la fente dans la chaudière. En pareil cas, il est nécessaire de laisser tomber beaucoup la pression ; et même on a plus vite fait d'isoler le corps de chaudière considéré, d'en mettre bas les feux et de le vider jusqu'au-dessous du tube avarié. On peut alors exécuter avec succès l'opération dont il s'agit. Puis, aussitôt qu'elle est terminée, on remet le corps de chaudière en fonction. Dans le cas précédent et aussi lorsqu'on craint que la pression soit assez forte pour finir par chasser les tampons, on remplace chaque tampon par une rondelle en tôle d'un diamètre plus grand que celui du tube, et qu'on maintient fortement souquée contre le débouché de ce dernier au moyen d'une tringle taraudée et de deux écrous. On fait d'ailleurs un joint avec du minium et du chanvre sous les rondelles.

— Dans les chaudières à flamme directe, le tamponnage de la partie arrière d'un tube, laquelle correspond ici à la boîte à fumée, s'effectue comme celle de la partie avant dans les chaudières à retour de flamme. Mais, pour le tamponnage du tube du côté des foyers, il faut absolument éteindre la chaudière ou au moins celui des fourneaux correspondant au tube, pour atteindre à ce dernier.

— Les tubes qui en ont besoin se changent au mouillage, ou sous vapeur après avoir éteint le corps de chaudière où ils se trouvent. Du reste, ces tubes comprennent non-seulement ceux qui sont crevés, mais aussi ceux qui, après une visite minutieuse, ne présentent plus des garanties suffisantes de solidité. Voici comment on effectue l'opération dont il s'agit :

1° Enlever les bagues des tubes à changer. Puis, dériver les deux bouts du tube, et les aplatir en introduisant un burin entre ces bouts et les trous de la plaque de tête, de façon à permettre la sortie du tube par ces trous. — Aussitôt après, passer dans le tube une longue tringle. Cette tringle a son extrémité située du côté de la boîte à feu fendue de manière à former deux crochets, qu'on fait mordre facilement contre le bout dérivé de ce côté; et du côté de la boîte à fumée, elle est terminée par une poignée, où l'on fixe un palan ou un trévire. — Sortir le tube de la chaudière en agissant sur le palan ou le trévire et en s'aidant de coups de marteau donnés en temps opportun, ce qui fait tomber le sel qui recouvre le tube. On aurait pu décoller le sel avant de dériver le tube en introduisant dans son intérieur une barre de fer chauffée au rouge. Lorsque le tube à changer est situé de manière à pouvoir être enlevé par l'intérieur même de la chaudière, on coupe les deux bouts et on le fait sortir par le trou d'homme.

2° Passer le nouveau tube dans ses trous, pour en marquer la longueur avec un tiers-point ; cette longueur doit dépasser de 5 millim. la distance qui sépare les plaques de tête de dehors en dehors. Puis, le retirer ; le couper avec une scie à métaux, enlever les bavures à la lime, et faire recuire les deux bouts du tube dans un feu de charbon de bois.

3° Représenter le tube dans ses trous ; passer un mandrin conique dans ses deux extrémités, et frapper *simultanément* sur les deux mandrins, jusqu'à ce que ces extrémités remplissent bien les trous de la plaque ; rabattre ensuite en collerette les parties du tube qui débordent les plaques de tête, et enfin mettre les bagues en place, en les enfonçant au moyen d'un mandrin.

Ajoutons que lorsqu'il y a plusieurs tubes à changer dans une même chaudière, on commence par les mandriner tous et former l'épaulement avant de mettre les bagues en place.

N° 92₃ Appareils de niveau d'eau avariés. — Les robinets-jauges ne sont guère exposés, outre les accidents propres à tous les robinets, qu'à être décollés par le choc d'un corps lourd, un seau à escarbilles par exemple. La fuite qui en résulte est peu importante, parce que le bout taraudé reste dans la tôle, et il n'y a qu'à boucher le canal du robinet avec un morceau de bois. Le robinet est remplacé quand les feux sont éteints.

— Les tubes-jauges sont principalement exposés à la fêlure et à la rupture de leur verre. Cet accident provient : 1° du gondolement des tôles où sont fixées les deux montures de l'appareil ; 2° du placement avec gauche du tube dans ses montures ; 3° d'un refroidissement brusque du verre par le contact d'eau froide, telle que celle employée à l'extinction d'un foyer, ou par la rencontre d'un courant d'air dû à l'ouverture d'un panneau ; 4° à son échauffement subit par une purge trop brusque.

Dès qu'il arrive un accident au verre d'un tube de niveau, on ferme ses robinets *b* et *b'*, *fig.* 151 *du texte*, de communication avec la chaudière. Puis, si le verre n'est que fendu, on le consolide avec une bague en cuivre, mise à bien serrer la cassure. Ou encore, si la partie avariée ne se trouve point par le travers du milieu du tube, on a recours à une rousture en toile garnie de blanc de céruse et serrée avec du fil à voile. Mais si le verre est cassé, il faut le remplacer par un de ceux passés en approvisionnement. A cet effet : 1° enlever le verre brisé à travers le trou du bouchon 2, après avoir préalablement dévissé ce bouchon ainsi que les presse-étoupe 1 et 1′; — 2° marquer sur le nouveau tube la longueur à lui donner, en réglant cette longueur de façon que lorsque l'extrémité inférieure du tube repose sur la gorge de sa monture, l'extrémité supérieure se trouve 2 à 3 millimètres au-dessous du bas du trou $b′$ de prise de vapeur ; puis, tracer tout autour du verre, avec un tiers-point, un cercle passant par la marque limitant la longueur ; — 3° couper le verre soit avec un outil spécial, soit en faisant avec le tiers-point, humecté d'essence de térébenthine, une entaille profonde sur le trait circulaire précité, et en frappant le tube, contre l'angle d'un établi, par le travers de son entaille.

4° Une fois le tube coupé, égaliser la section à la meule si elle est par trop irrégulière. Puis, enfiler, à travers le trou du bouchon 2, le verre dans ses montures et ses presse-étoupe. Refaire les garnitures de ces derniers, et remettre en place le bouchon du haut.

Manomètres avariés. — Les manomètres Bourdon sont exposés à avoir leur aiguille dérangée ou faussée, ou encore leur tube engorgé de tartre ou ayant des fuites. — Du moment que l'aiguille est bien fixée sur son axe, il suffit, pour la ramener à donner de bonnes indications, de la ployer à la main de façon que son extrémité tombe sur le point de départ lorsque l'appareil est mis en communication avec l'atmosphère. — Si c'est le tube qui est engorgé, on le démonte, et on enlève les dépôts de son intérieur. Puis, avant de remettre l'instrument en service, on en vérifie la graduation en y refoulant de l'eau, et en comparant ses indications avec celles d'un bon manomètre. — Lorsqu'il y a des fuites dans le tube, on les répare facilement avec un peu de soudure.

Mais si l'appareil est trop détraqué pour qu'il y ait moyen de continuer à s'en servir, il faut le remplacer par un manomètre de rechange.

— Il va de soi que tout ce qui précède convient aux indicateurs du vide métalliques et autres.

N° 92₄ Consolidation et avaries des cheminées. — La première chose à faire pour consolider une cheminée, est de la soutenir en augmentant le nombre de ses palans de roulis. Mais si les pa-

rois sont trop affaiblies, on a recours aux moyens suivants : — Riveter à l'intérieur de la cheminée A, *fig.* 50, *pl.* V, quatre cornières
doubles T, situées à 90° les unes des autres sur son pourtour, et s'é-
tendant sur une grande partie de sa hauteur. Puis, relier les cornières
en regard au moyen de tirants, B et C, mis de distance en distance.
— On consolidera la base au moyen d'une cornière circulaire sur laquelle les bouts des cornières verticales seront rivetées à clin. — On
peut d'ailleurs remplacer les cornières verticales par des bandes de
fer plat contournées en hélice.

— Les avaries dans les cheminées consistent en trous dans leurs
parois. Chaque trou peut être bouché momentanément avec une pièce
de tôle mince qu'on agrafe par 3 ou 4 coupures pratiquées dans le
pourtour de cette pièce, ou par des crans relevés alternativement en
avant et en arrière sur le pourtour même du trou et rabattus une fois
la tôle en place. Mais pour effectuer une réparation radicale, on procède comme pour mettre un morceau à une chaudière (n° 91₃).

Cheminées emportées et remplacées. — Une cheminée ne
peut guère être emportée ou abattue que par un coup de vent, un
abordage ou le choc d'un objet très-lourd, tel que la chaloupe. Au premier moment d'un pareil accident, la flamme est susceptible, en sortant au ras du pont, de mettre le feu au navire ; et l'on doit se hâter
de manœuvrer comme voici.

Dès qu'on a connaissance de l'événement, fermer les cendriers et
ouvrir les portes de boîte à fumée, afin d'arrêter le tirage ; mais laisser
de préférence les foyers fermés. Bien se garder de stopper, à moins de
nécessité absolue, telle qu'un abordage, surtout si les tuyaux d'échappement ont été écrasés.

Quoi qu'il en soit, commencer par couper le tuyau d'échappement
s'il est ployé. En même temps, faire mettre bas les feux des fourneaux, mais les uns après les autres, si l'on craint les suites de
l'activité momentanée donnée à la combustion pendant cette opération. Enfin, débarrasser sur le pont la cheminée de tous ses accessoires, et achever de la séparer d'avec le tronçon qui sort du pont.
Redresser alors séparément les deux parties, en leur donnant aussi
bien que possible leur forme primitive, puis les rajuster l'une sur
l'autre au moyen de bandes de fer ou de tôle mises les unes en dedans,
les autres en dehors, et tenues par des boulons. S'il existe des trous,
les boucher comme ci-dessus.

Lorsque la cheminée est à télescope, on retire de la partie fixe le morceau de la partie mobile qui reste après la séparation précédente, puis on procède à la réparation.

Si la cheminée a été emportée à la mer, il faut en confectionner une de fortune. Pour cela, disposer des ringards, des chandeliers de tente, ou quatre cornières, comme sur la *fig.* 50, *pl.* V, qu'on fixera jusqu'à une certaine profondeur avec le tronçon. Puis, tout autour de ces cornières, rapporter des tôles d'approvisionnement, qu'on cintrera si l'on en a le temps ; et maintenir ces tôles par des cercles en fer ou des chaînes. Si l'on ne cintre pas les tôles, le conduit qu'elles forment étant carré, en raccorder le pied avec le tronçon par quatre croissants en tôle. Si l'on n'a pas de tôles en quantité suffisante, terminer le haut de la cheminée de fortune en entrelaçant les cornières avec un grelin ou une chaîne de petites dimensions, et en placardant les intervalles avec une espèce de mortier formé d'escarbilles et de farine. — A défaut d'autres matériaux, on peut employer des caisses à eau défoncées, puis superposées au-dessus du tronçon de la cheminée et reliées entre elles par des bandes de tôle qu'on rivette à leur extérieur. Si l'on ne veut pas percer les caisses, il faut les disposer autour du tronçon, de façon à former un conduit dont elles soient les murailles.

Quel que soit l'agencement adopté, on installe des haubans sur la cheminée de fortune.

N° 93. — 1. Avaries spéciales aux chaudières Belleville. Outils de démontage et de réparation. — 2. Démonter un élément ou tout le groupe tubulaire. Démonter un tube. Couper une bague. Changer un tube. — 3. Fuites aux divers joints. Réparer un tube. — 4. Réparation des boîtes de raccord. Remontage de l'appareil.

N° 93₁ Avaries spéciales aux chaudières Belleville. — Les avaries auxquelles ces chaudières sont le plus fréquemment exposées, consistent dans la rupture des boîtes de raccord, dans les fuites aux divers joints, et principalement dans les joints des tubes avec les boîtes de raccord ou avec les collecteurs ; et enfin, dans des coups de feu aux tubes, résultant d'un manque d'eau ou de l'accumulation des dépôts salins ou graisseux. Par ailleurs, les appareils de niveau d'eau, les manomètres, etc., sont exposés aux mêmes avaries que ceux des chaudières ordinaires. — Nous ne nous occuperons ici que des chaudières pour canots.

Outils de démontage et de réparation. — Pour les générateurs Belleville, il existe trois outils spéciaux de démontage et de réparation : la *clef à ruban*, le *taraud* et la *filière* pour tubes.

CLEF A RUBAN. — La clef à ruban R, *fig.* 166, 1°, servant à visser et à dévisser les tubes et les manchons d'assemblage, se compose d'une longue tige cylindrique G aplatie à l'une de ses extrémités ; la partie plate a la forme elliptique ; elle est aciérée, dentée et trempée sur la partie arrondie opposée à la tige. Le petit engrenage *h* est destiné à empêcher le glissement lorsqu'on presse la clef autour d'un tube K. Une lame d'acier *l*, articulée en *o* et en *o'*, embrasse le tube. En imprimant un mouvement de rotation à la tige, dans le sens de la flèche, la clef tourne autour du point *h*, et les points *o* et *o'* décrivent des arcs de longueurs différentes. Il en résulte, par suite, une compression du tube par la lame d'acier qui forme alors frein, et qui entraîne ce tube dans le mouvement de rotation imprimé au levier.

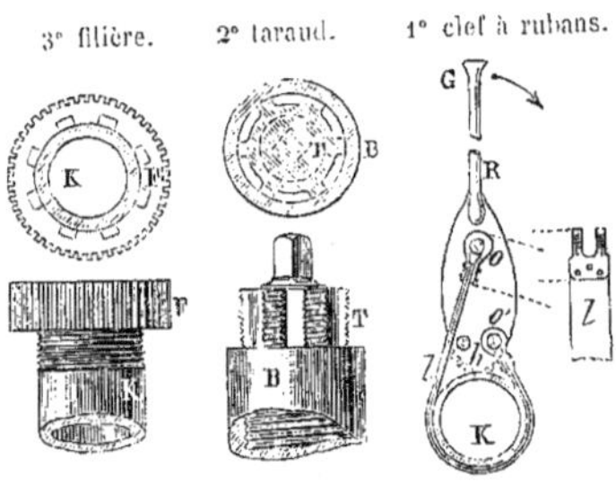

Fig. 166. Outils de démontage et de réparation des chaudières *Belleville*.

3° filière.   2° taraud.   1° clef à rubans.

TARAUD. — Le taraud T, *fig.* 166, 2°, sert à réparer le filetage des boîtes de raccord ; on le passe toutes les fois qu'un tube a été démonté, et avant qu'il soit remis en place.

FILIÈRE. — La filière F, *fig.* 166, 3°, sert à réparer le filetage des tubes qui ont été démontés. On se sert de la clef à ruban R pour la faire tourner.

N° 93₂ Démonter un élément ou tout le groupe tubulaire. — Pour sortir un élément de tubes, il faut couper les rondelles *a, a*, *fig.* 167, *vue* 1°, puis visser complétement les manchons de raccord M sur les bouts d'attente correspondants, de façon à les faire désemparer du tube supérieur et du tube inférieur de l'élément.

Pour sortir le groupe tubulaire de son enveloppe, il faut commencer par démonter tous les joints des organes accessoires, puis on démonte la couverture de l'enveloppe, et on dispose un chantier pour recevoir le faisceau tubulaire.

Démonter un tube. — Pour sortir un tube, on démonte l'élément dans lequel il se trouve, puis on démonte le tube lui-même. A cet effet, les rondelles *b*, *b*, *fig.* 167, *vue* 1°, sont coupées; le tube est saisi avec la clef à ruban R, *fig.* 166, 1°, et vissé dans une des boîtes de raccord, B′ par exemple, jusqu'à ce que l'autre B soit désemparée; cette dernière étant enlevée, le tube est tourné en sens inverse pour être désemparé de la première boîte B′. Si l'on ne parvenait pas à dévisser le tube, il faudrait chauffer légèrement la boîte de raccord, et bien huiler les filets. Si ce moyen ne réussit pas, il faut couper le tube.

Couper une bague. — Pour couper une bague, on se sert d'un burin ou d'un bec-d'âne, à l'aide duquel on pratique une première saignée de 4 à 5 millimètres de largeur, suivant une génératrice, en ayant soin de ne pas attaquer les filets. Lorsque l'on commence à voir ces derniers, on agit de manière à ouvrir la bague en chassant le burin à la façon d'un coin. On fait tourner cette pièce d'un demi-tour dès qu'elle est devenue suffisamment libre sur le tube, et on fait une seconde tranchée diamétralement opposée à la première. On arrive ainsi à séparer la bague en deux parties à peu près égales, qui s'enlèvent alors facilement, et le tube est libre, c'est-à-dire ne tient plus qu'aux boîtes de raccord. — On couperait de la même manière un des manchons M, si l'on ne parvenait pas à le dévisser.

Changer un tube. — Un tube se remet en place en effectuant, dans un sens inverse, les opérations que nous avons indiquées pour le sortir; voici, d'ailleurs, la marche à suivre : 1° repasser le taraud T, *fig.* 166, 2°, dans les boîtes de raccord ou les collecteurs, et la filière F, *fig.* 166, 3°, sur le tube, afin de réparer le filet, s'il y a lieu; — 2° visser à bloc sur les extrémités des tubes, les petites bagues *b*, *b*, destinées à faire joint; — 3° visser le tube à l'aide de la clef à ruban, dans l'une des boîtes de raccord, B par exemple, *fig.* 167, *vue* 1°, jusqu'à ce que la distance comprise entre

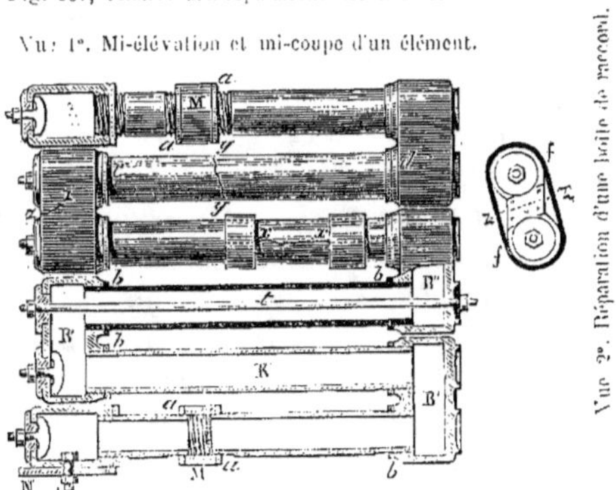

Fig. 167, relative aux réparations des chaudières *Belleville*.

Vue 1°. Mi-élévation et mi-coupe d'un élément.

l'extrémité libre de ce tube et la boîte de raccord B dans laquelle il est vissé, soit égale à l'écartement *cd* compris entre deux boîtes de raccord en regard. A ce moment, présenter la boîte B′ et dévisser le tube de la boîte B en faisant prendre le filet dans la boîte B′. Comme le pas est le même à chacune des extrémités du tube, l'écartement demeurera constant et égal à *cd*; — 4° visser à fond les rondelles *b, b*, en ayant soin d'interposer entre elles et les pièces B et B′, contre lesquelles elles doivent porter, une petite bague de chanvre imbibée de blanc de céruse; — 5° une fois le tube remis en place, raccorder l'élément aux bouts d'attente, au moyen des manchons d'assemblage M que l'on visse à poste avec la clef R, *fig.* 166, 1°.

N° 93₅ Fuites aux divers joints. — Lorsqu'un tube fuit par l'un de ses joints ou qu'il est crevé, il n'y a rien à faire pendant la marche, si ce n'est d'abaisser la pression de fonctionnement afin de diminuer l'intensité de la fuite.

Quand une fuite se produit à la jonction d'un tube avec sa boîte de raccord ou avec l'un des collecteurs, on parvient, au repos, à étancher la fuite en desserrant la petite bague pour interposer dans le joint une limande garnie de minium, puis en serrant la bague de façon à comprimer la limande. Cette réparation n'est praticable pour les tubes intérieurs, qu'à la condition de sortir l'élément tubulaire correspondant de son enveloppe. Ce démontage est d'ailleurs indispensable pour effectuer une réparation quelconque.

Réparer un tube. — Si un tube crevé ne pouvait être changé à cause du manque de tubes de rechange, on pourrait le réparer, soit en le brasant au cuivre, soit au moyen de frettes mises à chaud, si la cassure s'est produite suivant une direction telle que *xx*, *fig.* 167, *vue* 1°, ou avec un manchon d'assemblage, si le tube s'est crevé suivant une circonférence comme en *yy*.

Dans le cas d'une cassure *xx*, suivant une génératrice, il est nécessaire, après avoir sorti le tube, d'arrêter la fente en perçant à chacune des extrémités un petit trou dans lequel on visse un goujon taraudé. Si le métal est suffisamment épais, on pourra braser le tube à nu; mais si ce dernier est fortement aminci, on ajoutera une ou deux frettes extérieures mises à chaud.

Pour une fente telle que *yy*, le moyen qui présente le plus de garanties de solidité consiste à couper le tube par le travers de la partie fendue, puis à tarauder, au moyen de la filière F, les deux extrémités des tronçons. Ces tronçons sont ensuite réunis au moyen d'un manchon d'assemblage tel que M, qu'il est toujours facile de confectionner à bord, si l'on n'en possède pas de rechange.

Il arrive assez fréquemment que le filet s'arrache à l'extrémité des tubes, ou dans la boîte de raccord qui est en fonte; en pareil cas, il est impossible de visser solidement les tubes dans leur boîte, et par suite il faut, ou changer la boîte, ou agir ainsi qu'il suit, si l'on ne possède pas de boîte de rechange. Mesurer bien exactement la distance cd qui doit exister entre deux boîtes en regard; braser sur le tube deux rondelles en fer b,b, dont les faces extérieures soient distantes l'une de l'autre d'une quantité égale à cd; tourner ces rondelles de manière que leurs faces de portage soient bien planes et même plutôt un peu creuses; enfin, percer un trou au centre du fond de la boîte B″ de l'arrière, pour livrer passage au tirant t dont il est parlé ci-après. Le tube est ensuite présenté entre les deux boîtes de raccord B′ et B″, ainsi que l'indique la *fig.* 167, *vue* 1°, et la réunion du tube, des boîtes B′ et B″ et du bouchon de nettoyage s'opère au moyen d'un seul tirant tel que t, lequel remplace le boulon à ancre. Avant d'effectuer le serrage des écrous, l'on a eu soin de garnir d'une bague en chanvre graissée de minium et de blanc de céruse, les faces planes des rondelles b, b, qui doivent faire joints sur les boîtes.

N° 93. Réparation des boîtes de raccord. — Une boîte de raccord cassée suivant zz, *fig.* 167, *vue* 2°, peut facilement se réparer par l'application d'une bande de tôle sur la fente, préalablement arrêtée par le percement de trous aux deux extrémités, et par l'adjonction d'une frette f, mise à chaud et entourant cette boîte. — Si une boîte de raccord est totalement hors de service, il est facile d'en confectionner une avec de la tôle de chaudière que l'on a toujours en approvisionnement; et si cette boîte de fortune ne peut être filetée, on effectue la jonction des tubes en employant le moyen indiqué par la *vue* 1°, c'est-à-dire en brasant des rondelles sur ce dernier, et en employant des tirants comme nous l'avons dit plus haut.

Remontage de l'appareil. — Une fois la réparation de la partie tubulaire effectuée, le générateur est introduit dans son enveloppe en agissant comme il a été dit pour la sortie, et les joints des différentes pièces extérieures sont exécutés avec soin.

Avant de remettre l'appareil en service, il faut autant que possible laisser sécher ses divers joints. Si l'on est pressé, on les fait sécher en allumant un très-léger feu de bois ou de charbon de bois dans le foyer, avant de mettre de l'eau dans le générateur.

Quant aux briques réfractaires formant l'entourage du foyer, leur remplacement s'effectuera sans difficulté. Il suffira de prendre la précaution de remplacer les vieilles briques au fur et à mesure, en ne démolissant pas tout un côté à la fois, afin de ne pas fatiguer les parties supérieures de l'enveloppe.

N° 94. — 1. Avaries dans les tuyaux, robinets et soupapes de chaudière, et dans les organes d'extraction. — 2. Avaries dans les pompes alimentaires et les autres organes d'alimentation. — 3. Avaries dans les pompes de cale et les petits chevaux.

N° 94₁ Avaries dans les tuyaux et robinets de chaudière. — Les tuyaux sont sujets à des fuites provenant de dessoudage ou de rupture. — Une fuite dans un tuyau est d'ordinaire aveuglée au moyen d'une rousture. Mais si un tuyau de chaudière est trop crevé ou écrasé pour qu'il y ait possibilité de continuer à s'en servir, on change le tronçon avarié, après l'avoir isolé à l'aide des robinets, ou, à défaut, après avoir éteint les feux de la chaudière correspondante.

— Quant aux robinets eux-mêmes, l'accident le plus grave auquel ils sont exposés, consiste dans la projection de la noix hors de son boisseau. — En pareille occurrence, après avoir, au premier moment de l'événement, opéré comme il est dit au n° 75₂, on peut condamner d'une manière définitive le robinet. A cet effet, on introduit dans le boisseau, à la place de la noix, l'extrémité d'un mât d'embarcation qu'on charge de plusieurs gueuses. Cet expédient permet d'attendre le moment opportun pour remédier à l'accident ou changer le robinet, en éteignant, si c'est nécessaire, la chaudière correspondante, ou bien en bouchant la prise d'eau au moyen du scaphandre s'il s'agit d'un obturateur.

Les robinets sont encore exposés à avoir le carré de leur noix cassé. Ceci se produit le plus souvent lorsqu'ils sont trop durs à tourner, et que, pour en venir à bout, on frappe à coups de masse sur l'extrémité de leur clef, sans songer à desserrer préalablement leur presse-étoupe. En pareil cas, il y a deux moyens d'effectuer une réparation provisoire sans démonter le robinet : 1° Le plus vite fait est de percer un trou suivant l'axe de la noix et d'y visser à fond un taraud, dont le *tourne-*

à-gauche sert de clef au robinet. — 2° On creuse dans la noix, à droite et à gauche du carré démoli, deux trous les plus distancés possible. Puis, on fabrique une clef à fourche dont les deux tenons sont disposés pour entrer dans lesdits trous. — 3° On creuse un seul trou carré sur la noix, à la place même qu'occupait son tenon, et l'on confectionne une clef *ad hoc* pour introduire dans ce trou.

Enfin, un robinet est susceptible d'avoir sa noix grippée ou fendue. Dans le premier cas, on répare à la lime la grippure ; et, dans le second, il y a généralement moyen d'ajuster un romaillet en queue d'aronde, et d'en raccorder ensuite la surface avec celle du boisseau.

Avaries dans les soupapes de chaudière. — Les soupapes de chaudière, telles que les soupapes d'arrêt et de sûreté, sont exposées à des grippures et à des gauchissements. Mais ces organes sont aussi sujets à des ruptures de leur disque et de leur tige.

On remédie aux grippures en rôdant ensemble la soupape et son siége. De leur côté, les disques de soupape se réparent au moyen de feuilles de cuivre rapportées de façon à ne pas gêner leur zone de portage. — Enfin, les tiges de soupape faussées se redressent à froid, en les frappant avec un maillet en bois sur un plan également en bois. Toutefois, dans cette opération, le métal se casse souvent, ou, au moins, devient très-aigre et se brise ensuite sous le moindre effort. Il vaut donc mieux changer une tige quand elle est faussée, de même qu'on le fait quand elle est brisée. Voici comment on procède à ce changement : Prendre du cuivre en barre, et faire une nouvelle tige ; la fileter à une de ses extrémités et la visser dans le disque de la soupape ; puis, dresser le tout au tour. Au besoin, si la tige nécessite beaucoup de solidité, se servir d'un morceau d'acier ou de fer étoffé qu'on taille convenablement, et qu'on recouvre ensuite d'une chemise en laiton ou en cuivre, afin d'éviter l'oxydation.

Lorsqu'une soupape de sûreté est trop déralinguée pour être réparée, et qu'on n'a pas le temps d'en confectionner une autre, on peut à la rigueur condamner son orifice. Car, s'il n'existe qu'une chaudière, il se trouve habituellement une seconde soupape (n° 63₂) capable de débiter à elle seule tout le trop-plein de vapeur ; et, s'il y a plus d'un corps, celui auquel correspond la soupape avariée est en communication avec les autres corps par l'intermédiaire du tuyau de vapeur et des soupapes d'arrêt.

Les soupapes de sûreté sont encore exposées à avoir leurs fonctions paralysées en tout ou en partie. Cet accident a lieu d'ordinaire dans les circonstances suivantes : 1° courbure ou écrasement du tuyau d'é-chappement, à la suite de la chute de la cheminée ou de tout autre événement ; 2° surcharge des soupapes au delà d'une certaine limite due à une colonne d'eau provenant de vapeur condensée ou de pluie, comme il a été expliqué au n° 92₁, ou encore effectuée d'une manière quelconque par une main malveillante ; 3° dérangements dans le siége ou la tige des soupapes, tels que oxydation, coinçage, gondole-ment, etc.

— Lorsque c'est une soupape qui est percluse, on opère comme ci-dessus. — Si c'est un tuyau d'échappement qui est obstrué, on s'em-presse de mettre les corps qui correspondent à cet organe en commu-nication avec ceux, s'il en existe, qui ont un autre tuyau à eux. Mais, plus généralement, on doit se hâter d'exécuter, en partie ou en tota-lité, les manœuvres indiquées au n° 73₁, pour faire tomber la pression. Si l'on ne parvient pas de la sorte à se rendre maître de celle-ci, il faut, finalement, mettre bas les feux. Au besoin, vider tout de suite les chaudières, d'autant plus qu'elles ne courent pas grand risque d'être brûlées, si la mise bas des feux, déjà en train d'être exécutée, est conduite avec promptitude.

Les soupapes de sûreté peuvent encore avoir des dérangements dans les pièces du mécanisme employé à les soulever à la main. Mais cela ne tire nullement à conséquence. La seule précaution à prendre en semblable conjoncture, est de n'avoir pas trop de pression au mo-ment de stopper ou de marcher doucement, et, de plus, d'ouvrir les portes de foyer plus tôt qu'on ne le ferait dans les circonstances ordi-naires ; car, les soupapes ne pouvant plus être soulevées et tenues en l'air à l'aide dudit mécanisme, il est bon, afin qu'elles ne battent pas sur leurs siéges, qu'elles ne soient pas obligées de fonctionner.

Avaries dans les organes d'extraction. — Que les extrac-tions soient continues ou à la main, leurs avaries consistent en dété-rioration de leurs tuyaux et robinets, et se réparent de la même ma-nière que celles de tous les organes de ce genre.

Lorsque les extractions sont engagées, ce que l'on reconnaît à l'augmentation de la concentration malgré l'ouverture du robinet, il faut d'abord s'assurer de cette ouverture, puis essayer de dégager l'extraction en fermant et en ouvrant brusquement le robinet à plu-sieurs reprises. Si ce moyen ne réussit pas, on peut faire extraction par le robinet de vidange, en mettant d'ailleurs de l'eau froide dans la cale pour condenser la vapeur. Si ce moyen devient insuffisant, il faut isoler la chaudière, la vider et démonter les tuyaux d'extraction pour les dégager.

N° 94₂ Avaries dans les pompes alimentaires et les autres organes d'alimentation. — Les pompes alimentaires sont sujettes : — 1° à des dérangements dans leurs clapets, leur régulateur et leur tuyau plongeur ; ces dérangements se reconnaissent comme il a été expliqué au n° 78₁, à l'alinéa « Pompes » ; — 2° à des fêlures de leur corps, de leur piston ou de leur presse-étoupe.

Lorsqu'une pompe alimentaire est avariée, la première chose à faire est de l'isoler des chaudières, tout en laissant les autres pompes, et au besoin les petits chevaux, subvenir à l'alimentation. — Une fois l'isolement obtenu, si l'avarie consiste en rupture des clapets ou de leur tige, on les répare de la même manière que pour les autres soupapes et clapets (n°ˢ 86₂ et 94₁).

Mais il arrive parfois que l'alimentation est entravée en partie, et que cela provient, non des clapets eux-mêmes, mais de la position de leur tuyau d'aspiration dans la bâche, lorsqu'il n'est pas assez immergé et qu'il aspire de l'air. Il faut alors prolonger ce tuyau par un plongeur.

Les bris et les fêlures des corps des pompes alimentaires, ainsi du reste que celles de leurs pistons plongeurs et de leurs presse-étoupe, se réparent comme pour les cylindres à vapeur (n° 83₁ ₐₜ ₆). Quand c'est le fond du corps qui est crevé comme on le voit en *xx*, *fig.* 51, *pl.* V, et que le reste du corps ne présente pas assez de solidité pour supporter les pièces de fixation d'un morceau rapporté, on procède comme voici : Emboutir un morceau de forte tôle AA ; le remplir de mastic ; l'appliquer contre le fond de la pompe, et le maintenir à l'aide de coins *b,b*, prenant leur point d'appui sur une partie fixe voisine dudit fond. L'avarie et la réparation précédentes ont eu lieu à bord du *Vautour* (*M. Roux*).

— En ce qui concerne les tuyaux qui concourent au jeu des pompes alimentaires et les robinets qui peuvent se trouver sur leur parcours, leurs avaries et réparations rentrent dans celles des autres organes de même nature (n° 94₁). — Restent les régulateurs alimentaires. dont le raccommodage est le même que celui des soupapes. Il est bon, du reste, de savoir que la rupture ou la cessation de fermeture de ces organes exposent les chaudières à se remplir jusqu'à la prise de vapeur, et, par suite, les cylindres à être gagnés par l'eau. Lorsqu'une semblable circonstance se présente, il faut fermer l'alimentation par la

Fig. 51,
Pl. V.

machine; puis on vide la chaudière, pour opérer le raccommodage de la soupape.

N° 94$_3$ Avaries dans les pompes de cale et les petits chevaux. — Les pompes de cale sont soumises exactement aux mêmes avaries que les pompes alimentaires. On peut dès lors leur appliquer tout ce qui vient d'être dit dans l'article précédent au sujet de ces dernières pompes, en renvoyant d'ailleurs à l'alinéa « Pompes » du n° 78$_1$, pour l'exposé des indices du mauvais fonctionnement de leurs clapets.

Quant aux petits chevaux, il faut distinguer les avaries de leur pompe et celles de leur cylindre à vapeur. Les premières de ces avaries rentrent encore dans celles des pompes alimentaires; et les secondes ne peuvent, en dernière analyse, présenter que des cas ayant déjà été examinés à propos des cylindres à vapeur, des tiroirs et des renvois de mouvements en général.

Chap. VII, § 3. — Des explosions et des combustions spontanées.

N° 95. — **1. Différentes sortes d'explosions.** — **2. Causes des explosions par déchirement.** — **3. Manœuvres lors ou dans la crainte de ces explosions.** — **4. Précautions pour les prévenir.**

N° 95$_1$ Différentes sortes d'explosions. — On appelle *explosion* tout arrachement considérable et violent d'une chaudière. — On distingue trois sortes d'explosions :

1° Les *explosions par déchirement* qui consistent dans la production presque subite de larges fentes ou crevasses aux parois du générateur;

2° Les *explosions foudroyantes* ou *fulminantes*, qui ont lieu lorsque la chaudière éclate tout d'un coup;

3° Les *explosions par détonation*, qui résultent de l'inflammation d'un mélange gazeux détonant formé dans les courants de flammes.

N° 95$_2$ Causes des explosions par déchirement. — Les explosions par déchirement proviennent d'une des causes suivantes, ou de plusieurs d'entre elles agissant simultanément :

1° *Élévation successive de la pression* aux chaudières jusqu'au delà de la limite pour laquelle sont réglées les soupapes de sûreté, lorsque le fonctionnement de celles-ci est paralysé.

2° *Faiblesse de résistance des parois*, due à la qualité inférieure du métal, à la présence de moines, à la mauvaise confection de la chaudière, à des tirants, des rivets ou des entretoises en trop petit nombre ou mal ajustés, à l'usure en général.

3° *Disjonction et fendillement des tôles*, provenant soit de coups frappés sur la chaudière ou de vibrations causées par l'ébranlement des autres chaudières en contact avec elle, soit encore par les variations brusques de température ou de pression.

4° *Diminution momentanée de la résistance d'une tôle* pendant le temps même qu'elle est soumise à un coup de feu (n° 91$_1$).

5° *Brûlure profonde de tôles des foyers* à la suite d'un coup de feu, ou *détérioration de ces tôles* par le fait d'un usage prolongé de charbon pyriteux ou sulfureux.

6° *Projection d'eau très-violente*, surtout quand elle est occasionnée par l'ouverture brusque des soupapes de sûreté, ou par une mise en marche précipitée.

N° 95₃ Manœuvres lors ou dans la crainte d'une explosion par déchirement. — Chaque fois qu'un déchirement se produit avec un caractère inquiétant dans une chaudière en fonction, ou que certains indices révèlent une fatigue énorme des tôles, il faut se hâter de suivre à la chaudière compromise la ligne de conduite que voici :

1° Faire tomber rapidement la pression (n° 75$_1$). En même temps isoler la chaudière et l'éteindre. — Bien se garder de toucher aux soupapes de sûreté, afin de ne pas produire d'ébranlement.

2° Ne ralentir ni ne stopper la machine, de peur de faire monter indûment la pression.

3° Si l'événement se déclare pendant qu'on est stoppé, avoir recours à tout ou partie du procédé du n° 94$_1$ pour consommer la vapeur.

4° S'il y a envahissement de la chambre des machines par la vapeur, suivre les indications du n° 82$_2$.

N° 95₄ Précautions pour prévenir les explosions par déchirement. — D'après ce qui a été dit au n° 95$_2$, ces précautions se résument en ceci :

1° Éviter avec le plus grand soin les coups de feu (n° 91$_1$); et à cet effet, tenir toujours un bon niveau et prévenir le plus possible les dépôts salins et graisseux.

2° Ne jamais ouvrir brusquement les soupapes de sûreté, ni mettre en marche précipitamment, et prendre les autres précautions propres à prévenir les projections d'eau violentes. (n° 74$_4$).

3° S'assurer fréquemment que les soupapes de sûreté ne sont pas engagées. D'autre part, vérifier de temps à autre les manomètres.

4° Visiter aux moments opportuns toutes les parties intérieures et extérieures des chaudières et surtout leur fond, afin de s'assurer si tout est en bon état. Bien opérer les nettoyages recommandés au n° 80₂ pour l'entretien des générateurs.

5° Ne pas laisser, surtout si la pression de régime est élevée, sans réparation radicale des fuites qui, d'abord minimes, vont en augmentant.

6° Éviter d'ébranler les corps de chaudière en fonction en percutant les corps voisins.

7° Employer le moins possible des charbons susceptibles par leur nature de détériorer les tôles.

8° Ne pas négliger de faire subir en temps utile aux chaudières les épreuves réglementaires.

9° Réduire la charge des soupapes de sûreté, dès qu'il y a lieu de craindre que les générateurs aient notablement perdu de leur solidité primitive.

N° 96. — 1. Explosions fulminantes. — 2. Manœuvres lorsque ces explosions sont imminentes. — 3. Précautions pour les prévenir.

N° 96₁ Explosions fulminantes. — Les causes des explosions fulminantes ou foudroyantes ne sont pas connues d'une manière aussi certaine que celles des explosions par déchirement. Mais, quelle que soit l'origine de ces explosions, il est évident que l'événement provient d'une pression ou d'un choc considérable subi presque instantanément par les parois de la chaudière. — Le plus souvent, cette augmentation subite de pression provient de ce qu'une partie des surfaces de chauffe, précédemment découvertes par l'eau, sont devenues rouges et que ces surfaces étant ensuite couvertes quand l'alimentation se rétablit, produisent instantanément une grande quantité de vapeur.

N° 96₂ Manœuvres lorsqu'une explosion fulminante est imminente. — Les explosions fulminantes sont rarement prévues et se produisent presque toujours à l'improviste. Il est en outre prouvé que la plupart de celles qui ont eu lieu ont été occasionnées par l'imprudence d'un agent de la machine. — L'imminence de l'accident qui nous occupe se révèle, quand elle le doit, par les circonstances suivantes se manifestant isolément ou simultanément :

I. Disparition du niveau dans les tubes indicateurs et échappement de vapeur par le robinet-jauge le plus bas, si on le consulte ; et portion de surface de chauffe rougie, ce qu'on aperçoit en examinant l'intérieur des foyers ou des boîtes à fumée.

II. Trombe d'eau violente à travers les soupapes de sûreté.

— Dans le cas le plus habituel où l'explosion fulminante peut se produire, c'est la première des circonstances précédentes qui se présente. On doit aussitôt se livrer à l'investigation expliquée au n° 69$_3$. Si les surfaces de chauffe sont rouges ou en train de le devenir, il faut se hâter de manœuvrer comme voici à la chaudière compromise :

1° Ne toucher en aucune façon aux soupapes de sûreté. Car on s'exposerait à occasionner des projections d'eau sur les parties rougies.

2° Fermer l'alimentation et laisser courir l'extraction, toujours pour ne pas amener de l'eau sur les surfaces rougies.

3° Mettre bas les feux le plus tôt possible au corps compromis ; et aussitôt après l'isoler d'avec les autres corps. Puis, suivant le cas, ne rétablir le niveau par l'alimentation qu'avec une extrême prudence ; ou laisser refroidir la chaudière, la vider et bien la visiter avant de la remettre en service.

En cas de trombe d'eau violente à travers les soupapes de sûreté, il faut isoler la chaudière et mettre bas les feux, en ayant soin d'empêcher ces soupapes de se refermer.

N° 96$_5$ Précautions pour prévenir les explosions fulminantes. — D'après ce qui a été dit au n° 96$_1$, ces précautions comprennent d'abord les trois premières énoncées au n° 95$_4$ à propos des explosions par déchirement. — Ajoutons qu'il faut alimenter toujours un peu pendant les stoppages, et au départ renouveler une portion de l'eau des chaudières, lorsqu'elles ont été conservées pleines à l'extinction précédente des feux.

N° 97. — 1. Causes des explosions par détonation. — 2. Combustions spontanées dans les soutes. — 3. Moyens de les combattre et de les prévenir.

N° 97$_1$ Causes des explosions par détonation. — Le phénomène dont il s'agit n'est susceptible de se produire que lors de la *formation à l'intérieur des courants de flammes d'un gaz explosif,* qui n'est autre que le gaz du charbon. Cette circonstance ne peut se présenter que lors de la fermeture complète du registre de la cheminée quand il y en a un, ou bien lors de l'obstruction de la cheminée par la chute d'une voile.

Les précautions à prendre consistent à ne jamais fermer complétement le registre. D'autre part, si la cheminée est obstruée par la chute d'une voile, il faut ouvrir les boîtes à tube pour laisser les gaz se dégager.

Quand une explosion par détonation vient à se produire, on doit manœuvrer absolument de la même manière que lors d'une explosion par déchirement (n° 95₃).

N° 97₂ Combustions spontanées dans les soutes. — Les combustions *spontanées*, c'est-à-dire qui se produisent d'elles-mêmes, ont lieu dans les soutes sous l'influence d'une des trois causes suivantes :

1° *Présence de pyrites dans le charbon*, car ces corps fermentent et se décomposent sous l'influence de l'air chaud et humide.

2° *Humidité du charbon, surtout lorsqu'il est poussiéreux.* Il peut y avoir alors fermentation, échauffement et finalement combustion.

3° *Présence de grisou dans le charbon*, quand le charbon a été embarqué près des mines. Ce gaz est susceptible de s'enflammer quand on pénètre dans les soutes avec une lampe.

N° 97₃ Moyens de combattre les combustions spontanées. — Dans les différents cas que nous venons d'énumérer, l'accident se révèle par l'échauffement des cloisons des soutes, et un peu de fumée qui suinte à travers les joints de ces cloisons et les pourtours des trous d'homme. De plus, dans le premier cas, il se dégage une odeur d'œufs pourris. — Le phénomène peut d'ailleurs être activé par le voisinage des chaudières, dont la haute température se communique au combustible.

Dès qu'on a des soupçons fondés qu'une combustion spontanée commence dans une soute, il faut vider celle-ci par le haut ou par le bas, suivant l'endroit qu'on suppose atteint, et mettre le charbon sur le pont. Mais, une fois l'accident bien déclaré, on doit, avec les tuyaux *ad hoc* (n° 59₁), remplir les soutes de vapeur, et de plus éviter tout courant d'air. Il sera bon, d'ailleurs, d'entourer les cloisons de fauberts continuellement mouillés à l'aide de pompes à incendie. Au besoin, on établira un bâtardeau sur la partie du pont située au-dessus de la soute, afin de recouvrir cette partie d'eau pour la préserver. — Au bout de quelques heures, on ouvrira les soutes et on les videra.

Moyens de prévenir les combustions spontanées. — Ces moyens se résument ainsi :

1° Laisser le moins possible de poussier de charbon au fond des soutes.

2° Ne s'approvisionner qu'en cas de nécessité absolue avec des houilles pyriteuses.

3° Bien veiller, surtout dans l'hypothèse précédente, à ce que le charbon embarqué ne soit ni humide ni poussiéreux.

4° Visiter et aérer fréquemment les soutes, en évitant toutefois d'établir à leur intérieur des courants d'air trop actifs.

5° Si l'on a le moindre doute sur l'état des soutes, n'y entrer, soit pour y travailler, soit pour les visiter, qu'avec des lampes de sûreté, c'est-à-dire dont la flamme est entourée d'une enveloppe métallique.

6° S'assurer souvent s'il ne se révèle aucun des indices décrits ci-dessus, qui dénotent un commencement de combustion spontanée.

FIN

TABLE I.

Densité de diverses substances solides ou liquides, écrites par ordre alphabétique.

Solides et liquides.

(La densité de l'eau étant prise pour unité.)

Acide sulfurique	1,841	Eau de mer ordinaire	1,026
Acier non trempé	7,829	Eau de pluie ou distillée	1,000
Acier écroui trempé	7,813	Eau forte (acide nitrique)	1,271
Alcool absolu	0,792	Eau-de-vie à 19°	0,942
Ammoniaque	0,897	Esprit de bois (alcool méthylique)	0,798
Anthracite	1,800	Esprit-de-vin à 36°	0.848
Antimoine fondu	6,712	Essence de thérébentine	0,870
Ardoise	2,853	Etain fondu	7,291
Argent pur fondu	10,474	Ether sulfurique	0,715
Argent pur forgé	10,511	Fer fondu	7,707
Argile et boue	1,700	Fer forgé en barre	7,788
Asphalte	1,336	Glace fondante	0,930
Beurre	0,942	Grès pour pavés	2,416
Bière	1,024	Houille à l'encombrement	0,800
Bismuth	9,822	Houille compacte	1,329
Blanc de baleine	0,943	Huile de lin	0,940
Bois de buis	0,900	Huile d'olive	0,915
Bois de charme	0,757	Iode	4,948
Bois de charme (à l'encombrement)	0,400	Ivoire	1,917
Bois de chêne vert	1,000	Lait	1,030
Bois de chêne vert (à l'encombrem')	0,520	Laiton	8,395
Bois de chêne sec	0,785	Lignite	2,259
Bois de cormier	0,900	Mâchefer	0,800
Bois de gaïac	1,330	Marbre de Paros	2,837
Bois de hêtre	0,842	Mercure	13,598
Bois de liége	0,240	Miel	1,450
Bois de noyer	0,671	Mortier	1,720
Bois d'oranger	0,700	Naphte (bitume liquide)	0,847
Bois d'orme	0,800	Nickel	8,279
Bois d'orme (à l'encombrement)	0,320	Or pur fondu	19,258
Bois de peuplier	0,383	Or pur forgé	19,362
Bois de poirier	0,661	Phosphore	1,770
Bois de pommier	0,793	Platine écroui	23,000
Bois de sapin jaune	0,657	Platine forgé	20,336
Bois de sapin (à l'encombrement)	0,400	Plomb	11,352
Brique	1,200	Potassium	0,865
Cailloux ou sable	1,400	Poudre de guerre	0,858
Caoutchouc	0,933	Résine	1,070
Charbon de bois en tas	0,250	Schiste	2,672
Chaux sulfatée (cristallisée)	2,311	Sodium	0,973
Chloroforme d'esprit-de-vin	1,480	Soufre natif	2,033
Cire	0,960	Sucre	1,606
Coke au four	0,400	Suif	0,942
Cristal de Saint-Gobain	2,488	Verre	2,488
Cuivre fondu	8,788	Vinaigre	1,019
Diamants les plus légers	3,501	Vin de Bordeaux	0,994
Diamants les plus lourds	3,531	Vin de Bourgogne	0,921
Eau de la mer morte	1,240	Zinc fondu	6,861

TABLE II.

Densité de quelques gaz et vapeurs.

	À 0° ET À 1ᵃᵗ			À 0° ET À 1ᵃᵗ	
	(la densité de l'eau étant prise pour unité.)	(la densité de l'air étant prise pour unité.)		(la densité de l'eau étant prise pour unité.)	(la densité de l'air étant prise pour unité.)
Acide carbonique	0,001981	1,524	Vapeur d'eau..	0.000811	0,623
Air.	0,001299	1,000	Vapeur de chloroforme . . .	0,004200	3,233
Azote.	0,001268	0,976	Vapeur de mercure	0,009062	6,976
Hydrogène . . .	0,000688	0,069	Vapeur d'éther sulfurique . .	0,003395	2,586
Hydrogène bicarboné.	0,001275	0,982	Vapeur d'esprit de bois ou alcool méthylique	0,001352	1,041
Hydrogène protocarboné . . .	0,000722	0,559			
Oxyde de carbone	0,001243	0,967			
Oxygène	0,001433	1,103			
Vapeur d'alcool absolu	0,002096	1,614			

NotA. Il est bon d'observer que les densités des vapeurs données ci-dessus sont des quantités fictives. Car à 0° la tension maximum de ces vapeurs est inférieure à 1ᵃᵗ. On se servira néanmoins de ces densités fictives comme si les vapeurs étaient des gaz permanents. Seulement, chaque fois que, pour une température et une pression déterminées, on obtiendra une densité plus grande que celle de saturation correspondante à ces éléments, cela indiquera que la vapeur est saturée ; et l'on devra alors prendre, pour l'élément inconnu, la densité de saturation que la vapeur considérée possède à la température donnée (table V).

TABLE III.

Comparaison des trois échelles thermométriques.

CENTIGRADE.	RÉAUMUR.	FAHRENHEIT.	CENTIGRADE.	RÉAUMUR.	FAHRENHEIT.	CENTIGRADE.	RÉAUMUR.	FAHRENHEIT.
+ 260	+ 208	+ 500	+ 150	+ 120	+ 302	+ 50	+ 40	+ 122
255	204	491	145	116	293	45	36	113
250	200	482	140	112	284	40	32	104
245	196	473	135	108	275	35	28	95
240	192	464	130	104	266	30	24	86
235	188	455	125	100	257	25	20	77
230	184	446	120	96	248	20	16	68
225	180	437	115	92	239	15	12	59
220	176	428	110	88	230	10	8	50
215	172	419	105	84	221	5	4	41
210	168	410	Eau bouillant sous 76ᶜᵐ de pression.			Glace fondante.		
205	164	401	100	80	212	0	0	+ 32
200	160	392						
195	156	383	95	76	203	— 5	— 4	+ 23
190	152	374	90	72	194	— 10	— 8	+ 14
						— 15	— 12	+ 5
185	148	365	85	68	185	— 20	— 16	— 4
180	144	356	80	64	176	— 25	— 20	— 13
175	140	347						
170	136	338	75	60	167	— 30	— 24	— 22
165	132	329	70	56	158	— 35	— 28	— 31
			65	52	149	— 40	— 32	— 40
160	128	320	60	48	140	— 45	— 36	— 49
155	124	311	55	44	131	— 50	— 40	— 58

Tensions, températures, densités et volumes relatifs de la vapeur d'eau,

TENSIONS DE LA VAPEUR			TEMPÉRATURES en degrés centigrades correspondantes aux différentes tensions.	DENSITÉS, ou poids en kilogramme d'un litre de vapeur.	VOLUMES RELATIFS, ou volumes en litres d'un kilogramme de vapeur.
en atmosphères.	en centimètres de mercure.	en kilogr. par centimètre carré.			
atm.	centim.	kilog.	degrés.		
0,00171	0,13	0,0018	— 20°,000	0,0000015	666667,00
0,00250	0,19	0,0026	— 15 ,000	0,0000022	454336,00
0,00340	0,26	0,0036	— 10 ,000	0,0000029	344828,00
0,00470	0,36	0,0050	— 5 ,000	0,0000040	250000,00
0,00660	0,50	0,0069	0 ,000	0,0000054	185185,00
0,00910	0,69	0,0094	+ 5 ,000	0,0000072	138889,00
0,01250	0,95	0,0129	10 ,000	0,0000097	103093,00
0,01680	1,28	0,0170	15 ,000	0,0000130	79365,10
0,02280	1,73	0,0235	20 ,000	0,0000171	38479,50
0,03040	2,31	0,0314	25 ,000	0,0000225	44444,50
0,04020	3,06	0,0418	30 ,000	0,0000295	33898,20
0,05310	4,04	0,0549	35 ,000	0,0000381	26246,70
0,06980	5,30	0,0720	40 ,000	0,0000491	20366,60
0,09050	6,87	0,0934	45 ,000	0,0000627	15948,90
0,11650	8,87	0,1205	50 ,000	0,0000797	12547,10
0,14950	11,37	0.1544	55 ,000	0,0001005	9951,40
0,19050	14,47	0,1965	60 ,000	0,0001260	7936,50
0,24040	18,27	0,2482	65 ,000	0,0001568	6377,60
0,30130	22,00	0,3112	70 ,000	0,0001932	5176,00
0,37250	28,31	0,3963	75 ,000	0,0002433	4110,20
0,46330	35,21	0,4783	80 ,000	0,0002892	3457,80
0,56800	43,17	0,5865	85 ,000	0,0003497	2859,50
0,69120	52,53	0,7136	90 ,000	0,0004196	2383,20
0,83470	63,43	0,8617	95 ,000	0,0004998	2000,80
1,00000	76,00	1,0340	100 ,100	0,0005920	1689,19
1,25000	95,00	1,2930	106 ,356	0,0007280	1373,21
1,50000	114,00	1,5510	111 ,739	0,0008610	1161,44
1,75000	133,00	1,8090	116 ,429	0,0009930	1007,00
2,00000	152,00	2,0670	120 ,598	0,0011220	891,26
2,25000	171,00	2,3260	124 ,362	0,0012510	799,36
2,50000	190,00	2,5840	127 ,799	0,0013770	726,21
2,75000	209,00	2,8420	130 ,968	0,0015030	665,33
3,00000	228,00	3,1000	133 ,910	0,0016280	614,20
3,25000	247,00	3,3600	136 ,659	0,0017530	570,45
3,50000	266,00	3,6180	139 ,243	0,0018750	533,33
3,75000	285,00	3,8760	141 ,682	0,0019980	505,55
4,00000	304,00	4,1340	144 ,000	0,0021190	471,92
4,25000	323,00	4,3940	146 ,194	0,0022400	446,42
4,50000	342,00	4,6520	148 ,290	0,0023590	423,95
4,75000	361,00	4,9100	150 ,296	0,0024770	403,71
5,00000	380,00	5,1680	152 ,219	0,0025980	384,90
5,25000	399,00	5,4270	154 ,068	0,0027160	368,18
5,50000	418,00	5,6850	155 ,846	0,0028340	352,86
5,75000	437,00	5,9430	157 ,560	0,0029490	339,09
6,00000	456,00	6,2010	159 ,218	0,0030660	326,15
6,25000	475,00	6,4610	160 ,821	0,0031860	313,87
6,50000	494,00	6,7190	162 ,374	0,0032990	303,12
6,75000	513,00	6,9770	163 ,882	0,0034130	293,00
7,00000	532,00	7,2350	165 ,344	0,0035290	283,37
7,25000	551,00	7,4940	166 ,766	0,0036550	273,59
7,50000	570,00	7,7520	168 ,151	0,0037560	263,58
7,75000	589,00	8,0100	169 ,498	0,0038690	258,46
8,00000	608,00	8,2680	170 ,813	0,0039810	251,19
9,00000	684,00	9,3020	175 ,767	0,0044310	225,68
10,00000	760,00	10,3360	180 ,306	0,0048730	205,21
20,00000	1520,00	20,6600	214 ,700	0,0090336	110,70
30,00000	2280,00	30,9900	236 ,300	0,0129770	77,20
40,00000	3040,00	42,3200	252 ,550	0,0167620	59,70
50,00000	3800,00	51,6500	265 ,890	0,0204330	48,90

TABLE V.

Rapport, pour divers degrés de détente, entre la pression moyenne de la vapeur relative à *tout un coup de piston* ou à *la période d'expansion* et la pression initiale (d'après la loi de Mariotte).

INTRODUCTION en centièmes de la course du piston.	RAPPORT à la pression initiale de la tension moyenne relative à tout un coup de piston.	de la tension moyenne relative à la période de détente.	INTRODUCTION en centièmes de la course du piston.	RAPPORT à la pression initiale de la tension moyenne relative à tout un coup de piston.	de la tension moyenne relative à la période de détente.	INTRODUCTION en centièmes de la course du piston.	RAPPORT à la pression initiale de la tension moyenne relative à tout un coup de piston.	de la tension moyenne relative à la période de détente.
0,01	0,056	0,047	0,35	0,717	0,565	0,68	0,942	0,822
0,02	0,098	0,080	0,36	0,729	0,575	0,69	0,946	0,826
0,03	0,135	0,108	0,37	0,738	0,584	0,70	0,949	0,831
0,04	0,179	0,134	0,38	0,748	0,593	0,71	0,953	0,838
0,05	0,200	0,158	0,39	0,757	0,602	0,72	0,956	0,844
0,06	0,229	0,180	0,40	0,767	0,611	0,73	0,960	0,850
0,07	0,257	0,201	0,41	0,776	0,620	0,74	0,963	0,857
0,08	0,282	0,220	0,42	0,784	0,628	0,75	0,966	0,863
0,09	0,307	0,238	0,43	0,793	0,637	0,76	0,969	0,870
0,10	0,330	0,256	0,44	0,801	0,645	0,77	0,971	0,875
0,11	0,353	0,273	0,45	0,810	0,653	0,78	0,973	0,881
0,12	0,374	0,289	0,46	0,817	0,661	0,79	0,976	0,887
0,13	0,395	0,305	0,47	0,825	0,670	0,80	0,979	0,892
0,14	0,415	0,320	0,48	0,832	0,678	0,81	0,981	0,898
0,15	0,435	0,335	0,49	0,840	0,685	0,82	0,983	0,904
0,16	0,453	0,349	0,50	0,846	0,693	0,83	0,985	0,910
0,17	0,471	0,363	0,51	0,854	0,701	0,84	0,986	0,916
0,18	0,489	0,376	0,52	0,860	0,708	0,85	0,988	0,921
0,19	0,506	0,390	0,53	0,866	0,716	0,86	0,990	0,926
0,20	0,522	0,402	0,54	0,873	0,723	0,87	0,991	0,932
0,21	0,538	0,415	0,55	0,879	0,731	0,88	0,993	0,937
0,22	0,555	0,427	0,56	0,885	0,738	0,89	0,994	0,942
0,23	0,569	0,439	0,57	0,890	0,745	0,90	0,995	0,949
0,24	0,583	0,451	0,58	0,896	0,752	0,91	0,996	0,953
0,25	0,597	0,462	0,59	0,901	0,759	0,92	0,997	0,958
0,26	0,610	0,473	0,60	0,906	0,766	0,93	0,997	0,963
0,27	0,624	0,484	0,61	0,912	0,773	0,94	0.998	0,968
0,28	0,636	0,495	0,62	7,916	0,780	0,95	0,999	0,974
0,29	0,649	0,506	0,63	0,921	0,787	0,96	0,999	0,979
0,30	0,661	0,516	0,64	0,925	0,793	0,97	1,000	0,984
0,31	0,673	0,526	0,65	0,930	0,800	0.98	1,000	0,990
0,32	0,685	0,536	0,66	0,934	0,807	0,99	1,000	1,000
0,33	0,696	0,546	0,67	0,939	0,815	1,00	1,000	1,000
0,34	0,707	0,556						

TABLE VI. DONNANT LES POIDS DES PRINCIPAUX MÉTAUX EMPLOYÉS DANS LES MACHINES.

POIDS DU MÈTRE COURANT EN BARRES.										POIDS DU MÈTRE CARRÉ EN FEUILLES.				
Diamètres ou côtés.	FERS carrés.	FERS ronds.	CUIVRE ROUGE carré.	CUIVRE ROUGE rond.	Diamètres ou côtés.	FERS carrés.	FERS ronds.	CUIVRE ROUGE carré.	CUIVRE ROUGE rond.	Épaisseur des feuilles.	Tôle de fer ou d'acier	Cuivre rouge.	Plomb laminé.	Zinc.
millim.	kilog.	kilog.	kilog.	kilog.	millim.	kilog.	kilog.	kilog.	kilog.	millim.	kilog.	kilog.	kilog.	kilog.
1	0,0078	0,0061	0,0089	0,0070	31	7,495	5,862	8,553	6,717	1/4	1,947	2,219	2,838	1,715
2	0,031	0,024	0,036	0,028	32	7,936	6,248	9,113	7,158	1/2	3,894	4,438	5,676	3,430
3	0,070	0,055	0,080	0,063	33	8,487	6,645	9,692	7,612	3/4	5,841	6 657	8,514	5,145
4	0,124	0,097	0,142	0,112	34	9,016	7,001	10,288	8,081	1	7,788	8,876	11,352	6,860
5	0,195	0,152	0,222	0,175	35	9,555	7,472	10,902	8,563	2	15,576	17,752	22.704	13,720
6	0,280	0,220	0,320	0,252	36	10,696	7,906	11,536	9,060	3	23,364	26,628	34,056	20,580
7	0,382	0,299	0,436	0,343	37	10 078	8,350	12,184	9,570	4	31,152	35,504	45,408	27,440
8	0,496	0,390	0,570	0,448	38	11,264	8,808	12,852	10,094	5	38,940	44,380	56,760	34,300
9	0,631	0,494	0,720	0,567	39	11,863	9,280	13,537	10,632	6	46,728	53,256	68,112	41,160
10	0,780	0,612	0,890	0,699	40	12,480	9,760	14,240	11,184	7	54,516	62,132	79,464	48,020
11	0,943	0,738	1,077	0,846	41	13,111	10,260	14,960	11,750	8	62,304	71,008	90,816	54,880
12	1,120	0,878	1,281	1,007	42	13,756	10,760	15,700	12,330	9	70,092	79,884	102,168	61,740
13	1,318	1,030	1,504	1,182	43	14,422	11,280	16.456	12,925	10	77,880	88,760	113,520	68,600
14	1,528	1,196	1,744	1,370	44	15,100	11,810	17,232	13,533	11	85,668	97,636	124.872	75,460
15	1,755	1,372	2,002	1,573	45	15,795	12,360	18,022	14,155	12	93,456	106,512	136,224	82,320
16	1,984	1,560	2,278	1,790	46	16,504	12,910	18,832	14,801	13	101,244	115,388	147,576	89,180
17	2,254	1,763	2,572	2,020	47	17,230	13,480	19,660	15,441	14	109,032	124,264	158,928	96,040
18	2,524	1,976	2,884	2,265	48	17,928	14,060	20,504	16,105	15	116,820	133,140	170.280	102,900
19	2,816	2,202	3,213	2,524	49	18,727	14,650	21,369	16,783	16	124,608	142,016	181,632	109,760
20	3,120	2,440	3,560	2,796	50	19,500	15,250	22,248	17,475	17	132,396	150,892	192,984	116,620
21	3,439	2,690	3,925	3,083	55	23,595	18,520	26,922	21,145	18	140,184	159,768	204,336	123,480
22	3,775	2,952	4,308	3,283	60	28,080	22,025	32,040	25,164	19	147,972	168,644	215,688	130,340
23	4,126	3,227	4,708	3,698	65	32,955	25,850	37,602	29,533	20	155,760	177,520	227,040	137,200
24	4,482	3,512	5,126	4,026	70	38,220	29,990	43,608	34,251	21	163,548	186,396	238,392	144,060
25	4,875	3,816	5,562	4,369	75	43,875	34,410	50,062	39,319	22	171,336	195,272	249,744	150,920
26	5,272	4,124	6,016	4,725	80	49,920	39,160	56,960	44,736	23	179,124	204,148	261,096	157,780
27	5,680	4,448	6,488	5,096	85	56,355	44,200	64,302	50,503	24	186,912	213,024	272,448	164,640
28	6,112	4,782	6,978	5,480	90	63,180	49,560	72,088	56,619	25	194,700	221,900	283,800	171,500
29	6,559	5,130	7,485	5,879	95	70,395	55,220	80,322	63,085	26	202,488	230,776	295,152	178,360
30	7,020	5,504	8,010	6,291	100	78,000	61,160	89,000	69,900	27	210,276	239,652	306,504	185,220

TABLE VII.

Circonférences, surfaces, carrés et cubes des nombres de 1 à 120.

Nombres.	Circonférence.	Surface.	Carré.	Cube.	Racine carrée.	Racine cubique.
1	3.14	0.78	1	1	1.000	1.000
2	6.28	3.14	4	8	1.414	1.259
3	9.42	7.07	9	27	1.732	1.442
4	12.57	12.57	16	64	2.000	1.587
5	15.71	19.63	25	125	2.236	1.709
6	18.85	28.27	36	216	2.449	1.817
7	21.99	38.48	49	343	2.645	1.912
8	25.13	50 26	64	512	2.828	2.000
9	28.27	63.61	81	729	3.000	2.080
10	31.41	78.54	100	1000	3.162	2.154
11	34.55	95.03	121	1331	3.316	2.223
12	37.69	113.09	144	1728	3.464	2.289
13	40.84	132.73	169	2197	3.605	2.351
14	43.98	153.93	196	2744	3.741	2.410
15	47.12	176.71	225	3375	3.872	2.466
16	50.26	201.06	256	4096	4.000	2.519
17	53.40	226.98	289	4913	4.123	2.571
18	56.54	254.46	324	5832	4.242	2.620
19	59.69	285.52	361	6859	4.358	2.668
20	62.83	314.15	400	8000	4.472	2.714
21	65.97	346.36	441	9261	4.582	2.758
22	69.11	380.13	484	10648	4.690	2.802
23	72.25	415.47	529	12167	4.795	2.843
24	75.39	452.38	576	13824	4.898	2.884
25	78.54	490.87	625	15625	5.000	2.924
26	81.68	530.93	676	17576	5.099	2.962
27	84.82	572.55	729	19685	5.196	3.000
28	87.96	615.75	784	21952	5.291	3.036
29	91.10	660.52	841	24389	5.385	3.072
30	94.24	706.85	900	27000	5.477	3.107
31	97.38	754.76	961	29791	5.567	3.141
32	100.53	804.24	1024	32768	5.656	3.174
33	103.67	855.29	1089	35937	5.744	3.207
34	106.81	907.92	1156	39304	5.830	3.239
35	109.95	962.11	1225	42875	5.916	3.271
36	113.09	1017.87	1296	46656	6.000	3.301
37	116.23	1075.21	1369	50653	6.082	3.332
38	119.38	1134.11	1444	54872	6.164	3.361
39	122.52	1194.59	1521	59319	6.244	3.391
40	125.66	1256.63	1600	64000	6.324	3.419

Nombres.	Circonférence.	Surface.	Carré.	Cube.	Racine carrée.	Racine cubique.
41	128.80	1320.25	1681	68921	6.403	3.448
42	131.94	1385.44	1764	74088	6.480	3.478
43	135.08	1452.20	1849	79507	6.557	3.503
44	138.23	1520.52	1936	85184	6.633	3.530
45	141.37	1590.43	2025	91125	6.708	3.556
46	144.51	1661.90	2116	97336	6.782	3.583
47	147.65	1734.94	2209	103823	6.855	3.608
48	150.79	1809.55	2304	110592	6.928	3.634
49	153.95	1885.74	2401	117649	7.000	3.659
50	157.08	1963.49	2500	125000	7.071	3.684
51	160.22	2042.82	2601	132651	7.141	3.708
52	163.36	2123.71	2704	140608	7.211	3.732
53	166.50	2206.18	2809	148877	7.280	3.756
54	169.64	2290.21	2916	157464	7.348	3.779
55	172.78	2375.82	3025	166375	7.416	3.802
56	175.92	2463.01	3136	175616	7.483	3.825
57	179.07	2551.75	3249	185193	7.549	3.848
58	182.21	2642.08	3364	195112	7.615	3.870
59	185.35	2733.97	3481	205379	7.681	3.892
60	188.49	2827.43	3600	216000	7.745	3.914
61	191.63	2922.46	3721	226981	7.810	3.936
62	194.77	3019.07	3844	238328	7.874	3.957
63	197.92	3117.24	3969	250047	7.937	3.979
64	201.06	3216.99	4096	262144	8.000	4.000
65	204.20	3318.30	4225	274625	8.062	4.020
66	207.34	3421.18	4356	287496	8.124	4.041
67	210.48	3525.65	4489	300763	8.185	4.061
68	213.62	3631.68	4624	314432	8.246	4.081
69	216.77	3739.28	4761	328509	8.306	4.101
70	219.91	3848.45	4900	343000	8.366	4.121
71	223.05	3959.19	5041	357911	8.426	4.140
72	226.19	4071.50	5184	373248	8.485	4.160
73	229.33	4185.38	5329	389017	8.544	4.179
74	232.47	4300.84	5476	405224	8.602	4.198
75	235.61	4417.86	5625	421875	8.660	4.217
76	238.76	4536.45	5776	438976	8.717	4.235
77	241.90	4656.62	5929	456533	8.774	4.254
78	245.04	4778.36	6084	474552	8.831	4.272
79	248.18	4901.66	6241	493039	8.888	4.290
80	251.32	5026.54	6400	512000	8.944	4.308

Nombres.	Circonférence.	Surface.	Carré.	Cube	Racine carrée.	Racine cubique.
81	254.46	5153.00	6561	531441	9.000	4.326
82	257.61	5281.01	6724	551368	9.055	4.344
83	260.75	5410.59	6889	571787	9.110	4.362
84	263.89	5541.77	7056	592704	9.165	4.379
85	267.03	5674.50	7225	614125	9.219	4.396
86	270.17	5808.80	7396	636056	9.273	4.414
87	273.31	5944.67	7569	658503	9.327	4.431
88	276.46	6082.11	7744	681472	9.380	4.447
89	279.60	6221.13	7921	704969	9.433	4.464
90	282.74	6361.72	8100	729000	9.486	4.481
91	285.88	6503.87	8281	753571	9.539	4.497
92	289.02	6647.61	8464	778688	9.591	4.514
93	292.16	6792.90	8649	804357	9.643	4.530
94	295.31	6959.78	8836	830584	9.695	4.546
95	298.43	7088.21	9025	857375	9.746	4.562
96	501.59	7238.23	9216	884736	9.797	4.578
97	504.73	7389.81	9409	912673	9.848	4.594
98	307.87	7542.96	9604	941192	9.899	4.610
99	311.01	7697.68	9801	970299	9.949	4.626
100	314.15	7853.97	10000	1000000	10.000	4.641
101	317.30	8011.86	10201	1030301	10.049	4.657
102	320.44	8171.30	10404	1061208	10.099	4.672
103	323.58	8332.30	10609	1092727	10.148	4.687
104	326.72	8494.88	10816	1124864	10.198	4.702
105	329.86	8659.03	11025	1157625	10.246	4.717
106	333.00	8824.75	11236	1191016	10.295	4.732
107	336.15	8992.04	11449	1225043	10.344	4.747
108	339.29	9160.90	11664	1259712	10.392	4.762
109	342.43	9331.33	11881	1295029	10.440	4.776
110	345.57	9503.34	12100	1331000	10.488	4.791
111	348.71	9676.91	12321	1367631	10.535	4.805
112	351.85	9852.05	12544	1404928	10.583	4.820
113	355.01	10028.77	12769	1442897	10.630	4.834
114	358.14	10207.05	12996	1481544	10.677	4.848
115	361.28	10386.91	13225	1520875	10.723	4.862
116	364.42	10568.34	13456	1560896	10.770	4.876
117	367.56	10751.34	13689	1601613	10.816	4.890
118	370 70	10955.90	13924	1643032	10.862	4.904
119	373.85	11122.04	14161	1685159	10.908	4.918
120	376.99	11309.76	14400	1728000	10.954	4.932

TABLE ANALYTIQUE DES MATIÈRES.

CHAPITRE PREMIER.

NOTIONS DE MÉCANIQUE ET DE PHYSIQUE.

CHAP. Iᵉʳ, § 1ᵉʳ. — NOTIONS SUCCINCTES DE MÉCANIQUE.

Chap. 1er, § 2. — Notions succinctes de physique.

CHAPITRE II.

DES APPAREILS A VAPEUR DE NAVIGATION.

CHAP. II, § 1. — EMPLOI DE LA VAPEUR COMME FORCE MOTRICE.

CHAP. II, § 2. — CLASSIFICATION DES APPAREILS A VAPEUR DE NAVIGATION.

CHAPITRE III.

DÉTAILS DE CONSTRUCTION DES DIVERSES PIÈCES DES MACHINES A VAPEUR DE NAVIGATION.

CHAP. III, § 1er. — DES MATÉRIAUX EN USAGE DANS LES MACHINES.

Chap. III, § 2. — Cylindres et pistons a vapeur. — Distributeurs
et mise en marche.   Valves de prise de vapeur et organes de détente variable.

Chap. III, § 5. — Condenseurs, pompes a air et baches.

Chap. III, § 4. — Organes de transmission de mouvement. —
Pièces d'assises et graisseurs.

CHAPITRE IV.

DES PROPULSEURS.

Chap. IV, § 1er. — De l'hélice.

Chap. IV, § 2. — Des roues a aubes.

CHAPITRE V.

DES APPAREILS ÉVAPORATOIRES ET DE LEURS ACCESSOIRES.

Chap. V, § 1ᵉʳ. — Description des chaudières marines.

CHAPITRE VI.

CONDUITE DES APPAREILS A VAPEUR DE NAVIGATION.

CHAP. VI, § 1er. — DES COMBUSTIBLES.

CHAP. VI, § 2. — CONDUITE DES FOYERS ET DES CHAUDIÈRES.

CHAP. VI, § 3. — CONDUITE DE LA MACHINE.

CHAPITRE VII.

ENTRETIEN, CONSERVATION ET RÉPARATIONS DES APPAREILS A VAPEUR DE NAVIGATION.

Chap. VII, § 1er. — Entretien et conservation des appareils.

Chap. VII, § 2. — Avaries et réparations.

CHAP. VII, § 5. — DES EXPLOSIONS ET DES COMBUSTIONS SPONTANÉES.

INDEX DES TABLES

FIN DE LA TABLE ANALYTIQUE DES MATIÈRES.

22 970. — PARIS, TYPOGRAPHIE A. LAHURE

Rue de Fleurus, 9

MANUEL

DE

L'OUVRIER CHAUFFEUR DE LA FLOTTE

GUIDE COMPLET

DES CANDIDATS AUX GRADES DE QUARTIER MAITRE MÉCANICIEN ET DE SECOND MAITRE MÉCANICIEN PRATIQUE

Par A. LEDIEU, O. ✳, O. ✸, ✳,

ANCIEN OFFICIER DE VAISSEAU, EXAMINATEUR DE LA MARINE,
PRIX EXTRAORDINAIRE DE L'ACADÉMIE DES SCIENCES POUR L'APPLICATION DE LA VAPEUR A LA FLOTTE,
CORRESPONDANT DE L'INSTITUT.

DEUXIÈME ÉDITION REVUE

Et H. HUBAC, ✳, ✸,

MÉCANICIEN PRINCIPAL DE PREMIÈRE CLASSE,
PROFESSEUR DE MACHINES A VAPEUR SUR LE VAISSEAU-ÉCOLE.

AVEC LE CONCOURS DE

M. GILBERT, ✳

PREMIER MAITRE-MÉCANICIEN
ADJOINT A L'ENSEIGNEMENT DES MACHINES A VAPEUR SUR LE VAISSEAU-ÉCOLE.

Conformément aux derniers programmes officiels.

AVEC ATLAS

CONTENANT CINQ BELLES PLANCHES SUR CUIVRE

PARIS

DUNOD, ÉDITEUR

LIBRAIRE DES CORPS DES PONTS ET CHAUSSÉES, DES MINES ET DES TÉLÉGRAPHES

49, QUAI DES AUGUSTINS, 49

1880

ATLAS
DU MANUEL
DE
L'OUVRIER CHAUFFEUR DE LA FLOTTE

GUIDE COMPLET

DES CANDIDATS AUX GRADES DE QUARTIER MAITRE MÉCANICIEN ET DE SECOND MAITRE MÉCANICIEN PRATIQUE

Par A. LEDIEU, O. ✳, O. ⚜, ✳

ANCIEN OFFICIER DE VAISSEAU, EXAMINATEUR DE LA MARINE,
PRIX EXTRAORDINAIRE A L'ACADÉMIE DES SCIENCES POUR L'APPLICATION DE LA VAPEUR A LA FLOTTE,
CORRESPONDANT DE L'INSTITUT.

DEUXIÈME ÉDITION REVUE

Par H. HUBAC, ✳ ⚜

MÉCANICIEN PRINCIPAL DE PREMIÈRE CLASSE,
PROFESSEUR DE MACHINES A VAPEUR SUR LE VAISSEAU ÉCOLE.

AVEC LE CONCOURS DE

M. GILBERT, ✳

MÉCANICIEN PRINCIPAL DE DEUXIÈME CLASSE
ADJOINT A L'ENSEIGNEMENT DES MACHINES A VAPEUR SUR LE VAISSEAU ÉCOLE.

Conformément aux derniers programmes officiels.

PARIS

DUNOD, ÉDITEUR

LIBRAIRE DES CORPS DES PONTS ET CHAUSSÉES, DES MINES ET DES TÉLÉGRAPHES,

49, QUAI DES AUGUSTINS, 49

1879

NOTA IMPORTANT

relatif aux planches de cet atlas et aux légendes qui les accompagnent.

1° Les planches où se trouvent dessinés plusieurs appareils à vapeur complets sont divisés en *sections*. Chaque section comprend toutes les vues relatives à un même appareil.

2° Dans tous les appareils à vapeur, on a adopté les mêmes *notations* pour désigner les mêmes organes. Ces *notations* ont été, autant que possible, formées de la première ou des deux premières lettres du nom des pièces qu'elles représentent. Quand leur nombre n'a pas été suffisant, on a eu recours aux chiffres ordinaires. Mais alors on n'a attribué à chacun de ces derniers aucune signification spéciale ; on les a seulement réservés pour les organes tout à fait secondaires. — En outre, chaque fois qu'une pièce d'une espèce donnée s'est trouvée multiple sur un même appareil ou mécanisme, on s'est néanmoins borné à l'y désigner par une seule notation, mais on a écrit son nom au pluriel dans la légende.

3° Afin d'éviter les doubles emplois, on a disposé les légendes de façon que leur ensemble convienne à la fois aux appareils de même genre qui se trouvent groupés sur la même planche. De la sorte, il arrive fréquemment que des *notations* de ces légendes ne se voient que sur *quelques-uns* des appareils en question, soit parce que les pièces correspondantes n'existent pas sur *les autres*, soit parce que, tout en y existant, elles ne sont pas visibles ou ont été omises à l'effet de simplifier les dessins.

4° Pour faciliter l'intelligence à première vue du mouvement général des mécanismes, et en particulier des appareils à vapeur que renferment nos planches, nous avons adopté les trois flèches conventionnelles suivantes :

——→ Cette première flèche, qui est *simple*, concerne le mouvement des fluides, vapeur ou eau, en train de s'introduire dans un vase.

⋙→ Cette seconde flèche qui est munie de *barbes*, convien au mouvement des fluides qui évacuent un récipient.

•——→ Cette troisième flèche, qui se distingue par un *point sur la queue*, a été réservée pour les mouvements des organes de transmission.

5° Tous les appareils à vapeur de navigation de cet Atlas sont représentés fonctionnant pour la marche en avant. Leurs divers organes et pièces mobiles ont été placés avec le plus grand soin dans leurs positions respectives qui conviennent à ce fonctionnement. Ajoutons, à titre de renseignement, que ceux de ces appareils qui sont à hélice commandent, pour la plupart, des propulseurs de pas à droite, c'est-à-dire dont les ailes tournent de bâbord à tribord dans leur demi-rotation supérieure.

INDEX DES PLANCHES

23 500 — Typographie A. Labure, rue de Fleurus, 9, à Paris.

SECTION A.

Machine ordinaire, oscillante verticale droite à deux cylindres à roues (ou à hélice avec engrenage), avec condensation par mélange : — Ingénieur, M. Moll, à Indret.

La *fig.* 4 bis, représente une excellente disposition des pompes à air à fourreau de la machine oscillante construite par l'usine Mazeline pour le croiseur le *Rapide.*

Le type de cette section se rencontre à bord de beaucoup d'avisos à roues ou à hélice avec engrenage.

SECTION B.

Machine ordinaire, oscillante verticale droite à deux cylindres à roues, avec condensation par mélange : — Ingénieur, M. Sabattier, à Indret.

Sur la *fig.* 1, on a brisé la tige de piston du cylindre de tribord, afin de maintenir ce récipient vertical sur le dessin, et d'éviter de le projeter en raccourci.

Le type de cette section se rencontre à bord d'un grand nombre d'avisos à roues.

LÉGENDE, par ordre alphabétique et numérique, commune aux deux sections de la Planche I (Il est indispensable, pour la complète intelligence de cette légende, d'avoir présent à la mémoire la nota général du commencement de l'Atlas).

A — Arbre de couche.
A^a — Arrière.
A' — Avant.
X — (Sect. 1) Arbre de l'hélice.
a — Leviers, de forme arrondie et brisée, faisant partie des renvois de mouvement de tiroir.
B — Bâches.
B^a — Bâtard.
b — Bielles de pompe à air.
C — Cylindres à vapeur.
C, — Condenseurs.
c — Cames ou excentriques de détente.
D — Tiroirs de distribution en coquille : ils sont au nombre de deux par cylindre sur l'appareil sect. 2.
D, — Tuyaux de décharge. — Sur la sect. 1, lorsque l'appareil conduit une hélice et se trouve par conséquent établi dans le sens de la longueur du bâtiment, ces tuyaux, au lieu de déboucher, comme il est indiqué sur la fig. 2, des faces de côté des bâches, partent de leurs faces extérieures à la machine. — Sur l'appareil sect. 2, ils font un grand coude, de façon à venir se loger au-dessous du parquet de la machine jusqu'en avant, où ils se relèvent, pour aller traverser la muraille du navire au-dessus de la flottaison.
d — Détentes à soupapes équilibrées, ou à plaques frottantes.
E — Conduits d'évacuation venus de fonte avec chaque cylindre, et l'entourant pour venir déboucher dans un de ses tourillons.
E' — Tuyaux d'évacuation formant les prolongements des conduits précédents.
e — Excentriques de tiroir.
F — Fourreau de pompe à air.
f — Plaque de fondation.
G — (Sect. 1) Glissières de traverse de pompe à air.
g — (Sect. 1) Coulisseaux de traverse de pompe à air.
H — Grands paliers.
H' — (Sect. 1) Palier de butée et palier d'arbre d'hélice.
h — Paliers de levier de tiroir.
I — Régulateurs d'injection.
i — (Sect. 2) Injection de cale.
J — Tiges de détente.
j — Tiges de chariot ou d'excentrique de détente.
K — Paliers de tourillon de cylindre.
k — Tourillons de cylindre.
L — Bras clavetés sur les tourillons, et servant à conduire les petites pompes.
M — Grandes manivelles.
M' — Vilebrequin destiné à mouvoir les pompes à air.
m — Rones ou volants et leviers de mise en train.
N — Entablement de la machine.
n — Colonnettes supportant l'entablement et formant bâtis, et de plus (Sect. 2), tirants reliant la partie supérieure de la machine à la plaque de fondation ainsi qu'à la muraille du bâtiment.
O — Boîtes à tiroir.
O' — Boîtes à détente.
o — (Sect. 1) Orifices de cylindre.
P — Grands pistons.
P, — Pompes à air.
P, — Pompes de cale.
P, — Pompes alimentaires.
p — Pistons de pompe à air.
Q — Tiges de tiroir.
q — Bielles d'excentrique de tiroir.

R — (Sect. 1) Grande roue dentée montée sur l'arbre de couche, et entraînant le pignon R'.
R' — (Sect. 1) Pignon de l'arbre de l'hélice.
r — Reniflards.
S — Arcs de mouvement de tiroir. Chacun de ces arcs est maintenu en ligne droite par deux des colonnettes n, le long desquelles il glisse, et en outre par une tige 28 faisant corps avec lui et dirigée par une douille 29.
s — Soupape de purge, et (Sect. 1) tuyau de prise de vapeur de cette soupape allant aboutir au tuyau V correspondant.
T — Tiges de grand piston.
T^a — Tribord.
t — (Sect. 1) Tiges de piston de pompe à air.
u — (Sect. 1) Tes ou traverses de pompe à air.
V — Tuyaux d'arrivée de vapeur.
V' — Conduits d'arrivée de vapeur venus de fonte avec chaque cylindre, qu'ils contournent, en partant d'un de ses tourillons, pour venir déboucher dans la boîte à tiroir correspondante.
v — Valves de prise de vapeur, ou boîtes contenant ces valves.
XX, YY (Sect. 2), ZZ (Sect. 1) : Lignes de coupe.
1 — Axes et renvois de mouvement de valve de prise de vapeur.
2 — (Sect. 1) Poignée servant à manœuvrer à la main la détente variable correspondante, et à en suspendre l'action.
3 — (Sect. 1) Petite lame flexible munie d'un soleil, sur lequel se croche la poignée précédente pour tenir la détente déclanchée.
4 — Presse-étoupe de tige de piston à vapeur.
4' — Presse-étoupe de tourillon.
5 — Soupapes de sûreté de cylindre maintenues à l'aide de ressorts à boudin. Celles du bas sont munies chacune d'un levier, qu'on manœuvre du parquet de la machine avec une tringle, pour purger les cylindres au départ.
5' — Robinets graisseurs de cylindre.
6 — (Sect. 1) Contre-poids fixés à chaque cylindre pour en équilibrer le tiroir autour de l'axe des tourillons.
7 — Plongeurs d'injection.
8 — Trous d'homme de condenseur ou de bâche.
9 — (Sect. 1) Cloison de séparation des deux condenseurs. Cette cloison s'étend dans le sens de l'axe des tourillons; et sa partie supérieure forme une surface gauche ayant le contour d'un S, afin de permettre à chacun des deux tourillons d'évacuation de déboucher dans un condenseur distinct.
10 — Clapets de pied de pompe à air
11 — Clapets de tête de pompe à air } avec leurs lumières.
12 — Clapets de piston de pompe à air
13 — Fort boulon fixant le fourreau F avec le piston de la pompe à air, et ayant son extrémité supérieure articulée avec le pied de la bielle de cette pompe.
14 — (Sect. 1) Petits tuyaux par lesquels s'échappe l'air des bâches quand il est trop comprimé.
15 — Pistons plongeurs et à fourreau de pompe alimentaire et de cale.
16 — (Sect. 1) Tuyaux de communication des pompes alimentaires avec les boîtes 17.
17 — (Sect. 1) Boîtes alimentaires.
18 — (Sect. 1) Conduits et trous d'aspiration de pompe alimentaire.
19 — (Sect. 1) Conduits et trous de trop-plein de boîte alimentaire.
20 — (Sect. 1) Contre-poids de clapet de trop-plein de boîte alimentaire.
21 — (Sect. 1) Tuyaux de refoulement de pompe alimentaire.
22 — (Sect. 1) Tiroir fixé sur l'arbre de couche.
23 — (Sect. 1) Tes faisant corps avec chaque excentrique de tiroir, et un contre-poids de tiroir précédent.
24 — Contre-poids d'excentrique de tiroir.

25 — (Sect. 1) Tes de tiroir; ou (Sect. 2) carrés évidés venus de forge avec les tiges de tiroir.
26 — Tiges ou douilles directrices des pièces précédentes.
27 — (Sect. 1) Petites bielles reliant les tiges de tiroir aux leviers a.
28 — Tiges faisant corps avec les arcs S, qu'elles servent à guider à l'aide des douilles 29.
29 — Douilles fixées à l'entablement, et dans lesquelles glissent les tiges précédentes.
30 — Bouton d'entraînement incrusté dans chaque tige 28, et par l'intermédiaire duquel la bielle d'excentrique correspondante entraîne son arc S de mouvement de tiroir.
31 — Mécanisme pour déclancher chaque bielle d'excentrique de tiroir.
32 — Garde de bielle d'excentrique de tiroir, empêchant cette bielle de trop s'écarter du bouton d'entraînement, quand elle en est déclanchée.
33 — Ressort à boudin qui tend toujours, pendant la marche, à maintenir l'encoche de la bielle d'excentrique correspondante en prise avec son bouton d'entraînement.
34 — (Sect. 1) Pignon engrené avec une crémaillère entaillée dans chaque tige 28.
35 — (Sect. 1) Arbre qui porte le pignon 34 ainsi que le volant correspondant m, et par l'intermédiaire duquel on manœuvre à bras chaque tiroir.
36 — (Sect. 1) Manchon claveté sur l'arbre précédent et portant des dents.
37 — (Sect. 1) Prisonnier incrusté dans l'arbre 35, et ayant son bout libre fileté.
38 — (Sect. 1) Petite roue formant écrou, et se vissant sur le prisonnier précédent.
39 — (Sect. 1) Plaque rapportée à demeure sur le volant m, et servant d'œillet à la manœuvre 38. Cette dernière pièce peut de la sorte entraîner le volant en question le long de l'arbre 35, et par conséquent en faire amener à volonté les dents du moyeu avec ceux du manchon 36. En un mot, elle permet de rendre ce volant indépendant de son arbre, afin qu'en marche on puisse le tenir immobile.
40 — Roulettes de chariot de détente contre lesquelles viennent buter les cames c (sect. 1); — ou (sect. 2) roues dentées fixées sur l'arbre de couche; ces roues engrènent chacune avec une vis sans fin qui est montée sur le chariot correspondant d'excentriques de détente, et qui sert à changer le calage de ce chariot pour modifier le degré d'expansion.
41 — (sect. 1) : Fourchettes faisant correspondre les roulettes précédentes à telles ou telles cames suivant le degré d'introduction qu'on veut avoir, ou (sect. 2) mécanisme pour faire manœuvrer par la machine elle-même chaque vis sans fin dont il est parlé en 40.
42 — (Sect. 1) Petites poulies à gorge destinées à manœuvrer du parquet de la machine, à l'aide d'une corde sans fin, les fourchettes 41.
43 — (Sect. 1) Contre-poids de rappel obligeant les soupapes de détente à se refermer chaque fois que les cames cessent de les soulever, ou (sect. 2) forçant les plaques frottantes de détente à découvrir leurs orifices, quand, pour suspendre l'action de ces plaques, on les déclanche d'avec leurs excentriques.
44 — (Sect. 1) Grain de butée en acier fixé avec un prisonnier sur le bout de l'arbre de l'hélice.
45 — (Sect. 1) Plaque de butée en fer.
46 — (Sect. 1) Boulon destiné à faire toujours bien porter la plaque précédente contre le grain de butée.
47 — (Sect. 2) Soupape servant à marcher au besoin sans condensation. Car son ouverture établit une communication directe entre le condenseur et la bâche, et permet à la vapeur de s'échapper immédiatement par le tuyau de décharge.
48 — (Sect. 2) Compensateurs de tiroir.

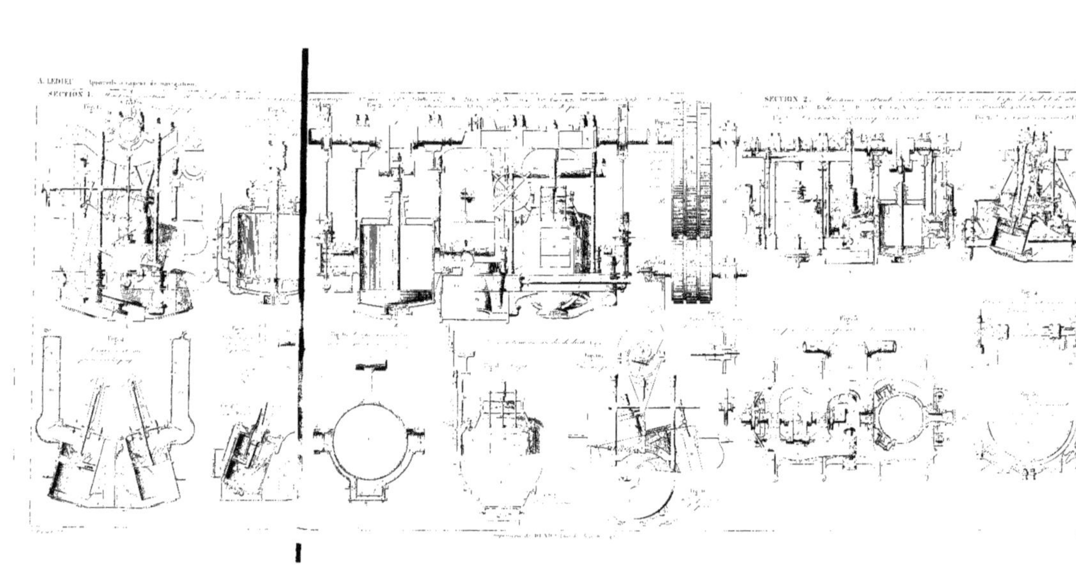

A. LEDIEU
SECTION 1.
SECTION 2.

PLANCHE II.

<table>
<tr><td>

SECTION 1.

Machine ordinaire, horizontale à bielle en retour à deux cylindres (à hélice), avec condensation par mélange : — Type Dupuy de Lôme.

Le type de cette section a été exécuté dans l'arsenal de Toulon et aux forges et chantiers de la Méditerranée à Marseille, pour quelques bâtiments blindés, pour plusieurs vaisseaux, frégates et avisos rapides, et enfin pour quelques transports mixtes. — On l'a également construit à l'usine de la Ciotat, sous la direction de M. l'ingénieur Delacour, pour les paquebots des messageries maritimes.

</td><td>

SECTION 2.

Machine ordinaire, horizontale à bielle en retour à deux cylindres (à hélice), avec condensation par mélange : — Type Mazeline de 1857. Ingénieur, M. Cody, au Havre.

Le type de cette section se rencontre sur un grand nombre de vaisseaux, frégates et transports mixtes, ainsi que sur beaucoup d'avisos rapides. Il se voit encore sur deux frégates rapides de 800 chevaux, mais avec quatre cylindres, au lieu de deux seulement. D'ailleurs les appareils de ces derniers bâtiments, ainsi que ceux d'un certain nombre des transports précités, ont des détentes du système Meyer.

</td></tr>
</table>

LÉGENDE, par ordre alphabétique et numérique, commune aux deux sections de la Planche II (Il est indispensable, pour la complète intelligence de cette légende, d'avoir présent à la mémoire le nota général du commencement de l'Atlas).

A   Arbre de couche.
A^rr   Arrière.
A^v   Avant.
a   Arbre des tiroirs.
B   Grandes bielles.
B_,   Bielles.
B^t   Bâbord.
b   Bras conducteur de tige de pompe à air.
C   Cylindres.
C_o   Condenseurs.
c   Excentriques de détente.
D   Tiroirs de distribution en D long ou en coquille.
D_o   Tuyaux de décharge.
d   Détentes à cylindres creux ou à papillon.
E   Conduits à évacuation venus de fonte avec les boîtes à tiroirs, ou avec les cylindres et les condenseurs.
E'   (Sect. 1) Tuyaux d'évacuation formant les prolongements des conduits précédents.
e   Excentriques ou manivelles de tiroir.
f   Plaque de fondation.
G   Glissières de grande traverse.
g   Coulisseaux de grande traverse.
H   Grands paliers.
h   Paliers de l'arbre des tiroirs.
I   Régulateurs d'injection.
J   Tiges ou axes de détente.
j   Bielles d'excentrique de détente.
l   Renvois de mouvement de pompe alimentaire.
l'   Renvois de mouvement de pompe de cale.
M   Grandes manivelles.
m   Volants ou roues de mise en train.
n   Buires.
O   Boîtes à l'huile.
O'   Boîtes à détente.
o   Orifices de cylindre.
P   Grands pistons.
P_,   Pompes à air.
P'   Pompes de cale.
P''   Pompes alimentaires.
p   Pistons de pompe à air.
Q   Tiges ou contre-tiges de tiroir.
q   Tiges d'excentrique, ou bielles de manivelle de tiroir.
R   Roue dentée clavetée sur l'arbre de couche.
R'   Autre roue dentée entraînée par la précédente, et montée folle sur l'arbre des tiroirs, de façon que celui-ci puisse se décaler par rapport à elle.
r   Reniflards.
s   (Sect. 1) Robinets et tuyaux de purge de condenseur; ces robinets ont leur prise de vapeur sur les boîtes à détente, et leur débouché dans les tuyaux d'évacuation.
T   Tiges de grand piston.
T^d   Tribord.
t   Tiges de piston de pompe à air.
U   Traverses de grand piston.
u   Tés ou traverses de tiroir.

V   Tuyaux d'arrivée de vapeur.
v   Valves de prise de vapeur.
XX, xx (Sect. 1), x'x' (Sect. 1), YY.... ZZ (Sect. 2) : Lignes de coupe.

1. (Sect. 1) Passages à travers lesquels passent d'énormes boulons joignant les boîtes aux cylindres; et boulons reliant verticalement le haut de ces récipients avec les plaques de fondation.
2. (Sect. 2) Colonnes creuses destinées à supporter les condenseurs, et à travers lesquelles les reniflards communiquent avec ces récipients, et les pompes alimentaires avec les boîtes.
3. Poignées et tiges pour manœuvrer les valves de prise de vapeur.
4. (Sect. 2) Petits robinets purgeurs avec tuyaux, permettant à la vapeur condensée des boîtes à tiroir de se rendre aux condenseurs par les conduits d'évacuation E.
5. Presse-étoupe de tige de grand piston.
6. Soupapes de sûreté de cylindre.
7. (Sect. 2) Bouchons de visite des cylindres, servant à pénétrer dans ces récipients sans enlever leur fond ou leur couvercle.
8. Pistons continus avec leurs tuyaux de communication aux cylindres et aux condenseurs.
9. Renvois de mouvement des purgeurs continus. Ces renvois sont commandés par les tiges ou contre-tiges de tiroir.
10. (Sect. 1) Enveloppes en tôle fixées sur les cylindres avec des vis, et contenant du charbon pilé, afin de prévenir les refroidissements de ces récipients.
11. Tuyaux d'injection à la mer.
12. Tuyaux d'injection de cale.
13. Robinets à deux fins, à l'aide desquels on fait communiquer à volonté les injections à la mer ou de cale avec les régulateurs d'injection.
14. Trous d'homme du condenseur, et portes de visite aux clapets de pompe à air.
15. Petits renvois de mouvement servant à manœuvrer les régulateurs d'injection.
16. (Sect. 1) Cloisons partageant chaque condenseur en deux parties, et portant dans le bas un trou de communication entre ces deux parties.
17. Clapets de pied de pompe à air } avec leurs laitoirs.
18. Clapets de tête de pompe à air }
19. (Sect. 1) Réservoir d'air de lâches.
20. Pistons plongeurs de pompe alimentaire.
21. Boîtes alimentaires.
22. Clapets de trop-plein d'alimentation, et ressorts maintenant ces clapets.
23. Tuyaux de communication des pompes alimentaires avec les boîtes alimentaires.
24. Tuyaux d'aspiration des pompes alimentaires.
25. Tuyaux de refoulement des pompes alimentaires.
26. Boîtes à clapets de pompes de cale. Sur l'appareil sect. 2, elles sont munies d'un robinet à air, qu'on ouvre quand il n'y a pas d'eau dans la cale. On évite aussi que la boîte du fond du navire ne soit aspirée et n'aille engorger les clapets en question.
27. (Sect. 2) Contre-poids de manivelle destinés à équilibrer les pistons modales.
28. (Sect. 1) Presse-étoupe à lanterne pour les garnitures de tiroir.
29. et 29' Arc denté et rainure pratiqués dans le disque 30 (Sect. 1) ou dans la roue R' (Sect. 2), et permettant le démontage de l'arbre des tiroirs par rapport à cette roue R'. Cette rainure et cet arc font fonction de toc dans l'appareil sect. 1, et de butoir dans l'appareil sect. 2.
30. Disque en bras claveté sur l'arbre des tiroirs, qu'il sert à entraîner sous l'impulsion de la roue R'. À cet effet, il est poussé par les pièces 31 et 31' (Sect. 1), ou par l'arc 29 et la rainure 29' (Sect. 2).
31. Pignon engrenant avec l'arc denté 29, et formant butoir (Sect. 1) ou toc (Sect. 2).
31'. *Butoir* (Sect. 1), ou (Sect. 2) toc apparaissant dans le fond de la rainure 29'. Les deux pièces 31 et 29' se déplacent l'une par rapport à l'autre, quand on change le calage du disque ou de la roue 30.
32. Petite roue dentée montée sur le même axe que le pignon 31.
33. Pignon monté fou sur l'arbre des tiroirs, faisant corps avec la roue du volant m, et commandant la roue précédente 32, quand on manœuvre la mise en train m; ce pignon fait tourner la roue 32 et par suite le pignon 31. Ce dernier cède alors la pièce 30 et conséquemment l'arbre des tiroirs à chaque degré de calage.
34. (Sect. 1) Mécanisme permettant de décaler d'avance la roue dentée 32 et le pignon 33 et par suite le volant m, afin que ce dernier ne soit pas entraîné par la machine pendant son fonctionnement.
35. (Sect. 1) Bague portant un ergot qui s'engage dans une encoche pratiquée sur la roue 32, quand cette roue est dans la position qui correspond à sa marche en avant. Cette bague empêche ainsi les excentriques 29 et 29' de se décaler à certains moments d'avec les butoirs 31 et 31' par le fait de la vitesse acquise des tiroirs (voir au n° 43), le mouvement continue de tenir.
36. (Sect. 1) Ressorts fixés sur le manchon et agissant sans cesse sur la partie arrière de la langue 35. Celle-ci n'a plus son ergot qui se dégage de la roue 32 quand elle est repoussée par le pignon 33, au moment où il s'enfonce avec toute la roue 32, à l'aide du mécanisme 35.
37. Petits mécanismes permettant de suspendre l'action des détentes variables.
38. (Sect. 2) Poignée destinée à manœuvrer à la main la détente variable correspondante.
39. Renvois de mouvement reliant les bielles d'excentriques des détentes avec les tiges ou avec ces organes.
40. (Sect. 1) Contre-poids des excentriques de détente faisant corps avec ces excentriques, et servant à les équilibrer autour de l'arbre des tiroirs.
41. (Sect. 1) Pièces clavetées sur l'arbre des tiroirs. Elles portent chacune trois trous, où on peut engager une vis destinée à fixer, dans trois positions différentes par rapport à cet arbre, le contre-poids des excentriques de détente, et conséquemment les excentriques eux-mêmes afin d'obtenir divers degrés d'expansion variable.
42. (Sect. 1) Petit fourreau traversant le manteret et le fond de chaque boîte à détente dans des proportions variables, et à recevoir intérieurement l'articulation de la tige J, qui est mise ainsi à même de céder aux obliquités provenant de ce mode de renvoi de mouvement.
43. (Sect. 1) Petit cylindre-enveloppe dans lequel joue l'extrémité arrière du fourreau précédent, et ayant pour but d'éviter que les mouvements ne soient abordés par cette extrémité.

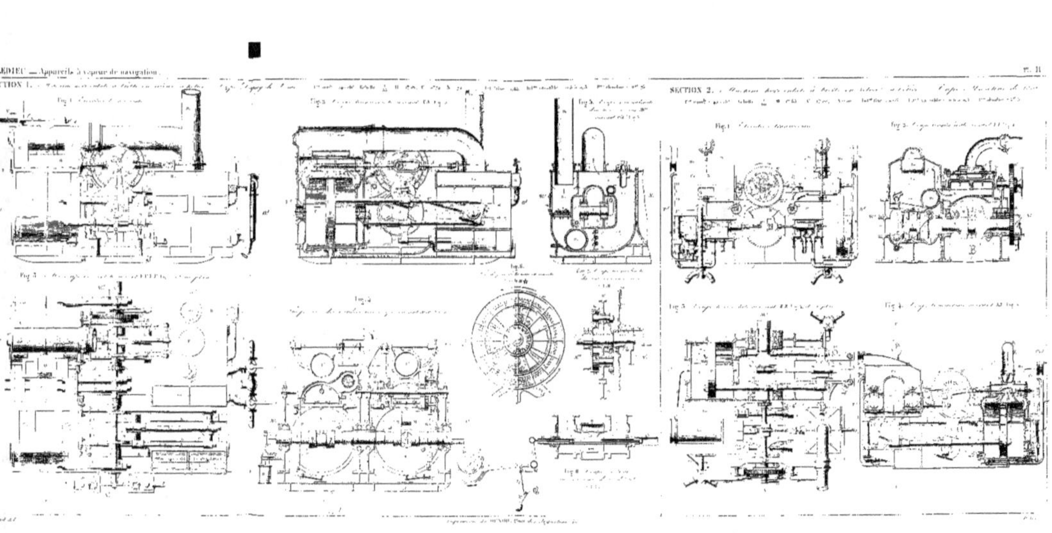

| SECTION 1. | SECTION 2. |

SECTION 1.

Machine ordinaire, à piston (à hélice), avec condensation par surface ; type Caird, de Greenock (Écosse).
Force nominale = 150 chev. de 250 km ; échelle = 1/50°. — Diamètre des cylindres = 1m,00 ; Course des pistons = 0m,84 ; Nombre de tours = 50. — Introduction fixe = 0,70 ; Introduction variable = 0,5 à 0,3. — Pression absolue aux chaudières = 3 atm.
Ce type de machine a été appliqué sur un grand nombre de bâtiments de commerce anglais et autres.

SECTION 2.

Machine ordinaire, horizontale à bielle en retour à trois cylindres côte à côte points morts à 120° (à hélice), avec condensation par mélange ; type des chantiers et ateliers de l'Océan (ancienne usine Mazeline) ; ingénieur, M. Cady.
Force nominale = 150 chev. de 300 km ; échelle = 1/60°. — Diamètre des cylindres = 1m,50 ; Course des pistons = 0m,85 ; Nombre de tours = 77. — Introduction fixe aux trois cylindres = 0,68 ; introduction variable = 0,40 à 0,25. (Avec ce type, on ne fonctionne jamais sans les détentes variables ;
l'introduction de 0,4 correspond à la marche à toute puissance.)
— Pression absolue aux chaudières = 3m,25.
Ce type de machine se trouve à bord de plusieurs navires français.

SECTION 3.

Machine Woolf, horizontale à bielle en retour à trois cylindres côte à côte points morts à 90° et 135° (à hélice), avec condensation par mélange ; type des chantiers et ateliers de l'Océan, au Havre ; ingénieur, M. Cady.

Les figures 4 et 5 de la sect. 2 conviennent, à quelques détails près, à la machine actuelle, dont on s'est borné, pour cette raison, à ne donner que trois vues.
Force nominale = 450 chev. de 300 km ; échelle = 1/60°. — Diamètre des cylindres = 1m,50 ; Course des pistons = 0m,85 ; Nombre de tours = 77. — Introduction fixe = 0,88 au cylindre admoteur, et 0,78 aux cylindres extrudeurs; introduction effective = 0,85 ; pas de détentes variables. — Pression absolue aux chaudières = 3 atm.
Ce type de machine se rencontre sur plusieurs cuirassés et croiseurs français.

A Arbre de couche.
A' Arrière.
A'' Avant.
a (Sect. 2 et 3) Arbre des tiroirs.
b (Sect. 1, Tôles du condenseur à surface partagés en deux groupes.
B Grandes bielles.
b' Bielles.
c Bras conducteurs ou bielles de pompes à air.
C (Sect. 1) Bielle du balancier de pompe à air.
c' (Sect. 1) Cylindre à vapeur. — (Sect. 2) Cylindres extrudeurs. — (Sect. 3) Cylindres détendeurs.
C' (Sect. 3) Cylindre central. — (Sect. 3) Cylindre admoteur.
D Condenseurs.
E Tiroirs de distribution en coquille.
F (Sect. 2 et 3) Coffre avec presse-étoupe.
g Tuyaux de décharge aux hélices.
P Tuyaux d'évacuation formant le prolongement des conduits E.
Py Pompes alimentaires.
p Pistons de pompes à air.
R Tiges de piston à vapeur.
T Tribord.
V Tuyaux d'arrivée de vapeur.
V' Tuyaux d'évacuation de vapeur.
XX, YY, y'Y' (Sect. 2), Y'Y' (Sect. 3), ZZ (Sect. 2 et 3) : Lignes de coupe.

intermédiaire duquel cette tige reçoit le mouvement de la manivelle M'.
(Sect. 1) Contre-tige venue de forge avec le cadre f', et passant à travers une gaine fixée à la plaque de fondation, de façon à guider la tige f'.
M Grandes manivelles.
M' (Sect. 1) Manivelle rapportée à l'extrémité avant de l'arbre de couche, et commandant le piston de la pompe de circulation.
...

1 (Sect. 2 et 3) Renvois de mouvements divers et volants pour manœuvrer les valves de prise de vapeur.
...

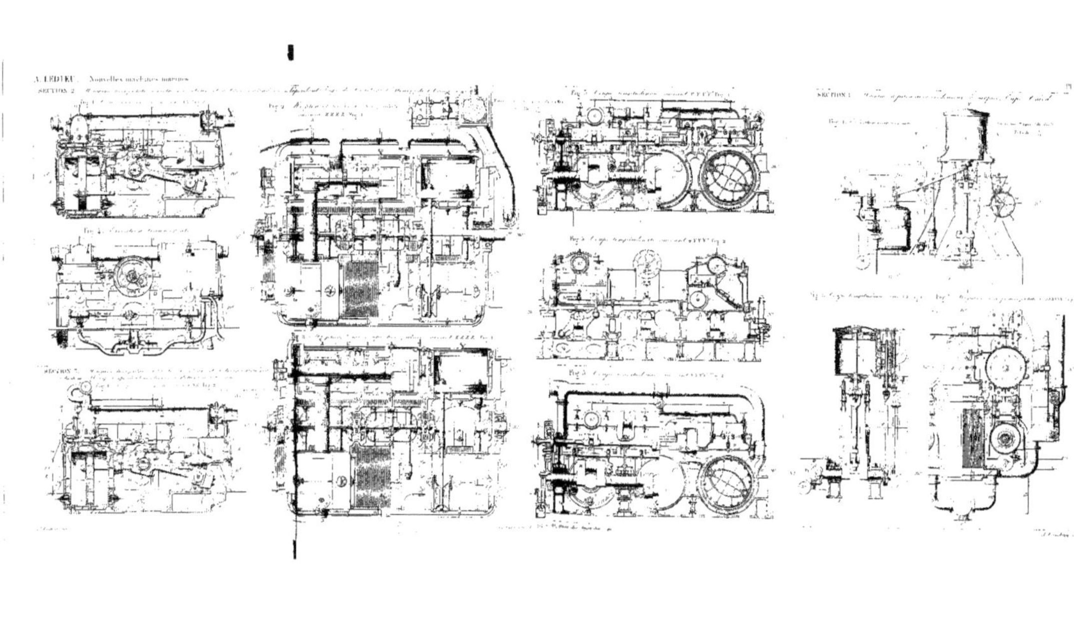

PLANCHE IV

SECTION 1.

Machine Woolf, horizontale à bielle en retour à trois cylindres côte à côte points morts à 90° et 135° (à hélices), avec condensation par mélange ; type d'Indret ; ingénieur, M. Sabattier.

[Caractéristiques — texte en grande partie illisible]
… Puissance nominale … de 300 kil. ; échelle : 1/50°. — Diamètre des cylindres … ; Course des pistons … Nombre de tours = 72. — Introduction fixe : 0,50 au cylinder éducteur, et 0,50 aux cylindres déteneurs ; introduction effective = 0,53. Pression absolue aux chaudières … atm.

Les machines de ce type se rencontrent sur les bâtiments suivants : Friedland, Valeureuse, Jeanne d'Arc, … Blanche, Haute-Sagne, Tigre, Revers, Douceur, Hache, Volta, Gauchen, Indre, Cher et Loire.

SECTION 2.

Machine Woolf, horizontale à bielle en retour à trois cylindres côte à côte points morts à 90° et 135° à hélices, avec condensation par mélange ; type … Creusot, … ; M. Mellara.

[Caractéristiques — texte en grande partie illisible]
Puissance nominale = … chevaux de 300 kil. à belle, … 1/50°. — Diamètre des cylindres … ; Course des pistons = … Nombre de tours = … — Introduction fixe : 0,50 au cylinder éducteur, et 0,50 aux cylindres déteneurs ; introduction effective = 0,53. Pression absolue aux chaudières … atm.

Les machines de ce type se rencontrent sur les bâtiments suivants : Orénoque, Bourrasque, Fulgol et Sésoud.

SECTION 3.

Machine Woolf, horizontale à bielle en retour à trois cylindres côte à côte points morts à 90° et 135° (à hélices), avec condensation par mélange ; type des forges et chantiers de la Méditerranée ; ingénieur, M. Lecointe.

[Caractéristiques — texte en grande partie illisible]
Puissance nominale = … chevaux de 300 kil. ; échelle = 1/50° ; Diamètre des cylindres : 1° … ; Course des pistons = 0,85. Nombre de tours = 74. — Introduction fixe : 0,50 au cylinder éducteur, et 0,50 aux cylindres déteneurs ; introduction effective = 0,53. Pression absolue aux chaudières … atm.

Les machines de ce type se rencontrent sur les bâtiments suivants : Marengo, Montcalm, Thétis et Savoie.

LÉGENDE, par ordre alphabétique et numérique, commune aux trois sections de la Planche IV (Il est indispensable, pour la complète intelligence de cette légende, d'avoir présent à la mémoire le nota général du commencement de l'Atlas).

A — Arbre de couche.
A' — Arrière.
A'' — Avant.
a — Arbre des tiroirs.
B — Chambres belles.
b' — Bâbord.
b, — Bêches.
b — Tiges ou bras conducteurs de tige de pompe à air.
C — Cylindres déteneurs.
C' — Cylindre éducteur.
C'' — Condenseurs.
D — Tiroirs de distribution en D longs.
d, — Tuyaux de dérivage.
e — Conduite d'évacuation des cylindres déteneurs.
E' — Tuyaux d'évacuation de l'éducteur.
F — Conduit d'émission du cylindre éducteur dans les tuyaux V.
f — Manivelles ou excentriques de tiroir.
G — Plaque de fondation, ou bridage en fonte de la machine avec les carlingues de bâtiment.
G' — Glissières de grande traverse.
H — Glissières de grande traverse.
H, — Crapaux paliers.
h — Poitiers d'arbre de tiroir.
i — Régulateurs d'injection.
J — [illisible]
J' — Pistons plongeurs de pompe alimentaire.
K — Pistons plongeurs de pompe de cale.
L — [illisible]
M — [illisible]
m — Organes divers de la mise en marche.
m' — [illisible]
N — [illisible]
n — Polis.
O — Tubes à tirage.
P — Tiroirs de cylindre.
P' — Grands pistons.
Pe — Pompes à air.
p — [illisible]
p, — [illisible]
Q — Pompes alimentaires.
R — Pompes de cale.
r — [illisible]
S — Tiges de tiroir.
s — Tuyaux de tirage.
T — Tige de grand piston.
T' — Tribord.
t — Tiges de piston de pompe à air.
t, — Traverses de grand piston.
U — Tuyaux d'arrivée de vapeur.
V — Conduites d'arrivée de la vapeur des cylindres à détente.
V' — Tuyaux s'embranchant sur le conduit V, et amenant la vapeur d'évacuation du cylindre éducteur sous les tubes à tirage des cylindres déteneurs.
F, — [illisible]
X — [illisible]
XX YY ZZ — Lignes de coupe.

1 — Bévelas de mouvement pour manœuvrer les vannes ou soupapes de prise ou de réglage de vapeur.
2 — Orifices extérieurs pour lubrifier la vapeur à son arrivée dans les boîtes à tiroir ou dans les cylindres ; il en existe un par cylindre.
3 — Serrages pour lubrifier la vapeur comme ci-dessus, mais à l'émission. Elles feraient en quelque sorte des graisseurs supplémentaires.
4 — Soupapes de sûreté de cylindre.
5 — Tiroir et le Gouttereaux de tiges de grand piston.
6 — Robinets purgeurs des cylindres ; il en existe un à chaque extrémité de cylindre.
7 — Système de tringles et de manivelles pour manœuvrer à la main, du haut des planchers de la machine, en relevant préventives, les quatre robinets des cylindres d'émission et les deux du cylindre éducteur sont respectivement commandés par une seule poignée.
8 — Tiroirs d'établissant une communication, pour l'arrivée de la vapeur de réchauffement, entre les chambres des cylindres déteneurs et le haut des boîtes fonds de couverture des trois cylindres.
9 — Tuyaux établissant une communication de vapeur, de réchauffement entre les cylindres déteneurs, pour l'échauffement de l'eau contenue dans la condensation ; et la vapeur de réchauffage.
10 — Tuyaux de purge des doubles fonds, à ces serres extérieurs de cylindres. Ces tuyaux débouchent partiellement au collecteur 11.

11 (sect. 1 et 2) — Collecteur des purges pour chacun des cylindres à vapeur et doubles fonds de leurs couvertures. Ce collecteur est situé du côté d'un abord, et porte au réduit qu'on manœuvre à la main pour laisser écouler l'eau de purge soit à la cale, soit dans un condenseur.
12 (sect. 1) — Tubes enveloppant par ces côtés les d'air entre eux et l'extérieur des couvertures ou enveloppe de cylindres.
13 (sect. 1 et 2) — Graisseurs à niveau de tête et de pied de grande bielle.
14 (sect. 1) — Petite forme construit de l'on de la ré pour rafraîchir en temps et lieu ses parties importantes.
15 — Clapets d'aspiration et de refoulement des pompes ; sur ces organes de ces clapets. — En sect. 1 et 2, les clapets d'aspiration ferment de ce serre placées horizontalement, l'autre verticalement. La pression serre sert à remplir l'eau de condensation. L'autre les gaz du condenseur ; qui permet d'obtenir un bien meilleur vide.
16 (sect. 1) — Conduits venant de fonte avec les condenseurs et formant le refroidisseur des tuyaux d'injection, dont ils amènent l'eau dans le régulateurs d'injection.
17 (sect. 1) — Robinets de purge nécessaires pour manœuvre les organes d'injection.
18 (sect. 2) — Tubes-jumeaux sont montées le niveau de l'eau dans les bêches.
19 (sect. 1 et 2) — Tuyaux d'aspiration des pompes alimentaires. — En sect. 1, le tuyau de chaque pompe est muni d'un robinet pour intercepter au serrier sa communication avec le bâche, de façon à ne pas interrompre continuellement à la marche.
20 (sect. 1 et 2) — Tuyaux de communication des pompes alimentaires avec leurs bâches à clapets.
21 (sect. 1 et 2) — Graisseurs. On aperçoit, par elles ou au-dessus, les ressorts qui commandent la remontée de soupapes.
22 (sect. 1 et 2) — Réservoirs d'air des bêches procédures. — En sect. 1, ces réservoirs sont munis d'un tube de niveau qui permet d'apprécier s'ils ne sont pas remplis par l'eau, auquel cas il les vide à l'aide des robinets-purgeurs établis à bas.
23 (sect. 1 et 2) — Tuyaux de refoulement des pompes alimentaires. Les tuyaux des deux pompes se réunissent en un seul pour distribuer l'eau aux chaudières. Chacun d'eux porte un retour de vide à régler on à intercepter sa communication avec le tuyau correspondante.
24 (sect. 1 et 2) — Tuyaux ramenant aux bêches l'eau qui s'échappe par les tampons de trop-plein des boîtes alimentaires. — Sur les sect. 1, ces tuyaux sont munis d'un robinet qui est un complément indispensable du robinet du tampon 19, pour commencer temporairement le clapet du trop-plein.
25 — Boîtes à clapets en tôle de la pompe de cale. — En sect. 1, Trou de refoulement, à sa sortie côté après 23, tombe dans une grossière rigole autour de ce réquoir dans le magasin intérieur de communication avec le trou d'échappement 22. Il de vide oscillatoire, les clapets sont toujours noyés dans l'eau, ce qui les empêche de battre longtemps dans sur ouverts après. Par ailleurs, il existe côté les trous couverts ou question, un large clapet en tôle 25' animant de haut en bas, et tombant fermé par le retour annoncé sur ce réservoir. Quand le débit de la pompe devient trop abondant, le clapet s'ouvre et livre à l'eau de refoulement un plus prompt accès au tuyau 23.
26 (sect. 1) — Clapet dont le rôle est expliqué en 25.
27 (sect. 1) — Trous et les soupapes diverses lorsqu'on vient à la pompe de cale d'un organe pour le passage à l'arrivée de pompe de cale. — (Sect. 2). Trou servant d'orgues au tuyau de refoulement de sa pompe 1'.
28 — [illisible]
29 — Pièces autres — l'œuil sur des tuyaux. Deux formes par la réunion de deux moitiés de bielles cylindriques, venue de fonte chacune avec un des couvercles de la plaque de fondation et des boîtes de fixation de la machine, sa axes anodes retiré de tout un des cylindres à vapeur.
30 — Brelage, formée ou enfermées de bois en de la presse de grand palier, et boulons destinés au passage … à ailerons.
70 — Parquets de machine, trous, escaliers, etc.

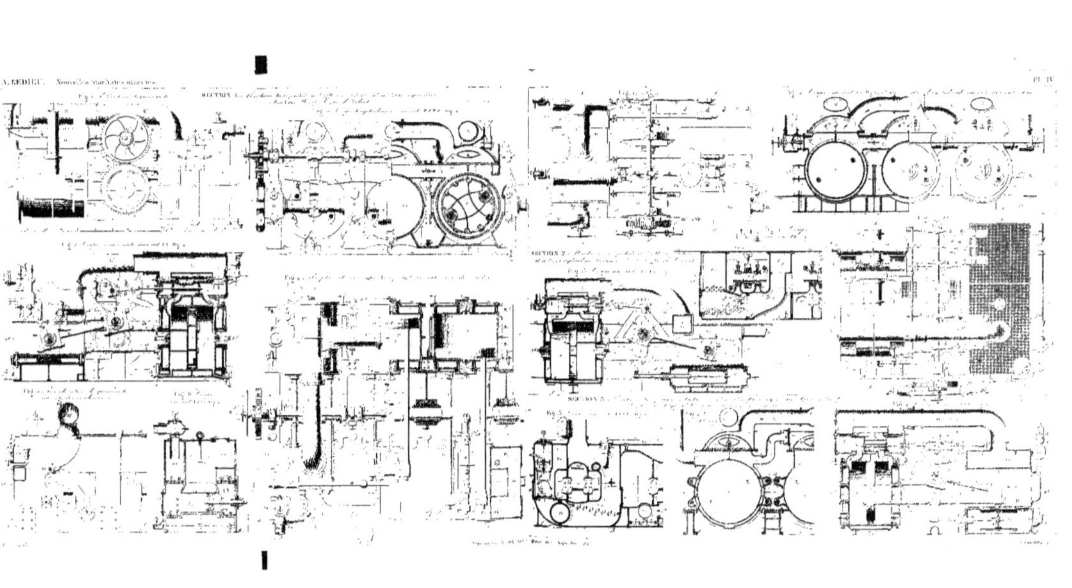

A. LEDIEU. Nouvelles machines marines.
PL. IV
SECTION 1.
SECTION 2.
SECTION 3.

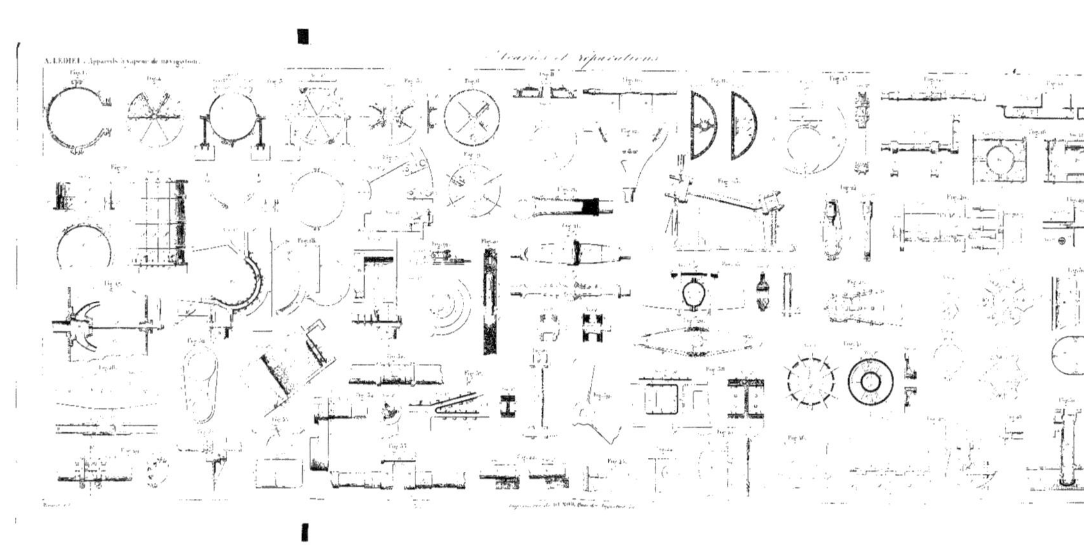